DIN-Taschenbuch 168

Für das Fachgebiet Korrosion und Korrosionsschutz bestehen folgende DIN-Taschenbücher:

DIN-Taschenbuch 143
Korrosionsschutz von Stahl durch
Beschichtungen und Überzüge 1
DIN 267-10 bis DIN 42559

DIN-Taschenbuch 168
Korrosionsschutz von Stahl durch
Beschichtungen und Überzüge 2
DIN 50900-1 bis DIN 80200,
DIN EN 971-1, DIN EN ISO 1461,
Normenreihen DIN EN ISO 4618
und DIN EN ISO 8502, DIN EN ISO 14713

DIN-Taschenbuch 219
Korrosion und Korrosionsschutz
Beurteilung, Prüfung, Schutzmaßnahmen
Normen, Technische Regeln

DIN-Taschenbuch 266
Korrosionsschutz von Stahl durch
Beschichtungen und Überzüge 3
Leistungsbereich DIN 55928
DIN-EN- und DIN-ISO-Normen

DIN-Taschenbuch 286
Korrosionsschutz von Stahl durch
Beschichtungen und Überzüge 4
DIN EN ISO 12944-1 bis
DIN EN ISO 12944-8
Normenreihen DIN EN ISO 11124,
DIN EN ISO 11125, DIN EN ISO 11126
und DIN EN ISO 11127

Außerdem bestehen im Bereich der Normenausschüsse Beschichtungsstoffe und Beschichtungen (NAB) und Pigmente und Füllstoffe (NPF) folgende Publikationen:

DIN-Taschenbuch 49
Farbmittel 1
Pigmente, Füllstoffe, Farbstoffe
DIN 5033-1 bis DIN 55929

DIN-Taschenbuch 117
Rohstoffe für Lacke und ähnliche
Beschichtungsstoffe
(Bindemittel, Lösemittel, Weichmacher)
Prüfnormen zur Bestimmung physikalisch-chemischer Kenndaten 1
DIN 1306 bis DIN 53241-1

DIN-Taschenbuch 157
Farbmittel 2
Pigmente, Füllstoffe, Farbstoffe
DIN 55943 bis DIN 66131
DIN-EN- und DIN-ISO-Normen

DIN-Taschenbuch 201
Rohstoffe für Lacke und ähnliche
Beschichtungsstoffe
(Bindemittel, Lösemittel, Weichmacher)
Prüfnormen zur Bestimmung physikalisch-chemischer Kenndaten 2
DIN V 53242-1 bis DIN 55999;
DIN-EN- und DIN-ISO-Normen

Handbuch
Lacke, Anstrichstoffe und ähnliche
Beschichtungsstoffe. Loseblattsammlung; Grundwerk mit Ergänzungslieferungen

DIN-Taschenbücher sind vollständig oder nach verschiedenen thematischen Gruppen auch im Abonnement erhältlich.
Für Auskünfte und Bestellungen wählen Sie bitte im Beuth Verlag Tel.: (0 30) 26 01 - 22 60.

DIN-Taschenbuch 168

Korrosionsschutz von Stahl durch Beschichtungen und Überzüge 2

– DIN 50900-1 bis DIN 80200,
DIN EN 971-1, DIN EN ISO 1461
Normenreihen DIN EN ISO 4618
und DIN EN ISO 8502,
DIN EN ISO 14713 –

Normen

5. Auflage
Stand der abgedruckten Normen: Oktober 1999

Herausgeber: DIN Deutsches Institut für Normung e.V.

Beuth

Beuth Verlag GmbH · Berlin · Wien · Zürich

> Die Deutsche Bibliothek – CIP-Einheitsaufnahme
>
> **Korrosionsschutz von Stahl durch Beschichtungen und Überzüge**
> Hrsg.: DIN, Deutsches Institut für Normung e.V. –
> Berlin ; Wien ; Zürich : Beuth
>
> 2. DIN 50900-1 bis DIN 80200, DIN EN 971-1, DIN EN ISO 1461, Normenreihen DIN EN ISO 4618 und DIN EN ISO 8502, DIN EN ISO 14713
> 5. Aufl.
> 2000
>   (DIN-Taschenbuch ; 168)
>   ISBN 3-410-14544-3

Titelaufnahme nach RAK entspricht DIN V 1505-1.
ISBN nach DIN ISO 2108.
Übernahme der CIP-Einheitsaufnahme auf Schrifttumskarten durch Kopieren oder Nachdrucken frei.
400 Seiten, A5, brosch.
ISSN 0342-801X
(ISBN 3-410-13465-4 4. Aufl. Beuth Verlag)

© DIN Deutsches Institut für Normung e.V. 2000
Das Werk einschließlich aller seiner Teile ist urheberrechtlich geschützt. Jede Verwertung außerhalb der engen Grenzen des Urheberrechtsgesetzes ist ohne Zustimmung des Verlages unzulässig und strafbar. Das gilt insbesondere für Vervielfältigungen, Übersetzungen, Mikroverfilmungen und die Einspeicherung und Verarbeitung in elektronischen Systemen.
Printed in Germany. Druck: Media-Print Informationstechnologie,
        33100 Paderborn

Inhalt

	Seite
Normung ist Ordnung. DIN – der Verlag heißt Beuth	VII
Vorwort	IX
Gliederung des Normenausschusses Beschichtungsstoffe und Beschichtungen (NAB) im DIN Deutsches Institut für Normung e.V.	X
Hinweise für das Anwenden des DIN-Taschenbuches	XI
Hinweise für den Anwender von DIN-Normen	XI
DIN-Nummernverzeichnis	XII
Verzeichnis abgedruckter Normen (nach Sachgebieten geordnet)	XIII
Abgedruckte Normen (nach steigenden DIN-Nummern geordnet)	1
Übersicht über die normativen Verweisungen in DIN EN ISO 12944-1 bis DIN EN ISO 12944-8 und Fundstellen der entsprechenden DIN-Normen in den DIN-Taschenbüchern (TAB) über den Korrosionsschutz von Stahlbauten durch Beschichtungen und Überzüge	282
Verzeichnis der im DIN-Taschenbuch 143 (5. Aufl., 1999) abgedruckten Normen (nach Sachgebieten geordnet)	284
Verzeichnis der im DIN-Taschenbuch 219 (2. Aufl., 1995) abgedruckten DIN-Normen, ISO-Normen und anderer technischer Regeln (nach Sachgebieten geordnet)	290
Verzeichnis der im DIN-Taschenbuch 266 (1. Aufl., 1997) abgedruckten Normen und Norm-Entwürfe (nach Sachgebieten geordnet)	295
Verzeichnis der im DIN-Taschenbuch 286 (1. Aufl., 1998) abgedruckten Normen	301
Verzeichnis nicht abgedruckter Normen und Norm-Entwürfe (nach Sachgebieten geordnet)	305
Verzeichnis weiterer technischer Regeln, Verordnungen, Richtlinien und Merkblätter (Auswahl)	359
Verzeichnis ausländischer Normen über den Korrosionsschutz von Stahl durch Beschichtungen und Überzüge (Auswahl)	364
Verzeichnis genormter und anderer wichtiger Farben und Farbmustersammlungen (Auswahl)	367
Druckfehlerberichtigungen	368
Stichwortverzeichnis	369

Maßgebend für das Anwenden jeder in diesem DIN-Taschenbuch abgedruckten Norm ist deren Fassung mit dem neuesten Ausgabedatum.
Bei den abgedruckten Norm-Entwürfen wird auf den Anwendungswarnvermerk verwiesen.
Vergewissern Sie sich bitte im aktuellen DIN-Katalog mit neuestem Ergänzungsheft oder fragen Sie: Tel. (0 30) 26 01 - 22 60.

Die in den Verzeichnissen verwendeten Abkürzungen bedeuten:

A	Änderung zu einer Deutschen Norm
Bbl	Beiblatt zu einer Deutschen Norm
Ber	Berichtigung zu einer Deutschen Norm
DIN	Deutsche Norm
E DIN	Entwurf einer Deutschen Norm
DIN EN	Deutsche Norm auf der Grundlage einer Europäischen Norm
E DIN EN	Entwurf einer Deutschen Norm auf der Grundlage eines Europäischen Norm-Entwurfs
DIN EN ISO	Deutsche Norm auf der Grundlage einer Europäischen Norm, die auf einer Internationalen Norm der ISO beruht
E DIN EN ISO	Entwurf einer Deutschen Norm auf der Grundlage einer Europäischen Norm, die auf einer Internationalen Norm der ISO beruht
DIN IEC	Deutsche Norm auf der Grundlage einer Internationalen Norm der IEC
DIN ISO	Deutsche Norm auf der Grundlage einer Internationalen Norm der ISO
E DIN ISO	Entwurf einer Deutschen Norm auf der Grundlage einer Internationalen Norm der ISO
DIN V	Deutsche Vornorm
DIN V ENV	Deutsche Vornorm auf der Grundlage einer Europäischen Vornorm
DIN V ENV ISO	Deutsche Vornorm auf der Grundlage einer Europäischen Vornorm, die auf einer Internationalen Norm der ISO beruht
DIN VDE	Deutsche Norm, die zugleich VDE-Bestimmung oder VDE-Leitlinie ist

Normung ist Ordnung
DIN – der Verlag heißt Beuth

Das DIN Deutsches Institut für Normung e.V. ist der runde Tisch, an dem Hersteller, Handel, Verbraucher, Handwerk, Dienstleistungsunternehmen, Wissenschaft, technische Überwachung, Staat, also alle, die ein Interesse an der Normung haben, zusammenwirken.

DIN-Normen sind ein wichtiger Beitrag zur technischen Infrastruktur unseres Landes, zur Verbesserung der Exportchancen und zur Zusammenarbeit in einer arbeitsteiligen Gesellschaft.

Das DIN orientiert seine Arbeiten an folgenden Grundsätzen:
- Freiwilligkeit
- Öffentlichkeit
- Beteiligung aller interessierten Kreise
- Einheitlichkeit und Widerspruchsfreiheit
- Sachbezogenheit
- Konsens
- Orientierung am Stand der Technik
- Orientierung an den wirtschaftlichen Gegebenheiten
- Orientierung am allgemeinen Nutzen
- Internationalität

Diese Grundsätze haben den DIN-Normen die allgemeine Anerkennung gebracht. DIN-Normen bilden einen Maßstab für ein einwandfreies technisches Verhalten.

Das DIN stellt über den Beuth Verlag Normen und technische Regeln aus der ganzen Welt bereit. Besonderes Augenmerk liegt dabei auf den in Deutschland unmittelbar relevanten technischen Regeln. Hierfür hat der Beuth Verlag Dienstleistungen entwickelt, die dem Kunden die Beschaffung und die praktische Anwendung der Normen erleichtern. Er macht das in fast einer halben Million von Dokumenten niedergelegte und ständig fortgeschriebene technische Wissen schnell und effektiv nutzbar.

Die Recherche- und Informationskompetenz der DIN-Datenbank erstreckt sich über Europa hinaus auf internationale und weltweit genutzte nationale, darunter auch wichtige amerikanische Normenwerke. Für die Offline-Recherche stehen der DIN-Katalog für technische Regeln (als CD-ROM und in Papierform) und die komfortable internationale Normendatenbank PERINORM zur Verfügung. Auch über das Internet können DIN-Normen recherchiert werden (www.din.de/beuth). Aus dem Rechercheergebnis kann direkt bestellt werden.

DIN und Beuth stellen auch Informationsdienste zur Verfügung, die sowohl auf besondere Nutzergruppen als auch auf individuelle Kundenbedürfnisse zugeschnitten werden können, und berücksichtigen dabei nationale, regionale und internationale Regelwerke aus aller Welt. Sowohl das DIN als auch der in dessen Gemeinnützigkeit eingeschlossene Beuth Verlag verstehen sich als Partner der Anwender, die alle notwendigen Informationen aus Normung und technischem Recht recherchieren und beschaffen. Ihre Serviceleistungen stellen sicher, daß dieses Wissen rechtzeitig und regelmäßig verfügbar ist.

DIN-Taschenbücher

DIN-Taschenbücher sind kleine Normensammlungen im Format A5. Sie sind nach Fach- und Anwendungsgebiet geordnet. Die DIN-Taschenbücher haben in der Regel eine Laufzeit von drei Jahren, bevor eine Neuauflage erscheint. In der Zwischenzeit kann ein Teil der abgedruckten DIN-Normen überholt sein. Maßgebend für das Anwenden jeder Norm ist jeweils deren Originalfassung mit dem neuesten Ausgabedatum.

Kontaktadressen

Auskünfte zum Normenwerk

Deutsches Informationszentrum für technische Regeln im DIN (DITR)
Postanschrift: 10772 Berlin
Hausanschrift: Burggrafenstraße 6, 10787 Berlin
Kostenpflichtige Telefonauskunft: 01 90 - 88 26 00

Bestellmöglichkeiten für Normen und Normungsliteratur

Beuth Verlag GmbH
Postanschrift: 10772 Berlin
Hausanschrift: Burggrafenstraße 6, 10787 Berlin
E-Mail: postmaster@beuth.de

Deutsche Normen und technische Regeln

Fax: (0 30) 26 01 - 12 60
Tel.: (0 30) 26 01 - 22 60

Auslandsnormen

Fax: (0 30) 26 01 - 18 01
Tel.: (0 30) 26 01 - 23 61

Normen-Abonnement

Fax: (0 30) 26 01 - 12 59
Tel.: (0 30) 26 01 - 22 21

Elektronische Produkte

Fax: (0 30) 26 01 - 12 68
Tel.: (0 30) 26 01 - 26 68

Loseblattsammlungen/Zeitschriften

Fax: (0 30) 26 01 - 12 60
Tel.: (0 30) 26 01 - 21 21

Interessenten aus dem Ausland erreichen uns unter:

Fax: + 49 30 26 01 - 12 60
Tel.: + 49 30 26 01 - 22 60

Prospektanforderung

Fax: (0 30) 26 01 - 17 24
Tel.: (0 30) 26 01 - 22 40

Fax-Abruf-Service

(0 30) 26 01 - 4 50 01

Vorwort

In der vorliegenden 5. Auflage des DIN-Taschenbuches 168 werden 33 Normen wiedergegeben, deren Inhalt den Ausgaben entspricht, die im Oktober 1999 gültig waren. Gegenüber der 4. Auflage wurden 12 Normen neu aufgenommen; außerdem wurden 3 Normen durch ihre Folgeausgaben ersetzt.

Eine Übersicht über die abgedruckten Normen gibt ein nach Sachgebieten geordnetes Verzeichnis, an das sich der Sachteil mit den in steigender Folge der DIN-Nummern abgedruckten Normen anschließt. Danach folgt eine aktualisierte Fassung der Übersicht über die normativen Verweisungen in der neuen Fachgrundnorm DIN EN ISO 12944-1 bis DIN EN ISO 12944-8 mit Fundstellen der entsprechenden DIN-Normen in der DIN-Taschenbuchreihe über den Korrosionsschutz von Stahlbauten durch Beschichtungen und Überzüge, wie sie erstmals im DIN-Taschenbuch 286 veröffentlicht worden war. Diese Übersicht soll auch als Grundlage für die in künftige Neuauflagen der einschlägigen DIN-Taschenbücher aufzunehmenden Normen dienen.

Der Übersicht über die normativen Verweisungen folgen Verzeichnisse der in den DIN-Taschenbüchern 143 (5. Aufl., 1999), 219 (2. Aufl., 1995), 266 (1. Aufl., 1997) und 286 (1. Aufl., 1998) abgedruckten Normen und Norm-Entwürfe. An diese schließen sich Verzeichnisse von nicht abgedruckten Normen und Norm-Entwürfen, von weiteren technischen Vorschriften, Verordnungen, Richtlinien und Merkblättern, einschlägigen ausländischen Normen sowie von genormten und anderen wichtigen Farben und Farbmustersammlungen an. Durch diese verschiedenen Verzeichnisse soll ein möglichst umfassender Überblick über weitere Normen und andere Unterlagen gegeben werden. Den Schluß bildet ein ausführliches Stichwortverzeichnis.

Nicht mehr aufgenommen wurde das Verzeichnis von Internationalen Normen der ISO und ISO-Norm-Entwürfen, weil davon auszugehen ist, daß die für den Korrosionsschutz von Stahlbauten wichtigen Arbeitsergebnisse der ISO weitestgehend in das DIN-Normenwerk übernommen worden und damit durch die anderen Verzeichnisse erfaßt sind.

Dank gebührt den Mitarbeitern der verschiedenen Normenausschüsse des DIN Deutsches Institut für Normung e.V. für ihre Mitwirkung bei der Ausarbeitung der Normen und Norm-Entwürfe. Darüber hinaus ist aber auch den Fachleuten aus dem In- und Ausland besonders zu danken, die sich an den Normungsarbeiten im internationalen und europäischen Bereich aktiv beteiligt haben. Ebenfalls zu danken ist den an den einschlägigen Normen interessierten Firmen, Verbänden, Behörden und Instituten dafür, daß sie – durch Entsendung ihrer Mitarbeiter oder auch durch finanzielle Förderung der Normenausschüsse – zu dem erreichten hohen Stand der Normung auf dem Korrosionsschutzgebiet beigetragen haben.

Berlin, im Januar 2000   E. Fritzsche

Gliederung des Normenausschusses Beschichtungsstoffe und Beschichtungen (NAB) im DIN Deutsches Institut für Normung e.V.

Vorsitzender:	Dr. E. Bagda, Ober-Ramstadt
Stellvertretende Vorsitzende:	Dr. W. Freitag, Marl
	Dipl.-Volkswirt Ch. Maier, Frankfurt am Main
Geschäftsführung: (komm.)	Dipl.-Chem.-Ing. B. Reinmüller, Berlin
Geschäftsstelle des FA:	Burggrafenstraße 6, 10787 Berlin
	Telefon: (0 30) 26 01 - 24 47
	Telefax: (0 30) 26 01 - 17 23
	E-Mail: Reinmueller@fa.din.de
	Fritsche@fA.din.de
	Hiller@npf.din.de

Arbeitsausschüsse (AA):

AA 1 – Begriffe
AA 2 – Lackrohstoffe
AA 4 – Beschichtungen und Beschichtungsstoffe für Holz
AA 5 – Lösemittel
AA 7 – Allgemeine Prüfverfahren für Beschichtungsstoffe und Beschichtungen
AA 9 – Beschichtungen und Beschichtungsstoffe für mineralische Untergründe/ Kunststoffdispersionsbeschichtungen
AA 10 – Korrosionsschutz von Stahlbauten
AA 11 – Strahlmittel
AA 12 – Beschichtungen in kerntechnischen Anlagen
AA 13 – Wärmedämm-Verbundsysteme

Gemeinschaftsausschüsse mit anderen Normenausschüssen (NA) unter deren Federführung:

FNF-AA 8 – Farben in Kunst, Bildung, Farbunterricht
   (Federführung bei NA Farbe, FNF)
NPF-AA 14 – Analysenverfahren für Farbmittel
   (Federführung bei NA Pigmente und Füllstoffe, NPF)
NPF-AA 21 – Farbmittel in Anstrichstoffen und Druckfarben
   (Federführung bei NA Pigmente und Füllstoffe, NPF)

Internationale Normung:

ISO/TC 35   – Lacke und Anstrichstoffe
ISO/TC 35/SC 10 – Prüfverfahren für Bindemittel für Lacke und Anstrichstoffe
   (Sekretariat: DIN/NAB)

Europäische Normung:

CEN/TC 139 – Lacke und Anstrichstoffe (Sekretariat: DIN/NAB)

Hinweise für das Anwenden des DIN-Taschenbuches

Eine **Norm** ist das herausgegebene Ergebnis der Normungsarbeit.

Deutsche Normen (DIN-Normen) sind vom DIN Deutsches Institut für Normung e.V. unter dem Zeichen DIN herausgegebene Normen.

Sie bilden das Deutsche Normenwerk.

Eine **Vornorm** war bis etwa März 1985 eine Norm, zu der noch Vorbehalte hinsichtlich der Anwendung bestanden und nach der versuchsweise gearbeitet werden konnte. Seit April 1985 wird eine Vornorm nicht mehr als Norm herausgegeben. Damit können auch Arbeitsergebnisse, zu deren Inhalt noch Vorbehalte bestehen oder deren Aufstellungsverfahren gegenüber dem einer Norm abweicht, als Vornorm herausgegeben werden (Einzelheiten siehe DIN 820-4).

Eine **Auswahlnorm** ist eine Norm, die für ein bestimmtes Fachgebiet einen Auszug aus einer anderen Norm enthält, jedoch ohne sachliche Veränderungen oder Zusätze.

Eine **Übersichtsnorm** ist eine Norm, die eine Zusammenstellung aus Festlegungen mehrerer Normen enthält, jedoch ohne sachliche Veränderungen oder Zusätze.

Teil (früher Blatt) kennzeichnete bis Juni 1994 eine Norm, die den Zusammenhang zu anderen Teilen mit gleicher Hauptnummer dadurch zum Ausdruck brachte, daß sich die DIN-Nummern nur in den Zählnummern hinter dem Zusatz "Teil" voneinander unterschieden haben. Das DIN hat sich bei der Art der Nummernvergabe der internationalen Praxis angeschlossen. Es entfällt deshalb bei der DIN-Nummer die Angabe "Teil"; diese Angabe wird in der DIN-Nummer durch "-" ersetzt. Das Wort "Teil" wird dafür mit in den Titel übernommen. In den Verzeichnissen dieses DIN-Taschenbuches wird deshalb für alle ab Juli 1994 erschienenen Normen die neue Schreibweise verwendet.

Ein **Beiblatt** enthält Informationen zu einer Norm, jedoch keine zusätzlichen genormten Festlegungen.

Ein **Norm-Entwurf** ist das vorläufig abgeschlossene Ergebnis einer Normungsarbeit, das in der Fassung der vorgesehenen Norm der Öffentlichkeit zur Stellungnahme vorgelegt wird.

Die Gültigkeit von Normen beginnt mit dem Zeitpunkt des Erscheinens (Einzelheiten siehe DIN 820-4). Das Erscheinen wird im DIN-Anzeiger angezeigt.

Hinweise für den Anwender von DIN-Normen

Die Normen des Deutschen Normenwerkes stehen jedermann zur Anwendung frei.

Festlegungen in Normen sind aufgrund ihres Zustandekommens nach hierfür geltenden Grundsätzen und Regeln fachgerecht. Sie sollen sich als "anerkannte Regeln der Technik" einführen. Bei sicherheitstechnischen Festlegungen in DIN-Normen besteht überdies eine tatsächliche Vermutung dafür, daß sie "anerkannte Regeln der Technik" sind. Die Normen bilden einen Maßstab für einwandfreies technisches Verhalten; dieser Maßstab ist auch im Rahmen der Rechtsordnung von Bedeutung. Eine Anwendungspflicht kann sich aufgrund von Rechts- oder Verwaltungsvorschriften, Verträgen oder sonstigen Rechtsgründen ergeben. DIN-Normen sind nicht die einzige, sondern eine Erkenntnisquelle für technisch ordnungsgemäßes Verhalten im Regelfall. Es ist auch zu berücksichtigen, daß DIN-Normen nur den zum Zeitpunkt der jeweiligen Ausgabe herrschenden Stand der Technik berücksichtigen können. Durch das Anwenden von Normen entzieht sich niemand der Verantwortung für eigenes Handeln. Jeder handelt insoweit auf eigene Gefahr.

Jeder, der beim Anwenden einer DIN-Norm auf eine Unrichtigkeit oder eine Möglichkeit einer unrichtigen Auslegung stößt, wird gebeten, dies dem DIN unverzüglich mitzuteilen, damit etwaige Mängel beseitigt werden können.

DIN-Nummernverzeichnis und andere technische Regeln

Hierin bedeuten:
- ●   Neu aufgenommen gegenüber der 4. Auflage des DIN-Taschenbuches 168
- □   Geändert gegenüber der 4. Auflage des DIN-Taschenbuches 168
- ○   Zur abgedruckten Norm besteht ein Norm-Entwurf
- (en)   Von dieser Norm gibt es auch eine vom DIN herausgegebene englische Übersetzung
- (de, en, fr)   Dreisprachige Fassung

Dokument	Seite	Dokument	Seite
DIN 50900-1 ○*) (en)	1	DIN 55928-9 (en)	110
DIN 50900-2 ○*)	7	DIN 55945 □	116
DIN 50900-3 ○*)	15	DIN 55950 ○	127
DIN 50902 (en)	19	DIN 80200	129
DIN 50960-1 □	29	DIN EN 971-1 ● (de, en, fr)	132
DIN 50960-2 □	32	DIN EN 971-1 Bbl 1 ●	147
DIN 50961 (en)	39	DIN EN ISO 1461 ● (en)	153
DIN 50977 (en)	45	DIN EN ISO 1461 Bbl 1 ●	169
DIN 50982-3 (en)	49	DIN EN ISO 4618-2 ● (de, en, fr)	173
DIN 50986 (en)	56	DIN EN ISO 4618-3 ● (de, en, fr)	187
DIN 53150	59	DIN V ENV ISO 8502-1 ●	200
DIN 53209 ○**)	63	DIN EN ISO 8502-2 ● (en)	210
DIN 53210 ○**)	73	DIN EN ISO 8502-3 ● (en)	216
DIN 53230 ○**) (en)	80	DIN EN ISO 8502-4 ● (en)	224
DIN 55900-1	84	DIN EN ISO 8502-6 ● (en)	244
DIN 55900-2	87	DIN EN ISO 14713 ● (en)	252
DIN 55928-8[1] (en)	90		

[1]) Siehe Druckfehlerberichtigung Seite 368
*) Zu den Normen DIN 50900-1 bis -3 bestehen Entwürfe DIN ISO 8044
**) Zu den Normen DIN 53209, DIN 53210 und DIN 52320 bestehen Entwürfe DIN ISO 4628-1 bis -3

Gegenüber der letzten Auflage nicht mehr abgedruckte Normen

DIN 50976	Ersetzt durch DIN EN ISO 1461 und DIN EN ISO 1461 Beiblatt 1
DIN 53155	Ersatzlos zurückgezogen
E DIN 53209	Ersetzt durch E DIN ISO 4628-2
E DIN 53210	Ersetzt durch E DIN ISO 4628-3
DIN 55928-1	Ersetzt durch DIN EN ISO 12944-1 und DIN EN ISO 12944-2
DIN 55928-2	Ersetzt durch DIN EN ISO 12944-3
DIN 55928-3	Ersetzt durch DIN EN ISO 12944-8
DIN 55928-4	Ersetzt durch DIN EN ISO 12944-4
DIN 55928-4 Bbl 1	Ersetzt durch ISO 8501-1 und ISO 8501-2
DIN 55928-4 Bbl 1/A1	Ersatzlos zurückgezogen
DIN 55928-4 Bbl 2	Ersetzt durch ISO 8501-2
DIN 55928-4 Bbl 2/A1	Ersatzlos zurückgezogen
DIN 55928-5	Ersetzt durch DIN EN ISO 12944-5
DIN 55928-6	Ersetzt durch DIN EN ISO 12944-7
DIN 55928-7	Ersetzt durch DIN EN ISO 12944-7 und DIN EN ISO 12944-8

Verzeichnis abgedruckter Normen
(nach Sachgebieten geordnet)

Dokument	Ausgabe	Titel	Seite
		1 Allgemeines, Begriffe, Kurzzeichen	
DIN 50900-1	1982-04	Korrosion der Metalle; Begriffe; Allgemeine Begriffe	1
DIN 50900-2	1984-01	Korrosion der Metalle; Begriffe; Elektrochemische Begriffe	7
DIN 50900-3	1985-09	Korrosion der Metalle; Begriffe; Begriffe der Korrosionsuntersuchung	15
DIN 50902	1994-07	Schichten für den Korrosionsschutz von Metallen; Begriffe, Verfahren und Oberflächenvorbereitung	19
DIN 50960-1	1998-10	Galvanische Überzüge – Bezeichnung in technischen Dokumenten	29
DIN 55945	1999-07	Lacke und Anstrichstoffe – Fachausdrücke und Definitionen für Beschichtungsstoffe und Beschichtungen – Weitere Begriffe und Definitionen zu DIN EN 971-1 sowie DIN EN ISO 4618-2 und DIN EN ISO 4618-3	116
DIN 55950	1978-04	Anstrichstoffe und ähnliche Beschichtungsstoffe; Kurzzeichen für die Bindemittelgrundlage	127
DIN 80200	1979-02	Stahlbauteile für den Schiffbau; Kurzzeichen für Oberflächenvorbereitungen, Fertigungsbeschichtungen und Grundbeschichtungen	129
DIN EN 971-1	1996-09	Lacke und Anstrichstoffe – Fachausdrücke und Definitionen für Beschichtungsstoffe – Teil 1: Allgemeine Begriffe; Dreisprachige Fassung EN 971-1 : 1996	132
DIN EN 971-1 Bbl 1	1996-09	Lacke und Anstrichstoffe – Fachausdrücke und Definitionen für Beschichtungsstoffe – Teil 1: Allgemeine Begriffe; Erläuterungen	147
DIN EN ISO 4618-2	1999-07	Lacke und Anstrichstoffe – Fachausdrücke und Definitionen für Beschichtungsstoffe – Teil 2: Spezielle Fachausdrücke für Merkmale und Eigenschaften (ISO 4618-2 : 1999); Dreisprachige Fassung EN ISO 4618-2 : 1999	173
DIN EN ISO 4618-3	1999-07	Lacke und Anstrichstoffe – Fachausdrücke und Definitionen für Beschichtungsstoffe – Teil 3: Oberflächenvorbereitung und Beschichtungsverfahren (ISO 4618-3 : 1999); Dreisprachige Fassung EN ISO 4618-3 : 1999	187
		2 Korrosionsschutz von Stahlbauten sowie Bauteilen	
DIN 50900-1	1982-04	Korrosion der Metalle; Begriffe; Allgemeine Begriffe	1
DIN 50900-2	1984-01	Korrosion der Metalle; Begriffe; Elektrochemische Begriffe	7
DIN 50960-1	1998-10	Galvanische Überzüge – Bezeichnung in technischen Dokumenten	29

Dokument	Ausgabe	Titel	Seite
DIN 50960-2	1998-12	Galvanische Überzüge – Teil 2: Zeichnungsangaben	32
DIN 50961	1987-06	Galvanische Überzüge; Zink- und Cadmiumüberzüge auf Eisenwerkstoffen; Chromatierung der Zink- und Cadmiumüberzüge	39
DIN 55928-8	1994-07	Korrosionsschutz von Stahlbauten durch Beschichtungen und Überzüge; Teil 8: Korrosionsschutz von tragenden dünnwandigen Bauteilen	90
DIN 55928-9	1991-05	Korrosionsschutz von Stahlbauten durch Beschichtungen und Überzüge; Beschichtungsstoffe; Zusammensetzung von Bindemitteln und Pigmenten	110
DIN 80200	1979-02	Stahlbauteile für den Schiffbau; Kurzzeichen für Oberflächenvorbereitungen, Fertigungsbeschichtungen und Grundbeschichtungen	129
DIN EN ISO 1461	1999-03	Durch Feuerverzinken auf Stahl aufgebrachte Zinküberzüge (Stückverzinken) – Anforderungen und Prüfungen (ISO 1461 : 1999); Deutsche Fassung EN ISO 1461 : 1999	153
DIN EN ISO 1461 Bbl 1	1999-03	Durch Feuerverzinken auf Stahl aufgebrachte Zinküberzüge (Stückverzinken) – Anforderungen und Prüfungen (ISO 1461 : 1999); Hinweise zur Anwendung der Norm	169
DIN EN ISO 4618-3	1999-07	Lacke und Anstrichstoffe – Fachausdrücke und Definitionen für Beschichtungsstoffe – Teil 3: Oberflächenvorbereitung und Beschichtungsverfahren (ISO 4618-3 : 1999); Dreisprachige Fassung EN ISO 4618-3 : 1999	187
DIN V ENV ISO 8502-1	1999-10	Vorbereitung von Stahloberflächen vor dem Auftragen von Beschichtungsstoffen – Prüfungen der Oberflächenreinheit – Teil 1: Feldprüfung auf lösliche Korrosionsprodukte des Eisens (ISO/TR 8502-1 : 1991); Deutsche Fassung ENV ISO 8502-1 : 1999	200
DIN EN ISO 8502-2	1999-06	Vorbereitung von Stahloberflächen vor dem Auftragen von Beschichtungsstoffen – Prüfungen der Oberflächenreinheit – Teil 2: Laborbestimmung von Chlorid auf gereinigten Oberflächen (ISO 8502-2 : 1992); Deutsche Fassung EN ISO 8502-2 : 1999	210
DIN EN ISO 8502-3	1999-06	Vorbereitung von Stahloberflächen vor dem Auftragen von Beschichtungsstoffen – Prüfungen zum Beurteilen der Oberflächenreinheit – Teil 3: Beurteilung von Staub auf für das Beschichten vorbereiteten Stahloberflächen (Klebeband-Verfahren) (ISO 8502-3 : 1992); Deutsche Fassung EN ISO 8502-3 : 1999	216
DIN EN ISO 8502-4	1999-06	Vorbereitung von Stahloberflächen vor dem Auftragen von Beschichtungsstoffen – Prüfungen zum Beurteilen der Oberflächenreinheit – Teil 4: Anleitung zum Abschätzen der Wahrscheinlichkeit von Taubildung vor dem Beschichten (ISO 8502-4 : 1993); Deutsche Fassung EN ISO 8502-4 : 1999	224

Dokument	Ausgabe	Titel	Seite
DIN EN ISO 8502-6	1999-06	Vorbereitung von Stahloberflächen vor dem Auftragen von Beschichtungsstoffen – Prüfungen zum Beurteilen der Oberflächenreinheit – Teil 6: Lösen von wasserlöslichen Verunreinigungen zur Analyse; Bresle-Verfahren (ISO 8502-6 : 1995); Deutsche Fassung EN ISO 8502-6 : 1999	244
DIN EN ISO 14713	1999-05	Schutz von Eisen- und Stahlkonstruktionen vor Korrosion – Zink- und Aluminiumüberzüge – Leitfäden (ISO 14713 : 1999); Deutsche Fassung EN ISO 14713 : 1999	252

3 Strahlmittel
siehe DIN-Taschenbücher 143 und 286

4 Metallüberzüge

Dokument	Ausgabe	Titel	Seite
DIN 50960-1	1998-10	Galvanische Überzüge – Bezeichnung in technischen Dokumenten	29
DIN 50960-2	1998-12	Galvanische Überzüge – Teil 2: Zeichnungsangaben	32
DIN 50961	1987-06	Galvanische Überzüge; Zink- und Cadmiumüberzüge auf Eisenwerkstoffen; Chromatierung der Zink- und Cadmiumüberzüge	39
DIN 55928-8	1994-07	Korrosionsschutz von Stahlbauten durch Beschichtungen und Überzüge; Teil 8: Korrosionsschutz von tragenden dünnwandigen Bauteilen	90
DIN EN ISO 1461	1999-03	Durch Feuerverzinken auf Stahl aufgebrachte Zinküberzüge (Stückverzinken) – Anforderungen und Prüfungen (ISO 1461 : 1999); Deutsche Fassung EN ISO 1461 : 1999	153
DIN EN ISO 1461 Bbl 1	1999-03	Durch Feuerverzinken auf Stahl aufgebrachte Zinküberzüge (Stückverzinken) – Anforderungen und Prüfungen (ISO 1461 : 1999); Hinweise zur Anwendung der Norm	169
DIN EN ISO 14713	1999-05	Schutz von Eisen- und Stahlkonstruktionen vor Korrosion – Zink- und Aluminiumüberzüge – Leitfäden (ISO 14713 : 1999); Deutsche Fassung EN ISO 14713 : 1999	252

5 Beschichtungsstoffe

Dokument	Ausgabe	Titel	Seite
DIN 53150	1995-06	Lacke und ähnliche Beschichtungsstoffe – Bestimmung des Trockengrades von Beschichtungen (Abgewandeltes Bandow-Wolff-Verfahren)	59
DIN 55900-1	1980-02	Beschichtungen für Raumheizkörper; Begriffe, Anforderungen, Prüfung; Grundbeschichtungsstoffe, Industriell hergestellte Grundbeschichtungen	84
DIN 55900-2	1980-02	Beschichtungen für Raumheizkörper; Begriffe, Anforderungen, Prüfung; Deckbeschichtungsstoffe, Industriell hergestellte Fertiglackierungen	87

Dokument	Ausgabe	Titel	Seite
DIN 55928-9	1991-05	Korrosionsschutz von Stahlbauten durch Beschichtungen und Überzüge; Beschichtungsstoffe; Zusammensetzung von Bindemitteln und Pigmenten	110
DIN 55945	1999-07	Lacke und Anstrichstoffe – Fachausdrücke und Definitionen für Beschichtungsstoffe und Beschichtungen – Weitere Begriffe und Definitionen zu DIN EN 971-1 sowie DIN EN ISO 4618-2 und DIN EN ISO 4618-3	116
DIN 55950	1978-04	Anstrichstoffe und ähnliche Beschichtungsstoffe; Kurzzeichen für die Bindemittelgrundlage	127
DIN 80200	1979-02	Stahlbauteile für den Schiffbau; Kurzzeichen für Oberflächenvorbereitungen, Fertigungsbeschichtungen und Grundbeschichtungen	129
DIN EN 971-1	1996-09	Lacke und Anstrichstoffe – Fachausdrücke und Definitionen für Beschichtungsstoffe – Teil 1: Allgemeine Begriffe; Dreisprachige Fassung EN 971-1 : 1996 ..	132
DIN EN 971-1 Bbl 1	1996-09	Lacke und Anstrichstoffe – Fachausdrücke und Definitionen für Beschichtungsstoffe – Teil 1: Allgemeine Begriffe; Erläuterungen	147
DIN EN ISO 4618-2	1999-07	Lacke und Anstrichstoffe – Fachausdrücke und Definitionen für Beschichtungsstoffe – Teil 2: Spezielle Fachausdrücke für Merkmale und Eigenschaften (ISO 4618-2 : 1999); Dreisprachige Fassung EN ISO 4618-2 : 1999	173
DIN EN ISO 4618-3	1999-07	Lacke und Anstrichstoffe – Fachausdrücke und Definitionen für Beschichtungsstoffe – Teil 3: Oberflächenvorbereitung und Beschichtungsverfahren (ISO 4618-3 : 1999); Dreisprachige Fassung EN ISO 4618-3 : 1999	187

6 Schutzsysteme

Dokument	Ausgabe	Titel	Seite
DIN 55928-8	1994-07	Korrosionsschutz von Stahlbauten durch Beschichtungen und Überzüge; Teil 8: Korrosionsschutz von tragenden dünnwandigen Bauteilen	90
DIN 80200	1979-02	Stahlbauteile für den Schiffbau; Kurzzeichen für Oberflächenvorbereitungen, Fertigungsbeschichtungen und Grundbeschichtungen	129

7 Schichtdickenmessung

Dokument	Ausgabe	Titel	Seite
DIN 50977	1993-09	Messung von Schichtdicken; Berührungslose Messung der Dicke von Schichten am kontinuierlich bewegten Meßgut	45
DIN 50982-3	1987-08	Messung von Schichtdicken; Allgemeine Arbeitsgrundlagen; Auswahl der Verfahren und Durchführung der Messungen	49
DIN 50986	1979-03	Messung von Schichtdicken; Keilschnitt-Verfahren zur Messung der Dicke von Anstrichen und ähnlichen Schichten	56

Dokument	Ausgabe	Titel	Seite
		8 Prüfverfahren für Beschichtungsstoffe, Beschichtungen und Metallüberzüge	
DIN 50961	1987-06	Galvanische Überzüge; Zink- und Cadmiumüberzüge auf Eisenwerkstoffen; Chromatierung der Zink- und Cadmiumüberzüge	39
DIN 53150	1995-06	Lacke und ähnliche Beschichtungsstoffe – Bestimmung des Trockengrades von Beschichtungen (Abgewandeltes Bandow-Wolff-Verfahren)	59
DIN 53209	1970-11	Bezeichnung des Blasengrades von Anstrichen	63
DIN 53210	1978-02	Bezeichnung des Rostgrades von Anstrichen und ähnlichen Beschichtungen	73
DIN 53230	1983-04	Prüfung von Anstrichstoffen und ähnlichen Beschichtungsstoffen; Bewertungssystem für die Auswertung von Prüfungen	80
DIN 55900-1	1980-02	Beschichtungen für Raumheizkörper; Begriffe, Anforderungen, Prüfung; Grundbeschichtungsstoffe, Industriell hergestellte Grundbeschichtungen	84
DIN 55900-2	1980-02	Beschichtungen für Raumheizkörper; Begriffe, Anforderungen, Prüfung; Deckbeschichtungsstoffe, Industriell hergestellte Fertiglackierungen	87
DIN 55928-9	1991-05	Korrosionsschutz von Stahlbauten durch Beschichtungen und Überzüge; Beschichtungsstoffe; Zusammensetzung von Bindemitteln und Pigmenten	110
DIN EN ISO 1461	1999-03	Durch Feuerverzinken auf Stahl aufgebrachte Zinküberzüge (Stückverzinken) – Anforderungen und Prüfungen (ISO 1461 : 1999); Deutsche Fassung EN ISO 1461 : 1999	153
DIN EN ISO 1461 Bbl 1	1999-03	Durch Feuerverzinken auf Stahl aufgebrachte Zinküberzüge (Stückverzinken) – Anforderungen und Prüfungen (ISO 1461 : 1999); Hinweise zur Anwendung der Norm	169
DIN EN ISO 14713	1999-05	Schutz von Eisen- und Stahlkonstruktionen vor Korrosion – Zink- und Aluminiumüberzüge – Leitfäden (ISO 14713 : 1999); Deutsche Fassung EN ISO 14713 : 1999	252

DK 669.1/.8 : 620.193 : 001.4

April 1982

Korrosion der Metalle
Begriffe
Allgemeine Begriffe

DIN 50 900
Teil 1

Corrosion of metal; terms; general terms
Corrosion des métaux; définitions; définitions général

Ersatz für Ausgabe 06.75

Inhalt

	Seite
1 Grundbegriffe	1
2 Korrosionsarten	1
3 Korrosionserscheinungen	3
4 Korrosionsprodukte	3
5 Reaktionsschichten	3

1 Grundbegriffe

1.1 Korrosion

Reaktion eines metallischen Werkstoffs mit seiner Umgebung, die eine meßbare Veränderung des Werkstoffs bewirkt und zu einer Beeinträchtigung der Funktion eines metallischen Bauteils oder eines ganzen Systems führen kann. In den meisten Fällen ist diese Reaktion elektrochemischer Natur, in einigen Fällen kann sie jedoch auch chemischer (nichtelektrochemischer) oder metallphysikalischer Natur sein.

Anmerkung: Reaktionen nichtmetallischer Werkstoffe sind nicht Gegenstand dieser Norm. Die hier definierten Grundbegriffe können aber sinngemäß auf diese übertragen werden.

1.2 Korrosionserscheinung

Die meßbare Veränderung eines metallischen Werkstoffs durch Korrosion.

Ausschließlich durch mechanische Einwirkung verursachte Veränderung des Werkstoffs ist nicht Gegenstand dieser Norm.

1.3 Korrosionsschaden

Beeinträchtigung der Funktion eines metallischen Bauteils oder eines ganzen Korrosionssystems (siehe Abschnitt 1.5) durch Korrosion.

Anmerkung: Neben einem Werkstoffschaden kann auch eine Beeinträchtigung durch Korrosionsprodukte, z. B. Beeinträchtigung eines geforderten dekorativen Aussehens, als Schaden angesehen werden.
Folgeschäden außerhalb des Systems sind nicht Gegenstand dieser Norm.

1.4 Korrosionsschutz

Maßnahmen mit dem Ziel, Korrosionsschäden zu vermeiden:
a) Durch Beeinflussung der Eigenschaften der Reaktionspartner und/oder durch Änderung der Reaktionsbedingungen
b) Durch Trennung des metallischen Werkstoffs vom korrosiven Mittel durch aufgebrachte Schutzschichten sowie

c) durch elektrochemische Maßnahmen (siehe DIN 50 900 Teil 2).

1.5 Korrosionssystem

System, bestehend aus metallischem Werkstoff, Korrosionsmedium und allen zugehörigen Phasen, deren chemische und physikalische Variable die Korrosion beeinflussen.

1.6 Korrosionsmedium

Umgebung, die Inhaltsstoffe enthält, die bei der Korrosion mit dem Werkstoff reagieren.

1.6.1 Korrosiv (aggressiv)

Eigenschaft eines Korrosionsmediums oder einzelner Bestandteile desselben, bei bestimmten Werkstoffen Korrosion auszulösen oder zu begünstigen.

1.6.2 Korrodieren

Reagieren von Werkstoff und Korrosionsmedium.

1.7 Korrosionsgrößen

Kenndaten, die das Ausmaß einer Korrosion oder deren Zeitabhängigkeit beschreiben.

1.8 Korrosionskunde

Lehre von der Korrosion und vom Korrosionsschutz.

2 Korrosionsarten

2.1 Korrosionsarten ohne mechanische Beanspruchung

2.1.1 Gleichmäßige Flächenkorrosion

Korrosion mit nahezu gleicher Abtragungsrate auf der gesamten Oberfläche.

2.1.2 Muldenkorrosion

Korrosion mit örtlich unterschiedlicher Abtragungsrate. Die Ursache für Muldenkorrosion ist das Vorliegen von Korrosionselementen (siehe DIN 50 900 Teil 2).

2.1.3 Lochkorrosion

Korrosion, bei welcher der elektrolytische Metallabtrag nur an kleinen Oberflächenbereichen abläuft und Lochfraß (siehe Abschnitt 3.3) erzeugt.

Fortsetzung Seite 2 bis 6

Normenausschuß Materialprüfung (NMP) im DIN Deutsches Institut für Normung e.V.

Die Ursache für Lochkorrosion ist das Vorliegen von Korrosionselementen (siehe DIN 50 900 Teil 2).

2.1.4 Spaltkorrosion
Örtlich beschleunigte Korrosion in Spalten. Sie ist auf Korrosionselemente zurückzuführen, die durch Konzentrationsunterschiede im Korrosionsmedium verursacht sind (siehe DIN 50 900 Teil 2).

2.1.5 Kontaktkorrosion (Galvanische Korrosion)
Beschleunigte Korrosion eines metallischen Bereichs, die auf ein Korrosionselement, bestehend aus einer Paarung Metall/Metall oder Metall/elektronenleitender Festkörper mit unterschiedlichen freien Korrosionspotentialen zurückzuführen ist. Hierbei ist der beschleunigt korrodierende metallische Bereich die Anode des Korrosionselements (siehe DIN 50 900 Teil 2).

2.1.6 Korrosion durch unterschiedliche Belüftung
Örtlich beschleunigte Korrosion durch Ausbildung eines Korrosionselements (siehe DIN 50 900 Teil 2) bei unterschiedlicher Belüftung, wobei die weniger belüfteten Bereiche beschleunigt abgetragen werden. Zu dieser Korrosionsart kann auch die Spaltkorrosion gezählt werden.

2.1.7 Korrosion unter Ablagerungen (Berührungskorrosion)
Örtlich beschleunigte Korrosion bei Berührung mit einem Fremdkörper. Die Korrosionsart kann hierbei entweder eine Spaltkorrosion (Berührung mit einem elektrisch nichtleitenden Festkörper, vgl. Abschnitt 2.1.4) oder eine Kontaktkorrosion (Berührung mit elektronenleitendem Festkörper, vgl. Abschnitt 2.1.5) sein.

2.1.8 Selektive Korrosion
Korrosionsart, bei der bestimmte Gefügebestandteile, korngrenzennahe Bereiche oder Legierungsbestandteile bevorzugt korrodieren.

2.1.8.1 Interkristalline Korrosion
Selektive Korrosion, bei der korngrenzennahe Bereiche bevorzugt korrodieren.

2.1.8.2 Transkristalline Korrosion
Selektive Korrosion, die annähernd parallel zur Verformungsrichtung durch das Innere der Körner verläuft.

2.1.9 Säurekondensatkorrosion (Taupunktkorrosion)
Korrosion mit Säure, die durch Taupunktunterschreitung (z. B. von Verbrennungsgasen) kondensiert.

2.1.10 Kondenswasserkorrosion (Schwitzwasserkorrosion)
Korrosion mit Wasser, das sich infolge Taupunktunterschreitung auf Metalloberflächen niederschlägt.

2.1.11 Stillstandkorrosion
Korrosion, die während des betrieblichen Stillstands einer Anlage abläuft.

2.1.12 Mikrobiologische Korrosion
Korrosion, die unter Mitwirkung von Mikroorganismen abläuft.

2.1.13 Anlaufen
Reaktion von Metallen mit Gasen unter Bildung dünner Schichten, die Interferenzfarben hervorrufen oder den Glanz herabsetzen.

2.1.14 Verzunderung
Korrosion von Metallen in Gasen bei hohen Temperaturen.

2.1.14.1 Katastrophale Verzunderung
Verzunderung mit ungewöhnlich hoher Korrosionsgeschwindigkeit, meist als Folge der Entstehung flüssiger Korrosionsprodukte.

2.1.14.2 Innere Korrosion
Bildung von Korrosionsprodukten bestimmter Legierungsbestandteile in der Matrix als Folge der Eindiffusion eines korrosiven Bestandteils des Mediums in den Werkstoff. Je nach Art des korrosiven Bestandteils unterscheidet man innere Oxidation, innere Schwefelung, innere Nitrierung, innere Carbidbildung usw.

2.2 Korrosionsarten bei zusätzlicher mechanischer Beanspruchung

2.2.1 Spannungsrißkorrosion
Rißbildung mit inter- oder transkristallinem Verlauf in Metallen unter Einwirkung bestimmter Korrosionsmedien bei rein statischen oder mit überlagerten niederfrequenten schwellenden Zugbeanspruchungen. Kennzeichnend ist eine verformungsarme Trennung oft ohne Bildung sichtbarer Korrosionsprodukte. Zugspannungen können auch als Eigenspannungen im Werkstück vorliegen.

Anmerkung: Spannungsrißkorrosion in Elektrolytlösungen ist dadurch gekennzeichnet, daß kritische Grenzbedingungen hinsichtlich des Korrosionssystems (Korrosionsmedium und Werkstoff), des Potentials und der Höhe und Art der mechanischen Beanspruchungen vorliegen. Bei der Spannungsrißkorrosion wird noch zwischen einer elektrolytischen (anodischen) und einer metallphysikalischen (wasserstoffinduzierten) Rißbildung unterschieden.

2.2.2 Schwingungsrißkorrosion (Korrosionsermüdung)
Verformungsarme, meist transkristalline Rißbildung in Metallen bei Zusammenwirken von mechanischer Wechselbeanspruchung und Korrosion.

Tritt die Rißbildung nach niedrigen Lastspielzahlen (hohe Belastung) auf, spricht man von Kurzzeit-Korrosionsermüdung.

Anmerkung: Im Gegensatz zur Spannungsrißkorrosion gibt es für die Schwingungsrißkorrosion keine kritischen Grenzbedingungen hinsichtlich des Korrosionssystems und der Belastungshöhe.

2.2.3 Dehnungsinduzierte Korrosion
Örtliche Korrosion unter Rißbildung in Metallen als Folge einer mechanischen Beschädigung schützender Deckschichten durch wiederholte kritische Dehnung oder Schrumpfung eines Bauteils.

2.2.4 Erosionskorrosion
Zusammenwirken von mechanischer Oberflächenabtragung (Erosion) und Korrosion, wobei die Korrosion im allgemeinen durch Zerstörung von Schutzschichten als Folge der Erosion ausgelöst wird.

2.2.5 Kavitationskorrosion
Zusammenwirken von Flüssigkeitskavitation und Korrosion, wobei die Korrosion durch örtliche Verformung und auch durch Zerstörung von Schutzschichten als Folge der Kavitation beschleunigt wird.

2.2.6 Reibkorrosion
Örtlich durch Reibung ohne äußere Wärmeeinwirkung

stattfindende Korrosion an Metalloberflächen.

Anmerkung: Die Reibkorrosion in sauerstoffhaltiger Atmosphäre wird häufig als Reiboxidation bezeichnet.

3 Korrosionserscheinungen

3.1 Gleichmäßiger Flächenabtrag
Korrosionsform, bei der der metallische Werkstoff von der Oberfläche her annähernd gleichförmig abgetragen wird.

3.2 Muldenfraß
Korrosionsform bei ungleichmäßigem Flächenabtrag unter Bildung von Mulden, deren Durchmesser wesentlich größer als ihre Tiefe ist. In Grenzfällen kann der Flächenabtrag außerhalb der Mulden sehr klein sein.

3.3 Lochfraß
Korrosionsform, bei der kraterförmige, die Oberfläche unterhöhlende oder nadelstichartige Vertiefungen auftreten. Außerhalb der Lochfraßstellen liegt praktisch kein Flächenabtrag vor. Die Tiefe der Lochfraßstelle ist in der Regel gleich oder größer als ihr Durchmesser.

Anmerkung: Eine Abgrenzung zwischen Mulde und Lochfraßstelle ist in Grenzfällen nicht möglich.

3.4 Fadenförmige Angriffsform
Korrosionsform eines örtlichen Angriffs mit fadenförmiger Ausbildung vorzugsweise unter dünnen Beschichtungen.

3.5 Selektive Angriffsform
Korrosionsform bei selektiver Korrosion. Spezielle Erscheinungsformen können nur durch metallographische Untersuchungen unterschieden werden. Schicht- oder zellenförmige Korrosionsformen können bei gepreßten oder gewalzten Metallen durch Gefügeinhomogenitäten auftreten (siehe Abschnitt 2).

3.5.1 Interkristalline Angriffsform (Kornzerfall)
Selektiver Angriff der korngrenzennahen Bereiche, der bis zum Zerfall des Gefüges in einzelne Körner führen kann.

3.5.2 Schichtförmiger Korrosionsangriff
Selektiver Angriff von Seigerungszonen, der zum Aufblättern und/oder Aufwölben des Werkstoffs führt.

3.5.3 Spongiose
Selektiver Angriff am Gußeisen bei mangelhafter Schutzschichtbildung unter Auflösung des Ferrits und Perlits. Dabei bleibt häufig die ursprüngliche Gestalt des Werkstücks erhalten.

3.5.4 Entzinkung
Korrosionsform bei Kupfer-Zinklegierungen durch Auflösen des Zinks unter Bildung von pfropfen- oder schichtförmigem Kupferschwamm.

3.6 Korrosionsrisse
Korrosionsform, bei der Risse auftreten. Die Risse gehen vielfach von der Oberfläche des Werkstoffs aus, können aber auch im Inneren entstehen. Der Flächenabtrag ist im allgemeinen sehr gering. Ob die Rißbildung inter- oder transkristallin erfolgt ist, kann nur durch metallographische Untersuchung festgestellt werden.

4 Korrosionsprodukte
Feste, flüssige oder gasförmige Reaktionsprodukte, die als Folge der Korrosion eines metallischen Werkstoffs entstehen.

4.1 Zunder
Bei hohen Temperaturen auf Metalloberflächen entstandene, vorwiegend oxidische Korrosionsprodukte.

4.1.1 Zunderausblühungen
Örtlich verstärkte Zunderauswüchse.

4.1.2 Schwefelpocken
Zunderausblühungen mit hohem Schwefelgehalt.

4.2 Rost
Bei der Korrosion von Eisen und Stahl entstandene vorwiegend oxidische und hydroxidische Korrosionsprodukte (ausgenommen Zunder).

4.2.1 Flugrost
Die beginnende Rostbildung auf Eisen und Stahl an der Atmosphäre.

4.2.2 Fremdrost
Ablagerungen von Rost auf fremden Metalloberflächen.

4.2.3 Passungsrost
An Paßflächen von Eisenwerkstoffen durch Reibkorrosion entstandener Rost.

5 Reaktionsschichten

5.1 Deckschicht
Durch Korrosion gebildete Schicht aus festen Reaktionsprodukten, die die Oberfläche mehr oder weniger gleichmäßig bedeckt. Hierdurch kann die Korrosion verlangsamt werden. Bei ungleichmäßiger Deckschichtausbildung können Korrosionselemente (siehe DIN 50 900 Teil 2) gebildet werden. Eine Deckschicht ist nur dann eine Schutzschicht (Begriff siehe DIN 50 902), wenn sie gleichmäßig ausgebildet ist und die Korrosion wesentlich verlangsamt. Hierbei kann der Stoffumsatz nach einer Anlaufperiode auch zeitlich konstant sein (siehe auch DIN 50 905 Teil 1).

5.2 Passivschicht
Lichtmikroskopisch häufig nicht nachweisbare Schutzschicht, die im passiven Zustand des Metalls vorliegt (siehe DIN 50 900 Teil 2).

Zitierte Normen

DIN 50 900 Teil 2   Korrosion der Metalle; Begriffe; Elektrochemische Begriffe
DIN 50 902   Behandlung von Metalloberflächen für den Korrosionsschutz durch anorganische Schichten; Begriffe
DIN 50 905 Teil 2   Korrosion der Metalle; Chemische Korrosionsuntersuchungen, Korrosionsgrößen bei gleichmäßiger Flächenkorrosion

Frühere Ausgaben

DIN 50 900: 06.51x, 11.60
DIN 50 900 Teil 1: 06.75

Änderungen

Gegenüber der Ausgabe Juni 1975 wurden folgende Änderungen vorgenommen:
a) Anpassung an den Stand der Technik durch Aufnahme weiterführender Präzisierungen und Ergänzungen bei den Korrosionsarten unter Rißbildung
b) gesonderte Begriffe für Reaktion, Erscheinungsform und Schaden aufgenommen
c) redaktionelle Anpassungen durchgeführt.

Erläuterungen

Diese Norm ist vom Arbeitsausschuß 171 „Korrosion und Korrosionsschutz" ausgearbeitet worden. Sie enthält gegenüber der Ausgabe Juni 1975 in den Grundbegriffen eine weiterführende Präzisierung und Ergänzungen bei den Korrosionsarten unter Rißbildung. Die Überarbeitung der Grundbegriffe erwies sich für ein besseres Verständnis, vor allem im internationalen Bereich, für zweckmäßig. Dabei wurden die Gedanken bei der Bearbeitung der Ausgabe Juni 1975 systematisch weiterentwickelt mit gesonderten Begriffen für Reaktion, Erscheinungsform und Schaden.

Mit der Feststellung, daß eine Korrosionserscheinung vorliegt, folgt nicht zwangsläufig, daß auch ein Schaden eintritt. Kriterium für den Schaden ist allein der Befund, daß eine Beeinträchtigung der Funktion vorliegt, die im Zusammenhang mit den gestellten Anforderungen zu sehen ist. So ist z. B. das Rosten von Eisenwerkstoffen eine Korrosion. Der erfolgte Flächenabtrag durch Umwandeln des Eisens in Rost ist eine Korrosionserscheinung, die aber nicht in jedem Fall einen Schaden darstellt. Das Rosten eines Brückengeländers führt zu Korrosionsschäden, denen man durch Korrosionsschutz mit Beschichtungen vorbeugt. Das Rosten einer Eisenbahnschiene führt nicht zu Korrosionsschäden. Hier werden auch keine Korrosionsschutzmaßnahmen durchgeführt. Die Funktion des Brückengeländers wäre durch Rosten beeinträchtigt, die der Eisenbahnschiene dagegen nicht.

Der hier definierte Begriff Korrosion umfaßt zwanglos auch solche Korrosionsarten, die früher nicht der Korrosion zugeordnet wurden und auf chemische oder metallphysikalische Vorgänge beruhen, z. B. Korrosion durch aufgenommenen Wasserstoff, vor allem bei hohen Temperaturen auch von anderen Nichtmetallen, und Korrosion durch geschmolzene Metalle. Es kann nicht Aufgabe der Begriffsnorm sein, die wissenschaftlichen Begründungen für die Auswertung und Präzisierung der einzelnen Begriffe zu geben. Eine Erörterung der Ziele dieser Norm zusammen mit denen von DIN 50 900 Teil 2 über elektrochemische Begriffe wurde in der Zeitschrift Werkstoffe und Korrosion (Jahrgang **32**, 1981, Heft 1, Seite 33—36) veröffentlicht.

Im Rahmen der Norm war es nicht möglich, eine genaue Abgrenzung zu stofflich ähnlichen Vorgängen, wie sie bei Brand und Explosion vorliegen, vorzunehmen. Diese ist auch nicht naturwissenschaftlich, sondern allenfalls pragmatisch mit Hilfe von Anhaltswerten über die Reaktionsgeschwindigkeit möglich. Die Abtragungsraten sind bei Brand mindestens größer als 0,2 mm/min, das sind 100 m/a. Korrosionsgeschwindigkeiten liegen demgegenüber um drei Zehnerpotenzen niedriger, wobei aber nur Flächenabtrag und nicht örtlicher Abtrag (z. B. bei Lochkorrosion oder Spannungsrißkorrosion) berücksichtigt ist.

DIN 50 900 Teil 1 Seite 5

Stichwortverzeichnis
Alphabetisches Verzeichnis der in dieser Norm festgelegten Begriffe

Die englischsprachigen Benennungen sind nicht Bestandteil dieser Norm; für die Richtigkeit übernimmt das DIN Deutsches Institut für Normung e.V. keine Gewähr.

Benennung		Abschnitt
deutsch	englisch	
aggressiv	aggressive	1.6.1
anlaufen	tarnish, discolour	2.1.13
Berührungskorrosion	deposit attack	2.1.7
Deckschicht	surface layer (film)	5.1
dehnungsinduzierte Korrosion	strain induced corrosion	2.2.3
Entzinkung	dezincation	3.5.4
Erosionskorrosion	corrosion-erosion	2.2.4
fadenförmige Angriffsform	filiform corrosion	3.4
Flugrost	initial, easily removable rust on iron and steel	4.2.1
Fremdrost	extraneous rust	4.2.2
galvanische Korrosion	galvanic corrosion	2.1.5
gleichmäßiger Flächenabtrag	uniform attack	3.1
gleichmäßige Flächenkorrosion	uniform corrosion	2.1.1
Grundbegriffe	fundamental terms	1
innere Korrosion	internal oxidation; subsurface corrosion	2.1.14.2
interkristalline Angriffsform	manifestation of intergranular (intercrystalline) corrosion	3.5.1
interkristalline Korrosion	intergranular (intercrystalline) corrosion	2.1.8.1
katastrophale Verzunderung	catastrophic oxidation; accelerated oxidation	2.1.14.1
Kavitationskorrosion	cavitation corrosion	2.2.5
Kondenswasserkorrosion	corrosion by condensed water	2.1.10
Kontaktkorrosion	galvanic corrosion; couple action	2.1.5
Kornzerfall	grain disintegration	3.5.1
korrodieren	corrode	1.6.2
Korrosion	corrosion	1.1
Korrosion durch unterschiedliche Belüftung	corrosion by differential aeration	2.1.6
Korrosionsarten	corrosion types	2
Korrosionsarten bei zusätzlicher mechanischer Beanspruchung	corrosion types under additional mechanical stresses	2.2
Korrosionsarten ohne mechanische Beanspruchung	corrosion types in the absence of mechanical stresses	2.1
Korrosionsermüdung	corrosion fatigue	2.2.2
Korrosionserscheinung	manifestation of corrosion	1.2
Korrosionsgrößen	values of corrosion attack	1.7
Korrosionsmedium	corrosive medium; corrosive environment	1.6
Korrosionskunde	corrosion science	1.8
Korrosionsprodukte	corrosion products	4
Korrosionsrisse	corrosion cracks	3.6
Korrosionsschaden	corrosion damage	1.3
Korrosionsschutz	corrosion protection	1.4
Korrosionssystem	corrosion-system	1.5
korrosiv	corrosive	1.6.1
Korrosion unter Ablagerungen	deposit attack	2.1.7
Kurzzeit-Korrosionsermüdung	low cycle corrosion fatigue	2.2.2
Lochfraß	pits	3.3
Lochkorrosion	pitting; pitting corrosion	2.1.3
mikrobiologische Korrosion	microbiological corrosion; bacterial corrosion	2.1.12
Muldenfraß	shallow pits	3.2
Muldenkorrosion	shallow pit formation	2.1.2

Benennung		Abschnitt
deutsch	englisch	
Passivschicht	passive layer (film)	5.2
Passungsrost	fretting rust	4.2.3
Reaktionsschichten	surface layers formed by corrosion	5
Reibkorrosion	fretting corrosion	2.2.6
Rost	rust	4.2
Säurekondensatkorrosion	dew point corrosion	2.1.9
schichtförmiger Korrosionsangriff	layer corrosion	3.5.2
Schwefelpocken	sulfide scale nodules	4.1.2
Schwingungsrißkorrosion	corrosion fatigue	2.2.2
Schwitzwasserkorrosion	corrosion by condensed water	2.1.10
selektive Angriffsform	manifestation of selective corrosion	3.5
selektive Korrosion	selective corrosion	2.1.8
Spaltkorrosion	crevice corrosion	2.1.4
Spannungsrißkorrosion	stress corrosion cracking	2.2.1
Spongiose	graphitic corrosion	3.5.3
Stillstandkorrosion	idle (boiler) corrosion; corrosion during shut down period	2.1.11
Taupunktkorrosion	dew point corrosion	2.1.9
transkristalline Korrosion	transgranular (transcrystalline) corrosion	2.1.8.2
Verzunderung	scaling; high temperature oxidation	2.1.14
Zunder	scale	4.1
Zunderausblühungen	scale nodules	4.1.1

DK 669.1/.8 : 620.193.4 : 541.138.2 : 001.4

Januar 1984

Korrosion der Metalle
Begriffe
Elektrochemische Begriffe

**DIN
50 900**
Teil 2

Corrosion of metals; terms; electrochemical terms
Corrosion des métaux; définitions, définitions électrochimiques

Ersatz für Ausgabe 06.75

Inhalt

	Seite			Seite
1 Allgemeine Begriffe	1	6	Ströme	4
2 Ionenleitende Phase	2	7	Elektrische Leitfähigkeit und Widerstände	4
3 Elektrode	2	8	Stromdichte-Potential-Kurve	5
4 Galvanisches Element	2	9	Elektrochemischer Korrosionsschutz	5
5 Potentiale und Spannungen	2			

1 Allgemeine Begriffe

1.1 Elektrochemische Korrosion

Korrosion, bei der elektrochemische Vorgänge stattfinden. Sie laufen ausschließlich in Gegenwart einer ionenleitenden Phase (siehe Abschnitt 2) ab. Hierbei muß die Korrosion nicht unmittelbar durch einen elektrolytischen Metallabtrag bewirkt werden, sie kann auch durch Reaktion mit einem elektrolytisch erzeugten Zwischenprodukt (z. B. atomarer Wasserstoff) erfolgen.

Kennzeichnend für die elektrochemische Korrosion ist eine Abhängigkeit der Korrosionsvorgänge vom Elektrodenpotential (siehe Abschnitt 5) bzw. von einem Strom, der durch die Phasengrenzfläche Werkstoff/Medium fließt.

1.1.1 Elektrolytische Korrosion

Elektrochemische Korrosion, die einen elektrolytischen Metallabtrag bewirkt. Der elektrolytische Abtrag ergibt sich aus einer anodischen Metall-Metallionen-Reaktion (siehe Abschnitt 1.2.1).

1.1.2 Aktive Korrosion

Elektrolytische Korrosion im aktiven Zustand der Werkstoffoberfläche (siehe Bild 1) ohne besondere Reaktionshemmung.

1.1.3 Passive Korrosion, Passivität

Geringfügige elektrolytische Korrosion im passiven Zustand der Werkstoffoberfläche (siehe Bild 1) bei Wirkung einer besonderen Reaktionshemmung durch Passivschichten (Begriff siehe DIN 50 900 Teil 1).

1.1.4 Transpassive Korrosion

Elektrolytische Korrosion durch starke Oxidationsmittel und/oder anodische Polarisation im transpassiven Zustand der Werkstoffoberfläche (siehe Bild 1).

1.2 Elektrodenreaktion

Elektrolytische Reaktion an der Phasengrenze Elektrode/ ionenleitende Phase (siehe Abschnitt 3 bzw. Abschnitt 2) unter Durchtritt von Elektronen und/oder Ionen durch die Phasengrenze.

1.2.1 Metall-Metallionen-Reaktion

Elektrodenreaktion unter Durchtritt von Metallionen durch die Phasengrenze. Diese Reaktion bedingt bei der elektrolytischen Korrosion unter Metallabtrag den anodischen Teilstrom (siehe Abschnitt 6.2).

1.2.2 Elektrolytische Oxidations- und Reduktionsreaktionen

Elektrodenreaktionen unter Durchtritt von Elektronen durch die Phasengrenze.

Reduktionsreaktionen können die kathodischen Teilschritte der Korrosion darstellen. Oxidationsreaktionen können sich als Parallelreaktionen der anodischen Teilreaktion der Korrosion überlagern.

Umkehrbare elektrolytische Oxidations- und Reduktionsreaktionen werden als Redoxreaktionen bezeichnet.

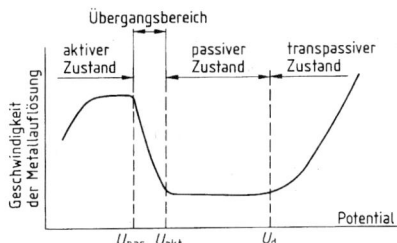

Bild 1. Potentialbereiche für den aktiven, passiven und transpassiven Zustand eines passivierbaren Metalls (schematisch)

Fortsetzung Seite 2 bis 8

Normenausschuß Materialprüfung (NMP) im DIN Deutsches Institut für Normung e. V.

2 Ionenleitende Phase

Ionenleitende Phase auf und im Kontakt mit der Metalloberfläche, die an der Elektrodenreaktion (siehe Abschnitt 1.2) beteiligt ist. Im allgemeinen handelt es sich hierbei um das Korrosionsmedium (Elektrolytlösung oder Salzschmelze), es kann sich aber auch um ionenleitende Korrosionsprodukte handeln.

Wenn die ionenleitende Phase außerdem eine elektronische Teilleitfähigkeit besitzt, können im oder an den Grenzflächen der ionenleitenden Phase elektrolytische Redoxreaktionen ablaufen. Dies ist im allgemeinen bei der Korrosion in heißen Gasen der Fall.

Submikroskopisch dünne elektronenleitende Passivschichten werden im allgemeinen als der Metallphase zugehörig betrachtet.

3 Elektrode

Elektronenleitender Werkstoff in einer ionenleitenden Phase. Das System Elektrode/ionenleitende Phase ist eine Halbzelle.

3.1 Anode

Elektrode oder Bereich einer heterogenen Mischelektrode (siehe Abschnitt 3.4.2), an der ein Gleichstrom in die ionenleitende Phase austritt (siehe Abschnitt 6.3.1).

Anmerkung: In einem Korrosionselement hat die Anode stets das negativere Potential. Es überwiegt die anodische Metall-Metallionen-Reaktion unter Umwandlung von Anodensubstanz in Korrosionsprodukt. In wäßrigen Lösungen wird der pH-Wert an der Anode im allgemeinen vermindert.

3.2 Kathode

Elektrode oder Bereich einer heterogenen Mischelektrode (siehe Abschnitt 3.4.2), an der ein Gleichstrom aus der ionenleitenden Phase eintritt.

Anmerkung: In einem Korrosionselement hat die Kathode stets das positivere Potential. Es überwiegt die kathodische Redoxreaktion. In wäßrigen Lösungen wird der pH-Wert an der Kathode im allgemeinen erhöht.

3.3 Einfachelektrode

Elektrode, an der nur eine Elektrodenreaktion abläuft.

3.4 Mischelektrode oder Mehrfachelektrode

Elektrode, an der mehr als eine Elektrodenreaktion abläuft.

3.4.1 Homogene Mischelektrode

Mischelektrode, an der die Teilstromdichten (siehe Abschnitt 6.2) auf der gesamten Elektrodenoberfläche gleich sind.

3.4.2 Heterogene Mischelektrode

Mischelektrode, an der die Teilstromdichten (siehe Abschnitt 6.2) auf der gesamten Elektrodenoberfläche nicht gleich sind.

3.5 Bezugselektrode

Halbzelle, die sich durch ein zeitlich konstantes Potential (siehe Abschnitt 5.1) und durch eine geringe Polarisation (siehe Abschnitt 5.3) auszeichnet. Bei Potentialmessungen werden die Meßwerte auf die Bezugselektrode bezogen und können bei Kenntnis des Bezugspotentials (siehe Abschnitt 5.1.4) auf die Standardwasserstoffelektrode umgerechnet werden.

Bei Potentialwerten ist stets die Bezugselektrode anzugeben.

4 Galvanisches Element

Anode und Kathode, die metallen- und elektrolytisch leitend (siehe Abschnitt 7.2) verbunden sind. Ein solches System ist eine heterogene Mischelektrode mit örtlich unterschiedlichen Summenstromdichten (siehe Abschnitt 6.3).

Anmerkung: Im Gegensatz zu galvanischen Stromquellen handelt es sich hier um mehr oder weniger niederohmig kurzgeschlossene galvanische Elemente.

4.1 Korrosionselement

Galvanisches Element mit örtlich unterschiedlichen Teilstromdichten (siehe Abschnitt 6.2) für den Metallabtrag. Anoden und Kathoden des Korrosionselementes können gebildet werden:

a) werkstoffseitig bedingt durch unterschiedliche Metalle (Kontaktkorrosion) oder durch Werkstoffinhomogenitäten (selektive Korrosion, Lochkorrosion, siehe DIN 50 900 Teil 1),

b) mediumseitig bedingt durch unterschiedliche Konzentration bestimmter Stoffe, die den Metallabtrag beeinflussen,

c) durch unterschiedliche Bedingungen, die sowohl werkstoff- als auch mediumseitig wirksam sind (z. B. Temperatur, Strahlung).

4.1.1 Kontaktelement

Korrosionselement, dessen Anoden und Kathoden aus unterschiedlichen Metallen und/oder elektronenleitenden Festkörpern bestehen (siehe Abschnitt 4.1 a).

4.1.2 Konzentrationselement

Korrosionselement, dessen anodische und kathodische Bereiche durch unterschiedliche Konzentration bestimmter den Metallabtrag beeinflussender Stoffe in der ionenleitenden Phase gebildet werden.

4.1.3 Belüftungselement

Konzentrationselement, dessen anodische und kathodische Bereiche durch unterschiedliche Belüftung entstehen.

4.2 Lokalelement

Korrosionselement mit sehr kleinen zusammenhängenden Anoden- und Kathodenflächen.

4.3 Makroelement

Ein flächig ausgedehntes Korrosionselement.

5 Potentiale und Spannungen

5.1 Elektrodenpotential

Elektrisches Potential eines Metalles oder eines elektronenleitenden Festkörpers in einer ionenleitenden Phase (siehe Abschnitt 2).

Anmerkung: Das Elektrodenpotential kann nur als eine Spannung gegen eine Bezugselektrode gemessen werden. Im Schrifttum werden zuweilen Potentiale auch als Bezugsspannungen bezeichnet.

5.1.1 Korrosionspotential

Elektrodenpotential eines Metalles unter den jeweiligen Korrosionsbedingungen, sowohl ohne als auch mit Polarisation durch elektrische Ströme (siehe Abschnitt 5.3).

5.1.2 Mischpotential

Korrosionspotential einer homogenen oder heterogenen Mischelektrode. Heterogene Mischelektroden haben auf ihrer Oberfläche unterschiedliche Mischpotentiale. Bei sehr kleinen Anoden- und/oder Kathodenflächen und in ionenleitenden Phasen mit hoher elektrischer Leitfähigkeit ist nur ein Mittelwert der Mischpotentiale meßbar.

5.1.2.1 Freies Korrosionspotential
Korrosionspotential einer Mischelektrode ohne Einwirkung von äußeren elektrischen Strömen.

5.1.2.1.1 Ruhepotential
Freies Korrosionspotential einer homogenen Mischelektrode (siehe Bild 2; U_R).

5.1.2.2 Anodenpotential
Korrosionspotential eines anodischen Bereiches einer heterogenen Mischelektrode.

5.1.2.2.1 Austrittspotential
Anodenpotential einer durch Streuströme (siehe Abschnitt 6.7) erzeugten heterogenen Mischelektrode.

5.1.2.3 Kathodenpotential
Korrosionspotential eines kathodischen Bereiches einer heterogenen Mischelektrode.

5.1.2.3.1 Eintrittspotential
Kathodenpotential einer durch Streuströme (siehe Abschnitt 6.7) erzeugten heterogenen Mischelektrode.

5.1.3 Gleichgewichtspotential
Elektrodenpotential, bei dem sich die betreffende Elektrodenreaktion im thermodynamischen Gleichgewicht befindet.

5.1.3.1 Metallelektrodenpotential
Gleichgewichtspotential einer Metall-Metallionen-Reaktion.

5.1.3.2 Redoxpotential
Gleichgewichtspotential einer elektrolytischen Redoxreaktion.

5.1.3.3 Standardpotential
Gleichgewichtspotential für eine Elektrodenreaktion, bei der die Reaktionspartner im Standardzustand vorliegen.

5.1.3.4 Standardwasserstoffpotential
Gleichgewichtspotential der Standardwasserstoffelektrode. Im allgemeinen werden alle Potentialwerte auf dieses Potential bezogen.

5.1.4 Bezugspotential
Potential einer Bezugselektrode (siehe Abschnitt 3.5) bezogen auf die Standardwasserstoffelektrode.

5.1.5 Kritisches Potential (Grenzpotential)
Elektrodenpotential, bei dem sich nach Über- oder Unterschreiten das Korrosionsverhalten ändert. Diese Potentiale sind keine scharfen Meßpunkte, sondern mehr oder weniger breite Bereiche.

5.1.5.1 Passivierungs- und Aktivierungspotential (siehe Bild 1)
Kritische Potentiale, bei deren Überschreiten die Passivität eintritt bzw. aufgehoben wird. Beide Potentiale liegen häufig um etwa 100 mV auseinander. Das Aktivierungspotential wird gelegentlich als Fladepotential bezeichnet.

5.1.5.2 Durchbruchspotential (siehe Bild 1)
Kritisches Potential, bei dessen Überschreiten transpassive Korrosion auftritt.

5.1.5.3 Lochfraßpotential
Kritisches Potential der Lochkorrosion.

5.1.5.4 Spannungsrißpotential
Kritisches Potential der Spannungsrißkorrosion.

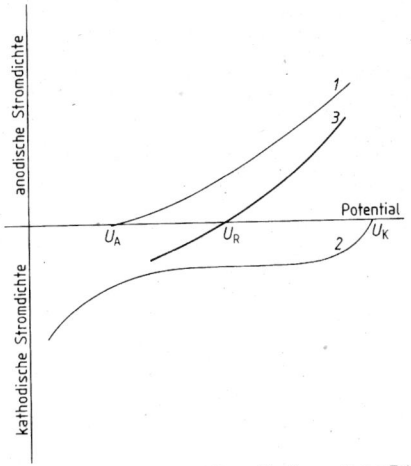

1 Teilstromdichte-Potential-Kurve für die anodische Teilreaktion mit dem Gleichgewichtspotential U_A
2 Teilstromdichte-Potential-Kurve für die kathodische Teilreaktion mit dem Gleichgewichtspotential U_K
3 Summenstromdichte-Potential-Kurve mit dem Ruhepotential U_R

Bild 2. Summenstromdichte- und Teilstromdichte-Potentialkurven einer homogenen Mischelektrode (schematisch)

a) homogene Mischelektrode

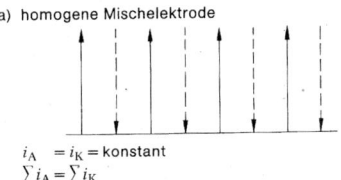

$i_A = i_K =$ konstant
$\sum i_A = \sum i_K$

b) heterogene Mischelektrode

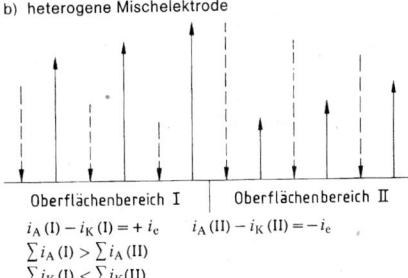

Oberflächenbereich I	Oberflächenbereich II
$i_A(I) - i_K(I) = + i_e$	$i_A(II) - i_K(II) = - i_e$
$\sum i_A(I) > \sum i_A(II)$	
$\sum i_K(I) < \sum i_K(II)$	

örtliche anodische Teilstromdichte i_A

örtliche kathodische Teilstromdichte i_K

Bild 3. Teilstromdichte-Verteilung bei der Mischelektrode für freie Korrosion

5.1.6 Schutzpotential
Elektrodenpotential, das bei kathodischem bzw. anodischem Korrosionsschutz (siehe Abschnitt 9) in negativer bzw. positiver Richtung überschritten werden muß. Kritische Potentiale müssen dabei beachtet werden.

5.1.7 Einschaltpotential
Elektrodenpotential bei eingeschalteter äußerer Stromquelle gemessen.

5.1.8 Ausschaltpotential
Elektrodenpotential, unmittelbar nach Ausschalten einer äußeren Stromquelle gemessen.

5.1.9 Umschaltpotential
Elektrodenpotential, unmittelbar nach dem Umschalten der äußeren Stromquelle auf einen anderen Stromwert gemessen.

5.2 Überspannung
Abweichung vom Gleichgewichtspotential.

5.2.1 Durchtritts- oder Aktivierungsüberspannung
Überspannung durch einen gehemmten Ladungsdurchtritt an der Elektrode (siehe Abschnitt 7).

5.2.2 Konzentrationsüberspannung
Überspannung durch Konzentrationsänderungen an der Elektrodenoberfläche. Sie tritt als Diffusions- und/oder Reaktionsüberspannung auf.

5.3 Polarisationsspannung oder Polarisation
Abweichung vom Freien Korrosionspotential.

5.4 Widerstandspolarisation
Überspannung durch Ohmsche Widerstände in der ionenleitenden Phase oder in einer Deckschicht.
Anmerkung: Bei der Widerstandspolarisation handelt es sich um eine Meßwertabweichung, die durch Messung des Ausschaltpotentials eliminiert werden kann. Die in dem ionenleitenden Korrosionsmedium vorliegende Widerstandspolarisation kann durch eine besondere Meßanordnung verringert werden.

6 Ströme
Die Richtung des Gleichstromes kennzeichnet den Wanderungssinn positiver Ladungsträger und den entgegengesetzten Sinn negativer Ladungsträger.

6.1 Stromdichte
Auf die geometrische Flächeneinheit bezogener Strom. Die geometrische Fläche unterscheidet sich von der wahren Elektrodenoberfläche durch die Rauheit.

6.2 Teilstrom
Der aus der Geschwindigkeit einer Elektrodenreaktion mit Hilfe des elektrochemischen Äquivalents errechnete Strom.

6.2.1 Anodischer Teilstrom, Korrosionsstrom
Anodischer Teilstrom der Metall-Metallionen-Reaktion (Metallabtrag).

6.2.2 Kathodischer Teilstrom
Kathodischer Teilstrom der Redoxreaktion (siehe Abschnitt 1.2.2).

6.3 Summenstrom, Polarisationsstrom
Summe der anodischen und kathodischen Teilströme bei gegebenem Elektrodenpotential. Bei Mischelektroden ist der Summenstrom der im äußeren Stromkreis meßbare Gleichstrom.

6.3.1 Anodischer Strom
Summenstrom, der von der Elektrode in die ionenleitende Phase austritt. Es überwiegen Oxidationsreaktionen.

6.3.2 Kathodischer Strom
Summenstrom, der aus der ionenleitenden Phase in die Elektrode eintritt. Es überwiegen Reduktionsreaktionen.
Anmerkung: Anodischer bzw. kathodischer Strom (Summenstrom) dürfen nicht mit anodischem bzw. kathodischem Teilstrom verwechselt werden!

6.4 Schutzstrom
Summenstrom, der notwendig ist, um beim elektrochemischen Korrosionsschutz das Schutzpotential zu erreichen oder zu überschreiten.

6.5 Passivierungsstrom
Summenstrom, der für den Übergang vom aktiven in den passiven Zustand des Werkstoffes notwendig ist.

6.6 Grenzstrom
Strom, der in einem größeren Bereich potentialunabhängig ist. Grenzströme können auftreten bei diffusions- und reaktionsbestimmten Prozessen und beim Vorliegen von Deckschichten.

6.7 Streustrom
Streustrom ist der in dem ionenleitenden Korrosionsmedium fließende Strom, der von stromführenden Leitern in diesem Medium stammt und von elektrischen Anlagen geliefert wird.
Anmerkung: Bei Streustrom kann es sich sowohl um Gleichstrom als auch um Wechselstrom handeln. Bei abgeleiteten Begriffen unter Beteiligung von Streuströmen (siehe Abschnitte 5.1.2.2.1 und 5.1.2.3.1) wird nur Gleichstrom verstanden.

6.8 Ausgleichsstrom
Ausgleichsstrom ist der zwischen zwei Elektroden bei metallener Verbindung oder zwischen zwei entfernten Bereichen einer Elektrode aufgrund von Potentialunterschieden nach vorausgegangener Polarisation fließende Strom.

7 Elektrische Leitfähigkeit und Widerstände

7.1 Elektrische Leitfähigkeit
Die elektrische Leitfähigkeit einer Phase ist der Kehrwert des spezifischen elektrischen Widerstandes dieser Phase und wird durch eine Widerstandsmessung an Testkörpern gegebener Abmessung ermittelt.

7.1.1 Elektrolytische Leitfähigkeit
Elektrische Leitfähigkeit eines ionenleitenden Korrosionsmediums (siehe Abschnitt 2).

7.1.2 Metallene Leitfähigkeit
Elektrische Leitfähigkeit eines Elektronenleiters (Metall).

7.2 Elektrische Verbindung
Elektrisch leitende Verbindung zwischen zwei Elektroden.

7.2.1 Elektrolytische Verbindung
Elektrische Verbindung durch ein ionenleitendes Korrosionsmedium.

7.2.2 Metallene Verbindung
Elektrisch leitende (metallenleitende) Verbindung durch Elektronenleiter.

7.3 Elektrische Trennung
Aufheben einer metallenen Verbindung zwischen zwei Elektroden oder innerhalb eines ausgedehnten Leiters mit Hilfe eines Isolierstückes.

7.4 Fremdkontakt

Unbeabsichtigte metallene Verbindung mit einer fremden Elektrode. Durch den Fremdkontakt wird ein Kontaktelement (siehe Abschnitt 4.1.1) ermöglicht.

7.5 Elektrolytwiderstand

Ohmscher Widerstand des ionenleitenden Korrosionsmediums.

7.5.1 Ausbreitungswiderstand

Ohmscher Widerstand zwischen einer Elektrode in einem Vollraum und einer unendlich weit entfernten, unendlich großen Gegenelektrode.

7.5.2 Erdungswiderstand

Summe von Ausbreitungswiderstand des Erders und Widerstand der Erdungsleitung.

7.6 Polarisationswiderstand

Quotient aus der Polarisationsspannung und dem Summenstrom einer Mischelektrode.

Anmerkung: Spezifische Polarisationswiderstände ergeben sich beim Einsetzen der zugehörigen Stromdichten.

7.6.1 Durchtrittswiderstand

Quotient aus Durchtrittsüberspannung und zugehörigem Teilstrom einer Elektrodenreaktion.

7.6.2 Konzentrations-, Reaktionswiderstand

Quotient aus der Konzentrations-, Reaktionsüberspannung und dem zugehörigen Teilstrom einer Elektrodenreaktion.

7.6.3 Deckschichtwiderstand

Quotient aus einer durch eine Deckschicht hervorgerufene Widerstandspolarisation und dem Summenstrom.

7.7 Umhüllungswiderstand

Quotient aus der Widerstandspolarisation und dem Summenstrom einer umhüllten Elektrode. Bei poren- und fehlstellenfrei umhüllten Elektroden ergibt sich ein nur durch den Beschichtungsstoff bestimmter Umhüllungswiderstand, bei einer Umhüllung mit Poren und Fehlstellen ergibt sich ein scheinbarer Umhüllungswiderstand, der im wesentlichen durch die Ausbreitungswiderstände der Flächen der Poren und Fehlstellen bestimmt wird.

8 Stromdichte-Potential-Kurve

8.1 Summenstromdichte-Potential-Kurve

Graphische Darstellung der Summenstromdichte in Abhängigkeit vom Elektrodenpotential oder der Polarisationsspannung einer Mischelektrode (siehe Bild 2).

Anmerkung: Bei Vorliegen einer heterogenen Mischelektrode ist die Summenstromdichte-Potential-Kurve abhängig vom Ort der Werkstoffoberfläche.

8.2 Teilstromdichte-Potential-Kurve

Graphische Darstellung der Teilstromdichte einer Elektrodenreaktion in Abhängigkeit vom Elektrodenpotential oder der Polarisation (siehe Kurven 1 und 2 im Bild 2).

9 Elektrochemischer Korrosionsschutz

Korrosionsschutz durch Einstellung bestimmter Potentialbereiche.

9.1 Kathodischer Korrosionsschutz

Schutzverfahren mit Hilfe kathodischer Summenströme, die mit Hilfe galvanischer Anoden oder Fremdstromanoden und Fremdstrom-Schutzgeräten aufgebracht werden.

9.2 Anodischer Korrosionsschutz

Schutzverfahren mit Hilfe anodischer Summenströme, die mit Hilfe zulegierter galvanischer Kathoden (z.B. Palladium) oder Fremdstromkathoden und Fremdstrom-Schutzgeräten aufgebracht werden.

Anmerkung: Beim elektrochemischen Korrosionsschutz sind kritische Potentiale zu beachten (siehe Abschnitt 5.1.6).

9.3 Galvanische Anode

Elektrode aus einem unedlen Metall mit einem negativeren Potential als das zu schützende Objekt.

9.4 Fremdstrom-Anode

Anode einer Fremdstrom-Schutzanlage. Das Anodenmaterial kann aus
verzehrbaren Werkstoffen (z.B. Eisenschrott, Aluminium), Inertmetallen (z.B. Platin), Inertmetallen auf Trägermetallen (z.B. Platin auf Titan) bestehen.

9.5 Fremdstrom-Schutzgerät

Gleichrichter zur Erzeugung des Schutzstromes. Je nach den Eigenschaften des Korrosionssystems werden auch galvanostatische oder potentiostatische Geräte verwendet.

Zitierte Normen

DIN 50900 Teil 1 Korrosion der Metalle; Begriffe; Allgemeine Begriffe

Frühere Ausgaben

DIN 50900: 06.51x, 11.60; DIN 50900 Teil 2: 06.75

Änderungen

Gegenüber der Ausgabe Juni 1975 wurden folgende Änderungen vorgenommen:
a) Neben einer redaktionellen Überarbeitung wurden insbesondere die Begriffe „Elektrode" und „ionenleitende Phase" präziser formuliert und in der Norm durchgehend verwendet.
b) Zum elektrochemischen Korrosionsschutz wurden neue Begriffe aufgenommen.

Erläuterungen

Diese Norm wurde vom Arbeitskreis „Terminologie" im Arbeitsausschuß NMP 171 „Korrosion und Korrosionsschutz" des Normenausschusses Materialprüfung (NMP) ausgearbeitet. Sie stellt die in einigen Punkten ergänzte Folgeausgabe zu DIN 50900 Teil 2 vom Juni 1975 dar.

Im Sinne der Ausgabe Juni 1975 wird unter „elektrochemische Korrosion" allgemein ein Korrosionsprozeß verstanden, der von elektrischen Einflußgrößen abhängt. Diese Betrachtung ist unabhängig davon, ob die Reaktion, die zur Korrosionserscheinung führt, auch eine elektrochemische Reaktion ist. Die folgende Tabelle gibt hierzu Beispiele:

Tabelle.

Korrosionsart	Korrosionssystem	ionenleitende Phase	zur Korrosionserscheinung führende Reaktion
Säurekorrosion	Metall/Säure	Säure	anodische Metallauflösung (elektrolytische Korrosion)
Sauerstoffkorrosion	Metall/Wässer	Elektrolytlösung, Deckschicht	anodische Metallauflösung (elektrolytische Korrosion)
Hochtemperaturoxidation	Metall/ sauerstoffhaltiges Gas	Oxidschicht	anodischer Metallübergang Metall → Oxid
kathodische Bleikorrosion	Pb/Wässer	Elektrolytlösung	chemische Hydridbildung unter Metallabtrag
H-induzierte Spannungsrißkorrosion	Fe/H_2S	wäßrige H_2S-Lösung	H-Absorption, metallphysikalischer Vorgang mit Rißbildung
Spannungsrißkorrosion in Flüssigmetallen	Messing/$HgNO_3$	$HgNO_3$-Lösung	Hg-Abscheidung, metallphysikalischer Vorgang mit Rißbildung

DIN 50900 Teil 2 Seite 7

Stichwortverzeichnis

Alphabetisches Verzeichnis der in dieser Norm festgelegten Begriffe mit Formelzeichen und der gebräuchlichsten Einheiten. Die englischsprachigen Benennungen sind nicht Bestandteil dieser Norm; für die Richtigkeit übernimmt das DIN Deutsches Institut für Normung e. V. keine Gewähr.

Benennung deutsche	Benennung englische	Formelzeichen	Einheit	Abschnitt
Aktive Korrosion	active corrosion	–	–	1.1.2
Aktivierungspotential	activation potential (Flade potential)	U_{akt}	V	5.1.5.1
Anode	anode	–	–	3.1
Anodenpotential	anode potential	U_a	V	5.1.2.2
Anodischer Korrosionsschutz	anodic corrosion protection	–	–	9.2
Anodischer Strom	anodic current	I_a	A	6.3.1
Anodischer Teilstrom	anodic partial current	I_A	A	6.2.1
Ausbreitungswiderstand	ground resistance (contact resistance)	–	Ω	7.5.1
Ausgleichsstrom	compensating current	–	A	6.8
Ausschaltpotential	off-potential	U_{aus}	V	5.1.8
Austrittspotential	potential at the stray current exit location	–	V	5.1.2.2.1
Belüftungselement	differential aeration cell	–	–	4.1.3
Bezugselektrode	reference electrode	–	–	3.5
Bezugspotential	reference potential	–	–	5.1.4
Deckschichtwiderstand	surface layer resistance	–	Ω	7.6.3
Durchbruchspotential	break-through potential	U_d	V	5.1.5.2
Durchtrittsüberspannung	transfer (activation) polarisation	–	V	5.2.1
Durchtrittswiderstand	activation polarisation resistance	–	Ω	7.6.1
Einfachelektrode	single electrode	–	–	3.3
Einschaltpotential	on-potential	U_{ein}	V	5.1.7
Eintrittspotential	potential at the stray current entry location	–	V	5.1.2.3.1
Elektrische Leitfähigkeit	electrical conductivity	$\varkappa$	$\Omega^{-1}\,cm^{-1}$	7.1
Elektrische Trennung	electrical separation	–	–	7.3
Elektrische Verbindung	electrical connection	–	–	7.2
Elektrochemische Korrosion	electrochemical corrosion	–	–	1.1
Elektrochemischer Korrosionsschutz	electrochemical corrosion protection	–	–	9
Elektrode	electrode	–	–	3
Elektrodenreaktion	electrode reaction	–	–	1.2
Elektrolytische Korrosion	electrolytic corrosion	–	–	1.1.1
Elektrolytische Leitfähigkeit	electrolytic conductivity	$\varkappa$	$\Omega^{-1}\,cm^{-1}$	7.1.1
Elektrolytische Oxidations- und Reduktionsreaktionen	electrolytic oxidation and reduction reactions	–	–	1.2.2
Elektrolytische Verbindung	electrolytic connection	–	–	7.2.1
Elektrolytwiderstand	electrolyte resistance	–	Ω	7.5
Erdungswiderstand	earthing resistance	–	Ω	7.5.2
Freies Korrosionspotential	free corrosion potential	–	V	5.1.2.1
Fremdkontakt	contact with a foreign electrode	–	–	7.4
Fremdstrom-Anode	impressed current anode	–	–	9.4
Fremdstrom-Schutzgerät	impressed current installation	–	–	9.5
Galvanische Anode	galvanic anode (sacrificial anode)	–	–	9.3
Galvanisches Element	galvanic cell	–	–	4.
Gleichgewichtspotential	equilibrium potential	U^*	V	5.1.3
Grenzstrom	limiting current	–	A	6.6
Heterogene Mischelektrode	heterogeneous mixed electrode	–	–	3.4.2
Homogene Mischelektrode	homogeneous mixed electrode	–	–	3.4.1
Ionenleitende Phase	ion conducting medium	–	–	2
Kathode	cathode	–	–	3.2
Kathodenpotential	cathode potential	U_k	V	5.1.2.3
Kathodischer Korrosionsschutz	cathodic corrosion protection	–	–	9.1
Kathodischer Strom	cathodic current	I_k	A	6.3.2
Kathodischer Teilstrom	cathodic partial current	I_K	A	6.2.2
Kontaktelement	galvanic cell	–	–	4.1.1
Konzentrationselement	concentration cell	–	–	4.1.2
Konzentrationsüberspannung	concentration polarisation	–	V	5.2.2
Konzentrationswiderstand	concentration polarisation resistance	–	Ω	7.6.2
Korrosionselement	corrosion cell	–	–	4.1
Korrosionspotential	corrosion potential	–	V	5.1.1
Kritisches Potential	threshold potential	–	V	5.1.5

13

Tabelle. (Fortsetzung)

Benennung deutsche	Benennung englische	Formelzeichen	Einheit	Abschnitt
Lochfraßpotential	pitting potential	–	V	5.1.5.3
Lokalelement	local cell	–	–	4.2
Makroelement	long line current cell	–	–	4.3
Metallelektrodenpotential	equilibrium potential of a metal/metal-ion electrode	–	V	5.1.3.1
Metallene Leitfähigkeit	electronic conductivity	$\varkappa$	$\Omega^{-1}\ cm^{-1}$	7.1.2
Metallene Verbindung	metallic connection	–	–	7.2.2
Metall-Metallionen-Reaktion	metal/metal-ion reaction	–	–	1.2.1
Mischelektrode	mixed electrode	–	–	3.4
Mischpotential	mixed potential	–	V	5.1.2
Passive Korrosion	passive corrosion	–	–	1.1.3
Passivierungspotential	passivation potential	U_{pas}	V	5.1.5.1
Passivierungsstrom	passivating current	–	A	6.5
Passivität	passivity	–	–	1.1.3
Polarisationsspannung, Polarisation	polarisation	–	V	5.3
Polarisationswiderstand	polarisation resistance	R_p	Ω	7.6
spezifischer Polarisationswiderstand	polarisation resistivity	r_p	$\Omega\ cm^2$	
Reaktionswiderstand	reaction polarisation resistance	–	Ω	7.6.2
Redoxpotential	redox potential	–	V	5.1.3.2
Ruhepotential	rest potential	U_R	V	5.1.2.1.1
Schutzpotential	protection potential	U_s	V	5.1.6
Schutzstrom	protection current	I_s	A	6.4
Spannungsrißpotential	threshold potential for stress corrosion cracking	–	V	5.1.5.4
Standardpotential	standard electrode potential	U°	V	5.1.3.3
Standardwasserstoffpotential	standard hydrogen electrode potential	–	V	5.1.3.4
Streustrom	stray current	–	A	6.7
Strom	current	I	A	6
Stromdichte	current density	i	$A\ cm^{-2}$	6.1
Stromdichte-Potential-Kurve	current density-potential curve	$i(U)$	–	8
Summenstrom	net current (total current)	I	A	6.3
Summenstromdichte-Potential-Kurve	net current density-potential curve	$i(U)$	–	8.1
Teilstrom	partial current	–	A	6.2
Teilstromdichte-Potential-Kurve	partial current density-potential curve	–	–	8.2
Transpassive Korrosion	transpassive corrosion	–	–	1.1.4
Überspannung	overvoltage	η	V	5.2
Umhüllungswiderstand	coating resistance	R_u	Ω	7.7
spezifischer Umhüllungswiderstand	coating resistivity	r_u	$\Omega\ m^2$	
Umschaltpotential	switch over potential	–	V	5.1.9
Widerstandspolarisation	resistance polarisation	–	Ω	5.4

Internationale Patentklassifikation

C 23 F 13/00

DK 669 : 620.193/.196 : 001.4

September 1985

Korrosion der Metalle
Begriffe
Begriffe der Korrosionsuntersuchung

**DIN
50 900**
Teil 3

Corrosion of metals; terms; terms of corrosion testing
Corrosion des metaux; definitions; definitions de l'essai de corrosion

1 Allgemeine Begriffe

1.1 Korrosionsuntersuchung
Eine Korrosionsuntersuchung umfaßt Korrosionsversuche und Versuchsauswertung. Sie kann eines oder mehrere der folgenden Ziele haben:
— Aufklärung von Korrosionsreaktionen;
— Erlangen von Kenntnissen über das Korrosionsverhalten von Werkstoffen unter Korrosionsbelastungen;
— Auswahl von Maßnahmen für den Korrosionsschutz.

Eine Korrosionsuntersuchung gibt Aussagen über Eigenschaften eines Korrosionssystems.

1.2 Korrosionsprüfung (Korrosionstest)
Eine Korrosionsprüfung ist eine Korrosionsuntersuchung, bei der die Korrosionsbelastung und die Beurteilung der Versuchsergebnisse durch Bestimmungen (Normen, Prüfblätter und ähnlichem) und/oder Vereinbarungen, z. B. Lieferbedingungen, festgelegt sind.

Sie dient im wesentlichen der Qualitätskontrolle bei der Herstellung und Weiterverarbeitung von Werkstoffen sowie der Beurteilung von Korrosionsschutzmaßnahmen.

1.3 Korrosionsversuch
Ein Korrosionsversuch ist der experimentelle Teil einer Korrosionsuntersuchung bzw. einer Korrosionsprüfung.

1.4 Korrosionsbelastung
Die Korrosionsbelastung ist die Gesamtheit der bei der Korrosion von Werkstoffen vorliegenden Einflüsse der chemischen Belastung durch das Angriffsmittel (z. B. chemische Zusammensetzung, pH-Wert, Strömungszustand), der elektrischen Belastung (z. B. Potential, Streuströme), der mechanischen Belastung (z. B. statische oder dynamische Belastung, Reibung), der thermischen Belastung (z. B. Temperatur, Wärmeübergang) sowie gegebenenfalls weiterer Belastungsarten.

1.5 Korrosionsbeanspruchung
Die Korrosionsbeanspruchung ist die Gesamtheit der am und im Werkstoff als Folge der Korrosionsbelastung auftretenden Einwirkungen. Sie bewirkt Art und Geschwindigkeit einer Korrosion.

Anmerkung: Bei gleicher Korrosionsbelastung hängt die Korrosionsbeanspruchung von der Korrosionsanfälligkeit des Werkstoffs oder von der Wirksamkeit von Korrosionsschutzmaßnahmen ab.

1.6 Probe, Probestück, Probeabschnitt
Die Probe, das Probestück und der Probeabschnitt bezeichnet den Teil aus dem Werkstoff, der untersucht oder geprüft wird (siehe auch Euronorm 18 – 1979).

1.7 Versuchsauswertung
Die Versuchsauswertung ist die Ermittlung der bei einem Korrosionsversuch gemessenen Korrosionsgrößen.

Diese Größen können Meßgrößen des Werkstoffs, der Korrosionsgeschwindigkeit und des Systems (siehe Anhang A) sein sowie Korrosionserscheinungen (Korrosionsformen) und Korrosionsprodukte betreffen.

2 Arten der Korrosionsversuche

2.1 Korrosionsversuch unter betriebsnaher Korrosionsbelastung
Beim Korrosionsversuch unter betriebsnaher Korrosionsbelastung entspricht die Korrosionsbelastung der betrieblichen Belastung soweit wie möglich. Der Korrosionsmechanismus ist gegenüber der betrieblichen Belastung nicht verändert. Die Dauer des Korrosionsversuchs kann durch Fortfall von Betriebsperioden, in denen das Korrosionsbelastung wesentlich geringer ist, abgekürzt werden.

Die Versuchsdauer soll so bemessen sein, daß ein stationärer Zustand der Korrosionsgeschwindigkeit erreicht

Fortsetzung Seite 2 bis 4

Normenausschuß Materialprüfung (NMP) im DIN Deutsches Institut für Normung e.V.

ist und die Versuchsergebnisse zu sehr langen Versuchszeiten extrapoliert werden können (siehe DIN 50 905 Teil 2).

Versuche unter betriebsnaher Korrosionsbelastung gestatten die sicherste Vorhersage über das betriebliche Verhalten des Korrosionssystems.

2.2 Korrosionsversuch unter verstärkter Korrosionsbelastung

Beim Korrosionsversuch unter verstärkter Korrosionsbelastung ist die Korrosionsbelastung gegenüber der betrieblichen Belastung zum Abkürzen der Versuchsdauer verstärkt. Der Korrosionsmechanismus kann von dem bei betrieblicher Belastung vorliegenden Mechanismus abweichen. Aus solchen Versuchen ermittelte Korrosionsgrößen können zur Vorhersage des betrieblichen Verhaltens von Korrosionssystemen nur verwendet werden, wenn ausreichende Erfahrungen über die Übertragbarkeit der Versuchsergebnisse vorliegen.

2.3 Schnellkorrosionsversuch

Ein Schnellkorrosionsversuch ist ein Korrosionsversuch, bei dem die Korrosionsbelastung von der betrieblichen Belastung abweicht und die Versuchsdauer extrem kurz ist. Schnellkorrosionsversuche dienen zum schnellen Ermitteln bestimmter Werkstoffeigenschaften (z. B. Beständigkeit gegen interkristalline Korrosion, Beständigkeit gegen Spannungsrißkorrosion) oder zum Beschreiben der Eigenschaften von Korrosionsschutzbeschichtungen (z. B. Porigkeit).

Schnellkorrosionsversuche liefern vergleichende Aussagen über die ermittelten Werkstoffeigenschaften. Sie sind im allgemeinen den Korrosionsprüfungen zuzuordnen.

2.4 Laboratoriumsversuch

Ein Laboratoriumsversuch ist ein Korrosionsversuch im Laboratoriumsmaßstab. Die Korrosionsbelastung ergibt sich häufig aus der Notwendigkeit, betriebliche Belastungen nachzuahmen. Bei Korrosionsprüfungen ist die Korrosionsbelastung stets genormt oder vorgeschrieben.

2.5 Technikumsversuch

Ein Technikumsversuch ist ein Korrosionsversuch im halbtechnischen Maßstab, bei dem die Korrosionsbelastung den betrieblichen Bedingungen weitgehend angenähert ist.

2.6 Betriebsversuch

Ein Betriebsversuch ist ein Korrosionsversuch unter betrieblichen Bedingungen in einer betrieblichen Einrichtung.

2.7 Naturversuch (Feldversuch)

Ein Naturversuch (Feldversuch) ist ein Korrosionsversuch in der natürlichen Umgebung: Atmosphären (Klimate), Wässer, Erdböden.

2.8 Modellversuch

Ein Modellversuch ist ein Korrosionsversuch, bei dem eine bestimmte Korrosionsbelastung im Laboratoriumsmaßstab oder im halbtechnischen Maßstab modellmäßig nachgebildet wird.

Anhang A
Zusammenstellung der wichtigsten Benennungen der Korrosionsuntersuchung

Benennung deutsche	Benennung englische	Formelzeichen	gebräuchliche Einheit
Meßgrößen des Werkstoffs			
Massenverlust	material consumption (weight loss)	$-\Delta m$	g
Massenzunahme	material increase	$+\Delta m$	g
Flächenbezogener Massenverlust	material consumption per unit area	m_a	$g\,m^{-2}$
Flächenbezogene Massenzunahme	material increase per unit area	m_z	$g\,m^{-2}$
Dickenabnahme	thickness reduction	$-\Delta s$	mm
Angriffstiefe	depth of local corrosion attack	l	mm
Maximale Angriffstiefe	maximum depth of local corrosion attack	l_{max}	mm
Anzahl der örtlichen Angriffe	number of local attacks	n_1	1
Fläche des örtlichen Angriffs	area of local attacks	A_1	cm^2
Lochzahldichte	number of pits per unit area	z	m^{-2}
Rißtiefe	crack depth	a	mm
Meßgrößen der Korrosionsgeschwindigkeit			
Flächenbezogene Massenverlustrate	material consumption rate per unit area	v	$g\,m^{-2}\,h^{-1}$
Abtragungsgeschwindigkeit	corrosion rate	w	$mm\,a^{-1}$
Eindringgeschwindigkeit	penetration rate	w_1	$mm\,a^{-1}$
Maximale Eindringgeschwindigkeit	maximum penetration rate	$w_{1,\,max}$	$mm\,a^{-1}$
Integrale flächenbezogene Massenverlustrate	average material consumption rate per unit area	v_{int}	$g\,m^{-2}\,h^{-1}$
Differentielle flächenbezogene Massenverlustrate	momentary material consumption rate per unit area	v_{diff}	$g\,m^{-2}\,h^{-1}$
Lineare flächenbezogene Massenverlustrate	linear material consumption rate per unit area	v_{lin}	$g\,m^{-2}\,h^{-1}$
Integrale Abtragungsgeschwindigkeit	average material consumption rate	w_{int}	$mm\,a^{-1}$
Differentielle Abtragungsgeschwindigkeit	momentary material consumption rate	w_{diff}	$mm\,a^{-1}$
Lineare Abtragungsgeschwindigkeit	linear material consumption rate	w_{lin}	$mm\,a^{-1}$
Rißfortpflanzungsgeschwindigkeit, Reißgeschwindigkeit	crack propagation rate, crack growth rate	w_a	$mm\,h^{-1}$
Meßgrößen des Systems (Meßwerte, die kritische Daten beschreiben, bei deren Überschreiten oder Unterschreiten sich das Korrosionsverhalten oder die Korrosionsbeanspruchung nahezu sprunghaft ändern)			
Kritisches Potential (Grenzpotential)	critical potential (threshold potential)	–	V
Kritische Zugspannung (Grenzspannung)	critical tensile stress (threshold stress)	–	$N\,mm^{-2}$
Kritische Dehnrate	critical strain rate	–	s^{-1}
Kritische Konzentration*) (Grenzkonzentration)	critical concentration (limiting concentration)	–	$mol\,m^{-3}$
Kritische Temperatur*) (Grenztemperatur)	critical temperature (limiting temperature)	–	°C

*) Die Begriffe kritische Konzentration sowie kritische Temperatur werden häufig im Zusammenhang mit örtlichen Angriffen durch Lochkorrosion oder Spannungskorrosion verwendet.

Zitierte Normen

DIN 50 905 Teil 2	Korrosion der Metalle; Chemische Korrosionsuntersuchungen; Korrosionsgrößen bei gleichmäßiger Flächenkorrosion
Euronorm 18 – 1979	Entnahme und Vorbereitung von Probenabschnitten und Proben aus Stahl und Stahlerzeugnissen

Weitere Normen und andere Unterlagen

DIN 50 016	Werkstoff-, Bauelemente- und Geräteprüfung; Beanspruchung im Feucht-Wechselklima
DIN 50 017	Klimate und ihre technische Anwendung; Kondenswasser-Prüfklimate
DIN 50 018	Korrosionsprüfungen; Beanspruchung im Kondenswasser-Wechselklima mit schwefeldioxidhaltiger Atmosphäre
DIN 50 021	Korrosionsprüfungen; Sprühnebelprüfungen mit verschiedenen Natriumchloridlösungen
DIN 50 905 Teil 1	Korrosion der Metalle; Chemische Korrosionsuntersuchungen; Allgemeines
DIN 50 905 Teil 3	Korrosion der Metalle; Chemische Korrosionsuntersuchungen; Korrosionsgrößen bei ungleichmäßiger Korrosion ohne zusätzliche mechanische Beanspruchung
DIN 50 911	Prüfung von Kupferlegierungen; Quecksilbernitratversuch
DIN 50 914	Prüfung nichtrostender Stähle auf Beständigkeit gegen interkristalline Korrosion; Kupfersulfat-Schwefelsäure-Verfahren; Strauß-Test
DIN 50 915 Teil 1	Prüfung von unlegierten und niedriglegierten Stählen auf Beständigkeit gegen interkristalline Spannungsrißkorrosion; Ungeschweißte Werkstoffe
DIN 50 916 Teil 1	Prüfung von Kupferlegierungen; Spannungsrißkorrosionsversuch mit Ammoniak; Prüfung von Rohren, Stangen und Profilen
DIN 50 916 Teil 2	Prüfung von Kupferlegierungen; Spannungsrißkorrosionsprüfung mit Ammoniak; Prüfung von Bauteilen
DIN 50 917 Teil 1	Korrosion der Metalle; Naturversuche; Freibewitterung
DIN 50 917 Teil 2	(z. Z. Entwurf) Korrosion der Metalle; Naturversuche; Naturversuche in Meerwasser
DIN 50 918	Korrosion der Metalle; Elektrochemische Korrosionsuntersuchungen
DIN 50 919	Korrosion der Metalle; Korrosionsuntersuchungen der Kontaktkorrosion in Elektrolytlösungen
DIN 50 920 Teil 1	Korrosion der Metalle; Korrosionsprüfung in strömenden Flüssigkeiten; Allgemeines
DIN 50 921	Korrosion der Metalle; Prüfung nichtrostender austenitischer Stähle auf Beständigkeit gegen örtliche Korrosion in stark oxidierenden Säuren; Korrosionsversuch in Salpetersäure durch Messung des Massenverlustes (Prüfung nach Huey)
DIN 50 922	Korrosion der Metalle; Untersuchung der Beständigkeit von metallischen Werkstoffen gegen Spannungsrißkorrosion; Allgemeines
LN 65 666	Spannungsrißkorrosions-Prüfung von Aluminium-Knetlegierungen für Luftfahrtgerät
Mil H-6088 E	Military Specification; Heattreatment of Aluminium Alloys. Hrsg. US-Department of Defense.
SEP 1861 [*]	Prüfung von Schweißverbindungen an unlegierten und niedriglegierten Stählen auf ihre Beständigkeit gegen Spannungsrißkorrosion
SEP 1870 [*]	Ermittlung der Beständigkeit nichtrostender austenitischer Stähle gegen interkristallinen Angriff; Korrosionsversuch in Salpetersäure durch Messung des Massenverlustes (Prüfung nach Huey)
SEP 1877 [*]	Prüfung der Beständigkeit hochlegierter, korrosionsbeständiger Werkstoffe gegen interkristalline Korrosion

Erläuterungen

Diese Norm wurde vom Arbeitskreis „Terminologie" im Arbeitsausschuß NMP 171 „Korrosion und Korrosionsschutz" des Normenausschusses Materialprüfung (NMP) erarbeitet.
Eine Übersicht über Normen für Korrosionsuntersuchungen und -prüfungen ist in DIN 50 905 Teil 1 zusammengestellt.

Internationale Patentklassifikation

G 01 N 17/00

---

[*] Zu beziehen durch Verlag Stahleisen mbH, Postfach 82 29, 4000 Düsseldorf 1

Juli 1994

Schichten für den Korrosionsschutz von Metallen Begriffe, Verfahren und Oberflächenvorbereitung	**DIN** **50902**

ICS 25.220.20 Ersatz für Ausgabe 1975-07

Deskriptoren: Korrosionsschutz, Metalloberfläche, Metallbeschichtung, Schutzschicht, Oberflächenvorbereitung

Coatings for corrosion protection of metals; vocabulary, processes and surface preparation
Revêtements pour la protection contre la corrosion des métaux; vocabulaire, procédés et préparation de la surface

1 Anwendungsbereich und Zweck

Diese Norm legt Begriffe für Korrosionsschutz-Schichten fest, gibt einen Überblick über Verfahren zur Oberflächenvorbereitung sowie zur Herstellung von Korrosionsschutz-Schichten und verweist auf Normen für deren Auswahl.

2 Begriffe

2.1 Korrosionsschutz-Schicht

Eine Korrosionsschutz-Schicht ist eine auf einem Metall oder im oberflächennahen Bereich eines Metalls hergestellte Schicht, die aus einer oder mehreren Lagen besteht. Mehrlagige Schichten werden auch als Korrosionsschutzsystem bezeichnet.
Eine Korrosionsschutz-Schicht dient dem Korrosionsschutz (Begriff siehe DIN 50 900 Teil 1).
ANMERKUNG: Beschichtungen und Überzüge werden unterschieden. Schichten auf Nichtmetallen können sinngemäß bezeichnet werden.

2.1.1 Beschichtung

Eine Beschichtung im Sinne dieser Norm ist eine Korrosionsschutz-Schicht aus Beschichtungsstoff(en).

2.1.2 Überzug

Ein Überzug im Sinne dieser Norm ist eine Korrosionsschutz-Schicht aus Metall(en), ein Umwandlungsüberzug oder ein Diffusionsüberzug.
ANMERKUNG: In Grenzfällen gibt es gleitende Übergänge zwischen Umwandlungs- und Diffusionsüberzügen.

2.1.2.1 Umwandlungsüberzug

Ein Umwandlungsüberzug wird durch eine chemische und/oder elektrochemische Reaktion des zu schützenden Metalls mit einem vorgegebenen Medium hergestellt.
ANMERKUNG: Reaktionsschichten (siehe DIN 50 900 Teil 1), die in betrieblichen Medien entstehen, sind nicht Gegenstand dieser Norm (siehe Erläuterungen).

2.1.2.2 Diffusionsüberzug

Ein Diffusionsüberzug ist eine Korrosionsschutz-Schicht, die durch Anreicherung eindiffundierter Metalle oder Nichtmetalle an der Oberfläche des zu schützenden Metalls hergestellt wird.

2.1.3 Duplex-Korrosionsschutz-Schicht

Eine Duplex-Korrosionsschutz-Schicht ist eine Kombination von zwei Korrosionsschutz-Schichten mit unterschiedlicher Funktion für die Schutzwirkung, die gemeinsam eine höhere Schutzwirkung erzielen als die Summe der Schichten allein (synergetischer Effekt).
ANMERKUNG: Zu diesen Schichten gehören vor allem Überzüge mit zusätzlichen organischen Beschichtungen.

2.1.4 Umhüllung

Eine Umhüllung ist eine Korrosionsschutz-Schicht an den Außenflächen von z.B. Apparaten, Behältern und Rohrleitungen.

2.1.5 Auskleidung

Eine Auskleidung ist eine Korrosionsschutz-Schicht an den Innenflächen von z.B. Apparaten, Behältern und Rohrleitungen.

2.2 Beschichtungsstoff

Beschichtungsstoff im Sinne dieser Norm ist der Oberbegriff für flüssige bis pastenförmige, pulverförmige oder feste Stoffe, die aus Bindemitteln sowie gegebenenfalls zusätzlich aus Pigmenten und anderen Farbmitteln, Füllstoffen, Lösemittel- und sonstigen Zusätzen bestehen.
ANMERKUNG: Diese Definition weicht geringfügig von der in DIN 55 928 Teil 5 und DIN 55 945 gegebenen ab, um auch feste Stoffe zu berücksichtigen (z.B. bei Mörtelauskleidung).
Beschichtungsstoffe, die nach dem Bindemittel benannt sind, müssen soviel von diesen Bindemitteln enthalten, daß deren charakteristische Eigenschaften im Beschichtungsstoff vorhanden sind.
ANMERKUNG: Siehe z.B. auch DIN 55 928 Teil 9.

2.3 Oberflächenvorbereitung

Die Oberflächenvorbereitung ist die Summe aller Maßnahmen vor dem Aufbringen einer Korrosionsschutz-Schicht. Sie dient zur Reinigung, zur Veränderung der Oberflächengeometrie (z.B. Aufrauhen, Glätten) und/oder zur Aktivierung der Metalloberfläche. Sie ergibt keine Korrosionsschutz-Schichten.
ANMERKUNG: Verfahren der Oberflächenvorbehandlung ergeben im Gegensatz zur Oberflächenvorbereitung Korrosionsschutz-Schichten; diese sind in Abschnitt 3 enthalten (z.B. Phosphat-Überzug, Chromatier-Überzug).

Fortsetzung Seite 2 bis 10

Normenausschuß Materialprüfung (NMP) im DIN Deutsches Institut für Normung e.V.

3 Korrosionsschutz-Schichten und ihre Herstellung

Abschnitt	Benennung der Korrosionsschutz-Schicht	Kurzbeschreibung des Verfahrens	Anmerkung
3.1 3.1.1	**Beschichtungen** Organische Beschichtung	Beschichtungsstoffe aus Pigmenten, Füllstoffen, Lösemitteln und organischen Bindemitteln bzw. Öle, Wachse, Klarlacke oder Kunststoffe (ggf. als Folie), Gummi oder bituminöse Stoffe werden auf die Metalloberflächen aufgebracht. ANMERKUNG: Die Technik der Aufbringung ist nicht Gegenstand dieser Norm.	Schutzsysteme für Stahlbauten werden in DIN 55 928 Teil 5 und Teil 8 beschrieben. Zu diesen Beschichtungen zählen auch dickschichtige Systeme aus bituminösen Stoffen (siehe DIN 30 673), Kunststoffen (siehe z. B. DIN 30 670 bis DIN 30 672) und Gummi.
3.1.2 3.1.2.1	**Anorganische Beschichtungen** Anorganische Beschichtung ("anstrichartige Beschichtung")	Beschichtungsstoffe aus metallischen Pigmenten, Füllstoffen, Lösemitteln und Bindemitteln auf der Basis von Ethyl- oder Alkalisilicat werden auf die Metalloberfläche aufgebracht.	Zink-Ethylsilicat-Beschichtungen siehe auch DIN 55 928 Teil 5 und Teil 9.
3.1.2.2	Keramik-Beschichtung	Keramik-Beschichtungen werden ähnlich Email-Überzügen oder durch thermisches Spritzen auf der zu schützenden Metalloberfläche erzeugt. Die Keramik-Beschichtung besteht aus anorganischen Kristallen.	Email-Überzüge siehe Abschnitt 3.2.2.1, thermisches Spritzen siehe DIN 32 530.
3.1.2.3	Zementmörtel-Beschichtung	Wäßriger Frischmörtel, der aus der hydraulisch wirkenden Zementkomponente und Zuschlägen — z. B. Sand — besteht, wird auf die zu schützende Metalloberfläche gebracht und erhärtet unter Abbindung von Wasser.	Zementmörtel-Auskleidung nach DIN 2614. Zementmörtel-Umhüllung nach DIN 30 674 Teil 2.
3.1.3	**Beschichtung durch Aufdampfen**	Durch Kondensation des im Vakuum verdampften nichtmetallischen Beschichtungsstoffes oder durch eine oberflächenkatalytische chemische Reaktion mit gasförmigen Verbindungen des Beschichtungsstoffes wird auf der zu schützenden Metalloberfläche eine Beschichtung hergestellt.	Das Kondensationsverfahren wird auch als PVD-Verfahren (physical vapour deposition), das chemische Verfahren auch als CVD-Verfahren (chemical vapour deposition) benannt.
3.2 3.2.1 3.2.1.1	**Überzüge** **Metallische Überzüge** Elektrolytisch abgeschiedener Metallüberzug (galvanischer Überzug)	Dieser Überzug wird durch kathodische Metallabscheidung aus einer Elektrolytlösung hergestellt.	Siehe auch DIN 50 960 Teil 1. Es ist zu beachten, daß in der englischen und französischen Sprache die Begriffe "galvanizing" und "galvanisation" nur für einen durch Feuerverzinken hergestellten Überzug verwendet werden.

(fortgesetzt)

(fortgesetzt)

Abschnitt	Benennung der Korrosionsschutz-Schicht	Kurzbeschreibung des Verfahrens	Anmerkung
3.2.1.2	Überzug durch chemische Metallabscheidung	Ein chemisch abgeschiedener Überzug wird mit Hilfe einer autokatalytischen Reduktion des Kations des Überzugmetalls ohne Anwendung von Elektrolyseströmen (außenstromlos) hergestellt.	Siehe DIN 50 960 Teil 1 und DIN 50 966.
3.2.1.3	Überzug durch elektrochemische Reaktion mit dem Werkstoff	Dieser Metallüberzug entsteht bei freier Korrosion (außenstromlos) des Werkstoffs in einer Elektrolytlösung, die Kationen des Überzugmetalls enthält. Die kathodische Reduktion dieser Kationen ist dabei die kathodische Teilreaktion der Korrosion.	Dieser Vorgang wird auch als Zementation bezeichnet.
3.2.1.4	Metallischer Dispersionsüberzug	Dieser Überzug wird durch Metallabscheidung aus einer Elektrolytlösung hergestellt, die eine oder mehrere Phasen in möglichst gleichmäßiger Verteilung enthält. Dabei wird die Matrix elektrolytisch oder chemisch abgeschieden. Die Dispersoide sind unlösliche Bestandteile der verwendeten Elektrolytlösung.	
3.2.1.5	Metallische Diffusionsüberzüge		
3.2.1.5.1	Alitier-Überzug	Ein Alitier-Überzug wird durch Glühen in aluminiumhaltigen Pulvern hergestellt. Er entsteht auch beim Glühen von Stahl mit Aluminium-Überzügen, die nach dem in Abschnitt 3.2.1.6.1 genannten Verfahren hergestellt wurden.	
3.2.1.5.2	Inchromier-Überzug	Ein Inchromier-Überzug wird durch Glühen in chromabspaltenden Gasen hergestellt.	
3.2.1.5.3	Eisen-Zink-Diffusionsüberzug	Die zu schützenden Teile werden unter ständiger Bewegung in Trommeln in einem Gemisch aus Zinkstaub und Sand auf etwa 400 °C erhitzt. Eisen-Zink-Diffusionsüberzüge entstehen auch durch Glühen von Stahl oder Gußeisen mit Zinküberzügen, die nach dem in Abschnitt 3.2.1.6.1 genannten Verfahren hergestellt wurden.	Das Verfahren zur Herstellung dieser Schichten wird als Sherardisieren oder Sherard-Verzinken bezeichnet. Das Verfahren zur Herstellung dieser Schichten wird als Galvannealen oder Galvannealing bezeichnet.
3.2.1.5.4	Elektrolytisch hergestellter und wärmebehandelter Metallüberzug	Das zu schützende Metall wird ein- oder mehrfach elektrolytisch durch kathodische Metallabscheidung mit einem Überzug/mit Überzügen versehen und dann wärmebehandelt. Hierbei werden diese durch Diffusion in eine Legierung überführt.	

(fortgesetzt)

(fortgesetzt)

Abschnitt	Benennung der Korrosionsschutz-Schicht	Kurzbeschreibung des Verfahrens	Anmerkung
3.2.1.6	Schmelzüberzug	Die zu schützende Metalloberfläche wird mit einem geschmolzenen Metall überzogen.	
3.2.1.6.1	Schmelztauchüberzug	Die zu schützende Metalloberfläche wird in die Schmelze eines Metalles oder einer Metall-Legierung, z. B. Zink-Aluminium-Legierung, getaucht.	Übliche Verfahren sind: — Feuerverzinken — Feueraluminieren — Feuerverbleien — Feuerverzinnen Zinküberzüge siehe z. B. DIN 1548, DIN 2444, DIN EN 10 142, DIN EN 10 147 sowie DIN 50 976.
3.2.1.6.2	Überzug durch Auftragslöten	Auf die zu schützende Metalloberfläche wird das Überzugmetall aufgelötet.	Löten siehe DIN 8505 Teil 1 bis Teil 3.
3.2.1.6.3	Überzug durch Wischverzinnen und Wischverbleien	Auf die zu schützende Metalloberfläche wird Zinn, Blei oder eine Zinnlegierung aufgeschmolzen und verwischt.	
3.2.1.6.4	Überzug durch Homogenverbleien	Auf die zu schützende Metalloberfläche wird Blei oder eine Bleilegierung mit einer Zwischenlegierung aufgeschmolzen.	Homogene Verbleiung siehe DIN 28 058 Teil 1.
3.2.1.7	Überzug durch thermisches Spritzen	Auf die zu schützende Metalloberfläche wird das geschmolzene Überzugmetall aufgespritzt.	Übliche Verfahren sind: — Drahtflammspritzen — Pulverflammspritzen — Lichtbogenspritzen — Plasmaspritzen Im Gegensatz zu den Schmelztauchüberzügen nach Abschnitt 3.2.1.6.1 entstehen **keine** porenfreien Überzüge. Durch ausreichend dicke Überzüge werden durchgehende Poren vermieden. Thermisches Spritzen siehe DIN 32 530, thermisches Spritzen von Zink und Aluminium siehe DIN 8565.
3.2.1.8	Überzug durch Plattieren	Auf die zu schützende Metalloberfläche wird das Überzugmetall aufplattiert (kalt verschweißt) oder aufgeschweißt.	Übliche Verfahren sind: — Walzplattieren — Sprengplattieren — Schweißplattieren (Auftragschweißen mit nicht artgleichem Werkstoff)
3.2.1.9	Überzug durch Kugelplattieren	Auf die zu schützende Metalloberfläche wird Metallpulver mit inerten Werkstoffen in Trommeln aufgebracht und aufgehämmert.	Dieses Verfahren wird vorzugsweise für Kleinteile aus Stahl angewendet.
3.2.1.10	Überzug durch Aufdampfen	Dieser Überzug wird durch Kondensation des im Vakuum verdampften Metalls oder durch eine oberflächenkatalytische chemische Reaktion mit gasförmigen Verbindungen des Metalls hergestellt.	Das Kondensationsverfahren wird auch PVD-Verfahren (physical vapour deposition), das chemische Verfahren wird auch als CVD-Verfahren (chemical vapour deposition) bezeichnet.

(fortgesetzt)

(fortgesetzt)

Abschnitt	Benennung der Korrosionsschutz-Schicht	Kurzbeschreibung des Verfahrens	Anmerkung
3.2.2	**Umwandlungsüberzüge**		
3.2.2.1	Email-Überzug	Zur Herstellung eines Email-Überzuges werden wäßrige Suspensionen der Email-Komponenten (Schlicker) aufgebracht und bei hohen Temperaturen eingebrannt. Je nach Art des Verfahrens kann dieser Vorgang in mehreren Schritten erfolgen. Es entstehen glasartige Überzüge auf einem oxidischen Umwandlungsüberzug.	
3.2.2.2	Oxidischer Überzug	Ein oxidischer Überzug wird durch oxidierende Behandlung des Werkstoffes hergestellt. Es werden thermische und elektrothermische Verfahren unterschieden.	
3.2.2.2.1	Thermisch erzeugter oxidischer Überzug	Durch Oxidation von Stahl in heißer Luft oder in Salzschmelzen werden dünne Oxidüberzüge mit blauer Interferenzfarbe erzeugt.	Das Verfahren zur Herstellung dieser Überzüge wird als Bläuen bezeichnet.
		In alkalischen Salzlösungen entstehen auf Stahl dunkelbraune bis schwarze Oxidüberzüge.	Das Verfahren zur Herstellung dieser Überzüge wird als Brünieren bezeichnet (siehe DIN 50 938).
3.2.2.2.2	Elektrochemisch erzeugter oxidischer Überzug	In Elektrolytlösungen entstehen auf Aluminium und Aluminium-Legierungen Oxidüberzüge. Diese lassen sich auch auf anderen Metallen, z. B. auf nichtrostendem Stahl, Titan und Magnesium erzeugen.	Elektrochemisch erzeugte oxidische Überzüge können farbig sein oder eingefärbt werden. Das Verfahren zur Herstellung dieser Schichten wird als Anodisieren bezeichnet.
3.2.2.2.3	Phosphat-Überzug	Ein Phosphat-Überzug wird durch Behandeln des Metalls mit saurer phosphathaltiger Lösung hergestellt.	Phosphatieren siehe DIN 50 942 und DIN 50 960 Teil 1.
3.2.2.2.4	Oxalat-Überzug	Ein Oxalat-Überzug wird durch Behandeln des Metalls mit saurer oxalathaltiger Lösung hergestellt.	
3.2.2.2.5	Chromatier-Überzug	Ein Chromatier-Überzug wird durch Behandeln des Metalls mit saurer oder alkalischer Lösung hergestellt, die sechswertige Chromverbindungen enthält.	Chromatieren siehe DIN 50 960 Teil 1.
3.2.3	**Nichtmetallische Diffusionsüberzüge**		
3.2.3.1	Nitrier-Überzug	Ein Nitrier-Überzug wird durch Glühen des Metalls in stickstoffabgebenden Chemikalien hergestellt.	Wärmebehandlung von Eisenwerkstoffen siehe DIN EN 10 052
3.2.3.2	Borier-Überzug	Ein Borier-Überzug wird mit pulver-, granulat- oder pastenförmigen Stoffen, die Bor abgeben, hergestellt.	Siehe Anmerkung zu Abschnitt 3.2.3.1.

(fortgesetzt)

(abgeschlossen)

Abschnitt	Benennung der Korrosionsschutz-Schicht	Kurzbeschreibung des Verfahrens	Anmerkung
3.2.3.3	Silicier-Überzug	Ein Silicier-Überzug wird durch Glühen in Gasen oder Salzschmelzen, die Silicium abgeben, hergestellt.	Siehe Anmerkung zu Abschnitt 3.2.3.1.

4 Oberflächenvorbereitung und ihre Verfahren [1])

Abschnitt	Benennung des Verfahrens	Kurzbeschreibung des Verfahrens	Anmerkung
4.1	Mechanische Oberflächenvorbereitung		
4.1.1	Bürsten	Die Metalloberoberfläche wird mit Bürsten mit einer Besteckung aus Metalldraht, Naturborsten oder Kunststoffborsten vorbereitet.	
4.1.2	Strahlen	Es wird ein Strahlmittel mit kinetischer Energie durch einen Gasstrom, z. B. Druckluft (pneumatisch), durch einen Flüssigkeitsstrom, z. B. Öl oder Wasser (hydraulisch) oder durch Schleuderräder (mechanisch) auf der Metalloberfläche zum Aufprall gebracht.	Strahlverfahren siehe DIN 8200.
4.1.3	Schleifen	Die Metalloberfläche wird durch körnige Schleifmittel, durch Schleif-Vliese oder durch Stahlwolle vorbereitet.	
4.1.4	Schaben	Die Metalloberfläche wird manuell mit einer gehärteten Stahlschneide, z. B. mit einem "Schweden-Schaber", vorbereitet.	
4.1.5	Reinigen mit Drahtnadeln	Insbesondere zur Entfernung von Verunreinigungen aus Ecken und Winkeln wird die Metalloberfläche mit einer Drahtnadel-Druckluftpistole vorbereitet.	Verwandte Verfahren sind z. B. Meißel-, Fräs- und Klopfverfahren.
4.2	Thermische Oberflächenvorbereitung		Siehe Anmerkung zu Abschnitt 3.2.3.1.
4.2.1	Flammstrahlen	Zur Entfernung unerwünschter Stoffe, z. B. Rost und/oder Zunder, wird die vorzubereitende Metalloberfläche kurzzeitig mit einem Flammstrahlbrenner bei reduzierend eingestellter Flamme erwärmt.	Siehe DIN 55 928 Teil 4.
4.2.2	Blankglühen	Beim Blankglühen werden durch reduzierende Gase bei hohen Temperaturen dünne Oxidschichten von der Metalloberfläche entfernt.	

[1]) Für Stahlbauten siehe DIN 55 928 Teil 4

(fortgesetzt)

(abgeschlossen)

Abschnitt	Benennung des Verfahrens	Kurzbeschreibung des Verfahrens	Anmerkung
4.3	**Chemische und elektrochemische Oberflächenvorbereitung**		
4.3.1	Entfetten	Zum Entfetten wird der Werkstoff in flüssigen Medien behandelt. Es kommen in Frage: — Löse- oder Emulgiermittel, auch unter Anwendung von Ultraschall — saure, neutrale oder alkalische wäßrige Medien, auch unter Anwendung von Ultraschall, sowie kathodischer und/oder anodischer Polarisation — tensidhaltige Beizlösungen — alkalische wäßrige Medien mit ölverzehrenden Bakterien	 Beizentfetter Biologisches Entfetten
4.3.2	Beizen	Beizen ist eine chemische oder elektrolytische Behandlung der Oberfläche zur Entfernung von Oxiden, z. B. Rost und Zunder, und anderen Metallverbindungen.	Das Beizen von Kupferwerkstoffen mit salpetersäurehaltigen Lösungen wird als Brennen bezeichnet. Organische Beschichtungen werden hierbei nicht entfernt.
4.3.3	Dekapieren	Zum Aktivieren wird die zu bearbeitende Metalloberfläche kurzzeitig chemisch behandelt.	

5 Anwendungen für den Korrosionsschutz

5.1 Allgemeines

Die Schutzwirkung der beschriebenen Korrosionsschutz-Schichten hängt von deren Art sowie von der Korrosionsbelastung ab (siehe DIN 50 900 Teil 3 und DIN 55 928 Teil 1). Die Art der Korrosionsbelastung kann sehr unterschiedlich sein, z. B. Belastung in Gebäuden oder Bewitterung unter Dach, Freibewitterung, Belastung durch Erdböden oder Wässer und Sonderbelastungen durch chemische Produkte oder Kondensate. Weiterhin können auch mechanische und physikalische Einflüsse wie z. B. Strömung, Temperatur, Temperaturdifferenzen sowie statisch und dynamisch auftretende Spannungen die Schichten bzw. Korrosionsschutzsysteme in unterschiedlicher Weise beanspruchen. So werden in der DIN 50 928 chemische, physikalisch-chemische und elektrochemische Einflußgrößen auf die Schutzwirkung von organischen Beschichtungen eingehend beschrieben. Wegen der Vielfalt der Einflußgrößen der Korrosionsbelastung und unterschiedlicher Anforderungen muß grundsätzlich davon ausgegangen werden, daß die Korrosionsschutz-Schichten in ihrer Schutzwirkung untereinander nicht vergleichbar oder austauschbar sind. Jede Schicht hat ihre spezifische Schutzwirkung und ihren spezifischen Anwendungsbereich. Es ist deshalb notwendig, z. B. folgende Unterscheidungen in den Abschnitten 5.2 bis 5.4 zu treffen.

5.2 Korrosionsschutz-Schichten für den zeitweisen (temporären) Korrosionsschutz

Zu den Korrosionsschutz-Schichten für den zeitweisen Korrosionsschutz zählen vorwiegend sehr dünne organische Beschichtungen, z. B. Öle, Wachse, Klarlacke, Fertigungsbeschichtungen sowie die meisten Umwandlungs- und Diffusionsüberzüge.

Diese Korrosionsschutz-Schichten wirken nur für einen verhältnismäßig kurzen Zeitraum, z. B. während der Lagerung und des Transportes der Objekte. Nach Einbau/Installation derselben werden langzeitig wirkende Korrosionsschutz-Schichten aufgebracht, die der Belastung der Objekte im Betrieb gerecht werden.

5.3 Erneuerbare Korrosionsschutz-Schichten

Diese Korrosionsschutz-Schichten haben eine Schutzdauer, die kürzer sein kann als die Nutzungsdauer des Objektes. In zeitlichen Abständen, die von der Korrosionsbelastung und von den Eigenschaften dieser Korrosionsschutz-Schichten abhängen, kann der Korrosionsschutz erneuert werden.

Zu diesen Schichten zählen vorwiegend organische Beschichtungen nach DIN 55 928 Teil 5 und Teil 8.

5.4 Langzeitig wirkende Korrosionsschutz-Schichten

Diese Korrosionsschutz-Schichten werden angewandt, wenn nach Art und Installation der Objekte die Schichten nicht erneuert werden können. Aus diesem Grunde müssen sie eine Schutzdauer haben, die der Nutzungsdauer des Objektes entspricht.

Zu diesen Schichten zählen z. B. dickschichtige organische Beschichtungen für den Rohrleitungs- und Behälterschutz (siehe DIN 30 670 bis DIN 30 674 Teil 1 bis Teil 5 und DIN 30 678) sowie für Armaturen (siehe DIN 30 677 Teil 2) und dickschichtige anorganische Korrosionsschutz-Schichten.

6 Beispiele für Anwendungsbereiche

Für die Anwendung der verschiedenen Korrosionsschutz-Schichten dienen Angaben in einschlägigen Normen unter Berücksichtigung der Korrosionsbelastung und der an das System gestellten Anforderungen. Dabei kann der Korrosionsschutz durch aufgebrachte Korrosionsschutz-Schichten noch um elektrochemische Schutzmaßnahmen nach DIN 30 676 und DIN 50 927 ergänzt werden.

BEISPIELE:
- Stahlbau und Stahlwasserbau siehe DIN 55 928 Teil 1 bis Teil 9;
- Zementmörtelauskleidung von Rohrleitungen nach DIN 2614;
- Feuerverzinkte Rohre nach DIN 2444 (Beurteilung nach DIN 50 930 Teil 3);
- Korrosionsschutz-Schichten für Stahlrohre nach DIN 30 670 bis DIN 30 673 (Beurteilung nach DIN 30 675 Teil 1);
- Korrosionsschutz-Schichten für Gußrohre nach DIN 30 674 Teil 1 bis Teil 5 (Beurteilung nach DIN 30 675 Teil 2);
- Korrosionsschutz-Schichten für Armaturen nach DIN 30 677 Teil 1 und Teil 2 (Beurteilung nach DIN 30 675 Teil 1);
- Korrosionsschutzmaßnahmen für Installationsteile in Erdböden, Wässern und Gebäuden siehe DIN 50 929 Teil 1 bis Teil 3;
- Innenschutz von Behältern, Apparaten und Rohren siehe DIN 50 927 und DIN 50 928.

Zitierte Normen

DIN 1548	Zinküberzüge auf runden Stahldrähten
DIN 2444	Zinküberzüge auf Stahlrohren; Qualitätsnorm für die Feuerverzinkung von Stahlrohren für Installationszwecke
DIN 2614	Zementmörtelauskleidungen für Gußrohre, Stahlrohre und Formstücke; Verfahren, Anforderungen, Prüfungen
DIN 8200	Strahlverfahrenstechnik; Begriffe; Einordnung der Strahlverfahren
DIN 8505 Teil 1	Löten; Allgemeines; Begriffe
DIN 8505 Teil 2	Löten; Einteilung der Verfahren; Begriffe
DIN 8505 Teil 3	Löten; Einteilung der Verfahren nach Energieträgern; Verfahrensbeschreibung
DIN 8565	Korrosionsschutz von Stahlbauten durch thermisches Spritzen von Zink und Aluminium; Allgemeine Grundsätze
DIN 28 058 Teil 1	Blei im Apparatebau; Homogene Verbleiung
DIN 30 670	Umhüllung von Stahlrohren und -formstücken mit Polyethylen
DIN 30 671	Umhüllung (Außenbeschichtung) von erdverlegten Stahlrohren mit Duroplasten
DIN 30 672 Teil 1	Umhüllungen aus Korrosionsschutzbinden und wärmeschrumpfendem Material für Rohrleitungen für Betriebstemperaturen bis 50 °C
DIN 30 673	Umhüllung und Auskleidung von Stahlrohren, -formstücken und -behältern mit Bitumen
DIN 30 674 Teil 1	Umhüllung von Rohren aus duktilem Gußeisen; Polyethylenumhüllung
DIN 30 674 Teil 2	Umhüllung von Rohren aus duktilem Gußeisen; Zementmörtel-Umhüllung
DIN 30 674 Teil 3	Umhüllung von Rohren aus duktilem Gußeisen; Zink-Überzug mit Deckbeschichtung
DIN 30 674 Teil 4	Umhüllung von Rohren aus duktilem Gußeisen; Beschichtung mit Bitumen
DIN 30 674 Teil 5	Umhüllung von Rohren aus duktilem Gußeisen; Polyethylen-Folienumhüllung
DIN 30 675 Teil 1	Äußerer Korrosionsschutz von erdverlegten Rohrleitungen; Schutzmaßnahmen und Einsatzbereiche der Rohrleitungen aus Stahl
DIN 30 675 Teil 2	Äußerer Korrosionsschutz von erdverlegten Rohrleitungen; Schutzmaßnahmen und Einsatzbereiche der Rohrleitungen aus duktilem Gußeisen
DIN 30 676	Planung und Anwendung des kathodischen Korrosionsschutzes für den Außenschutz
DIN 30 677 Teil 1	Äußerer Korrosionsschutz von erdverlegten Armaturen; Umhüllung (Außenbeschichtung) für normale Anforderungen
DIN 30 677 Teil 2	Äußerer Korrosionsschutz von erdverlegten Armaturen; Umhüllung aus Duroplasten (Außenbeschichtung) für erhöhte Anforderungen
DIN 30 678	Umhüllung von Stahlrohren mit Polypropylen
DIN 32 530	Thermisches Spritzen; Begriffe; Einteilung
DIN 50 900 Teil 1	Korrosion der Metalle; Begriffe; Allgemeine Begriffe
DIN 50 900 Teil 3	Korrosion der Metalle; Begriffe; Begriffe der Korrosionsuntersuchung
DIN 50 927	Planung und Anwendung des elektrochemischen Korrosionsschutzes für die Innenflächen von Apparaten, Behältern und Rohren (Innenschutz)
DIN 50 928	Korrosion der Metalle; Prüfung und Beurteilung des Korrosionsschutzes beschichteter metallischer Werkstoffe bei Korrosionsbelastung durch wäßrige Korrosionsmedien
DIN 50 929 Teil 1	Korrosion der Metalle; Korrosionswahrscheinlichkeit metallischer Werkstoffe bei äußerer Korrosionsbelastung; Allgemeines
DIN 50 929 Teil 2	Korrosion der Metalle; Korrosionswahrscheinlichkeit metallischer Werkstoffe bei äußerer Korrosionsbelastung; Installationsteile innerhalb von Gebäuden

Seite 9
DIN 50902 : 1994-07

DIN 50 929 Teil 3	Korrosion der Metalle; Korrosionswahrscheinlichkeit metallischer Werkstoffe bei äußerer Korrosionsbelastung; Rohrleitungen und Bauteile in Böden und Wässern
DIN 50 930 Teil 3	Korrosion der Metalle; Korrosionsverhalten von metallischen Werkstoffen gegenüber Wasser; Beurteilungsmaßstäbe für feuerverzinkte Eisenwerkstoffe
DIN 50 938	Brünieren von Gegenständen aus Eisenwerkstoffen; Verfahrensgrundsätze; Prüfverfahren
DIN 50 942	Phosphatieren von Metallen; Verfahrensgrundsätze, Prüfverfahren
DIN 50 960 Teil 1	Galvanische und chemische Überzüge; Bezeichnung und Angaben in technischen Unterlagen
DIN 50 966	Galvanische Überzüge; Autokatalytisch abgeschiedene Nickel-Phosphor-Überzüge auf Metall für funktionelle Anwendungen
DIN 50 976	Korrosionsschutz; Feuerverzinken von Einzelteilen (Stückverzinken); Anforderungen und Prüfung
DIN 55 928 Teil 1	Korrosionsschutz von Stahlbauten durch Beschichtungen und Überzüge; Allgemeines, Begriffe, Korrosionsbelastungen
DIN 55 928 Teil 2	Korrosionsschutz von Stahlbauten durch Beschichtungen und Überzüge; Korrosionsschutzgerechte Gestaltung
DIN 55 928 Teil 3	Korrosionsschutz von Stahlbauten durch Beschichtungen und Überzüge; Planung der Korrosionsschutzarbeiten
DIN 55 928 Teil 4	Korrosionsschutz von Stahlbauten durch Beschichtungen und Überzüge; Vorbereitung und Prüfung der Oberflächen
Beiblatt 1 zu DIN 55 928 Teil 4	Korrosionsschutz von Stahlbauten durch Beschichtungen und Überzüge; Vorbereitung und Prüfung der Oberflächen; Photographische Vergleichsmuster
Beiblatt 2 zu DIN 55 928 Teil 4	Korrosionsschutz von Stahlbauten durch Beschichtungen und Überzüge; Vorbereitung und Prüfung der Oberflächen; Photographische Beispiele für maschinelles Schleifen auf Teilbereichen (Norm-Reinheitsgrad PMa)
DIN 55 928 Teil 5	Korrosionsschutz von Stahlbauten durch Beschichtungen und Überzüge; Beschichtungsstoffe und Schutzsysteme
DIN 55 928 Teil 6	Korrosionsschutz von Stahlbauten durch Beschichtungen und Überzüge; Ausführung und Überwachung der Korrosionsschutzarbeiten
DIN 55 928 Teil 7	Korrosionsschutz von Stahlbauten durch Beschichtungen und Überzüge; Technische Regeln für Kontrollflächen
DIN 55 928 Teil 8 [*]	Korrosionsschutz von Stahlbauten durch Beschichtungen und Überzüge; Korrosionsschutz von tragenden dünnwandigen Bauteilen
DIN 55 928 Teil 9	Korrosionsschutz von Stahlbauten durch Beschichtungen und Überzüge; Beschichtungsstoffe; Zusammensetzung von Bindemitteln und Pigmenten
DIN 55 945	Beschichtungsstoffe; (Lacke, Anstrichstoffe und ähnliche Beschichtungsstoffe); Begriffe
DIN EN 10 052	Begriffe der Wärmebehandlung von Eisenwerkstoffen; Deutsche Fassung 10 052 : 1993
DIN EN 10 142	Kontinuierlich feuerverzinktes Blech und Band aus weichen Stählen zum kaltumformen; Technische Lieferbedingungen; Deutsche Fassung EN 10 142 : 1990
DIN EN 10 147	Kontinuierlich feuerverzinktes Blech und Band aus Baustählen; Technische Lieferbedingungen; Deutsche Fassung EN 10 147 : 1991

Frühere Ausgaben

DIN 50 902 : 1975-07

Änderungen

Gegenüber der Ausgabe Juli 1975 wurden folgende Änderungen vorgenommen:
 a) Titel der Norm geändert.
 b) Unterteilung nach Beschichtungen und Überzügen sowie Aufnahme organischer/anorganischer Beschichtungen.
 c) Aufnahme von Hinweisen zur Anwendung und Angabe der entsprechenden Normen.

---

[*] Z.Z. Entwurf

Erläuterungen

Diese Norm wurde vom Arbeitsausschuß NMP 171 "Korrosion und Korrosionsschutz" des Normenausschusses Materialprüfung (NMP) ausgearbeitet. Mitbeteiligt waren Mitglieder des Arbeitsausschusses NMP 175 "Schmelztauchüberzüge" und 176 "Galvanische Überzüge". Ziel dieser Überarbeitung war eine möglichst vollständige Auflistung der Begriffe und Bezeichnungen für Korrosionsschutz-Schichten und Verfahren der Oberflächenvorbereitung. Die Unterteilung nach Beschichtungen und Überzügen berücksichtigt die Festlegungen in DIN 50 960 Teil 1 und DIN 55 928 Teil 1, in denen Schichten aus Metall und Umwandlungsschichten als "Überzüge" bezeichnet werden. Unter Beschichtungen werden ohne Änderungen der Definition in DIN 55 928 Teil 1 alle nichtmetallischen Schichten verstanden, die keine Reaktionen mit dem zu beschichtenden Metall eingehen, wie dies bei den Umwandlungsschichten und bei den Diffusionsschichten der Fall ist.

Die in dieser Norm beschriebenen Korrosionsschutz-Schichten werden durch Aufbringen von Beschichtungsstoffen oder durch Einwirken vorgegebener Medien hergestellt. Davon zu unterscheiden sind die durch Korrosion in betrieblichen Medien entstehenden Reaktionsschichten, die nach DIN 50 900 Teil 1 in Deckschicht bzw. Schutzschicht und Passivschicht unterteilt sind. Von diesen war die Schutzschicht in der Ausgabe Juli 1975 der DIN 50 902 aufgeführt. Diese Reaktionsschichten sind nicht Gegenstand der vorliegenden Norm, können aber hinsichtlich des Bildungsmechanismus den Umwandlungsüberzügen zugeordnet werden.

Eine wesentliche Erweiterung dieser Norm gegenüber der Ausgabe Juli 1975 sind die Hinweise zur Anwendung und der Bezug zu den hierzu inzwischen erarbeiteten Informationsnormen.

Internationale Patentklassifikation

B 05 D 005/00
C 04 B 035/00
C 23 F
C 23 C 014/00
C 23 C 016/00
C 23 O
C 23 D 005/00

Oktober 1998

Galvanische Überzüge
Bezeichnung in technischen Dokumenten

DIN
50960-1

ICS 25.220.40

Mit DIN EN 1403 : 1998-10
Ersatz für Ausgabe 1986-02

Deskriptoren: Galvanischer Überzug, technische Unterlage, Bezeichnung, Farbe, Chromatierung

Electroplated coatings – Designation in technical documents

Revêtements électrolytiques – Désignation dans les documents techniques

Vorwort

Diese Norm wurde vom Arbeitsausschuß NMP 176 "Galvanische Überzüge" des Normenausschusses Materialprüfung (NMP) erarbeitet. Sie war trotz der Herausgabe einer Europäischen Norm für die Bezeichnung galvanischer Überzüge erforderlich, weil in der Bundesrepublik Deutschland zusätzliche Bezeichnungen auf dem Gebiet der galvanischen Überzüge üblich waren und auch weiterhin benötigt werden, die in die Europäische Normung infolge ihrer begrenzten Bedeutung keinen Eingang gefunden haben.

Die Norm DIN 50960 besteht aus folgenden Teilen:

– Teil 1: Bezeichnung in technischen Dokumenten
– Teil 2: Zeichnungsangaben

Änderungen

Gegenüber DIN 50960-1 : 1986-02 wurden folgende Änderungen vorgenommen:

– Änderung der Bezeichnung entsprechend DIN EN 1403.

– Angaben über die Bezeichnung von Umwandlungsüberzügen nach DIN 50939 und DIN 50942 und außenstromlos abgeschiedener Nickelüberzüge wurden ersatzlos gestrichen. Entwürfe entsprechender Europäischer Normen, die dann die erforderlichen Angaben enthalten, sind in Vorbereitung.

– Die Begriffe Maßbeschichten und Beschichten mit Bearbeitungszugabe (Übermaßbeschichten) sind gestrichen und jetzt in DIN 50960-2 festgelegt.

Frühere Ausgaben

DIN 50960: 1955-01, 1963-06;
DIN 50960-1: 1986-02

1 Anwendungsbereich

Diese Norm gilt nur in Verbindung mit DIN EN 1403, die allgemeine Anforderungen an galvanische Überzüge festlegt.
Demgegenüber werden in dieser Norm Festlegungen für galvanische Überzüge getroffen, die entweder durch eigenständige Normen nicht erfaßt werden oder die auf nichtmetallischen Grundwerkstoffen abgeschieden werden sollen. Außerdem legt die Norm Bezeichnungen für die Farbe bei einzufärbenden Chromatierüberzügen auf galvanischen Zink- und Cadmiumüberzügen fest.
Für mechanische Verbindungselemente gilt DIN EN ISO 4042. Für Gewinde an Gegenständen sind Vereinbarungen zu treffen. Für Überzüge durch Feuerverzinken gilt DIN EN ISO 1029. Diese Norm gilt nicht für Halbzeug[1].

---

[1]) Begriff "Halbzeug" siehe DIN 199-2

Fortsetzung Seite 2 und 3

Normenausschuß Materialprüfung (NMP) im DIN Deutsches Institut für Normung e.V.

2 Normative Verweisungen

Diese Norm enthält durch datierte oder undatierte Verweisungen Festlegungen aus anderen Publikationen. Diese normativen Verweisungen sind an den jeweiligen Stellen im Text zitiert, und die Publikationen sind nachstehend aufgeführt. Bei datierten Verweisungen gehören spätere Änderungen oder Überarbeitungen dieser Publikationen nur zu dieser Norm, falls sie durch Änderung oder Überarbeitung eingearbeitet sind. Bei undatierten Verweisungen gilt die letzte Ausgabe der in Bezug genommenen Publikation.

DIN 199-2 : 1977-12
Begriffe im Zeichnungs- und Stücklistenwesen – Stücklisten

DIN 50902 : 1994-07
Schichten für den Korrosionsschutz von Metallen – Begriffe, Verfahren und Oberflächenvorbereitung

DIN EN 1403 : 1998-10
Korrosionsschutz von Metallen – Galvanische Überzüge – Verfahren für die Spezifizierung allgemeiner Anforderungen

DIN EN 1029[1])
Durch Feuerverzinken auf Stahl aufgebrachte Zinküberzüge (Stückverzinken) – Anforderungen und Prüfung

E DIN EN ISO 4042 : 1997-01
Teile mit Gewinde – Galvanische Überzüge

3 Begriffe

Siehe DIN 50902

3.1 Wesentliche Fläche

Siehe DIN EN ISO 2064

4 Bezeichnung

4.1 Aufbau der Bezeichnung

Die Bezeichnung von durch eigenständigen Normen nicht erfaßten galvanischen Überzügen ist entsprechend der Methodik von DIN EN 1403, Abschnitt 5 (siehe auch DIN EN 1403, Anhang A) aufzubauen.

BEISPIEL:
Bezeichnung für einen Chromüberzug auf einem Gegenstand aus Stahl (Fe) mit 50 µm Hartchrom (Cr50):

Galvanischer Überzug DIN 50960-1 - Fe//Cr50

Für die Bezeichnung anderer Überzüge ist diese Norm sinngemäß anzuwenden.

ANMERKUNG: Für die Bezeichnung genormter galvanischer Überzüge sollte DIN EN 1403 herangezogen werden, wie in E DIN EN 12329, E DIN EN 12330 und E DIN EN 12540 festgelegt.

4.2 Grundwerkstoff

Die Systematik für die Bezeichnung der gebräuchlichsten Grundmetalle ist in DIN EN 1403, Tabelle A.1 festgelegt. Die Kurzzeichen für nichtmetallische Grundwerkstoffe sind in Tabelle 1 festgelegt.

Tabelle 1: Kurzzeichen für nichtmetallische Grundwerkstoffe

Bezeichnung	Bedeutung
NM	Nichtmetall
PL	Kunststoff

4.3 Färben von Chromatierüberzügen

Sollen Chromatierüberzüge auf galvanisch abgeschiedenen Zink- oder Cadmiumüberzügen eingefärbt werden, so folgt der Angabe für das Färben nach DIN EN 1403 (T3) ein Schrägstrich (/) und das Kurzzeichen für die Farbangabe nach Tabelle 2.

---

[1]) Wird ersetzt durch DIN EN ISO 1461

Tabelle 2: Kurzzeichen für Farbangaben beim Einfärben von Chromatierüberzügen

Kurzzeichen	Bedeutung
gn	grün
bl	blau
rt	rot
sw	schwarz

5 Bestellangaben

Für die Bestellangaben gelten die Festlegungen in DIN EN 1403 Abschnitt 4 (Informationen, die der Auftraggeber geben muß).

Anhang A (informativ)

Literaturhinweise

E DIN EN 12329
Korrosionsschutz von Metallen – Galvanische Zinküberzüge auf Eisenwerkstoffen;
Deutsche Fassung prEN 12329 : 1996

E DIN EN 12330
Korrosionsschutz von Metallen – Galvanische Cadmiumüberzüge auf Eisenwerkstoffen;
Deutsche Fassung prEN 12330 : 1996

E DIN EN 12540
Korrosionsschutz von Metallen – Galvanische Nickel-Überzüge und Nickel-Chrom-Überzüge, Kupfer-Nickel-Überzüge und Kupfer-Nickel-Chrom-Überzüge;
Deutsche Fassung prEN 12540 : 1996

Dezember 1998

Galvanische Überzüge
Teil 2: Zeichnungsangaben

DIN 50960-2

ICS 01.100.20; 25.220.40

Ersatz für Ausgabe 1986-02

Deskriptoren: Galvanischer Überzug, technische Unterlage, technische Zeichnung

Electroplated coatings —
Part 2: Indications on technical drawings

Dépôts électrolytiques —
Partie 2: Indications dans les dessins techniques

Vorwort

Diese Norm wurde vom Normenausschuß Technische Grundlagen (NATG) — Fachbereich Technische Produktdokumentation, Arbeitsausschuß Technisches Zeichnen — mit Beteiligung des Arbeitsausschusses NMP 176 „Galvanische Überzüge" überarbeitet.

Die Norm regelt die Eintragung der Zeichnungsangaben in Abstimmung mit der in E DIN EN 1403 festgelegten und in DIN 50960-1 ergänzten Methodik der Bezeichnung.

Die Anhänge A und C zu dieser Norm dienen lediglich der Information.

Anhang B ist normativ.

Änderungen

Gegenüber der Ausgabe Februar 1986 wurden folgende Änderungen vorgenommen:
Der Inhalt der Norm wurde sachlich und redaktionell überarbeitet und zusätzlich auf E DIN EN 1403 abgestimmt.

Frühere Ausgaben

DIN 50960-2: 1986-02
DIN 50960: 1955-01, 1963-06

1 Anwendungsbereich

Diese Norm gilt für Angaben von galvanischen Überzügen in technischen Zeichnungen.

2 Normative Verweisungen

Diese Norm enthält durch datierte oder undatierte Verweisungen Festlegungen aus anderen Publikationen. Diese normativen Verweisungen sind an den jeweiligen Stellen im Text zitiert, und die Publikationen sind nachstehend aufgeführt. Bei datierten Verweisungen gehören spätere Änderungen oder Überarbeitungen dieser Publikationen nur zu dieser Norm, falls sie durch Änderung oder Überarbeitung eingearbeitet sind. Bei undatierten Verweisungen gilt die letzte Ausgabe der in Bezug genommenen Publikation.

DIN 30-10
    Vereinfachte Angaben in technischen Unterlagen — Zeichnungsvereinfachung — Teil 10: Vereinfachte Angaben und Sammelangaben, Ausführung

DIN 406-10
    Technische Zeichnungen — Maßeintragung — Teil 10: Begriffe, allgemeine Grundlagen

DIN 406-11
    Technische Zeichnungen — Maßeintragung — Teil 11: Grundlagen der Anwendung

E DIN 6773
    Wärmebehandlung von Eisenwerkstoffen — Darstellung und Angaben wärmebehandelter Teile in Zeichnungen

DIN 50902
    Schichten für den Korrosionsschutz von Metallen — Begriffe, Verfahren und Oberflächenvorbereitung

DIN 50960-1
    Galvanische und chemische Überzüge — Teil 1: Bezeichnung und Angaben in technischen Unterlagen

E DIN EN 1403
    Korrosionsschutz von Metallen — Galvanische Überzüge — Verfahren für die Spezifizierung allgemeiner Anforderungen; Deutsche Fassung prEN 1403 : 1994

Fortsetzung Seite 2 bis 7

Normenausschuß Technische Grundlagen (NATG) — Technische Produktdokumentation —
im DIN Deutsches Institut für Normung e.V.
Normenausschuß Materialprüfung (NMP) im DIN

E DIN EN 12329
Korrosionsschutz von Metallen — Galvanische Zink-Überzüge auf Eisenwerkstoffen; Deutsche Fassung prEN 12329 : 1996

E DIN EN 12540
Korrosionsschutz von Metallen — Galvanische Nickel-Überzüge und Nickel-Chrom-Überzüge, Kupfer-Nickel-Überzüge und Kupfer-Nickel-Chrom-Überzüge

DIN EN ISO 2064 : 1995-01
Metallische und andere anorganische Schichten — Definitionen und Festlegungen, die die Messung der Schichtdicke betreffen (ISO 2064 : 1980); Deutsche Fassung EN ISO 2064 : 1994

E DIN ISO 128-24
Technische Zeichnungen — Allgemeine Grundlagen der Darstellung — Teil 24: Linien in Zeichnungen der mechanischen Technik (ISO/DIS 128-24 : 1997)

DIN ISO 1302
Technische Zeichnungen — Angabe der Oberflächenbeschaffenheit; Identisch mit ISO 1302 : 1992

3 Definitionen

Für die Anwendung dieser Norm gelten die Begriffsdefinitionen nach DIN 50902 sowie DIN 50960-1.

4 Zeichnungsangaben

4.1 Allgemeines

Die Angabe der Bezeichnung von Überzügen erfolgt an einem graphischen Symbol der Oberflächenbeschaffenheit nach DIN ISO 1302 (siehe Bild 1).

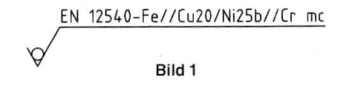

EN 12540-Fe//Cu20/Ni25b//Cr mc

Bild 1

4.2 Bezeichnung

Die Bezeichnung galvanischer Überzüge ist in E DIN EN 1403 und in den Normen für die jeweiligen galvanischen Überzüge oder Überzugskombinationen festgelegt.
Für Bezeichnungen galvanischer Überzüge, die durch eigenständige Normen nicht erfaßt sind, gilt DIN 50960-1.

4.3 Kennzeichnung begrenzter Bereiche

Bereiche werden durch folgende Linienarten nach E DIN ISO 128-24 gekennzeichnet.

Die Bedeutung der Linien 02.2 und 05.1 darf auf der Zeichnung erklärt sein. Nicht gekennzeichnete Bereiche dürfen keinen Überzug haben.
Die Linie 05.1 (siehe Bild 11) ist nur anzuwenden, wenn Formelemente (z. B. Bohrungen) und Flächen, die innerhalb der Bereiche 04.2 und 02.2 liegen, keinen Überzug erhalten dürfen.
An symmetrischen Teilen und Formelementen genügt eine halbseitige Kennzeichnung (siehe Bilder 5 und 7).

4.4 Sammelangaben

4.4.1 Allgemeines

Kann die Angabe für den Überzug nicht in der Sammelangabe für die Oberflächenbeschaffenheit angegeben werden, so ist eine eigene Sammelangabe für den Überzug zu machen. Getrennte Sammelangaben für Überzüge und die Oberflächenbeschaffenheit sind in der Zeichnung untereinander anzuordnen.

4.4.2 Überzug allseitig, mit gleichen Anforderungen

Ein einheitlicher, allseitiger Überzug wird nach Bild 1, z. B. in der Nähe des Schriftfeldes bzw. im Schriftfeld angegeben (siehe Bild 2). Alle Flächen des Teiles gelten dann als wesentliche Flächen (Funktionsflächen).

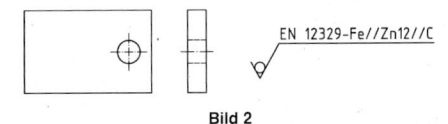

EN 12329-Fe//Zn12//C

Bild 2

4.4.3 Überzug allseitig, mit unterschiedlichen Anforderungen

Wenn die Mehrzahl der Flächen eines Gegenstandes eine einheitliche Hauptanforderung erhält und für die restlichen Flächen (wesentliche Flächen) spezielle Anforderungen gestellt werden (siehe Bild 3), so wird
— die Hauptanforderung für die Mehrzahl der Flächen über dem bzw. im Schriftfeld als Sammelangabe, mit einem graphischen Symbol nach DIN ISO 1302, angegeben;
— die spezielle Anforderung in der Darstellung an einer breiten Strichpunktlinie (Linie 04.2 nach 4.3) eingetragen und in der Sammelangabe nach der Hauptanforderung in Klammern vereinfacht angegeben (Grundsymbol nach DIN ISO 1302 bedeutet, daß in der Darstellung des Gegenstandes entsprechende spezielle Anforderungen eingetragen sind).
Für unterschiedliche Überzüge und Zwischenbearbeitungen ist ein Beschichtungsbild auf der Zeichnung oder eine spezielle Beschichtungszeichnung anzufertigen (siehe Bild A.1).

Tabelle 1

	Linienart	Bedeutung
04.2	—— · —— · ——	Bereiche, die entsprechend der Bezeichnung einen Überzug erhalten müssen; wesentliche Flächen
02.2	— — — — — —	Bereiche, die einen Überzug haben dürfen, der aber nicht erforderlich ist
05.1	—— ·· —— ·· ——	Bereiche, die innerhalb von 04.2 und 02.2 keinen Überzug haben dürfen

EN 12540-Fe//Ni30b//Crr

EN 12540-Fe//Ni20b

(√)

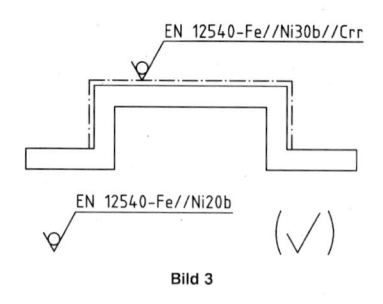

Bild 3

4.5 Einzelangaben

4.5.1 Bereiche mit geforderter Beschichtung

Wenn an einem Teil nur einzelne Bereiche einen Überzug erhalten sollen, werden diese Bereiche durch eine Strichpunktlinie breit (Linie 04.2 nach DIN ISO 128-24) gekennzeichnet. Alle in dem so gekennzeichneten Bereich liegenden Bohrungen, Gewindelöcher, Aussparungen usw. sind ebenfalls wesentliche Flächen, außer, sie werden mit der Linie 05.1 gekennzeichnet.

Auf den nicht gekennzeichneten Bereichen darf kein Überzug vorhanden sein. Die Angabe der Überzugsart erfolgt an der Strichpunktlinie (siehe Bild 4) oder als vereinfachte Angabe mit Erklärung der Strichpunktlinie und des graphischen Symbols nach DIN ISO 1302 (siehe Bilder 5 und 6).

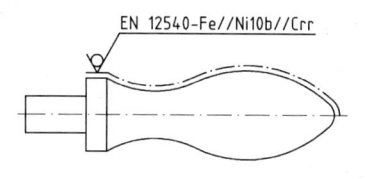

EN 12540-Fe//Ni10b//Crr

Bild 4

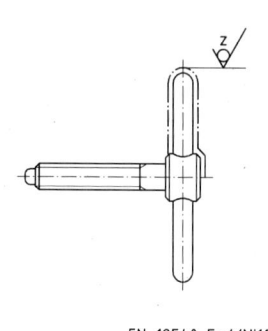

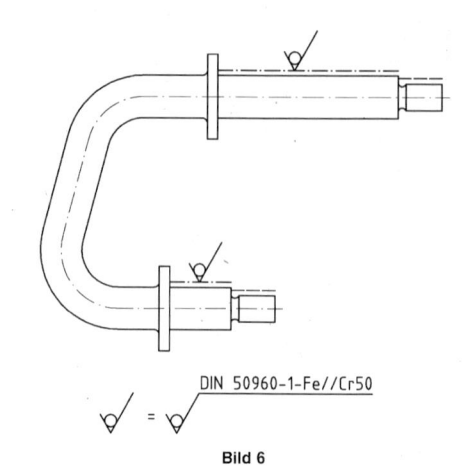

EN 12540-Fe//Ni10b//Crr

Bild 5

DIN 50960-1-Fe//Cr50

Bild 6

4.5.2 Bereiche mit zugelassener Beschichtung

Bereiche außerhalb der wesentlichen Flächen, die einen Überzug erhalten dürfen, sind durch eine Strichlinie breit (Linie 02.2) zu kennzeichnen (siehe Bild 7).

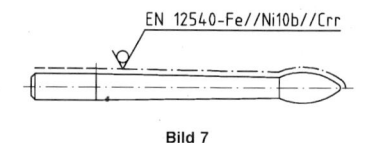

EN 12540-Fe//Ni10b//Crr

Bild 7

ANMERKUNG: Unterschiedliche aneinander anschließende Bereichskennzeichnungen können durch eine schmale Trennungslinie (Linie 01.1 nach DIN ISO 128-24) voneinander abgegrenzt werden (siehe Bild 7). Die Bedeutung der Linie ist zu erläutern, wenn dies zur Klarheit der Zeichnung beiträgt oder bei Verwechslungsgefahr mit anderen Anforderungen.

4.5.3 Bereiche ohne Beschichtung

Wenn an einem Teil einzelne Formelemente (Bohrungen, Gewindelöcher, Aussparungen usw.) oder Bereiche, die innerhalb eines beschichteten Bereichs (Linie 04.2 und 02.2) liegen, ohne Überzug bleiben müssen, sind diese durch eine Strich-Zweipunktlinie schmal (Linie 05.1) zu kennzeichnen und gegebenenfalls zu bemaßen (siehe Bilder 8 und 11).

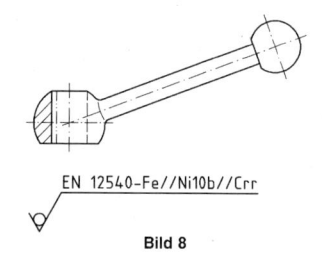

EN 12540-Fe//Ni10b//Crr

Bild 8

4.6 Maßbeschichtung

4.6.1 Fertigmaßbeschichtung

Eine Fertigmaßbeschichtung, z. B. für Paßmaße, ist besonders anzugeben. Das Maß für die Vorbearbeitung und das Fertigmaß sind festzulegen. Dies kann entweder in der Zeichnung (siehe Bild 9) oder in zugeordneten technischen Unterlagen angegeben werden, siehe auch 4.7 (Tabellenangaben). Vorbearbeitungsmaße werden nach DIN 406-10 und DIN 406-11 durch eckige Klammern gekennzeichnet.

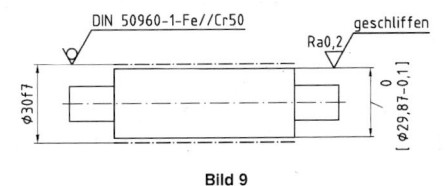

Es müssen die Maße für die Vorbearbeitung (siehe 4.6.1) und die Übermaßbeschichtung sowie das Fertigmaß festgelegt werden.

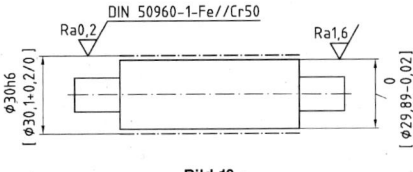

Bild 9

Bild 10

Vorbearbeitungsmaße im Sinne dieser Norm sind die Maße, die ein Teil vor der vorgesehenen Beschichtung aufweist. Sie müssen bei Maßbeschichtung so festgelegt werden, daß nach Aufbringen eines galvanischen Überzuges oder einer anderen Beschichtung die Fertigmaße (Endzustand des Teiles) eingehalten werden können. Bei der Festlegung von Vorbearbeitungsmaßen ist zu beachten, daß galvanische Überzüge, abhängig von der Form der Teile, sehr große Schichtdicken-Streuungen aufweisen können (siehe auch Anhang C).

4.6.2 Übermaßbeschichtung

Eine Übermaßbeschichtung, die danach z. B. auf ein Paßmaß materialabtrennend bearbeitet wird, ist nach Bild 10 anzugeben.

4.7 Beschichtungsbild

Wird die Darstellung eines Teiles durch die Angabe von Überzügen unübersichtlich oder ist eine Verwechslung mit anderen Behandlungsverfahren möglich, so ist auf der Zeichnung ein Beschichtungsbild hinzuzufügen oder eine getrennte Beschichtungszeichnung auszuführen (z. B. Zeichnungen für vorbearbeitetes Teil und Fertigteil).

In dem Beschichtungsbild (siehe Bild 11), das auch ein Teilbild sein kann, wird auf die für die Beschichtung nicht notwendigen Einzelheiten verzichtet.

Eine maßstabsgetreue Darstellung ist nicht erforderlich. Diese enthält die Kennzeichnung „Beschichtungsbild" und ist mit allen für die Kennzeichnung der Beschichtung notwendigen Angaben zu versehen.

4.8 Meßstelle

Die Referenzfläche für Schichtdickenmessungen wird in der Fertigungsunterlage durch das Symbol „Meßstelle" gekennzeichnet (siehe DIN EN ISO 2064). Dies erleichtert die Verständigung zwischen dem Hersteller und der Qualitätssicherung.

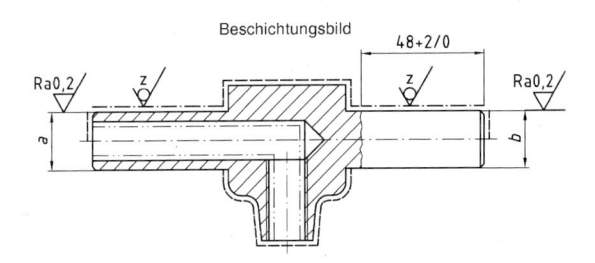

	Fertigmaß mm	Grenzabmaß mm	Vorbearbeitungsmaß mm	Schichtdicke µm
a	⌀ 22,24 h9	$-0,052 \atop 0$	⌀ 22,208 + 0/−0,04	10 bis 16
b	⌀ 21,85 h8	$-0,033 \atop 0$	⌀ 21,818 + 0/−0,021	

Bild 11

Seite 5
DIN 50960-2 : 1998-12

Anhang A (informativ)
Beispiel für komplexe Beschichtungen

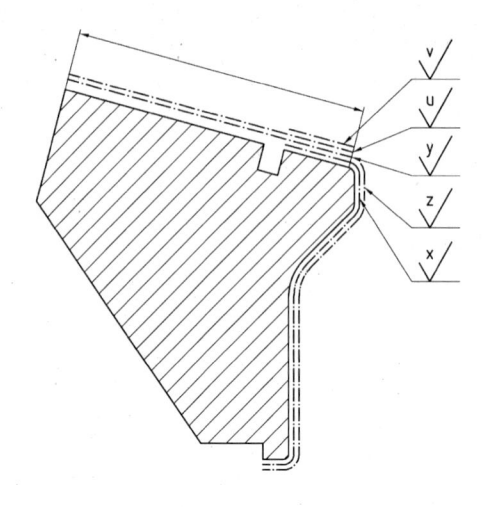

$\sqrt{x} = \text{Ra0,08} \sqrt{\dfrac{\text{poliert}}{\text{Rmax 0,9}\atop\text{Rmax 0,7}}}$

$\sqrt{y} = \sqrt{\overline{\text{DIN 50960-1-Fe//Cr35}}}$

$\sqrt{z} = \sqrt{\overline{\text{DIN 50960-1-Fe//Cr15}}}$

$\sqrt{u} = \text{Ra0,08} \sqrt{\overline{\text{geschliffen}}}$

$\sqrt{v} = \text{Ra0,08} \sqrt{\dfrac{\text{poliert}}{\text{Rmax 0,7-0,9}}}$

Bild A.1

Seite 6
DIN 50960-2 : 1998-12

Anhang B (normativ)
Beschichtete und wärmebehandelte Teile

B.1 Gleiche Bereichskennzeichnung in DIN 50960-2 und DIN 6773

Die Bereiche mit den Linien 04.2 und 02.2 sind in dieser Norm sowie in E DIN 6773 mit gleicher Bedeutung enthalten. Die Linie 05.1 ist in E DIN 6773 nicht festgelegt.

Es sollte auch bei wärmebehandelten Teilen die Linie 05.1 angewendet werden, wenn innerhalb von mit den Linien 04.2 und 02.2 gekennzeichneten Bereichen Formelemente (z. B. Passungen, Gewinde) keine Wärmebehandlung erhalten dürfen.

B.2 Zeichnungsangaben bei gleichzeitiger Beschichtung und Wärmebehandlung

Bei solchen Teilen sind die Angaben wie folgt in die Zeichnung einzutragen:
— Bei allseitiger Beschichtung und Wärmebehandlung durch zwei getrennte Sammelangaben in dem dafür vorgesehenen Feld auf der Zeichnung (siehe Bild B.1).

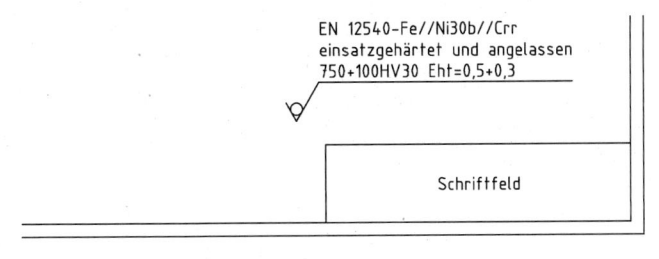

EN 12540-Fe//Ni30b//Crr
einsatzgehärtet und angelassen
750+100HV30 Eht=0,5+0,3

Schriftfeld

Bild B.1

— Bei teilweiser Beschichtung und Wärmebehandlung der gleichen Flächen durch zusammengefaßte Angaben an der Darstellung (siehe Bild B.2) oder als vereinfachte Angabe (siehe Bild B.3).

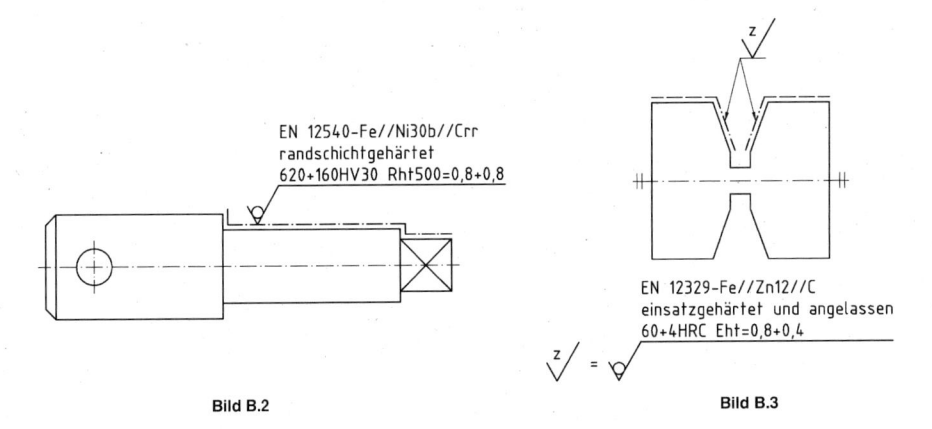

EN 12540-Fe//Ni30b//Crr
randschichtgehärtet
620+160HV30 Rht500=0,8+0,8

EN 12329-Fe//Zn12//C
einsatzgehärtet und angelassen
60+4HRC Eht=0,8+0,4

Bild B.2   **Bild B.3**

— Bei teilweiser Beschichtung und Wärmebehandlung unterschiedlicher Flächen durch
  a) Angabe in der Darstellung (siehe Bild B.4),
  b) vereinfachte Angaben (siehe Bild B.5) oder
  c) getrennte Beschichtungs- und Wärmebehandlungsbilder.

37

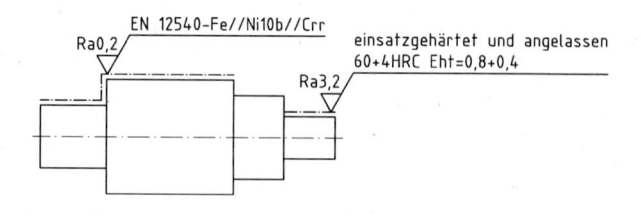

Ra0,2 — EN 12540-Fe//Ni10b//Crr
Ra3,2 — einsatzgehärtet und angelassen 60+4HRC Eht=0,8+0,4

Bild B.4

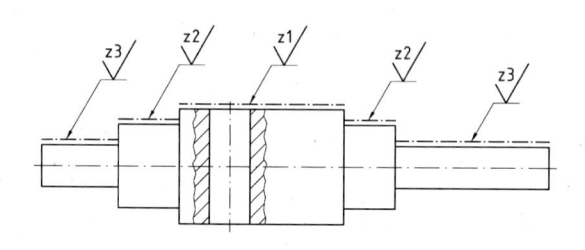

z1 / = Ra3,2 / randschichtgehärtet 550+100HV30 Rht450=0,6+0,6

z2 / = Ra0,2 / EN 12540-Fe//Ni30b//Crr

z3 / = Ra0,08 / DIN 50960-1-Fe//Cr50

Bild B.5

Anhang C (informativ)

Erläuterungen

Die in den Kurzzeichen für einen Überzug bzw. ein Überzugssystem durch eine Zahl angegebenen Schichtdicken in µm, z. B. Fe // Zn8 // C, sind kleinste örtliche Schichtdicken an den wesentlichen Stellen (siehe DIN EN ISO 2064).

Abhängig von der Konstruktionsgestaltung der Teile, besonders bei Innenflächen, ist mit einer großen Schichtdickenstreuung bis zu 100%, ausgehend von der kleinsten örtlichen Schichtdicke, zu rechnen, z. B.:
— bei Schichtdickenangabe 5 µm, Schichtdicke 5 µm bis 8 µm;
— bei Schichtdickenangabe 8 µm, Schichtdicke 8 µm bis 12 µm;
— bei Schichtdickenangabe 12 µm, Schichtdicke 12 µm bis 24 µm;
— bei Schichtdickenangabe 25 µm, Schichtdicke 25 µm bis 50 µm.

Bei Flächen mit Fügefunktion (Passungen) sollte die aufzutragende Schichtdicke berücksichtigt und das Vorbearbeitungsmaß angegeben werden, womit die Schichtdicke in das Fertigmaß einbezogen ist.

Bei Flächen ohne Fügefunktion und solchen, an die keine besonderen Forderungen hinsichtlich Leitfähigkeit usw. gestellt werden, ist eine Über- bzw. Unterschreitung der Allgemeintoleranz um die Schichtdicke zulässig.

Das Einhalten bestimmter Schichtdicken ist möglich. Der Aufwand für das Galvanisieren auf enge Paßmaße oder Gewindepaßmaße lohnt jedoch nur, wenn der Schutz dieser Flächen unbedingt gefordert wird.

DK 669.169.9-034.5-034.73

Juni 1987

Galvanische Überzüge
Zink- und Cadmiumüberzüge auf Eisenwerkstoffen
Chromatierung der Zink- und Cadmiumüberzüge

DIN 50 961

Electroplated coatings; coatings of zinc and cadmium on iron and steel; chromating of zinc and cadmium coatings

Revêtements électrolytiques; revêtements de zinc et cadmium sur le fer et l'acier; chromatation des revêtements de zinc et cadmium

Ersatz
für Ausgabe 04.76,
DIN 50 941/05.78 und
DIN 50 962/04.76

Zusammenhang mit den von der International Organization of Standardization (ISO) herausgegebenen Internationalen Normen ISO 2081 – 1986 und ISO 2082 – 1986 siehe Erläuterungen.

1 Anwendungsbereich und Zweck

Die Norm gilt für Zink- und Cadmiumüberzüge auf Eisenwerkstoffen mit und ohne Chromatierung. Sie legt für verschieden hohe Beanspruchungsstufen Mindestkorrosionsbeständigkeiten sowie hierfür empfohlene Schichtdicken fest.

Die Überzüge bzw. Überzugssysteme dienen als Korrosionsschutz und/oder für dekorative Zwecke.

Die Norm gilt nicht für Halbzeug [1]).

Für Mechanische Verbindungselemente gilt DIN 267 Teil 9.

Für Gewinde an Bauteilen sind Vereinbarungen zu treffen.

Anmerkung: Bei der Anwendung dieser Norm sind die Gefahrstoff-Verordnung, die MAK-Wertliste, die TRK-Liste und andere technische Regelwerke wie z. B. die UVV Galvanotechnik (VBG 57) zu beachten.

2 Begriffe

2.1 Galvanische Überzüge

Galvanische Überzüge sind metallische Schichten, die aus einem Elektrolyten auf elektrisch leitenden oder leitend gemachten Bauteilen kathodisch abgeschieden worden sind (aus DIN 50 965/02.82).

2.2 Chromatieren

Chromatieren ist das Herstellen einer hauptsächlich aus Chromverbindungen bestehenden Schicht durch Behandeln mit Lösungen, die hierfür geeignete Chromverbindungen enthalten.

Anmerkung: Chromatierüberzüge auf galvanischen Zink- bzw. Cadmiumüberzügen werden angewandt, um Aussehen und Korrosionsbeständigkeit zu verbessern. Bei Anstrichen und ähnlichen Beschichtungen wird durch eine Chromatierung im allgemeinen die Haftung auf galvanischen Zink- bzw. Cadmiumüberzügen verbessert.

2.3 Wesentliche Fläche (Funktionsfläche)

Siehe DIN 50 982 Teil 1.

Wenn nicht anders vereinbart, gelten als wesentliche Flächen alle Flächen, die mit einer Kugel von 20 mm Durchmesser berührt werden können.

---
[1]) Begriff „Halbzeug" siehe DIN 199 Teil 2

3 Bezeichnung

Die Systematik des Aufbaues der Bezeichnung und die in der Bezeichnung zu verwendenden Kurzzeichen sind in DIN 50 960 Teil 1 beschrieben.

Beispiele:

Bezeichnung für einen Zinküberzug nach DIN 50 961 auf einem Bauteil aus Stahl (Fe) mit 8 μm Zink (Zn 8) blauchromatiert (B)

Überzug DIN 50 961 – Fe/Zn 8 B

Bezeichnung für einen Cadmiumüberzug nach DIN 50 961 auf einem Bauteil aus Stahl (Fe) mit 12 μm Cadmium (Cd 12) gelbchromatiert (C)

Überzug DIN 50 961 – Fe/Cd 12 C

Bezeichnung für einen Zinküberzug nach DIN 50 961 auf einem Bauteil aus Stahl (Fe) mit 12 μm Zink (Zn 12) olivchromatiert (D) und versiegelt (d)

Überzug DIN 50 961 – Fe/Zn 12 D d

Bezeichnung für einen Zinküberzug nach DIN 50 961 auf einem Bauteil aus Stahl (Fe) mit 8 μm Zink (Zn 8) schwarzchromatiert (F)

Überzug DIN 50 961 – Fe/Zn 8 F

4 Bestellangaben

Bei Bestellung kann entweder die Beanspruchungsstufe nach Abschnitt 7 unter gleichzeitiger Angabe der Nummer dieser Norm und des Überzugsmetalls sowie gegebenenfalls Festlegungen zur Chromatierung und Nachbehandlung oder die Bezeichnung nach Abschnitt 3 angegeben werden.

Weitere Angaben bezüglich einer Vereinbarung zwischen Hersteller und Abnehmer sind in DIN 50 960 Teil 1 festgelegt.

5 Oberflächenbeschaffenheit

5.1 Grundwerkstoff

Die zu verzinkenden bzw. zu vercadmenden Bauteile dürfen keine Werkstoff-, Bearbeitungs- oder Oberflächenfehler aufweisen, die den Korrosionsschutz und/oder das Aussehen der Überzüge ungünstig beeinflussen. Das sind z. B. bei aus Walzerzeugnissen hergestellten Werkstücken Risse, Porennester, Fremdstoffeinschlüsse und Doppelungen, bei Gußstücken Einfall- und Kaltschweißstellen, Schrumpf- und Kerbrisse sowie Wirbelungen und Lunker.

Fortsetzung Seite 2 bis 6

Normenausschuß Materialprüfung (NMP) im DIN Deutsches Institut für Normung e.V.

Wegen des Einflusses der Oberflächengüte und des etwaigen Einflusses ihrer mikrogeometrischen Oberflächengestalt auf die Überzugsdicke, ihre Messung und auf das Korrosionsverhalten empfiehlt sich eine Vereinbarung zwischen Hersteller und Abnehmer.

Bei hochfesten Werkstoffen ist sowohl bei der Vorbehandlung als auch bei der Verzinkung und Vercadmung die Möglichkeit des Auftretens eines wasserstoffinduzierten Sprödbruches gegeben (siehe DIN 50 969 *)).

5.2 Überzüge

Die verzinkten bzw. vercadmeten Bauteile müssen auf den wesentlichen Flächen (siehe Abschnitt 2.3) frei von Fehlern sein, die das Aussehen und die Korrosionsbeständigkeit beeinträchtigen, wie z. B. grobe Poren und Risse (siehe DIN 50 903), Rauheiten, Flecke und nicht absichtlich erzeugte Verfärbungen.

Die Überzüge müssen auf dem Bauteil festhaften. Die Art des Prüfverfahrens für das Haftvermögen ist zu vereinbaren.

6 Schichtdicke

6.1 Allgemeines

Das Einhalten der empfohlenen Mindestschichtdicke nach den Tabellen 1 und 2 an wesentlichen Flächen bietet jedoch keine Gewähr für eine bestimmte Korrosionsbeständigkeit des Fertigteils. Bei der Festlegung der wesentlichen Flächen ist die von der Form des zu verzinkenden bzw. zu vercadmenden Bauteils abhängige Schichtdickenverteilung zu berücksichtigen.

*) Z. Z. Entwurf

6.2 Messung der Schichtdicke

Die Dicken der Zink- bzw. Cadmiumüberzüge können zerstörend und zerstörungsfrei gemessen werden. Zur zerstörenden Schichtdickenmessung sind folgende Verfahren zulässig:

- coulometrisch nach DIN 50 955
- mikroskopisch nach DIN 50 950
- Differenzmessung mittels eines Tasters nach DIN 50 933
- gravimetrisch nach DIN 50 988 Teil 1
- maßanalytisch nach DIN 50 988 Teil 2 *)

Sofern zerstörungsfrei gemessen werden soll, sind folgende Verfahren zulässig:

- magnetisch nach DIN 50 981
- mittels Betarückstreu-Verfahren nach DIN 50 983
- mittels Röntgenfluoreszenz-Verfahren nach DIN 50 987

Die Dicke von Chromatierüberzügen bleibt unberücksichtigt.

7 Beanspruchungsstufen

Beanspruchungsstufen geben das Ausmaß der zu erwartenden Korrosionsbeanspruchung bei Gebrauch des galvanisierten und gegebenenfalls chromatierten Bauteiles in Zahlenwerten an:

4 außerordentlich stark
3 stark
2 mäßig
1 mild

Die Beziehungen zwischen den Beanspruchungsstufen zu den Mindestbeständigkeiten in Kurzzeit-Korrosionsprüfungen und den empfohlenen Schichtdicken sind in den Tabellen 1 und 2 festgelegt (Auswertung siehe Abschnitt 8.1).

Tabelle 1. Prüfverfahren, Prüfdauer und empfohlene Mindestschichtdicken für Zinküberzüge und chromatierte Zinküberzüge (Bewertungszahl 10 nach DIN 50 980)

Beanspruchungs-stufe	Chromatier-verfahrens-gruppe nach DIN 50 960 Teil 1	Zyklen im Kondenswasser-Wechselklima DIN 50 018 – KFW 2,0 S *)	Dauer der Salzsprüh-nebelprüfung in h nach DIN 50 021 – SS *)	Empfohlene Mindestschicht-dicke µm
4	X ohne	7	192	25
4	C D	10	360	25
3	X ohne	3	96	12
3	C D	5	192	12
2	ohne	2	48	8
2	X A B F	3	72	8
2	C D	4	120	8
1	ohne	1	24	5
1	X A B F	1	48	5
1	C D	2	72	5

*) Z. Z. Entwurf

DIN 50 961 Seite 3

Tabelle 2. **Prüfverfahren, Prüfdauer und empfohlene Mindestschichtdicken für Cadmiumüberzüge und chromatierte Cadmiumüberzüge (Bewertungszahl 10 nach DIN 50 980)**

Beanspruchungsstufe	Chromatierverfahrensgruppe nach DIN 50 960 Teil 1	Zyklen im Kondenswasser-Wechselklima DIN 50 018 – KFW 2,0 S *)	Dauer der Salzsprühnebelprüfung in h nach DIN 50 021 – SS *)	Empfohlene Mindestschichtdicke µm
4	X ohne	8	360	25
	C D	12	480	
3	X ohne	4	192	12
	C D	5	240	
2	ohne	2	72	8
	X A F	2	96	
	C D	3	120	
1	ohne	1	48	5
	X A F	1	72	
	C D	2	96	

*) Z. Z. Entwurf

8 Kurzzeit-Korrosionsprüfungen und Auswertung

Für Bauteile, die den Beanspruchungsstufen 3 und 4 ausgesetzt werden, empfiehlt sich generell eine Chromatierung nach den Verfahrensgruppen C und D anzuwenden (siehe DIN 50 960 Teil 1), die einen erhöhten Schutzwert auch bei den Kurzzeit-Korrosionsprüfungen ergibt.

Aus den Prüfergebnissen des Kurzzeit-Korrosionstests kann nicht ohne weiteres auf das Korrosionsverhalten der verzinkten bzw. vercadmeten und chromatierten Bauteile im Gebrauch geschlossen werden. Qualitative Beurteilungen der unterschiedlichen Schichtsysteme sind möglich.

Maßgebend für die Bewertung der nach den Tabellen 1 und 2 geprüften Proben ist die Korrosion des Grundwerkstoffes. Die Auswertung wird nach DIN 50 980 durchgeführt. Die noch zulässige Bewertungszahl ist zu vereinbaren. Für Proben mit wesentlichen Flächen kleiner als 25 mm^2 ist die Anzahl der Proben und die noch zulässige Bewertungszahl zu vereinbaren.

Die Beurteilung wird – ohne Lupe – im Leseabstand durchgeführt.

9 Chromatieren mit und ohne Versiegelung

9.1 Allgemeines

Zum Chromatieren werden die galvanisch verzinkten oder vercadmeten Bauteile, in ruhende oder bewegte Chromatierlösung eingetaucht, mit ihr übergossen (überflutet) oder bespritzt. Einige Chromatierlösungen eignen sich für eine Anwendung im Streichverfahren. Chromatierüberzüge können auch durch Elektrolyse erzeugt werden.

Während des Chromatierens wird stets etwas Zink oder Cadmium gelöst. Dieser Abtrag, je nach Verfahren 0,2 bis 2 µm, ist beim Aufbringen des Metallüberzuges zu berücksichtigen, weil sonst unter Umständen die empfohlene Mindestschichtdicke unterschritten wird.

Feuchte, frisch erzeugte Chromatierüberzüge sind abriebempfindlich. Eine Abriebbeständigkeit wird erst durch das nachfolgende Trocknen erreicht.

Beim Spülen und Trocknen chromatierter und nicht nachbehandelter Bauteile darf der Chromatierüberzug nicht über 70 °C erwärmt werden. Bei höherer Temperatur bilden sich Risse, die die Schutzwirkung vermindern. Das Haften von Einbrennlacken wird aber dadurch nicht beeinträchtigt. Dies ist gegebenenfalls beim praktischen Einsatz der Bauteile zu beachten. Durch eine geeignete Nachbehandlung kann die Wärmebeständigkeit erhöht werden.

9.2 Verfahrensgruppen und Nachbehandlung

Beim Chromatieren von galvanischen Zink- und Cadmiumüberzügen werden verschiedene Verfahrensgruppen unterschieden, deren Kurzzeichen nach DIN 50 960 Teil 1 anzugeben sind.

Je nach den Chromatierbedingungen bilden sich Schichten verschiedener Dicke und Eigenfarbe. Chromatierüberzüge auf Zink und Cadmium können farblos, bläulich, hellgelb, grünlich bis gelblich irisierend, goldgelb bis gelbbraun, olivgrün und olivbraun, braunschwarz bis schwarz sein. Als Chromatierbedingungen sind besonders Zusammensetzung, Temperatur und pH-Wert der Lösung sowie Behandlungsdauer und Werkstück- oder Elektrolytbewegung von Bedeutung.

Zur weiteren Verbesserung der Korrosionsbeständigkeit der Chromatierüberzüge und damit auch der Korrosionsbeständigkeit des Gesamtsystems können Chromatierungen durch direkten Einbau organischer Substanzen verbessert werden. Diese Verfahren werden als Versiegelung bezeichnet.

Insbesondere kann durch die Versiegelung auch die Temperaturbeständigkeit der Chromatierüberzüge erhöht werden. Die Versiegelung der noch feuchten Chromatierung kann durch Tauchen oder Sprühen bzw. mit wäßrigen Polymeren enthaltenden Lösungen oder auch durch direkte Zugabe von geeigneten Substanzen zur Chromatierung erfolgen. Die Versiegelung ist, infolge des direkten Einbaues, als Bestandteil des Chromatierüberzuges anzusehen.

Farblose oder schwach bläulich schimmernde Chromatierüberzüge (Verfahrensgruppe A und B) erhöhen den elektrischen Übergangswiderstand zwischen einem Kontakt und der Metalloberfläche nur unwesentlich. Intensiv gefärbte Schichten (Verfahrensgruppe C und D) erhöhen mit zunehmender Dicke den Übergangswiderstand merklich. Das gilt auch für Versiegelungen.

Chromatierüberzüge nach Verfahrensgruppe A und B, zum Teil auch C, sind im allgemeinen noch lötbar, Schichten nach Verfahrensgruppe D und F nicht. Dasselbe gilt für das Punktschweißen.

9.3 Nachbehandlung

Wenn Chromatierüberzüge nachträglich eingefärbt werden sollen, ist neben der Angabe eines entsprechenden Kurzzeichens noch ein Kurzzeichen für die Farbangabe erforderlich. Übliche Farben sind grün (gn), blau (bl), rot (rt) und schwarz (sw). Bestimmte Farbtöne können jedoch nicht vorgeschrieben werden, da diese vom ursprünglichen Aussehen des Chromatierüberzuges beeinflußt werden (siehe hierzu DIN 50 960 Teil 1).

9.4 Wärmebehandlung

Alle erforderlichen Wärmebehandlungen der Stahlteile, die nach dem Aufbringen der galvanischen Zink- und Cadmiumüberzüge durchgeführt werden, müssen vor dem Chromatieren vorgenommen werden.

10 Prüfung des Chromatierüberzuges

10.1 Prüfung des Aussehens

Der Chromatierüberzug soll den galvanischen Überzug vollständig bedecken, gut haften und abgesehen von Interferenzfarben gleichmäßig aussehen.

10.2 Anwendungstechnische Prüfungen

10.2.1 Prüfung der Schutzwirkung von Chromatierüberzügen ohne Nachbehandlung

10.2.1.1 Allgemeines

Die Prüfung der Schutzwirkung von Chromatierüberzügen kann an Produktionsteilen in Originalgröße oder an aus „wesentlichen Flächen" herausgeschnittenen Proben vorgenommen werden. Es ist zu vereinbaren, wie die hierbei entstandenen Schnittkanten abgedeckt werden sollen.

Die Chromatierüberzüge auf den Bauteilen oder Prüfblechen müssen vor Beginn der Prüfung mindestens 24 Stunden alt sein.

Nach dem Chromatieren dürfen die zu prüfenden Proben nicht gefettet oder eingewachst und nicht über eine Temperatur von 70 °C erwärmt worden sein. Soll bei versiegelten Chromatierungen nach einer Wärmebehandlung geprüft werden, ist dies zu vereinbaren. Ist vor Beginn der Prüfung eine Entfettung der chromatierten Oberflächen erforderlich, so darf diese nur in kalten organischen Lösungsmitteln erfolgen. Alkalische Reiniger oder elektrolytische Entfettungsbäder beeinträchtigen die Chromatierüberzüge oder zerstören ihren Schutzwert.

Bei vergleichenden Prüfungen der Korrosionsschutzwirkung verschiedener Chromatierüberzüge müssen die Zinküberzüge auf dem gleichen Grundwerkstoff nach dem gleichen Verfahren und mit gleicher Schichtdicke aufgebracht sein.

10.2.1.2 Durchführung der Prüfung und Auswertung

Die Prüfung wird als Salzsprühnebelprüfung nach DIN 50 021-SS *) durchgeführt. Durch die Prüfung im Salzsprühnebel soll die Schutzwirkung der Chromatierüberzüge auf den galvanischen Zinküberzügen festgestellt werden. Als Beginn der Minderung des Schutzwertes gilt das erste Auftreten von Korrosionsprodukten auf der chromatierten Oberfläche. Farbveränderungen der Chromatierüberzüge und das Auftreten dunkler Punkte sind, falls für dekorative Zwecke nicht anders vereinbart, nicht zu bewerten.

10.2.1.3 Mindestbeständigkeiten von Chromatierüberzügen auf galvanischen Zinküberzügen auf Eisenwerkstoffen

Tabelle 3 gibt an, bis zu welcher Zeit Korrosionsprodukte auf chromatierten galvanischen Zinküberzügen auf Eisenwerkstoffen im Salzsprühnebel nach DIN 50 021-SS *) nicht auftreten dürfen. An scharfen Kanten, Bohrungen und Stanzlöchern werden die in Tabelle 3 aufgeführten Beständigkeiten teilweise nicht erreicht. Sofern diese Zonen der betreffenden Bauteile als wesentliche Flächen gelten, müssen Vereinbarungen getroffen werden, auf welche Weise höhere Beständigkeiten erzielt werden sollen, z. B. konstruktive Änderung, mechanische Behandlung des Bauteiles, Änderung des galvanischen Verfahrens, des Chromatierverfahrens (Trommel- oder Gestellbehandlung) bzw. zusätzliche Versiegelung.

Die geringeren Beständigkeiten bei trommelbehandelten Bauteilen nach Tabelle 3 sind dadurch begründet, daß beim Chromatieren in Trommeln Beschädigungen des Chromatierüberzuges nie ganz vermeiden lassen.

Maßgebend für die Bewertung der nach Tabelle 3 geprüften Proben ist die Korrosion des Überzugswerkstoffes.

Die Auswertung wird nach DIN 50 980 durchgeführt. Die noch zulässige Bewertungszahl ist zu vereinbaren. Für Proben mit wesentlichen Flächen kleiner als 25 mm^2 ist die Anzahl der Proben und die noch zulässige Bewertungszahl zu vereinbaren.

Die Beurteilung wird – ohne Lupe – im Leseabstand durchgeführt.

Eine additive Verknüpfung der Werte aus den Tabellen 1 bzw. 2 mit denen der Tabelle 3 ist nicht zulässig.

Im Regelfall verhalten sich Chromatierüberzüge auf Cadmiumüberzügen besser als auf Zinküberzügen.

11 Prüfbericht

Der Prüfbericht ist nach DIN 50 980 auszuführen.

---

*) Z. Z. Entwurf

Tabelle 3. **Mindestbeständigkeitsdauer von Chromatierüberzügen bis zum Auftreten von Zinkkorrosionsprodukten bei der Prüfung im Salzsprühnebel nach DIN 50 021-SS *) (Bewertungszahl 10 nach DIN 50 980)**

Galvanischer Überzug aus Zink auf Eisenwerkstoffen	Mindestbeständigkeit in Stunden Art der Chromatierung				
	A und B	C	D	F	Cd bzw Dd
Trommelware	8	72	72	24	120
Gestellware	16	96	120	48	165

Zitierte Normen und andere Unterlagen

DIN 199 Teil 2	Begriffe in Zeichnungs- und Stücklistenwesen; Stücklisten
DIN 267 Teil 9	Mechanische Verbindungselemente; Technische Lieferbedingungen, Teile mit galvanischen Überzügen
DIN 50 018	(Z. Z. Entwurf) Korrosionsprüfungen; Prüfung im Kondenswasser-Wechselklima mit schwefeldioxidhaltiger Atmosphäre
DIN 50 021	(Z. Z. Entwurf) Korrosionsprüfungen; Sprühnebelprüfungen mit verschiedenen Natriumchloridlösungen
DIN 50 903	Metallische Überzüge; Poren, Einschlüsse, Blasen und Risse; Begriffe
DIN 50 933	Messung von Schichtdicken; Messung der Dicke von Schichten durch Differenzmessung mit einem Taster
DIN 50 950	Messung von Schichtdicken; Mikroskopische Messung der Schichtdicke; Querschliff-Verfahren
DIN 50 955	Messung von Schichtdicken; Messung der Dicke von metallischen Schichten durch örtliches anodisches Ablösen; Coulometrisches Verfahren
DIN 50 960 Teil 1	Galvanische und chemische Überzüge; Bezeichnung und Angaben in technischen Unterlagen
DIN 50 965	Galvanische Überzüge; Zinnüberzüge auf Eisen- und Kupferwerkstoffen
DIN 50 969	(Z. Z. Entwurf) Wärmebehandlung chemisch und/oder elektrochemisch behandelter hochfester Bauteile aus Stahl zur Vermeidung von wasserstoffinduzierten Sprödbrüchen
DIN 50 980	Prüfung metallischer Überzüge; Auswertung von Korrosionsprüfungen
DIN 50 981	Messung von Schichtdicken; Magnetische Verfahren zur Messung der Dicken von nichtferromagnetischen Schichten auf ferromagnetischem Werkstoff
DIN 50 982 Teil 1	Messung von Schichtdicken; Allgemeine Arbeitsgrundlagen, Begriffe über Schichtdicke und Oberflächenmeßbereiche
DIN 50 983	Messung von Schichtdicken; Betarückstreu-Verfahren zur Messung der Dicke von Schichten
DIN 50 987	Messung von Schichtdicken; Röntgenfluoreszenz-Verfahren zur Messung der Dicke von Schichten
DIN 50 988 Teil 1	Messung von Schichtdicken; Bestimmung der flächenbezogenen Masse von Zink- und Zinnschichten auf Eisenwerkstoffen durch Ablösen des Schichtwerkstoffes; Gravimetrisches Verfahren
DIN 50 988 Teil 2	(Z. Z. Entwurf) Messung von Schichtdicken; Bestimmung der flächenbezogenen Masse von Zink- und Zinnschichten auf Eisenwerkstoffen durch Ablösen des Schichtwerkstoffes; Maßanalytisches Verfahren
UVV Galvanotechnik (VGB 57)	Carl Heymanns Verlag KG; Luxemburger Straße 449, 5000 Köln 41
MAK-Wert-Liste und TRK-Liste	Carl Heymanns Verlag KG; Luxemburger Straße 449, 5000 Köln 41
Gefahrstoffverordnung vom 26.08.1986	Deutscher Bundes-Verlag GmbH 5300 Bonn 1

Frühere Ausgaben

DIN 50 941: 01.68, 05.78
DIN 50 961: 01.55, 03.63x, 04.76
DIN 50 962: 01.55, 03.63, 04.76

Änderungen

Gegenüber der Ausgabe April 1976, DIN 50 941/05.78 und DIN 50 962/04.76 wurden folgende Änderungen vorgenommen:

a) Inhalt von DIN 50 941 und DIN 50 962 aufgenommen,
b) Bezeichnung an DIN 50 960 Teil 1 angepaßt,
c) Kurzzeitkorrosionsprüfung nach DIN 50 017 gestrichen und Mindestkorrosionsbeständigkeiten dem Stand der Technik angepaßt. Zusätzliche Werte für chromatierte Zink- bzw. Cadmiumüberzüge aufgenommen,
d) Mindestbeständigkeiten bei der Prüfung verschiedener Chromatierüberzüge dem Stand der Technik angepaßt,
e) zusätzlich wurde die Versiegelung chromatierter Zink- und Cadmiumüberzüge aufgenommen,
f) die Prüfung der Schutzwirkung von Chromatierüberzügen in Verbindung mit Anstrichen oder ähnlichen Beschichtungen wurde gestrichen,
g) der Abschnitt Wärmebehandlung wurde bis auf einen Hinweis gestrichen,
h) der Inhalt wurde darüber hinaus redaktionell überarbeitet.

Erläuterungen

Die Norm wurde vom Arbeitsausschuß NMP 176 „Galvanische Überzüge" des Normenausschusses Materialprüfung (NMP) aufgestellt.

Sie stimmt sachlich überein mit den von der International Oganization for Standardization (ISO) herausgegebenen Internationalen Normen

ISO 2081 – 1986 [2])
Metallic coatings; Electroplated coatings of zinc on iron or steel Metallische Überzüge; Galvanische Zinküberzüge auf Eisenwerkstoffen

2. Ausgabe, September 1986

ISO 2082 – 1986 [2])
Metallic coatings; Electroplated coatings of cadmium on iron or steel Metallische Überzüge; Galvanische Cadmiumüberzüge auf Eisenwerkstoffen

2. Ausgabe, September 1986

Folgende Abweichungen zu den ISO-Normen sind erwähnenswert.

Im Gegensatz zur ISO enthält DIN 50 961 Kurzzeit-Korrosionsprüfungen sowie die Nachbehandlung und das Färben von Chromatierüberzügen. Als Kurzzeichen für das Chromatierverfahren wird nur ein Buchstabe verwendet.

Es werden empfohlene Schichtdicken anstelle der in der ISO üblichen Mindestschichtdickenangabe vorgegeben, außerdem werden Hinweise auf übliche Schichtdickenmeßverfahren nach DIN gegeben.

Die Wärmebehandlung zur Vermeidung wasserstoffinduzierter Sprödbrüche ist anders, als in ISO in der eigenständigen Norm DIN 50 969 *) geregelt.

Für die Prüfung der Haftfestigkeit muß bis zum vorliegen einer DIN-Norm das Verfahren vereinbart werden.

Internationale Patentklassifikation

C 25 D 3/22
C 25 D 3/26
C 25 D 5/26
C 23 C 22/24

---

*) Z. Z. Entwurf
[2]) Zu beziehen durch den Beuth Verlag GmbH, Burggrafenstraße 6, 1000 Berlin 30

DK 62-408.2/.3 : 669.058 : 620.179.15
: 531.717.11

September 1993

Messung von Schichtdicken
Berührungslose Messung der Dicke von Schichten am kontinuierlich bewegten Meßgut

DIN 50 977

Measurement of coating thickness; Non contact measurement of coating thickness on continuously moving objects

Mesurage de l'épasseur de revetements; Mesurage de l'épasseur de revetements sans contact avec l'objet en mouvent continu

Ersatz für Ausgabe 04.85

Die Norm enthält in Abschnitt 5 sicherheitstechnische Festlegungen.

Beginn der Gültigkeit
Diese Norm gilt ab 1. September 1993.

1 Anwendungsbereich und Zweck

Diese Norm beschreibt die berührungslose und zerstörungsfreie Messung der Dicke von Schichten auf kontinuierlich bewegtem Meßgut nach dem Röntgenfluoreszenz-Verfahren (RFV) und dem Betarückstreu-Verfahren (BRV). Die Messung dient der laufenden Überwachung von Beschichtungsvorgängen mit dem Ziel, unmittelbar regelnd eingreifen zu können, wenn die vorgegebenen Werte für die Schichtdicke über- oder unterschritten werden.

Die beschriebenen Verfahren sind vorzugsweise für die Messung der Schichtdicke von Metallschichten auf Metallen vorgesehen. Typische Schichtwerkstoffe sind Gold, Silber, Palladium, Zinn, Zink, Aluminium, Blei und deren Legierungen. Anwendungsmöglichkeiten sind des weiteren auch organische Schichten wie Lackschichten konstanter Pigmentierung.

Die allgemeinen Arbeitsgrundlagen zur Schichtdickenmessung sind in DIN 50 982 Teil 1, die Auswahl der Verfahren und Durchführung der Messung in DIN 50 982 Teil 3 enthalten.

2 Begriffe

Allgemeine Begriffe siehe DIN 50 987 und DIN 50 983.

2.1 Meßzeit

Bei digital arbeitenden Meßgeräten entspricht die Meßzeit der Integrationszeit. Bei analog arbeitenden Meßgeräten übernimmt die Zeitkonstante RC die Rolle der Meßzeit. In den Gleichungen zur Berechnung der statistisch bedingten Meßunsicherheit wird für die Meßzeit der Wert $2 \cdot R \cdot C$ eingesetzt.

ANMERKUNG: Um die gewünschte Genauigkeit der Messung zu erzielen, ist eine ausreichende Meßzeit zu wählen. Stand der Technik sind Auswertegerate, die die Meßsignale digital verarbeiten. Der sich dabei ergebende zeitliche Ablauf ist im Bild dargestellt.

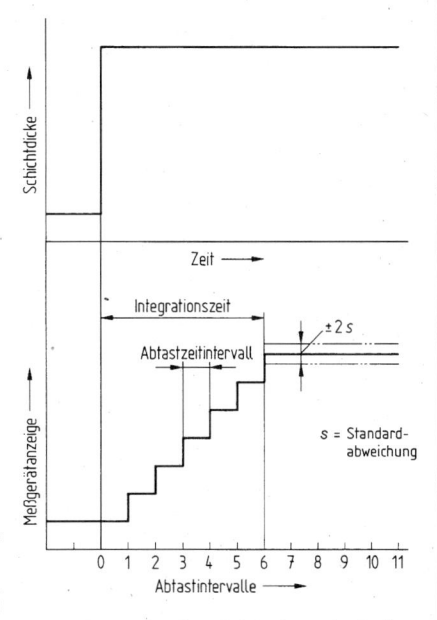

Bild: Zeitlicher Ablauf bei digital arbeitenden Geräten

2.1.1 Abtastzeitintervall

Das Abtastzeitintervall ist die Zeit, in der die Meßsignale in einem Zähler aufsummiert werden und nach der das Ergebnis in das Meßergebnis umgerechnet wird.

Fortsetzung Seite 2 bis 4

Normenausschuß Materialprüfung (NMP) im DIN Deutsches Institut für Normung e.V.

2.1.2 Abtastrate
Die Abtastrate ist die Anzahl der Abtastzeitintervalle dividiert durch die Zeit.

2.1.3 Gleitender Mittelwert
Der gleitende Mittelwert ist der Mittelwert der Meßergebnisse aus einer vorgegebenen Anzahl von Abtastzeitintervallen. Nach dem Ablauf eines weiteren Abtastzeitintervalls wird aus der Mittelwertbildung das am längsten zurückliegende Meßergebnis heraus- und dafür das neue Meßergebnis hinzugenommen. Nach jedem Abtastzeitintervall wird der neuberechnete gleitende Mittelwert angezeigt.

2.1.4 Integrationszeit
Die Integrationszeit ist die Summe aller Abtastzeitintervalle, die zur Berechnung des gleitenden Mittelwertes verwendet werden. Die Integrationszeit kann auch als ganzzahliges Vielfaches der Abtastzeitintervalle angegeben werden.

2.2 Mittlere Einstellzeit
Die mittlere Einstellzeit ist die Zeit, nach der eine sprungförmige Änderung der Schichtdicke am Ausgang des Meßgerätes innerhalb des durch die statistisch bedingte Meßunsicherheit gegebenen Intervalles $\pm 2 \cdot s$ angezeigt wird. Hierin bedeutet s die Standardabweichung der Anzeigewerte bei konstanter Schichtdicke.

2.3 Meßkopf
Der Meßkopf enthält die Strahlenquelle und den Strahlendetektor sowie Blenden und Kollimatoren vor der Strahlenquelle und/oder dem Strahlendetektor.

ANMERKUNG: Er ist auf der einen Seite des Meßgutes angeordnet.

2.4 Meßspalt
Der Meßspalt ist der lichte Abstand zwischen der Oberfläche des Meßgutes und der Stirnfläche des Meßkopfes.

ANMERKUNG: Von konstantem Meßspalt spricht man, wenn sich die Meßwerte aufgrund einer Abstandsänderung nicht mehr als 2 % verändern.

3 Kurzbeschreibung des Verfahrens
Die physikalischen Grundlagen, der grundsätzliche Aufbau der Meßeinrichtungen und insbesondere der einzelnen Einflußfaktoren auf das Meßergebnis sind DIN 50 987 und DIN 50 983 zu entnehmen.
Im Gegensatz zu DIN 50 983 und DIN 50 987 werden die Messungen nach dieser Norm am bewegten Meßgut durchgeführt. Bei analog arbeitenden Meßgeräten wird das Meßsignal kontinuierlich angezeigt. Bei digital arbeitenden Meßeinrichtungen wird das Meßsignal in den Abtastzeitintervallen registriert. Zwischen den Abtastintervallen entstehen keine merklichen Pausen. Mit der Abtastrate wird der Meßwert als gleitender Mittelwert angezeigt.
Die Breite der Meßstelle ergibt sich aus der Öffnung des Blenden- oder Kollimatorsystems im Meßkopf. Bedingt durch die kontinuierliche Bewegung des Meßgutes während der Messung, berechnet sich die Länge der Meßstelle aus der Geschwindigkeit des Meßgutes und der Integrationszeit. Der Meßwert ist die durchschnittliche Schichtdicke an der Meßstelle.

4 Meßeinrichtung
Die Meßeinrichtung besteht aus einem oder mehreren Meßköpfen, einem Steuer- und Auswertegerät und einer Registriereinrichtung.

4.1 Vor dem Strahlendetektor ist üblicherweise eine Detektorblende, vor der Strahlenquelle immer eine Strahlerblende montiert. Während sie einerseits die Breite der Meßstelle festlegen, ermöglichen sie andererseits bei geringen Abstandsschwankungen eine konstante Meßspaltgröße.
Wird vor der Strahlenquelle ein Kollimatorsystem verwendet, so dient dieses zur genauen Definition der Breite der Meßstelle, insbesondere bei partiell beschichtetem Meßgut.

4.2 Der Meßspalt beträgt beim Röntgenfluoreszenz-Verfahren 10 bis 60 mm und beim Betarückstreu-Verfahren 0,5 bis 5 mm. Die Größe des Meßspaltes ist anlagenspezifisch und muß während der Messung innerhalb gewisser Grenzabmaße konstant gehalten werden. Typische Werte für die Grenzabmaße sind für das Röntgenfluoreszenz-Verfahren ± 2 mm, für das Betarückstreu-Verfahren $\pm 0{,}2$ mm.

4.3 Die Meßgutführung muß an der Meßstelle so ausgeführt sein, daß die Forderung nach Abschnitt 4.2 erfüllt wird. Bei selektiv beschichtetem Meßgut hat sie darüber hinaus die Aufgabe, das Meßgut in bezug auf die Meßstelle genau zu führen.

4.4 Das Auswertegerät verarbeitet die vom Detektor gelieferten Signale und ermittelt daraus den Meßwert als flächenbezogene Masse oder als Schichtdicke. Der Meßwert gibt den über die Integrationszeit gemittelten Wert wieder. Es ist zu beachten, daß sich durch Geschwindigkeitsänderungen des Meßgutes die Länge der Meßstelle ändert. Eine andere Beeinflussung des Meßwertes als Funktion der Geschwindigkeit liegt nicht vor.

4.5 Der Meßkopf kann auch auf einer Traversiereinrichtung montiert sein. Die Traversiereinrichtung ist eine Verstelleinheit, die den Meßkopf über dem Meßgut senkrecht zur Bewegungsrichtung bei konstantem Meßspalt bewegt. Sie ermöglicht, zur Durchlaufrichtung an jeder beliebigen Stelle des Meßgutes zu messen. Bei Verwendung einer Traversiereinrichtung soll die Lage der Meßstelle auf dem Meßgut registriert und angezeigt werden. Mit der Taversiereinrichtung kann auch durch kontinuierliches Abfahren ein Querprofil der Schicht ermittelt werden. Da das Meßgut während des Traversiervorganges ebenfalls bewegt, hängt die Lage und Größe der Meßstelle von der Meßgut- und Traversiergeschwindigkeit ab.

4.6 Mit der Registriereinrichtung werden die Meßwerte statistisch ausgewertet, die Über- oder Unterschreitung von Warn- und Kontrollgrenzen gemeldet, die gleitenden Mittelwerte kontinuierlich angezeigt und wenn erforderlich protokolliert und gespeichert. Die Registriereinrichtung soll eine Zuordnung des Meßwertes zur Lage seiner Meßstelle am Meßgut ermöglichen.

5 Sicherheitstechnische Anforderungen

Bei radiometrisch arbeitenden Meßgeräten sind die sicherheitstechnischen Vorschriften zu beachten:
- a) Verordnung über den Schutz vor Schäden durch Röntgenstrahlen (Röntgenverordnung RöV vom 08.01.1987).
- b) Verordnung über den Schutz vor Schäden durch ionisierende Strahlen (Strahlenschutzverordnung — StrlSchV) vom 13.10.1976, in der Fassung der Bekanntmachung vom 30.6.1989 (BGBl. I., 1989, Nr. 34, S. 1321)

6 Kalibrieren

6.1 Das Kalibrieren (siehe Erläuterungen) dient dem Zweck, einen Zusammenhang zwischen dem Meßsignal und der Schichtdicke herzustellen. Das Meßsignal ist, für jede neue Meßaufgabe und bei Änderung von Meßbedingungen, anhand von Vergleichsproben zu kalibrieren. Da bei radiometrisch arbeitenden Meßgeräten nur die flächenbezogene Masse gemessen wird, sollen Vergleichsproben, die nicht in flächenbezogener Masse, sondern in Schichtdicke beschriftet sind, nur für die Kalibrierung zur Messung von Schichten gleicher Dichte verwendet werden.

Beim Kalibrieren sind die Vergleichsproben an die Stelle im Meßspalt zu bringen, an der sich bei der Messung das Meßgut befindet.

6.2 Ist das Meßgut an der Meßstelle gestanzt, so wirkt sich das Längenverhältnis (Stanzverhältnis) zwischen den massiven und den ausgestanzten Teilen des Meßgutes auf den Meßwert aus. In diesem Fall müssen die Vergleichsproben das gleiche Stanzverhältnis aufweisen.

6.3 Für die Art der Vergleichsproben gelten die Festlegungen in DIN 50983 und DIN 50987. Die flächenbezogene Masse bzw. die Schichtdicke dieser Proben muß mit einem der in DIN 50982 Teil 2 angeführten Verfahren ermittelt werden. Es ist darauf zu achten, daß die Schichtdickenverteilung von Vergleichsprobe und Meßgut gleich ist.

Wird ein zerstörendes Verfahren zur Ermittlung von flächenbezogener Masse, bzw. Schichtdicke verwendet, so muß die Schichtdicke an der Stelle, an der sie gemessen wurde und an der gekennzeichneten Stelle, die zur Kalibrierung verwendet wird, gleich sein.

6.4 Der Kalibrierwert ist während des Betriebes in bestimmten Zeitabständen und bei Änderung der Meßbedingungen anhand von Vergleichsproben in der Meßposition im Meßspalt zu überprüfen.

6.5 Referenzmessung

Referenzmessungen werden ausgeführt, um die Konstanz des Meßgerätes zu überprüfen und eine eventuell vorliegende Instabilität zu kompensieren. Die Referenzmessungen, die in festen Zeitabständen, meistens automatisch, durchgeführt werden, machen die Überprüfung des Kalibrierwertes (siehe Abschnitt 6.4) nicht überflüssig.

7 Durchführung der Messung

Bei Verwendung von handelsüblichen Meßeinrichtungen[1]) ist, entsprechend den Anweisungen des Herstellers zu verfahren, wobei die in Abschnitt 8 beschriebenen Einflüsse auf den Meßwert zu beachten sind.

8 Einflüsse auf den Meßwert

Neben den in DIN 50987 und DIN 50983 aufgeführten Einflüssen auf den Meßwert, sind bei der Messung von Schichten an kontinuierlich bewegtem Meßgut folgende Einflüsse zu beachten:

8.1 Änderung der Meßgeometrie (siehe Abschnitt 2.4)

8.2 Eine Änderung von Temperatur, Feuchte und Luftdruck im Meßspalt können vor allem beim Betarückstreu-Verfahren den Meßwert beeinflussen. Die Referenzmessung (siehe Abschnitt 6.5) kompensiert diese Einflüsse.

8.3 Die Durchlaufgeschwindigkeit des Meßgutes und die Traversiergeschwindigkeit haben keinen Einfluß auf den Meßwert, sondern nur auf Lage und Länge der Meßstelle. Dieser Einfluß kann durch eine Geschwindigkeits- oder Längenmessung berücksichtigt werden.

8.4 Eine Änderung des Stanzverhältnisses bei gestanztem Meßgut beeinflußt den Meßwert und muß durch Kalibrieren mit entsprechenden Vergleichsproben berücksichtigt werden. Mit einer zusätzlichen Messung des Stanzverhältnisses kann, wenn notwendig, dieser Einfluß berücksichtigt werden.

9 Auswertung

Die Meßwerte werden nach dem Kalibrieren des Meßgerätes (siehe Abschnitt 6) unmittelbar als flächenbezogene Masse meist in g/m^2 oder als Schichtdicke in µm angegeben. Werden die Meßwerte in Schichtdicke angegeben, so muß der verwendete Zahlenwert für die Dichte des Schichtwerkstoffes angegeben werden, sofern die Vergleichsproben nicht durch eine geometrische Schichtdickenmessung bestimmt wurden.

10 Meßunsicherheit

Der Meßwert ist mit einer statistisch bedingten Meßunsicherheit behaftet, (siehe DIN 50987 und DIN 50983). Durch Wahl der Meßzeit (siehe Abschnitt 2.1) kann die statistisch bedingte Meßunsicherheit beeinflußt werden.

11 Prüfbericht

Wird ein Prüfbericht gefordert, so ist dieser nach DIN 50982 Teil 3 auszuführen. Zusätzlich sind anzugeben:

— verwendete Strahlungsquelle
— Größe und Form der Meßstelle
— Abtastintervall und Abtastrate
— Integrationszeit bzw. Zeitkonstante

eventuell

— Durchlaufgeschwindigkeit des Meßgutes
— Traversiergeschwindigkeit
— Zuordnung der Meßstelle zum Meßgut.

---

[1]) Über Bezugsquellen gibt Auskunft: DIN-Bezugsquellen für normgerechte Erzeugnisse im DIN Deutsches Institut für Normung e.V., Burggrafenstraße 6, 10787 Berlin, Postanschrift 10772 Berlin.

Zitierte Normen und andere Unterlagen

DIN 50 982 Teil 1 Messung von Schichtdicken; Allgemeine Arbeitsgrundlagen; Begriffe über Schichtdicke und Oberflächenmeßbereiche
DIN 50 982 Teil 2 Messung von Schichtdicken; Allgemeine Arbeitsgrundlagen; Übersicht und Zusammenstellung der gebräuchlichen Meßverfahren
DIN 50 982 Teil 3 Messung von Schichtdicken; Allgemeine Arbeitsgrundlagen; Auswahl der Verfahren und Durchführung der Messungen
DIN 50 983 Messung von Schichtdicken; Betarückstreu-Verfahren zur Messung der Dicke von Schichten
DIN 50 987 Messung der Schichtdicken; Röntgenfluoreszenz-Verfahren zur Messung der Dicke von Schichten
Verordnung über den Schutz vor Schäden durch Röntgenstrahlen (Röntgenverordnung RöV vom 08. 01.1987); zu beziehen über: Deutsches Informationszentrum für Technische Regeln (DITR) im DIN Deutsches Institut für Normung e.V., Burggrafenstraße 6, 10787 Berlin, Postanschrift 10772 Berlin.
Verordnung über den Schutz vor Schäden durch ionisierende Strahlen (Strahlenschutzverordnung — StrlSchV) vom 13.10.1976, in der Fassung der Bekanntmachung vom 30. 6.1989 (BGBl. I., 1989, Nr. 34, S. 1321); zu beziehen über: Deutsches Informationszentrum für Technische Regeln (DITR) im DIN Deutsches Institut für Normung e.V., Burggrafenstraße 6, 10787 Berlin, Postanschrift 10772 Berlin.

Frühere Ausgaben

DIN 50 977: 04.85

Änderungen

Gegenüber der Ausgabe April 1985 wurden folgende Änderungen vorgenommen:
— Einsatzgebiet der Norm auch auf Edelmetallüberzüge und organische Schichten erweitert.

Erläuterungen

Die Norm Ausgabe April 1985 wurde gemeinsam von den Arbeitsausschüssen NMP 161 „Messung von Schichtdicken" und NMP 175 „Schmelztauchüberzüge" des Normenausschusses Materialprüfung (NMP) auf Initiative der Stahlbandverzinker erarbeitet, die mit dem vom VDEH herausgegebenen Stahl-Eisen-Prüfblatt 1930 „Berührungslose Messung der Dicke von Zinkschichten auf feuerverzinktem Stahlband", Ausgabe April 1976, die erste Vorlage geliefert hatten.
Das Stahl-Eisen-Prüfblatt 1930[2]) beschreibt als Prüfverfahren für die Messung der Dicke von Zinkschichten ganz allgemein die Anwendung des Betarückstreu-Verfahrens und des Röntgenfluoreszenz-Verfahrens. Auf nähere Einzelheiten, die mit der Problematik dieser beiden Verfahren verbunden sind, wurde dabei nicht eingegangen.
Da es für DIN 50 977 keine vergleichbare ISO-Norm gibt, mußte sie wegen der Erweiterung des Einsatzgebietes der radiometrischen Meßverfahren dem technischen Stand neu angepaßt werden. Während bisher besonders Schichten aus Zink, Zinn, Aluminium und Blei bei der berührungslosen und kontinuierlichen Messung berücksichtigt waren, sind jetzt auch Edelmetallüberzüge, wie Gold, Silber und Palladium auf vorwiegend partiell beschichtetem und ausgestanztem Bandmaterial mit aufgenommen worden.
Die für das Verständnis des Meßverfahrens nach dieser Norm notwendige Aufnahme und Erklärung spezieller Begriffe machen die allgemein gültigen Angaben in DIN 50 983 und DIN 50 987 für das BRV und RFV in keinem Fall überflüssig. Die dort angegebenen physikalischen Grundlagen sind weiterhin Voraussetzungen für den Einsatz dieser anwendungsbezogenen Norm.
In der Vergangenheit wurde bei den Normen „Messung von Schichtdicken" für die Bestimmung der Kennlinie unter Verwendung von Vergleichsproben der Begriff „Eichen" verwendet. Als Vergleichsproben werden i. a. Proben verwendet, die auf national oder international anerkannte Standards zurückführbar sind. In der vorliegenden Norm wird für diesen Vorgang der Begriff „Kalibrieren" verwendet, da der Begriff „Eichen" zunehmend im Sprachgebrauch nur noch für den amtlichen Vorgang des „Eichens" verwendet wird.

Internationale Patentklassifikation

G 01 B 015/02
G 01 B 021/08

---

[2]) Zu beziehen durch: Verlag Stahleisen mbH, Postfach 10 51 64, 40042 Düsseldorf.

DK 62-408.2/.3 : 620.1.08 : 531.717.11   August 1987

Messung von Schichtdicken
Allgemeine Arbeitsgrundlagen
Auswahl der Verfahren und Durchführung der Messungen

**DIN
50 982**
Teil 3

Measurement of coating thickness; general working principles;
selection of the methods and execution of the measurement

Mesurage de l'épaisseur; bases générales de travail;
sélection des méthodes et exécution des mesurages

Ersatz für Ausgabe 05.78

1 Anwendungsbereich und Zweck

In dieser Norm werden die Grundlagen beschrieben, die bei Durchführung der Messung von Schichtdicken oder flächenbezogener Masse wichtig sind und beachtet werden müssen. Es werden grundsätzliche Gesichtspunkte behandelt, die in den speziellen Normen nur orientierend angegeben werden.

Die Begriffe über Schichtdicke und Oberflächenbereiche werden in DIN 50 982 Teil 1 und eine Übersicht und Zusammenstellung der gebräuchlichen Meßverfahren in DIN 50 982 Teil 2 angegeben.

2 Auswahl des Meßverfahrens

Für die Vielzahl der anfallenden Werkstoffkombinationen und Erfordernisse gibt es kein universell einsetzbares Meßverfahren. Bei der Auswahl eines geeigneten Verfahrens sind neben den vorliegenden technologischen auch die wirtschaftlichen Gegebenheiten zu berücksichtigen.

2.1 Zerstörungsfreie und zerstörende Messung

Zerstörungsfreie Verfahren beschädigen weder Schicht noch Grundwerkstoff. Die geprüften Teile sind im allgemeinen ohne zusätzlichen Arbeitsgang weiter verwendbar. Da der Prüfvorgang vergleichsweise schnell abläuft, läßt sich eine große Anzahl von Messungen wirtschaftlich durchführen. Der Prüfvorgang läßt sich meist automatisieren.

Zerstörende Verfahren beschädigen Schicht- und/oder Grundwerkstoff. Die geprüften Teile lassen sich u. U. weiter verwenden, im allgemeinen sind dazu zusätzliche Arbeitsgänge erforderlich.

2.2 Kombination von Grund- und Schichtwerkstoff

Die Verfahrensauswahl richtet sich wesentlich nach den unterschiedlichen physikalischen und chemischen Eigenschaften von Grundwerkstoff und Schichtwerkstoff (siehe DIN 50 982 Teil 2). Nachstehende Tabelle enthält eine Zusammenstellung der Meßverfahren und zeigt, welche in Abhängigkeit von der vorliegenden Werkstoffkombination ausgewählt werden können.

Die Dicken einzelner Schichten in Mehrschichtsystemen lassen sich durch zerstörungsfreie Verfahren unter bestimmten Voraussetzungen messen. Häufiger einsetzbar sind hier zerstörende Verfahren, z. B. die mikroskopische Messung der Schichtdicke oder das coulometrische Verfahren.

2.3 Physikalische Eigenschaften

Beim magnetischen Verfahren muß die Schicht unmagnetisch sein und der Grundwerkstoff eine Permeabilitätszahl von mindestens 500 aufweisen. In speziellen Fällen kann auch der Schichtwerkstoff magnetisch sein, die Permeabilitätszahlen von Schichtwerkstoff und Grundwerkstoff müssen sich jedoch hinreichend voneinander unterscheiden.

Beim Wirbelstromverfahren ist das Verhältnis der elektrischen Leitfähigkeit von Schicht- und Grundwerkstoff maßgebend. Dieses Verhältnis muß größer als 3 oder kleiner als 0,3 sein.

Beim Betarückstreuverfahren muß der Unterschied der Ordnungszahlen zwischen Schicht- und Grundwerkstoff im Bereich mittlerer Ordnungszahlen (um 30) etwa 5 Einheiten betragen. Je größer die Ordnungszahl des Grundwerkstoffes ist, um so größer muß auch dieser Unterschied sein. Je kleiner die Ordnungszahl des Grundwerkstoffes ist, um so kleiner kann der Unterschied sein.

Beim Röntgenfluoreszenz-Verfahren können oberhalb der Ordnungszahl 10 alle Schichten gemessen werden, die zum Grundwerkstoff einen Ordnungszahlunterschied aufweisen.

Beim kapazitiven Verfahren muß der Grundwerkstoff elektrisch leitend und der Schichtwerkstoff elektrisch nichtleitend sein.

Das Lichtschnitt-Verfahren kann bei transparenten Schichten und bei nichttransparenten Schichten eingesetzt werden. Bei transparenten Schichten ist zur Auswertung der Messung die Brechzahl des Schichtwerkstoffes zu berücksichtigen. Bei der Messung nichttransparenter Schichten muß ein Stufensprung zum Grundwerkstoff vorliegen, dessen Höhendifferenz ausgemessen wird.

Die Schichtdickenmessung mittels gravimetrischer und maßanalytischer Verfahren setzt voraus, daß die Dichte des Schichtwerkstoffes bekannt oder bestimmbar ist.

Fortsetzung Seite 2 bis 7

Normenausschuß Materialprüfung (NMP) im DIN Deutsches Institut für Normung e.V.

2.4 Berührungsfreie und berührende Messung

Berührungsfreie Messungen können vor allem mit dem Röntgenfluoreszenz-Verfahren, dem Betarückstreu-Verfahren und dem Lichtschnitt-Verfahren ausgeführt werden.

Das Röntgenfluoreszenz- und das Betarückstreu-Verfahren sind auch für kontinuierliche Messungen in automatischen Beschichtungsanlagen, das Lichtschnitt-Verfahren für die Messung von transparenten Schichtwerkstoffen geeignet.

Beim Einsatz berührender Verfahren, bei denen Meßsonden auf die Schicht aufgesetzt werden, ist zu beachten, daß die Auflagekraft die Schichtdicke nicht wesentlich verändern darf (z. B. bei Phosphatschichten und weichen Anstrichen).

2.5 Meßunsicherheit

Die Meßunsicherheit ist verfahrens- und gerätebedingt und außerdem von zahlreichen Parametern, wie Oberflächenrauheit, Dicke der Schicht und Werkstoffeigenschaften abhängig. Bei der Wahl des Verfahrens ist die maximal zulässige Meßunsicherheit von Bedeutung. Es sollen nur solche Meßunsicherheiten vereinbart werden, die noch technisch realisierbar und wirtschaftlich vertretbar sind. Die Meßunsicherheiten der einzelnen Meßverfahren sind in DIN 50 982 Teil 2 angegeben.

2.6 Ort der Messungen

Der Geräte- oder Verfahrensaufwand richtet sich danach, ob Eichmessungen bzw. Schiedsmessungen, Laboratoriumsmessungen, Werkstattmessungen oder Außenmessungen vorzunehmen sind.

Eichmessungen und Schiedsmessungen bleiben solchen Prüfstellen vorbehalten, die über die dazu erforderliche Ausrüstung in gerätemäßiger und personeller Hinsicht verfügen und die den vorliegenden Aufgaben angepaßt sind.

Laboratoriumsmessungen sollen möglichst mit zwei voneinander unabhängig arbeitenden Verfahren durchgeführt werden. Die Ergebnisse sind in geeigneter Weise miteinander zu vergleichen.

Bei Werkstattmessungen werden meist einfache und schnell arbeitende Verfahren und Geräte angewendet.

Außenmessungen verlangen robuste, meist netzunabhängige Verfahren und Geräte, die witterungsfest und temperaturunempfindlich sind.

2.7 Schichtdickenmeßbereiche

Der Meßbereich ist möglichst so zu wählen, daß auch die zu erwartenden kleinsten und größten Meßwerte ohne Bereichsveränderung ablesbar sind. Das Eichen (siehe Abschnitt 3.5) der Geräte soll im gleichen Meßbereich, in dem später gemessen wird, durchgeführt werden.

Wenn nur eine Gut-Schlecht-Prüfung ohne eine Maximal- bzw. Minimalanzeige erforderlich ist, kann auf eine Anzeige des absoluten Wertes verzichtet werden.

2.8 Oberflächenrauheit

Die Oberflächenrauheit hat bei den mit Meßsonden arbeitenden Schichtdickenmeßverfahren, die den Abstand zwischen den Auflagepolen der Meßsonde und dem Grundwerkstoff erfassen, einen Einfluß auf den Meßwert. Dies ist bei magnetischen Verfahren, Wirbelstromverfahren und bei der Messung der Dicke mit Feinzeigergeräten nicht unmittelbar zu erkennen und daher zu beachten. In bestimmten Fällen (siehe Korrekturverfahren in den speziellen Normen) ermöglicht die Beachtung besonderer Maßnahmen oder Korrekturen dennoch die Anwendung der genannten Verfahren.

2.9 Oberflächenkrümmung

Auf gekrümmten Oberflächen können nicht alle Meßverfahren eingesetzt werden. In einigen Fällen ist eine Anpassung der Sonden möglich, in anderen Fällen lassen sich die Meßwerte korrigieren (siehe Korrekturverfahren in den jeweiligen Normen).

2.10 Größe des Meßgegenstandes

Die Größe des Meßgegenstandes kann die Wahl des Verfahrens bestimmen. Beim gravimetrischen und maßanalytischen Verfahren kann der Einfluß einer zu geringen Größe des Meßgegenstandes durch eine größere Anzahl von einzelnen Meßgegenständen ausgeglichen werden. Bei den Verfahren, die mit einer Meßsonde arbeiten, ist eine geräte- oder verfahrensbedingte Mindestgröße des Meßgegenstandes erforderlich. In bestimmten Fällen lassen sich die Meßwerte korrigieren (siehe Korrekturverfahren in den jeweiligen Normen).

2.11 Dicke des Grundwerkstoffes

Bei jedem Meßverfahren ist eine Mindestdicke des Grundwerkstoffs erforderlich, bei dem noch eine Messung ohne Korrektur der Meßwerte erfolgen kann.

Beim magnetischen Verfahren und dem Wirbelstromverfahren ist die Mindestdicke geräteabhängig. Im allgemeinen genügen Mindestdicken von 0,5 mm.

Die Mindestdicke beim Röntgenfluoreszenz-Verfahren und beim Betarückstreu-Verfahren ist der Sättigungsdicke gleichzusetzen.

Für das kapazitive Verfahren ist eine Mindestdicke von 1 µm ausreichend.

Der Einfluß nicht ausreichender Grundwerkstoffdicke kann in fast allen Fällen durch ein bündiges Hinterlegen mit gleichem Werkstoff ausgeglichen werden. In Zweifelsfällen ist die Mindestdicke experimentell zu bestimmen.

2.12 Kleinste und größte örtliche Schichtdicke

Ist eine Aussage über die kleinste und größte örtliche Schichtdicke erforderlich, so ist ein Verfahren auszuwählen, bei dem der Meßwert ausschließlich durch die Schichtdicke in einem hinreichend kleinen Bereich des Meßgegenstandes bestimmt wird. Integrierende Messung der flächenbezogenen Masse oder Messungen, bei denen nur ein Durchschnittswert der Schichtdicke im Bereich der Meßsonde erhalten wird, gestatten keine Aussage über die kleinste oder größte Schichtdicke innerhalb dieses Bereiches.

2.13 Wirtschaftlichkeit

Da sich die Gesamtkosten je Einzelmessung aus den anteiligen Anschaffungskosten des Meßgerätes und den Kosten für die Durchführung der Messung zusammensetzen, sind diese ein wichtiges Kriterium zur Auswahl des Gerätes.

Liegen der Prüfstelle, welche die Schichtdickenmessungen auszuführen hat, nur Teile mit gleichbleibender Werkstoffkombination vor, kann es wirtschaftlicher sein, ein spezielles, für diesen Fall am besten geeignetes Verfahren und Gerät auszuwählen, als ein universelleres, das meist teurer und weniger einfach zu bedienen ist.

3 Durchführung der Messung

Vor Beginn der Messung ist unter Beachtung von DIN 50 982 Teil 1 bis Teil 3 ein für die vorliegende Meßaufgabe geeignetes Verfahren und Meßgerät auszuwählen.

DIN 50 982 Teil 3 Seite 3

Tabelle. **Auswahl von Meßverfahren in Abhängigkeit von Werkstoffkombinationen**
In dieser Zusammenstellung sind nur Verfahren angegeben, die bei den gegebenen Werkstoffkombinationen ohne Berücksichtigung von Besonderheiten eingesetzt werden können. Sogenannte Grenzfälle und Werkstoffkombinationen mit sehr beschränktem Einsatzbereich wurden nicht mit aufgenommen.

Schichtwerkstoff / Grundwerkstoff	Metall													Nichtmetall				
	Aluminium	Blei	Cadmium	Chrom	Gold	Kupfer	Nickel [1]	Nickel autokatalyt.	Palladium	Rhodium	Silber	Zink	Zinn	Aluminiumoxid	Anstrich trocken	Email	Graphit	Isolierschicht
Nichtmetall	BQ	BCQR	BCQR	BCQR	BCQR	BCQR	BCQR	BCQR	BQR	BQR	BCQR	BCGQR	BCGQR	–	FQX	–	Q	Q
ferromagnetischer Stahl	BMQRS	BCMQRS	BCFMQR	CMQR	BCMQR	CFMQR	CFQR	CQR	BMQR	BMQR	BCMQR	BCFGH MQRS	BCFGH MQRS	–	FMQSX	M	BMQ	BKMQ
nichtferromagnetischer Stahl	BQRS	BCQRS	BCFQR	CQR	BCQR	CFQR	CFQR	CQR	BQR	BQR	BCQR	BCFGH QRS	BCFGH QRS	–	FQSWX	W	BQ	BKQW
Aluminium und Legierungen	–	BQR	BCQR	BCQR	BQR	BCQR	BCQR	QR	BQR	BQR	BCQR	BCQR	BCQR	AKLQW	FKQWX	W	Q	BKQW
Kupfer und Legierungen	BQR	BCQR	BCQR	BCQR	BQR	–	CQR	QR	BQR	BQR	BCQR	CQR	BCQR	–	FQWX	W	BQ	BKQW
Magnesium und Legierungen	QR	BQR	BQR	BCQR	BQR	BQR	BQR	BQR	–	BQR	BQR	BQR	BQR	–	FQWX	–	Q	BKQW
Nickel	BQR	BCQR	BCQR	BCQR	BCQR	BQR	–	–	–	BQR	BCQR	BCQR	BCQR	–	FQX	–	BQ	BKQW
Silber	BQR	BQR	QR	BQR	BQR	BQR	BQR	BQR	Q	QR	–	BQR	QR	–	FQWX	W	BQ	BKQW
Titan	BQR	BQR	BQR	QR	BQR	CQR	QR	QR	BQR	BQR	BQR	–	BQR	–	FQWX	–	BQ	BKQW
Zink und Legierungen	BQR	BQR	BQR	QR	BQR	BQR	QR	QR	BQR	BQR	BQR	–	BQR	–	FQWX	–	BQ	BKQW

A DIN 50 944 (Al-Oxidablösung, chem.)
B DIN 50 983 (Beta-Rückstreu)
C DIN 50 955 (coulometrisch)
F DIN 50 933 (Höhendifferenz)
G DIN 50 988 Teil 1 (gravimetrisch)
H DIN 50 988 Teil 2*) (maßanalytisch)
K DIN 50 985 (kapazitiv)
L DIN 50 948 (Lichtschnitt)
M DIN 50 981 (magnetisch; allgemein)
Q DIN 50 950 (Querschliff, allgemein)
R DIN 50 987 (Röntgenfluoreszenz)
S DIN 50 977 (kontinuierlich)
W DIN 50 984 (Wirbelstrom)
X DIN 50 986 (Keilschnitt)

*) Z. Z. Entwurf
[1] Zur Messung der Dicke von Nickel-Schichten lassen sich auch modifizierte Geräte nach dem magnetischen Verfahren einsetzen.

3.1 Prüfumfang

Sofern eine größere Anzahl von Meßgegenständen als Stichprobe aus einem Fertigungslos zur Schichtdickenmessung entnommen werden soll, wird die Stichprobengröße im allgemeinen anhand eines Prüfplanes festgelegt. Solche Prüfpläne sind von Fall zu Fall zu vereinbaren.

3.2 Wesentliche Flächen und Referenzflächen

Die wesentlichen Flächen und die Referenzflächen sind nach DIN 50 982 Teil 1 zu vereinbaren und festzulegen.

3.3 Vorbereitung der Meßgegenstände

Die Meßgegenstände sind dem Meßverfahren entsprechend vorzubereiten. Gegebenenfalls ist der Zeitpunkt der Prüfung den Eigenschaften der Schicht anzupassen und zu vereinbaren. Das Messen von trockenen Anstrichen darf beispielsweise erst erfolgen, wenn die zur Durchtrocknung oder Durchhärtung vom Lieferanten vorgeschriebenen Bedingungen erfüllt sind (siehe auch DIN 53 150). Die Oberflächen müssen frei von störenden Verunreinigungen sein. Eine erforderliche Reinigung darf die Schicht nicht beschädigen. Bei zerstörungsfreien Verfahren genügt die Reinigung meist als Vorbereitung.

Um die Meßgegenstände zu konditionieren, kann zur Änderung physikalischer Eigenschaften eine thermische Vorbehandlung oder Alterung der Meßgegenstände vorgenommen werden. Die Art der Konditionierung ist zu vereinbaren.

Bei Anwendung zerstörender Verfahren müssen die Meßgegenstände entweder auf eine definierte Größe gebracht oder so hergerichtet werden, daß die Schicht ausmeßbar ist. Die erforderliche Vorbereitung, zu der z. B. die Schliffherstellung oder das Ablösen der Schicht gehören kann, ist den speziellen Normen zu entnehmen.

3.4 Inbetriebnahme des Meßgerätes

Die Inbetriebnahme ist bei handelsüblichen Schichtdickenmeßgeräten nach der Betriebsanleitung des Gerätes vorzunehmen, wobei die in den einschlägigen Normen geforderten Bedingungen einzuhalten sind. Selbst erstellte Meßgeräte sind zweckentsprechend zu betreiben.

3.5 Eichung

Vor Beginn der Messungen, bei Änderung von Meßbedingungen und je nach Verfahren in wechselnden Zeitabständen auch während und nach der Messung, ist mit Hilfe von Vergleichsproben eine Überprüfung vorzunehmen und gegebenenfalls zu eichen. Bei Verfahren und Geräten, die vom Prinzip her keine Eichmöglichkeiten aufweisen, ist durch Vergleichsmessungen sicherzustellen, daß richtige Meßwerte erhalten werden.

3.6 Wahl der Meßbedingungen

Die Meßbedingungen, zu denen je nach Verfahren und Gerät beispielsweise Meßbereich, Meßzeit, Vergrößerung, geeignete Meßsonde, bestimmte Ablöseelektrolyte usw. gehören können, sind der vorliegenden Meßaufgabe anzupassen. Meßsonde, -zelle usw. sind mit dem Meßgegenstand in die richtige geometrische Zuordnung zu bringen.

3.7 Ermittlung des Einzelmeßwertes

Nach Ablauf des Meßvorganges erfolgt die Ablesung des Einzelmeßwertes x_i. Hierbei sind die in den speziellen Normen erwähnten Einflußgrößen, die von den Normalbedingungen abweichende Meßwerte liefern, zu berücksichtigen oder, wenn möglich, durch Korrekturmaßnahmen auszugleichen.

4 Auswertung

Aus n Einzelmeßwerten x_i innerhalb einer Referenzfläche ergibt sich die örtliche Schichtdicke $\bar{x}_j$ (siehe DIN 50 982 Teil 1) als arithmetischer Mittelwert nach folgender Gleichung:

$$\bar{x}_j = \frac{x_1 + x_2 + \ldots + x_n}{n} \qquad (1)$$

oder

$$\bar{x}_j = \frac{1}{n} \sum_{i=1}^{n} x_i. \qquad (2)$$

Hierin bedeuten:

x_1, x_2, x_i, x_n Einzelmeßwerte
$\bar{x}_j$ örtliche Schichtdicke
n Anzahl der Einzelmeßwerte innerhalb einer Referenzfläche

Aus den örtlichen Schichtdicken $\bar{x}_j$ innerhalb der wesentlichen Fläche ergibt sich die Schichtdicke $\bar{\bar{x}}$ der wesentlichen Fläche als arithmetischer Mittelwert nach folgender Gleichung:

$$\bar{\bar{x}} = \frac{\bar{x}_1 + \bar{x}_2 + \ldots \bar{x}_m}{m} \qquad (3)$$

oder

$$\bar{\bar{x}} = \frac{1}{m} \sum_{j=1}^{m} \bar{x}_j. \qquad (4)$$

Hierin bedeuten:

$\bar{x}_1, \bar{x}_2, \bar{x}_j, \bar{x}_m$ örtliche Schichtdicken
$\bar{\bar{x}}$ Schichtdicke der wesentlichen Fläche
m Anzahl der Referenzflächen innerhalb der wesentlichen Fläche

Zur Kennzeichnung der Streuung einer hinreichend großen Anzahl von Messungen sollen nach Möglichkeit zwei Standardabweichungen angegeben werden.

Standardabweichung s_1 der örtlichen Schichtdicken

$$s_1 = \sqrt{\frac{1}{m-1} \sum_{i=1}^{m} \left(\bar{x}_i - \bar{\bar{x}}\right)^2} \qquad (5)$$

Standardabweichung s_2 aller Einzelmeßwerte

$$s_2 = \sqrt{\frac{1}{m \cdot n - 1} \sum_{i=1}^{m \cdot n} \left(x_i - \bar{\bar{x}}\right)^2} \qquad (6)$$

Die Standardabweichung s_1 beinhaltet eine Aussage über die Streuung der örtlichen Schichtdicken, während s_2 als Streuung der Einzelmeßwerte durch Schichtdickenstreuung an den Meßstellen und durch die Meßunsicherheit bedingt sein kann. Sollen Rückschlüsse auf die Ursachen der Streuungen gezogen werden, so kann die Varianzanalyse (Streuungszerlegung) angewendet werden.

Näheres über Begriffe und Auswerteverfahren siehe in DIN 1319 Teil 3 und DIN 2257 Teil 2.

5 Prüfbericht

Im Prüfbericht sind unter Hinweis auf diese Norm anzugeben:

Art und Kennzeichnung des Meßgegenstandes

Meßverfahren

Meßgerät bzw. -einrichtung

Meßbedingungen

Art des Eichens und der Vergleichsproben

Lage der wesentlichen Flächen (gegebenenfalls Skizze)
Lage und Anzahl der Referenzflächen (gegebenenfalls Skizze)
Ausgeführte Korrekturen
Schichtdicke: örtliche Schichtdicken $\bar{x}_j$ innerhalb einer wesentlichen Fläche,
arithmetischer Mittelwert $\bar{x}$ aller örtlichen Schichtdicken innerhalb einer wesentlichen Fläche,
gegebenenfalls Standardabweichungen s_1 und s_2,
gegebenenfalls kleinste und größte örtliche Schichtdicke,
gegebenenfalls kleinster und größter Einzelmeßwert,
gegebenenfalls Ergebnisse der Varianzanalyse
Gegebenenfalls Dichte des Schichtwerkstoffes
Prüfdatum
Gegebenenfalls Abweichungen von dieser Norm.
Anmerkung: Ein Beispiel für einen Prüfberichts-Vordruck siehe Seite 7

Zitierte Normen

DIN 1319 Teil 3	Grundbegriffe der Meßtechnik; Begriffe für die Meßunsicherheit und für die Beurteilung von Meßgeräten und Meßeinrichtungen
DIN 2257 Teil 2	Begriffe der Längenprüftechnik; Fehler und Unsicherheiten beim Messen
DIN 50 933	Messung von Schichtdicken; Messung der Dicke von Schichten durch Differenzmessung mit einem Taster
DIN 50 944	Prüfung von anorganischen nichtmetallischen Überzügen auf Reinaluminium und Aluminiumlegierungen; Bestimmung des Flächengewichtes von Aluminiumoxidschichten durch chemisches Ablösen
DIN 50 948	Messung von Schichtdicken; Lichtschnitt-Verfahren
DIN 50 950	Messung von Schichtdicken; Mikroskopische Messung der Schichtdicke; Querschliff-Verfahren
DIN 50 955	Messung von Schichtdicken; Messung der Dicke von metallischen Schichten durch örtliches anodisches Ablösen; Coulometrisches Verfahren
DIN 50 977	Messung von Schichtdicken; Berührungslose Messung der Dicke metallischer Schichten auf kontinuierlich bewegtem Stahlband
DIN 50 981	Messung von Schichtdicken; Magnetische Verfahren zur Messung der Dicken von nichtferromagnetischen Schichten auf ferromagnetischem Werkstoff
DIN 50 982 Teil 1	Messung von Schichtdicken; Allgemeine Arbeitsgrundlagen; Begriffe über Schichtdicke und Oberflächenmeßbereiche
DIN 50 982 Teil 2	Messung von Schichtdicken; Allgemeine Arbeitsgrundlagen; Übersicht und Zusammenstellung der gebräuchlichen Meßverfahren
DIN 50 983	Messung von Schichtdicken; Betarückstreu-Verfahren zur Messung der Dicke von Schichten
DIN 50 984	Messung von Schichtdicken; Wirbelstromverfahren zur Messung der Dicke von elektrisch nichtleitenden Schichten auf nichtferromagnetischem Grundmetall
DIN 50 985	Messung von Schichtdicken; Kapazitives Verfahren zur Messung der Dicke elektrisch nichtleitender Schichten auf elektrisch leitendem Grundwerkstoff
DIN 50 986	Messung von Schichtdicken; Keilschnitt-Verfahren zur Messung der Dicke von Anstrichen und ähnlichen Schichten
DIN 50 987	Messung von Schichtdicken; Röntgenfluoreszenz-Verfahren zur Messung der Dicke von Schichten
DIN 50 988 Teil 1	Messung von Schichtdicken; Bestimmung der flächenbezogenen Masse von Zink- und Zinnschichten auf Eisenwerkstoffen durch Ablösen des Schichtwerkstoffes; Gravimetrisches Verfahren
DIN 50 988 Teil 2	(z. Z. Entwurf) Messung von Schichtdicken; Bestimmung der flächenbezogenen Masse von Zink- und Zinnschichten auf Eisenwerkstoffen durch Ablösen des Schichtwerkstoffes; Maßanalytisches Verfahren
DIN 53 150	Prüfung von Anstrichstoffen und ähnlichen Beschichtungsstoffen; Bestimmung des Trockengrades von Anstrichen (Abgewandeltes Bandow-Wolff-Verfahren)

Frühere Ausgaben

DIN 50 982 Teil 3: 05.78

Änderungen

Gegenüber der Ausgabe Mai 1978 wurden folgende Änderungen vorgenommen:
a) Inhalt an den neuesten Stand der Normung angepaßt.
b) Röntgenfluoreszenz-Verfahren und maßanalytisches Verfahren aufgenommen.

Erläuterungen

Diese Norm wurde vom Arbeitsausschuß NMP 161 „Messung von Schichtdicken" des Normenausschusses Materialprüfung (NMP) erarbeitet.

Eine übereinstimmende ISO-Norm gibt es z. Z. nicht. Lediglich die Tabelle über die Auswahl der Meßverfahren in Abhängigkeit von der vorliegenden Werkstoffkombination ist in der ISO 3882 — 1986 mit geringen Abweichungen enthalten.

Zusammen mit DIN 50 982 Teil 1 und Teil 2 bildet dieser Teil 3 die Arbeitsgrundlagen, die generell bei Schichtdickenmessungen zu beachten sind.

Internationale Patentklassifikation

G 01 B 7/06, 11/06, 13/06, 15/02, 17/02, 21/08

DIN 50 982 Teil 3 Seite 7

Der Prüfbericht unterliegt nicht dem Vervielfältigungsrandvermerk von Seite 1.

Prüfbericht

Prüfstelle: _____ Prüfbericht-Nr: _____

Antragsteller: _____ Antrags-Nr: _____

Meßgegenstand: _____

Stichprobengröße: _____

Losgröße: _____

Schichtwerkstoff: _____

Sollwerte und Toleranzen: _____

Dichte des Schichtwerkstoffes: _____

Grundwerkstoff: _____

Meßgerät: _____

Meßbedingungen: _____

Art des Eichens: _____

Vergleichsproben: _____
Lage der wesentlichen Flächen: (gegebenenfalls Skizze, umseitig oder Extrablatt)

Lage und Anzahl der Referenzflächen (gegebenenfalls Skizze, umseitig oder Extrablatt)

ausgeführte Korrekturen: _____

Örtliche Schichtdicken $\bar{x}_j$ innerhalb einer wesentlichen Fläche: _____

Arithmetischer Mittelwert $\bar{\bar{x}}$ aller örtlichen Schichtdicken innerhalb einer wesentlichen Fläche: _____

Standardabweichung: s_1 _____ s_2 _____

kleinste und größte örtliche Schichtdicke: _____

kleinster und größter Einzelmeßwert: _____

Prüfdatum gegebenenfalls Zeitpunkt: _____

Abweichung von der Norm, sonstige Bemerkungen: _____

Ausstellungsdatum des Prüfberichts: _____

Prüfer: _____

DK 62-408.2 : 667.613 : 620.1 : 531.717.11 März 1979

Messung von Schichtdicken
Keilschnitt-Verfahren zur Messung der Dicke von Anstrichen und ähnlichen Schichten

DIN 50 986

Measurement of coating thickness; wedge cut method for measurement of thickness of paint coatings and similar coatings

Mesure de l'épaisseur du revêtement; mesurage de l'épaisseur des peintures et autres revêtements similaires par la méthode d'entaille en coin

1 Zweck und Anwendungsbereich

Diese Norm legt fest, wie die Dicke von Schichten auf metallischen und nichtmetallischen Grundwerkstoffen nach dem Keilschnitt-Verfahren gemessen wird. Das beschriebene Verfahren ist für Anstriche und ähnliche Schichten geeignet, bei denen es möglich ist, daß eine Schneide die Schicht bis zum Grundwerkstoff durchdringt. Das Verfahren kann auch zur Bestimmung der Dicke von farblich unterschiedlichen Einzelschichten bei Mehrschichtsystemen angewendet werden. Es gehört zu den zerstörenden Verfahren.

Die allgemeinen Arbeitsgrundlagen zur Schichtdickenmessung enthält DIN 50 982 Teil 1, eine Übersicht und Zusammenstellung der gebräuchlichen Meßverfahren DIN 50 982 Teil 2 und allgemeine Angaben zur Durchführung von Schichtdickenmessungen DIN 50 982 Teil 3.

2 Mitgeltende Normen

DIN 50 982 Teil 1   Messung von Schichtdicken; Allgemeine Arbeitsgrundlagen; Begriffe über Schichtdicke und Oberflächenmeßbereiche

DIN 50 982 Teil 3   Messung von Schichtdicken; Allgemeine Arbeitsgrundlagen; Auswahl der Verfahren und Durchführung der Messungen

3 Kurzbeschreibung des Verfahrens

Die zu prüfende Schicht wird mit einer geschliffenen Schneide ausreichender Härte, z. B. aus Hartmetall, unter einem vorgegebenen Winkel durchgeritzt, wobei der Grundwerkstoff mit angeritzt wird. Durch den dabei entstehenden im allgemeinen ungleichschenkligen keilförmigen Schnitt wird der Aufbau des Schichtsystems sichtbar.

Die Schichtdicke s wird aus der Projektion b der Schnittflanke der Schicht und dem Schnittwinkel α berechnet (siehe Bild), wenn zur Messung von b ein Meßmikroskop benutzt wird. Bei Verwendung eines Lichtschnittmikroskops wird die Schichtdicke s unmittelbar dem Profilschnitt entnommen.

[1]) Über die Bezugsquellen gibt Auskunft:
DIN-Bezugsquellen für normgerechte Erzeugnisse im DIN, Burggrafenstraße 4-10, 1000 Berlin 30.

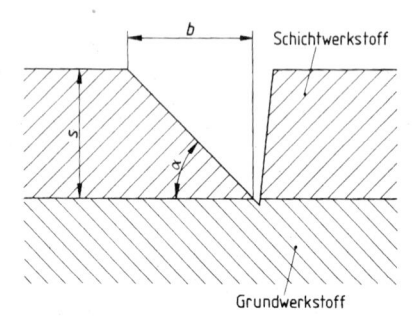

Bild. Schematische Darstellung des Keilschnitts

4 Bezeichnung des Verfahrens

Prüfung DIN 50986 – 79

Benennung
DIN-Hauptnummer
zwei letzte Ziffern des Ausgabejahres

5 Meßgeräte

Im allgemeinen werden handelsübliche Meßgeräte [1]) verwendet, die aus einer Schneidvorrichtung und einem Meßmikroskop bestehen. Die Schneidvorrichtung besitzt eine üblicherweise auswechselbare Hartmetallschneide mit bekanntem Schnittwinkel und eine Führung, welche die Stellung der Schneide zur Oberfläche des Meßgegenstandes festlegt.

Das Meßmikroskop hat zweckmäßigerweise eine 50fache Vergrößerung und eine Meßskale mit 100 Skalenteilen. Handelsübliche Lichtschnittmikroskope [1]) haben eine 200- bis 400fache Vergrößerung.

Fortsetzung Seite 2 und 3
Erläuterungen Seite 3

Fachnormenausschuß Materialprüfung (FNM) im DIN Deutsches Institut für Normung e. V.

6 Abhängigkeit des Meßwertes vom Schnittwinkel

Zwischen der Schichtdicke s, der Projektion b der Schnittflanke der Schicht und dem Schnittwinkel α (siehe Bild) besteht die Beziehung:

$$s = b \cdot \tan \alpha$$

Bei einem Schnittwinkel von 45° ist b gleich der Schichtdicke s. Bei dünneren Schichten kann die Meßunsicherheit verringert werden, wenn ein kleinerer Schnittwinkel als 45° gewählt wird.

Die nachfolgende Tabelle enthält Angaben für Ausführungsformen von Meßmikroskopen, bei denen die Skale in 100 Teile geteilt ist.

Schnittwinkel α	tan α	größte meßbare Schichtdicke s µm	Umrechnungsfaktor: Schichtdicke je Skalenteil µm/Skt
45°	1	2000	20
26,6°	0,5	1000	10
21,8°	0,4	800	8
5,7°	0,1	200	2
4,3°	0,075	150	1,5

Bei Verwendung eines Lichtschnittmikroskops bleibt eine Änderung des Schnittwinkels ohne Einfluß auf den Meßwert. Es können im allgemeinen Schichtdicken bis zu etwa 400 µm gemessen werden.

7 Einflüsse auf den Meßwert

7.1 Oberflächenrauheit, Oberflächenreinheit

Rauhe Oberflächen erfordern eine größere Anzahl von Einzelmessungen, damit ein repräsentativer Durchschnittsmeßwert erhalten wird. Je rauher die Oberfläche sowohl der Schicht als auch des Grundwerkstoffs ist, desto unsicherer ist der Meßwert.

Verunreinigungen auf der Oberfläche sind möglichst zu vermeiden oder in geeigneter Weise zu entfernen.

7.2 Oberflächenkrümmung

Mit dem Keilschnitt-Verfahren kann die Schichtdicke auch an gekrümmten Oberflächen gemessen werden, wobei gegebenenfalls der Einfluß des Krümmungsradius zu berücksichtigen ist.

7.3 Verformung der Schicht beim Schneiden

Beim Schneiden von elastischen oder weichschmierenden Schichten können Verformungen auftreten, die die Messungen verfälschen. Dann kann es vorteilhaft sein, den Gegenstand mit der zu prüfenden Schicht vor dem Schneiden thermisch zu behandeln, wenn dadurch die Schicht in einen besser schneidbaren Zustand übergeführt wird, gegebenenfalls sind entstehende Veränderungen der Schichtdicke durch thermische Behandlung zu berücksichtigen.

7.4 Ausbrechen der Schnittkanten beim Schneiden

An spröden, bröckeligen, möglicherweise schlecht haftenden Schichten kann die Schichtdicke nur bestimmt werden, wenn die Schnittkante an der Oberfläche der Schicht gut ausgebildet ist. Es muß sorgfältig darauf geachtet werden, daß auch der Abstand von der Schnittkante bis zur Markierung des Schnitts auf dem Grundwerkstoff gemessen wird, wenn Teile der Schicht am Grundwerkstoff herausgebrochen sind.

8 Durchführung der Messung

Bei Verwendung von handelsüblichen Meßgeräten ist entsprechend den Betriebsanleitungen des Herstellers zu verfahren, wobei die in Abschnitt 7 beschriebenen Einflüsse zu beachten sind.

Entsprechend DIN 50 982 Teil 1 sollen an jeder Referenzfläche wenigstens 3 Einzelmessungen ausgeführt werden. Entsprechend sollen hier drei Messungen an einem möglichst 10 mm langen Keilschnitt und dann in jeweils etwa 3 mm Abstand voneinander vorgenommen werden.

An jeder Referenzfläche wird die Oberfläche der Schicht zweckmäßigerweise vor dem Schneiden z. B. mit einem Filzstift angefärbt, damit die obere Schnittbegrenzung deutlich erkennbar wird. Danach wird ein geradliniger Keilschnitt durch die Markierung hindurch so ausgeführt, daß das Schneidwerkzeug den Grundwerkstoff sicher erreicht. Dazu ist ein Schneidwerkzeug mit einem geeigneten Schnittwinkel nach der Tabelle auszuwählen.

Bei Verwendung eines Meßmikroskops wird ausgehend von der Farbmarkierung die Projektion b der Schnittflanke bis zum Grundwerkstoff gemessen. Die Anzahl der abgelesenen Skalenteile multipliziert mit dem Umrechnungsfaktor, welcher der verwendeten Schneide zugeordnet ist, ergibt die Schichtdicke an der Meßstelle. Wenn bei Mehrschichtsystemen die Farben der Einzelschichten hinreichend verschieden sind, kann die Dicke jeder Einzelschicht gemessen werden.

Bei Verwendung eines Lichtschnittmikroskops wird die Schichtdicke s unmittelbar als Höhe des Lichtschnittprofils unter Berücksichtigung der eingestellten Vergrößerung gemessen.

9 Auswertung

Für jede Referenzfläche ist die örtliche Schichtdicke als arithmetischer Mittelwert aus den Ergebnissen der Einzelmessungen zu berechnen. Die Schichtdicke in der wesentlichen Fläche des Meßgegenstandes wird als arithmetischer Mittelwert aus allen örtlichen Schichtdicken berechnet. Gegebenenfalls wird die Standardabweichung nach DIN 50 982 Teil 3 bestimmt.

10 Meßunsicherheit

Die Meßunsicherheit hängt von der Art des verwendeten Gerätes sowie von den in den Abschnitten 6 und 7 angegebenen Einflüssen ab.

Die nachstehend angegebenen Meßunsicherheiten beziehen sich auf eine statistische Sicherheit von 95 %.

Bei Verwendung von handelsüblichen Geräten mit Meßmikroskop beträgt die Meßunsicherheit bei gerichteter Schnittführung und gut schneidbarer Schicht erfahrungsgemäß ± 1 Skalenteil (siehe Tabelle).

Wird zur Messung der Schichtdicke ein Lichtschnittmikroskop verwendet, ist die Meßunsicherheit im allgemeinen geringer als ± 10 % vom Meßwert.

Bei Schichten mit einer geringeren Dicke als 15 µm ist als absolute Meßunsicherheit ein Wert von ± 1,5 µm anzunehmen.

11 Prüfbericht

Der Prüfbericht ist entsprechend DIN 50 982 Teil 3 auszuführen. Zusätzlich sind anzugeben:

— Schnittwinkel des verwendeten Meßgerätes
— Verwendetes Mikroskop und Mikroskopvergrößerung
— Anzahl der Einzelmessungen je Referenzfläche
— Gegebenenfalls Abweichungen von dieser Norm

Weitere Normen

DIN 50 982 Teil 2 Messung von Schichtdicken; Allgemeine Arbeitsgrundlagen; Übersicht und Zusammenstellung der gebräuchlichen Meßverfahren

Erläuterungen

Die vorliegende Norm wurde von einem Arbeitskreis im FNM-Arbeitsausschuß 161 „Messung von Schichtdicken" ausgearbeitet.

Besonders bei der Messung der Schichtdicke von Anstrichen und ähnlichen Beschichtungen auf Holz, Kunststoffen und anderen nichtmetallischen Grundwerkstoffen hat sich das Keilschnitt-Verfahren in der Praxis bewährt und wird hier zunehmend benutzt. Daher erschien es zweckmäßig, die Einzelheiten des Verfahrens in einer Norm festzulegen. Eine ISO-Norm über dieses Verfahren besteht bisher nicht.

Juni 1995

	Lacke und ähnliche Beschichtungsstoffe **Bestimmung des Trockengrades von Beschichtungen** (Abgewandeltes Bandow-Wolff-Verfahren)	**DIN** **53150**

ICS 87.040

Deskriptoren: Lack, Beschichtungsstoff, Trockengrad

Mit DIN EN ISO 1517 : 1995-06
Ersatz für Ausgabe 1971-04

Paints and varnishes — Determination of the drying stage of coatings
(modified Bandow-Wolff method)

Vorwort

Die vorliegende Norm wurde vom FA-Arbeitsausschuß 7 "Allgemeine Prüfverfahren für Beschichtungsstoffe und Beschichtungen" ausgearbeitet.

Zu den Trockengraden 2 bis 7 nach dieser Norm ist zu bemerken, daß der Trocknungsvorgang in den einzelnen Schichten nicht einheitlich verläuft. Die Vorgänge bei der Filmbildung sind bei der physikalischen oder oxydativ-chemischen bzw. reaktionsgesteuerten Trocknung so verschiedenartig, daß eine eindeutige Abstufung nicht möglich ist. Bei der Prüfung nach der vorliegenden Norm ist es deshalb durchaus möglich, daß im Bereich der Trockengrade 4 bis 7 ein höherer Trockengrad vor einem niedrigeren erreicht wird. Aus diesem Grund bedeutet in diesem Bereich ein Unterschied von einem Trockengrad nicht unbedingt einen spezifischen Unterschied in der Trocknungsgeschwindigkeit. Plastisch-elastische Beschichtungen erreichen unter Umständen die Trockengrade 5 und 7 nicht. Wenn die Oberfläche klebrig ist, kann es vorkommen, daß die hohen Trockengrade dieser Norm nicht erreicht werden, obwohl die Beschichtung völlig trocken ist. Im allgemeinen können die sichtbaren Veränderungen bei den Trockengraden 4 und 6 bei glänzenden Oberflächen genauer beurteilt werden als bei matten oder strukturierten Oberflächen.

Die Prüfung nach dieser Norm sollte daher als reine technologische Prüfung mit bedingtem Aussagewert betrachtet werden. Die Prüfung nach dieser Norm soll (gegebenenfalls im Zusammenhang mit anderen Prüfverfahren, z. B. DIN 53153 "Prüfung von Anstrichstoffen und ähnlichen Beschichtungsstoffen — Eindruckversuch nach Buchholz an Anstrichen und ähnlichen Beschichtungen") dazu dienen, daß sich die Vertragspartner über ein Maß für die Gebrauchseigenschaft "Trocknung" verständigen können.

Änderungen

Gegenüber der Ausgabe April 1971 wurden folgende Änderungen vorgenommen:

a) Für die Prüfung auf Trockengrad 1 wurde auf DIN EN ISO 1517 verwiesen.

b) Die Norm wurde redaktionell überarbeitet und auf den neuesten Stand gebracht.

Frühere Ausgaben

DIN 53150: 1954-01, 1959-01, 1967-04, 1971-04

Fortsetzung Seite 2 und 3

Normenausschuß Anstrichstoffe und ähnliche Beschichtungsstoffe (FA) im DIN Deutsches Institut für Normung e.V.
Normenausschuß Materialprüfung (NMP) im DIN

1 Anwendungsbereich

Die Prüfung nach dieser Norm dient zum Bestimmen des Trockengrades von Beschichtungen[1]) und Beschichtungssystemen. Sie gestattet ferner, die Trocknungsgeschwindigkeit zu beurteilen.

Die Bestimmung der Trockengrade 4 bis 7 nach dieser Norm ist bei plastischen Beschichtungen nur bedingt möglich, da das plastisch-elastische Verhalten dieser Beschichtungen durch die sichtbare, vorübergehende Veränderung der Beschichtungsoberfläche nicht beurteilt werden kann.

Nach dieser Norm sollen die Trockengrade unter Normbedingungen, (23 ± 2)°C und (50 ± 5) % relative Luftfeuchte nach DIN EN 23270, ermittelt werden. Sollen die Prüfungen bei anderen klimatischen Bedingungen wie höheren Temperaturen und Luftfeuchten durchgeführt werden, z. B. zum Ermitteln der Oberflächenbeschaffenheit der Beschichtungen bei stärkerer Erwärmung oder in feuchtwarmem Klima, so ist dies besonders zu vereinbaren und im Prüfbericht anzugeben.

Da Veränderungen der Oberfläche bei matten Beschichtungen relativ schwierig festzustellen sind, wird empfohlen, matte Beschichtungen bei streifendem Einfall des Lichtes zu beurteilen.

2 Normative Verweisungen

Diese Norm enthält durch datierte oder undatierte Verweisungen Festlegungen aus anderen Publikationen. Diese normativen Verweisungen sind an den jeweiligen Stellen im Text zitiert, und die Publikationen sind nachstehend aufgeführt. Bei datierten Verweisungen gehören spätere Änderungen oder Überarbeitungen dieser Publikationen nur zu dieser Norm, falls sie durch Änderung oder Überarbeitung eingearbeitet sind. Bei undatierten Verweisungen gilt die letzte Ausgabe der in Bezug genommenen Publikation.

DIN 19307
Papier und Karton für Bürozwecke — Anforderungen, Prüfung

DIN 53153
Prüfung von Anstrichstoffen und ähnlichen Beschichtungsstoffen — Eindruckversuch nach Buchholz an Anstrichen und ähnlichen Beschichtungen

DIN EN 605
Lacke und Anstrichstoffe — Norm-Probeplatten — (ISO 1514 : 1984 modifiziert)
Deutsche Fassung EN 605 : 1992

E DIN EN 971-1
Lacke und Anstrichstoffe — Fachausdrücke und Definitionen für Beschichtungsstoffe — Teil 1: Allgemeine Begriffe — Dreisprachige Fassung prEN 971-1 : 1992

DIN EN 21512
Lacke und Anstrichstoffe — Probenahme von flüssigen oder pastenförmigen Produkten (ISO 1512 : 1991)
Deutsche Fassung EN 21512 : 1994

DIN EN 23270
Lacke, Anstrichstoffe und deren Rohstoffe — Temperaturen und Luftfeuchten für Konditionierung und Prüfung (ISO 3270 : 1984)
Deutsche Fassung EN 23270 : 1991

DIN EN 29117
Lacke und Anstrichstoffe — Bestimmung des Durchtrocknungszustandes und der Durchtrocknungszeit — Prüfverfahren (ISO 9117 : 1990)
Deutsche Fassung EN 29117 : 1992

---

[1]) Begriff Beschichtung siehe DIN EN 971-1.
[2]) Internationale Gummihärtegrade.

DIN EN ISO 1513
Lacke und Anstrichstoffe — Vorprüfung und Vorbereitung von Proben für weitere Prüfungen (ISO 1513 : 1992)
Deutsche Fassung EN ISO 1513 : 1994

DIN EN ISO 1517
Lacke und Anstrichstoffe — Prüfung auf Oberflächentrocknung — Glasperlen-Verfahren (ISO 1517 : 1973)
Deutsche Fassung EN ISO 1517 : 1995

ISO 48 : 1974
Vulkanisierter Gummi — Bestimmung der Härte (Härte zwischen 30 und 85 IRHD)

ISO 3678 : 1976
Lacke und Anstrichstoffe — Prüfung auf Abdruckfestigkeit

3 Definition

3.1 Trockengrad: Trocknungszustand eines Beschichtungsstoffes. Der Trockengrad nach dieser Norm gibt an, daß bei bestimmten abgestuften Prüfbedingungen die Beschichtungsoberfläche nicht mehr klebt oder daß eine sichtbare Veränderung der Beschichtungsoberfläche nicht feststellbar ist.

4 Geräte

4.1 Kleine, transparente Glasperlen ("Ballotini") nach DIN EN ISO 1517

4.2 Weicher Haarpinsel

4.3 Papierscheiben von 26 mm Durchmesser aus Papier DIN 19307 — SM 4a-60

4.4 Gummischeibe mit einem Durchmesser von (22 ± 1) mm, einer Dicke von (5 ± 0,5) mm und einer Härte von (50 ± 5) IRHD[2]) (siehe ISO 48)

ANMERKUNG: Aus wirtschaftlichen Gründen wird die Verwendung der in ISO 3678 festgelegten und auch in DIN EN 29117 benutzten Gummischeibe vorgeschlagen.

4.5 Schichtdickenmeßgerät

4.6 Gewichtstücke von 20 g, 200 g, 2 kg und 20 kg

5 Probenahme

Dem zu prüfenden Beschichtungsstoff wird eine Durchschnittsprobe nach DIN EN 21512 entnommen und nach DIN EN ISO 1513 zur Prüfung vorbereitet.

Zur Prüfung an fertigen Beschichtungen sind Proben ebenfalls so zu entnehmen, daß sie als Durchschnittsproben gelten können.

6 Herstellen der Probenbeschichtung

6.1 Falls nichts anderes festgelegt oder vereinbart ist, als Untergrund für die Probenbeschichtung Norm-Probenplatten aus Stahl nach DIN EN 605 von 150 mm Länge, 95 mm Breite und 0,5 mm bis 2 mm Dicke verwenden.

6.2 Den Untergrund entsprechend den Angaben in DIN EN 605 einwandfrei reinigen und entfetten. Zum Reinigen dürfen keine Metallbürsten verwendet werden.

6.3 Die Probenbeschichtung in fertigungsüblicher Weise und Dicke auftragen und vereinbarungsgemäß trocknen. Wann die Prüfung nach Abschnitt 7 an den Probenplatten durchzuführen ist, richtet sich nach den Angaben in den Lieferbedingungen oder den getroffenen Vereinbarungen. Wenn nicht anderes vereinbart ist, die Prüfung bei ofentrocknenden Beschichtungen frühestens 1 Stunde nach dem Herausnehmen aus dem Wärmeschrank durchführen.

6.4 Die Schichtdicke der Beschichtung an den Stellen der Probenplatte, an denen der Trockengrad ermittelt werden soll, bestimmen.

7 Durchführung

7.1 Die Lagerung und die Prüfung unter Normbedingungen, (23 ± 2) °C und (50 ± 5) % relative Luftfeuchte nach DIN EN 23270, durchführen.
Hiervon abweichende Prüftemperatur und relative Luftfeuchte sind zu vereinbaren und im Prüfbericht anzugeben.

7.2 Die nach 6.3 beschichteten Probenplatten in unbewegter Luft, z. B. in einem Ablüfteschrank, staubfrei und waagerecht lagern. Die Lagerdauer ist zu vereinbaren.
Nach Ablauf der vereinbarten Lagerdauer die einzelnen Trockengrade ermitteln (Übersicht siehe Tabelle 1).

7.3 Prüfung auf Trockengrad 1

Prüfung nach DIN EN ISO 1517.
Etwa 0,5 g Glasperlen (4.1) aus einer Höhe von nicht weniger als 50 mm und nicht mehr als 150 mm auf die Oberfläche der Beschichtung streuen.

ANMERKUNG: Es ist günstig, die Glasperlen aus einem Glasrohr von geeigneter Länge und mit einem Innendurchmesser von etwa 25 mm aufzustreuen, um eine zu große Streubreite der Perlen zu verhindern und die Durchführung weiterer Prüfungen an anderen Stellen derselben Platte zu ermöglichen.

Nach 10 s die Probenplatte in einem Winkel von 20° zur Horizontalen halten und leicht mit dem Pinsel über die Beschichtung streichen.
Die Oberfläche der Beschichtung visuell (normal korrigiertes Sehvermögen) prüfen. Der Trockengrad 1 ist erreicht, wenn alle Glasperlen ohne Beschädigung der Oberfläche abgepinselt werden können.

7.4 Prüfung auf Trockengrad 2

Auf die Probenplatte eine Papierscheibe nach 4.3 und darüber eine Gummischeibe nach 4.4 legen. Die Gummischeibe dann zentrisch mit einem Gewichtsstück von 20 g belasten. Nach 60 s Gewichtsstück und Gummischeibe abnehmen. Die Probenplatte senkrecht aus etwa 30 mm Höhe auf eine Holzunterlage von etwa 20 mm Dicke (z. B. Tischplatte) frei fallenlassen. Fällt die Papierscheibe dabei ab, ist der Trockengrad 2 (siehe Tabelle 1) erreicht.

7.5 Prüfung auf die Trockengrade 3 bis 7

Den Versuch nach 7.4 durchführen
— bei Prüfung auf Trockengrad 3 mit 200 g Belastung,
— bei Prüfung auf die Trockengrade 4 und 5 mit 2 kg Belastung,
— bei Prüfung auf die Trockengrade 6 und 7 mit 20 kg Belastung.

Feststellen, ob die Beschichtung den Anforderungen des jeweiligen Trockengrades nach Tabelle 1 entspricht.

8 Prüfbericht

Der Prüfbericht muß mindestens die folgenden Angaben enthalten:

a) Art und Bezeichnung des Beschichtungsstoffes;
b) einen Hinweis auf diese Norm;
c) Werkstoff (gegebenenfalls Normbezeichnung), Oberflächenbeschaffenheit und Vorbehandlung des Untergrundes;
d) Verarbeitungsweise des Beschichtungsstoffes (z. B. im Spritzverfahren);
e) Anzahl der Schichten (z. B. 1 × Grundbeschichtung, 2 × Decklack);
f) Trocknungsbedingungen (z. B. 20 min bei 140 °C);
g) Temperatur und relative Luftfeuchte bei der Prüfung;
h) Schichtdicke der Beschichtung in µm auf 3 µm (Mittelwert);
i) Trockengrade nach Tabelle 1 mit den zugehörigen Trocknungszeiten;
j) Von dieser Norm abweichende oder zusätzliche Prüfbedingungen, die das Prüfergebnis beeinflussen können;
k) Prüfdatum.

Tabelle 1: Kennzeichen der Trockengrade

Trockengrad	Art der Prüfung	Prüfergebnis
1	Aufstreuen von Glasperlen	Die Glasperlen lassen sich mit einem weichen Haarpinsel leicht und restlos wieder entfernen.
2	Belastung mit 20 g (Spez. Belastung etwa 5 g/cm²)	Das Papier klebt nicht auf der Beschichtung.
3	Belastung mit 200 g (Spez. Belastung etwa 50 g/cm²)	Das Papier klebt nicht auf der Beschichtung.
4	Belastung mit 2 kg (Spez. Belastung etwa 500 g/cm²)	Das Papier klebt nicht auf der Beschichtung. An der belasteten Stelle ist eine Veränderung der Beschichtungsoberfläche erkennbar.
5	Belastung mit 2 kg (Spez. Belastung etwa 500 g/cm²)	Das Papier klebt nicht auf der Beschichtung. An der belasteten Stelle ist keine Veränderung der Beschichtungsoberfläche erkennbar.
6	Belastung mit 20 kg (Spez. Belastung etwa 5 000 g/cm²)	Das Papier klebt nicht auf der Beschichtung. An der belasteten Stelle ist eine Veränderung der Beschichtungsoberfläche erkennbar.
7	Belastung mit 20 kg (Spez. Belastung etwa 5 000 g/cm²	Das Papier klebt nicht auf der Beschichtung. An der belasteten Stelle ist keine Veränderung der Beschichtungsoberfläche erkennbar.

DIN

Wer's mit Stahl hat, hat die Wahl:
Das Tabellenbuch

Über 2000 Stahl-Sorten werden allein in den Ländern der EU erschmolzen... Wer sich wiederkehrend schnell und zuverlässig über die in Normen niedergeschriebenen zahllosen Eigenschaften von Stählen, stählernen Halbzeugen und Fertigerzeugnissen informieren muß, fordert zu Recht ein Werkzeug, auf das er sich verlassen kann.

Mit dem 'Tabellenbuch Stahl' ist ein solches Instrument verfügbar: Es enthält alle für Werkstoffexperten, Konstrukteure, Handwerker und Fachhändler wesentlichen Auszüge aus den geltenden DIN- und DIN-EN-Normen, Stahl-Eisen-Werkstoffblättern sowie anderen relevanten technischen Regeln.

Enthalten sind insbesondere Angaben
- zum Anwendungsbereich,
- zur Bestellung,
- zur chemischen Zusammensetzung,
- zu den mechanischen Eigenschaften und zur Verarbeitung.

Das 'Tabellenbuch Stahl' ist untergliedert in die drei Sachgebiete:
- Allgemeine Normen für Stahl und Stahlerzeugnisse
- Gütenormen
- Technische Lieferbedingungen und Maßnormen für Flacherzeugnisse, Langprodukte und Rohre

J. Eube, F. Haustein, R. Kästner, F. Leuner, G. Vocke
Stahl
Tabellenbuch für Auswahl und Anwendung
3. Aufl. 1999. 904 S.
23 x 16 cm. Geb.
128,– DEM / 934,– ATS / 115,– CHF
65,45 EUR
ISBN 3-410-14219-3

Beuth
Berlin · Wien · Zürich

Beuth Verlag GmbH
10772 Berlin
http://www.din.de/beuth

DK 667.613.72 : 620.191.34 : 003.62 November 1970

Bezeichnung des Blasengrades von Anstrichen

DIN 53 209

Designation of degree of blistering of paint coatings

Zusammenhang mit ASTM D 714-56, siehe Erläuterungen.

1. Zweck und Anwendung

Diese Norm dient dazu, bei Anstrichen eine aufgetretene Blasenbildung durch Angabe des Blasengrades nach Abschnitt 2 einheitlich zu bezeichnen (siehe auch Erläuterungen, Absatz 2 und 3).

2. Begriff

Der Blasengrad nach dieser Norm ist ein Maß für eine an einem Anstrich aufgetretene Blasenbildung nach Häufigkeit der Blasen je Flächeneinheit und Größe der Blasen.

3. Blasengrade

Der Blasengrad wird durch einen Kennbuchstaben und eine Kennzahl für die Häufigkeit der Blasen je Flächeneinheit sowie einen Kennbuchstaben und eine Kennzahl für die Größe der Blasen angegeben, z. B. Blasengrad m 2/g 3.

4. Feststellung des Blasengrades

Durch Vergleich des Anstriches mit den Blasengrad-Bildern wird der Blasengrad ermittelt, dessen Bild dem Aussehen des Anstriches am ähnlichsten ist. Aus den Tabellen 1 und 2 wird dann die Bedeutung des betreffenden Kennbuchstabens und der betreffenden Kennzahl entnommen. Der Blasengrad wird in allen Fällen mit dem unbewaffneten Auge festgestellt.

Bei Bedarf können Zwischenwerte der Größe der Blasen durch Interpolation ermittelt und angegeben werden, z. B. g 2,5.

Sind die Blasen größer als g 5 entspricht, so wird >g 5 angegeben. Darüber hinaus ist, falls erforderlich, die Größe der Blasen noch besonders zu charakterisieren.

5. Prüfbericht

Im Prüfbericht sind unter Hinweis auf diese Norm anzugeben:
Geprüfter Gegenstand
Bezeichnung des Anstriches
Blasengrad, gegebenenfalls beurteilte Stelle
Weitere Beobachtungen (z. B. Blasennester; Inhalt der Blasen; Form, Lage und Anordnung der Blasen wie ring- oder kettenförmige Anordnung oder Blasen auf Spuren von Fingerabdrücken usw.).
Prüfdatum.

Tabelle 1. **Häufigkeit der Blasen je Flächeneinheit**

Kennbuchstabe und Kennzahl	Bedeutung
m 0	keine Blasen
m 1	weniger Blasen als Kennzahl 2 entspricht (etwa 1/3)
m 2	Entsprechend den Blasengrad-Bildern auf den Seiten 2 bis 5
m 3	
m 4	
m 5	

Tabelle 2. **Größe der Blasen**

Kennbuchstabe und Kennzahl	Bedeutung
g 0	keine Blasen
g 1	Blasen, gerade noch mit unbewaffnetem Auge sichtbar (Grenze des sichtbaren Bereiches)
g 2	Entsprechend den Blasengrad-Bildern auf den Seiten 2 bis 5
g 3	
g 4	
g 5	

Fortsetzung Seite 2 bis 5
Erläuterungen Seite 6

Fachnormenausschuß Anstrichstoffe und ähnliche Beschichtungsstoffe im Deutschen Normenausschuß (DNA)
Fachnormenausschuß Materialprüfung im DNA

Maßstab 1:1

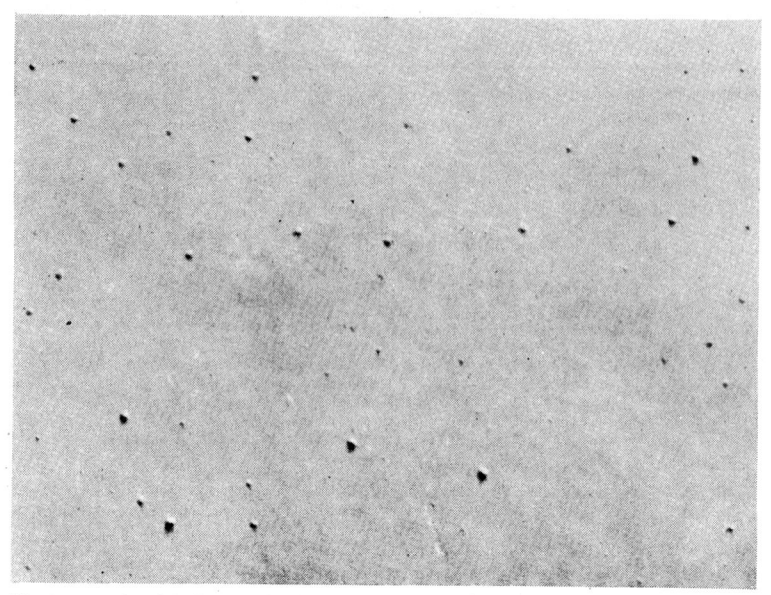

Blasengrad m2/g3

Blasengrad m2/g2

Seite 2 DIN 53209

Maßstab 1:1

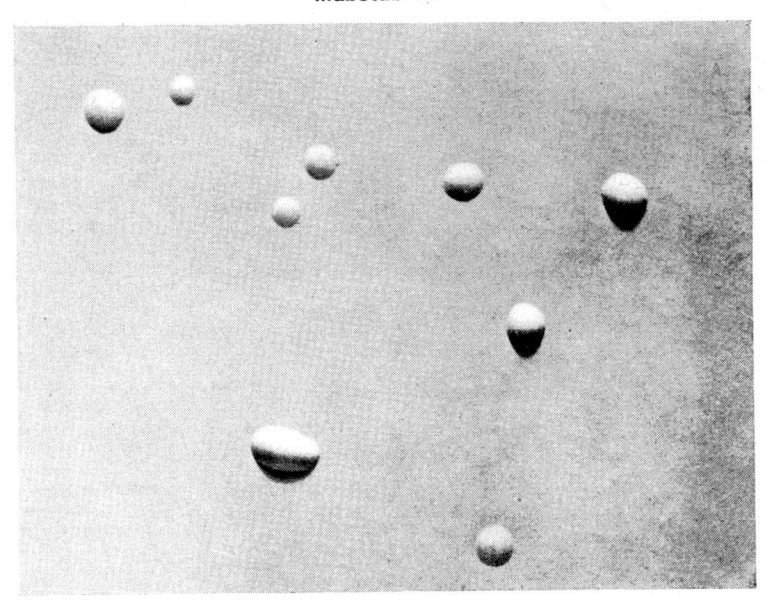

Blasengrad m2/g5

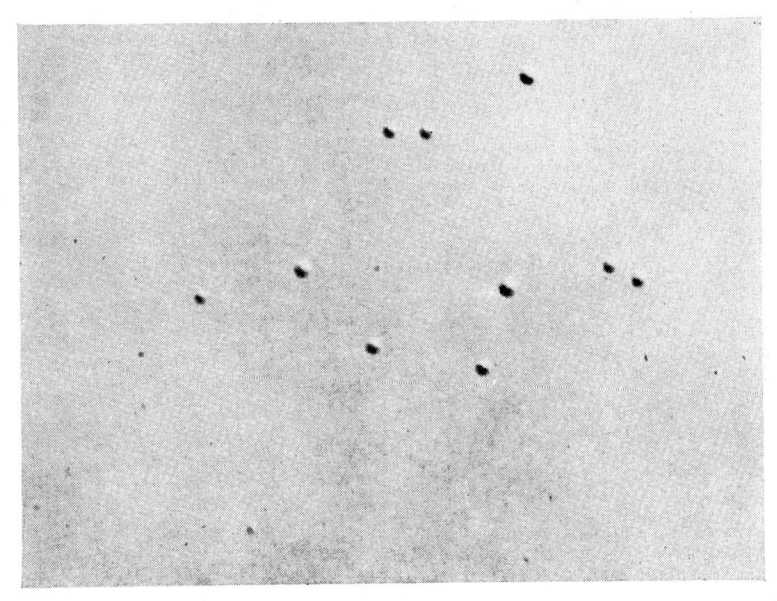

Blasengrad m2/g4

DIN 53209 Seite 3

Maßstab 1:1

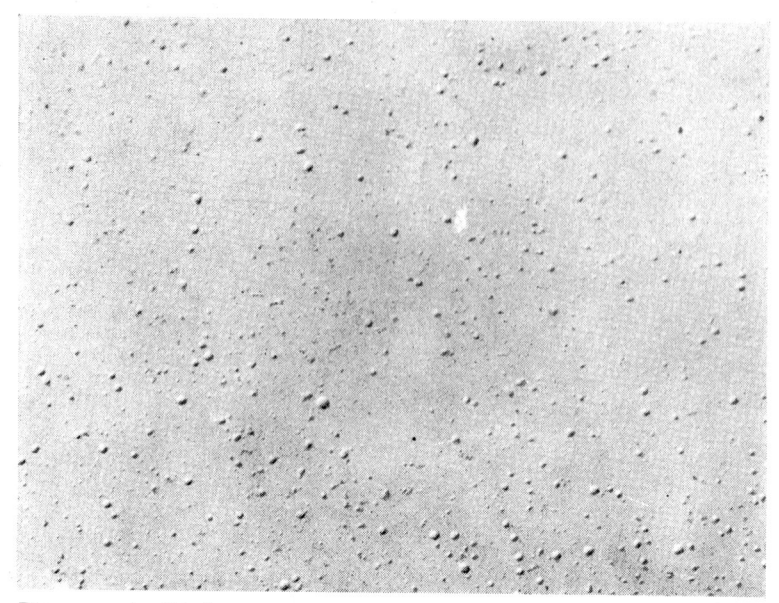

Blasengrad m3/g3

Blasengrad m3/g2

DIN 53209 Seite 3

Maßstab 1:1

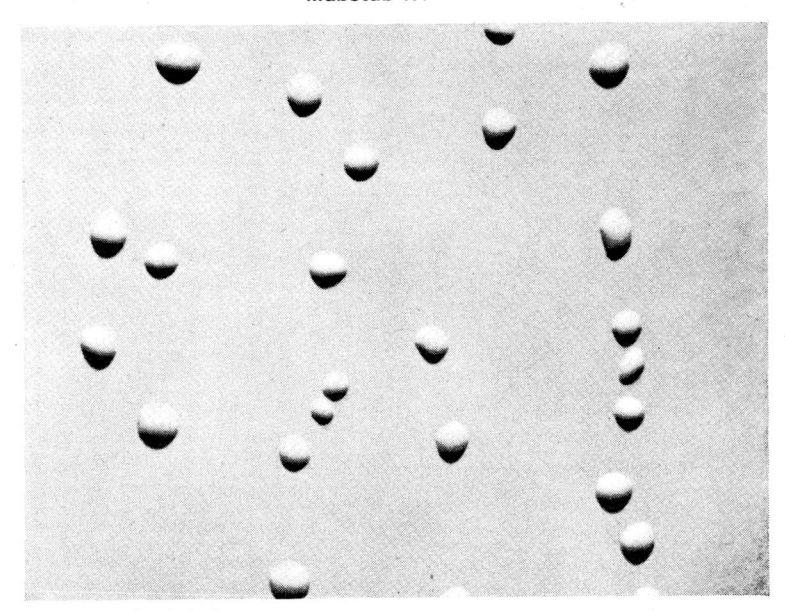

Blasengrad m3/g5

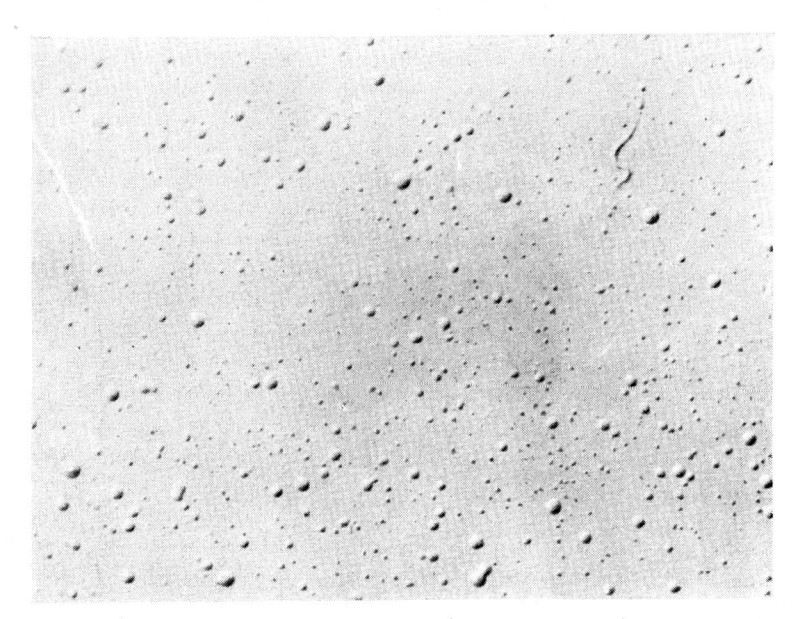

Blasengrad m3/g4

Maßstab 1:1

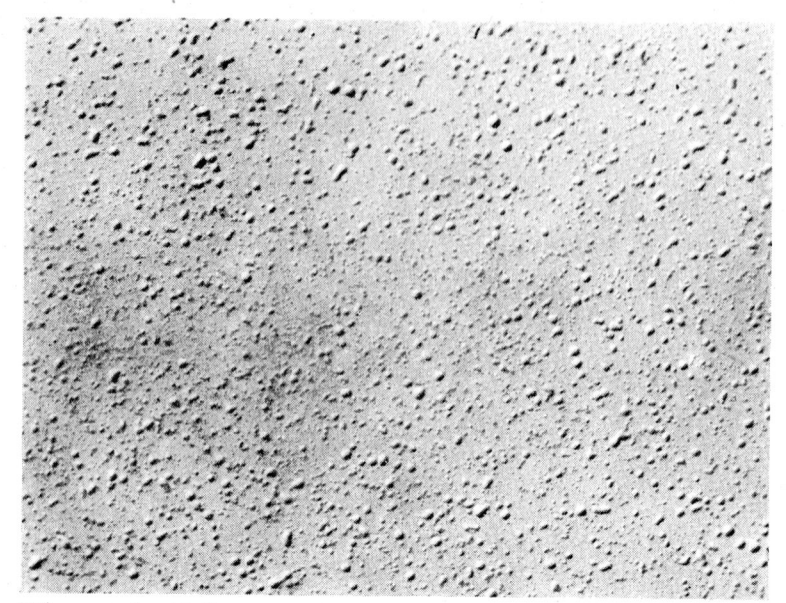

Blasengrad m4/g3

Blasengrad m4/g2

Seite 4 DIN 53209

Maßstab 1:1

Blasengrad m4/g5

Blasengrad m4/g4

DIN 53209 Seite 5

Maßstab 1:1

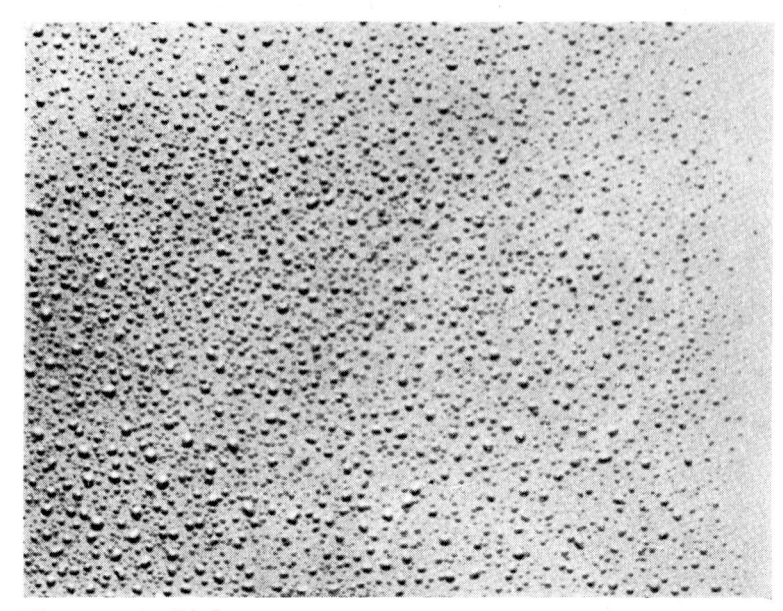

Blasengrad m5/g3

Blasengrad m5/g2

Maßstab 1:1

Blasengrad m5/g5

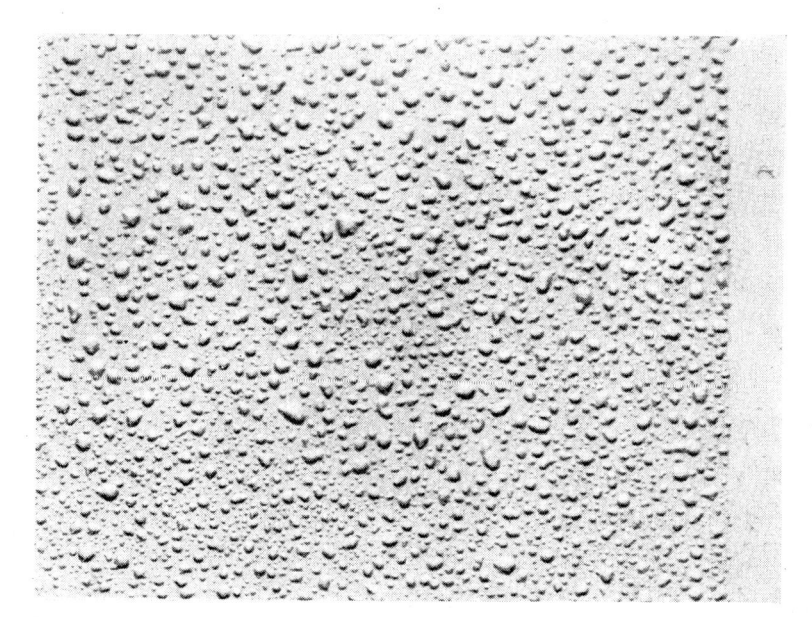

Blasengrad m5/g4

Erläuterungen

Die vorliegende Norm wurde vom Arbeitsausschuß 8 „Anstriche und ähnliche Beschichtungen" des Fachnormenausschusses Anstrichstoffe und ähnliche Beschichtungsstoffe (FA) im DNA ausgearbeitet.

Wie im Abschnitt 1 „Zweck und Anwendung" angegeben, dient die Norm lediglich dazu, eine an einem Anstrich aufgetretene Blasenbildung einheitlich zu bezeichnen. Es ist nicht Gegenstand der Norm, die Prüfung eines Anstriches auf Blasenbildung mit allen dafür erforderlichen Einzelheiten (Art und Vorbehandlung des Untergrundes; Art, Aufbau, Trocknung und Nachbehandlung des Anstriches; Art und Dauer der Beanspruchung des Anstriches; Zeitpunkt der Feststellung des Blasengrades nach der Beanspruchung usw.) festzulegen.

Bei der Feststellung des Blasengrades mit Hilfe der angegebenen Blasengrad-Bilder ist zu beachten, daß eine Mindestgröße der zu beurteilenden Anstrichfläche erforderlich ist, und zwar sollte die Größe der zu beurteilenden Fläche etwa mit der Größe der Blasengrad-Bilder übereinstimmen. In diesem Zusammenhang ist darauf hinzuweisen, daß häufig Blasen verschiedener Größe nebeneinander vorliegen, z. B. weist auch das Blasengrad-Bild für den Blasengrad m 5/g 4 neben Blasen der Größe g 4 noch kleinere Blasen, etwa bis zur Größe g 2,5 auf. In solchen Fällen soll derjenige Blasengrad angegeben werden, welcher als repräsentativ zu betrachten ist; in entsprechender Weise werden in dem genannten Blasengrad-Bild die Blasen der Größe g 4 wegen ihrer großen Anzahl als repräsentativ betrachtet. Schließlich kann es zweckmäßig sein, zwischen Blasen, die sich zwischen Untergrund und Anstrich befinden, und Blasen im Anstrichsystem zu unterscheiden.

Die in der Norm enthaltenen Blasengrad-Bilder wurden unverändert und in Originalgröße aus ASTM D 714-56 übernommen. Zwischen den Blasengraden nach DIN 53 209 und den Blasengraden nach ASTM D 714-56 besteht der in Tabelle 3 angegebene Zusammenhang.

Tabelle 3. **Zuordnung der Blasengrade**

Blasengrad nach DIN 53 209	Blasengrad nach ASTM D 714-56	Blasengrad nach DIN 53 209	Blasengrad nach ASTM D 714-56
m 2/g 2	8 F	m 4/g 2	8 MD
m 2/g 3	6 F	m 4/g 3	6 MD
m 2/g 4	4 F	m 4/g 4	4 MD
m 2/g 5	2 F	m 4/g 5	2 MD
m 3/g 2	8 M	m 5/g 2	8 D
m 3/g 3	6 M	m 5/g 3	6 D
m 3/g 4	4 M	m 5/g 4	4 D
m 3/g 5	2 M	m 5/g 5	2 D

Dem Blasengrad m 0/g 0 nach DIN 53 209 entspricht der Blasengrad 10 nach ASTM D 714-56. Nicht in ASTM D 714-56 enthalten, ist ein dem Blasengrad m 1/g 1 entsprechender Blasengrad. Es hat sich jedoch gezeigt, daß ein solcher Blasengrad in der Praxis von besonderer Wichtigkeit ist, wenn der Beginn einer Blasenbildung beurteilt werden soll.

Bezeichnung des Rostgrades von Anstrichen und ähnlichen Beschichtungen

DIN 53 210

Februar 1978

Designation of degree of rusting of paint surfaces
Désignation du degré de rouillage des surfaces peintes

Zusammenhang mit der Internationalen Norm ISO 4628/1-1978, siehe Erläuterungen.

1 Zweck und Anwendung

Diese Norm dient dazu, bei Anstrichen eine aufgetretene Rostbildung durch Angabe des Rostgrades nach Abschnitt 2 einheitlich zu bezeichnen. Sie ist in erster Linie für Anstriche auf Stahl vorgesehen (siehe auch Erläuterungen).
Die Norm gilt sinngemäß auch für ähnliche Beschichtungen.

2 Begriff

Der Rostgrad kennzeichnet den Anteil der von Rost durchbrochenen Fläche eines Anstriches.

3 Rostgrade

Der Rostgrad wird durch die Kennbuchstaben Ri [1]) und eine Kennzahl für den Anteil der von Rost durchbrochenen Fläche nach folgender Tabelle angegeben, z. B. Ri 2.

Rostgrad	Bedeutung
Ri 0	Rostfreiheit
Ri 1	Rosterscheinung entsprechend den Rostgrad-Bildern auf Seite 2 bis 4
Ri 2	
Ri 3	
Ri 4	
Ri 5	

4 Feststellung des Rostgrades

Durch Vergleich des Anstriches mit den Rostgrad-Bildern wird der Rostgrad ermittelt, dessen Bild dem Aussehen des Anstriches am ähnlichsten ist.
Liegen die Rosterscheinungen zwischen zwei Rostgrad-Bildern, so kann der Rostgrad entsprechend, z. B. mit „Ri 2,5", angegeben werden. Rosterscheinungen, die über den Rostgrad des Bildes für Ri 5 hinausgehen, werden auch mit Ri 5 bezeichnet.
Ergeben sich an verschiedenen Stellen des zu beurteilenden Anstriches unterschiedliche Rostgrade (z. B. in der Mitte und am Rande einer Fläche), so sind diese anzugeben. Bei Randrostung ist die Abkürzung Rr und außerdem die Breite der Rostzone in mm anzugeben, z. B. Rr 20mm Ri 4 bedeutet einen Rostgrad entsprechend Bild Ri 4 in einer Randzone von durchschnittlich 20 mm Breite.

5 Prüfbericht

Im Prüfbericht sind unter Hinweis auf diese Norm anzugeben:
a) Geprüfter Gegenstand, z. B. Stahlbauwerk
b) Bezeichnung des Anstriches
c) Rostgrad, z. B. Ri 3, bei Randrostung Abkürzung Rr und Breite der Rostzone in mm
d) Gegebenenfalls: beurteilte Stelle, z. B. an Westseite; zusätzliche Größenangabe nach DIN 53 230 (Vornorm)
e) Prüfdatum.

[1]) „Ri" = **R**ostgrad international

Fortsetzung Seite 2 bis 5
Erläuterungen Seite 5

Normenausschuß Anstrichstoffe und ähnliche Beschichtungsstoffe (FA) im DIN Deutsches Institut für Normung e. V.
Fachnormenausschuß Materialprüfung (FNM) im DIN

Ri 1

Ri 2

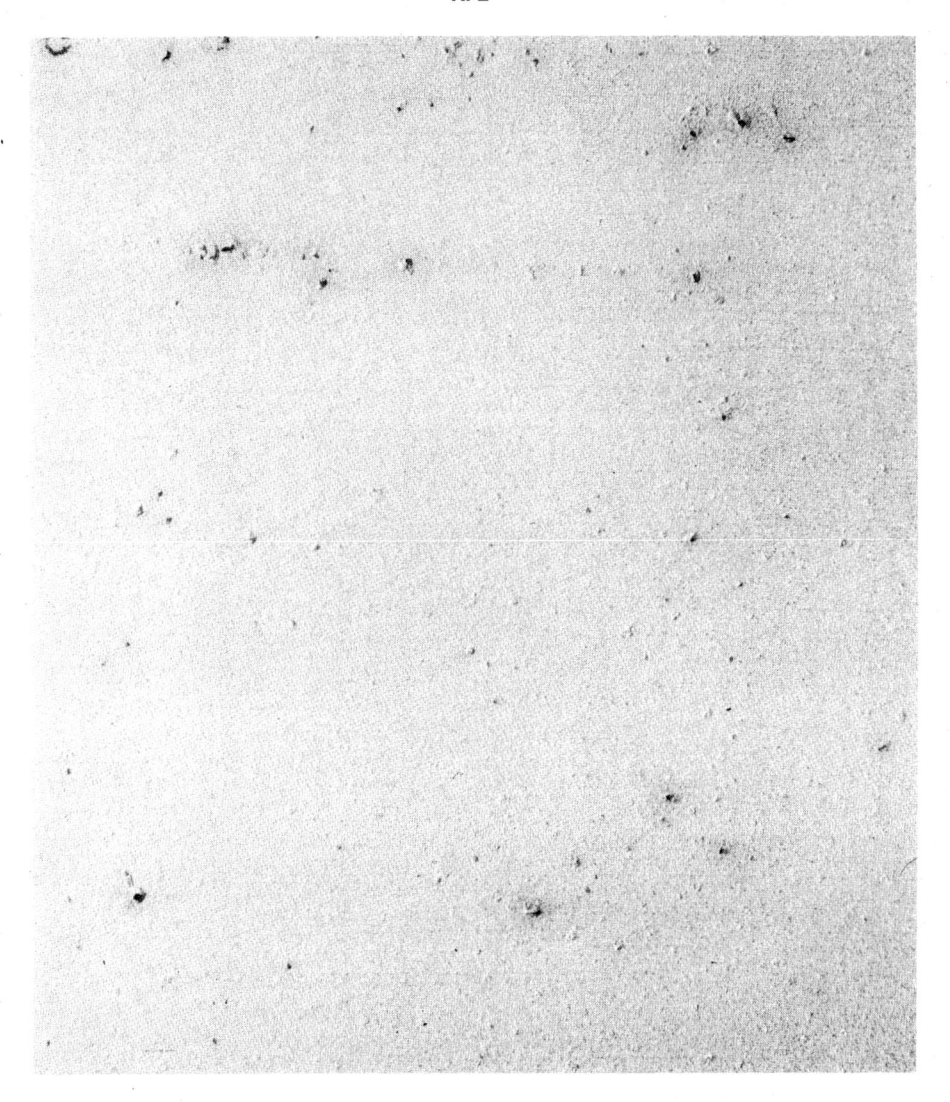

Ri 3

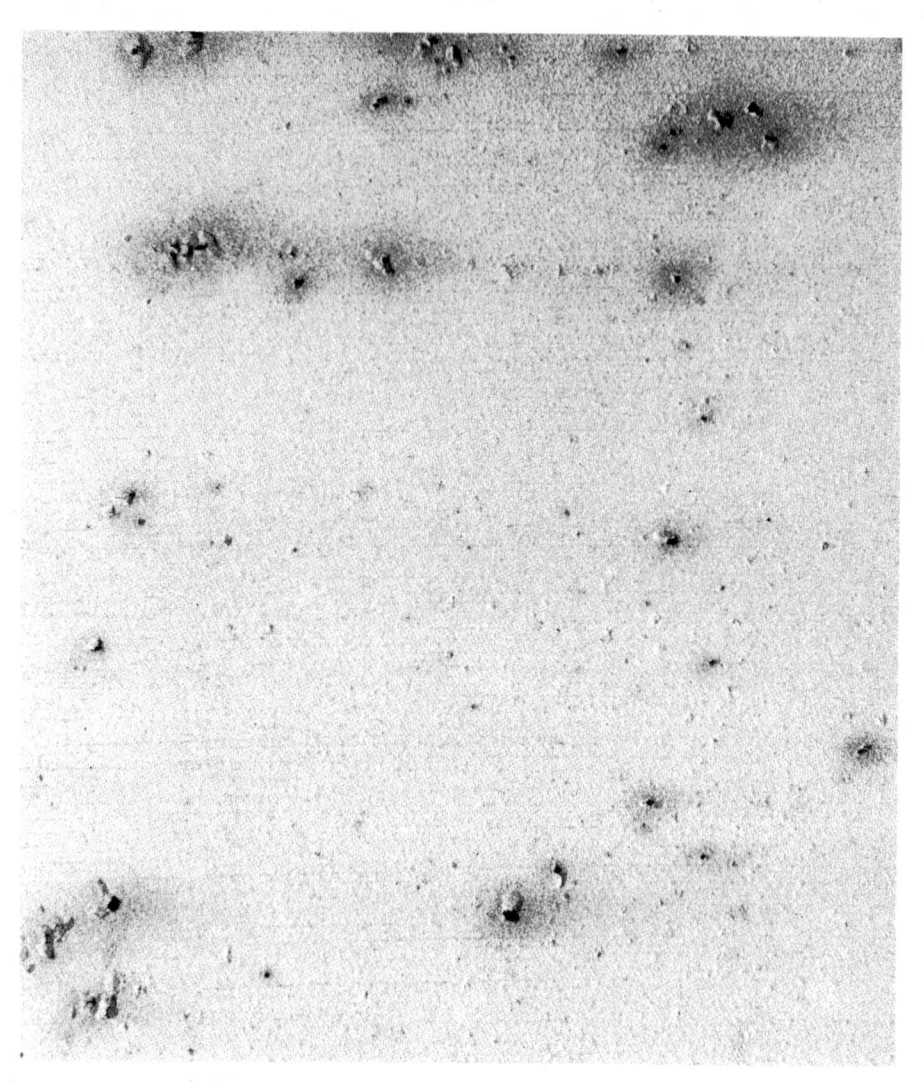

Ri 4

Ri 5

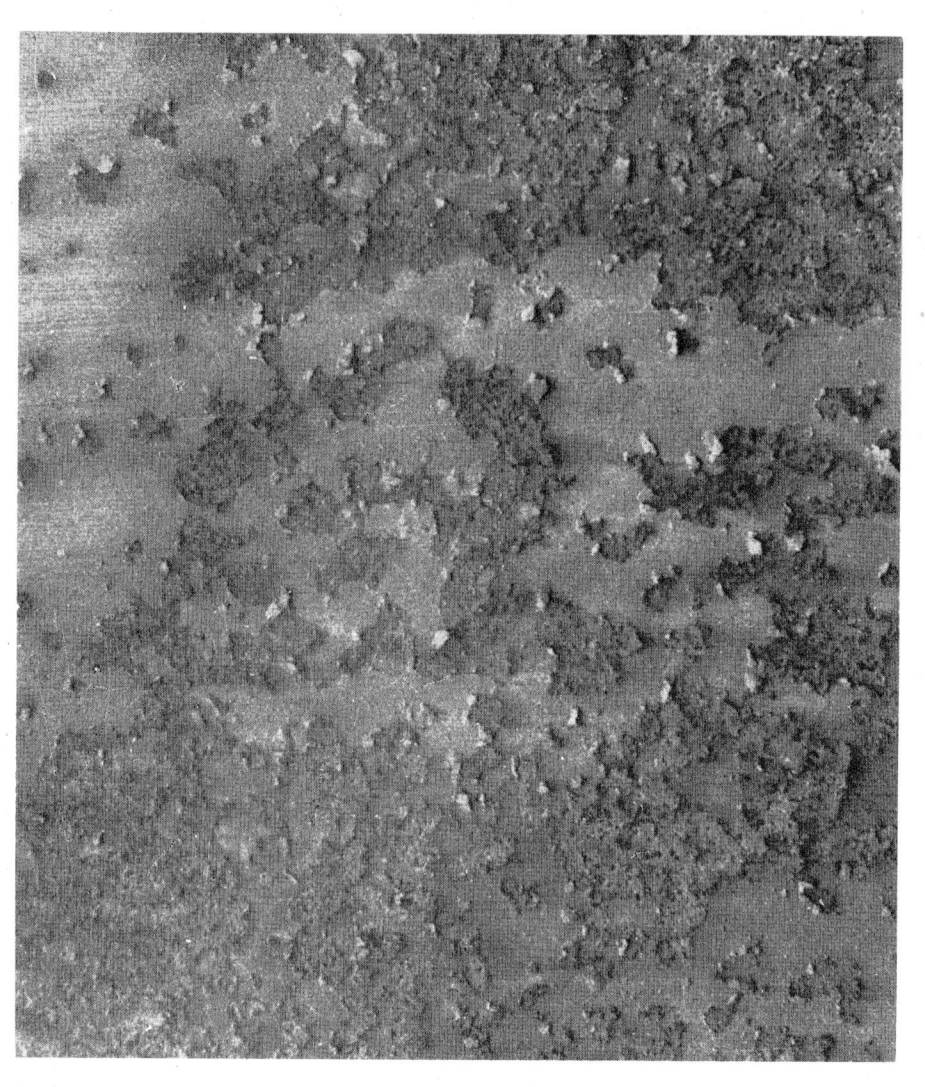

Weitere Normen

DIN 53209 Bezeichnung des Blasengrades von Anstrichen
DIN 53230 (Vornorm) Prüfung von Anstrichstoffen und ähnlichen Beschichtungsstoffen; Bewertungssystem für die Auswertung von Prüfungen

Erläuterungen

Die vorliegende Norm wurde vom FA-Arbeitsausschuß 8 „Anstriche und ähnliche Beschichtungen" ausgearbeitet. Sie berücksichtigt die in mehrjährigen Verhandlungen erzielten internationalen Vereinbarungen und stimmt sachlich überein mit der in Kürze erscheinenden Internationalen Norm ISO 4628/I-1978 „Paints and varnishes — Evaluation of degradation of paint coatings — Designation of quantity and size of common types of defect — Part I: General principles and pictorial scales for blistering and rusting" — „Anstrichstoffe — Bewertung der Schädigung von Anstrichen — Bezeichnung der Menge und Größe von Grundtypen von Schäden — Teil I: Allgemeine Grundsätze und bildliche Darstellungen von Blasen- und Rostbildung", soweit sich diese auf die Rostbildung bezieht.

Die Norm soll, wie in Abschnitt 1 angegeben, vornehmlich zur Bezeichnung des Rostgrades von Anstrichen auf Stahl dienen. Insbesondere ist dabei an Anstriche und Probeanstriche gedacht. Sie kann jedoch auch zur Bezeichnung von Korrosionserscheinungen auf beschichteten Nichteisenmetallen herangezogen werden, wenn die Form der Korrosion mit den in den Rostgrad-Bildern dargestellten Korrosionserscheinungen vergleichbar ist.

Die vorliegende Norm enthält gegenüber der Norm DIN 53210, Ausgabe Juni 1964, ein geändertes Bild und eine erweiterte Differenzierung im unteren Bereich der Rostbildung. Das Bild wurde — wie die bisherigen Bilder auch — der 10stufigen sogenannten „Europäischen Rostgradskala"[2] entnommen, nach der die Rostgrade mit Re 0 bis Re 9 bezeichnet werden. Nach dieser Norm werden die Rostgrade in Übereinstimmung mit ISO 4628/I durch die Kennbuchstaben „Ri" — **R**ostgrad **i**nternational — gekennzeichnet. In der folgenden Tabelle wird angegeben, welche Rostgrade gleichbedeutend sind.

Rostgrad nach		
DIN 53210 Ausgabe Februar 1978 ISO 4628/I-1978	„Europäischer Rostgradskala"[2]	DIN 53210 Ausgabe Juni 1964
Ri 0	Re 0	R 0
Ri 1	Re 1	R 1
Ri 2	Re 2	—
Ri 3	Re 3	R 2
—	Re 4	—
Ri 4	Re 5	R 3
—	Re 6	R 4
Ri 5	Re 7	R 5
—	Re 8	—
—	Re 9	—

[2] Europäische Skala des Verrostungsgrades von Korrosionsschutzanstrichen

Ausgearbeitet vom Ausschuß für das Studium europäischer Korrosionsskalen, im Auftrage des Europäischen Ausschusses der Verbände der Lack- und Druckfarben-Fabrikanten, basierend auf photographischem Material des Korrosionsausschusses der Königl. Schwedischen Akademie der Ingenieur-Wissenschaften, Stockholm, 1961.
Herausgeber: Comité Européen des Associations de Fabricants de Peintures et D'Encres D'Imprimerie.
Bureau Permanent: 49, square Marie-Louise — B 1040 Bruxelles

DK 667.612 : 667.613 : 620.1   April 1983

Prüfung von Anstrichstoffen und ähnlichen Beschichtungsstoffen
**Bewertungssystem
für die Auswertung von Prüfungen**

DIN
53 230

Testing of paints, varnishes and similar coating materials; scheme for the evaluation of tests

Ersatz für Ausgabe 04.73

Zusammenhang mit der von der International Organization for Standardization (ISO) herausgegebenen Internationalen Norm ISO 4628/1–1982, siehe Erläuterungen.

1 Zweck und Anwendungsbereich

Bei der Prüfung von Anstrichstoffen, Anstrichen und ähnlichen Beschichtungen sind die Eigenschaften oder ihre Änderungen oft nicht durch Meßwerte zu beschreiben, sondern müssen subjektiv beurteilt werden. Diese Norm legt ein einheitliches Bewertungssystem für die Einstufung der Beurteilungen fest, um ihre Auswertung und die gegenseitige Verständigung darüber zu erleichtern. Dieses Bewertungssystem soll nur dann angewendet werden, wenn das Prüfergebnis nicht durch unmittelbar erhaltene Meßwerte angegeben werden kann und Normen für die Beurteilung der jeweiligen Eigenschaften, z. B. solche mit besonderen Kennwerten (siehe hierzu das Verzeichnis „Weitere Normen" auf Seite 3), fehlen.

Anmerkung: Für die Bewertung von Echtheitseigenschaften von Farbmitteln sind andere Bewertungssysteme eingeführt (siehe z. B. DIN 54 000, DIN 54 001, DIN 54 002, DIN 54 003, DIN 54 004, DIN 53 775 Teil 3), bei denen die höchste Echtheit jeweils dem höchsten Zahlenwert entspricht. Um Verwechslungen zu vermeiden, sollen Echtheitseigenschaften von Farbmitteln nicht nach DIN 53 230 bewertet werden.

Das Bewertungssystem kann im allgemeinen die Unterschiede von Prüfserien e i n e r Prüfstelle zuverlässig darstellen. Wenn Prüfergebnisse von unterschiedlichen, nicht gleichzeitig vorliegenden Proben oder Prüfserien miteinander verglichen werden sollen, so sind der Bewertung zu vereinbarende definierte Vergleichsskalen, Standards oder Anfangs- und Endwerte zugrunde zu legen. Ohne solche Bezugswerte sind zuverlässige Einstufungen nur durch direkten Vergleich von Proben möglich.

2 Feste und relative Bewertungsskala

Die Bewertungsskalen nach Abschnitt 2.1 und 2.2 sollen so angewendet werden, daß gleiche Kennzahlen möglichst dem gleichen Grad bzw. der gleichen Änderung der zu beurteilenden Eigenschaften entsprechen. Neben den angegebenen Kennzahlen dürfen Zwischenwerte verwendet werden, wenn eine feinere Einstufung notwendig ist. Die einzelnen Kennzahlen sowie Zwischenwerte sollen jedoch nur soweit angegeben werden, wie es die Unsicherheit des jeweiligen Beurteilungsverfahrens gestattet (siehe hierzu auch Erläuterungen).

Die Kennzahlen zur Beurteilung unterschiedlicher Eigenschaften dürfen nicht durch Addition zu einem „Gesamturteil" zusammengefaßt werden.

2.1 Feste Bewertungsskala

Die feste Bewertungsskala (Skala zur Bewertung des Grades von Eigenschaften) soll den jeweiligen Zustand angeben, auch der Anfangszustand wird bereits nach dieser Skala bewertet. In ihr wird der bestmögliche Wert mit der Kennzahl 0, der geringstmögliche Wert mit der Kennzahl 5 bezeichnet.

Tabelle 1.   **Feste Bewertungsskala**

Kennzahl	Bedeutung
0	bestmöglicher Wert
1	
2	
3	
4	
5	geringstmöglicher Wert

Der Begriff „geringstmöglicher Wert" ist so zu verstehen, daß eine Veränderung oder Verschlechterung über diesen Wert hinaus anwendungstechnisch nicht mehr von Interesse ist.

Werden der Bewertung definierte Vergleichsskalen, Standards oder Anfangs- und Endwerte zugrunde gelegt, so sind diese im Prüfbericht anzugeben.

Fortsetzung Seite 2 bis 4

Normenausschuß Anstrichstoffe und ähnliche Beschichtungsstoffe (FA) im DIN Deutsches Institut für Normung e. V.
Normenausschuß Materialprüfung (NMP) im DIN

2.2 Relative Bewertungsskala

In manchen Fällen, z. B. für die Beurteilung der Verfärbung von Anstrichen, lassen sich feste Bewertungsskalen nicht anwenden. Es wird dann eine relative Bewertungsskala (Skala zur Bewertung der Veränderung von Eigenschaften) angewendet mit der Kennzahl 0 für den Anfangszustand oder einen Vergleichsstandard und der Kennzahl 5 für die maximale Veränderung, die noch von Interesse ist.

Tabelle 2. Relative Bewertungsskala

Kennzahl	Bedeutung
0	nicht verändert
1	Spur verändert
2	gering verändert
3	mittel verändert
4	stark verändert
5	sehr stark verändert

Bei Verwendung der relativen Bewertungsskala ist der Bezugswert (Anfangszustand oder Vergleichsstandard) anzugeben.

3 Differenzierte Beurteilung von Eigenschaften

Manchmal sind Eigenschaften oder Veränderungen zu beurteilen, bei denen Angaben über die Menge, die Größe und/oder die Tiefe von Interesse sind. Für solche Beurteilungen werden die Kennbuchstaben und Kennzahlen nach Abschnitt 3.1 bis 3.3 angewendet.
Die nach Abschnitt 3.1 bis 3.3 ermittelten Angaben dürfen nicht durch Addition zu einem „Gesamturteil" zusammengefaßt werden.

3.1 Mengenangaben
Tabelle 3. Mengenangaben

Kennbuchstabe und Kennzahl	Bedeutung
m 0	keine
m 1	einzelne
m 2	wenige
m 3	mäßig viele
m 4	viele
m 5	sehr viele

Anmerkung: Die angegebenen Bedeutungen entsprechen den Angaben bzw. bildlichen Darstellungen über die Blasenmenge bei der Bezeichnung des Blasengrades von Anstrichen nach DIN 53 209.

3.2 Größenangaben
Tabelle 4. Größenangaben

Kennbuchstabe und Kennzahl	Bedeutung
g 0	keine
g 1	mikrofein (nur mit optischen Hilfsmitteln oder gerade noch mit unbewaffnetem Auge erkennbar)
g 2	deutlich sichtbar (0,5 bis 1 mm)
g 3	gut sichtbar (1 bis 2 mm)
g 4	Größenordnung mm (2 bis 5 mm)
g 5	Größenordnung cm (über 5 mm)

Bei Verwendung von optischen Hilfsmitteln ist der für das Erkennen erforderliche Vergrößerungsmaßstab anzugeben.

3.3 Tiefenangaben
Tabelle 5. Tiefenangaben

Kennbuchstabe und Kennzahl	Bedeutung
t 0	keine
t 1	mikrofeine Oberflächenerscheinungen (nur mit optischen Hilfsmitteln oder gerade noch mit unbewaffnetem Auge erkennbar)
t 2	deutlich sichtbare Oberflächenerscheinungen
t 3	Erscheinung in der oberen Hälfte der Gesamtschichtdicke
t 4	Erscheinung erstreckt sich bis in die untere Hälfte der Gesamtschichtdicke
t 5	Erscheinung erstreckt sich bis zum Untergrund

Bei Verwendung von optischen Hilfsmitteln ist der für das Erkennen erforderliche Vergrößerungsmaßstab anzugeben.

DIN 53 230 Seite 3

4 Prüfbericht

Der Prüfbericht muß mindestens die folgenden Angaben enthalten:
a) einen Hinweis auf diese Norm;
b) beurteilte Eigenschaft und Kennzahl nach Abschnitt 2 oder Kennbuchstabe und Kennzahl nach Abschnitt 3, mit Angabe der angewendeten Bewertungsskala; bei Beurteilung nach Abschnitt 3 werden die Mengen-, Größen- und Tiefenangaben durch Schrägstriche getrennt;
c) angewendete Bezugswerte oder Vergleichsskalen;
d) Zeitpunkt der Beurteilung;
e) gegebenenfalls: Art und Dauer der Beanspruchung.

Zitierte Normen

DIN 53 209	Bezeichnung des Blasengrades von Anstrichen
DIN 53 775 Teil 3	Prüfung von Farbmitteln in Kunststoffen; Prüfung von Pigmenten in Polyvinylchlorid weich (PVC weich); Bestimmung des Ausblutens
DIN 54 000	Prüfung der Farbechtheit von Textilien; Grundlagen für die Festlegung und Durchführung der Prüfung und für die Bewertung der Prüfergebnisse
DIN 54 001	Prüfung der Farbechtheit von Textilien; Herstellung und Handhabung des Graumaßstabes zur Bewertung der Änderung der Farbe
DIN 54 002	Prüfung der Farbechtheit von Textilien; Herstellung und Handhabung des Graumaßstabes zur Bewertung des Ausblutens
DIN 54 003	Prüfung der Farbechtheit von Textilien; Bestimmung der Lichtechtheit von Färbungen und Drucken mit Tageslicht
DIN 54 004	Prüfung der Farbechtheit von Textilien; Bestimmung der Lichtechtheit von Färbungen und Drucken mit künstlichem Tageslicht (gefiltertes Xenonbogenlicht)

Weitere Normen

DIN 53 210	Bezeichnung des Rostgrades von Anstrichen und ähnlichen Beschichtungen
DIN 53 218	Prüfung von Anstrichstoffen und ähnlichen Beschichtungsstoffen; Visueller Farbvergleich (Farbabmusterung) von Anstrichen und ähnlichen Beschichtungen
DIN 53 778 Teil 1	Kunststoffdispersionsfarben für Innen; Mindestanforderungen

Frühere Ausgaben

DIN 53 230 : 04.73

Änderungen

Gegenüber der Ausgabe April 1972 wurden folgende Änderungen vorgenommen:
a) Vornormcharakter aufgehoben
b) Der Text wurde redaktionell überarbeitet. Die Anmerkungen zu Abschnitt 2 und 3 wurden in den Normtext übernommen.
c) Im Erläuterungstext wurde der Zusammenhang mit der Internationalen Norm ISO 4628/1–1982 beschrieben.

Erläuterungen

In der vorliegenden Norm, die vom FA-Arbeitsausschuß 8 „Anstriche und ähnliche Beschichtungen" ausgearbeitet wurde, wird ein einheitliches Bewertungssystem für die Auswertung von Prüfungen angegeben. Dieses Bewertungssystem soll bei allen Prüfungen angewendet werden, bei denen nicht ein Meßgerät Zahlenwerte liefert, d. h. in den Fällen, in denen der Prüfer das Prüfergebnis subjektiv einstufen muß. Durch die Einführung eines solchen Bewertungssystems wird die Verständigung zwischen verschiedenen Prüfstellen erleichtert und die Arbeit der Prüfer selbst sowie das Anlernen von Arbeitskräften wesentlich vereinfacht.
In der vorliegenden Norm wurde die Stufung 0 bis 5 gewählt, weil sie bereits seit längerer Zeit für die Auswertung von Prüfungen eingeführt ist, z. B. in der seit 1930 bestehenden Norm DIN 53 210 über die Bezeichnung des Rostgrades von Anstrichen. Diese Stufung wurde auch übernommen in der Internationalen Norm ISO 4628/1–1982 „Paints and varnishes – Evaluation of degradation of paint coatings – Designation of intensity, quantity and size of common types of defect – Part 1: General principles and rating schemes" – „Peintures et vernis – Evaluation de la degradation des surfaces peintes – Designation de l'intensité, de la quantité et de la dimension des types courants de défauts – Partie 1: Principes généraux et modes de cotation" – „Anstrichstoffe – Bewertung der Schädigung von Anstrichen – Teil 1: Bezeichnung des Grades der Veränderung, der Menge und der Größe von Grundtypen von Schäden – Teil 1: Allgemeine Grundsätze und Bewertungsschemata". In dieser Internationalen Norm ISO 4628/1 sind Angaben über den Grad der Veränderung („intensity of deterioration"), die Menge („quantity of defects") und die Größe („size of defects") ent-

halten, wobei die Bedeutungen der Kennzahlen 0 bis 5 denen in den Tabellen 2, 3, und 4 nach dieser Norm entsprechen. Zur Beurteilung werden die Kennzahlen in der Reihenfolge Grad der Veränderung/Menge/Größe angegeben. Der Kennzahl für die Größe wird dabei der Buchstabe S („size") vorangestellt.

Die in den USA vielfach angewendete und in einer Reihe von ASTM-Normen festgelegte Stufung von 10 bis 0 (10 = bestmöglicher Wert oder Ausgangszustand, 0 = geringstmöglicher Wert oder maximale Veränderung) konnte nicht übernommen werden, weil die Umstellung eingeführter Normen, z. B. der Norm über die Bezeichnung des Rostgrades, zu Verwirrungen führen müßte. Weiterhin besteht keine unmittelbare Notwendigkeit für 10 Bewertungsstufen. Da es sich um subjektive Abmusterungen handelt, ist die Genauigkeit beim Vergleich zwischen verschiedenen Prüfstellen ohnehin nicht allzu hoch einzuschätzen, wenn nicht gleiche Vergleichsskalen oder Vergleichsstandards verwendet werden. Innerhalb einer Prüfstelle lassen sich aber Unterschiede in einer Prüfserie sehr genau wiedergeben. Sofern die jeweiligen ASTM- und DIN-Normen sonst sachlich übereinstimmen, können außerdem die Kennzahlen auf einfache Weise einander zugeordnet werden, z. B. wie aus Tabelle 6 hervorgeht.

Bei der Prüfung von Anstrichstoffen, Anstrichen und ähnlichen Beschichtungen ist die Anwendung des einheitlichen Bewertungssystems z. B. bei der subjektiven Beurteilung folgender Eigenschaften bzw. Veränderungen zweckmäßig:

Belagbildung, Blasenbildung (siehe DIN 53 209), Bronzieren, Verfärbungen, Glanz, Haftfestigkeit, Kratzfestigkeit, Kreidung, Pilzbewuchs, Platzstellen, Schmutzhaftung, Rostgrad (siehe DIN 53 210), Verlauf, Gilbung, Bildung von Wasserflecken usw.

Wie in Abschnitt 2 dieser Norm angegeben, sollen bei der Anwendung des Bewertungssystems die einzelnen Bewertungsstufen nur soweit angegeben werden, wie es die Fehlergrenze des jeweiligen Bewertungsverfahrens gestattet. In manchen Fällen werden jedoch 6 Bewertungsstufen nicht ausreichend sein. In solchen Fällen können Zwischenwerte angegeben werden, z. B. Kennzahl 2,5.

Es empfiehlt sich, bei der Beurteilung der einzelnen Eigenschaften den Kennzahlen der festen bzw. relativen Bewertungsskala nach Abschnitt 2.1 bzw. 2.2 der vorliegenden Norm unter Berücksichtigung des jeweiligen Prüfverfahrens Begriffe zuzuordnen. In Tabelle 7 sind hierzu einige Beispiele angeführt.

Tabelle 6. Zuordnung von Kennzahlen nach ASTM und DIN

Kennzahl nach ASTM	Kennzahl nach DIN
10	0
9	
8	1
7	
6	2
5	
4	3
3	
2	4
1	
0	5

Tabelle 7. Zuordnung von Begriffen zu den Kennzahlen

Kennzahl	Feste Bewertungsskala		Relative Bewertungsskala
	Glanzgrad [1]	Verlauf	Verfärbung
0	Hochglanz	ausgezeichnet	nicht verfärbt
1	Glanz	sehr gut	Spur verfärbt
2	Halbglanz	gut	gering verfärbt
3	Halbmatt	mäßig	mittel verfärbt
4	Matt	schlecht	stark verfärbt
5	Stumpfmatt	keiner	sehr stark verfärbt

[1] Siehe auch DIN 53 778 Teil 1

Die Prüfergebnisse werden nach der vorliegenden Norm z. B. wie folgt angegeben:

Beispiel 1
Eigenschaft: Glanzgrad
Befund: Halbglanz, dementsprechend **Glanzgrad 2**

Beispiel 2
Eigenschaft: Rißbildung (Haarrisse)
Befund: Wenige Haarrisse, mikrofein, mit unbewaffnetem Auge eben erkennbar, dementsprechend **Haarrisse m 2/t1**

Beispiel 3
Eigenschaft: Abplatzungen (Platzstellen)
Befund: Viele Platzstellen, 2 bis 5 mm Durchmesser, nur Decklack, dementsprechend **Platzstellen m 4/g 4/t3**

Internationale Patentklassifikation
G 01 N 33/32

DK 667.637.232.2 : 667.638.2 : 697.35 : 620.1   Februar 1980

Beschichtungen für Raumheizkörper
Begriffe, Anforderungen, Prüfung
Grundbeschichtungsstoffe
Industriell hergestellte Grundbeschichtungen

DIN 55 900
Teil 1

Coatings for radiators: concepts, requirements, test methods; priming paints, industrially applied priming coats

Ersatz für DIN 55 900

1 Geltungsbereich

Diese Norm gilt für Grundbeschichtungsstoffe [1]) für Raumheizkörper sowie für industriell hergestellte Grundbeschichtungen [1]) von Raumheizkörpern für Warmwasser- und Niederdruck-Dampfheizungen (Heißwasser bis 130 °C).

2 Mitgeltende Normen

DIN 50 017 *)	Klimate und ihre technische Anwendung; Beanspruchung in Kondenswasser-Klimaten
DIN 53 151	Prüfung von Anstrichstoffen und ähnlichen Beschichtungsstoffen; Gitterschnittprüfung von Anstrichen und ähnlichen Beschichtungen
DIN 53 156	Prüfung von Anstrichstoffen und ähnlichen Beschichtungsstoffen; Tiefung (nach Erichsen) an Anstrichen und ähnlichen Beschichtungen mit optischer Beurteilung
DIN 53 209	Bezeichnung des Blasengrades von Anstrichen
DIN 53 210	Bezeichnung des Rostgrades von Anstrichen und ähnlichen Beschichtungen
DIN 53 225	Prüfung von Anstrichstoffen; Probenahme
DIN 53 226	Prüfung von Anstrichstoffen; Vorprüfung und Vorbereitung von Proben für die Prüfung
DIN 53 227	Prüfung von Anstrichstoffen und ähnlichen Beschichtungsstoffen; Herstellen von Norm-Probeplatten aus metallischen Werkstoffen oder Glas
DIN 55 900 Teil 2	Beschichtungen für Raumheizkörper; Begriffe, Anforderungen, Prüfung; Deckbeschichtungsstoffe, Industriell hergestellte Fertiglackierungen

3 Begriffe

3.1 Grundbeschichtungsstoff

Grundbeschichtungsstoff im Sinne dieser Norm ist ein Beschichtungsstoff [1]), der zum Herstellen von Grundbeschichtungen auf Raumheizkörpern vorgesehen ist.

3.2 Grundbeschichtung

Grundbeschichtung im Sinne dieser Norm ist eine Beschichtung [1]), die geeignet ist, als Verbindung zwischen dem Untergrund und den auf ihr aufgebrachten, aus Heizkörper-Deckbeschichtungsstoffen hergestellten Schichten zu dienen. Grundbeschichtungen nach dieser Norm sind auf der gesamten Heizkörperoberfläche allseitig aufgebracht.

4 Bezeichnung

Bezeichnung für einen Grundbeschichtungsstoff (G) nach Abschnitt 3.1, der den Anforderungen nach Abschnitt 5.1 und Abschnitt 5.2 entspricht:

Beschichtungsstoff DIN 55 900 – G

Bezeichnung für eine industriell hergestellte Grundbeschichtung (GW) nach Abschnitt 3.2, die den Anforderungen nach Abschnitt 5.1 und Abschnitt 5.3 entspricht:

Beschichtung DIN 55 900 – GW

Es wird empfohlen, Beschichtungsstoffe und Heizkörper mit industriell hergestellten Grundbeschichtungen nach dieser Norm durch die Angaben „DIN 55 900 – G" bzw. „DIN 55 900 – GW" und den Namen des Herstellers zu kennzeichnen.

5 Anforderungen und Prüfung

5.1 Allgemeines

Grundbeschichtungsstoffe und Grundbeschichtungen dürfen keine Bestandteile enthalten, die während des Überlackierens oder danach bei Dauerbetrieb bis 130 °C in die Fertiglackierung [2]) durchschlagen und sich dort als Verfärbung oder Oberflächenstörung bemerkbar machen.

Die Grundbeschichtung muß zusätzlich einen Korrosionsschutz für mindestens 3 Monaten für den Transport und auf der Baustelle sicherstellen. An Randzonen und Kanten ist in einem Bereich bis zu 5 mm Breite ein Rostgrad Ri 1 nach DIN 53 210 und ein Blasengrad m2/g2 nach DIN 53 209 noch zulässig.

Wenn die Grundbeschichtung voraussichtlich länger als 3 Monate ohne Deckbeschichtung den an den Baustellen herrschenden Bedingungen ausgesetzt ist, ist sie erforder-

---

*) Entwurf Dezember 1978
[1]) Begriffe Beschichtungsstoff und Beschichtung siehe DIN 55 945
[2]) Begriff siehe DIN 55 900 Teil 2

Fortsetzung Seite 2
Erläuterungen Seite 3

Normenausschuß Anstrichstoffe und ähnliche Beschichtungsstoffe (FA) im DIN Deutsches Institut für Normung e.V.
Normenausschuß Heiz- und Raumlufttechnik (NHR) im DIN

lichenfalls rechtzeitig im Herstellerwerk oder auf der Baustelle mit einer weiteren Grundbeschichtung zu versehen.

Eine sachgemäße Beförderung, Lagerung und Montage der grundierten Heizkörper sowie Schutz vor mechanischer Beschädigung, Nässe (z. B. Regen, Kondenswasser) und aggressiven Medien (z. B. angemachtem Mörtel, abbindendem Beton) sind notwendig. Beschädigungen der Grundbeschichtung sind nach sorgfältiger Reinigung und Vorbereitung des Untergrundes mit einem Heizkörper-Grundbeschichtungsstoff nach dieser Norm bzw. am Bau mit einem gleichwertigen Beschichtungsstoff auszubessern.

Nach dieser Norm grundierte Heizkörper müssen mit Deckbeschichtungsstoffen nach DIN 55 900 Teil 2 (Beschichtungsstoffen DIN 55 900 — F) zu beschichten sein.

5.2 Grundbeschichtungsstoff

5.2.1 Probenahme und Vorbereitung der Proben

Aus dem zu prüfenden Beschichtungsstoff wird eine Durchschnittsprobe nach DIN 53 225 entnommen und nach DIN 53 226 zur Prüfung vorbereitet.

5.2.2 Herstellen der Probebeschichtung

Als Untergrund für die Probebeschichtung wird der für den Heizkörper vorgesehene Werkstoff, oder, falls dies nicht möglich ist, ein Blechstreifen nach DIN 53 156, Ausgabe Mai 1971, Abschnitt 4.1, von ausreichender Länge und Breite verwendet (beachte Abschnitt 5.2.5). Der Untergrund wird nach dem der jeweiligen Serienproduktion entsprechenden Verfahren vorbereitet, zumindest wird er entsprechend den Angaben in DIN 53 227 einwandfrei gereinigt und entfettet. Zum Reinigen dürfen keine Metallbürsten verwendet werden. Die Probebeschichtung wird in fertigungsüblicher Weise und Dicke aufgetragen.

Die Prüfungen nach Abschnitt 5.2.3 bis 5.2.5 werden nach Ablauf der stoff- und verfahrensbedingten Trocknungs- oder Härtungszeit und mindestens 7tägiger Lagerung im Normalklima DIN 50 014 − 23/50 − 2 [3]) sowie anschließender 24stündiger Lagerung bei (125 ± 2) $^\circ$C und 3stündigem Abkühlen im Normalklima DIN 50 014 − 23/50 − 2 [3]) durchgeführt.

5.2.3 Gitterschnittprüfung

Die Gitterschnittprüfung wird nach DIN 53 151 durchgeführt. Es muß mindestens der Gitterschnitt-Kennwert Gt 1 erreicht werden.

5.2.4 Tiefung

Die Tiefung wird nach DIN 53 156 durchgeführt. Der Mittelwert der Tiefungen darf 2 mm nicht unterschreiten.

5.2.5 Beanspruchung im Kondenswasser-Wechselklima

Die Prüfung wird nach DIN 50 017 *) im Kondenswasser-Wechselklima KFW an einer Probeplatte von mindestens 200 mm x 150 mm durchgeführt. Die Prüfdauer beträgt 4 Zyklen.

Nach der Beanspruchung werden der Rostgrad nach DIN 53 210 und der Blasengrad nach DIN 53 209 beurteilt. Die Probeplatten dürfen weder Rost noch Blasen aufweisen (Ri 0 bzw. m0/g0).

5.3 Grundbeschichtung

5.3.1 Proben

Als Proben werden grundierte Heizkörper oder Heizkörperabschnitte (letztere nur bei Prüfung nach Abschnitt 5.3.3) verwendet. Die Heizkörperabschnitte müssen den geschweißten Glieder- bzw. Plattenfalz oder die Kante mit dem kleinsten Radius enthalten. Die Prüfungen nach Abschnitt 5.3.2 und 5.3.3 werden spätestens 3 Monate nach Auslieferung der Heizkörper durchgeführt oder an Heizkörpern, die der Fertigung entnommen und nach dem Auftragen der Beschichtung mindestens 7 Tage lang im Normalklima DIN 50 014 − 23/50 − 2 [3]) gelagert wurden.

5.3.2 Gitterschnittprüfung

Die Gitterschnittprüfung wird nach DIN 53 151 auf der Fläche des Heizkörpers, mindestens 20 mm vom Rand entfernt, durchgeführt. Es muß mindestens der Gitterschnitt-Kennwert Gt 1 erreicht werden.

5.3.3 Beanspruchung im Kondenswasser-Wechselklima

Die Prüfung wird nach DIN 50 017 *) im Kondenswasser-Wechselklima KFW durchgeführt. Die Prüfdauer beträgt 4 Zyklen.

Nach der Beanspruchung werden der Rostgrad nach DIN 53 210 und der Blasengrad nach DIN 53 209 beurteilt. Ebene Flächen dürfen weder Rost noch Blasen aufweisen (Ri 0 bzw. m0/g0). An Randzonen und Kanten ist in einem Bereich bis zu 5 mm Breite ein Rostgrad Ri 1 und ein Blasengrad m2/g2 noch zulässig. Bei der Prüfung von Heizkörperabschnitten gelten diese Anforderungen für den Bereich der Schnittkanten (Trennstellen) nicht.

6 Prüfbericht

Im Prüfbericht sind unter Hinweis auf diese Norm anzugeben:

a) Art und Bezeichnung des Grundbeschichtungsstoffes oder der Grundbeschichtung

b) Werkstoff (gegebenenfalls DIN-Bezeichnung), Oberflächenbeschaffenheit und Vorbehandlung des Untergrundes

c) Verarbeitungsweise des Beschichtungsstoffes

d) Trocknungs- oder Härtungsbedingungen der Beschichtung

e) Schichtdicke der Beschichtung in μm auf dem Heizkörper und den Heizkörperabschnitten nach Abschnitt 5.3.1

f) Anlieferungsdatum der Heizkörper bei Prüfung grundierter Heizkörper

g) Prüfwerte nach Maßgabe der einschlägigen Abschnitte

h) Von dieser Norm abweichende oder zusätzliche Prüfbedingungen, die das Prüfergebnis beeinflussen können

i) Prüfdatum

---

*) Siehe Seite 1

[3]) Dies bedeutet (23 ± 2) $^\circ$C und (50 ± 6)% relative Luftfeuchte.

Erläuterungen

Die vorliegende Norm wurde vom FA-Arbeitsausschuß 7 „Anstrichstoffe und ähnliche Beschichtungsstoffe" nach eingehenden Vorarbeiten in dessen Arbeitskreis „DIN 55 900" ausgearbeitet. Sie ersetzt die Norm DIN 55 900 vom November 1958.

Es wurde darauf verzichtet, die Schichtdicke der Grundbeschichtung festzulegen. Die zur Erfüllung der Anforderungen erforderliche Schichtdicke hängt vom Beschichtungsstoff und vom Beschichtungsverfahren ab. Sie wird im allgemeinen gemeinsam vom Beschichtungsstoff- und Heizkörperhersteller festgelegt und ist allein kein Kriterium für die Güte der Grundbeschichtung. Die vorgesehenen Prüfungen decken Beanspruchung durch stumpfen Stoß mit ab.

Da die Norm für Grundbeschichtungsstoffe für Raumheizkörper generell gilt, sind auch für Reparaturlackierungen an Heizkörpern und Heizungsrohrleitungen Stoffe nach dieser Norm zu verwenden.

DK 667.637.232.2 : 667.638.6 : 697.35 : 620.1   Februar 1980

Beschichtungen für Raumheizkörper
Begriffe, Anforderungen, Prüfung
Deckbeschichtungsstoffe
Industriell hergestellte Fertiglackierungen

DIN 55 900
Teil 2

Coatings for radiators; concepts, requirements, test methods; finishing paints, industrially applied finishing coats

1 Geltungsbereich

Diese Norm gilt für Deckbeschichtungsstoffe [1]) für Raumheizkörper sowie für industriell hergestellte Fertiglackierungen von Raumheizkörpern für Warmwasser- und Niederdruck-Dampfheizungen (Heißwasser bis 130 $^{\circ}$C).

Nicht Gegenstand dieser Norm sind Beschichtungen für Raumheizkörper, die mit einer höheren Vorlauftemperatur als 130 $^{\circ}$C betrieben werden und/oder die für Räume mit aggressiver und/oder feuchter Atmosphäre bestimmt sind. Küchen, Badezimmer usw. sowie Plätze außerhalb des Sprühbereichs von Duschen und Toiletten sind dabei nicht als Räume mit aggressiver und/oder feuchter Atmosphäre zu verstehen.

2 Mitgeltende Normen

DIN 50 017 *)	Klimate und ihre technische Anwendung; Beanspruchung in Kondenswasser-Klimaten
DIN 53 151	Prüfung von Anstrichstoffen und ähnlichen Beschichtungsstoffen; Gitterschnittprüfung von Anstrichen und ähnlichen Beschichtungen
DIN 53 156	Prüfung von Anstrichstoffen und ähnlichen Beschichtungsstoffen; Tiefung (nach Erichsen) an Anstrichen und ähnlichen Beschichtungen mit optischer Beurteilung
DIN 53 209	Bezeichnung des Blasengrades von Anstrichen
DIN 53 210	Bezeichnung des Rostgrades von Anstrichen und ähnlichen Beschichtungen
DIN 53 225	Prüfung von Anstrichstoffen; Probenahme
DIN 53 226	Prüfung von Anstrichstoffen; Vorprüfung und Vorbereitung von Proben für die Prüfung
DIN 55 900 Teil 1	Beschichtungen für Raumheizkörper; Begriffe, Anforderungen, Prüfung; Grundbeschichtungsstoffe, Industriell hergestellte Grundbeschichtungen

3 Begriffe

3.1 Deckbeschichtungsstoff

Deckbeschichtungsstoff im Sinne dieser Norm ist ein Beschichtungsstoff [1]), der zum Herstellen von Fertiglackierungen auf Raumheizkörpern vorgesehen ist.

A n m e r k u n g : *Hierunter fallen auch die im Maler- und Lackiererhandwerk üblicherweise verarbeiteten Heizkörper-Lackfarben (Bautenlacke).*

3.2 Fertiglackierung

Fertiglackierung im Sinne dieser Norm ist eine aus einer oder mehreren Schichten bestehende Beschichtung [1]), die Heizkörper vor Korrosion schützt und der Heizkörperoberfläche ein gefälliges Aussehen verleiht. Fertiglackierungen nach dieser Norm sind auf dem Heizkörper allseitig oder frontseitig aufgebracht. Sie bedürfen nach Einbau der Heizkörper keiner weiteren Überlackierung. Bei nicht allseitiger Fertiglackierung sind die nicht fertiglackierten Heizkörperoberflächen mindestens durch eine Grundbeschichtung nach DIN 55 900 Teil 1 geschützt.

A n m e r k u n g : *Auch industrielle Fertiglackierungen ohne vorhergehende Grundbeschichtung sind nach dieser Norm möglich.*

4 Bezeichnung

Bezeichnung für einen Deckbeschichtungsstoff (F), der den Anforderungen nach Abschnitt 5.1 und Abschnitt 5.2 entspricht:

Beschichtungsstoff DIN 55 900 – F

Bezeichnung für eine industriell hergestellte Fertiglackierung (FW), die den Anforderungen nach Abschnitt 5.1 und Abschnitt 5.3 entspricht und allseitig (A) auf dem Heizkörper aufgebracht ist:

Beschichtung DIN 55 900 – FWA

Bezeichnung für eine industriell hergestellte Fertiglackierung (FW), die den Anforderungen nach Abschnitt 5.1 und Abschnitt 5.3 entspricht und teilweise (T) (frontseitig) auf dem Heizkörper aufgebracht ist:

Beschichtung DIN 55 900 – FWT

Es wird empfohlen, Beschichtungsstoffe und Heizkörper mit industriell hergestellten Fertiglackierungen nach dieser Norm durch die Angaben „DIN 55 900 – F", „DIN 55 900 – FWA" bzw. „DIN 55 900 – FWT" und den Namen des Herstellers zu kennzeichnen.

5 Anforderungen und Prüfung

5.1 Allgemeines

Die Fertiglackierung darf während der Verarbeitung oder danach bei Dauerbetrieb des Heizkörpers bis 130 $^{\circ}$C

---

*) Entwurf Dezember 1978
[1]) Begriff Beschichtungsstoff und Beschichtung siehe DIN 55 945

Fortsetzung Seite 2 und 3
Erläuterungen Seite 3

Normenausschuß Anstrichstoffe und ähnliche Beschichtungsstoffe (FA) im DIN Deutsches Institut für Normung e.V.
Normenausschuß Heiz- und Raumlufttechnik (NHR) im DIN

Seite 2 DIN 55 900 Teil 2

keine wesentliche Farbänderung (analog der Angabe in Abschnitt 5.2.6) oder Oberflächenstörung zeigen. Sofern — z. B. auf der Verpackung des Heizkörpers — nichts anderes angegeben ist, muß die Fertiglackierung später noch mit Deckbeschichtungsstoffen nach dieser Norm überlackierbar und ausbesserbar sein.

Die Fertiglackierung muß ohne nachteilige Veränderung des Lackfilms mit geeigneten wäßrigen Haushaltsreinigungsmitteln zu reinigen sein.

A n m e r k u n g : *Für Lackflächen geeignete Reinigungsmittel sind weder abrasiv noch stark alkalisch.*

Eine sachgemäße Beförderung, Lagerung und Montage der fertiglackierten Heizkörper sowie Schutz vor mechanischer Beschädigung, Nässe (z. B. Regen, Kondenswasser) und aggressiven Medien (z. B. angemachtem Mörtel, abbindendem Beton) sind notwendig.

5.2 Deckbeschichtungsstoff

5.2.1 Probenahme und Vorbereitung der Proben

Aus dem zu prüfenden Beschichtungsstoff wird eine Durchschnittsprobe nach DIN 53 225 entnommen und nach DIN 53 226 zur Prüfung vorbereitet.

5.2.2 Herstellen der Probebeschichtung

Die Probebeschichtung wird entsprechend den Angaben in DIN 55 900 Teil 1, Ausgabe Februar 1980, Abschnitt 5.2.2, aufgetragen, und zwar entweder auf dem mit einer fertigungsüblichen Heizkörper-Grundbeschichtung versehenen Untergrund oder als Einschichtlackierung auf den entsprechend DIN 55 900 Teil 1, Ausgabe Februar 1980, Abschnitt 5.2.2, vorbereiteten Untergrund.

Die Prüfungen nach Abschnitt 5.2.3 bis 5.2.6 werden nach Ablauf der stoff- und verfahrensbedingten Trocknungs- oder Härtungszeit und mindestens 7tägiger Lagerung im Normalklima DIN 50 014 — 23/50 — 2 ²) sowie anschließender 24stündiger Lagerung bei (125 ± 2) °C und 3stündigem Abkühlen im Normalklima DIN 50 014 — 23/50 — 2 ²) durchgeführt.

5.2.3 Gitterschnittprüfung

Die Gitterschnittprüfung wird nach DIN 53 151 durchgeführt. Es muß mindestens der Gitterschnitt-Kennwert Gt 1 erreicht werden.

5.2.4 Tiefung

Die Tiefung wird nach DIN 53 156 durchgeführt. Der Mittelwert der Tiefungen darf 2 mm nicht unterschreiten.

5.2.5 Beanspruchung im Kondenswasser-Wechselklima

Die Prüfung wird nach DIN 50 017 *) im Kondenswasser-Wechselklima KFW an einer Probeplatte von mindestens 200 mm x 150 mm durchgeführt. Die Prüfdauer beträgt 6 Zyklen.

Nach der Beanspruchung werden der Rostgrad nach DIN 53 210 und der Blasengrad nach DIN 53 209 beurteilt. Die Probeplatten dürfen weder Rost noch Blasen aufweisen (Ri 0 bzw. m0/g0).

5.2.6 Farbänderung bei Wärmebeanspruchung

Die Probebeschichtung darf nach 72 Stunden langer Lagerung bei (125 ± 2) °C keine wesentliche Farbänderung zeigen. Größere Farbänderungen als z. B. von Farbe DIN 6164 — 2 : 1 : 1 zu Farbe DIN 6164 — 2 : 2 : 1 (entsprechend einem Farbabstand ΔE_{ab}^{*} = 10 nach DIN 6174) sind nicht zulässig.

5.3 Fertiglackierung

5.3.1 Proben

Als Proben werden fertiglackierte Heizkörper und/oder Heizkörperabschnitte (letztere nur bei Prüfung nach Abschnitt 5.3.3) verwendet. Die Heizkörperabschnitte müssen den geschweißten Glieder- bzw. Plattenfalz oder die Kante mit dem kleinsten Radius erhalten. Die Prüfungen nach Abschnitt 5.3.2 und 5.3.3 werden spätestens 3 Monate nach Auslieferung der Heizkörper durchgeführt oder an Heizkörpern, die der Fertigung entnommen und nach dem Auftragen der Beschichtung mindestens 7 Tage lang im Normalklima DIN 50 014 — 23/50 — 2 ²) gelagert wurden.

5.3.2 Gitterschnittprüfung

Die Gitterschnittprüfung wird nach DIN 53 151 auf der Fläche des Heizkörpers außerhalb der Schweißstellen durchgeführt. Es muß mindestens der Gitterschnitt-Kennwert Gt 1 erreicht werden.

5.3.3 Beanspruchung im Kondenswasser-Wechselklima

Die Prüfung wird nach DIN 50 017 *) im Kondenswasser-Wechselklima KFW durchgeführt. Die Prüfdauer beträgt 6 Zyklen.

Nach der Beanspruchung werden der Rostgrad nach DIN 53 210 und der Blasengrad nach DIN 53 209 beurteilt. Ebene Flächen dürfen weder Rost noch Blasen aufweisen (Ri 0 bzw. m0/g0). An Randzonen, Kanten und Schweißstellen sin in einem Bereich bis zu 5 mm Breite ein Rostgrad Ri 1 und ein Blasengrad m2/g2 noch zulässig. Bei der Prüfung von Heizkörperabschnitten gelten diese Anforderungen für den Bereich der Schnittkanten (Trennstellen) nicht.

6 Prüfbericht

Im Prüfbericht sind unter Hinweis auf diese Norm anzugeben:

a) Art und Bezeichnung des Deckbeschichtungsstoffes oder der Fertiglackierung
b) Werkstoff (gegebenenfalls DIN-Bezeichnung), Oberflächenbeschaffenheit und Vorbehandlung des Untergrundes
c) Verarbeitungsweise des Beschichtungsstoffes
d) Trocknungs- oder Härtungsbedingungen der Beschichtung
e) Schichtdicke der Beschichtung in µm auf dem Heizkörper und den Heizkörperabschnitten nach Abschnitt 5.3.1
f) Anlieferungsdatum der Heizkörper bei Prüfung fertiglackierter Heizkörper
g) Prüfwerte nach Maßgabe der einschlägigen Abschnitte
h) Von dieser Norm abweichende oder zusätzliche Prüfbedingungen, die das Prüfergebnis beeinflussen können
i) Prüfdatum

---

*) Siehe Seite 1
²) Dies bedeutet (23 ± 2) °C und (50 ± 6) % relative Luftfeuchte

Weitere Normen und Unterlagen

DIN 6174   Farbmetrische Bestimmung von Farbabständen bei Körperfarben nach der CIELAB-Formel
Beiblatt 2 zu DIN 6164   DIN-Farbenkarte; Farbmuster für Buntton 2

Erläuterungen

Die vorliegende Norm wurde vom FA-Arbeitsausschuß 7 „Anstrichstoffe und ähnliche Beschichtungsstoffe" nach eingehenden Vorarbeiten in dessen Arbeitskreis „DIN 55 900" ausgearbeitet.

Es wurde darauf verzichtet, die Schichtdicke der Fertiglackierung festzulegen. Die zur Erfüllung der Anforderungen erforderliche Schichtdicke hängt vom Beschichtungsstoff und vom Beschichtungsverfahren ab. Sie wird im allgemeinen gemeinsam von Beschichtungsstoff- und Heizkörperhersteller festgelegt und ist allein kein Kriterium für die Güte der Fertiglackierung.

Juli 1994

Korrosionsschutz von Stahlbauten durch Beschichtungen und Überzüge
Teil 8: Korrosionsschutz von tragenden dünnwandigen Bauteilen

DIN 55928-8

ICS 77.060; 91.080.10

Ersatz für Ausgabe 1980-03

Deskriptoren: Stahlbauten, Korrosionsschutz, Stahlbauteil

Protection of steel structures from corrosion by organic and metallic coatings — Part 8: Protection of supporting thin-walled building components from corrosion

Protection des construction en acier contre la corrosion par application des couches organiques et revêtements metalliques — Partie 8: Protection contre la corrosion des élements de construction à parois minces et supportants

Zu den Normen der Reihe DIN 55928 „Korrosionsschutz von Stahlbauten durch Beschichtungen und Überzüge" gehören:

DIN 55 928 Teil 1	Allgemeines, Begriffe, Korrosionsbelastungen
DIN 55 928 Teil 2	Korrosionsschutzgerechte Gestaltung
DIN 55 928 Teil 3	Planung der Korrosionsschutzarbeiten
DIN 55 928 Teil 4	Vorbereitung und Prüfung der Oberflächen
Beiblatt 1 zu DIN 55 928 Teil 4	Photographische Vergleichsmuster
Beiblatt 1 A1 zu DIN 55 928 Teil 4	Änderung 1 zu Beiblatt 1 zu DIN 55 928 Teil 4
Beiblatt 2 zu DIN 55 928 Teil 4	Photographische Beispiele für maschinelles Schleifen auf Teilbereichen (Norm-Reinheitsgrad PMa)
Beiblatt 2 A1 zu DIN 55 928 Teil 4	Änderung 1 zu Beiblatt 2 zu DIN 55 928 Teil 4
DIN 55 928 Teil 5	Beschichtungsstoffe und Schutzsysteme
DIN 55 928 Teil 6	Ausführung und Überwachung der Korrosionsschutzarbeiten
DIN 55 928 Teil 7	Technische Regeln für Kontrollflächen
DIN 55 928 Teil 8	Korrosionsschutz von tragenden dünnwandigen Bauteilen
DIN 55 928 Teil 9	Beschichtungsstoffe; Zusammensetzung von Bindemitteln und Pigmenten

Fortsetzung Seite 2 bis 20

Normenausschuß Anstrichstoffe und ähnliche Beschichtungsstoffe (FA) im DIN Deutsches Institut für Normung e.V.
Normenausschuß Bauwesen (NABau) im DIN

Inhalt

	Seite
1 Anwendungsbereich	2
2 Begriffe	3
2.1 Beschichtung	3
2.2 Beschichtungseinheit	3
2.3 Beschichtungsstoff	3
2.4 Erstprüfung	3
2.5 Korrosionsbelastung	3
2.6 Korrosionsschutzsystem	3
2.7 Schutzdauer	3
2.8 Sollschichtdicke	3
2.9 Sonderbelastung	3
2.10 Überzug	3
2.11 Zugänglichkeit	3
3 Korrosionsbelastung und Korrosionsschutzklassen	3
4 Korrosionsschutzsysteme	4
4.1 Allgemeines	4
4.2 Anforderungen	4
4.2.1 Grundwerkstoff	4
4.2.2 Beschichtungsstoffe	4
4.2.3 Oberflächenvorbereitung	4
4.2.4 Applikation der Beschichtungsstoffe	4
4.2.5 Dicke des Schutzsystems	4
4.2.5.1 Dicke des Metallüberzuges	4
4.2.5.2 Dicke der Bandbeschichtung	5
4.2.5.3 Dicke der Stückbeschichtung auf Bandverzinkung oder Bandlegierverzinkung	5
4.3 Bezeichnung	5
5 Korrosionsschutzgerechte Gestaltung	5
6 Verpackung, Transport, Lagerung, Montage	5
7 Umformbereiche, Schnittflächen, Kanten, Verbindungsmittel	5
7.1 Umformbereiche	5
7.2 Schnittflächen und Kanten	5
7.3 Schutz an Verbindungen	5

	Seite
7.3.1 Mechanische Verbindungselemente	5
7.3.2 Schweißverbindungen	6
7.3.3 Kombination unterschiedlicher Werkstoffe	6
8 Prüfungen zur Qualitätssicherung	6
8.1 Allgemeines	6
8.2 Proben	6
8.2.1 Probenbleche	6
8.2.2 Probenkörper	6
8.3 Korrosionsschutzprüfungen	6
8.3.1 Allgemeines	6
8.3.2 Naßhaftung nach Kondensatbelastung, Haagen-Test	6
8.3.3 Verhalten und Haftung nach Wärmebehandlung	6
8.3.4 Unterwanderung und Blasenbildung nach Salzsprühnebelprüfung nach DIN 53 167	6
8.3.5 Schichtdicke	6
8.4 Prüfung auf Verarbeitbarkeit; Umformbarkeit, Rißprüfung nach Biegung in Anlehnung an ISO 1519	7
8.5 Prüfung von Gebrauchseigenschaften	7
9 Überwachung	7
9.1 Allgemeines	7
9.2 Erstprüfung	7
9.3 Eigenüberwachung	7
9.4 Fremdüberwachung	7
10 Kennzeichnung des Korrosionsschutzsystems und der Überwachung	8
Anhang A Prüfung der Umformbarkeit in Anlehnung an ISO 1519	13
Zitierte Normen und andere Unterlagen	14
Weitere Normen und andere Unterlagen	15
Frühere Ausgaben	15
Änderungen	15
Erläuterungen	15

1 Anwendungsbereich

(1) Diese Norm gilt für den Korrosionsschutz tragender dünnwandiger Stahlbauteile, deren Dicke (Nennblechdicke) bis 3 mm beträgt und die atmosphärischer Korrosionsbelastung unterliegen.

(2) Wegen der Dünnwandigkeit ist bei diesen Bauteilen der Korrosionsschutz für die Dauerhaftigkeit der Standsicherheit von besonderer Bedeutung.

ANMERKUNG: In der Regel wird in den technischen Baubestimmungen und anderen Unterlagen für die Anwendung von dünnwandigen Bauteilen auf die Mitgeltung dieser Norm hingewiesen.

(3) Die Bauteile werden aus bandverzinktem oder bandlegierverzinktem (siehe Erläuterungen) Stahlblech mit zusätzlicher Bandbeschichtung[1]) hergestellt (siehe Tabelle 3).

Als Kurzzeichen für Bandverzinkung + Bandbeschichtung wird BB verwendet.

(4) Das Stückbeschichten tragender dünnwandiger Bauteile ist nicht die Regel[2]).
Im Anwendungsbereich dieser Norm wird nur werksmäßiges Stückbeschichten von profilierten Blechen ohne oder mit Wärmetrocknung berücksichtigt (siehe Tabelle 4).

Als Kurzzeichen für Bandverzinkung + Stückbeschichtung wird BS verwendet.

(5) Nicht werksmäßiges Stückbeschichten von bandverzinkten oder bandlegierverzinkten Bauteilen ist nicht Gegenstand dieser Norm. Hierfür gelten DIN 55 928 Teil 1 bis Teil 7 und Teil 9.

(6) Für die Instandsetzung von Montageschäden an Beschichtungen gelten sinngemäß die gleichen Anforderungen wie für die Erstausführung der Stückbeschichtung, jedoch sind zusätzlich die Bedingungen des Ausführungsortes zu beachten (Oberflächenvorbereitung, Trocknungsbedingungen)[3]).

---

[1]) Im internationalen Sprachgebrauch „Coil coating". Ausnahmen für den Einsatz unbeschichteter Bleche siehe Tabelle 3.

[2]) Es kann zweckmäßig sein, die Grundbeschichtung als Bandbeschichtung aufzubringen.

[3]) Siehe auch DVV-Schrift „Bandbeschichtetes Flachzeug für den Bauaußeneinsatz", EKS-Empfehlungen „Dünnwandige kaltgeformte Stahlbleche im Hochbau", IFBS-INFO „Richtlinie für die Montage von Stahlprofiltafeln für Dach-, Wand- und Deckenkonstruktionen", Abschnitt 10, und Erläuterungen.

Spätere Instandhaltungen sind so zeitig auszuführen, daß die Korrosionsschutzwirkung des Überzuges noch voll wirksam ist. Beschädigungen des Überzuges sind durch Beschichtungen auszubessern.

(7) Bei sehr starker Korrosionsbelastung und langer Schutzdauer und bei Sonderbelastungen sind die Korrosionsschutzklassen dieser Norm nicht anwendbar. Bei diesen Belastungen und Bedingungen sind die erforderlichen Maßnahmen jeweils im Einzelfall festzulegen.

2 Begriffe

2.1 Beschichtung

Beschichtung ist der Oberbegriff für eine oder mehrere in sich zusammenhängende, aus Beschichtungsstoffen hergestellte Schicht(en) auf einem Untergrund. Siehe auch DIN 55 945.

> ANMERKUNG: Im Sinne dieser Norm gelten abweichend von DIN 55 945 als Beschichtungen auch Folien, die durch Kleben oder durch Heißkaschieren aufgebracht werden.

(aus: DIN 55 928 Teil 1/05.91)

2.2 Beschichtungseinheit

Beschichtungseinheit ist eine unter identischen Bedingungen und mit identischem Beschichtungssystem hergestellte Einheit.

2.3 Beschichtungsstoff

Beschichtungsstoff ist der Oberbegriff für flüssige bis pastenförmige oder auch pulverförmige Stoffe, die aus Bindemitteln sowie gegebenenfalls zusätzlich aus Pigmenten und anderen Farbmitteln, Füllstoffen, Lösemitteln und sonstigen Zusätzen bestehen (aus: DIN 55 945/ 12.88).

2.4 Erstprüfung

Erstprüfung im Sinne dieser Norm ist die durch eine Prüfstelle durchzuführende Prüfung auf Eignung der in dem angewendeten Fertigungsverfahren beschichteten Bleche oder Bauteile.

> ANMERKUNG: Der Begriff „Erstprüfung" ist in DIN 18 200 umfassender definiert und wird hier eingeschränkt.

2.5 Korrosionsbelastung

Korrosionsbelastung im Sinne dieser Norm ist die Gesamtheit der bei der Korrosion von Werkstoffen vorliegenden korrosionsfördernden Einflüsse. Weitergehende Angaben siehe DIN 50 900 Teil 3 (aus: DIN 55 928 Teil 1/ 05.91).

2.6 Korrosionsschutzsystem

Korrosionsschutzsystem ist ein System aus aufeinander abgestimmten, vor Korrosion schützenden Schichten, z.B. Grundbeschichtungen mit Deckbeschichtungen oder aus Metallüberzügen, gegebenenfalls mit zusätzlichen Beschichtungen (Duplex-System) (aus: DIN 55 928 Teil 1/ 05.91).

2.7 Schutzdauer

Schutzdauer im Sinne dieser Norm ist die Zeitspanne, innerhalb der ein Korrosionsschutzsystem seine Schutzfunktion erfüllt (aus DIN 55 928 Teil 1/05.91).

2.8 Sollschichtdicke

Sollschichtdicke ist diejenige Schichtdicke, welche die jeweiligen Einzelschichten oder das Beschichtungssystem aufweisen sollen, um bei der zu erwartenden Belastung einen technisch ausreichenden und wirtschaftlich günstigen Korrosionsschutz zu erzielen. Die Sollschichtdicke gilt als erreicht, wenn höchstens 5% der Meßwerte den Sollwert um höchstens 20% unterschreiten. Weitere Einzelheiten siehe DIN 55 928 Teil 5/05.91, Abschnitt 5.3.

2.9 Sonderbelastung

Sonderbelastungen im Sinne dieser Norm sind solche Belastungen, die die Korrosion erheblich verstärken und/ oder an das Korrosionsschutzsystem erhöhte Anforderungen stellen. Weitere Einzelheiten siehe DIN 55 928 Teil 1/05.91, Abschnitt 4.

2.10 Überzug

Überzug im Sinne dieser Norm ist der Sammelbegriff für eine oder mehrere Schichten aus Metallen auf einem Stahluntergrund. Siehe auch DIN 50 902 (aus: DIN 55 928 Teil 1/05.91).

2.11 Zugänglichkeit

Zugänglichkeit bedeutet, daß alle Stahlbauteile ohne wesentliche bauliche Veränderungen erreichbar sind, damit die Schutzsysteme geprüft und instandgesetzt werden können (siehe DIN 55 928 Teil 2). Wesentliche bauliche Veränderungen sind Arbeiten, die über Maßnahmen, die im Rahmen einer üblichen sachkundigen Inspektion erforderlich sind, hinausgehen.

3 Korrosionsbelastung und Korrosionsschutzklassen

(1) Die Norm legt Korrosionsschutzklassen fest, die auf die atmosphärische Korrosionsbelastung, die Schutzdauer und die Zugänglichkeit der Bauteile abgestimmt sind (siehe Tabelle 2). Den Korrosionsschutzklassen werden jeweils Korrosionsschutzsysteme zugeordnet (siehe Tabellen 3 und 4). Bei Sonderbelastungen siehe Abschnitt 1, Absatz (7), und den folgenden Absatz (4).

(2) Die Korrosionsschutzklasse und das Schutzsystem sind Bestandteil des Standsicherheitsnachweises und in den zur Erlangung der Baugenehmigung einzureichenden Bauvorlagen anzugeben. Das Schutzsystem ist mit seiner Norm-Bezeichnung (siehe Abschnitt 4.3) anzugeben.

(3) Die Korrosionsbelastung von Stahlbauten im Inneren von Gebäuden, zu denen die Außenluft keinen direkten Zugang hat, ist, solange die relative Luftfeuchte unter 60% bleibt und keine Sonderbelastung einwirkt, als unbedeutend einzustufen und daher der Korrosionsschutzklasse I zuzuordnen (siehe auch DIN 55 928 Teil 5/05.91, Abschnitt 5.4.2).

(4) Aufgrund betrieblicher Belastungen und/oder ungünstiger konstruktiver Gestaltung kann auch auf Bauteile im Inneren von Gebäuden eine erhebliche Korrosionsbelastung einwirken, die als Sonderbelastung bei der Wahl der erforderlichen Korrosionsschutzklasse zu berücksichtigen ist.

(5) Bereiche von Wärmebrücken, an denen sich Kondenswasser bilden kann, sind der Korrosionsschutzklasse III zuzuordnen.

4 Korrosionsschutzsysteme

4.1 Allgemeines

(1) In den Tabellen 3 und 4 sind Beispiele für Korrosionsschutzsysteme in Zuordnung zu den Korrosionsschutzklassen aufgeführt, deren Brauchbarkeit als nachgewiesen angesehen wird. Die Reihenfolge der Schutzsysteme bedeutet keine Rangordnung. Andere Schutzsysteme sind bei nachgewiesener Eignung möglich.

(2) Die grundsätzliche Eignung der Beschichtungsstoffe im Korrosionsschutzsystem ist vom Beschichtungsstoffhersteller nachzuweisen (siehe Abschnitt 4.2.2 Absatz (1)). Die bei der Eignungsprüfung festgestellten Ergebnisse müssen dokumentiert sein und sind Grundlage für Überprüfungen.

(3) Für Schutzsysteme für die Korrosionsschutzklassen II und III ist die Eignung im Einzelfall durch eine Erstprüfung nach Abschnitt 9.2 nachzuweisen.

(4) Die Schutzwirkung eines Korrosionsschutzssystems ist im wesentlichen abhängig von
— der korrosiven und mechanischen Belastung während der Nutzungsdauer,
— der Art des Überzuges und/oder der Beschichtung und ihrer Dicken,
— der Oberflächenvorbereitung und/oder -vorbehandlung,
— den Applikationsbedingungen,
— den bei der Bauteilherstellung und bei Transport, Lagerung und Montage wirkenden Beanspruchungen.

(5) Der Beschichter hat geeignete Beschichtungsstoffe zum Ausbessern von Montageschäden zu liefern oder deren Bezugsquellen nachzuweisen.

4.2 Anforderungen

4.2.1 Grundwerkstoff

(1) Der zu beschichtende Grundwerkstoff mit Metallüberzug muß den geltenden Normen, technischen Lieferbedingungen oder Vereinbarungen entsprechen. Für die Bandverzinkung gilt DIN EN 10 147, für Legierverzinkungen gelten DIN EN 10 214 *) und DIN EN 10 215 *).

(2) Der Grundwerkstoff nach Absatz (1) muß für das Umformen geeignet sein. Er muß so gelagert und behandelt werden, daß Korrosion vermieden wird.

4.2.2 Beschichtungsstoffe

(1) Prüfungen durch den Beschichtungsstoffhersteller dienen diesem als Nachweis, daß ein Beschichtungssystem in seiner Korrosionsschutzwirkung einem in den Tabellen aufgeführten Schutzsystem entspricht oder für andere als in den Tabellen zugeordnete Belastungen eingesetzt werden kann.

(2) Art und Umfang von Prüfungen müssen abgestimmt sein auf
— die Belastungen, z. B. korrosive und mechanische,
— den Grundwerkstoff, seine Oberflächenbeschaffenheit und Oberflächenvorbereitung,
— die Applikationsbedingungen (Verarbeitung, Trocknung),
— die eigenschaftsbestimmenden Merkmale der Beschichtungsstoffe.

(3) Art und Umfang der Prüfungen, ihre Bedingungen und die Anforderungen sind — soweit sie nicht in Tabelle 5 angegeben sind oder diesbezügliche Festlegungen bestehen — vom Hersteller in eigener Verantwortung festzulegen und mit den Ergebnissen zu dokumentieren. Zu prüfen sind außer Korrosions- und Witterungsbeständigkeit der Beschichtungen auch Verarbeitungseigenschaften der Beschichtungsstoffe. Zu berücksichtigen sind auch die Beanspruchungen der Beschichtung bei der Bauteilherstellung und im Gebrauch.

(4) Bei den Prüfungen sind die Festlegungen des Abschnittes 8 zu beachten. Um die Eignung eines Korrosionsschutzsystems möglichst praxisnah zu ermitteln, sind Laborprüfungen durch Langzeitprüfungen unter Objektbedingungen zu ergänzen. Ein Vergleich mit dem Verhalten bewährter Systeme, gleichzeitig am gleichen Ort unter gleichen Bedingungen aufgebracht, erleichtert die Beurteilung.

(5) Im Rahmen der Prüfung sind zu erstellen
— eine Dokumentation als Grundlage für die Erstprüfung,
— ein Prüfplan für die interne Qualitätskontrolle,
— Angaben zur Identität (Art und anteilige Mengen der verwendeten Bestandteile, siehe DIN 55 928 Teil 9, und geeignete Prüfungen zur Feststellung der Identität[4]), z. B. in Anlehnung an DIN 55 991 Teil 2),
— ein technisches Datenblatt mit allen erforderlichen Angaben für die Applikation[5]).

4.2.3 Oberflächenvorbereitung

(1) Die Oberfläche muß für die vorgesehene Beschichtung geeignet sein und/oder entsprechend vorbereitet oder vorbehandelt werden.

(2) Die Oberflächenvorbereitung vor dem Stückbeschichten, z. B. das Reinigen, muß so vorgenommen werden, daß die Korrosionsschutzwirkung des Schutzsystems nicht beeinträchtigt wird (siehe DIN 55 928 Teil 4 und Fußnote 3).

4.2.4 Applikation der Beschichtungsstoffe

(1) Das Bandbeschichten erfolgt in stationären Anlagen nach vorgegebenen Bedingungen.

(2) Beim Stückbeschichten ist DIN 55 928 Teil 6 zu beachten.

(3) Die Applikation muß so erfolgen, daß die Korrosionsschutzwirkung des Schutzsystems nicht beeinträchtigt wird.

4.2.5 Dicke des Schutzsystems

4.2.5.1 Dicke des Metallüberzuges

(1) Im Anwendungsbereich dieser Norm beträgt die Nenndicke des Zinküberzuges analog DIN EN 10 147 als Mittelwert auf 3 örtlich festgelegten Meßflächen nach dem chemischen Ablöseverfahren (DIN 50 988 Teil 1) und auf die Dicke des Überzuges umgerechnet je Seite 20 μm; jedoch darf der kleinste Einzelwert aus einer Meßfläche abweichend von DIN 10 147 15 μm betragen, wobei der kleinste Wert der Summe einer Einzelflächenprobe bei beidseitiger Messung 34 μm nicht unterschreiten darf. Gleiche Anforderungen an die Nenndicke gelten für die Überzüge aus Zink-Aluminium- und Aluminium-Zink-Legierungen. Übersicht über Nenndicken und zugehörige Auflagen für die verschiedenen Überzüge siehe Tabelle 1.

(2) Die Einhaltung der Dicke des Überzugs ist vom Hersteller auf Anforderung durch ein Abnahmeprüfzeugnis „3.1B"[6]) bzw. ein Werksprüfzeugnis „2.3" nach EN 10 204 (siehe DIN 50 049) zu bestätigen.

---

*) Z. Z. Entwurf
[3]) Siehe Seite 2
[4]) Unter Beachtung der Festlegung notwendiger Toleranzen.
[5]) Z. B. auch Hinweis auf Zinkchromat in Grundbeschichtungen sowie Angaben über Beschichtungsstoffe zum Ausbessern; siehe auch Erläuterungen.
[6]) Wenn der Hersteller über eine von der Fertigungsabteilung unabhängige Prüfabteilung verfügt.

(3) Eine Prüfung nach der Auslieferung kann näherungsweise auch mit anderen Meßverfahren, z.B. magnetisch/elektromagnetisch, durchgeführt werden, ist dann aber zu vereinbaren. In Schiedsfällen ist das gravimetrische Verfahren nach DIN 50 988 Teil 1 maßgebend.

4.2.5.2 Dicke der Bandbeschichtung

(1) Die Schichtdicken der Beschichtungen bei Bandbeschichtung (BB) sind in Tabelle 3 festgelegt oder für andere Systeme bei der Erstprüfung zu ermitteln.

(2) Sie sind Nennschichtdicken nach Euronorm 169/01.86, Abschnitt 5.1.1. Gemessen wird mit magnetischen/elektromagnetischen Verfahren nach DIN 50 981, und zwar auf 3 in Euronorm 169/01.86, Abschnitt 4.4.2, festgelegten Meßflächen (siehe Erläuterungen). Auf jeder Meßfläche sind mindestens 5 Einzelmessungen durchzuführen. Aus den Meßwerten ist der Mittelwert zu bilden.

(3) Die Schichtdicke der Beschichtung wird ermittelt als Differenz aus der Messung der Dicke von Beschichtung und Überzug zusammen, abzüglich der nach dem Entfernen der Beschichtung gemessenen Dicke des Überzuges. Die Messung erfolgt nach Absatz (2).

(4) Der Mittelwert aus einer 3-Flächenprobe darf maximal 20% unter der Nennschichtdicke liegen, der Mittelwert aus einer Einzelflächenprobe maximal 10% unter diesem Mittelwert (und damit 28% unter dem Nennwert).

(5) Liegen die bei der Erstprüfung ermittelten Werte (siehe Absatz (1)) höher als in Tabelle 3 festgelegt, so sind für das System die in der Erstprüfung ermittelten höheren Werte in der laufenden Produktion einzuhalten und auf die zuvor beschriebene Weise nachzuweisen.

(6) Die Einhaltung der Schichtdicke ist vom Hersteller der Beschichtung auf Anforderung durch ein Abnahmeprüfzeugnis „3.1B"[6]) bzw. ein Werksprüfzeugnis „2.3" nach EN 10 204 (siehe DIN 50 049) zu bestätigen.

4.2.5.3 Dicke der Stückbeschichtung auf Bandverzinkung oder Bandlegierverzinkung

(1) Die Schichtdicken der Beschichtungen bei Stückbeschichtung (BS) sind in Tabelle 4 festgelegt oder für andere Systeme bei der Erstprüfung zu ermitteln.

(2) Sie sind Sollschichtdicken nach DIN 55 928 Teil 5/05.91, Abschnitt 5.3, Absatz (4), d.h. höchstens 5% der Meßwerte dürfen den Sollwert bis höchstens 20% unterschreiten. Die Meßpunktlage ist nicht festgelegt, jedoch sind die Meßpunkte an denjenigen Bauteilbereichen anzulegen, in denen erfahrungsgemäß die geringste Schichtdicke zu erwarten ist, bei Trapezprofilen also an den Stegbereichen.

(3) Die Sollschichtdicke der Beschichtung wird ermittelt als Differenz aus der magnetischen/elektromagnetischen Messung nach DIN 50 981 von Beschichtung und Überzug zusammen, abzüglich der nach dem gleichen Verfahren vor dem Beschichten gemessenen Dicke des Überzuges.

(4) Bei der Erstprüfung müssen mindestens die Sollschichtdicken nach Tabelle 4 erreicht werden. Diese Schichtdicken dürfen um höchstens 50% überschritten werden.

(5) Die Einhaltung der Sollschichtdicke ist vom Beschichter auf Anforderung durch ein Abnahmeprüfzeugnis „3.1B"[6]) bzw. ein Werksprüfzeugnis „2.3" nach EN 10 204 (siehe DIN 50 049) zu bestätigen.

4.3 Bezeichnung

Beispiel für die Bezeichnung eines Schutzsystems nach dieser Norm, Tabelle 3 (Bandlegierverzinkung + Bandbeschichtung), Kennzahl und Ordnungsnummer 160.2

(Polyesterharz, 25 µm, zweischichtig) auf Zn-Al-Legierverzinkung ZA:

Korrosionsschutz
DIN 55 928 — T 08 — 3 — 160.2 ZA

Für den Fall höherer Schichtdicken als nach Tabelle 3 (siehe Abschnitt 4.2.5.2 (5)) sind diese anzugeben, z.B. wie vorstehend, aber mit 28 µm Nennschichtdicke:

Korrosionsschutz
DIN 55 928 — T 08 — 3 — 160.2/28 µm ZA

5 Korrosionsschutzgerechte Gestaltung

(1) Damit eine korrosionsschutzgerechte Gestaltung der Konstruktion sichergestellt ist, sind die Grundregeln nach DIN 55 928 Teil 2 einzuhalten.

(2) Die Durchführbarkeit von Kontroll- und Instandhaltungsmaßnahmen für die nach Tabelle 2 als „zugänglich" klassifizierten Flächen muß bereits beim Entwurf sichergestellt werden. Die Zugänglichkeit kann z.B. durch Anlegeleitern, Standgerüste, feste, freihängende oder geführte Arbeitsbühnen eingeplant werden.

(3) Schmutzablagerungen und kapillar gehaltenes Wasser sind zu vermeiden, letzteres z.B. durch ausreichenden Abstand vom Sockel, um ein Abtropfen von Wasser zu ermöglichen. Siehe auch Erläuterungen.

6 Verpackung, Transport, Lagerung, Montage [3])

Die Art der Verpackung sowie die Bedingungen während Transport, Lagerung und Montage haben erheblichen Einfluß auf die Korrosionsschutzwirkung des Schutzsystems. Die vom Lieferer vorgegebenen Vorschriften, insbesondere zur Vermeidung des Eindringens von Feuchtigkeit und der Bildung von Kondensat im Blechstapel, sind zu beachten.

7 Umformbereiche, Schnittflächen, Kanten, Verbindungsmittel

7.1 Umformbereiche

Auch in Umformbereichen muß die geforderte Korrosionsschutzwirkung gegeben sein.

7.2 Schnittflächen und Kanten

(1) Schnittflächen sollten rechtwinklig zur Blechoberfläche und ohne Grat sein. Beim Schneiden und Bearbeiten beschichteter Bauteile sind die Verfahren so zu wählen, daß keine Beeinträchtigung der Korrosionsschutzwirkung erfolgt (z.B. durch Ablösungen, Funken, Verbrennungen). Der Spalt des Schneidgerätes ist sorgfältig einzustellen.

(2) Die Schnittflächen und Kanten bandverzinkter und bandlegierverzinkter Bleche bis 1,5 mm Dicke bedürfen erfahrungsgemäß keines zusätzlichen Korrosionsschutzes.

7.3 Schutz an Verbindungen

7.3.1 Mechanische Verbindungselemente[7])

(1) Verbindungselemente, die der Witterung ausgesetzt sind, müssen aus nichtrostenden Stählen nach den hierfür geltenden Normen oder allgemeinen bauaufsichtlichen Zulassungen bestehen.

---

[3]) Siehe Seite 2
[6]) Siehe Seite 4
[7]) Siehe auch DIN 18 516 Teil 1/01.90, Abschnitt 6.2.3 und Erläuterungen.

Seite 6
DIN 55928-8 : 1994-07

(2) Verbindungselemente, die nicht bewittert sind, können aus anderen Werkstoffen hergestellt sein. Betriebsbedingte korrosive Belastungen und besondere Regelungen in Normen und Vorschriften sind zu berücksichtigen.

7.3.2 Schweißverbindungen

Muß in Sonderfällen geschweißt werden, sind Beschädigungen am Korrosionsschutzsystem besonders sorgfältig entsprechend der geforderten Korrosionsschutzklasse auszubessern. Hierfür ist am zweckmäßigsten eine zusätzliche Beschichtung mit für den Kantenschutz geeigneten Stoffen (siehe DIN 55 928 Teil 5/05.91, Abschnitt 2.5) zu verwenden. Die Oberflächenvorbereitung im Schweißnahtbereich muß ein vollständiges Entfernen der Elektrodenrückstände sicherstellen.

7.3.3 Kombination unterschiedlicher Werkstoffe

Bei der Kombination unterschiedlicher Werkstoffe ist der Gefährdung durch Kontaktkorrosion zu begegnen (siehe auch DIN 55 928 Teil 2/05.91, Abschnitt 2.7).

8 Prüfungen zur Qualitätssicherung

8.1 Allgemeines

(1) Dieser Abschnitt und Tabelle 5 enthalten Festlegungen über Prüfungen und Anforderungen an die für den Korrosionsschutz und die Herstellung und Verarbeitung der Bauteile maßgebenden Eigenschaften der Beschichtungssysteme.

(2) Die Prüfbedingungen sind auf die Anforderungen an die Korrosionsschutzsysteme und die Korrosionsschutzklassen abgestimmt.

(3) Die Prüfungen, außer zum Teil nach Abschnitt 8.3.5, sind im Labor durchzuführen.

(4) Prüfungen und Anforderungen an Metallüberzüge sind in den in Abschnitt 4.2.1 genannten Normen enthalten. Für dort nicht geregelte Eigenschaften sind Prüfungen und Anforderungen gegebenenfalls zu vereinbaren.

8.2 Proben

8.2.1 Probenbleche

Probenbleche für Prüfungen nach den Abschnitten 8.3.2 und 8.3.3 sind entsprechend den dort genannten Prüfnormen zu verwenden. Sie sind aus beschichteten Probenkörpern nach Abschnitt 8.2.2 aus der Produktion zu nehmen.

8.2.2 Probenkörper

Die Prüfungen nach den Abschnitten 8.3.4 und 8.3.5 werden an beschichteten Bauteilabschnitten durchgeführt. Die Probe ist so zu nehmen, daß der Bereich der ungünstigsten Umformungen erfaßt wird. Soll das gleiche Korrosionsschutzsystem (gleiche Kennzahl) für Produkte mit unterschiedlichen Profilformen geprüft werden, ist das Bauteil mit dem kleinsten Biegeradius zu verwenden.

8.3 Korrosionsschutzprüfungen

8.3.1 Allgemeines

(1) Im folgenden werden die in Tabelle 5 aufgeführten Prüfungen für die verschiedenen Beschichtungsverfahren und Korrosionsschutzklassen beschrieben. Sie werden ergänzt durch Prüfungen nach Abschnitt 8.5, wenn die Bedingungen und Anforderungen in dieser Norm nicht festgelegt sind.

(2) Die Proben sind nach ihrer Herstellung bis zum Beginn der Prüfung einheitlich 7 Tage im Normalklima DIN 50 014 — 23/50-2 zu lagern.

(3) Die Bewertung erfolgt unmittelbar nach Ende der Prüfung, soweit die Prüfbedingungen nichts anderes festlegen.

(4) Die Bewertung wird nach den in Tabelle 5 angegebenen Normen vorgenommen und umfaßt die sichtbaren Veränderungen im Vergleich zu einer unbelasteten Probe.

8.3.2 Naßhaftung nach Kondensatbelastung, Haagen-Test[8])

(1) Die Probe wird, in der Regel 14 Tage, mit einer gleichmäßigen Kondenswasserschicht belastet.

(2) Durchführung: Eine Wanne aus nichtrostendem Werkstoff wird mit einem Umluftthermostaten verbunden und mit demineralisiertem Wasser gefüllt; der Wasserspiegel muß sich (8 ± 2) cm unter der Oberseite der Abdeckplatte befinden. Das Wasser wird mit dem Thermostaten auf $(40 \pm 2)\,°C$ gehalten; die Temperatur der Umgebungsluft im Raum beträgt $(23 \pm 2)\,°C$. Die Wanne wird mit einer Polystyrol-Hartschaumplatte abgedeckt, in der sich quadratische oder runde Öffnungen von 8 cm × 8 cm bzw. 8 cm Durchmesser befinden. Auf die Öffnungen in der Abdeckplatte werden die etwas größeren Probenbleche mit der Beschichtung nach unten gelegt. Aufgrund der Differenz zwischen Wasser- und Raumtemperatur tritt ständig Kondensatbildung auf der beschichteten Blechseite auf.

(3) Unmittelbar nach der Belastung wird das Wasser von der Beschichtung abgewischt und eine Gitterschnittprüfung nach DIN 53 151 mit Klebebandabriß im Normalklima DIN 50 014 — 23/50-2 durchgeführt. Dazu wird ein Tesa-Klebeband 651 der Firma Beiersdorf, Hamburg, 25 mm breit, mit kräftigem Fingerdruck auf die mit dem Gitterschnitt versehene Fläche gepreßt und sofort ruckartig abgerissen. Eine weitere Gitterschnittprüfung mit Klebebandabriß wird nach 24 Stunden Lagerung im Normalklima durchgeführt.

8.3.3 Verhalten und Haftung nach Wärmebehandlung

(1) Die Probe wird 48 Stunden bei 80 °C gelagert.

(2) Die Bewertung erfolgt innerhalb einer Stunde nach Abkühlung auf Raumtemperatur.

(3) Danach wird eine Gitterschnittprüfung nach DIN 53 151 mit Klebebandabriß nach Abschnitt 8.3.2, Absatz (3), durchgeführt.

8.3.4 Unterwanderung und Blasenbildung nach Salzsprühnebelprüfung nach DIN 53 167

(1) Geprüft wird in einer Prüfeinrichtung nach DIN 50 021 nach dem Verfahren Prüfung DIN 50 021 — SS.

(2) In der Beschichtung wird vor der Salzsprühnebelprüfung mit einem Ritzstichel nach CLEMEN (siehe DIN 53 167) auf den Längskanten paralleler Ritz bis zum Zink angebracht, der 100 bis 130 mm lang ist und mindestens 30 mm Abstand von den Kanten hat. Die Prüfdauer beträgt 360 Stunden.

(3) Die vom Ritz ausgehende Unterwanderung wird 4 Stunden nach der Salzsprühnebelprüfung beurteilt. Dazu wird ein Klebebandabriß wie nach Abschnitt 8.3.2, Absatz (3), vorgenommen bzw. bei Schichtdicken über 50 µm wird die lose Beschichtung mit einem Messer soweit wie möglich entfernt. Eine Blasenbildung wird auf der Fläche außerhalb des Ritzbereiches beurteilt.

8.3.5 Schichtdicke

Dicke des Metallüberzuges siehe Abschnitt 4.2.5.1
Dicke der Bandbeschichtung siehe Abschnitt 4.2.5.2
Dicke der Stückbeschichtung siehe Abschnitt 4.2.5.3

---
[8]) Siehe AGK-Arbeitsblatt B 1

8.4 Prüfung auf Verarbeitbarkeit; Umformbarkeit, Rißprüfung nach Biegung in Anlehnung an ISO 1519

(1) Die bandbeschichteten Bleche werden nach Anhang A geprüft. Die Beurteilung erfolgt visuell mit 8facher Vergrößerung.

(2) Bei der Bauteilherstellung ist (sind) bei jeder Änderung eines Parameters wie Profiltyp, Blechdicke, Überzug, Beschichtungssystem
— bei Trapezprofilen an 2 Profilrippen die Biegeschultern,
— bei anderen Bauteilen an mindestens 2 Biegeschultern mit der stärksten Umformung
visuell mit 8facher Vergrößerung zu überprüfen, ob die maximal zulässigen Rißabmessungen nach Tabelle 5 eingehalten werden.

8.5 Prüfung von Gebrauchseigenschaften

Im Bedarfsfall können Prüfungen, z.B. auf Verletzungsempfindlichkeit und Stapelfähigkeit, vereinbart werden.

9 Überwachung

9.1 Allgemeines

(1) Die Einhaltung der für ein Korrosionsschutzsystem festgelegten Eigenschaften (siehe Abschnitte 4.2 und 8) ist durch eine Überwachung in Verantwortung des Bauteilherstellers, in Sonderfällen des Stückbeschichters, sicherzustellen. Die Überwachung besteht aus Eigen- und Fremdüberwachung.

(2) Grundlage für die Überwachung sind DIN 18 200 und die in dieser Norm festgelegten Ergänzungen.

ANMERKUNG: Kaltumgeformte dünnwandige Stahlbauteile im Hochbau unterliegen, wenn sie für tragende Zwecke verwendet werden, auch im Hinblick auf die Festigkeitsanforderungen und Abmessungen einer Überwachung[9]). Insofern stellt die Überwachung des Korrosionsschutzsystems nur einen Teil der Überwachung dar.

(3) Die jeweils durchzuführenden Prüfungen sind in Tabelle 6 angegeben.

9.2 Erstprüfung

(1) Die Erstprüfung ist von einer für die Prüfung und Beurteilung des Korrosionsschutzes von dünnwandigen Bauteilen anerkannten Prüfstelle[10]) beim Beschichter durchzuführen.
Verantwortlich ist der Beschichter, bei Stückbeschichtung in der Regel der Bauteilhersteller, sonst der Stückbeschichter.
Soweit erforderlich, können durch die Prüfstelle ergänzende Anforderungen zu Tabelle 6 gestellt werden.

(2) Das Korrosionsschutzsystem muß einer Korrosionsschutzklasse dieser Norm oder einer definierten Sonderbelastung zugeordnet sein.

(3) Für jedes Korrosionschutzsystem sind die vorgesehenen Prüfungen an mindestens 3 Proben nach Abschnitt 8.2 aus verschiedenen Beschichtungseinheiten durchzuführen.

(4) Bei der Erstprüfung ist die Dokumentation über die Eignungsprüfung (siehe Abschnitt 4.2.2, Absatz (5)) vorzulegen.

(5) Über die Erstprüfung ist ein Bericht anzufertigen, der auch Grundlage für die Eigen- und Fremdüberwachung ist. Der Bericht muß alle Angaben enthalten, die für die Eigen- und Fremdüberwachung erforderlich sind, so auch Angaben über die gemäß Einordnung in die Korrosionsschutzklassen einzuhaltenden Schichtdicken des jeweiligen Beschichtungssystems.

(6) Die Erstprüfung ist vor Ablauf von 5 Jahren zu wiederholen.

9.3 Eigenüberwachung

(1) Die Eigenüberwachung beim Bandbeschichter (BB) erfolgt nach Tabelle 6 bzw. nach Maßgabe der Prüfstelle. Die Prüfungen sind für jedes Coil durchzuführen.

(2) Die Eigenüberwachung beim Bauteilhersteller und beim Stückbeschichter (BS) erfolgt nach Tabelle 6. Die Prüfungen sind beim Stückbeschichter für jede Losgröße, mindestens jedoch zweimal je Arbeitsschicht, durchzuführen.

(3) Die bei der Erstprüfung für ein Korrosionsschutzsystem festgelegte Schichtdicke ist bei der Überwachung zugrunde zu legen. Es ist zulässig, Proben beim Stückbeschichter auch aus einem besonderen Profilstück von mindestens 0,5 m Länge zu nehmen, das mit dem Fertigungslos unter den gleichen Bedingungen beschichtet worden ist.

(4) Die Ergebnisse der Eigenüberwachung sind zu dokumentieren, nach Maßgabe der fremdüberwachenden Stelle auszuwerten, mindestens 5 Jahre aufzubewahren und auf Verlangen der fremdüberwachenden Stelle vorzulegen.

9.4 Fremdüberwachung

(1) Die Fremdüberwachung ist von einer anerkannten Prüfstelle[10]) aufgrund eines Überwachungsvertrages durchzuführen.

(2) Der Überwachungsvertrag ist zwischen dem Bauteilhersteller und der fremdüberwachenden Stelle abzuschließen. Dabei muß sichergestellt sein, daß auch eine gegebenenfalls beim Stückbeschichter durchzuführende Überwachung erfaßt wird.

(3) Bei Stückbeschichtung, die nicht über den Bauteilhersteller fremdüberwacht wird, ist der Überwachungsvertrag durch den Stückbeschichter abzuschließen.

(4) Die Fremdüberwachung ist als Regelprüfung mindestens zweimal im Jahr durchzuführen. Hierbei sind
— die Ergebnisse der Eigenüberwachung zu überprüfen,
— Proben aus mindestens jeweils 20 verschiedenen Beschichtungseinheiten zu nehmen,
— die in Tabelle 6 angegebenen Eigenschaften zu überprüfen.
Die Prüfungen nach Tabelle 6, Zeile 4.5 sind jedoch nur einmal jährlich durchzuführen.

(5) Es ist zulässig, Proben beim Stückbeschichter auch aus einem besonderen Profilstück von mindestens 0,5 m Länge zu nehmen, das mit dem Fertigungslos unter den gleichen Bedingungen beschichtet worden ist.

(6) Über die durchgeführte Fremdüberwachung ist ein Prüfbericht mit Bewertung der Ergebnisse der Eigenüberwachung und Angabe der Ergebnisse der Fremdüberwachung anzufertigen, der von der fremdüberwachenden Stelle mindestens 5 Jahre aufzubewahren und auf Verlangen der bauaufsichtlich zuständigen Stelle vorzulegen ist.

---

[9]) Vergleiche Überwachungsverordnungen der Länder
[10]) Eine Liste der hierfür in Betracht kommenden Prüfstellen wird beim Deutschen Institut für Bautechnik (DIBt), Reichpietschufer 72–76, 10785 Berlin, geführt.

10 Kennzeichnung des Korrosionsschutzsystems und der Überwachung

(1) Der Bauteilhersteller oder bei Stückbeschichtung der Beschichter hat auf dem Lieferschein und auf jeder Versandeinheit durch Etikett oder Schild folgende Angaben zu machen:
   a) Kennzeichnung des Schutzsystems mit der Bezeichnung nach Abschnitt 4.3,
   b) Beschichter,
   c) Beschichtungsdatum.

(2) Für die unbeschichteten Bleche wird ein Überwachungszeichen und Kennzeichnung vorausgesetzt.

(3) Für den Nachweis der Überwachung ist das Überwachungszeichen nach Bild zu führen. Dieses muß auf der von dem Großbuchstaben „Ü" umschlossenen Innenfläche die Angaben der fremdüberwachenden Stelle (durch Zeichen oder Text) und die Angabe „DIN 55 928 Teil 8" enthalten.

(4) Das Überwachungszeichen ist auf oder an den Produkten oder der Verpackung jeder Versandeinheit sowie auf den Lieferscheinen aufzubringen.

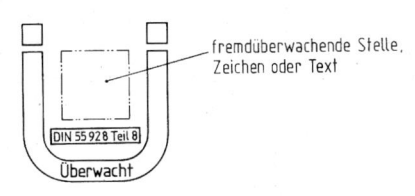

Bild: Überwachungszeichen

Tabelle 1: Auflagen der Metallüberzüge

Überzug Norm Kurzzeichen		Auflage bei Überzugsdicke		
		20 µm einseitig gemessen g/m^2 etwa	15 µm einseitig gemessen g/m^2 etwa	34 µm zweiseitig gemessen g/m^2 etwa
Feuerverzinktes Blech und Band nach DIN EN 10 147	(Z)	275	107	242
Schmelztauchveredeltes Blech und Band mit Zink-Aluminium-Überzügen nach DIN EN 10 214 *)	(ZA)	255	99	225
Schmelztauchveredeltes Blech und Band mit Aluminium-Zink-Überzügen nach DIN EN 10 215 *)	(AZ)	150	56	128
*) Z. Z. Entwurf				

Seite 9
DIN 55928-8 : 1994-07

Tabelle 2: Korrosionsschutzklassen in Abhängigkeit von Korrosionsbelastung, Schutzdauer und Zugänglichkeit

1	2	3	4	5
Lfd. Nr	Korrosionsbelastung nach DIN 55 928 Teil 1	Schutzdauer	Zugänglichkeit	Korrosionsschutzklasse[1]
1	unbedeutend	kurz	zugänglich	I
		mittel	oder	
		lang	unzugänglich	
2	gering	kurz	zugänglich	
		mittel		
		lang	unzugänglich	III
3	mäßig	kurz	zugänglich	II
		mittel		
		lang	unzugänglich	
4	stark	kurz	zugänglich	III
		mittel	oder	
		lang	unzugänglich	
5	sehr stark	kurz	zugänglich	
		mittel		
6	sehr stark	lang	zugänglich oder unzugänglich	siehe Abschnitt 1, Absatz (7)

[1] Bei der Festlegung der Korrosionsschutzklasse hat die jeweils höhere Anforderung aus den Spalten 3 und 4 Vorrang (z. B. geringe Belastung, lange Schutzdauer, zugänglich: Korrosionsschutzklasse III).

Tabelle 3: Beispiele für Korrosionsschutzsysteme:
Bandverzinkung/Bandlegierverzinkung ohne/mit Bandbeschichtung (BB)

1	2	3	4	5	6	7
Metallüberzug	Beschichtungen					Korrosions-schutzklasse nach Tabelle 2
Verfahren/Art Dicke	Bindemittel der Deckbeschichtung	Kennzahl	Grund-beschich-tung[1])	Deck-beschich-tung	Nennschicht-dicke gesamt μm^2)	
Bandverzinkung nach DIN EN 10 147 (Z) oder[3])	— —	3 – 0.1 3 – 0.2	— —	— —	— —	I[5]) III[9])
Legierverzinkung nach DIN EN 10 214 *) (ZA) oder[3])	Speziell modifiziertes Alkydharz AK	3 – 117.1	—	×	12	II[6])
	Polyesterharz SP	3 – 160.1 3 – 160.2	— ×	× ×	12 25	II[6]) III
Legierverzinkung nach DIN EN 10 215 *) (AZ)	Acrylharz AY	3 – 250.1 3 – 250.2	— ×	× ×	12 25	II[6]) III
Auflage[4]) 275 g/m² bzw. 255 g/m² bzw. 150 g/m² ≈ 20 μm Nenndicke des Überzuges	Siliconmodifiziertes Polyesterharz SP-SI	3 – 165.1	×	×	25	III
	Polyurethan PUR	3 – 310.1	×	×	25	III
	Polyvinyliden-fluorid PVDF	3 – 600.1	×	×	25	III
	PVC-Plastisol PVC (P)	3 – 205.1	×	×	100	III[7])
	Folien Polyacrylat PMMA (F)	3 – 255.1	×[8])	×	80	III
	Polyvinylfluorid PVF (F)	3 – 600.5	×[8])	×	45	III

*) Z.Z. Entwurf
[1]) Mit abgestimmten Bindemitteln, etwa 5 μm
[2]) Siehe Abschnitt 4.2.5.2
[3]) Bei Bestellung anzugeben
[4]) Siehe Abschnitt 4.2.5.1 und Tabelle 1
[5]) Im Außeneinsatz lediglich bei kurzer Gebrauchsdauer geeignet.
[6]) Nur für geringe Belastung, üblicherweise im Inneneinsatz
[7]) Einsatzbereich wegen Temperatur (Sonne) eingeschränkt.
[8]) Als Klebeschicht von etwa 10 μm Dicke
[9]) Mit 185 g/m² Auflage ≈ 25 μm bei Legierverzinkung nach DIN EN 10 215 *) (AZ) [siehe Erläuterungen zu Abschnitt 1 (3)]

Seite 11
DIN 55928-8 : 1994-07

Tabelle 4: Beispiele für Korrosionsschutzsysteme: Bandverzinkung/Bandlegierverzinkung mit Stückbeschichtung (BS)

1	2	3	4	5	6	7
Metallüberzug		Beschichtungen				Korrosions-schutzklasse nach Tabelle 1
Verfahren/Art Dicke	Bindemittel der Deckbeschichtung	Kennzahl	Grund-beschich-tung[1])	Deck-beschich-tung	Sollschicht-dicke gesamt μm[2])	
Bandverzinkung nach DIN EN 10 147 (Z) oder[3])	Acryl-Copolymerisat AY	4 – 250.1	—	×	40	II
	Vinylchlorid-Copolymerisat PVC	4 – 200.1	—	×	40	II
Legierverzinkung nach DIN EN 10 214*) (ZA) oder[3])	Polyurethan (Polyacrylat-Polyisocyanat) PUR	4 – 310.1	×	×	60[5])	III zugänglich
Legierverzinkung nach DIN EN 10 215*) (AZ)	Vinylchlorid-Copolymerisat PVC	4 – 200.2	×	×	60	III zugänglich
Auflage[4]) 275 g/m² bzw. 255 g/m² bzw. 150 g/m² ≈ 20 µm Nenndicke des Überzuges	Polyurethan (Polyacrylat-Polyisocyanat) PUR	4 – 310.2	×	×	100[5])[6])	III unzugänglich
	Vinylchlorid-Copolymerisat PVC	4 – 200.3	×	×	100[6])	III unzugänglich
	Polyurethan (Polyacrylat-Polyisocyanat) PUR	4 – 300.3	×	×	160[6])	Sonderbelastung, zugänglich[7])

*) Z.Z. Entwurf
[1]) Mit abgestimmten Bindemitteln
[2]) Siehe Abschnitt 4.2.5.3
[3]) Bei Bestellung anzugeben
[4]) Siehe Abschnitt 4.2.5.1 und Tabelle 1
[5]) Bei Erhöhung der Sollschichtdicke von geprüften Systemen 4 – 310.1 und 4 – 310.2 ist keine erneute Korrosionsschutzprüfung erforderlich.
[6]) Gitterschnittprüfungen mit Gerät A nach DIN 53 151
[7]) Hierfür sind gegenüber Tabelle 5 zusätzliche, auf die Belastung (z.B. chemische Belastung, häufiges Kondenswasser) abgestimmte Prüfungen durchzuführen.

Tabelle 5: Korrosionsschutzprüfungen und Prüfung der Umformbarkeit

1		2	3	4	5	6	7
Prüfung				Nachweis erforderlich für		Bewertung nach	Anforderung
auf		nach	Beschreibung nach Abschnitt	Beschich-tungs-verfahren[1])	Korrosions-schutzklasse nach Tabelle 2		
1	Naßhaftung	Haagen-Test	8.3.2	BS	II III	DIN 53 151	Gt 1
2	Haftung nach Wärmebehandlung	DIN 53 151	8.3.3	BB BS	II III	DIN 53 230 DIN 53 151	keine Risse und Abplatzungen Gt 1
3	Unterwanderung und Blasenbildung nach Salzsprüh-nebelprüfung	DIN 53 167	8.3.4	BB BS	III	DIN 53 167 DIN 53 209	Unterwanderung ≤ 2 mm je Seite keine Blasen[2])
4	Umformbarkeit, Rißprüfung	in Anlehnung an ISO 1519	8.4, Absatz (1) und Anhang A, 8.4, Absatz (2)	BB	III	Anhang A, 8.4, Ab-satz (2)	T-Wert max. 4 an allen Proben bei max. 0,2 mm Rißbreite und max. 2 mm Rißlänge

[1]) BB = Bandverzinkung + Bandbeschichtung
BS = Bandverzinkung + Stückbeschichtung
[2]) Im Bereich des Schnittes m1/g1 zulässig

Seite 12
DIN 55928-8 : 1994-07

Tabelle 6: Prüfungen und Überwachung; Art und Umfang

1	2	3	4	5.1	5.2	6.1	6.2	6.3	7.1	7.2
						Prüfort/Probenahme bei				
	Gegenstand	Prüfung [1])	Abschnitt bzw. DIN	Bandbeschichter		Stückbeschichter			Bauteilhersteller	
				EP	EÜ	EP	EÜ	FÜ [2])	EÜ	FÜ
1	Grundwerkstoff mit Überzug	mechanisch-technologische Werte, Maße	4.2.1	×	×[3])	—	—	—	×[3])	×
		Überzugsdicke	4.2.5.1	×	×[3])	—	—	—	×[3])	×
2	Beschichtungsstoff	Typ/Identität	4.2.2, Absatz (5)	×[3])	×[3])	×[3])	×[3])	×[3])		
3.1	Oberflächenvorbereitung	Zustand der Oberfläche [4])	DIN 55 928 T4	—	—	×	×	×	—	—
3.2	Applikation	Verarbeitungsbedingungen	DIN 55 928 T6	—	—	×	×	×	—	—
		Naßschichtdicke	DIN 50 982 T2	—	—	×	×	—	—	—
4.1	Beschichtung	Beschichtungstyp	Tabelle 2 und 3	×	×	×	×	—	×[3])	×[3]) [5])
4.2		Schichtdicke, trocken	4.2.5.2/4.2.5.3	×	×	×	×	×	×[3])	×
4.3		Naßhaftung (Kondensat)	8.3.2	—	—	×	—	×	—	—
4.4		Haftung nach Wärme	8.3.3	×	×[5])	—	—	—	—	—
4.5		Salzsprühnebelprüfung	8.3.4	×	×[5])	×	—	×	—	×
4.6		Glanz, Farbton (visuell oder durch Meßgeräte)		—	×	—	×	—	×	—
5.1	Beschichtung auf Blech	Umformbarkeit, Rißprüfung	8.4, Absatz (1) und Anhang A	×	×	—	—	—	×[3])	×
5.2	Beschichtung auf Bauteil	Rißprüfung	8.4, Absatz (2)	—	—	—	—	—	×	×

[1]) Soweit erforderlich können durch die Prüfstelle ergänzende Anforderungen gestellt werden.
[2]) Da die beschichteten Teile im allgemeinen nicht mehr in das Werk des Bauteilherstellers zurückgeführt werden, erfolgt die Fremdüberwachung im Werk des Stückbeschichters.
[3]) Prüfungen können durch Werksprüfzeugnis „2.3" nach EN 10 204 (siehe DIN 50 049) ersetzt werden.
[4]) Schließt Stofftyp gegebenenfalls vorhandener Beschichtung ein.
[5]) Nur stichprobenweise (siehe Abschnitt 9.4, Absatz (4))

EP Erstprüfung
EÜ Eigenüberwachung
FÜ Fremdüberwachung

Seite 13
DIN 55928-8 : 1994-07

Anhang A
Prüfung der Umformbarkeit in Anlehnung an ISO 1519

A.1 Grundlage des Verfahrens

Probenbleche werden definiert verformt. Der Radius der Biegung um 180° wird durch Zwischenlage-Bleche gleicher Blechdicke wie die Probe oder durch geeignete Distanzstücke verändert. Der kleinste Biegeradius, bei dem in der Beschichtung Risse bis max. 0,2 mm Breite und max. 2 mm Länge auftreten, wird ermittelt.

A.2 Geräte und Prüfmittel

A.2.1 **Schraubstock** oder **gleichwertiges Werkzeug** (z. B. mechanische Druckvorrichtung)

A.2.2 **Blechstreifen** gleicher Dicke wie das Probenblech oder vorgefertigte **Distanzstücke** (siehe Bild A.1)

A.2.3 **Lupe** mit 8facher Vergrößerung

A.3 Probenbleche

Für jede Prüfung werden 3 Proben von 300 mm × 30 mm quer zur Walzrichtung, über die Breite eines beschichteten Bandes verteilt, genommen und gratfrei beschnitten.

A.4 Durchführung der Prüfung

Die Probenbleche werden parallel zur Walzrichtung vorgebogen und mit dem Schraubstock oder einem anderen Werkzeug um 180° gebogen, wobei Blechstreifen gleicher Dicke wie das Probenblech oder entsprechend abgestufte Distanzstücke zwischengelegt werden (siehe Bild A.1). Von der stärksten Verformung ohne Zwischenlage (0 T) werden die Zwischenlagen jeweils um ein ganzzahliges Vielfaches der Blechdicke vermehrt (1 × Blechdicke = 0,5 T, 2× = 1 T usw.). Der Biegebereich wird jeweils auf Risse geprüft, solange, bis im Biegebereich keine Risse mit größerer Breite als 0,2 mm und größerer Länge als 2 mm auftreten. Der zugehörige Biegewert wird als T-Wert angegeben (siehe auch ECCA-Prüfung T 7[11]).

A.5 Beurteilung

Die Beurteilung erfolgt visuell mit 8facher Vergrößerung. Dabei bleiben jeweils 10 mm von den Rändern her außer Betracht.

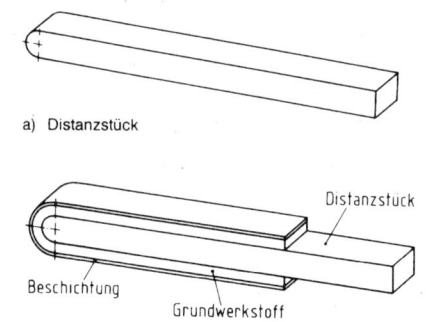

a) Distanzstück

b) verformtes Probenblech

Bild A.1: Prüfung der Umformbarkeit

---

[11] „ECCA-Prüfverfahren" der European Coil Coating Association

Zitierte Normen und andere Unterlagen

DIN 18 200	Überwachung (Güteüberwachung) von Baustoffen, Bauteilen und Bauarten; Allgemeine Grundsätze
DIN 18 516 Teil 1	Außenwandbekleidungen, hinterlüftet; Anforderungen, Prüfgrundsätze
DIN 50 014	Klimate und ihre technische Anwendung; Normalklimate
DIN 50 021	Sprühnebelprüfungen mit verschiedenen Natriumchlorid-Lösungen
DIN 50 049	Metallische Erzeugnisse; Arten von Prüfbescheinigungen; Deutsche Fassung EN 10 204 : 1991
DIN 50 900 Teil 3	Korrosion der Metalle: Begriffe; Begriffe der Korrosionsuntersuchung
DIN 50 902	Schichten für den Korrosionsschutz von Metallen; Begriffe, Verfahren und Oberflächenvorbereitung
DIN 50 981	Messung von Schichtdicken; Magnetische Verfahren zur Messung der Dicken von nicht-ferromagnetischen Schichten auf ferromagnetischen Werkstoffen
DIN 50 988 Teil 1	Messung von Schichtdicken; Bestimmung der flächenbezogenen Masse von Zink und Zinkschichten auf Eisenwerkstoffen durch Ablösen des Schichtwerkstoffes; Gravimetrisches Verfahren
DIN 53 151	Prüfung von Anstrichstoffen und ähnlichen Beschichtungsstoffen; Gitterschnittprüfung von Anstrichen und ähnlichen Beschichtungen
DIN 53 167	Lacke, Anstrichstoffe und ähnliche Beschichtungsstoffe; Salzsprühnebelprüfung an Beschichtungen
DIN 53 209	Bezeichnung des Blasengrades von Anstrichen
DIN 53 230	Prüfung von Anstrichstoffen und ähnlichen Beschichtungsstoffen; Bewertungssystem für die Auswertung von Prüfungen
DIN 55 928 Teil 1	Korrosionsschutz von Stahlbauten durch Beschichtungen und Überzüge; Allgemeines, Begriffe, Korrosionsbelastungen
DIN 55 928 Teil 2	Korrosionsschutz von Stahlbauten durch Beschichtungen und Überzüge; Korrosionsschutzgerechte Gestaltung
DIN 55 928 Teil 3	Korrosionsschutz von Stahlbauten durch Beschichtungen und Überzüge; Planung der Korrosionsschutzarbeiten
DIN 55 928 Teil 4	Korrosionsschutz von Stahlbauten durch Beschichtungen und Überzüge; Vorbereitung und Prüfung der Oberflächen
DIN 55 928 Teil 5	Korrosionsschutz von Stahlbauten durch Beschichtungen und Überzüge; Beschichtungsstoffe und Schutzsysteme
DIN 55 928 Teil 6	Korrosionsschutz von Stahlbauten durch Beschichtungen und Überzüge; Ausführung der Korrosionsschutzarbeiten
DIN 55 928 Teil 7	Korrosionsschutz von Stahlbauten durch Beschichtungen und Überzüge; Technische Regeln für Kontrollflächen
DIN 55 928 Teil 9	Korrosionsschutz von Stahlbauten durch Beschichtungen und Überzüge; Beschichtungsstoffe; Zusammensetzung von Bindemitteln und Pigmenten
DIN 55 945	Beschichtungsstoffe (Lacke, Anstrichstoffe und ähnliche Stoffe); Begriffe
DIN 55 991 Teil 2	Beschichtungsstoffe; Beschichtungen für kerntechnische Anlagen; Identitätsprüfung von Beschichtungsstoffen
DIN EN 10 147	Kontinuierlich feuerverzinktes Blech und Band aus Baustählen; Technische Lieferbedingungen; Deutsche Fassung EN 10147: 1991
DIN EN 10 214 *)	Kontinuierlich schmelztauchveredeltes Band und Blech aus Stahl mit Zink-Aluminium-Überzügen (ZA); Technische Lieferbedingungen; Deutsche Fassung prEN 10 214 : 1992
DIN EN 10 215 *)	Kontinuierlich schmelztauchveredeltes Band und Blech aus Stahl mit Aluminium-Zink-Überzügen (AZ); Technische Lieferbedingungen; Deutsche Fassung prEN 10 215 : 1992
ISO 1519 : 1973	Paints and varnishes; Bend test (cylindrical mandrel) (Lacke und Anstrichstoffe; Dornbiegeversuch (mit zylindrischem Dorn))
Euronorm 169 : 1986	Organisch bandbeschichtetes Flachzeug aus Stahl
AGK-Arbeitsblatt B 1	Prüfung von Duplexsystemen zum Korrosionsschutz von Stahlkonstruktionen durch Feuerverzinken und Beschichten
(zu beziehen durch:	VCH-Verlagsgesellschaft mbH, Postfach 12 60/ 12 80, 69469 Weinheim)
ECCA-Prüfverfahren	European Coil Coating Association ECCA
(zu beziehen durch:	Deutscher Verzinkerei Verband e.V., Breite Straße 69, 40213 Düsseldorf)
EKS-Empfehlungen	„Dünnwandige kaltgeformte Stahlbleche im Hochbau", 1985
(zu beziehen durch:	Stahlbau-Verlagsgesellschaft mbH, Ebertplatz 1, 50668 Köln)
RAL-RG 617	Bauelemente aus Stahlblech; Gütesicherung
(zu beziehen durch:	Beuth Verlag GmbH, Postfach 11 45, 10772 Berlin)

*) Z.Z. Entwurf

Weitere Normen und andere Unterlagen

DIN 18 807 Teil 1   Trapezprofile im Hochbau; Stahltrapezprofile; Allgemeine Anforderungen, Ermittlung der Tragfähigkeitswerte durch Berechnung

Charakteristische Merkmale für bandbeschichtetes Flachzeug (1988)

Charakteristische Merkmale für GALFAN-schmelztauchveredeltes Band und Blech (1987)

Empfehlung für die Auswahl und Verarbeitung von bandbeschichtetem Flachzeug für den Bauaußeneinsatz (1992)

(zu beziehen durch: Deutscher Verzinkerei Verband e.V., Breite Straße 69, 40213 Düsseldorf)

55% Aluminium-Zink schmelztauchveredeltes Stahlblech, Technische Broschüre (1989)

(zu beziehen durch: BIEC International Inc., Steinstr. 7, 57072 Siegen)

Richtlinien für die Planung und Ausführung zweischaliger wärmegedämmter nicht belüfteter Metalldächer (1991), IFBS-INFO, Schrift 1.03

Richtlinie für die Montage von Stahlprofiltafeln für Dach-, Wand- und Deckenkonstruktionen (1991), IFBS-INFO, Schrift 8.01

Zulassungsbescheid; Verbindungselemente zur Verwendung bei Konstruktionen mit „Kaltprofilen" aus Stahlblech — insbesondere mit Stahlprofiltafeln —, IfBt-Zulassungs-Nummer Z — 14.1-4 (1991), IFBS-INFO, Schrift 7.01

(zu beziehen durch: Industrieverband zur Förderung des Bauens mit Stahlblech e.V., Max-Planck-Str. 4, 40237 Düsseldorf)

IfBt-Richtlinie zur Beurteilung und Überwachung des Korrosionsschutzes dünnwandiger Bauteile aus verzinktem und organisch beschichtetem Flachzeug aus Stahl (04.87), siehe Mitt. des IfBt, Heft 4/1987, S. 117 ff

(zu beziehen durch: Gropius'sche Buch- und Kunsthandlung Wilhelm Ernst & Sohn GmbH, Hohenzollerndamm 170, 10713 Berlin)

Frühere Ausgaben

DIN 55 928: 1956-11; 1959x-06

DIN 55 928 Teil 8: 1980-03

Änderungen

Gegenüber der Ausgabe März 1980 wurden folgende Änderungen vorgenommen:

a) Vollständige Neubearbeitung.

b) Anwendungsbereich auf bandbeschichtete, in Ausnahmefällen werksmäßig stückbeschichtete Bauteile aus Flachzeug — vorwiegend Stahltrapezprofile — beschränkt.

c) Qualitätssicherung durch Festlegungen für Überwachung, Erstprüfung, Eigen- und Fremdüberwachung berücksichtigt.

Erläuterungen

Die vorliegende Norm wurde federführend vom Unterausschuß 10.5 des FA/NABau-Arbeitsausschusses 10 „Korrosionsschutz von Stahlbauten" ausgearbeitet, der für DIN 55 928 Teil 5, Teil 8 und Teil 9 zuständig ist. Mit dem Deutschen Institut für Bautechnik (DIBt), dem Deutschen Verzinkerei Verband (DVV), dem Industrieverband zur Förderung des Bauens mit Stahlblech e.V. (IFBS) sowie Vertretern der Lackindustrie, der Stückbeschichter und der Verbraucher (AGI) waren alle betroffenen Bereiche an der Bearbeitung beteiligt.

Eine vollständige Überarbeitung von DIN 55 928 Teil 8 (März 1980) war erforderlich, weil

— die zurückgezogene Norm DIN 4115 ersetzt werden mußte;

— der Anwendungsbereich auf den Regelfall Bandbeschichtung beschränkt wurde, so daß die Norm nicht mehr der ATV und der VOB zugeordnet werden kann;

— diese Norm das bisherige Prüf- und Zulassungsverfahren[12]) für bandbeschichtete dünnwandige Bauteile ablösen soll, so daß deren Anforderungen und Terminologie hier zu berücksichtigen waren;

— die Anforderungen der europäischen Normung, insbesondere bezüglich der Qualitätssicherung, zu berücksichtigen waren.

Für die Anwendung von DIN 55 928 Teil 8 gelten grundsätzlich die Regeln und Anforderungen aller anderen Teile von DIN 55 928, soweit sie von den Stoffen und den Verfahren her anwendbar sind.

zu Abschnitt 1 (Anwendungsbereich)

Aus dem bisherigen Anwendungsbereich sind unverzinkte und stückverzinkte dünnwandige Bauteile entfallen. Die Norm beschränkt sich auf den Korrosionsschutz dünnwandiger Bauteile aus bandverzinktem oder bandlegierverzinktem Stahlblech (auch Flachzeug, Band, Flacherzeugnis genannt) mit Bandbeschichtung oder ausnahmsweise mit werksmäßiger Stückbeschichtung, vor allem als Trapezprofil für Dach- und Wandelemente im Bauwesen. Die hierfür geltende Norm DIN 18 807 Teil 1 verweist bezüglich des Korrosionsschutzes auf DIN 55 928 Teil 8.

zu Abschnitt 1, Absatz (3) (Bandbeschichtung)

Bandbeschichtete, d.h. im „Coil-Coating"-Verfahren beschichtete Bleche für Stahltrapezprofile werden industriell

---

[12]) Deutsches Institut für Bautechnik: IfBt-Richtlinie zur Beurteilung und Überwachung des Korrosionsschutzes dünnwandiger Bauteile aus verzinkten und organisch beschichtetem Flachzeug aus Stahl (04.87)

hergestellt. Sie erhalten in Großanlagen nach entsprechender Oberflächenvorbehandlung im Durchlaufverfahren eine Beschichtung mit Haftvermittler und Deckbeschichtung aus speziellen Beschichtungsstoffen, die bei hohen Temperaturen getrocknet werden. Die gleichmäßigen, exakt regulierbaren Herstellungsbedingungen stellen die gleichmäßige und hohe Güte des Korrosionsschutzes sicher. Auf Grund des Herstellungsverfahrens nimmt diese Norm eine besondere Stellung innerhalb von DIN 55 928, die ausdrücklich handwerkliche Leistungen zum Inhalt hat, ein. Es sind daher für Herstellung, Lieferung und Montage nicht ohne weiteres z. B. die Gewährleistungsregelungen der ATV anwendbar. Manche Regelungen in übernationalen Schriften, z. B. von Herstellerverbänden, wurden übernommen, nachdem erkennbar war, daß sie in die europäische Normung Eingang finden.

zu Abschnitt 1, Absatz (3) (Bandlegierverzinkung)

Mit den Legierverzinkungen sind 2 derzeit nur für Bandverzinkung verwendete Überzugsmetalle aufgenommen, deren Normung bei Arbeitsende an dieser Norm noch nicht abgeschlossen war, nämlich

Zink-Aluminium-Überzug nach DIN EN 10 214 *) mit Kurzzeichen ZA. Er besteht aus Zink mit ungefähr 5 % Al und kann geringe Gehalte an Mischmetallen (Lanthan und Cer) aufweisen. Handelsname der Legierung: GALFAN.

Aluminium-Zink-Überzug nach DIN EN 10 215 *) mit Kurzzeichen AZ. Er besteht aus 55 % Al, 1,6 % Si und 43,4 % Zink. Handelsname des Überzuges Galvalume, Aluzinc u. a.,

im folgenden mit den Kurzzeichen ZA bzw. AZ aufgeführt. Dem Sprachgebrauch der Hersteller folgend wird die Legierung AZ in dieser Norm als Zinklegierung und das Verfahren als Bandlegierverzinkung bezeichnet, obwohl DIN EN 10 215 *) im Titel den Begriff „Aluminium-Zink-Überzüge" verwendet und Aluminium mit 55 % enthalten ist.

Als Vorteil gegenüber der Verzinkung ohne Legierungszusätze werden genannt: bessere Verformbarkeit, also geringeres Riß-Risiko an den Biegeschultern bei ZA, bessere Witterungsbeständigkeit und geringere Weiß- bzw. Schwarzrostbildung bei ZA und AZ. Erfahrungen mit unbeschichteten Blechen liegen in Deutschland seit etwa 20 bzw. 10 Jahren vor. Derzeit ist die Legierung AZ, allerdings mit der verstärkten Auflage von 185 g/m² mit 25 μm, für die Korrosionsschutzklasse III im Freien und über Feuchträumen zugelassen (siehe Tabelle 3), unter der Voraussetzung, daß kein Wasser stehen bleibt und sich keine dauerdurchfeuchtete Schmutzansammlung bildet. Während der Überzug mit AZ eine besondere Oberflächenvorbehandlung vor dem Beschichten und spezielle Grundbeschichtungen erfordert, kann der Überzug mit ZA mit den Stoffen wie für die Bandverzinkung beschichtet werden.

zu Abschnitt 1, Absatz (4) (Stückbeschichtung)

Das bisher nicht geregelte Stückbeschichten wurde aufgenommen, zur Sicherung der Qualität jedoch auf werksmäßige Ausführung eingeschränkt. Einer Gleichsetzung der Qualität von Beschichtungen auf der Baustelle mit der Bandbeschichtung konnte (auch wenn die Baustellenbedingungen ordnungsgemäß sind) nicht entsprochen werden, weil Qualitätssicherung eine werksmäßige Bedingungen umfaßt (wie es DIN 18 807 Teil 1 vorsieht). Die Anforderungen an die Korrosionsschutzwirkung sind bei Band- und werksmäßiger Stückbeschichtung die gleichen — daher auch grundsätzlich ihre Einsatzmöglichkeiten —, die Prüfungen wegen der verschiedenartigen Beschichtungsstoffe und unterschiedlichen mechanischen Beanspruchung jedoch nicht ganz identisch (Tabelle 5).

*) Z. Z. Entwurf

Einige andere Teile von DIN 55 928, z. B. die Teile 4 und 6 sowie auch die Sollschichtdicke aus Teil 5, wurden zwar für das Stückbeschichten in diese Norm eingebunden, dennoch dürften auch diese Leistungen in der Regel nicht unter die Bauleistungen der ATV fallen; Auftragnehmer sind üblicherweise Bauteilhersteller oder Montagefirmen.

Stückbeschichtungen werden meist objektgebunden in viel kleineren Einheiten als beim Bandbeschichten gefertigt, wenn z. B. geforderte Farbtöne anders nicht oder nicht rechtzeitig geliefert werden können.

Mit der Normregelung wird das Stückbeschichten in der Werkstatt, unter definierbaren Bedingungen, auch in die Eigen- und Fremdüberwachung eingebunden. Für die Ausführung — Personal, Ausrüstung, Rahmenbedingungen — konnten nur allgemeine Anforderungen formuliert werden, die vom Fremdüberwacher von Fall zu Fall werkstattspezifisch präzisiert werden müssen.

Wegen der Profilierung der Bleche kann die Schichtdicke der meist manuell airless-gespritzten Beschichtung nicht auf allen Profilbereichen gleichmäßig dick sein (siehe Abschnitt 4.2.5.3, Absatz (2)). Die lufttrocknenden Beschichtungsstoffe werden zur Beschleunigung der Fertigung bei Temperaturen weit unter denen bei der Bandbeschichtung (Ofentrocknung) getrocknet.

Die vergleichbare Qualität der Stückbeschichtung zu der der Bandbeschichtung ist nur mit höheren Schichtdicken oder/und durch Einsatz anderer Pigmente, z. B. Eisenglimmer, zu erzielen. Eine Bandbeschichtung kann vorteilhaft als Grundbeschichtung mit einer zusätzlichen Stückbeschichtung versehen werden, wenn die Bandbeschichtung für bestimmte Belastungen unzureichend ist oder wenn nicht listenmäßige Farbtöne in kleinen Mengen zu liefern sind. Als „Grundbeschichtung" für zusätzliche Stückbeschichtung lassen sich auch die drei 12 μm dicken Beschichtungen nach Tabelle 3 vorteilhaft verwenden.

zu Abschnitt 1, Absatz (5) (Nicht werksmäßiges Stückbeschichten)

Hierunter fallen Arbeiten unter Baustellen- oder Objektbedingungen ohne definierbare und regulierbare Maßnahmen zum Schutz vor schädlichen Einflüssen, z. B. durch Witterung und Staub. Im Sinne dieser Norm gehören dazu Beschichtungsarbeiten von später zu verformenden Bauteilen, weil die Beschichtungsstoffe nach Tabelle 5 nicht auf Rißbildung und Haftungsverlust nach Biegung der Beschichtung geprüft werden.

Der Ausschluß aus der Norm soll die unqualifizierte Herstellung von Erstbeschichtungen verhindern.

zu Abschnitt 1, Absatz (6) (Instandsetzung von Beschichtungen)

Ausbesserungen, Instandsetzungen und Erneuerungen von Beschichtungen am Objekt sind bisher und auch durch diese Norm nicht qualitätsgesichert. Lediglich die Qualitätssicherung von Beschichtungsstoffen zum Ausbessern von Montageschäden im Rahmen der Bauerstellungsmaßnahmen ist durch Rückgriff auf Stoffe, die der Erstbeschichter zu liefern hat, nach Abschnitt 4.1, Absatz (5) vorgesehen.

Spätere Instandhaltungen oder Erneuerungen sind Bauleistungen nach ATV und VOB. Für den Einzelfall sind „maßgeschneiderte" Lösungen unter Berücksichtigung des Zustandes der Altbeschichtung und aller örtlichen und betrieblichen Bedingungen möglich, und zwar unter Hinzuziehung von hierin erfahrenen Stoffherstellern und Ausführern (Probebeschichtungen und Klärung der optimal möglichen Reinigung). Eine Gütesicherung wie nach Abschnitt 9 ist nicht möglich. Ausbesserungen folienkaschierter und mit silicon-modifizierten Stoffen beschichteter Bauteile sind noch nicht befriedigend gelöst.

zu Abschnitt 1, Absatz (7) (Sehr starke Korrosionsbelastung unzugänglicher Bauteile)

Die Regelung dürfte auf eine Zulassung im Einzelfall hinauslaufen.

zu Abschnitt 3, Absatz (1) (Korrosionsbelastung — Korrosionsschutzklasse — Tabelle 2)

Die Korrosionsschutzklassen sind, um sicherheitstechnische Gesichtspunkte zu berücksichtigen, der Korrosionsbelastung (siehe Tabelle in DIN 55 928 Teil 1), der Schutzdauer und Zu- oder Unzulänglichkeit zugeordnet. Die Korrosionsschutzklassen entsprechen folgenden Atmosphärentypen aus den Teilen 1 und 5 dieser Norm: gering = Land (L), mäßig = Stadt (S), stark = Industrie (I), sehr stark = Meer (M). Diese atmosphärische Korrosionsbelastung, wie sie nach Abschnitt 1, Absatz (1) dem Anwendungsbereich dieser Norm entspricht, wird an anderer Stelle bezeichnet mit „Außeneinsatz" (Euronorm 169, Anhang A), „Witterungsbeständigkeit" (DVV-Schriften) oder „normale atmosphärische Bedingungen".

Bei starker und sehr starker Bindemittelbelastung (Definitionen nach DIN 55 928 Teil 1: „Industrie" mit „hohem Gehalt an Schwefeldioxid", „Ballungsgebiete der Industrie" bzw. „Meer" mit „besonders korrosionsfördernden Schadstoffen", „ständig hohe Luftfeuchte", „Verkehrsflächen mit Salzsprühnebelbelastung") ist die ausreichende Dauerhaftigkeit der für Korrosionsschutzklasse III in Tabelle 3 aufgeführten Schutzsysteme zweifelhaft. So werden in Herstellerschriften und der Euronorm 169 die verschiedenen Bindemittelgruppen für die Bandbeschichtungen mit sehr gut — gut — befriedigend bzw. geeignet — besonders gut geeignet bezeichnet. Bei hohen Ansprüchen an die Haltbarkeit und hohen Belastungen außerhalb der „normalen atmosphärischen Bedingungen" sollte aus der für Klasse III angegebenen Korrosionsschutzsystemen das für den betreffenden Fall besonders geeignete oder eine Stückbeschichtung gewählt werden (siehe auch über hochwertigen Korrosionsschutzsysteme bzw. Werkstoffe für Fassadenbekleidungen und deren Befestigungen in DIN 18 516 Teil 1/01.90, z.B. Abschnitt 6.2 sowie für Metalldächer in der IFBS-Richtlinie für die Planung und Ausführung zweischaliger „wärmegedämmter nicht belüfteter Metalldächer").

Als Schutzdauer für das Schutzsystem wird die Zeitspanne angesehen, in der bis zu 5 % der Oberfläche nicht mehr ausreichend geschützt sind. Sie wurde in Tabelle 1 nicht zahlenmäßig angegeben, weil selbst beim industriell gefertigten bandbeschichtetem Trapezprofil die die Korrosion beeinflussenden Parameter aus Herstellung, Objekt und äußeren Belastungen als zu vielfältig und unbestimmbar angesehen werden.

zu Abschnitt 3, Absatz (3) (Korrosionsbelastung im Inneren von Gebäuden)

Bei Sonder- oder Kondensatbelastung in Innenräumen wird der Anwendungsbereich nach Abschnitt 1, Absatz (1) auf diese Fälle erweitert. Das Gleiche gilt für Abschnitt 3, Absatz (4).

zu Abschnitt 3, Absatz (5) (Wärmebrücken)

Auch wenn nur an wenigen Stellen Wärmebrücken auftreten, müßte doch in der Regel aus optischen, fertigungstechnischen oder gegebenenfalls auch statischen Gründen die Gesamtfläche der Korrosionsschutzklasse III zugeordnet werden, was u.U. die Kosten erhöht. Das Problem dürfte vor allem in der Vorsehbarkeit der Kondenswassergefährdung für den Planer und in der Ausführungssorgfalt der Dämmungen liegen.

zu Abschnitt 4 (Korrosionschutzsysteme)
zu Abschnitt 4.1 (Allgemeines)
zu Abschnitt 4.1, Absatz (1) (Brauchbarkeit der Schutzsysteme; andere Schutzsysteme)

Nachgewiesene Brauchbarkeit der Schutzsysteme heißt: in der Praxis erprobt. Soweit die Systeme von der bisherigen Prüf- und Zulassungsregelung noch nicht erfaßt wurden (wie die bewährten Systeme der Stückbeschichtungen und immerhin 4 Systeme der Korrosionsschutzklasse III der Tabelle 3, soweit es deutsche Produkte betrifft) ist die Erfüllung der Anforderungen für die Korrosionsschutzklassen II und III im Rahmen der Qualitätssicherung nachzuweisen (siehe Abschnitt 4.1 (3)). Hierbei kann die 5-Jahres-Frist nach Abschnitt 9.2, Absatz (6) in Anspruch genommen werden.

Andere Schutzsysteme: „anders" bedeutet grundsätzlich jede Abweichung von den Parametern, unter denen ein Schutzsystem qualitätsgesichert wurde. Veränderungen können die Bestandteile des Schutzsystems (Bindemittel, Pigment u.a.), seine Herstellungsmodalitäten, die Schichtdicken und den Beschichtungsaufbau, den Untergrund (Überzug o.a.) oder Einsatzart und Beanspruchung betreffen. So können Systeme nach DIN 55 928 Teil 5 eingesetzt werden, Feuerverzinkung, Spritzmetallisierung, Pulver. „Anders" können Anforderungen aus der Fertigung, z.B. bei Schweißkonstruktionen aus dünnen Rohren sein. Für Langzeitkorrosionsschutz und gegen besondere Belastungen sind gegebenenfalls Prüfverfahren oder Prüfbedingungen gegenüber denen in Abschnitt 8 zu verändern oder zu ergänzen.

zu Abschnitt 4.1, Absätze (2) und (3) (Nachweis der Eignung der Beschichtungsstoffe/-systeme)

Der Beschichtungsstoffhersteller muß zunächst die Stoffe in eigener Verantwortung prüfen und einer Korrosionsschutzklasse zuordnen. Dabei muß er auch die Beschichtungsverfahren bei und die Beanspruchung durch die spätere Fertigung berücksichtigen (siehe Abschnitt 4.2.2, Absatz (3)). Für die endgültige Zuordnung zu einer Korrosionsschutzklasse ist der Bandbeschichter oder Bauteilhersteller/Stückbeschichter (siehe Abschnitt 9.2, Absatz (1)) verantwortlich. Dieser muß auf Grund eines Überwachungsvertrages eine Erstprüfung — mit späteren Wiederholungen — durch eine anerkannte Prüfstelle durchführen lassen.

Bei späterer Überprüfung der Ergebnisse von Eignungs- und anderen Prüfungen ist zu berücksichtigen, daß Beschichtungen auf Prüfmustern auch unter günstigen Lagerbedingungen alterungsbedingten Eigenschaftsveränderungen unterliegen. Dies ist bei dem erneuten Vergleich von Prüfergebnissen an alten Proben (z.B. Rückstellproben des Bandbeschichters) mit denen an neuen Proben zu beachten.

zu Abschnitt 4.2.2 (Anforderungen — Beschichtungsstoffe)

Der Text basiert auf DIN 55 928 Teil 5/05.91, Abschnitt 6. Die Anforderungen an die Beschichtungsstoffe müssen den Angaben in Tabelle 5 genügen. Über diese Mindestanforderungen für Erstbeschichtungen hinaus muß der Stoffhersteller die Verarbeitungseigenschaften und andere, nicht sicherheitsrelevante Eigenschaften prüfen.

zu Abschnitt 4.2.2, Absatz (3) (Art und Umfang der Prüfungen zur Eignung)

Art und Umfang der Prüfungen werden dem Hersteller überlassen, jedoch sollen bei der Erstprüfung die Ergebnisse vorgelegt, d.h. hinzugezogen werden (siehe Abschnitt 9.2, Absatz (4)). Daher sollten Prüfungen/Prüfergebnisse in den wesentlichen Merkmalen vergleichbar sein.

zu Abschnitt 4.2.2, Absatz (5) (Technisches Datenblatt für die Applikation)

Zinkchromat ist auf Grund der Gefahrstoffverordnung und der Technischen Regel für gefährliche Stoffe TRGS 602 allgemein durch unschädliche Pigmente ersetzt. Für die Grundbeschichtung von Bandbeschichtungen wird es jedoch noch eingesetzt. Eine Information hierüber ist für den Verarbeiter erforderlich um z. B. Schutzmaßnahmen bei Schleifarbeiten im Zuge von Instandsetzungen/Erneuerungen durchzuführen.

zu Abschnitt 4.2.3 und 4.2.4 (Oberflächenvorbereitung und Applikation)

Ähnlich wie für die automatischen Anlagen für die Bandbeschichtung müssen für die Stückbeschichtung nachprüfbare Betriebsanweisungen unter Berücksichtigung der spezifischen Betriebsbedingungen erstellt werden. Die werksmäßigen Arbeitsabläufe und Prüfungen sind in schriftlichen Anweisungen festzulegen und nachprüfbar zu machen (siehe DIN 18 200/12.86, Abschnitte 3.1, 3.2 und 4.2.3), um einwandfreie Korrosionsschutzwirkung sicherzustellen.

zu Abschnitt 4.2.5 (Dicke des Schutzsystems)

Die 3 Unterabschnitte zeigen die Unterschiede der verschiedenen Meßverfahren, Meßbewertungen, Bezeichnungen der Dicke und der Toleranzen und enthalten Abweichungen von den einschlägigen Normen.

zu Abschnitt 4.2.5.1 (Dicke des Metallüberzuges)

Der Mittelwert aus der 3-Flächen-Probe (Nenndicke) ergibt sich aus der Massendifferenz vor und nach dem Ablösen des Überzuges von den beidseitigen Oberflächen der 3 Proben (Meßflächen), ist also aus 6 Flächenbereichen gemittelt. Auch der kleinste „Einzelwert" als Flächengewicht ist ein Mittelwert von bzw. zwei Seitenflächen einer Probe. Der kleinste Wert einer Seite bei der Einzelflächenprobe darf bis zu 22 % bzw. 25 % je nach Überzugsart unter dem Mittelwert der beidseitigen 3-Flächen-Probe liegen.

Für Prüfungen nach Lieferung, z. B. auf der Baustelle, wird eine zerstörungsfreie und einfache Prüfmöglichkeit aufgeführt; sie ist weniger genau als das Ablöseverfahren und mißt punktuell.

zu Abschnitt 4.2.5.2 (Dicke der Bandbeschichtung)

Das Meßverfahren entspricht dem bisherigen Verfahren der Hersteller und im Prinzip der Regelung nach Euronorm 169, jedoch ist es ergänzt und präzisiert worden (magnetisch/elektromagnetische Verfahren). Es werden zwar hierbei einzelne Werte gemessen, diese aber zur Wertung für jeden Meßbereich und insgesamt gemittelt. Die Toleranzen zwischen Nennschichtdicke und kleinstem zulässigen Mittelwert liegen noch höher als bei der Bandverzinkung.

Dieses Verfahren ist auch auf der Baustelle anwendbar. Abschnitt 4.2.5.2, Absatz (5) wurde gegenüber bisherigen Regelungen ergänzt, um den Besonderheiten von geprüften Beschichtungen, die von den üblichen Nennschichtdicken abweichen, Rechnung zu tragen.

zu Abschnitt 4.2.5.3 (Dicke der Stückbeschichtung auf der Bandverzinkung)

Diese Regelung läßt die geringste Schichtdickenunterschreitung unter den 3 Abschnitten zu, und sie gilt auch nur für max. 5 % aller Meßwerte, obwohl wegen der manuellen Applikation und der profilierten Oberfläche mit den größeren Schichtdickenschwankungen gerechnet werden muß.

Der Stückbeschichter sollte für die Erstprüfung Proben herstellen, deren Schichtdicke möglichst wenig über der z. B. auf Grund der Eignungsprüfung vorgesehenen oder in Tabelle 4 festgelegten Schichtdicke liegt. Weil aber der Sollschichtdicke der Proben eine gewisse Toleranz gegenüber derjenigen der Erstprüfung zugestanden werden muß, wurde Absatz (4) eingefügt.

zu Abschnitt 4.3 (Bezeichnung)

Für die Bezeichnung der Schutzsysteme wurde das System aus DIN 55 928 Teil 5 übernommen. Das 2. Beispiel zeigt die Handhabung bei abweichenden Schichtdicken.

Die Aufnahme von Bezeichnungen für andere/neue Systeme ist nicht geregelt. Hierfür müßte eine zentrale Stelle verantwortlich sein, die die Systematik einhält, wenn z. B. neue Ordnungszahlen für andere Bindemittel erforderlich werden.

zu Abschnitt 6 (Verpackung, Transport, Lagerung, Montage)

Weitere detaillierte Angaben, außer nach Fußnote 3, sind zu beachten in der DVV-Schrift „Charakteristische Merkmale für bandbeschichtetes Flachzeug" sowie in Euronorm 169 : 1986, Abschnitt 5.6 und Anhang C. In der IFBS-Montage-Richtlinie finden sich Qualifikationsanforderungen an die Montagefirmen, die Montageleitung und das Baustellen-Führungspersonal.

Die Anforderungen gelten in gleicher Weise für stückbeschichtete Bauteile.

zu Abschnitt 7.1 (Umformbereiche)

Die allgemein gehaltene Forderung bezieht sich vor allem auf die Rißbildung im Überzug und/oder in der Beschichtung sowie auf Quetschstreifen in der Beschichtung durch den Profilierungsvorgang. Diese führen nicht in jedem Falle zu einer Schwächung der Korrosionsschutzwirkung (siehe auch zu Abschnitt 8.4), da die Zink-Korrosionsprodukte die Risse meist verschließen.

zu Abschnitt 7.2 (Schnittflächen und Kanten)

Angaben über Schneidwerkzeuge und Schneidarbeiten sind nach zu Abschnitt 6 und in Fußnote 3 angegebenen Unterlagen zu entnehmen.

Ein zusätzlicher Schutz für Schnittkanten wird auch für Bleche unter 1,5 mm Dicke unter bestimmten Voraussetzungen in den Regelwerken verlangt. Er kann, auch für dünne Bleche, nach der Montage mit Dichtstoffen oder durch Versiegelungen oder vor der Montage mit Beschichtungsstoffen oder Klebebändern hergestellt werden. Jedoch ist eine handwerklich zuverlässige Ausführung problematisch und aufwendig, oft leidet auch das Aussehen. Thermisch bedingte Bewegungen der Überlappungsbereiche sind zu beachten. Auch bei stückbeschichteten Bauteilen kann Kantenschutz erforderlich werden, wenn Baustellenausschnitte hergestellt werden.

zu Abschnitt 7.3.1 (Mechanische Verbindungselemente)

Auf den „Zulassungsbescheid Verbindungselemente zur Verwendung bei Konstruktionen mit ‚Kaltprofilen' aus Stahlblech — insbesondere mit Stahlprofiltafeln —" IFBT-Zulassungs-Nummer Z-14. 1-4 (Juli 1991), Heft 7.01 der IFBS-INFO wird hingewiesen.

Eine Unterscheidung zwischen Befestigungs- und Verbindungsmittel entfällt künftig.

zu Abschnitt 7.3.2 (Schweißverbindungen)

Ein nicht regelbarer Sonderfall für Schweißen sind Kopfbolzen bei Verankerungen in Beton oder an Endauflagern.

zu Abschnitt 7.3.3 (Kombination unterschiedlicher Werkstoffe)

Anhalte über mögliche und nicht zu empfehlenden Zusammenhau verschiedener Metalle (unbeschichtete Bleche/Verbindungselemente) in verschiedenen Atmosphärentypen gibt die IFBS-Richtlinie für die Montage von Stahlprofilen für Dach-, Wand- und Deckenkonstruktionen, Abschnitt 9 der IFBS-INFO, Schrift 8.01.

zu Abschnitt 8 (Prüfungen zur Qualitätssicherung — Tabelle 5)

zu Abschnitt 8.1 (Allgemeines)

Prüfungen und Anforderungen weichen von den bisherigen Regelungen ab und wurden reduziert bzw. ergänzt. Sie hängen von der atmosphärischen Korrosionsbelastung ab. Für z.B. Sonderbelastungen, sehr lange Schutzdauer und Instandsetzungen sind in der Regel andere und/oder zusätzliche Prüfungen und Anforderungen erforderlich.

Die prüftechnischen Belange für die Stückbeschichtungen wurden berücksichtigt. Über die Anforderung in DIN 18807 Teil 1 hinaus werden nunmehr auch 2 einfache, aber wichtige Prüfungen für die Korrosionsschutzklasse II gefordert.

Prüfungen für die Verarbeitbarkeit der Beschichtungsstoffe sind Sache des Beschichtungsstoffherstellers im Rahmen der Eignungsprüfung. Das entspricht dem Prinzip, das Produkt Beschichtung zu prüfen und nicht das Vorprodukt Beschichtungsstoffe (Ausnahme in der Qualitätssicherung: Tabelle 6, Zeile 2).

Für Bauteile aus bandverzinktem (unbeschichtetem) Stahlblech für Dach, Decke und Wand gibt es die Gütesicherung RAL-RG 617, Ausgabe 03.82, der Gütegemeinschaft Bauelemente aus Stahlblech e.V, die auf die derzeit geltenden Regelwerke umgestellt und auf die Legierverzinkungen erweitert werden müßte.

zu Abschnitt 8.2 (Proben)

Der Hinweis für die Probenbleche auf die Prüfnormen bezieht sich auf die Abmessungen und auf den Werkstoff oder die Oberfläche. Je nach Einsatz- oder Prüfvorhaben müssen band- oder bandlegierte Proben mit der jeweils zu verwendenden Oberfläche geprüft werden. Die bisherigen Probenfestlegungen deckten den Fertigungsumfang nicht ab.

zu Abschnitt 8.3 (Korrosionsschutzprüfungen)

zu Abschnitt 8.3.2 (Naßhaftung nach Kondensatbelastung, Haagen-Test)

Diese von H. Haagen für Duplex-Systeme entwickelte und hier für Stückbeschichtungen aufgenommene Prüfung (siehe I-Lack 50 (1982) Nr 6, S. 226) führt zu einem zuverlässigen und schnellen Nachweis für die Haftung nach Kondensatbelastung, die eine wesentliche Voraussetzung für Korrosionsschutzwirkung ist.

Die Eignung wurde von den Stoffherstellern auch für bandlegierverzinkte Proben bestätigt.

Bei Bandbeschichtungen zeigt diese Prüfung keine Veränderungen.

zu Abschnitt 8.3.3 (Verhalten und Haftung nach Wärmebehandlung)

Diese Prüfung ist für Bereiche hoher Gebrauchstemperaturen, z.B. bei Sonneneinstrahlung, neu aufgenommen und ersetzt die bisherige Gitterschnittprüfung nach vorhergehender Alterung. Das Ergebnis läßt Rückschlüsse auf Versprödung und innere Spannungen und somit auf das Langzeitverhalten zu, jedoch nicht auf den Einfluß durch UV-Belastung.

zu Abschnitt 8.3.4 (Unterwanderung und Blasenbildung nach Salzsprühnebelprüfung nach DIN 53 167)

Der bisher geforderte zusätzliche Ritz auf den Stahl entfällt, weil das Verhalten an diesem Ritz ein Kriterium für die Verzinkung, nicht für die Beschichtung ist.

zu Abschnitt 8.4 und zu Anhang A (Prüfung auf Verarbeitbarkeit; Umformbarkeit, Rißprüfung nach Biegung in Anlehnung an ISO 1519)

Das Entstehen kleiner Risse im Bereich der Biegezonen und -schultern der Bandbeschichtung wird bei der angewendeten Rollverformungstechnik für unvermeidlich gehalten. Solche Risse führen jedoch zu keiner Korrosion oder sichtbaren Mängeln, wie sorgfältige und differenzierte Laborprüfungen und die Überprüfung von Objekten mit 8 bis gegen 20 Jahren Standzeit in Land- und Stadtatmosphäre erwiesen haben. Eine Gefährdung der Standsicherheit durch Risse mit max. 0,2 mm Breite und max. 2 mm Länge kann als ausgeschlossen gelten.

Bei legierverzinkten Bauteilen ist nach bisherigen Erfahrungen die Korrosionsgefährdung noch geringer einzustufen.

Dies gilt, solange die Beschichtung richtig gewählt und nicht überfordert ist, d.h. bei „normaler atmosphärischer Belastung" ohne zusätzliche korrosive Einflüsse (siehe Abschnitt 3).

Zur Rißproblematik wird geltend gemacht:
- Das Problem wird mit verstärktem Einsatz der Legierverzinkung ZA an Bedeutung abnehmen.
- Bei bisherigen Prüfungen an aus Bauteilen genommenen Probenkörpern wurden keine nachteiligen Ergebnisse festgestellt.
- Durch bessere Abstimmung zwischen Biegeradien und Beschichtungen und Vermeidung zu kleiner Radien lassen sich auch die kleinen Risse vermeiden.

Wurden bisher keine Rißprüfungen gefordert, so werden nunmehr Beschichtungen auf Einhaltung der zulässigen Rißabmessungen 0,2 mm/2 mm geprüft. Risse in der Zinkauflage sind nach DIN EN 10 147 zulässig.

Weil bei den eingesetzten Blechsorten und den Dicken bis zu 3 mm die normgemäßen Biegedorne verbiegen oder brechen würden, wurde das Verfahren nach ISO 1519 modifiziert. Das modifizierte Verfahren ist nicht bis in alle Einzelheiten definiert. Es wird jedoch nach den ECCA-Empfehlungen (Prüfung T 7 mit dem Gerät nach Abschnitt 3 b)) schon jahrelang angewendet, ist in Euronorm 169 übernommen und ausreichend genau. Eine der Praxis entsprechende Prüfbeanspruchung durch Rollverformvorgänge, die stark vom Zustand und Abnutzungsgrad abhängt, ist schwierig normbar. Definition des Rißwiderstandes T = minimaler Dornradius geteilt durch Blechdicke. Anforderung T = max. 4 heißt die für tragende profilierte Bleche übliche Dicke von 0,75 mm bzw. 1,00 mm, daß bei 8 Zwischenlagenblechen gleicher Dicke, also einem Biegeradius von 3 bzw. 4 mm, die Beschichtung keine Risse von mehr als 0,2 mm Breite/2 mm Länge aufweisen darf.

Die Bewertung mit einer Lupe wird zweckmäßigerweise unter Verwendung eines Vergleichsmusters mit den zulässigen Rißabmessungen vorgenommen.

zu Abschnitt 8.5 (Prüfung von Gebrauchseigenschaften)

Diese Bedarfsprüfungen sind als Eignungsprüfungen (siehe Abschnitt 4.1, Absatz (2)) und fallweise bei den Eigenprüfungen durchzuführen, z.B.

- Prüfung auf Empfindlichkeit gegen Verletzung als Trockenfilmhärte nach DIN 53 150, mit dem Eindruckversuch nach Buchholz ISO 2815, als Bleistifthärte nach Euronorm 169 : 1986, Anhang B oder mit der Ritzprüfung nach ISO 1518,
- Prüfung auf Stapelfähigkeit (Verblockungsverhalten abhängig von Zeit, Temperatur, Belastung und Schichtdicke),
- Farbton und Glanz (Lichtbeständigkeit) nach Euronorm 169-85, Abschnitte 4.4.3 und 4.4.4,
- Abriebfestigkeit,
- Überbeschichtbarkeit,
- Reflexion,
- Brandverhalten.

Diese Eigenschaften sind, bis auf letztere, zwar nicht sicherheitsrelevant, jedoch lassen z. B. Veränderungen von Farbton und Glanz durch Bewitterung durchaus auf schlechtes Verhalten gegen atmosphärische Korrosionsbelastung schließen.

Die Farbauswahl ist eingeschränkt, z. B. sind nach DVV-Schrift (Fußnote 3) nur 1/3 der aufgeführten Farbtöne für den Außeneinsatz geeignet. Die Prüfung des Langzeitverhaltens — sicherheitstechnisch nicht ohne Bedeutung — wird wie bisher gefordert (siehe Abschnitt 4.2.2, Absatz (4)), Beurteilung und Bewertung werden aber nicht geregelt. Als Teil der Eignungsprüfung ist die Auswertung Gegenstand der Nachprüfung und Bewertung bei Erst- und Wiederholungsprüfungen. Für die Eigen- und Fremdüberwachung ist sie weniger geeignet, weil über das Korrosionsschutzverhalten üblicherweise erst nach vieljährigen Beobachtungen Aussagen gemacht werden können. Farb- und Glanzveränderungen zeigen sich eher.

zu Tabelle 3 (Beispiele für Korrosionsschutzsysteme: Bandverzinkung/Bandlegierverzinkung ohne/mit Bandbeschichtung (BB))

Die Tabelle enthält in der Praxis bewährte Systeme, die z. T. nach den bisherigen Regelungen zugelassen sind.

Über Eigenschaften und Einsatzgebiete der Bindemittelgruppen siehe Angaben in DIN 55 928 Teil 5/05.91, Abschnitt 3.3. Zu ergänzen ist (aus DVV-Schrift „Bandbeschichtetes Flachzeug für den Bauaußeneinsatz", Tabelle 4):

— Polyesterharz:
Witterungsbeständigkeit befriedigend bis gut
— Siliconmodifiziertes Polyesterharz:
Witterungsbeständigkeit befriedigend bis gut
— Polyvinylidenfluorid:
Witterungsbeständigkeit sehr gut (Temperaturbeständigkeit bis etwa 110 °C)
— PVC-Plastisol:
Witterungsbeständigkeit befriedigend bis sehr gut (UV-empfindlich, bis 60 °C beständig)
— Polyacrylat-Folie:
Witterungsbeständigkeit befriedigend bis gut
— Polyvinylfluorid-Folie:
Witterungsbeständigkeit sehr gut

Die Bindemittel unterscheiden sich generell (wärmehärtend) von denen für Beschichtungen nach DIN 55 928 Teil 5 (lufttrocknend), sie haben deshalb z. T. auch andere Bezeichnungen selbst bei gleichem Kurzzeichen.

Das gilt auch für die Grundbeschichtungen, deren Art vor allem an die Deckbeschichtungen gebunden ist und die an erster Stelle haftvermittelnde Funktion haben.

Siliconmodifizierte Systeme sind in der Herstellung und wie die Folien bei Ausbesserung und Überarbeitung problematisch.

PVC-Plastisol wird bei bestimmten chemischen Belastungen für unverzichtbar gehalten; es hat eine „schaumige" Struktur und wird vorwiegend mit Oberflächenprägung eingesetzt, wobei die Schichtdicke an der dünnsten Stelle einzuhalten ist.

Bei den drei 12 μm dicken Beschichtungen handelt es sich in der Regel um Mindestschichtdicken, weil unter 12 μm das einwandfreie Aussehen der Oberfläche nicht mehr sichergestellt ist.

zu Tabelle 4 (Beispiele für Korrosionsschutzsysteme: Bandverzinkung/Bandlegierverzinkung mit Stückbeschichtung (BS))

Es handelt sich grundsätzlich um die gleichen Beschichtungsstoffe (lufttrocknend) wie in DIN 55 928 Teil 5 enthalten, daher entsprechen sich die Bezeichnungen. Das letzte System fällt aus dem Einsatzbereich der Norm, wird aber als erprobtes Beispiel für bestimmte Einsatzbereiche angesehen. Im übrigen siehe auch zu Tabelle 3.

zu Abschnitt 9 (Überwachung — Tabelle 6)

Im allgemeinen arbeitet der Stückbeschichter im Auftrage des Bauteilherstellers, der auch profiliert (nach DIN 18 807 Teil 1 gilt der Profilierer als Hersteller) und für die Qualitätssicherung verantwortlich ist. Aber auch der Stückbeschichter kann vom Bauherren oder einer Montagefirma beauftragt werden. Dann ist der Stückbeschichter für die Qualitätssicherung verantwortlich und muß den Fremdüberwachungsvertrag abschließen.

Der Hersteller bandbeschichteter Bauteile ist verantwortlich für die Güte des Produktes, aber die Erstprüfung der Beschichtung wird durch den Bandbeschichter veranlaßt und nachgewiesen. Die meisten Eigenüberwachungen können durch Vorlage der vom Bandbeschichter zu fordernden Werksprüfzeugnisse ersetzt werden. Lediglich um Glanz und Farbton muß der Hersteller sich direkt kümmern, um Verwechslungen bei der Bereitstellung auszuschließen, und er hat die Rißprüfung am Bauteil vorzunehmen.

Beschichtungsstoffe werden überprüft, um Typ, Identität und Naßschichtdicke zu prüfen, außerdem durch die „Vorlage" der Unterlagen über die Eignungsprüfung beim Stoffhersteller. Alle anderen Prüfungen werden an den Beschichtungen vorgenommen.

Die Prüfung des Stofftyps und seiner Identität, d. h. der Nachweis, daß der Stoff in seinen Bestandteilen und in einigen festgelegten eigenschaftsbestimmenden Merkmalen dem erstgeprüften Beschichtungsstoff entspricht, kann durch Vorlage eines Werksprüfzeugnisses ersetzt werden.

Losgröße ist eine Produktionseinheit aus gleichartigen Profilen, die im gleichen Zeitraum gleichartig beschichtet wurde.

zu Abschnitt 10 (Kennzeichnung des Korrosionsschutzsystems und der Überwachung)

Kennzeichnung und Überwachungszeichen auf dem Erzeugnis (und nur wenn das nicht möglich ist, auf der Verpackung) und dem Lieferschein entspricht den Anforderungen nach DIN 18 200. Zuständig für den Nachweis ist derjenige, der den Überwachungsvertrag abgeschlossen hat.

Versandeinheit ist z. B. ein Paket oder ein Stapel.

Die Kennzeichnung umfaßt auch den Überzug nach Art und Regeldicke. Abweichungen von den Festlegungen der Tabellen 3 und 4 sind zu beschreiben. Gegebenenfalls sind Angaben über den Rückseitenschutz erforderlich. Mit den Angaben unter b) und c) ist überprüfbar, ob die Beschichtung von dem Bandbeschichter oder dem Profilierer aufgebracht wurde. Gegebenenfalls sind die Daten von Band- und zusätzlicher Stückbeschichtung (siehe Fußnote 2) anzugeben.

Das Gütezeichen RAL-RG 617 gilt derzeit für band-, nicht für bandlegierverzinkte Bleche.

Internationale Patentklassifikation

B 05 D 005/00	C 23 F	C 25 D	C 23 D 005/00	G 01 N 033/20
C 04 B 035/00	C 23 C 014/00	C 23 C 016/00	E 04 B 001/24	

DK 669.146.9 : 620.197 : 693.814
: 667.621/.622

Mai 1991

Korrosionsschutz von Stahlbauten durch Beschichtungen und Überzüge
Beschichtungsstoffe
Zusammensetzung von Bindemitteln und Pigmenten

**DIN
55 928**
Teil 9

Protection of steel structures from corrosion by organic and metallic coatings;
Coating materials; Composition of binders and pigments
Protection des constructions en acier contre la corrosion par application des couches organiques et revêtements métalliques; Produits de revêtement; Composition des liants et des pigments

Ersatz für Ausgabe 09.82

Zu den Normen der Reihe DIN 55928 „Korrosionsschutz von Stahlbauten durch Beschichtungen und Überzüge" gehören:

Teil 1	Allgemeines, Begriffe, Korrosionsbelastungen
Teil 2	Korrosionsschutzgerechte Gestaltung
Teil 3	Planung der Korrosionsschutzarbeiten
Teil 4	Vorbereitung und Prüfung der Oberflächen
Beiblatt 1 zu Teil 4	Photographische Vergleichsmuster
Beiblatt 1 A1 zu Teil 4	Änderung 1 zu Beiblatt 1 zu DIN 55928 Teil 4
Beiblatt 2 zu Teil 4	Photographische Beispiele für maschinelles Schleifen auf Teilbereichen (Norm-Reinheitsgrad PMa)
Beiblatt 2 A1 zu Teil 4	Änderung 1 zu Beiblatt 2 zu DIN 55928 Teil 4
Teil 5	Beschichtungsstoffe und Schutzsysteme
Teil 6	Ausführung und Überwachung der Korrosionsschutzarbeiten
Teil 7	Technische Regeln für Kontrollflächen
Teil 8	(z. Z. Entwurf) Korrosionsschutz von tragenden dünnwandigen Bauteilen
Teil 9	Beschichtungsstoffe; Zusammensetzung von Bindemitteln und Pigmenten

1 Anwendungsbereich und Zweck

(1) Zur Beurteilung von Beschichtungsstoffen und Schutzsystemen sind ihr Verhalten bei Bewitterung oder sonstiger korrosiver Belastung sowie technologische und analytische Prüfungen heranzuziehen.

(2) Diese Norm enthält Angaben über die Zusammensetzung von Bindemitteln und Pigmenten und gibt Hinweise zu ihrer analytischen Prüfung.

(3) Die Benennung eines Beschichtungsstoffes nach einem Bindemittel setzt einen Massenanteil nach Tabelle 1, die Benennung nach einem Pigment einen Massenanteil nach Tabelle 2 voraus.

(4) Die Norm enthält keine Angaben über die Anwendung der Stoffe im Zusammenhang mit der Gefahrstoffverordnung (siehe hierzu DIN 55928 Teil 5).

Fortsetzung Seite 2 bis 6

Normenausschuß Anstrichstoffe und ähnliche Beschichtungsstoffe (FA) im DIN Deutsches Institut für Normung e.V.
Normenausschuß Bauwesen (NABau) im DIN

2 Bindemittel

In Tabelle 1 sind Mindestwerte für den Massenanteil des kennzeichnenden, eigenschaftsbestimmenden Bestandteils von Bindemitteln angegeben und einschlägige Prüfnormen sowie andere Prüfverfahren genannt.
Für Kombinationen von Reaktionsharzen mit Kohlenwasserstoffharzen konnten noch keine Festlegungen aufgenommen werden.

Tabelle 1. **Bindemittel für Beschichtungsstoffe**

1	2	3	4	5	6		7
Kennzahl [1]	Bindemittelgruppe	Kennzeichnendes Bindemittel	Kurzzeichen [2]	Beschreibung	Massenanteil [3]		Prüfnormen Analysenverfahren [4]
					von	% min.	
101		Öl-Kombination	OEL-	Neben Öl zusätzlich andere Bestandteile	OEL	50	DIN 55934, IR, Verseifung [5], Glycerinbestimmung mit Periodat
110		Alkydharz	AK	Siehe DIN 53 183	AK	75	DIN 53 183, IR
111	Überwiegend oxidativ härtend (trocknend)	Alkydharz-Kombination	AK-	Neben Alkydharz zusätzlich andere Bestandteile	AK	40	IR
120		Urethanöl		Öle oder Fettsäuren, mit Polyalkoholen und Polyisocyanaten umgesetzt		75	IR, Stickstoffgehalt; Qualitative Prüfung auf Amine nach Hydrolyse durch GC; Öl-/Fettsäurenachweis nach Hydrolyse
150		Epoxidharzester	EPE	Fettsäuremodifiziertes Epoxidharz	EP	45	IR, KB, K, Verseifung
180		Naturasphalt/Bitumen-Öl-Kombination	B-OEL	Im Unverseifbaren ≥ 75% Naturasphalt (Asphaltit)	OEL	25	IR
200		Vinylchlorid-Copolymerisat	PVC	PVC mit schwer verseifbaren Weichmachern und/oder Harzen Cl-Gehalt des PVC min. 42%	PVC	60	DIN 53 243, IR, KB
201		Vinylchlorid-Copolymerisat-Kombination	PVC-	PVC in Kombination mit Alkydharz und/oder anderen Bindemitteln, Cl-Gehalt min. 42%	PVC	30	IR, KB
210	Überwiegend physikalisch trocknend	Chlorkautschuk	RUC	Siehe DIN 53 243, Beschichtungsstoffe mit schwer verseifbaren Weichmachern und/oder Harzen	RUC	45	DIN 53 243, IR
211		Chlorkautschuk-Kombination	RUC-	Chlorkautschuk mit Alkydharz und/oder Öl und/oder anderen Bindemitteln	RUC	30	DIN 53 243, IR
220		Cyclokautschuk	RUI	Vorwiegend ein cyclisierter Naturkautschuk mit schwer verseifbaren Weichmachern	RUI	50	IR, Pyrolyse-GC
221		Cyclokautschuk-Alkydharz	RUI-AK	Cyclokautschuk mit Alkydharz	RUI	30	IR
250		Acrylharz-Copolymerisat	AY	Acrylharz nach DIN 53 186	AY	50	DIN 53 186, KB

Fußnoten [1] bis [5] siehe Seite 3

DIN 55928 Teil 9 Seite 3

Tabelle 1. (Fortsetzung)

1	2	3	4	5	6		7
Kenn-zahl[1]	Binde-mittel-gruppe	Kennzeichnendes Bindemittel	Kurz-zeichen[2]	Beschreibung	Massenanteil[3] von	% min.	Prüfnormen Analysenverfahren[4]
260	überwiegend physikalisch trocknend	Polyvinyl-butyral	PVB	Polyvinylacetal, acetalisiert mit Butyraldehyd	PVB	70	IR, KB
261		Polyvinyl-butyral-Kombination	PVB-	mit Phenolharz und/oder Epoxidharz	PVB	30	IR, KB
270		Steinkohlenteerpech, gefüllt	T	Bei der Destillation von Steinkohlenteer als Rückstand gewonnenes Pech mit Füllstoffen	T	90	Normen der Reihe DIN 1995, IR
300	Bindemittel für Reaktions-Beschichtungsstoffe	Epoxidharz[6] – lösemittelhaltig	EP	Kalthärtend, mit aminogruppenhaltigen Verbindungen im Härter	EP[7]	80	DIN 53188, DIN 16945, IR
		– lösemittelarm[8]		Kalthärtend, mit flüssigen Harzen und ggf. reaktiven Lösemitteln[8]	EP[7]	75	
301		Epoxidharz-Teerpech	EP-T	Epoxidharz-Teerpech-Kombination	EP[6][7]	40	IR
310		Polyurethan[6]	PUR	Reaktionsprodukte aus Polyisocyanaten und Polyolverbindungen oder Polyisocyanaten und Luftfeuchte			DIN 53185, IR, KB, N[9]
		– lösemittelhaltig			PUR[7]	90	
		– lösemittelarm			PUR[7]	75	
311		Polyurethan-Teerpech	PUR-T	Polyurethan-Teerpech-Kombination	PUR[7]	40	DIN 53185, DIN 1995 (für Teer), IR
500	Sonstige Bindemittel	Ethylsilicat	ESI	Organische Kieselsäureester	SiO_2	70	[10]
520		Siliconharz	SI	Polysiloxane	SI	80	DIN 53587, IR, KB[11]
530		Alkalisilicat	ASI	Alkalisilicate	ASI	85	AAS[12]

[1] Kennzahl nach DIN 55928 Teil 5
[2] Kurzzeichen nach DIN 55950 (außer für ESI und ASI); ein Bindestrich hinter oder zwischen den Kurzzeichen gilt für Kombinationen.
[3] Mindestwerte für den Massenanteil des kennzeichnenden, eigenschaftsbestimmenden Bestandteils in der Bindemittel-Mischung, bei Kennzahl 200 und 201 Massenanteil an Copolymerisat.
[4] GC = Gaschromatographie
 IR = IR-Spektrographie
 KB = Krause-Lange, Kunststoff-Bestimmungsmöglichkeiten, Carl Hanser Verlag
 K = Kaiser, Quantitative Bestimmung organischer funktioneller Gruppen. Akademische Verlagsgesellschaft, Frankfurt/Main (1966).
 Die angegebenen Prüfnormen legen Prüfverfahren für die jeweilige Bindemittelgruppe fest, enthalten aber keine Verfahren zur Bestimmung des Massenanteils.
[5] Verseifung mit Kaliumhydroxid in Butanol in Anlehnung an DIN 53183
[6] Angaben „lösemittelhaltig" und „lösemittelarm" beziehen sich auf die Lieferform des Beschichtungsstoffes.
[7] Einschließlich Härter
[8] Begriffe „Lösemittelarmer Beschichtungsstoff" und „Reaktives Lösemittel" siehe DIN 55945
[9] N-Bestimmung nach Kjeldahl, Zeitschrift für analytische Chemie 26 (1954) 1273, Springer Verlag, Berlin
[10] SiO_2 aus Kieselsäureester im gehärteten Zustand
[11] Zeitschrift für analytische Chemie 227 (1967) 96, Springer Verlag, Berlin
[12] Atomabsorptionsspektrometrie

3 Korrosionsschutzpigmente

Tabelle 2 enthält Angaben über kennzeichnende Korrosionsschutzpigmente für Fertigungsbeschichtungen, Grundbeschichtungen und Kantenschutz. In Grundbeschichtungen werden häufig Pigment-Füllstoff-Mischungen verwendet. In Tabelle 2 sind Mindestwerte für den Massenanteil an Korrosionsschutzpigment in solchen Mischungen angegeben.

Tabelle 2. **Korrosionsschutzpigmente für Fertigungsbeschichtungen, Grundbeschichtungen und Kantenschutz**

1	2	3	4	5
Pigment	Beschreibung	Massenanteil [1] % min.	Zu bestimmen	Analysenverfahren
Bleimennige	DIN 55916	60	Pb	DIN 55916
Zinkweiß	DIN 55908 Teil 2	[2]	Zn	DIN 55908 Teil 2
Farbenzinkoxid				
Zinkphosphat [3]	DIN 55971	20 [4]	Zn, PO_4	DIN 55971
Zinkstaub	DIN 55969 [6]	92 [5]	Zn (metallisch)	DIN 55969 [6]
Eisenglimmer	Schuppenförmiges, aus natürlich vorkommenden kristallinem Eisenoxid bestehendes Pigment mit mindestens 85 % Fe_2O_3 [7].	55	Fe_2O_3	DIN 55913 Teil 2

[1] Mindestwerte für den Massenanteil des Korrosionsschutzpigmentes nach Spalte 1 in der Pigment-Füllstoff-Mischung des Beschichtungsstoffes
[2] Festlegung nicht erforderlich
[3] Auch modifizierte Zinkphosphate (Aluminiumzinkphosphat $Zn-PO_4-Al$)
[4] Beschichtungsstoffe mit einem Massenanteil von weniger als 20 %, aber mindestens 10 % Zinkphosphat in Verbindung mit zusätzlichen Korrosionsschutzpigmenten, z. B. Zinkoxid, in der Pigment-Füllstoff-Mischung können gleiche Korrosionsschutzwirkung erzielen. Solche Beschichtungsstoffe sind als „zinkphosphathaltig" zu bezeichnen.
[5] Bei Beschichtungsstoffen mit Einkomponenten-Ethylsilicat als Bindemittel mindestens 88 %. Beschichtungsstoffe mit einem niedrigeren Massenanteil als 88 bzw. 92 % an Zinkstaub, jedoch mindestens 65 % in der Pigment-Füllstoff-Mischung des Beschichtungsstoffes, sind als „zinkstaubhaltig" zu bezeichnen.
[6] Vorgesehene Neufassung siehe DIN ISO 3549 (z. Z. Entwurf)
[7] Norm in Vorbereitung

Zitierte Normen und andere Unterlagen

Normen der Reihe

DIN 1995	Bitumen und Steinkohlenteerpech
DIN 16945	Reaktionsharze, Reaktionsmittel und Reaktionsharzmassen; Prüfverfahren
DIN 53183	Anstrichstoffe; Alkydharze; Prüfung
DIN 53185	Anstrichstoffe; Isocyanatharze; Prüfung
DIN 53186	Bindemittel für Lacke und Anstrichstoffe; Acrylharze; Prüfung
DIN 53188	Anstrichstoffe; Epoxidharze; Prüfung
DIN 53243	Anstrichstoffe; Chlorhaltige Polymere; Prüfung
DIN 53587	Prüfung von Kautschuk, Kautschukmischungen und Elastomeren; Bestimmung des Pyrolyserückstandes von Siliconkautschuk-Erzeugnissen
DIN 55908 Teil 2	Pigmente; Zinkweiß; Analysenverfahren
DIN 55913 Teil 2	Pigmente; Eisenoxid-Pigmente; Analysenverfahren
DIN 55916	Pigmente; Bleimennige; Technische Lieferbedingungen
DIN 55928 Teil 5	Korrosionsschutz von Stahlbauten durch Beschichtungen und Überzüge; Beschichtungsstoffe und Schutzsysteme
DIN 55934	Bindemittel für Anstrichstoffe; Leinöl und verwandte Erzeugnisse; Prüfverfahren
DIN 55945	Beschichtungsstoffe (Lacke, Anstrichstoffe und ähnliche Stoffe); Begriffe
DIN 55950	Anstrichstoffe und ähnliche Beschichtungsstoffe; Kurzzeichen für die Bindemittelgrundlage
DIN 55969	Pigmente; Zinkstaub-Pigmente; Technische Lieferbedingungen
DIN 55971	Pigmente; Zinkphosphat-Pigmente; Technische Lieferbedingungen
DIN ISO 3549	(z. Z. Entwurf) Zinkstaubpigmente für Anstrichfarben; Anforderungen und Prüfverfahren; Identisch mit ISO/DIS 3549 : 1990

Frühere Ausgaben

DIN 55928 Teil 9: 09.82

Änderungen

Gegenüber der Ausgabe September 1982 wurden folgende Änderungen vorgenommen:

a) Die Angaben in den Tabellen über die Zusammensetzung von Bindemitteln und Pigmenten wurden überarbeitet.
b) Die bisherige Tabelle 2 mit Angaben über Analysenverfahren für weitere Bindemittel wurde gestrichen.
c) Der Inhalt wurde gestrafft, redaktionell überarbeitet und auf den neuesten Stand gebracht.

Erläuterungen

Die vorliegende Norm wurde vom FA/NABau-Arbeitsausschuß 10 „Korrosionsschutz von Stahlbauten" ausgearbeitet, und zwar federführend vom Unterausschuß 10.5, welcher für die Teile 5, 8 und 9 von DIN 55928 zuständig ist.

Die aus 9 Teilen bestehende Norm DIN 55928 führte seit ihrem Erscheinen zu einer umfassenden Anwendung in allen Bereichen des Stahlbaues. Erhöhte Umweltschutzforderungen, verbesserte Meßverfahren, Entwicklung neuer Verfahren, Schaffung neuer tangierender Normen machten eine Überarbeitung aller Teile von DIN 55928 erforderlich. Dies führte zu Änderungen und Ergänzungen im unbedingt erforderlichen Umfang, aber auch zu Kürzungen dort, wo dies möglich war.

Die Normen der Reihe DIN 55928 wurden unter Berücksichtigung der korrosionsrelevanten Randbedingungen im Zuständigkeitsbereich des DIN erarbeitet. Gegen eine Anwendung außerhalb dieses Bereiches – z. B. im Ausland – bestehen keine Bedenken, wenn dort vorliegende Abweichungen angemessen berücksichtigt werden.

Die wesentlichen Änderungen gegenüber der bisher gültigen Norm DIN 55928 Teil 9 ergaben sich infolge der vorstehend genannten Gründe im Zusammenhang mit der Überarbeitung von DIN 55928 Teil 5. Die Gründe für die Änderungen werden dort erläutert.

Tabelle 1 Bindemittel für Beschichtungsstoffe

Angaben über Öl, Bitumen, ungefülltes Steinkohlenteerpech, Polychloropren und chlorsulfoniertes Polyethylen sind entfallen, Angaben über Siliconharze sind neu aufgenommen. Damit sind nur solche Bindemittel enthalten, über die im Text des Teils 5 Angaben gemacht und die in den System-Tabellen aufgeführt sind. Die Kennzahlen entsprechen denen in Teil 5 oder deren Systematik (siehe auch Teil 5/05.91, Abschnitt 5.2).

Bei den AK-Kombinationen, bei Urethanöl und den reaktiv härtenden Bindemitteln wurden die Mindestanteile des kennzeichnenden Bindemittels den zwischenzeitlichen Erfahrungen und Entwicklungen entsprechend heraufgesetzt. Einige Beschreibungen wurden geändert, um sie innerhalb gleicher Gruppen zu vereinheitlichen oder zu erweitern und zu verbessern. Die Analysenverfahren wurden um die Gaschromatographie und Atomabsorptionsspektrometrie ergänzt. Die bisherige Tabelle 2 wurde gestrichen, weil sie für die in DIN 55928 enthaltenen Regelungen entbehrlich ist.

Tabelle 2 Korrosionsschutzpigmente für Fertigungsbeschichtungen, Grundbeschichtungen und Kantenschutz

Angaben über chromathaltige Pigmente entfielen aus Arbeits- und Umweltschutzgründen, solche über Eisenoxidrot, weil sie im Zusammenhang mit dieser Tabelle nicht als Korrosionsschutzpigment eingestuft werden sollte. Angaben über Zinkweiß und Eisenglimmer wurden aufgenommen; letzteres ist zwar auch kein Korrosionsschutzpigment laut genormter Definition, hat aber im Einsatzbereich dieser Norm auch in Grundbeschichtungen Bedeutung. Der Eisenglimmer-Anteil ist abhängig vom Bindemittel und auch von der Farbe des Beschichtungsstoffes; er soll, wo möglich, höher als der angegebene Mindestwert sein.

Zu Zinkphosphat:

Eine konsensfähige Festlegung des Mindestanteils und der Wortlaut der Fußnote 4 war auch 8 Jahre nach Erscheinen der ersten Ausgabe der Norm DIN 55928 Teil 9 nicht leicht herzustellen, da die Meinungen über die Korrosionsschutzwirkung von Zinkphosphat nicht einhellig sind. Für die Überarbeitung mußte aber dem derzeitigen Entwicklungs- und Praxisstand entsprochen werden. Als es um den Austausch von Zinkchromat und Bleimennige ging, überwogen zunächst Zusammensetzungen mit über 20% Zinkphosphat oder nur wenig darunter. Ihre Korrosionsschutzwirkung war vergleichsweise gut bis sehr gut. Kurz vor Erscheinen der Ausgabe September 1982 dieser Norm wurden Prüfungen mit Stofftypen abgeschlossen, die alle mindestens 20% Zinkphosphat enthielten. Dieser Typ fand dann Aufnahme in die TL 918300 der Deutschen Bundesbahn. Vor diesem Hintergrund wurde für diese Norm ein 20%-Anteil als kennzeichnender Mindestgehalt gewählt. In der Zwischenzeit sind Fortschritte in der Auswahl der verschiedenen Zinkphosphattypen, in den Kombinationen mit anderen Pigmenten u. a. gemacht worden, so daß es heute auch Zusammensetzungen mit 10 bis 20% Zinkphosphatanteil und anderen Korrosionsschutzpigmenten gibt, die für sehr viele Einsatzzwecke durchaus gleichwertigen Korrosionsschutz geben. Darauf wird in der Fußnote 4 verwiesen. Für einige Einsatzbereiche oder -bedingungen können Zusammensetzungen mit mehr als 20% Zinkphosphatanteil problematisch sein, z. B. bei Wasserbelastung. Wenn auch die Bezeichnungen Zinkphosphat- und zinkphosphathaltiger Grundbeschichtungsstoff keine generelle Qualitätsaussage zulassen und nicht als schematisches qualitative Merkmal verstanden werden sollen, so hat die Unterscheidung doch orientierenden Charakter. Es ist aber zu beachten, daß die Formulierung zinkphosphat h a l t i g e r Beschichtungsstoffe bei Erwartung guter Korrosionsschutzwirkung ein hohes Maß an Erfahrung und Können voraussetzt.

Zu Zinkstaub:

Die Mindestwerte berücksichtigen, daß nach Teil 5 nunmehr als Regelfall die Abtönung mit 2,5% Eisenoxidrot vorgenommen wird, um aus Kontrollgründen einen Farbkontrast zur gestrahlten Oberfläche zu erhalten. Bei 1-K-Ethylsilicat ist der Mindestanteil wegen der zum Trocknen erforderlichen Hilfs- und Quellmittel reduziert. Zinkstaubhaltige Grundbeschichtungsstoffe mit einem Anteil zwischen 65 und 88/92% können bei geeigneter Zusammensetzung ebenfalls sehr gute Korrosionsschutzwirkung geben. Der Anteil an Zinkstaub läßt sich aus der Dichte des Beschichtungsstoffes abschätzen.

Internationale Patentklassifikation

C 09 D 1/02	C 09 D 133/04
C 09 D 5/08	C 09 D 163/00
C 09 D 5/10	C 09 D 167/00
C 09 D 17/00	C 09 D 175/04
C 09 D 7/12	C 09 D 183/04
C 09 D 115/02	C 09 D 191/00
C 09 D 127/06	C 09 D 195/00
C 09 D 129/14	C 23 F 15/00

Lacke und Anstrichstoffe Fachausdrücke und Definitionen für Beschichtungsstoffe und Beschichtungen Weitere Begriffe und Definitionen zu DIN EN 971-1 sowie DIN EN ISO 4618-2 und DIN EN ISO 4618-3	**Juli 1999** **DIN** **55945**

ICS 01.040.87; 87.040

Paints and varnishes – Terms and definitions for coating materials –
Further terms and definitions regarding the standards DIN EN 971-1
as well as DIN EN ISO 4618-2 and DIN EN ISO 4618-3

Mit DIN EN 971-1 : 1996-09,
DIN EN ISO 4618-2 : 1999-07
und
DIN EN ISO 4618-3 : 1999-07
Ersatz für Ausgabe 1996-09

Peintures et vernis – Termes et définitions pour produits de peinture –
Termes et définitions additionel concernant les normes DIN EN 971-1,
DIN EN ISO 4618-2 et DIN EN ISO 4618-3

Vorwort

Diese Norm wurde vom FA-Arbeitsausschuß 1 "Begriffe" erarbeitet.

In DIN 55945 Beiblatt 1 : 1996-09 wird auf weitere Normen hingewiesen, die Begriffsdefinitionen für Beschichtungsstoffe sowie für Eigenschaften von Beschichtungsstoffen und Beschichtungen enthalten.

In DIN EN 971-1 Beiblatt 1 : 1996-09 sind nationale Erläuterungen zu den in DIN EN 971-1 : 1996-09 aufgeführten Begriffen enthalten.

Anhang A ist informativ und enthält ein Verzeichnis der in den Normen DIN EN 971-1 sowie DIN EN ISO 4618-2 und DIN EN ISO 4618-3 aufgeführten Fachausdrücke und Definitionen.

Anhang B ist informativ und enthält eine Übersicht über die zur Zeit auf dem Gebiet der Beschichtungsstoffe und Beschichtungen vorliegenden Internationalen Normen und Norm-Entwürfe mit terminologischen Festlegungen.

Änderungen

Gegenüber der Ausgabe September 1996 wurden folgende Änderungen vorgenommen:

a) Definitionen zu Begriffen, die in DIN EN ISO 4618-2 : 1999-07 enthalten sind, gestrichen.

b) Definitionen zu Begriffen, die in DIN EN ISO 4618-3 : 1999-07 enthalten sind, gestrichen.

c) Begriffe Anstrichfarbe, Anstrichfilm, Antistatikum, Außenanstrich, Deckanstrich, Flüssigschichtdicke, Härtungszeit, Innenanstrich, Kontamination, Kunstharzlack, Öllack, Polyester, reaktives Verdünnungsmittel, Transparentlack, Trocknungszeit, Überlackierbarkeit, Verarbeitungszeit, Verdunstungszeit, Wärmedämm-Verbundsystem und Zwischenanstrich gestrichen.

d) Begriffe anodisches Elektrotauchbeschichten, kathodisches Elektrotauchbeschichten und Zubereitung aufgenommen.

e) Inhalt der Norm redaktionell und fachlich überarbeitet.

Fortsetzung Seite 2 bis 11

Normenausschuß Anstrichstoffe und ähnliche Beschichtungsstoffe (FA) im DIN Deutsches Institut für Normung e.V.

Seite 2
DIN 55945 : 1999-07

Frühere Ausgaben

DIN 55945-1: 1957x-01, 1961x-03, 1968-11
DIN 55945: 1973-10, 1978-04, 1983-08, 1988-12, 1996-09
DIN 55947: 1973-08, 1986-04

1 Anwendungsbereich

Die Begriffe nach dieser Norm gelten im Sinne der Lackindustrie und der Verbraucher (Industrie, Handwerk, nichtgewerbliche Endverbraucher), die die Erzeugnisse der Lackindustrie verarbeiten. Sie sollen darüber hinaus auch Grundlage für den Behördenverkehr, für Gutachten und ähnliches sein.

2 Normative Verweisungen

Diese Norm enthält durch datierte oder undatierte Verweisungen Festlegungen aus anderen Publikationen. Diese normativen Verweisungen sind an den jeweiligen Stellen im Text zitiert, und die Publikationen sind nachstehend aufgeführt. Bei datierten Verweisungen gehören spätere Änderungen oder Überarbeitungen dieser Publikationen nur zu dieser Norm, falls sie durch Änderung oder Überarbeitung eingearbeitet sind. Bei undatierten Verweisungen gilt die letzte Ausgabe der in Bezug genommenen Publikation.

DIN 50900-1
Korrosion der Metalle – Begriffe – Teil 1: Allgemeine Begriffe

DIN 53778-1
Kunststoffdispersionsfarben für Innen – Teil 1: Mindestanforderungen

DIN V 55650
Bindemittel für Lacke und ähnliche Beschichtungsstoffe – Begriffe

DIN 55943:1993-11
Farbmittel – Begriffe

DIN 55944
Farbmittel – Einteilung nach koloristischen und chemischen Gesichtspunkten

DIN 55980:1979-05
Bestimmung des Farbstichs von nahezu weißen Proben

DIN EN 456:1991-09
Lacke, Anstrichstoffe und ähnliche Produkte – Bestimmung des Flammpunktes; Schnellverfahren (ISO 3679 : 1983 modifiziert); Deutsche Fassung EN 456 : 1991

DIN EN 971-1
Lacke und Anstrichstoffe – Fachausdrücke und Definitionen für Beschichtungsstoffe – Teil 1: Allgemeine Begriffe; Dreisprachige Fassung EN 971-1 : 1996

Beiblatt 1 zu DIN EN 971-1
Lacke und Anstrichstoffe – Fachausdrücke und Definitionen für Beschichtungsstoffe – Teil 1: Allgemeine Begriffe, Erläuterungen

DIN EN ISO 4618-2
Lacke und Anstrichstoffe – Fachausdrücke und Definitionen für Beschichtungsstoffe – Teil 2: Spezielle Fachausdrücke für Merkmale und Eigenschaften; Dreisprachige Fassung EN ISO 4618-2 : 1999

DIN EN ISO 4618-3
Lacke und Anstrichstoffe – Fachausdrücke und Definitionen für Beschichtungsstoffe – Teil 3: Oberflächenvorbereitung und Beschichtungsverfahren; Dreisprachige Fassung EN ISO 4618-3 : 1999

DIN EN ISO 4623
Lacke, Anstrichstoffe und ähnliche Beschichtungsstoffe – Filiform-Korrosionsprüfung an Beschichtungen auf Stahl (ISO 4623 : 1984) Deutsche Fassung EN ISO 4623 : 1995

DIN EN ISO 12944-5
Beschichtungsstoffe – Korrosionsschutz von Stahlbauten durch Beschichtungssysteme – Teil 5: Beschichtungssysteme (ISO 12944-5 : 1998); Deutsche Fassung EN ISO 12944-5 : 1998

Seite 3
DIN 55945 : 1999-07

3 Definitionen

ANMERKUNG: In den Definitionen sind diejenigen Benennungen, für die an anderer Stelle in dieser Norm Definitionen gegeben sind, durch **Fettdruck** gekennzeichnet.

Abbeizmittel: Alkalische, saure oder neutrale Zubereitung, die, auf eine Beschichtung aufgebracht, diese so erweicht, daß sie von ihrem Substrat entfernt werden kann. Die Abbeizmittel können flüssig oder pastenförmig sein.

ANMERKUNG: Die alkalischen Abbeizmittel werden auch "Ablaugemittel" und die neutralen (lösenden) Abbeizmittel auch "Abbeizfluide" genannt.

Abdampfrückstand: Unter definierten Prüfbedingungen ermittelter nichtflüchtiger Anteil von Löse- und Verdünnungsmitteln.

ANMERKUNG: Der Begriff gilt nicht für Beschichtungsstoffe, siehe nichtflüchtiger Anteil (DIN EN 971-1).

Abdunsten: Teilweises oder völliges Verdunsten der flüchtigen Anteile, ehe die **Filmbildung** vollendet ist und/oder eine weitere Beschichtung aufgebracht werden kann.

ANMERKUNG: Der Begriff Ablüften wird auch verwendet.

Abscheideäquivalent: Elektrizitätsmenge, die beim Elektrotauchbeschichten notwendig ist, um 1 g oder 1 cm^3 gehärtete Beschichtung auf dem zu beschichtenden Objekt zu erhalten (Angabe des Abscheideäquivalentes in A · s/g oder A · s/cm^3).

Abscheiden: Siehe unter Elektrotauchlackieren (DIN EN ISO 4618-3).

Abscheidespannung: Beim Elektrotauchbeschichten erforderliche Spannung.

ANMERKUNG: Die Abscheidespannung hängt von verschiedenen Parametern ab und kann sich während des Beschichtungsvorganges ändern.

Absperrmittel: Zubereitung, um Einwirkungen von Stoffen aus dem Substrat auf die Beschichtung oder umgekehrt von der Beschichtung auf das Substrat oder zwischen einzelnen Schichten einer Beschichtung zu verhindern.

ANMERKUNG: Die hierfür noch gebrauchte Benennung "Isoliermittel" sollte vermieden werden, um Verwechslungen mit Wärme- und Schalldämmstoffen und elektrischen Isolierstoffen zu vermeiden.

Alkydharzlack: Beschichtungsstoff, der als charakteristisches Bindemittel Alkydharz enthält. Die **Filmbildung** kann nach verschiedenen Mechanismen erfolgen. Lufttrocknende Alkydharzlacke härten oxidativ; wärmehärtende Alkydharzlacke (Einbrennlacke) härten unter Beteiligung anderer Filmbildner.

Anlaufen: Siehe Weißanlaufen (DIN EN ISO 4618-2).

Anodisches Elektrotauchbeschichten: Tauchverfahren, bei dem der Beschichtungsstoff aus wäßriger Phase durch Einwirken eines elektrischen Feldes auf dem als Anode geschalteten metallischen Substrat abgeschieden wird.

Anstrich: Traditionelle Bezeichnung für Beschichtung. Bei mehrschichtigen Anstrichen spricht man auch von einem Anstrichaufbau (Anstrichsystem).

Zur näheren Kennzeichnung der Beschichtung waren z. B. folgende Benennungen gebräuchlich:

a) nach der Art des Bindemittels:
   z. B. Alkydharzanstrich, Chlorkautschukanstrich, Epoxidharzanstrich;

b) nach der Art des zu beschichtenden Substrates:
   z. B. Holzanstrich, Betonanstrich;

c) nach der Art der Anwendung im Anstrichaufbau:
   z. B. Grundanstrich, Deckanstrich;

d) nach der Art des zu beschichtenden Objektes:
   z. B. Fensteranstrich, Schiffsanstrich, Brückenanstrich;

e) nach der Art der Funktion der Beschichtung:
   z. B. Korrosionsschutzanstrich, Brandschutzanstrich, Außenanstrich, Innenanstrich.

Applikationsverfahren: Synonymer Ausdruck für Beschichtungsverfahren (DIN EN 971-1).

ANMERKUNG: Siehe auch Tabelle 2 in DIN EN 971-1 Beiblatt 1.

ATL: Abkürzung für anodisches Elektrotauchlackieren. Siehe **anodisches Elektrotauchbeschichten**.

Beschichtungspulver: Pulverförmiger Beschichtungsstoff.

Beschichtungsstoff, lösemittelarm: Siehe **lösemittelarmer Beschichtungsstoff.**

Beständigkeit: Widerstand eines Materials gegen Veränderung seiner Eigenschaften unter Beanspruchung oder Belastung.

ANMERKUNG: Zur Kennzeichnung der Beanspruchung wird der Begriff Beständigkeit in Wortkombinationen gebraucht, wie Abrieb..., Korrosions..., Säure..., Scheuer..., Steinschlag..., Wärme..., Wasch..., Wetter... usw.

Biolack und Wortkombinationen mit **Bio...:** Siehe Anmerkung zu **Naturlack.**

Brandschutzbeschichtung, dämmschichtbildende: Siehe **Dämmschichtbildende Brandschutzbeschichtung.**

Brillanz: Ausdruck für die besonderen Reflexionseigenschaften einer hochglänzenden, schleierfreien Oberfläche.

Cold-Check-Test: Prüfung von Beschichtungen durch schroffen Temperaturwechsel.

Dämmschichtbildende Brandschutzbeschichtung: Beschichtung, die bei Wärmeeinwirkung unter Aufschäumen eine Dämmschicht bildet und so thermisch empfindliche Substrate wie Holzbaustoffe und Stahlbauteile über eine begrenzte Dauer vor Schädigung oder Zerstörung schützt.

Dekontaminierbarkeit: Eigenschaft einer Beschichtung, von Verunreinigungen zerstörungsfrei gesäubert werden zu können.

Dispersionslackfarbe: Beschichtungsstoff auf der Grundlage einer wäßrigen **Kunststoffdispersion,** der eine Beschichtung mit dem Aussehen einer **Lackierung** ergibt.

Durchhärtung; Durchtrocknung: Erreichen der Gebrauchshärte einer Beschichtung in der gesamten Schicht, wobei die Benennungen "Durchhärtung" und "Durchtrocknung" sinngemäß für die Begriffe **Härtung** und **Trocknung** verwendet werden.

Durchrostungsgrad: Anteil der von Rost durchbrochenen Flächen einer Beschichtung.

Durchschlagen: Bei Beschichtungsstoffen bzw. bei Beschichtungen ist Durchschlagen

a) das Sichtbarwerden von Bestandteilen, die aus dem Substrat oder einer vorhandenen Beschichtung in die darüberliegende Schicht einwandern,

b) das Sichtbarwerden von Bestandteilen der Beschichtung auf der Rückseite des Substrates (z. B. Papier).

Durchtrocknung: Siehe **Durchhärtung.**

Effektlackierung: Lackierung, bei der gewollt zusätzlich zur Farbe visuell wahrnehmbare Eigenschaften wie Glanz (nicht Oberflächenglanz), Winkelabhängigkeit der Farbe, Struktur oder Textur vorhanden sind.

ANMERKUNG: Beispiele für Beschichtungsstoffe, die Effektlackierungen ergeben, sind Eisblumeneffektlack, Hammerschlaglack, Mehrfarbeneffektlack, Metalliclack, Narbeneffektlack, Noppenlack, Perlmuttlack, Reißlack/Krakeleélack, Runzellack (Kräusellack), Spinnweblack, Strukturlack, Tröpfellack und Tupflack.

Einkomponenten-Reaktions-Beschichtungsstoff: Reaktions-Beschichtungsstoff, bei dem die chemische Reaktion, die zur **Härtung** führt, über physikalische und/oder chemische Einwirkungen erfolgt, z. B. durch UV-Strahlung oder Luftfeuchte.

Einlaßmittel: Siehe **Imprägniermittel.**

Elektrotauchlackieren, anodisch (ATL): Siehe **anodisches Elektrotauchbeschichten.**

Elektrotauchlackieren, kathodisch (KTL): Siehe **kathodisches Elektrotauchbeschichten.**

ETL: Abkürzung für Elektrotauchlackieren. Siehe DIN EN ISO 4618-3.

Farblack: Durch Fällen eines gelösten Farbstoffes auf einem Trägermaterial mit einem Fällungsmittel erzeugtes Pigment.

ANMERKUNG: Farblack ist also kein Beschichtungsstoff im Sinne dieser Norm, sondern ein **Farbmittel.**

Farbmittel: Oberbegriff für alle farbgebenden Substanzen [DIN 55943 : 1993-11].

ANMERKUNG: Einteilung der Farbmittel siehe DIN 55944.

Farbstich: Geringer Anteil an bunt einer nahezu weißen oder nahezu unbunten Probe, durch den die Farbe einer Probe von ideal weiß oder (ideal) unbunt abweicht [DIN 55980 : 1979-05].

Farbzahl: Unter festgelegten Bedingungen ermittelter Kennwert für die Farbe von transparenten Substanzen, der durch optischen Vergleich festgestellt wird (z. B. auch Platin-Cobalt-Farbzahl, Iodfarbzahl).

Fertigungsbeschichtung: Im Fertigungsbetrieb erzeugte Beschichtung, die die Aufgabe hat, Metallteile während Transport, Lagerung und Bearbeitung zeitlich begrenzt vor Korrosion zu schützen.

Festkörperreicher Beschichtungsstoff: Siehe **High-Solid-Beschichtungsstoff**.

Filiformkorrosion: Fadenförmige Korrosionserscheinung unter Beschichtungen, vorzugsweise auf Aluminium- und Magnesiumlegierungen oder Stahloberflächen.

ANMERKUNG: Siehe auch DIN EN ISO 4623 und DIN 50900-1 fadenförmige Angriffsform.

Filmbildner: Bindemittel, das für das Zustandekommen des Films notwendig ist.

Filmbildung: Siehe **Verfestigung**.

Filmfehler: Störungen an und in der Beschichtung, die meist nach ihrer Form oder ihrem Aussehen benannt werden, wie z. B. Gardinen, Krater, Läufer, Nadelstiche, Kochblasen (Kocher).

Firnis: Benennung für nichtpigmentierte Beschichtungsstoffe, die aus Ölen oder Harzlösungen oder Mischungen dieser Stoffe bestehen. Im Einzelfall muß deshalb die Benennung "Firnis" zusammen mit kennzeichnenden Wortzusätzen (z. B. **Leinölfirnis**, Harzfirnis) gebraucht werden.

Flammpunkt: Mindesttemperatur, auf die ein Produkt in einem geschlossenen Tiegel erwärmt werden muß, damit sich die entstandenen Dämpfe in Gegenwart einer Flamme augenblicklich entzünden, wenn unter genormten Bedingungen gearbeitet wird. [DIN EN ISO 456 : 1991-09]

Füllvermögen: Eigenschaft eines Beschichtungsstoffes, die Unebenheiten des Substrates auszugleichen.

Gardinen: Siehe unter **Filmfehler**.

Härter: Bindemittelanteil, der die **Härtung** bewirkt.

Härtung: Übergang eines aufgetragenen Beschichtungsstoffes aus dem flüssigen (oder bei Pulverlacken über den flüssigen) in den festen Zustand unter Molekülvergrößerung durch chemische Reaktionen.

ANMERKUNG: Im heutigen Sprachgebrauch wird statt der korrekten Benennung "oxidative Härtung" noch vielfach der Ausdruck "oxidative Trocknung" angewendet.

Härtungsdauer: Zeitspanne zwischen dem Auftragen eines Beschichtungsstoffes und dem Erreichen eines bestimmten Zustandes während der Filmbildung durch **Härtung**.

ANMERKUNG: Bestimmte Zustände sind z. B. klebfrei, griffest, montagefest, stapelfest.

High-Solid-Beschichtungsstoff: Beschichtungsstoff mit einem hohen Gehalt an nichtflüchtigen Anteilen.

Imprägniermittel: Niedrigviskose, kapillaraktive **Zubereitung** zum Behandeln saugfähiger Substrate (z. B. Beton, Holz, Putz, Gewebe), um deren Saugfähigkeit zu verringern oder ganz aufzuheben und/oder wasserabweisend zu machen oder zu verfestigen. Imprägniermittel können Wirkstoffe enthalten, die gegen schädliche Einflüsse oder gegen leichte Entflammbarkeit schützen. Imprägniermittel können einen Bestandteil des Beschichtungssystems bilden.

ANMERKUNG: Im Sprachgebrauch wird ein Einlaßmittel für mineralische Substrate häufig auch "Tiefgrund" genannt. Siliconhaltige Imprägniermittel werden auch "Hydrophobiermittel" genannt.

Kalkfarbe: Wäßrige Aufschlämmung von gelöschtem Kalk, dem gegebenenfalls Pigmente und/oder geringe Mengen anderer Bindemittel zugefügt sind.

ANMERKUNG: Der gelöschte Kalk ist sowohl Bindemittel als auch Pigment.

Kantenflucht: Benennung für die Verringerung der Dicke der Beschichtung an Kanten.

Katalysator: Stoff, der ohne Veränderung des chemischen Gleichgewichtes eine chemische Reaktion beschleunigt und der nach der Reaktion unverändert vorliegt.

ANMERKUNG: Die Benennung Katalysator wird fälschlicherweise auch für Beschleuniger angewendet. Beschleuniger verändern sich jedoch bei der Reaktion.

Kathodisches Elektrotauchbeschichten: Tauchverfahren, bei dem der Beschichtungsstoff aus wäßriger Phase durch Einwirken eines elektrischen Feldes auf dem als Kathode geschalteten metallischen Substrat abgeschieden wird.

Kochblasen; Kocher: Filmfehler, bestehend aus Blasen unterschiedlichen Durchmessers, die bei der Filmbildung, vorzugsweise in der Wärme, entstehen.

Kocher: Siehe **Kochblasen**.

Korrosionsschutz: Summe der Maßnahmen, um Metalle, Kunststoffe, Beton und andere Werkstoffe vor der Zerstörung durch chemische und/oder physikalische Angriffe (z. B. aggressive Medien, Wetter) zu schützen.

ANMERKUNG: Siehe auch DIN 50900-1.

Kräuseln: Synonym für Runzelbildung. Siehe DIN EN ISO 4618-2.

Krater: Siehe unter **Filmfehler.**

Kreidungsgrad: Maß für die Bewertung des Kreidens von Beschichtungen.

KTL: Abkürzung für kathodisches Elektrotauchlackieren. Siehe **kathodisches Elektrotauchbeschichten.**

Kunstharzputz: Beschichtung mit putzartigem Aussehen. Für die Herstellung von Kunstharzputzen werden Beschichtungsstoffe aus organischen Bindemitteln in Form von Dispersionen oder Lösungen und aus Zuschlägen/Füllstoffen mit überwiegendem Kornanteil > 0,25 mm verwendet. Kunstharzputze erfordern eine vorherige Grundbeschichtung.

Kunststoffdispersion; Polymerdispersion: Feine Verteilung von Polymeren in einer Flüssigkeit, meist Wasser.

ANMERKUNG: Eine Kunststoffdispersion wird auch "Kunststofflatex" genannt. Wenn nicht von Kunststoffdispersion als Sammelbegriff gesprochen wird, sollte die chemische Bezeichnung oder der Handelsname benutzt werden, wobei die chemische Bezeichnung vorzuziehen ist. Bei Copolymerisaten ist der Grundbaustein, der den überwiegenden Anteil stellt, an erster Stelle zu nennen.

Lackfarbe: Meist im Handwerk noch gebräuchliche Benennung für einen pigmentierten Lack.

ANMERKUNG: Das Wort "Lackfarbe" wird in ähnlichen Wortzusammensetzungen für verschiedenartige Erzeugnisse der Lackindustrie benutzt wie das Wort "Lack". Siehe die entsprechende Unterteilung unter "Lack" in DIN EN 971-1 Beiblatt 1.

Lackierung: Traditionelle Benennung für eine Beschichtung oder ein Beschichtungssystem.

Lasur: Im Sinne dieser Norm ein Beschichtungsstoff für Holz oder mineralische Substrate, der eine transparente Beschichtung ergibt. Für Holz wird unterschieden zwischen Imprägnierlasuren mit niedrigem nichtflüchtigen Anteil (Dünnschichtlasuren), die biozid ausgerüstet sein können, und Lacklasuren, die Filme mit höheren Schichtdicken bilden (Dickschichtlasuren).

Leim: Klebstoff, bestehend aus tierischen, pflanzlichen oder synthetischen Grundstoffen und Wasser als Lösemittel.

Leimfarbe: Beschichtungsstoff mit **Leim** als wasserlöslichem Bindemittel, der seine Löslichkeit in Wasser nach dem Trocknen nicht verliert.

Leinölfirnis: Beschichtungsstoff auf Leinölbasis, dem Trockenstoffe bei höherer Temperatur zugesetzt worden sind.

ANMERKUNG: Leinölfirnis darf nicht vereinfachend als **Firnis** bezeichnet werden.

Lösemittelarmer Beschichtungsstoff: Beschichtungsstoff, dessen Gehalt an organischen Lösemitteln sich nach dem jeweiligen Stand der Technik am möglichen Minimum orientiert. Siehe auch **High-Solid-Beschichtungsstoff.**

Lösemittel, reaktives: Siehe **Reaktives Lösemittel.**

Lufttrocknung: Trocknung und/oder Härtung eines aufgetragenen Beschichtungsstoffes ohne zusätzliche Wärmezufuhr.

Mehrkomponenten-Reaktions-Beschichtungsstoff: Siehe **Zwei- oder Mehrkomponenten-Reaktions-Beschichtungsstoff.**

Nadelstiche: Siehe unter **Filmfehler.**

Naßschichtdicke: Schichtdicke des flüssigen Beschichtungsstoffes unmittelbar nach dem Auftragen.

Naturharzlack: Beschichtungsstoff, der Naturharze (Begriff siehe DIN V 55650) als Bindemittel enthält.

ANMERKUNG: Da es sehr unterschiedliche Naturharze gibt, ist der Begriff Naturharzlack hinsichtlich der Eigenschaften nicht eindeutig. Man sollte daher, wenn möglich, spezifischere Begriffe verwenden, z. B. Kolophoniumlack. Naturharzlacke sind nicht identisch mit **Naturlacken.**

Naturlack: Beschichtungsstoff aus in der Natur entstandenen oder entstehenden Komponenten, die nachträglich weder chemisch modifiziert noch in ihrer natürlichen Struktur verändert worden sind und die keine künstlich hergestellten Komponenten und/oder Additive enthalten.

ANMERKUNG: Naturlacke können – wie andere Lacke auch – Stoffe enthalten, die gesundheitsgefährdend sind.

Die Bezeichnung "Biolack" für Beschichtungsstoffe ist falsch und irreführend, also auch als Bezeichnung für Naturlacke. Solche Beschichtungsstoffe können der *belebten* Natur (bios = Leben) nicht zugeordnet werden.

Seite 7
DIN 55945 : 1999-07

Nitrokombinationslack: Beschichtungsstoff, der neben Salpetersäureestern der Cellulose noch wesentliche Mengen anderer Bindemittel enthält.

Ölfarbe: Beschichtungsstoff, dessen Bindemittel

- entweder aus nicht eingedicktem, trocknendem, pflanzlichem Öl mit oder ohne Zusatz von **Standöl**
- oder aus schwach eingedicktem, trocknendem, pflanzlichem Öl besteht.

Ölfarben können Trockenstoffe enthalten.

Wenn keine anderen Angaben zu "Ölfarbe" gemacht werden, ist unter pflanzlichem Öl Leinöl zu verstehen.

Pilzbefall: Im Sinne dieser Norm das Auftreten von Pilzbewuchs in und auf Beschichtungen. Man unterscheidet *Primärbefall*, bei dem sich die Pilze von Inhaltsstoffen der Beschichtung ernähren, wodurch die Beschichtung geschädigt und gegebenenfalls zerstört wird, und *Sekundärbefall*, bei dem sich die Pilze auf einem Belag von Staub und Schmutz bilden, jedoch die Beschichtung nicht schädigen.

Polymerdispersion: Siehe **Kunststoffdispersion**.

Porenfüller: Beschichtungsstoff zum Füllen von Holzporen vor dem Lackieren, der Füllstoffe und/oder **Farbmittel** enthält.

Primer: Benennung für Grundbeschichtungsstoffe. Siehe auch **Wash Primer** und **Fertigungsbeschichtung**. (Siehe auch DIN EN ISO 12944-5.)

Reaktions-Beschichtungsstoff: Beschichtungsstoff, der durch chemische Reaktion bereits bei Raumtemperatur härtet.

Man unterscheidet **Einkomponenten-Reaktions-Beschichtungsstoffe** und **Zwei- oder Mehrkomponenten-Reaktions-Beschichtungsstoffe**.

ANMERKUNG: Oxidativ härtende Beschichtungsstoffe werden nicht zu den Reaktionslacken gerechnet.

Reaktives Lösemittel: Lösemittel, das während der **Filmbildung** durch chemische Reaktion Bestandteil der Beschichtung wird.

Sikkativ: Siehe Trockenstoff (DIN EN 971-1).

Spachtelmasse: Pigmentierter, hoch gefüllter Beschichtungsstoff, vorwiegend zum Ausgleichen von Unebenheiten des zu beschichtenden Objektes. Spachtelmassen können zieh-, streich- oder spritzbar eingestellt werden.

Man kann die Spachtelmassen unterscheiden nach dem Auftragsverfahren, nach dem Bindemittel und nach dem Verwendungszweck.

Spirituslack: Beschichtungsstoff, dessen Lösemittel im wesentlichen aus Ethanol besteht.

Standöl: Trocknendes Öl, das ausschließlich durch Erhitzen eingedickt wurde.

ANMERKUNG: Wird von Leinöl-Standöl, Holzöl-Standöl, Rizinenöl-Standöl und dergleichen gesprochen, so darf es nur aus dem genannten Standöl bestehen.

Strahlenhärtung; Strahlenvernetzung: Härtung/Vernetzung, bei der die Molekülvergrößerung durch energiereiche Strahlung, z. B. UV- oder Elektronenstrahlung, bewirkt wird.

Strahlenvernetzung: Siehe unter **Strahlenhärtung**.

Tiefgrund: Siehe unter **Imprägniermittel**.

Trocknungsdauer: Zeitspanne zwischen dem Auftragen eines flüssigen Beschichtungsstoffes und dem Erreichen eines bestimmten Zustandes während der **Filmbildung** durch Trocknung.

ANMERKUNG: Bestimmte Zustände sind z. B. staubtrocken, klebfrei, griffest, montagefest, stapelfest.

Überarbeitbarkeit: Eigenschaft, auf eine Beschichtung weitere Beschichtungsstoffe aufbringen zu können, ohne daß sich schädliche Wechselwirkungen ergeben.

Die Benennung Überarbeitbarkeit schließt unterschiedliche Auftragsverfahren (z. B. Spritzen, Streichen, Rollen, Tauchen) ein.

Überspritzbarkeit: Siehe unter **Überarbeitbarkeit**.

Überstreichbarkeit: Siehe unter **Überarbeitbarkeit**.

Umgriff: Diese Benennung charakterisiert die Möglichkeit, während des Auftragens in einem elektrischen Feld Flächen zu beschichten, die sich in einem durch die Form oder Lage des zu beschichtenden Gegenstandes abgeschwächten elektrischen Feld befinden (z. B. Hohlkörper oder von der Gegenelektrode abgekehrte Seiten und anderes).

Seite 8
DIN 55945 : 1999-07

Unterrostung: Bildung von Rost unter einer Beschichtung, ohne daß Rost auf der Oberfläche sichtbar sein muß.

Unterwanderung: Von einer Fehlstelle ausgehende Veränderung in der Grenzfläche zwischen Substrat und Beschichtung oder zwischen einzelnen Schichten, die sich in einer Verringerung der Haftfestigkeit bemerkbar macht und gegebenenfalls zu Korrosion führt.

ANMERKUNG: Siehe auch **Unterrostung**.

Verfestigung; Filmbildung: Übergang eines Beschichtungsstoffes vom flüssigen (oder bei Pulverlacken über den flüssigen) in den festen Zustand. Die Verfestigung erfolgt durch Trocknung und/oder **Härtung**. Beide Vorgänge können gleichzeitig ablaufen.

Verlauf: Vermögen einer noch flüssigen Beschichtung, bei ihrem Auftragen entstehende Unebenheiten selbsttätig auszugleichen.

Vernetzung: Bildung eines dreidimensionalen molekularen Netzwerkes, vorzugsweise über Hauptvalenzen. Die Vernetzung kann durch Zusatz chemischer Substanzen, durch Wärme oder durch Strahlung bewirkt werden bzw. durch deren Kombinationen.

Vorlack: Ein meist halbglänzend oder halbmatt auftrocknender Beschichtungsstoff mit gutem Deck- und **Füllvermögen**, der vor der Deck-/Schlußlackierung aufgetragen wird.

ANMERKUNG: Der Begriff Vorlack ist nur in bestimmten Anwendungsbereichen üblich, z. B. im Maler- und Lackiererhandwerk.

Wärmehärtung: Härtung eines aufgetragenen Beschichtungsstoffes durch Zufuhr von Wärme.

ANMERKUNG: Der vielfach gebrauchte Ausdruck "Ofentrocknung" ist zu vermeiden.

Wash Primer: Spezieller Beschichtungsstoff für Metalloberflächen.

ANMERKUNG: Der Wash Primer besteht zumeist aus zwei Komponenten. Er ist dünnflüssig, spritz- oder streichbar und ergibt sehr geringe Schichtdicken. Seine passivierende und Haftfestigkeit vermittelnde Wirkung beruht auf der chemischen Reaktion seiner Komponenten untereinander und mit den Metalloberflächen. Der Wash Primer hat nicht die Aufgabe, zu entfetten oder zu reinigen. Er ergibt in der Regel eine lasierende Schicht, die nicht die Aufgabe hat, eine deckende Grundbeschichtung zu ersetzen.

Wasserlack: Kurzbenennung für wasserverdünnbare Beschichtungsstoffe. Ein Wasserlack kann organische Lösemittel enthalten. Im Anlieferzustand kann das Wasser ganz oder teilweise fehlen.

Wasserverdünnbarkeit: Im Sinne dieser Norm die Eigenschaft von Beschichtungsstoffen, sich bis zum verarbeitungsfertigen Zustand mit Wasser verdünnen zu lassen.

Wischbeständigkeit: Eigenschaft einer Beschichtung, bei leichtem, trockenem Reiben nicht abzufärben.

ANMERKUNG: Bei Kunststoffdispersionsfarben für Innen sind nur die Güteklassen "waschbeständig" und "scheuerbeständig" üblich (siehe DIN 53778-1). Andere Angaben, z. B. "wischbeständig nach DIN 55945", sind deshalb irreführend und unzulässig.

Zaponlack: Klarlack mit nur geringem Gehalt an Bindemittel, z. B. auf der Grundlage von Salpetersäureester der Cellulose.

ANMERKUNG: Der Name Zaponlack ist in den USA geschützt, wird aber in Deutschland allgemein angewendet. Der Zaponlack soll den Charakter des Substrates erkennen lassen, auch wenn der Zaponlack Farbstoffe enthält.

Zubereitung: Benennung für ein(e) aus zwei oder mehreren Stoffen bestehende(s) Gemenge, Gemisch oder Lösung.

Zwei- oder Mehrkomponenten-Reaktions-Beschichtungsstoff: Reaktions-Beschichtungsstoff, bei dem die Härtung durch Mischen von zwei oder mehr Komponenten eingeleitet wird.

Seite 9
DIN 55945 : 1999-07

Anhang A (informativ)

Verzeichnis der in den Normen DIN EN 971-1 und DIN EN ISO 4618-2 und -3 abgedruckten Fachausdrücke und Definitionen

Dieses Stichwortverzeichnis umfaßt die in DIN EN 971-1:1996 (z.B.: Beschleuniger......**1.**1) sowie die Fachausdrücke aus DIN EN ISO 4618-2:1999 (z.B.: Nachkleben.........**2.**1) und DIN EN ISO 4618-3:1999 (z.B.: Strahlen...**3.**1).

A
Abbrennen	3.6
Abdecken	3.31
Abdunstzeit	1.25
Abkratzen	3.8
Ablüftzeit	1.25
Abschaben	3.8
Abschälen	2.38
Absetzen	2.43
Additiv	1.2
Ätzen	3.20
Airless-Spritzen	3.2
Alterung	2.2
Anodisieren	3.3
Anstrichstoff	1.36
Anteil, nichtflüchtiger	1.35
Aufschwimmen	2.28
Ausbleichen	2.24
Ausblühen	2.6
Ausbluten	2.3
Auskreiden	2.12
Ausschwimmen	2.26
Ausschwitzen	2.47

B
Bandbeschichten	3.10
Beflammen	3.24
Beischleifen	3.21
Beizen	3.20, 3.35
Beschichten	1.10
Beschichtung	1.11
Beschichtungsaufbau	1.11
Beschichtungsstoff	1.9
Beschichtungssystem	1.11
Beschichtungsverfahren	1.10
Beschleuniger	1.1
Beschneiden	3.12
Bindemittel	1.6
Blasenbildung	2.4
Blocken	2.5
Bronzieren	2.9

C
Chemische Vorbehandlung	3.7
Chromatieren	3.9
coil coating	3.10

D
Dampfstrahlen	3.42
Deckbeschichtung	1.24
Deckvermögen	1.19
Dispersionsfarbe	1.26
Dehnbarkeit	1.30

E
Einbrennen	1.48
Einfallen	2.45
Eisblumenbildung	2.29
Elektronenstrahlhärten	3.18
Elektrostatisches Beschichten	3.19
Elektrotauchlackieren	3.17
Entfetten	3.13
Entzundern	3.15
Ergiebigkeit	1.46
Ergiebigkeit, praktische	1.42
Ergiebigkeit, theoretische	1.50

F
Farbe	1.12
Farbstoff	1.18
Fehlstelle	2.35
Film	1.22
Fischaugen	2.25
Flammstrahlen	3.23
Flokkulation	2.27
Flüchtige organische Verbindung	1.56
Flugrost	3.25
Fluten	3.26
Forcierte Trocknung	1.27
Füllspachtel	1.47
Füllstoff	1.20

G
Gasbildung	2.30
Gasen	2.30
Gehalt an flüchtigen organischen Verbindungen	1.57
Gießlackieren	3.11
Glanz	1.28
Glanzfleckenbildung	2.44
Grundbeschichtung	1.43
Grundierung	1.43

H
Haarrißbildung	2.31
Hänger	2.42
Härte	1.29
Haftfestigkeit	1.3
Hautbildung	2.46
Heißspritzen	3.29
Hilfsstoff	1.2
Hochziehen	2.34

K
Kälterißbildung	2.15
Klarlack	1.7
Kochblasenbildung	2.11
Kochen	2.11
Köpfen	3.14
Körnigkeit	1.23
Korrosionsschutz-Beschichtungsstoff	3.4
KPVK	1.14
Krähenfuß-Rißbildung	2.21

Krakelieren	2.13
Kraterbildung	2.17
Kreiden	2.12
Kritische Pigmentvolumenkonzentration	1.14
Krokodilhautbildung	2.20
Kunststoffdispersionsfarbe	1.19

L

Lack	1.36
Läufer	2.41
Latexfarbe	1.32
Lösemittel	1.45

M

Mahlfeinheit	1.23
Marmorieren	3.30
Maserieren	3.27
Mehrkomponenten-Beschichtungsstoff	1.34

N

Nachdicken	2.49
Nachfallen	2.45
Nachkleben	2.1
Nachziehen	2.49
Nadelstichbildung	2.39
Naß-in-naß-Lackieren	3.45
Nichtflüchtiger Anteil	1.35

O

Orangenschaleneffekt	2.37
Overspray	3.33

P

Phosphatieren	3.34
Pigment	1.37
Pigmentvolumenkonzentration	1.38
Pigmentvolumenkonzentration, kritische	1.14
Pinselfurchen	2.10
Praktische Ergiebigkeit	1.42
Pulverlack	1.41
PVK	1.38

Q

Quellen	2.48

R

Rißbildung	2.16
Rollen	3.37
Rostgrad	3.39
Runzelbildung	2.51

S

Scheckigkeit	2.14
Schicht	1.8
Schleier	2.32
Schleifen	3.40
Schlußbeschichtung	1.24, 1.52
Schmutzaufnahme	2.22
Schmutzretention	2.23
Schwundrißbildung	2.36
Silberporen	2.50
Spachteln	3.22
Sprödigkeit	2.8
Staubbindetuch	3.43
Strahlen	3.1
Strahlen mit körnigem Strahlmittel	3.28
Strahlen mit kugeligem Strahlmittel	3.41
Strahlmittel	3.5
Streifigkeit	2.40
Substrat	1.49

T

Tauchbeschichten	3.16
Tauchlackieren	3.16
Theoretische Ergiebigkeit	1.50
Topfzeit	1.40
Trockenstoff	1.16
Trocknung	1.17
Trocknung, forcierte	1.27

U

Untergrund	1.49
UV-Härten	3.44

V

Verbrauch	1.4
Verdünnungsmittel	1.51
Verschnittmittel für Lösemittel	1.15
Verträglichkeit	1.13
VOC	1.56
VOCC	1.57
VOC-Gehalt	1.57
Vorbereitungsgrad	3.36

W

Walzhaut	3.32
Walzlackieren	3.38
Waschbarkeit	1.58
Waschbeständigkeit	1.58
Weichmacher	1.39
Weißanlaufen	2.7

Z

Ziehspachtel	1.21
Zunder	3.32
Zusatzstoff	1.2
Zwischenbeschichtung	1.31, 1.53

Anhang B (informativ)

Internationale Normen und Norm-Entwürfe mit terminologischen Festlegungen auf dem Gebiet der Beschichtungsstoffe und Beschichtungen

ISO 4617-1 : 1987	Paints and varnishes − List of equivalent terms − Part 1: General terms (en, fr, de, nl)
ISO 4617-2 : 1982	Paints and varnishes − List of equivalent terms − Part 2 (en, fr, ru, de, nl)
ISO 4617-3 : 1986	Paints and varnishes − List of equivalent terms − Part 3 (en, fr, ru, de, nl)
ISO 4617-4 : 1986	Paints and varnishes − List of equivalent terms − Part 4 (en, fr, ru, de, nl, it)
ISO/DIS 4617 : 1994	Paints and varnishes − List of equivalent terms (rev. of 4617-1 to 4617-4)
ISO 4618-1 : 1998	Paints and varnishes − Vocabulary − Part 1: List of equivalent terms (en, fr, de)
ISO 4618-2 : 1984	Paints and varnishes − Vocabulary − Part 2: Terminology relating to initial defects and to undesirable changes in films during ageing (en, fr, ru, de)
ISO 4618-3 : 1984	Paints and varnishes − Vocabulary − Part 3: Terminology of resins (en, fr, ru)
ISO/DIS 4618-4 : 1994	Paints and varnishes − Vocabulary − Part 4: Further general terms and terminology relating to changes in films, and raw materials

DK 667.621 : 667.63 : 003.62   April 1978

Anstrichstoffe und ähnliche Beschichtungsstoffe
Kurzzeichen für die Bindemittelgrundlage

DIN 55 950

Paints, varnishes and similar coating materials; abbreviations (symbols) for the basis of the paint medium

1 Zweck und Anwendung

Die in dieser Norm angegebenen Kurzzeichen sollen dazu dienen, eine einheitliche und damit Mißverständnisse ausschließende Kurzschreibweise für die Bindemittelgrundlage[1]) von Anstrichstoffen[1]) und ähnlichen Beschichtungsstoffen[1]) anzuwenden, wenn eine Kurzschreibweise aus praktischen Gründen zweckmäßig ist, z. B. bei wiederholter Erwähnung in einem Text (oder im mündlichen Sprachgebrauch). In solchen Fällen soll im Text an derjenigen Stelle, an der das Kurzzeichen zuerst genannt wird, dieses in Klammern hinter dem vollständigen Namen des betreffenden Beschichtungsstoffes oder in einem Fußnotenhinweis angegeben werden. Siehe auch Erläuterungen.

---

[1]) Begriffe Anstrichstoff, Beschichtungsstoff und Bindemittel siehe DIN 55 945.

Fortsetzung Seite 2

Erläuterungen

Die vorliegende Norm wurde vom FA-Arbeitsausschuß 1 „Begriffe" ausgearbeitet. Die Anregung dafür wurde durch eine Veröffentlichung in der Fachliteratur gegeben[2]).

Mit dieser Norm werden für häufig verwendete Bindemittel Kurzzeichen festgelegt. Dabei war es nicht möglich, die Kurzzeichen nach ausschließlich systematischen Gesichtspunkten zu bilden und ein in sich logisch aufgebautes System von Kurzzeichen zu schaffen, sondern es mußten bestehende Festlegungen und der bisherige Sprachgebrauch berücksichtigt werden. Der Arbeitsausschuß ging bei der Festlegung der Kurzzeichen davon aus, daß diese einige Grundforderungen erfüllen sollten. So sollten sie möglichst kurz (max. 4 Buchstaben) und möglichst aus Stämmen (z. B. PVC — PVCC) aufgebaut sein und eine sinnvolle, international verständliche Abkürzung darstellen. Um letzteres zu erreichen, sollte, falls erforderlich, eine Ableitung aus der englischen Sprache in Kauf genommen werden. Die Kurzzeichen aus DIN 7728 Teil 1 erfüllen bereits diese Grundforderungen und konnten deshalb, soweit entsprechende Bindemittel in Frage kommen, übernommen werden.

Die neu genormten Kurzzeichen sind — auch um eine Übernahme in eine künftige Internationale Norm zu erleichtern — zum Teil sehr deutlich von den entsprechenden englischen Benennungen geprägt. Dies gilt besonders für RUC (Rubber chlorinated) und RUI (Rubber isomerized). Das Kurzzeichen CSM für chlorsulfoniertes Polyäthylen wurde aus ISO 1629-1976 „Kautschuke und Latices — Nomenklatur" übernommen. Bei den Kurzzeichen für Mischungen — EP-T und PUR-T — wurde ein Bindestrich eingefügt, um klarzustellen, daß es sich bei diesen Bindemitteln um physikalische Mischungen handelt und nicht z. B. um Copolymere wie bei Kunststoffen. Außerdem erleichtert der Bindestrich das Auseinanderhalten der Kurzzeichen für die einzelnen Bindemittelbestandteile. Der Arbeitsausschuß hält es im übrigen für zweckmäßig, für Bindemittel auf der Grundlage von PVC-Copolymeren die Verwendung des Kurzzeichens „PVC" zu empfehlen.

Bei den Arbeiten wurde auch die Frage diskutiert, ob Kurzzeichen für Anstrichsysteme festgelegt werden sollten. Dabei wurde Übereinstimmung darüber erzielt, daß für Dickschichtsysteme ein Kurzzeichen und zwar „DICK", eingeführt werden sollte. Zu dem Wunsch, für „lösungsmittelfrei" ein Kurzzeichen zu finden, ergab sich, daß ein Bedürfnis hierfür nach Ansicht des Arbeitsausschusses nicht besteht. Der Arbeitsausschuß empfiehlt, den Begriff im vollen Wortlaut zu verwenden. Gleichfalls nicht entsprochen wurde der Anregung, für Pigmente Kurzzeichen zu normen. Es werden zwar viele Beschichtungsstoffe nach den in ihnen enthaltenen Korrosionsschutzpigmenten benannt, z. B. „Zinkchromat-Grundierung", „Zinkstaubfarbe" usw., eine bessere Aufklärung des Anwenders über die Zusammensetzung wird jedoch nicht erreicht, wenn für diese Benennungen Kurzzeichen eingeführt werden. Vielmehr sollten diese Benennungen beibehalten und durch das (in Klammern angegebene) Kurzzeichen für das jeweils verwendete Bindemittel ergänzt werden. Dies würde dann zu einer besseren Information des Anwenders führen.

Noch nicht berücksichtigt wurde die von der IUPAC (International Union of Pure and Applied Chemistry) empfohlene neue Schreibweise, z. B. anstelle von „Äthan/Äthen/Äthylen" „Ethan/Ethen/Ethylen". Dies bleibt einer generellen Einführung innerhalb des DIN und damit einer späteren Folgeausgabe dieser Norm vorbehalten.

---

[2]) K. A. van Oeteren, Farbe und Lack **79** (1973), Nr 12, S. 1170-1171.

Normenausschuß Anstrichstoffe und ähnliche Beschichtungsstoffe (FA) im DIN Deutsches Institut für Normung e. V.

2 Kurzzeichen

Kurzzeichen	Erklärung
AK	Alkyd(-Harz)
AY	Acryl(-Harz)
B	Bitumen
CA	Celluloseacetat *) (Essigsäureester der Cellulose)
CAB	Celluloseacetobutyrat *) (Essigsäure/Buttersäureester der Cellulose)
CAP	Celluloseacetopropionat (Essigsäure/Propionsäureester der Cellulose)
CN	Cellulosenitrat *) (Salpetersäureester der Cellulose)
CSM	Chlorsulfoniertes Polyäthylen
EP	Epoxid(-Harz) *)
EPE	Epoxid(-Harz)ester *)
EP-T	Epoxid(-Harz)-Teer-Kombination
EVA	Äthylen-Vinylacetat(-Polymer) *)
MF	Melamin-Formaldehyd(-Harz) *)
PEC	Chloriertes Polyäthylen *)
PF	Phenol-Formaldehyd(-Harz) *)
PMMA	Polymethylmethacrylat *) (Polymethylacrylsäuremethylester)
PP	Polypropylen *)
PS	Polystyrol *)
PTFE	Polytetrafluoräthylen *)
PUR	Polyurethan *)
PUR-T	Polyurethan-Teer-Kombination
PVAC	Polyvinylacetat *)
PVB	Polyvinylbutyral *)
PVC	Polyvinylchlorid *)
PVCC	Chloriertes Polyvinylchlorid *)
PVDC	Polyvinylidenchlorid *)
PVDF	Polyvinylidenfluorid *)
PVF	Polyvinylfluorid *)
RUC	Chlorkautschuk
RUI	Cyclokautschuk
SB	Polystyrol mit Elastomer auf Basis Butadien modifiziert *)
SI	Silicon(-Polymer) *)
SP	Gesättigter Polyester *)
T	Teer
UF	Harnstoff-Formaldehyd(-Harz) *)
UP	Ungesättigter Polyester *)
VCVAC	Vinylchlorid-Vinylacetat(-Polymer) *)

*) Das Kurzzeichen stimmt mit dem in DIN 7728 Teil 1 für den entsprechenden Kunststoff festgelegten Kurzzeichen überein.

Beispiel für die Anwendung des Kurzzeichens für einen Beschichtungsstoff auf Polyurethan-Grundlage:

PUR-Beschichtungsstoff

DK 629.12.01-034.14 : 62-408 : 003.62

Februar 1979

Stahlbauteile für den Schiffbau
Kurzzeichen für Oberflächenvorbereitungen,
Fertigungsbeschichtungen und Grundbeschichtungen

DIN 80 200

Steel components for shipbuilding;
symbols for surface preparations, shop primers and priming coats

Grundlage dieser Norm sind DIN 55 928 Teil 4, DIN 55 928 Teil 5*) und die STG-Richtlinien „Korrosionsschutz für Schiffe und Wasserfahrzeuge" Teil 1 und Teil 2[1]).

1 Geltungsbereich und Zweck

1.1 Diese Norm gilt für Stahloberflächen, die vorher nicht beschichtet waren.

1.2 Mit diesen Festlegungen sind Stahloberflächen mit bestimmten Oberflächenvorbereitungen, Fertigungsbeschichtungen (Shop Primern) oder Grundbeschichtungen durch Kurzzeichen anzusprechen.

Anmerkung: Kurzzeichen für Zinküberzüge durch Feuerverzinken sind in DIN 50 976*) enthalten.

1.3 Die Kurzzeichen sollen zur Vereinfachung bei Bestellungen dienen. Es sind die gebräuchlichen Fertigungs- und Grundbeschichtungen erfaßt worden.

1.4 Bei zusammengesetzten Teilen (z. B. Ausrüstungsteilen) soll der Korrosionsschutz der Anbauteile und Verbindungsmittel in seiner Wirkung dem geforderten oder einem vergleichbaren Lieferzustand entsprechen.

2 Mitgeltende Normen und Unterlagen

DIN 55 928 Teil 4 Korrosionsschutz von Stahlbauten durch Beschichtungen und Überzüge; Vorbereitung und Prüfung der Oberflächen

DIN 55 928 Teil 5 (z. Z. noch Entwurf) Korrosionsschutz von Stahlbauten durch Beschichtungen und Überzüge; Beschichtungsstoffe und Schutzsysteme

STG-Richtlinien „Korrosionsschutz für Schiffe und Wasserfahrzeuge" Teil 1 und Teil 2

3 Aufbau der Kurzzeichen

Die Kurzzeichen für den Oberflächenlieferzustand setzen sich zusammen aus:
Kennziffer für die Oberflächenvorbereitung
Kennbuchstabe für die Beschichtungsgruppe
Kennziffern für den Beschichtungsstoff

Aufbau des Kurzzeichens: X   X   XX

Oberflächenvorbereitung nach Abschnitt 4 ⎯⎯⏌   ⎮   ⎮
Beschichtungsgruppe nach Abschnitt 5 ⎯⎯⎯⎯⎯⏌   ⎮
Beschichtungsstoff nach Tabelle 2 ⎯⎯⎯⎯⎯⎯⎯⎯⏌

4 Oberflächenvorbereitung

Für das Vorbereiten der Stahloberfläche gelten die Norm-Reinheitsgrade nach DIN 55 928 Teil 4 (Photographische Vergleichsmuster siehe Beiblatt 1 zu DIN 55 928 Teil 4).

Tabelle 1.

Oberflächenvorbereitung	Kennziffer
Nicht behandelte Oberfläche	1
Norm-Reinheitsgrad St 2[2])	2
Norm-Reinheitsgrad Sa 2½	3

[2]) Nur bei zunderfreien Oberflächen

5 Beschichtungsgruppe
5.1 Unbeschichtet (U)

Für nicht behandelte Oberflächen (Kennziffer 1) kann ein zulässiger Rostgrad bei Bestellung vereinbart werden.

5.2 Fertigungsbeschichtungen (Shop Primer) (F)

Eine Fertigungsbeschichtung hat die Aufgabe, die Stahlteile bei Transport, Lagerung und Bearbeitung im Fertigungsbetrieb vor Korrosion zu schützen. Fertigungsbeschichtungen in der üblichen Schichtdicke von 15 bis 25 µm gelten im allgemeinen nicht als Grundbeschichtungen. Sie können jedoch nach sorgfältiger Ausbesserung als Teil einer Grundbeschichtung angerechnet werden.

5.3 Grundbeschichtungen (G)

Grundbeschichtungen im Sinne dieser Norm haben die Aufgabe, die Stahloberfläche gegen Korrosion zu schützen. Sie können aus einer oder mehreren Schichten bestehen.

Anmerkung: Grundbeschichtungen sind nicht überschweißbar. Fertigungsbeschichtungen müssen überschweißbar sein. Einzelheiten siehe DIN 55 928 Teil 5*).

---

[1]) Zu beziehen durch Schiffbautechnische Gesellschaft e. V., Neuer Wall 54, 2000 Hamburg 36

*) Z. Z. noch Entwurf

Fortsetzung Seite 2 und 3
Erläuterungen Seite 3

Normenausschuß Schiffbau (HNA) im DIN Deutsches Institut für Normung e. V.
Normenausschuß Anstrichstoffe und ähnliche Beschichtungsstoffe (FA) im DIN

6 Kurzzeichen für den Oberflächenlieferzustand
Tabelle 2.

Oberflächen-vorbereitung	Beschich-tungs-Gruppe	Beschichtungsstoff [3]				Kurz-zeichen
		Bindemittel [4]	Pigment	Schicht-dicke µm	Soll-schicht-dicke [5] µm	
1	U	–	–	–	–	1 U 00
3	U	–	–	–	–	3 U 00
3	F	Polyvinylbutyral	Eisenoxid	20 bis 25	–	3 F 01
		Epoxidharz (2K)	Eisenoxid	20 bis 25	–	3 F 02
		Epoxidharz (2K)	Aluminium	20 bis 25	–	3 F 03
		Epoxidharz (2K)	Zinkstaub	15 bis 20	–	3 F 04
		Silicat (2K)	Zinkstaub	15 bis 20	–	3 F 05
		Bindemittel, Pigment und Schichtdicke nach Vereinbarung				3 F 99
2	G	Öl	Bleimennige	–	35	2 G 01
3						3 G 01
2	G	Alkydharz	Bleimennige	–	35	2 G 02
3						3 G 02
2	G	Alkydharz	Zinkchromat	–	35	2 G 03
3						3 G 03
2	G	Alkydharz	Zinkphosphat	–	35	2 G 04
3						3 G 04
2	G	Epoxidharzester	Bleimennige	–	35	2 G 05
3						3 G 05
2	G	Epoxidharzester	Zinkchromat	–	35	2 G 06
3						3 G 06
2	G	Epoxidharzester	Zinkphosphat	–	35	2 G 07
3						3 G 07
3	G	Epoxidharzester	Zinkstaub	–	70	3 G 08
3	G	Chlorkautschuk	Bleimennige	–	70	3 G 09
		Chlorkautschuk	Aluminium	–	70	3 G 10
		Chlorkautschuk	Zinkchromat	–	70	3 G 11
3	G	Vinylchlorid-Copolymerisat	Bleimennige	–	30	3 G 12
		Epoxidharz (2K)	Bleimennige	–	35	3 G 13
		Epoxidharz (2K)	Zinkchromat	–	35	3 G 14
3	G	Epoxidharz (2K)	Zinkphosphat	–	35	3 G 15
		Epoxidharz (2K)	Zinkstaub	–	35	3 G 16
		Polyurethan (1K)	Bleimennige	–	35	3 G 17
3	G	Polyurethan (1K)	Zinkchromat	–	35	3 G 18
		Polyurethan (1K)	Zinkphosphat	–	35	3 G 19
		Polyurethan (1K)	Zinkstaub	–	35	3 G 20
3	G	Polyurethan (2K)	Zinkchromat	–	35	3 G 21
		Polyurethan (2K)	Zinkphosphat	–	35	3 G 22
		Polyurethan (2K)	Zinkstaub	–	35	3 G 23
		Silicat (2K)	Zinkstaub	–	60	3 G 24
2	G	Bindemittel, Pigment und Schichtdicke nach Vereinbarung				2 G 99
3						3 G 99

[3] bis [5] siehe Seite 3

7 Bezeichnung

Bezeichnung einer nach dem Norm-Reinheitsgrad Sa 2½ (3) vorbereiteten und anschließend als Fertigungsbeschichtung (F) mit dem Beschichtungsstoff Epoxidharz-Eisenoxid (02) beschichteten Oberfläche:

Oberfläche DIN 80 200 – 3 F 02

Die Kurzzeichen nach dieser Norm dürfen auch Bestandteil der Norm-Bezeichnung von Bauteilen sein. In diesen Fällen ist im Merkmale-Block der Norm-Bezeichnung nur das Kurzzeichen anzugeben.

Beispiel:
Bezeichnung eines Bauteiles mit dem Kennbuchstaben A, dem Kennwert 8 × 600 und einer Oberfläche 3 F 02 nach dieser Norm:

Bauteil DIN 00 000 – A 8 × 600 – 3 F 02

Weitere Normen und Unterlagen

DIN 7728 Teil 1	Kunststoffe; Kurzzeichen für Homopolymere, Copolymere und Polymergemische
DIN 50 976	(z. Z. noch Entwurf) Korrosionsschutz; Durch Feuerverzinken auf Einzelteile aufgebrachte Überzüge, Anforderungen und Prüfung
DIN 53 220	Anstrichstoffe und ähnliche Beschichtungsstoffe; Verbrauch zum Beschichten einer Fläche; Begriffe, Einflußfaktoren
Beiblatt 1 zu DIN 55 928 Teil 4	Korrosionsschutz von Stahlbauten durch Beschichtungen und Überzüge; Vorbereitung und Prüfung der Oberflächen; Photographische Vergleichsmuster
SIS 05 5900–1967	Rostgrade von Stahloberflächen und Güteklassen für die Vorbereitung von Stahloberflächen für Rostschutzanstriche

---

[3] Die Kennziffern für den Beschichtungsstoff sind nicht gesondert aufgeführt worden, sie bilden die letzten zwei Stellen des Kurzzeichens.

[4] Der Klammerzusatz (1K) bzw. (2K) weist auf die Anzahl der Komponenten hin.

[5] Die Sollschichtdicke gilt als erreicht, wenn höchstens 10 % der Meßwerte den Sollwert um höchstens 10 % unterschreiten; weitere Einzelheiten siehe DIN 55928 Teil 5 (z. Z. noch Entwurf).

Erläuterungen

Diese Norm, die auf Vorarbeiten des Arbeitskreises „Normenanwendung" im Verband der Deutschen Schiffbauindustrie (VDS) basiert, wurde von der ad-hoc-Arbeitsgruppe „Oberflächenarten für Stahlbauteile" im Unterausschuß HNA-G 6 „Korrosionsschutz" des Normenausschusses Schiffbau (HNA) im DIN ausgearbeitet.

Mit dieser Norm wird einem dringenden Wunsch der Schiffbauindustrie entsprochen, sowohl eine zweckmäßige Auswahlreihe für den Oberflächenlieferzustand mit Fertigungs- bzw. Grundbeschichtungen zu schaffen, als auch dazu entsprechende vereinheitlichte Kurzzeichen festzulegen. Diese Kurzzeichen sollen sowohl für Halbzeuge, als auch für Bauteile anderer Art (z. B. Ausrüstungsteile wie Treppen, Leitern, Luken usw.) gelten.

Der vermehrte Fremdbezug von Bauteilen führte wegen fehlender Definition über die Art der geforderten Oberfläche häufig zu Unzulänglichkeiten.

Die Kurzzeichen beziehen sich auf Oberflächenvorbereitungen und Beschichtungen, zu denen die entsprechenden Anforderungen in DIN 55928 Teil 4 (Vorbereitung und Prüfung der Oberflächen) [6] und in DIN 55928 Teil 5 (Beschichtungsstoffe und Schutzsysteme) (z. Z. noch Entwurf) festgelegt sind.

Zu beachten ist, daß die Kennziffern für den Beschichtungsstoff in Verbindung mit Grundbeschichtungen eine andere Bindemittel-Pigment-Kombination bezeichnen, als in Verbindung mit Fertigungsbeschichtungen.

Es ist vorgesehen, diese Norm über Kurzzeichen für Oberflächenbeschichtungen so zu erweitern, daß sie als Folgeteil von DIN 55928 im gesamten Bereich des Stahlbaues angewendet werden kann. Aus diesem Grunde ist der Normenausschuß Anstrichstoffe und ähnliche Beschichtungsstoffe (FA) im DIN bereits Mitträger dieser Norm.

---

[6] Für das Strahlen dünner Bleche (unter 4 mm Dicke) sind in dieser Norm besondere Angaben enthalten.

September 1996

Lacke und Anstrichstoffe **Fachausdrücke und Definitionen für Beschichtungsstoffe** Teil 1: Allgemeine Begriffe Dreisprachige Fassung EN 971-1 : 1996	**DIN** **EN 971-1**

ICS 01.040.87; 87.040

Deskriptoren: Beschichtungsstoff, Begriffe, Terminologie

Mit DIN 55945 : 1996-09
Ersatz für
DIN 55945 : 1988-12

Paints and varnishes — Terms and definitions for coating materials —
Part 1: General terms;
Trilingual version EN 971-1 : 1996
Peintures et vernis — Termes et définitions pour produits de peinture —
Partie 1: Termes généraux;
Version trilingue EN 971-1 : 1996

Die Europäische Norm EN 971-1:1996 hat den Status einer Deutschen Norm.

Nationales Vorwort

In DIN 55945 Beiblatt 1 wird auf weitere Normen hingewiesen, die Begriffsdefinitionen für Beschichtungsstoffe sowie für Eigenschaften von Beschichtungsstoffen und Beschichtungen enthalten.

Die Europäische Norm EN 971-1 fällt in den Zuständigkeitsbereich des Technischen Komitees CEN/TC 139 "Lacke und Anstrichstoffe" (Sekretariat: DIN Deutsches Institut für Normung e.V.). Die Deutsche Norm DIN EN 971-1 fällt in den Zuständigkeitsbereich des FA-Arbeitsausschusses 1 "Begriffe".

In DIN EN 971-1 Beiblatt 1 sind nationale Erläuterungen zu den in EN 971-1 : 1996 aufgeführten Begriffen enthalten.

Änderungen

Gegenüber DIN 55945 : 1988-12 wurden folgende Änderungen vorgenommen:

    a) Definitionen zu Begriffen, die in DIN EN 971-1 : 1996 enthalten sind, gestrichen.

    b) Definitionen zu Begriffen für Harze, die in DIN 55958 enthalten sind, weggelassen.

Frühere Ausgaben

DIN 55945-1: 1957x-01, 1961x-03, 1968-11
DIN 55945: 1973-10, 1978-04, 1983-08, 1988-12
DIN 55947: 1973-08, 1986-04

Der Nationale Anhang NA ist informativ und enthält ein Verzeichnis der in DIN 55945 aufgeführten Fachausdrücke und Definitionen.

Fortsetzung Seite 2
und 13 Seiten EN

Normenausschuß Anstrichstoffe und ähnliche Beschichtungsstoffe (FA) im DIN Deutsches Institut für Normung e.V.

Nationaler Anhang NA (informativ)

Verzeichnis der in DIN 55945 abgedruckten Fachausdrücke und Definitionen

Abbeizmittel
Abdampfrückstand
Abdunsten
Abkreiden
Abscheideäquivalent
Abscheiden
Abscheidespannung
Absperrmittel
Alkydharzlack
Anlaufen; Weißanlaufen
Anstrich
Anstrichfarbe
Anstrichfilm
Antistatikum
Applikationsverfahren
Aufschwimmen
Ausbleichen
Ausbluten
Ausschwimmen
Ausschwitzen
Außenanstrich

Beizen
Beschichtungspulver
Beständigkeit
Biolack
Brandschutzbeschichtung, dämmschichtbildende
Brillanz
Buntton (Farbton)

Cold-check-test

Dämmschichtbildende Brandschutzbeschichtung
Deckanstrich
Dekontaminierbarkeit
Dispersionslackfarbe
Durchhärtung; Durchtrocknung
Durchschlagen
Durchtrocknung

Effektlackierung
Einkomponenten-Reaktionslack
Einlaßmittel
Elastizität
Elektrostatisches Beschichten
Elektrotauchlackieren (ETL)

Farblack
Farbmittel
Farbstich
Farbton
Farbzahl
Fertigungsbeschichtung (Shop Primer)
Filiformkorrosion
Filmbildner
Filmbildung

Filmfehler
Firnis
Flammpunkt
Flüssigschichtdicke
Füllvermögen

Gardinen

Härter
Härtung
Härtungsdauer; Härtungszeit
Härtungszeit
"High Solid"-Lack
Hochziehen

Imprägniermittel
Innenanstrich

Kalkfarbe
Kantenflucht
Katalysator
Kochblasen; Kocher
Kocher
Kontamination
Korrosionsschutz
Kräuseln
Krater
Kreiden
Kreidungsgrad
Kunstharzlack
Kunstharzputz
Kunststoffdispersion

Läufer
Lackfarbe
Lackierung
Lasur
Leim
Leimfarbe
Leinölfirnis
Lösemittelarmer Beschichtungsstoff
Lösemittel, reaktives
Lufttrocknung

Mehrkomponenten-Reaktionslack

Nachfallen
Nadelstiche
Naßschichtdicke; Flüssigschichtdicke
Naturharzlack
Naturlack
Nitrokombinationslack

Ölfarbe
Öllack
Orangenschaleneffekt

Pilzbefall
Polyester
Porenfüller
Primer

Quellung

Reaktionslack
Reaktives Lösemittel
Reaktives Verdünnungsmittel
Rostgrad
Runzeln

Schleier
Shop Primer
Sikkativ
Spachtelmasse
Spirituslack
Standöl
Strahlenhärtung; Strahlenvernetzung
Strahlenvernetzung

Tiefgrund
Transparentlack
Trocknungsdauer; Trocknungszeit
Trocknungszeit

Überarbeitbarkeit
Überlackierbarkeit
Überspritzbarkeit
Überstreichbarkeit
Umgriff
Unterrostung
Unterwanderung

Verarbeitungszeit
Verdünnungsmittel, reaktives
Verdunstungszahl (VD)
Verlauf
Vernetzung
Vorlack

Wärmedämm-Verbundsystem
Wärmehärtung
Wash Primer
Wasserlack
Wasserverdünnbarkeit
Weißanlaufen
Wischbeständigkeit

Zaponlack
Zwei- oder Mehrkomponenten-Reaktionslack
Zwischenanstrich

EUROPEAN STANDARD
NORME EUROPÉENNE
EUROPÄISCHE NORM

EN 971-1

April 1996

UDC 87.040

Descriptors: Paint, varnish, terms, general

Trilingual version — Version trilingue — Dreisprachige Fassung

Paints and varnishes
Termes and definitions for coating materials
Part 1: General terms

Peintures et vernis — Termes et définitions pour produits de peinture — Partie 1: Termes généraux

Lacke und Anstrichstoffe — Fachausdrücke und Definitionen für Beschichtungsstoffe — Teil 1: Allgemeine Begriffe

This European Standard was approved by CEN on 1996-02-29.

CEN members are bound to comply with the CEN/CENELEC Internal Regulations which stipulate the conditions for giving this European Standard the status of a national standard without any alteration.

Up-to-date lists and bibliographical references concerning such national standards may be obtained on application to the Central Secretariat or to any CEN member.

This European Standard exists in three official versions (English, French, German). A version in any other language made by translation under the responsibility of a CEN member into its own language and notified to the Central Secretariat has the same status as the official versions.

CEN members are the national standards bodies of Austria, Belgium, Denmark, Finland, France, Germany, Greece, Iceland, Ireland, Italy, Luxembourg, Netherlands, Norway, Portugal, Spain, Sweden, Switzerland and United Kingdom.

CEN

EUROPEAN COMMITTEE FOR STANDARDIZATION
Comité Européen de Normalisation
Europäisches Komitee für Normung

Central Secretariat: rue de Stassart 36, B-1050-Brussels

© 1996. Copyright reserved to all CEN members.

Ref. No. EN 971-1 : 1996 E/F/D

Foreword

This European Standard has been prepared by CEN/TC 139, "paints and varnishes", of which the secretariat is held by DIN.

This is one of a number of parts of EN 971. The present intention is to develop further parts as follows:

Part 2: Special terms relating to paint characteristics and properties

Part 3: Surface preparation and application methods

This European Standard shall be given the status of a national standard, either by publication of an identical text or by endorsement, at the latest by October 1996, and conflicting national standards shall be withdrawn at the latest by October 1996.

According to the CEN/CENELEC Internal Regulations, the national standards organizations of the following countries are bound to implement this European Standard: Austria, Belgium, Denmark, Finland, France, Germany, Greece, Iceland, Ireland, Italy, Luxembourg, Netherlands, Norway, Portugal, Spain, Sweden, Switzerland and the United Kingdom.

Avant-propos

La présente norme européenne a été élaborée par le CEN/TC 139, "peintures et vernis", dont le secrétariat est tenu par le DIN.

L'EN 971 se compose de plusieurs parties. Il est prévu d'élaborer les parties suivantes:

Partie 2: Termes particuliers relatifs aux caractéristiques et aux propriétés des peintures.

Partie 3: Préparation de surfaces et méthodes d'application

Cette norme européenne devra recevoir le statut de norme nationale, soit par publication d'un texte identique, soit par entérinement, au plus tard en octobre 1996, et toutes les normes nationales en contradiction devront être retirées au plus tard en octobre 1996.

Selon le Règlement Intérieur du CEN/CENELEC, les instituts de normalisation nationaux des pays suivants sont tenus de mettre cette norme européenne en application: Allemagne, Autriche, Belgique, Danemark, Espagne, Finlande, France, Grèce, Irlande, Islande, Italie, Luxembourg, Norvège, Pays-Bas, Portugal, Royaume-Uni, Suède et Suisse.

Vorwort

Diese Europäische Norm wurde vom Technischen Komitee CEN/TC 139, "Lacke und Anstrichstoffe", erarbeitet, dessen Sekretariat vom DIN gehalten wird.

Dies ist einer von mehreren Teilen von EN 971. Es ist beabsichtigt, weitere Teile zu erarbeiten, und zwar:

Teil 2: Spezielle Begriffe für Merkmale und Eigenschaften

Teil 3: Oberflächenvorbereitung und Beschichtungsverfahren

Diese Europäische Norm muß den Status einer nationalen Norm erhalten; entweder durch Veröffentlichung eines identischen Textes oder durch Anerkennung bis Oktober 1996, und etwaige entgegenstehende nationale Normen müssen bis Oktober 1996 zurückgezogen werden.

Entsprechend der CEN/CENELEC-Geschäftsordnung sind die nationalen Normungsinstitutionen der folgenden Länder gehalten, diese Europäische Norm zu übernehmen: Belgien, Dänemark, Deutschland, Finnland, Frankreich, Griechenland, Irland, Island, Italien, Luxemburg, Niederlande, Norwegen, Österreich, Portugal, Schweden, Schweiz, Spanien und das Vereinigte Königreich.

Scope

This Part of EN 971 defines general terms used in the field of coating materials (paints, varnishes and similar products).

> NOTE: In drawing up this part of EN 971, Working Group 4 "Terminology" of CEN/TC 139 "paints and varnishes" has had regard as far as possible to the existing relevant ISO Standards, and has supplemented or amended these only where deemed necessary or desirable.

Domaine d'application

La présente partie de l'EN 971 définie des termes généraux utilisés dans le domaine de produits de peinture (peintures, vernis et produits assimilés).

> NOTE: En préparant cette partie de l'EN 971, le Groupe de travail 4 "Terminologie" du CEN/TC 139 "peintures et vernis" a pris en compte, dans la mesure du possible, les Normes ISO pertinentes et les a complétées ou amendées dans les cas où cela paraissait nécessaire ou souhaitable.

Anwendungsbereich

Dieser Teil von EN 971 definiert allgemeine Fachausdrücke, die auf dem Gebiet der Beschichtungsstoffe (Lacke, Anstrichstoffe und ähnliche Produkte) verwendet werden.

> ANMERKUNG: Bei der Ausarbeitung dieses Teils von EN 971 hat die Arbeitsgruppe 4 "Terminologie" des CEN/TC 139 "Lacke und Anstrichstoffe" soweit wie möglich bestehende ISO-Normen in Betracht gezogen, wobei deren Festlegungen nur ergänzt oder geändert wurden, wenn dies notwendig oder wünschenswert erschien.

No	Terms and definitions	Termes et définitions	Fachausdrücke und Definitionen
1.1	**accelerator:** A substance which, added in small quantities to a **coating material,** accelerates reactions, for example a cross-linking reaction.	**accélérateur (m):** Substance qui, ajoutée en petites quantités dans un **produit de peinture** augmente les vitesses de réaction, telles que les réactions de réticulation.	**Beschleuniger (m):** Substanz, die einem **Beschichtungsstoff** in kleinen Mengen zugesetzt wird, um Reaktionen, z. B. die Vernetzungsreaktion, zu beschleunigen.
1.2	**additive:** Any substance, added in small quantities to a **coating material,** to improve or modify one or more properties.	**adjuvant (m); additif (m):** Toute substance qui, ajoutée en petites quantités dans les **produits de peinture** améliore ou modifie une ou plusieurs propriétés.	**Additiv (n); Zusatzstoff (m), Hilfsstoff (m):** Substanz, die einem **Beschichtungsstoff** in kleinen Mengen zugesetzt wird, um eine oder mehrere Eigenschaft(en) zu verbessern oder zu modifizieren.
1.3	**adhesive strength:** The sum total of the forces of attachment between a dry **film** and its **substrate.**	**adhérence (f):** Ensemble des forces de liaisons entre un **feuil** sec et son **subjectile.**	**Haftfestigkeit (f):** Gesamtheit der Bindekräfte zwischen einer **Beschichtung** und ihrem **Untergrund.**
1.4	**application rate:** The quantity of a **coating material** that is required to produce, under defined working conditions, a dry **film** of given thickness on unit area (e.g. l/m^2 or kg/m^2). NOTE: See also 1.46 **spreading rate.**	**consommation spécifique (f):** Quantité de **produit de peinture** nécessaire pour produire, dans des conditions de travail définies, un **feuil** sec d'une épaisseur donnée par unité de surface. Elle est exprimée en litres par mètre carré ou en kilogrammes par mètre carré. NOTE: Voir aussi 1.46 **rendement superficiel spécifique.**	**Verbrauch (m):** Menge eines **Beschichtungsstoffes,** die erforderlich ist, um eine Flächeneinheit unter gegebenen Arbeitsbedingungen in vorgegebener Trockenschichtdicke zu beschichten (l/m^2 oder kg/m^2). ANMERKUNG: Siehe auch 1.46 **Ergiebigkeit.**
1.5	**baking:** See 1.48 **stoving.**	**cuisson:** Voir 1.48 **séchage au four.**	...... : Siehe 1.48 **Einbrennen.**
1.6	**binder:** The non-volatile part of the **medium** which forms the **film.**	**liant (m):** Partie non volatile du **milieu de suspension** qui forme le **feuil.**	**Bindemittel (n):** Nichtflüchtiger Anteil der Bindemittellösung oder -dispersion eines **Beschichtungsstoffes,** der die **Beschichtung** bildet.
1.7	**clear coating material:** A **coating material** which when applied to a **substrate** forms a solid transparent **film** having protective, decorative or specific technical properties. NOTE: A clear coating material drying exclusively by oxidation is known as a **varnish.**	**vernis (m):** Produit de peinture destiné à être appliqué sur un **subjectile** pour former un **feuil** dur, transparent, doué des qualités protectrices, décoratives ou techniques particulières. NOTE: Contrairement à l'anglais et à l'allemand, il n'existe pas de terme spécifique en français pour désigner un produit à séchage exclusivement par oxydation.	**Klarlack (m): Beschichtungsstoff,** der, auf einen **Untergrund** aufgetragen, eine transparente **Beschichtung** mit schützenden, dekorativen oder spezifischen technischen Eigenschaften bildet. ANMERKUNG: Klarlacke, die ausschließlich aus oxidativ härtenden Ölen und/oder Harzlösungen bestehen, werden auch Firnis genannt.
1.8	**coat:** A continuous layer of a **coating material** resulting from a single application.	**couche (f):** Dépôt continu d'un **produit de peinture** effectué au cours d'une seule opération d'application.	**Schicht (f):** Zusammenhängende, in einem Auftrag aus einem **Beschichtungsstoff** erzeugte **Beschichtung.**

(fortgesetzt)

(fortgesetzt)

No	Terms and definitions	Termes et définitions	Fachausdrücke und Definitionen
1.9	**coating material:** A product, in liquid or in paste or powder form, that, when applied to a **substrate**, forms a **film** possessing protective, decorative and/or other specific properties. NOTE: The German term "Beschichtungsstoff" as defined in this standard is the general term for "Lacke", "Anstrichstoffe" and similar products.	**produit de peinture (m):** Produit liquide ou en pâte ou en poudre qui, appliqué sur un **subjectile**, forme un **feuil** doué de qualités protectrices, décoratives et/ou spécifiques. NOTE: Le terme allemand "Beschichtungsstoff" ainsi défini dans cette norme est le terme général pour "Lacke", "Anstrichstoffe" et les produits assimilés.	**Beschichtungsstoff (m):** Flüssiges oder pastenförmiges oder pulverförmiges Produkt, das, auf einen **Untergrund** aufgetragen, eine **Beschichtung** mit schützenden, dekorativen und/oder anderen spezifischen Eigenschaften ergibt. ANMERKUNG: Der deutsche Fachausdruck "Beschichtungsstoff" im Sinne dieser Norm ist der Oberbegriff für **Lacke, Anstrichstoffe** und ähnliche Produkte.
1.10	**coating process:** The general term to describe the process of application of a **coating material** to a **substrate**, such as dipping, spraying, roller coating, brushing.	**procédé d'application (m):** Terme général qui décrit l'ensemble des modes opératoires permettant de recouvrir un **subjectile** par un **produit de peinture** comme par exemple trempage, application au pistolet, au rouleau, à la brosse.	**Beschichtungsverfahren (n); Beschichten (n):** Oberbegriff für alle Arten der Applikation eines **Beschichtungsstoffes** auf einen **Untergrund**, wie Tauchen, Spritzen, Rollen, Streichen.
1.11	**coating system:** The sum total of the **coats** of **coating materials** which are to be applied or which have been applied to a **substrate**. NOTE: The German term "Beschichtung" as defined in this standard is the general term for "Lackierungen", "Anstriche", "Kunstharzputze" (organic binder renderings) etc.	**système de peinture (m):** Ensemble des **couches** de **produits de peinture** qui sont appliquées sur un **subjectile**. NOTE: Le terme allemand "Beschichtung" ainsi défini dans cette norme est le terme général pour "Lackierungen", "Anstriche", "Kunstharzputze" et les produits assimilés.	**Beschichtungsaufbau (m); Beschichtungssystem (n); Beschichtung (f):** Gesamtheit der Schichten aus **Beschichtungsstoffen**, die auf einen **Untergrund** aufzutragen sind oder aufgetragen wurden. ANMERKUNG: Der deutsche Fachausdruck "Beschichtung" im Sinne dieser Norm ist der Oberbegriff für Lackierungen, Anstriche, Kunstharzputze usw.
1.12	**colour:** The sensation resulting from the visual perception of radiation of a given spectral composition. NOTE: The use of the German word "Farbe" alone, i.e. not in combinations of words, for **coating materials** is to be rejected.	**couleur (f):** Sensation provoquée par la perception visuelle d'un rayonnement d'une composition spectrale déterminée. NOTE: L'emploi seul du terme allemand "Farbe", c'est-à-dire non associé à d'autres termes, pour les **produits de peinture** n'est pas admis.	**Farbe (f):** Sinneseindruck, der durch visuelle Wahrnehmung von Strahlen einer gegebenen spektralen Zusammensetzung entsteht. ANMERKUNG: Die Verwendung des deutschen Wortes "Farbe" allein, d. h. nicht in Wortkombinationen, für **Beschichtungsstoffe** ist abzulehnen.
1.13	**compatibility** 1) of materials: The ability of two or more materials to be mixed together without causing undesirable effects. 2) of a **coating material** with the **substrate**: The ability of a coating material to be applied to a substrate without causing undesirable effects.	**compatibilité (f)** 1) de produits: Aptitude de plusieurs produits à être mélangés entre eux sans causer d'effets indésirables. 2) d'un **produit de peinture** avec le **subjectile**: Aptitude d'un produit de peinture à être appliqué sur un subjectile sans causer d'effets indésirables.	**Verträglichkeit (f)** 1) von Produkten (Mischungsverhalten): Eigenschaft von zwei oder mehr Produkten, sich miteinander vermischen zu lassen, ohne daß Störungseffekte auftreten. 2) eines **Beschichtungsstoffes** mit dem **Untergrund**: Eigenschaft eines Beschichtungsstoffes, sich auf einen Untergrund störungsfrei auftragen zu lassen.

(fortgesetzt)

(fortgesetzt)

No	Terms and definitions	Termes et définitions	Fachausdrücke und Definitionen
1.14	**critical pigment volume concentration (C.P.V.C.):** The particular value of the **pigment volume concentration** for which the voids between the solid particles which are nominally touching are just filled with **binder** and beyond which certain properties of the **film** are markedly changed.	**concentration pigmentaire volumique critique (C.P.V.C.) (f):** Valeur particulière de la **concentration pigmentaire volumique** pour laquelle le **liant** remplit très exactement le volume laissé disponible entre les particules de matières pulvérulentes supposées au contact et à partir de laquelle certaines propriétés du **feuil** sont notablement modifées.	**Kritische Pigmentvolumenkonzentration (KPVK) (f):** Bestimmter Zahlenwert der **Pigmentvolumenkonzentration**, bei dem der Raum zwischen den sich (fast) berührenden Feststoffteilchen gerade noch mit **Bindemittel** gefüllt ist und oberhalb dessen sich bestimmte Eigenschaften der **Beschichtung** markant ändern.
1.15	**diluent:** A volatile liquid, single or blended, which, while not a **solvent**, may be used in conjunction with the solvent without causing any deleterious effects. NOTE: Depending on the meaning the French term "diluant" corresponds to two terms in English, "diluent" and "thinner". See also 1.45 **solvent** and 1.51 **thinner**.	**diluant (m):** Liquide volatil, simple ou en mélange, qui sans être un **solvant** peut être utilisé avec un solvant sans entraîner d'effets indésirables. NOTE: Le terme français "diluant" est l'équivalent des deux termes anglais "diluent" et "thinner". Voire aussi 1.45 **solvant** et 1.51.	**Verschnittmittel für Lösemittel (n):** Flüchtige Flüssigkeit aus einer oder mehreren Komponenten, die ohne nachteilige Wirkung in Verbindung mit dem **Lösemittel** verwendet werden kann, obwohl sie kein Lösemittel ist. ANMERKUNG: Je nach Bedeutung entspricht der französische Fachausdruck "diluant" zwei Fachausdrücken in Englisch, "diluent" und "thinner". Siehe auch 1.45 **Lösemittel** und 1.51 **Verdünnungsmittel**.
1.16	**drier:** A compound, usually a metallic soap, that is added to products drying by oxidation in order to accelerate this process.	**siccatif (m):** Composé, généralement un sel métallique d'un acide organique qui, additionné aux produits séchant par oxydation, accélère le processus.	**Trockenstoff (f):** Zumeist ein Metallsalz organischer Säuren, das oxidativ härtenden Produkten zugesetzt wird, um den Härtungsprozeß zu beschleunigen.
1.17	**drying:** The sum total of the processes by which a **film** passes from the liquid to the solid state.	**séchage (m):** Ensemble des transformations par lesquelles le **feuil** passe de l'état liquide à l'état solide.	**Trocknung (f):** Gesamtheit der Vorgänge beim Übergang eines flüssigen **Films** in den festen Zustand.
1.18	**dyestuff:** A natural or synthetic substance which imparts the requisite **colour** to the **coating material** in which it is dissolved. NOTE: See also 1.37 **pigment**.	**colorant (m):** Substance naturelle ou synthétique qui communique la **couleur** recherchée au **produit de peinture** dans lequel elle est dissoute. NOTE: Voir aussi 1.37 **pigment**.	**Farbstoff (f):** Natürlicher oder synthetischer Stoff, der dem **Beschichtungsstoff**, in welchem er gelöst ist, die gewünschte **Farbe** gibt. ANMERKUNG: Siehe auch 1.37 **Pigment**.
1.19	**emulsion paint; latex paint:** A **coating material** in which the **medium** is a dispersion of an organic binder in water.	**peinture émulsion (f); peinture au latex (f):** Produit de peinture dans laquelle le **liant** organique est dispersé dans l'eau.	**Dispersionsfarbe (f); Kunststoffdispersionsfarbe (f):** **Beschichtungsstoff**, in dem das organische **Bindemittel** in Wasser dispergiert ist.

(fortgesetzt)

(fortgesetzt)

No	Terms and definitions	Termes et définitions	Fachausdrücke und Definitionen
1.20	**extender:** A material in granular or powder form, practically insoluble in the application **medium** and used as a constituent of **paints** to modify or influence certain physical properties. NOTE: The use of the expression "Extender" instead of "Füllstoff" should be avoided in German.	**matière de charge (f):** Produit en grain ou en poudre, pratiquement insoluble dans le **milieu de suspension** et utilisé comme constituant de la **peinture** pour modifier certaines propriétés physiques. NOTE: Il convient d'éviter l'emploi en allemand du terme "Extender" au lieu de "Füllstoff".	**Füllstoff (m):** Substanz in körniger oder in Pulverform, die im Anwendungsmedium praktisch unlöslich ist und in **Beschichtungsstoffen** verwendet wird, um bestimmte physikalische Eigenschaften zu erreichen oder zu beeinflussen. ANMERKUNG: Der Ausdruck "Extender" anstelle von "Füllstoff" sollte im Deutschen vermieden werden.
1.21	**filler:** A preparation of pastelike consistency, which is applied to eliminate minor surface defects and/or to produce a smooth, even surface prior to painting. NOTE: See also 1.47 **stopper**. The term filler is also used synonymously with **extender**.	**enduit (m):** Produit de consistance pâteuse qui est appliqué pour éliminer certains défauts de surface du **subjectile** avant l'application de **peinture**. NOTE: Voir aussi 1.47 **mastic**.	**Ziehspachtel (m): Beschichtungsstoff**, der aufgebracht wird, um geringfügige Oberflächenfehler vor dem **Beschichten** auszugleichen und/oder eine gleichmäßige Oberfläche herzustellen. ANMERKUNG: Siehe auch 1.47 **Füllspachtel**.
1.22	**film:** A continuous layer resulting from the application of one or more **coats** to a **substrate**.	**feuil (m):** Revêtement continu résultant de l'application d'une ou plusieurs **couches** sur le **subjectile**.	**Film (m):** Zusammenhängende **Beschichtung**, die durch Auftrag einer oder mehrerer **Schicht(en)** auf einem **Untergrund** entsteht.
1.23	**fineness of grind:** Term related to the size of the largest particles in a mill base or in a **coating material**, and which is usually measured by means of a suitable gauge.	**finesse de broyage (f):** Terme correspondant à la taille des plus grosses particules dans le **milieu de suspension** ou dans le **produit de peinture** et qui est normalement mesurée au moyen d'une jauge appropriée.	**Mahlfeinheit (f); Körnigkeit (f):** Fachausdruck, der sich auf die größten Feststoffteilchen in einer Mahlpaste oder in einem **Beschichtungsstoff** bezieht. Die Messung erfolgt mit einem geeigneten Prüfgerät.
1.24	**finishing coat; top coat:** The final **coat** of a **coating system**.	**couche de finition (f):** Dernière **couche** d'un **système de peinture**.	**Schlußbeschichtung (f); Deckbeschichtung (f):** Letzte **Schicht** eines **Beschichtungssystems**.
1.25	**flash-off time:** The time necessary between the application of successive **coats** wet-on-wet or the time for the evaporation of most of the volatile matter before **stoving** or curing by radiation.	**temps de préséchage (m):** Temps nécessaire entre l'application de **couches** successives déposées humide sur humide, ou temps nécessaire à l'évaporation de la plus grande partie des matières volatiles avant séchage à l'étuve ou par rayonnement.	**Ablüftzeit (f); Abdunstzeit (f):** Zeit, die zwischen dem Auftragen aufeinanderfolgender **Beschichtungen** (naß in naß) oder zwischen Auftrag und darauf folgendem **Einbrennen** oder Strahlungshärten zum Verdunsten des Großteils der flüchtigen Anteile erforderlich ist.
1.26	**flexibility:** The ability of a dried **film** to follow without damage the deformations of the **substrate** to which it is applied. NOTE: The use of the term "elasticity" to describe the flexibility of a film is incorrect.	**souplesse (f):** Aptitude d'un **feuil** sec à suivre sans dommage les déformations du **subjectile** sur lequel il a été appliqué. NOTE: L'utilisation du terme "élasticité" pour décrire la souplesse du feuil est incorrecte.	**Dehnbarkeit (f):** Eigenschaft einer trockenen **Beschichtung**, Formveränderungen des **Untergrundes**, auf den sie aufgetragen wurde, ohne Beschädigung zu folgen. ANMERKUNG: Die Verwendung des Fachausdruckes "Elastizität" zur Beschreibung der Dehnbarkeit von Beschichtungen ist falsch.

(fortgesetzt)

(fortgesetzt)

No	Terms and definitions	Termes et définitions	Fachausdrücke und Definitionen
1.27	**force drying:** A process in which the **drying** of a **coating material** is accelerated by exposing it to a temperature higher than ambient, but below that normally used for **stoving** materials.	**séchage forcé (m):** Procédé de séchage du **feuil** d'un **produit de peinture** qui permet l'accélération du temps de **séchage**, par exposition à une température supérieure à la température ambiante mais inférieure à celle normalement utilisée pour le **séchage au four**.	**Forcierte Trocknung (f):** Verfahren, bei dem die **Trocknung** eines **Beschichtungsstoffes** bei Temperaturen erfolgt, die höher sind als die der Umgebung, jedoch unterhalb von Einbrenntemperaturen liegen.
1.28	**gloss:** The optical property of a surface, characterized by its ability to reflect light specularly.	**brillant (m):** Propriété optique d'une surface, caractérisée par sa faculté de réfléchir la lumière.	**Glanz (m):** Optische Eigenschaft einer Oberfläche, die durch das Vermögen, Licht gerichtet zu reflektieren, gekennzeichnet ist.
1.29	**hardness:** The ability of a dried film to resist indentation or penetration by a solid object.	**dureté (f):** Aptitude d'un **feuil** sec à résister à l'indentation ou à la pénétration par un objet solide.	**Härte (f):** Eigenschaft einer getrockneten **Beschichtung**, dem Eindringen oder Durchdringen eines festen Körpers zu widerstehen.
1.30	**hiding power:** The ability of a **coating material** to obliterate the **colour** or the colour differences of a **substrate**.	**pouvoir masquant (m):** Aptitude d'un **produit de peinture** à masquer par opacité la **couleur** ou les contrastes de couleur d'un **subjectile**.	**Deckvermögen (n):** Vermögen eines **Beschichtungsstoffes**, die **Farbe** oder Farbunterschiede eines **Untergrundes** zu verdecken.
1.31	**intermediate coat:** See 1.53 **undercoat**.	**couche intermédiaire:** Voir 1.53.	**Zwischenbeschichtung:** Siehe 1.53.
1.32	**latex paint:** See 1.19 **emulsion paint**.	**peinture au latex (f):** Voir 1.19 **peinture émulsion**.	**Latexfarbe (f):** Siehe 1.19 **Dispersionsfarbe**.
1.33	**medium; vehicle:** The sum total of the constituents of the liquid phase of a **coating material**. NOTE: This definition does not apply to **powder coating materials**. There is no equivalent German term for "medium; vehicle".	**milieu de suspension (m):** Ensemble des constituants de la phase liquide d'un **produit de peinture**. NOTE: Cette définition n'est pas valable pour les **peintures en poudre**. Il n'y a pas de terme allemand équivalent pour "milieu de suspension".	.....: Gesamtheit der Bestandteile der flüssigen Phase eines **Beschichtungsstoffes**. ANMERKUNG: Diese Definition bezieht sich nicht auf **Pulverlacke**. Einen äquivalenten deutschen Fachausdruck zu "medium/vehicle" gibt es nicht.
1.34	**multi-pack product:** A **coating material** that is supplied in two or more separate components which have to be mixed before use in the proportions laid down by the manufacturer.	**produit de peinture pluricomposant (m):** Ensemble de **produits de peinture** livrés en deux ou plusieurs emballages et mélangés avant utilisation dans des proportions définies par le fabricant.	**Mehrkomponenten-Beschichtungsstoff (m):** Beschichtungsstoff, der in zwei oder mehr getrennten Komponenten geliefert wird, die zur Verarbeitung in dem vom Hersteller vorgegebenen Verhältnis gemischt werden müssen.
1.35	**non-volatile matter:** The residue obtained after evaporation under specified conditions of test.	**matière non volatile (f):** Résidu obtenu par évaporation dans des conditions d'essai définies.	**Nichtflüchtiger Anteil (f):** Rückstand, der nach Verdunsten unter festgelegten Prüfbedingungen verbleibt.

(fortgesetzt)

(fortgesetzt)

No	Terms and definitions	Termes et définitions	Fachausdrücke und Definitionen
1.36	**paint:** A pigmented **coating material**, in liquid or in paste or powder form, which when applied to a **substrate**, forms an opaque **film** having protective, decorative or specific technical properties. NOTE: The German terms "Lack" and "Anstrichstoff" are used for pigmented and unpigmented coating materials. An unpigmented "Lack" should be designated "Klarlack".	**peinture (f): Produit de peinture** avec **pigments** liquide, en pâte ou en poudre qui, appliqué sur un **subjectile**, forme un **feuil** opaque doué de qualités protectrices, décoratives ou techniques particulières. NOTE: Les termes allemands "Lack" et "Anstrichstoff" sont utilisés pour des produits de peinture avec ou sans pigments. Il convient d'appeler "Klarlack" un "Lack" non pigmenté.	**Lack (m); Anstrichstoff (m):** Flüssiger oder pastenförmiger oder pulverförmiger pigmentierter **Beschichtungsstoff**, der, auf einen **Untergrund** aufgebracht, eine deckende **Beschichtung** mit schützenden, dekorativen oder spezifischen technischen Eigenschaften ergibt. ANMERKUNG: Die deutschen Fachausdrücke "**Lack**" und "**Anstrichstoff**" werden für pigmentierte und nichtpigmentierte Beschichtungsstoffe verwendet. Ein nichtpigmentierter Lack sollte als "**Klarlack**" bezeichnet werden.
1.37	**pigment:** A substance, generally in the form of fine particles, which is practically insoluble in **media** and which is used because of its optical, protective or decorative properties. NOTE: In particular cases in, for example corrosion-inhibiting pigments, a certain degree of water solubility is necessary.	**pigment (m):** Substance généralement sous forme de fines particules, pratiquement insoluble dans les **milieux de suspension**, utilisée en raison de certaines de ses propriétés optiques, protectrices ou décoratives. NOTE: Dans certains cas, par exemple pour quelques pigments anticorrosion, un certain degré de solubilité est nécessaire.	**Pigment (n):** Substanz, die im allgemeinen aus feinen Teilchen besteht und im Anwendungsmedium praktisch unlöslich ist. Sie wird aufgrund ihrer optischen, schützenden oder dekorativen Eigenschaften verwendet. ANMERKUNG: In speziellen Fällen, z. B. bei Korrosionsschutzpigmenten, ist eine gewisse Wasserlöslichkeit notwendig.
1.38	**pigment volume concentration (P.V.C.):** The ratio, expressed as a percentage, of the total volume of the **pigments** and/or **extenders** and/or other non-film forming solid particles in a product to the total volume of the **non-volatile matter**.	**concentration pigmentaire volumique (C.P.V.) (f):** Rapport du volume des matières pulvérulentes (**pigments**, **matières de charge**, etc.) contenues dans un produit à celui des **matières non-volatiles**, peut être exprimé en pourcentage.	**Pigmentvolumenkonzentration (PVK) (f):** Verhältnis des Gesamtvolumens von **Pigmenten** und/oder **Füllstoffen** und/oder anderen nichtfilmbildenden festen Teilchen in einem Produkt zum Gesamtvolumen der **nichtflüchtigen Anteile**, ausgedrückt in Prozent.
1.39	**plasticizer:** A substance added to a **coating material** to make the dry film more flexible.	**plastifiant (m):** Substance ajoutée à un **produit de peinture** destiné à conférer des qualités de souplesse au **feuil** sec.	**Weichmacher (m):** Substanz, die einem **Beschichtungsstoff** zugesetzt wird, um die **Dehnbarkeit** der Beschichtung zu erhöhen.
1.40	**pot life:** The maximum time during which a **coating material** supplied as separate components should be used after they have been mixed together.	**délai maximal d'utilisation après mélange (m):** Délai maximal pendant lequel doit être utilisé un **produit de peinture** livré en composants séparés, après mélange de ceux-ci.	**Topfzeit (f):** Maximale Zeitdauer, innerhalb der ein in mehreren Komponenten gelieferter **Beschichtungsstoff** nach dem Mischen verarbeitet werden sollte.
1.41	**powder coating material; coating powder:** A solvent-free **coating material** in powder form which, after fusing and possible curing, gives a continous **film**.	**peinture en poudre (f): Produit de peinture** sans **solvant** se présentant sous forme pulvérulente qui, après fusion et cuisson possible, donne un **feuil** continu.	**Pulverlack (m):** Pulverförmiger, lösemittelfreier **Beschichtungsstoff**, der nach dem Schmelzen und gegebenenfalls **Einbrennen** eine Beschichtung ergibt.

(fortgesetzt)

(fortgesetzt)

No	Terms and definitions	Termes et définitions	Fachausdrücke und Definitionen
1.42	**practical spreading rate:** The spreading rate which, in practice, is obtained on the particular **substrate** being coated.	**rendement pratique d'application (m):** Rendement d'application qui est obtenu sur un **subjectile** déterminé lorsqu'il est peint.	**Praktische Ergiebigkeit (f): Ergiebigkeit**, die beim **Beschichten** eines individuellen Werkstükkes in der Praxis erhalten wird.
1.43	**priming coat:** The first **coat** of a **coating system** applied to a **substrate**.	**couche primaire (f):** Première couche d'un **système de peinture** appliquée sur un **subjectile**.	**Grundbeschichtung (f); Grundierung (f):** Erste **Schicht** eines **Beschichtungssystems**, die direkt auf den **Untergrund** aufgetragen wird.
1.44	**sheen: Gloss** which is observed on an apparently matt surface at glancing angles of incidence. NOTE: There is no equivalent German term for "sheen".	**lustre (m): Brillant** qui est observé sur une surface d'apparence mate sous un grand angle d'incidence. NOTE: Il n'y a pas de terme allemand équivalent pour "lustre".	.....: Glanzeindruck, der an matten Oberflächen bei großen Reflexionswinkeln entsteht. ANMERKUNG: Einen äquivalenten deutschen Fachausdruck zu "sheen" gibt es nicht.
1.45	**solvent:** A single liquid or blends of liquids, volatile under specified drying conditions, and in which the **binder** is completely soluble.	**solvant (m):** Liquide, simple ou mixte, volatil dans des conditions normales définies de **séchage**, ayant la propriété de dissoudre totalement le **liant** considéré.	**Lösemittel (n):** Flüssigkeit aus einer oder mehreren Komponenten, die unter den festgelegten Trocknungsbedingungen flüchtig ist und in der das **Bindemittel** vollständig löslich ist.
1.46	**spreading rate:** The surface area which can be covered by a given quantity of **coating material** to give a dried **film** of requisite thickness (e.g. m^2/l or m^2/kg). NOTE: See also 1.42 **practical spreading rate** and 1.50 **theoretical spreading rate**.	**rendement superficiel spécifique (m):** Surface qui peut être recouverte par une quantité donnée de **produit de peinture** pour obtenir un **feuil** sec d'une épaisseur donnée (s'exprime en mètres carrés par litre ou mètres carrés par kilogramme. NOTE: Voir aussi 1.42 **rendement pratique d'application** et 1.50 **rendement d'application théorique**.	**Ergiebigkeit (f):** Fläche, die mit einer gegebenen Menge eines **Beschichtungsstoffes** mit einer **Beschichtung** in der geforderten **Trockenschichtdicke** versehen werden kann (z. B. m^2/l oder m^2/kg). ANMERKUNG: Siehe auch 1.42 **praktische Ergiebigkeit** und 1.50 **theoretische Ergiebigkeit**.
1.47	**stopper:** A stiff paste used for filling holes, cracks and similar surface defects.	**mastic (m):** Pâte consistante utilisée pour boucher les trous, les fissures et défauts similaires de surface.	**Füllspachtel (m):** Pastöse Zubereitung zum Füllen von Löchern, Rissen und ähnlichen Oberflächenfehlern.
1.48	**stoving; (US: baking):** The hardening process by which the crosslinking (increase in molecular size) of a **binder** results from the application of heat at a predetermined minimum temperature. NOTE: For stoving generally a temperature range and a time period are prescribed whereby the temperature limits are specific for the material.	**séchage au four (m):** Procédé de durcissement par lequel la réticulation d'un **liant** (accroissement de la taille moléculaire) résulte d'un apport de chaleur à une température minimale prédéterminée. NOTE: Pour le séchage au four, une plage de température et une durée sont en général spécifiques du **produit de peinture**.	**Einbrennen (n):** Härtungsvorgang, bei dem die Vernetzung des **Bindemittels** (Molekülvergrößerung) durch Wärmeeinwirkung bei einer vorgegebenen Mindesttemperatur erfolgt. ANMERKUNG: Beim Einbrennen wird im allgemeinen ein Temperaturbereich und eine Zeitdauer vorgegeben, wobei die Temperaturgrenzen stoffspezifisch sind.
1.49	**substrate:** The surface to which the **coating material** is applied or is to be applied.	**subjectile (m):** Surface sur laquelle est appliquée ou doit être appliquée une couche de **produit de peinture**.	**Untergrund (m); Substrat (n):** Oberfläche, auf die ein **Beschichtungsstoff** aufgebracht werden soll oder aufgebracht wurde.

(fortgesetzt)

(fortgesetzt)

No	Terms and definitions	Termes et définitions	Fachausdrücke und Definitionen
1.50	**theoretical spreading rate:** A spreading rate calculated solely from the volume of **non-volatile matter**.	**rendement d'application théorique (m):** Un rendement superficiel spécifique déterminé uniquement à partir des **matières non-volatiles** en volume.	**Theoretische Ergiebigkeit (f):** Eine allein aus dem Volumen der **nichtflüchtigen Anteile** berechnete Ergiebigkeit.
1.51	**thinner:** A single liquid or blend of liquids, volatile under specified drying conditions, added to a **coating material** to influence properties, primarily the viscosity. NOTE: Depending on the meaning, the French term "diluant" corresponds to two terms in English, "diluent" and "thinner". See also 1.15 **diluent** and 1.45 **solvent**.	Voir 1.15 **diluant**. NOTE: Le terme français "diluant" est l'équivalent des deux termes anglais "diluent" et "thinner". Voir aussi 1.15 diluant et 1.45 solvant.	**Verdünnungsmittel (n):** Flüssigkeit aus einer oder mehreren Komponenten, die unter den festgelegten Trocknungsbedingungen flüchtig ist und einem **Beschichtungsstoff** zugegeben wird, um Eigenschaften, vor allem die Viskosität, zu beeinflussen. ANMERKUNG: Je nach Bedeutung entspricht der französische Fachausdruck "diluant" zwei Begriffen in Englisch, "diluent" und "thinner". Siehe auch 1.15 **Verschnittmittel für Lösemittel** und 1.45 **Lösemittel**.
1.52	**top coat:** See 1.24 **finishing coat**.	**couche de finition (f):** Voir 1.24.	**Schlußbeschichtung (f); Deckbeschichtung (f):** Siehe 1.24.
1.53	**undercoat; intermediate coat:** Any **coat** between the **priming coat** and the **finishing coat**.	**couche intermédiaire (f): Couche** située entre la **couche** primaire et la **couche de finition**.	**Zwischenbeschichtung (f):** Jede **Schicht** zwischen **Grund-** und **Schlußbeschichtung**.
1.54	**varnish:** See 1.7 **clear coating material**	Voir 1.7 **vernis**	Siehe 1.7 **Klarlack**
1.55	**vehicle:** See 1.33 **medium**.	Voir 1.33	Siehe 1.33
1.56	**volatile organic compound (VOC):** Fundamentally, any organic liquid and/or solid that evaporates spontaneously at the prevailing temperature and pressure of the atmosphere with which it is in contact. As to current usage of the term VOC in the field of **coating materials** see 1.57 **volatile organic compound content (VOC content/VOCC)**.	**composé organique volatil (COV) (m):** Fondamentalement, tout produit organique liquide et/ou solide qui s'évapore spontanément aux conditions normales de température et de pression de l'atmosphère avec laquelle il est en contact. Dans le domaine des **produits de peinture**, le terme COV est utilisé comme usage courant du terme 1.57 **contenu en composé organique volatil (CCOV)**.	**flüchtige organische Verbindung (VOC) (f):** Generell jede organische Flüssigkeit und/oder jeder organische Feststoff, die (der) bei den herrschenden Umgebungsbedingungen (Temperatur und Druck) von selbst verdunstet. Bezüglich der derzeitigen Anwendung des Ausdruckes VOC auf dem Gebiet der **Beschichtungsstoffe** siehe unter 1.57 **Gehalt an flüchtigen organischen Verbindungen (VOC-Gehalt, VOCC)**.

(fortgesetzt)

(abgeschlossen)

No	Terms and definitions	Termes et définitions	Fachausdrücke und Definitionen
1.57	**volatile organic compound content (VOC content, VOCC):** Mass of the **volatile organic compounds** present in a **coating material**, as determined under specified conditions. NOTE 1: The properties and the amount of compounds to be taken into account will depend on the sphere of application of the coating material. For each sphere of application, the limiting values and the methods of determination or calculation are stipulated by regulations or by agreements. NOTE 2: Under certain U.S. governmental legislations the term **VOC** is restricted solely to those compounds that are photochemically active in the atmosphere. See ASTM D 3960 (available by national standardization institutes).	**contenu en composé organique volatil (CCOV) (m):** Masse de composé organique volatil présente dans un **produit de peinture** et déterminée selon des conditions définies. NOTE 1: Les propriétés et les teneurs en composés à prendre en compte dépendent du domaine d'application du produit de peinture. Pour chaque domaine d'application, les valeurs limites et les méthodes de détermination ou de calcul sont stipulées par des règlements ou des agréments. NOTE 2: Dans certaines réglementations U.S., le terme **COV** est uniquement utilisé pour les composés qui ont une activité photochimique vis-à-vis de l'atmosphère. Voir ASTM D 3960 (disponible auprès des instituts nationaux de normalisation).	**Gehalt an flüchtigen organischen Verbindungen (VOC-Gehalt, VOCC) (m):** Masse flüchtiger organischer Verbindungen in einem **Beschichtungsstoff**, die unter festgelegten Bedingungen bestimmt wurde. ANMERKUNG 1: Die Eigenschaften und die Menge der Verbindungen, die zu berücksichtigen sind, hängen vom Anwendungsbereich des Beschichtungsstoffes ab. Hierfür sind die Grenzwerte und Bestimmungs- oder Berechnungsverfahren durch Verordnungen oder Vereinbarungen festgelegt. ANMERKUNG 2: In bestimmten staatlichen Verordnungen in den USA bezieht sich der Ausdruck **VOC** lediglich auf Verbindungen, die in der Atmosphäre photochemisch aktiv sind. Siehe ASTM D 3960 (erhältlich durch nationale Normungsinstitute).
1.58	**washability:** The ease with which dust, soiling and surface stains can be removed by washing from a dry **film** of a **coating material** without detriment to its specific properties.	**lavabilité (f):** Aptitude d'un feuil sec de **produit de peinture** à être débarrassé par lavage des poussières, souillures et tâches superficielles sans altération de ses qualités spécifiques.	**Waschbeständigkeit (f); Waschbarkeit (f):** Maß dafür, wie leicht eine Verschmutzung oder Verunreinigung einer beschichteten Oberfläche ohne deren Schädigung durch Waschen entfernt werden kann.

English alphabetical index

A
accelerator 1.1
additive 1.2
adhesive strength 1.3
application rate 1.4

B
baking 1.5, 1.48
binder 1.6

C
clear coating material 1.7
coat 1.8
coating material 1.9
coating powder 1.41
coating process 1.10
coating system 1.11
colour 1.12
compatibility 1.13
C.P.V.C. 1.14
critical pigment volume
  concentration 1.14

D
diluent 1.15
drier 1.16
drying 1.17
dyestuff 1.18

E
emulsion paint 1.19
extender 1.20

F
filler 1.21
film 1.22
fineness of grind 1.23
finishing coat 1.24
flash-off time 1.25
flexibility 1.26
force drying 1.27

G
gloss 1.28

H
hardness 1.29
hiding power 1.30

I
intermediate coat 1.31, 1.53

L
latex paint 1.19, 1.32

M
medium 1.33
multi-pack product 1.34

Index alphabétique français

A
accélérateur 1.1
additif 1.2
adhérence 1.3
adjuvant 1.2

B
brillant 1.28

C
C.C.O.V. 1.57
colorant 1.18
compatibilité 1.13
composé organique volatil 1.56
concentration pigmentaire
  volumique 1.38
concentration pigmentaire
  volumique critique 1.14
consommation spécifique 1.4
contenu en composé organique
  volatil 1.57
couche 1.8
couche de finition 1.24, 1.52
couche intermédiaire 1.31, 1.53
couche primaire 1.43
couleur 1.12
C.O.V. 1.56
C.P.V. 1.38
C.P.V.C. 1.14
cuisson 1.5

D
délai maximale d'utilisation
  après mélange 1.40
diluant 1.15
dureté 1.29

E
enduit 1.21

F
feuil 1.22
finesse de broyage 1.23

L
lavabilité 1.58
liant 1.6
lustre 1.44

M
mastic 1.47
matière de charge 1.20
matière non volatile 1.35
milieu de suspension 1.33, 1.55

Deutsches alphabetisches Stichwortverzeichnis

A
Abdunstzeit 1.25
Ablüftzeit 1.25
Additiv 1.2
Anstrichstoff 1.36
Anteil, nichtflüchtiger 1.35

B
Beschichten 1.10
Beschichtung 1.11
Beschichtungsaufbau 1.11
Beschichtungsstoff 1.9
Beschichtungssystem 1.11
Beschichtungsverfahren 1.10
Beschleuniger 1.1
Bindemittel 1.6

D
Deckbeschichtung 1.24
Deckvermögen 1.30
Dehnbarkeit 1.26
Dispersionsfarbe 1.19

E
Einbrennen 1.48
Ergiebigkeit 1.46
Ergiebigkeit, praktische 1.42
Ergiebigkeit, theoretische 1.50

F
Farbe 1.12
Farbstoff 1.18
Film 1.22
Flüchtige organische Verbindung . 1.56
Forcierte Trocknung 1.27
Füllspachtel 1.47
Füllstoff 1.20

G
Gehalt an flüchtigen organischen
  Verbindungen 1.57
Glanz 1.28
Grundbeschichtung 1.43
Grundierung 1.43

H
Härte 1.29
Haftfestigkeit 1.3
Hilfsstoff 1.2

K
Klarlack 1.7
Körnigkeit 1.23
KPVK 1.14
Kritische Pigment-
  volumenkonzentration 1.14
Kunststoffdispersionsfarbe 1.19

N

non-volatile matter 1.35

P

paint 1.36
pigment 1.37
pigment volume concentration .. 1.38
plasticizer 1.39
pot life 1.40
powder coating material 1.41
practical spreading rate 1.42
priming coat 1.43
P.V.C. 1.38

S

sheen 1.44
solvent 1.45
spreading rate 1.46
stopper 1.47
stoving 1.48
substrate 1.49

T

theoretical spreading rate 1.50
thinner 1.51
top coat 1.24, 1.52

U

undercoat 1.53

V

varnish 1.7, 1.54
vehicle 1.33, 1.55
VOC 1.56
VOCC 1.57
VOCcontent 1.57
volatile organic compound 1.56
volatile organic compound
   content 1.57

W

washability 1.58

P

peinture 1.36
peinture au latex 1.19, 1.32
peinture émulsion 1.19
peinture en poudre 1.41
pigment 1.37
plastifiant 1.39
pouvoir masquant 1.30
procédé d'application 1.10
produit de peinture 1.9
produit de peinture
   pluricomposant 1.34

R

rendement d'application
   théorique 1.50
rendement pratique d'application .. 1.42
rendement superficiel spécifique .. 1.46

S

séchage 1.17
séchage au four 1.48
séchage forcé 1.27
siccatif 1.16
solvant 1.45
souplesse 1.26
subjectile 1.49
système de peinture 1.11

T

temps de préséchage 1.25

V

vernis 1.7

L

Lack 1.36
Latexfarbe 1.32
Lösemittel 1.45

M

Mahlfeinheit 1.23
Mehrkomponenten-
   Beschichtungsstoff 1.34

N

Nichtflüchtiger Anteil 1.35

P

Pigment 1.37
Pigmentvolumenkonzentration .. 1.38
Pigmentvolumenkonzentration,
   kritische 1.14
Praktische Ergiebigkeit 1.42
Pulverlack 1.41
PVK 1.38

S

Schicht 1.8
Schlußbeschichtung 1.24, 1.52
Substrat 1.49

T

Theoretische Ergiebigkeit 1.50
Topfzeit 1.40
Trockenstoff 1.16
Trocknung 1.17
Trocknung, forcierte 1.27

U

Untergrund 1.49

V

Verbrauch 1.4
Verdünnungsmittel 1.51
Verschnittmittel für Lösemittel ... 1.15
Verträglichkeit 1.13
VOC 1.56
VOCC 1.57
VOC-Gehalt 1.57

W

Waschbarkeit 1.58
Waschbeständigkeit 1.58
Weichmacher 1.39

Z

Ziehspachtel 1.21
Zusatzstoff 1.2
Zwischenbeschichtung 1.31, 1.53

September 1996

Lacke und Anstrichstoffe
Fachausdrücke und Definitionen für Beschichtungsstoffe
Teil 1: Allgemeine Begriffe
Erläuterungen

**Beiblatt 1
zu
DIN EN 971-1**

ICS 01.040.87; 87.040

Deskriptoren: Beschichtungsstoff, Begriffe, Terminologie, Erläuterung

Paints and varnishes — Terms and definitions for coating materials —
Part 1: General terms — Explanations
Peintures et vernis — Termes et définitions pour produits de peinture —
Partie 1: Termes généraux — Explications

Dieses Beiblatt enthält Informationen zu DIN EN 971-1:1996, jedoch keine zusätzlich genormten Festlegungen.

Vorwort

Dieses Beiblatt wurde vom Normenausschuß Anstrichstoffe und ähnliche Beschichtungsstoffe, Arbeitsausschuß 1 "Begriffe", erarbeitet.

Es enthält in Tabelle 1 Erläuterungen zu den in DIN EN 971-1 : 1996-09 "Lacke und Anstrichstoffe — Fachausdrücke und Definitionen für Beschichtungsstoffe — Teil 1: Allgemeine Begriffe" aufgeführten Begriffen.

Tabelle 2 enthält eine Übersicht zum Fachausdruck "Beschichtung" und Tabelle 3 enthält eine Übersicht zum Fachausdruck "Beschichtungsstoff".

Begriffe, für die in DIN EN 971-1 : 1996-09 Definitionen gegeben sind, wurden durch Fettdruck gekennzeichnet.

Fortsetzung Seite 2 bis 6

Normenausschuß Anstrichstoffe und ähnliche Beschichtungsstoffe (FA) im DIN Deutsches Institut für Normung e.V.

Tabelle 1

Benennung nach DIN EN 971-1	Erläuterungen	lfd. Nummer nach DIN EN 971-1
Ablüftzeit	Statt des korrekten Begriffes "Ablüft*dauer*" ist im allgemeinen Sprachgebrauch der Begriff "Ablüft*zeit*" noch gebräuchlich.	1.25

Beschichtungsaufbau; Beschichtungssystem; Beschichtung	1: Beschichtungen im Sinne dieser Norm sind auch Spachtel- und Füllerschichten sowie ähnliche Beschichtungen.
	Die Begriffe Beschichtung, Anstrich und Lackierung werden zum Teil alternativ verwendet.
	Die Beschichtung kann nach unterschiedlichen Kriterien näher gekennzeichnet werden, z. B.:
	   a) nach der Art des Beschichtungsstoffes: Anstrich, Lackierung, Pulverbeschichtung (Pulverlackierung);
	   b) nach der Art des Beschichtungsverfahrens: Anstrich, Spritzlackierung (Spritzbeschichtung), Tauchlackierung (Tauchbeschichtung), Gießlackierung, Spachtelschicht usw.
	Hat der Beschichtungsstoff eine zusammenhängende Schicht gebildet, so spricht man auch von einem Beschichtungsfilm (flüssig oder fest).
	2: Der Zusammenhang zwischen dem Oberbegriff Beschichtung und einer Reihe von Unterbegriffen wird anhand von Beispielen in dem Begriffssystem (Tabelle 2) mit 3 Unterteilungsstufen veranschaulicht. In der Unterteilungsstufe nach dem Oberbegriff Beschichtung befinden sich – gleichberechtigt – unter anderem die wichtigen Begriffe Anstrich und Lackierung. In der letzten Unterteilungsstufe sind Begriffe aufgeführt, die von den Begriffen der darüberliegenden Stufe abgeleitet sind.
		1.11

Beschichtungsstoff	1: Beschichtungsstoffe im Sinne dieser Norm sind auch Beschichtungsstoffe zur Herstellung von Kunstharzlacken, Spachtelmassen, Füller, Bodenbeschichtungsmassen sowie ähnliche Stoffe. Die Begriffe Beschichtungsstoff, Anstrichstoff und Lack werden zum Teil alternativ verwendet. 2: Der Zusammenhang zwischen dem Oberbegriff Beschichtungsstoff und einer Reihe von Unterbegriffen wird anhand von Beispielen in dem Begriffsystem (Tabelle 3) mit 3 Unterteilungsstufen veranschaulicht. In der Unterteilungsstufe nach dem Oberbegriff Beschichtungsstoff befinden sich – gleichberechtigt – unter anderem die wichtigen Begriffe Anstrichstoff und Lack. In der letzten Unterteilungsstufe sind Begriffe aufgeführt, die von den Begriffen der darüberliegenden Stufe abgeleitet sind.	1.9
Beschleuniger	Siehe aber Katalysator	1.1
Bindemittel	Auch reaktive, flüchtige Stoffe gehören zum Bindemittel, soweit sie durch chemische Reaktion Bestandteil der Beschichtung werden (siehe auch Lösemittel).	1.6
Farbe	Eine Farbe ist durch Buntton, Sättigung und Helligkeit gekennzeichnet (siehe DIN 5033-1). Das Wort "Farbe" wird im täglichen Sprachgebrauch auch für pigmentierte Beschichtungsstoffe gebraucht. Siehe z. B. **Kunststoffdispersionsfarbe**, Leimfarbe, Künstlerfarbe.	1.12
Glanz	Beispiele für Glanzstufen sind hochglänzend, glänzend, seidenglänzend, halbmatt, seidenmatt, matt und stumpfmatt (siehe auch DIN 53230). Beurteilung des Glanzes durch Messung des Reflektometerwertes siehe DIN 67530.	1.28
Härte	Einwirkungen dieser Art können z. B. Druck, Reiben und Ritzen sein. Da die Härte einen komplexen Kennwert darstellt, ist "Härte" stets im Zusammenhang mit dem angewendeten Prüfverfahren anzugeben, z. B. Eindruckhärte, Ritzhärte.	1.29

(fortgesetzt)

Tabelle 1 (fortgesetzt)

Benennung nach DIN EN 971-1	Erläuterungen	lfd. Nummer nach DIN EN 971-1
Lack; Anstrichstoff	Je nach Art der organischen **Bindemittel** können Lacke organische **Lösemittel** und/oder Wasser enthalten oder auch davon frei sein. Gegebenenfalls enthalten sie **Pigmente, Füllstoffe** und sonstige Zusätze. **Pulverlacke** sind lösemittelfrei. Aus Lacken werden Lackierungen hergestellt, die die Aufgabe haben, die Oberfläche von z. B. Holz, Metall, Kunststoff, mineralischen Untergründen gegen die Beanspruchung durch das Wetter, Chemikalien oder mechanische Belastungen zu schützen. Es können Lackierungen mit sehr unterschiedlichem Aussehen erzielt werden. Lacke, die nach dem Bindemittel benannt sind, müssen soviel von diesem Bindemittel enthalten, daß dessen charakteristische Eigenschaften im Lack und in der Lackierung vorhanden sind. Lacke werden nach unterschiedlichen Kriterien näher gekennzeichnet, z.B.: a) nach der Art der Zusammensetzung: – nach dem Bindemittel: Alkydharzlack, Dispersionslackfarbe, Epoxidharzlack, Polyurethanlack, Acrylharzlack, Cellulosenitratlack [2]) usw.; – nach dem Lösemittel: **Spirituslack, Wasserlack** usw.; b) nach der Art der Beschaffenheit: **Pulverlack,** "High Solid"-Lack, thixotroper Lack usw.; c) nach der Art des Auftragsverfahrens: Spitzlack, Tauchlack, Flutlack, Gießlack usw.; d) nach der Art der Filmbildung: Einbrennlack, Zweikomponenten-Reaktionslack usw.; e) nach dem Glanzgrad der Lackierung: Hochglanzlack, Seidenglanzlack, Mattlack usw.; f) nach der Art des Effektes der Lackierung: siehe unter Effektlackierung; g) nach der Art der Anwendung im Beschichtungsaufbau (Anstrichaufbau): Vorlack, Decklack, Einschichtlack usw.; h) nach der Art der Verwendung für einen bestimmten Untergrund: Holzlack, Blechlack, Papierlack, Lederlack usw.; i) nach der Art des zu beschichtenden Objektes: Fensterlack, Bootslack, Möbellack, Autolack, Emballagenlack, Coil-Coating-Lack usw. Soll zwischen flüssigen Lacken und Pulverlacken unterschieden werden, so ist die Benennung "Flüssiglack" zu verwenden. Der Ausdruck "Naßlack" ist zu vermeiden. Lack ist eine historisch gewachsene Bezeichnung für eine Vielzahl von **Beschichtungsstoffen** und **Beschichtungen**, die eine logische Abgrenzung zu anderen Beschichtungsstoffen und Beschichtungen nicht in allen Fällen zuläßt. Nicht unter den Begriff Lack fallen z. B. **Kunststoffdispersionsfarben**, Dispersions-Silikatfarben und Leimfarben.	1.36
Mehrkomponenten-Beschichtungsstoff	Die einzelnen Komponenten sind kein **Beschichtungsstoff** im Sinne dieser Norm, da sie allein nicht zur Filmbildung fähig sind.	1.34
Nichtflüchtiger Anteil	Anstelle der Benennung "Nichtflüchtiger Anteil" werden im bisherigen Sprachgebrauch verschiedene Ausdrücke wie Festkörper, Trockenrückstand, Trockengehalt, Festgehalt, Einbrennrückstand benutzt. Die Benennung "Nichtflüchtiger Anteil" (nfA) soll anstelle dieser Ausdrücke verwendet werden.	1.35

[2]) Anstelle der richtigen Benennung "Salpetersäureester der Cellulose" haben sich im allgemeinen Sprachgebrauch die Benennungen "Cellulosenitrat" und "Nitrocellulose" eingebürgert. Dies kommt auch in Wortverbindungen wie z. B. "Cellulosenitratlack" und "Nitrokombinationslack" zum Ausdruck.

(fortgesetzt)

Tabelle 1 (abgeschlossen)

Benennung nach DIN EN 971-1	Erläuterungen	lfd. Nummer nach DIN EN 971-1
Pigment	Pigmente können nach ihrer chemischen Zusammensetzung (Titandioxid-, Phthalocyanin-, Zinkphosphatpigment), ihren optischen (Bunt-, Weiß-, Metalleffektpigment) oder ihren technischen (Korrosionsschutz-, Magnetpigment) Eigenschaften näher beschrieben werden. Einteilung der Pigmente siehe DIN 55944.	1.37
Weichmacher	Weichmacher sind flüssige oder feste, indifferente organische Substanzen mit geringem Dampfdruck, überwiegend solche esterartiger Natur. Sie können ohne chemische Reaktion, vorzugsweise durch ihr Löse- bzw. Quellvermögen, unter Umständen aber auch ohne ein solches, mit hochpolymeren Stoffen in physikalische Wechselwirkung treten und ein homogenes System mit diesen bilden. Weichmacher verleihen den mit ihnen hergestellten Gebilden bzw. Überzügen bestimmte angestrebte physikalische Eigenschaften, wie z. B. erniedrigte Einfriertemperatur, erhöhtes Formänderungsvermögen, erhöhte elastische Eigenschaften, verringerte Härte und gegebenenfalls gesteigertes Haftvermögen.	1.39

Tabelle 2

Beschichtung									
Anstrich/Lackierung Benennung z.B. nach			Kunstharzputz Benennung z.B. nach		Spachtelung Benennung z.B. nach			Spezial-Beschichtung Benennung z.B. nach		
Untergrund oder Bauteil:	Lage im Beschichtungssystem:	Anwendungszweck oder Eigenschaft:	Anwendungsbereich:	Oberflächeneffekt:	Untergrund oder Bauteil:	Bindemittel:	Verarbeitung oder Schichtdicke:	Untergrund oder Bauteil:	Verarbeitung:	Eigenschaft:
z.B.	z.B.	z.B.	z.B.	z.B.	z.B.	z.B.	z.B.	z.B.	z.B.	z.B.
Fassadenanstrich, Wandanstrich, Fensteranstrich, Fensterlackierung, Möbellackierung, Autolackierung	Grundbeschichtung/ Grundanstrich, Füller, Deckbeschichtung/ Deckanstrich, Schlußbeschichtung/ Schlußanstrich	Korrosionsschutzanstrich, Lasuranstrich, Betonschutzanstrich, Kennzeichnungslackierung, säurebeständige Lackierung, lasierende Lackierung	Kunstharzputz für außen, Kunstharzputz für innen	Streichputz, Kratzputz, Reibeputz	Wandspachtel, Fassadenspachtel, Fahrzeugspachtel	Ölspachtel, Kunstharzspachtel, Dispersionsspachtel, Hydraulischer Spachtel	Fleckspachtel, Feinspachtel, Grobspachtel, Spritzspachtel, Füllmasse	Bodenbeschichtung, Parkettversiegelung, Kunstharzanstrich, Tankinnenbeschichtung	Gießbelag	Brandschutzbeschichtung, Dekont.-Beschichtung, Wärmedämmverbundsystem

Tabelle 3

Beschichtungsstoff									
Anstrichstoff/Lack						Beschichtungsstoff für Kunstharzputz	Spachtelmasse			Spezial-Beschichtungsstoff	
Benennung z.B. nach¹)						Benennung nach	Benennung z.B. nach			Benennung z.B. nach	
wasserverdünnbar:	lösemittelverdünnbar:	Lage im Beschichtungssystem:	Anwendungsbereich oder Bauteil:	Eigenschaften:		DIN 18558:	Anwendungsbereich oder Bauteil:	Bindemittel:	Verarbeitung oder Schichtdicke:	Anwendungsbereich oder Bauteil:	Eigenschaft:
z.B.	z.B.	z.B.	z.B.	z.B.			z.B.	z.B.	z.B.	z.B.	z.B.
Dispersionsfarbe, Dispersionslackfarbe, Silicatfarbe	Kunstharzlack, Alkydharzlack, 2-Komponenten-Lack	Grundbeschichtungsstoff, Füller, Deckbeschichtungsstoff, Decklack	Autolack, Bautenlack, Konservendosenlack	Effektlack, Hitzebeständiger Lack, Lasur, Klarlack		P Org 1 P Org 2	Wandspachtel, Fassadenspachtel, Reparaturspachtel	Kunstharzspachtel, Dispersionsspachtel, Hydraulischer Spachtel	Ziehspachtel, Streichspachtel, Spritzspachtel, Füllmasse, Kunstharzmörtel	Parkettversiegelung, Bodenbeschichtungsmasse, Kunstharzanstrich, Tankinnenbeschichtungsstoff	Brandschutzbeschichtungsstoff, Dekont.-Beschichtungsstoff

¹) Wortkombinationen mit dem Begriff Anstrichstoff sind nicht gebräuchlich.

März 1999

Durch Feuerverzinken auf Stahl aufgebrachte Zinküberzüge
(Stückverzinken)
Anforderungen und Prüfungen
(ISO 1461 : 1999) Deutsche Fassung EN ISO 1461 : 1999

DIN
EN ISO 1461

ICS 25.220.40

Hot dip galvanized coatings on fabricated iron and steel articles –
Specifications and test methods (ISO 1461 : 1999);
German version EN ISO 1461 : 1999

Mit
Beiblatt 1 zu DIN EN ISO 1461 : 1999-03
Ersatz für DIN 50976 : 1989-05

Revêtements de galvanisation à chaud sur produits finis ferreux –
Spécifications et méthodes d'essai (ISO 1461 : 1999);
Version allemande EN ISO 1461 : 1999

Die Europäische Norm EN ISO 1461 : 1999 hat den Status einer Deutschen Norm.

Nationales Vorwort

Diese Internationale Norm wurde im Komitee ISO/TC 107/SC 4 erarbeitet, im Europäischen Komitee CEN/TC 262/SC 1 überarbeitet und im Rahmen der parallelen Umfrage nach Unterabschnitt 5.1 der Wiener Vereinbarung in ISO und CEN angenommen.

Für die deutsche Mitarbeit ist der Arbeitsausschuß NMP 175 "Schmelztauchüberzüge" des Normenausschusses Materialprüfung (NMP) verantwortlich.

Da aus der Sicht des Arbeitsausschusses NMP 175 eine Anzahl von Festlegungen in dieser Europäischen Norm erläuterungsbedürftig sind, hat der Arbeitsausschuß ein nationales Beiblatt erarbeitet, das Hinweise für die Anwendung dieser Norm enthält und das zusammen mit dieser Norm angewendet werden sollte.

Verschiedene Verfahren zur Ausbesserung von Fehlstellen können gleichrangig eingesetzt werden, detaillierte Festlegungen zur Ausführung sind in dieser Norm nicht enthalten.

Die Norm enthält umfangreiche fachliche Erläuterungen (insbesondere im Anhang C), die zum Verständnis der Voraussetzungen und Vorgänge beim Feuerverzinken einen wichtigen Beitrag leisten.

Für die im Abschnitt 2 zitierten Internationalen Normen wird im Folgenden auf die entsprechenden Deutschen Normen hingewiesen:

ISO 1460	siehe DIN EN ISO 1460
ISO 10474	siehe DIN EN 10204
ISO 2064	siehe DIN EN ISO 2064
ISO 2178	siehe DIN EN ISO 2178

Fortsetzung Seite 2
und 14 Seiten EN

Normenausschuß Materialprüfung (NMP) im DIN Deutsches Institut für Normung e. V.

Änderungen

Gegenüber DIN 50976 : 1989-05 wurden folgende Änderungen vorgenommen:

a) Änderung der Zusammensetzung der Zinkschmelze;

b) Anzahl und Durchführung von Prüfungen detaillierter festgelegt;

c) Anforderungen an die Dicke der Zinküberzüge in Abhängigkeit von der Materialdicke der Stahlteile neu gegliedert und teilweise abweichend festgelegt.

Frühere Ausgaben

DIN 50975: 1967-10,
DIN 50976: 1970-08, 1980-03, 1989-05

Nationaler Anhang NA (informativ)

Literaturhinweise

DIN EN 10204
  Metallische Erzeugnisse - Arten von Prüfbescheinigungen (enthält Änderung A1 1995); Deutsche Fassung EN 10204 : 1991 + A1 : 1995

DIN EN ISO 1460
  Metallische Überzüge – Feuerverzinken auf Eisenwerkstoffen – Gravimetrisches Verfahren zur Bestimmung der flächenbezogenen Masse (ISO 1460 : 1992); Deutsche Fassung EN ISO 1460 : 1994

DIN EN ISO 2064
  Metallische und andere anorganische Schichten – Definitionen und Festlegungen, die die Messung der Schichtdicke betreffen (ISO 2064 : 1980); Deutsche Fassung EN ISO 2064 : 1994

DIN EN ISO 2178
  Nichtmagnetische Überzüge auf magnetischen Grundmetallen – Messen der Schichtdicke – Magnetverfahren (ISO 2178 : 1982); Deutsche Fassung EN ISO 2178 : 1995

EUROPÄISCHE NORM
EUROPEAN STANDARD
NORME EUROPÉENNE

EN ISO 1461

Februar 1999

ICS 25.220.40

Deskriptoren: Feuerverzinken, Zinküberzüge, Eisen, Stahl, Überzüge

Deutsche Fassung

Durch Feuerverzinken auf Stahl aufgebrachte Zinküberzüge
(Stückverzinken)
Anforderungen und Prüfungen (ISO 1461 : 1999)

Hot dip galvanized coatings on fabricated iron and steel articles – Specifications and test methods
(ISO 1461 : 1999)

Revêtements de galvanisation à chaud sur produits finis ferreux – Spécification et méthodes d'essai
(ISO 1461 : 1999)

Diese Europäische Norm wurde von CEN am 8. November 1998 angenommen.

Die CEN-Mitglieder sind gehalten, die CEN/CENELEC-Geschäftsordnung zu erfüllen, in der die Bedingungen festgelegt sind, unter denen dieser Europäischen Norm ohne jede Änderung der Status einer nationalen Norm zu geben ist.

Auf dem letzten Stand befindliche Listen dieser nationalen Normen mit ihren bibliographischen Angaben sind beim Zentralsekretariat oder bei jedem CEN-Mitglied auf Anfrage erhältlich.

Diese Europäische Norm besteht in drei offiziellen Fassungen (Deutsch, Englisch, Französisch). Eine Fassung in einer anderen Sprache, die von einem CEN-Mitglied in eigener Verantwortung durch Übersetzung in seine Landessprache gemacht und dem Zentralsekretariat mitgeteilt worden ist, hat den gleichen Status wie die offiziellen Fassungen.

CEN-Mitglieder sind die nationalen Normungsinstitute von Belgien, Dänemark, Deutschland, Finnland, Frankreich, Griechenland, Irland, Island, Italien, Luxemburg, Niederlande, Norwegen, Österreich, Portugal, Schweden, Schweiz, Spanien, der Tschechischen Republik und dem Vereinigten Königreich.

CEN

EUROPÄISCHES KOMITEE FÜR NORMUNG
European Committee for Standardization
Comité Européen de Normalisation

Zentralsekretariat: rue de Stassart 36, B-1050 Brüssel

© 1999 CEN – Alle Rechte der Verwertung, gleich in welcher Form und in welchem Verfahren, sind weltweit den nationalen Mitgliedern von CEN vorbehalten.

Ref. Nr. EN ISO 1461 : 1999 D

Seite 2
EN ISO 1461 : 1999

Inhalt

	Seite
Vorwort	2
1 Anwendungsbereich	3
2 Normative Verweisungen	3
3 Begriffe	3
4 Allgemeine Anforderungen	4
5 Prüfungen	4
6 Eigenschaften des Überzuges	5
7 Werksbescheinigung	8
Anhang A (normativ) Informationen, die der Auftraggeber dem Verzinker zur Verfügung stellen muß	9
Anhang B (normativ) Sicherheits- und Verfahrensanforderungen	9
Anhang C (informativ) Eigenschaften von zu verzinkenden Teilen, die das Ergebnis des Feuerverzinkens beeinflussen können	10
Anhang D (informativ) Bestimmung der Schichtdicke	12
Anhang E (informativ) Literaturhinweise	14

Vorwort

Diese Norm wurde vom Technischen Komitee CEN/TC 262 "Korrosionsschutz metallischer Werkstoffe" in Zusammenarbeit mit dem Technical Committee ISO/TC 107 "Metallic and other inorganic coatings" erarbeitet.

Diese Europäische Norm muß den Status einer nationalen Norm erhalten, entweder durch Veröffentlichung eines identischen Textes oder durch Anerkennung bis August 1999, und etwaige entgegenstehende nationale Normen müssen bis August 1999 zurückgezogen werden.

Entsprechend der CEN/CENELEC-Geschäftsordnung sind die nationalen Normungsinstitute der folgenden Länder gehalten, diese Europäische Norm zu übernehmen:

Belgien, Dänemark, Deutschland, Finnland, Frankreich, Griechenland, Irland, Island, Italien, Luxemburg, Niederlande, Norwegen, Österreich, Portugal, Schweden, Schweiz, Spanien, die Tschechische Republik und das Vereinigte Königreich.

Anerkennungsnotiz

Der Text der Internationalen Norm ISO 1461 : 1999 wurde von CEN als Europäische Norm ohne irgendeine Änderung genehmigt.

Seite 3
EN ISO 1461 : 1999

1 Anwendungsbereich

Diese Norm legt die allgemeinen Anforderungen an und Prüfungen von Eigenschaften von Überzügen fest, die durch Feuerverzinken (Stückverzinken) auf gefertigte Eisen- und Stahlteile aufgebracht werden (anzuwenden für Zinkschmelzen die nicht mehr als 2 % andere Metalle enthalten). Diese Norm gilt nicht für:

a) kontinuierlich feuerverzinktes Band und Draht;

b) Rohre, die in automatischen Anlagen feuerverzinkt werden;

c) feuerverzinkte Produkte, für welche separate Normen existieren. Diese können zusätzliche Anforderungen beinhalten oder Anforderungen festlegen, die von dieser Norm abweichen.

ANMERKUNG: Eigenständige Produkt-Normen können Bezug auf diese Norm nehmen und sie einschließen, oder sie können sie mit Änderungen, die sich auf das genormte Produkt beziehen, übernehmen.

Diese Norm behandelt nicht die Nachbehandlung und die zusätzliche Beschichtung von feuerverzinkten Teilen.

2 Normative Verweisungen

Diese Norm enthält durch datierte oder undatierte Verweisungen Festlegungen aus anderen Publikationen. Diese normativen Verweisungen sind an den jeweiligen Stellen im Text zitiert, und die Publikationen sind nachstehend aufgeführt. Bei datierten Verweisungen gehören spätere Änderungen oder Überarbeitungen dieser Publikationen nur zu dieser Norm, falls sie durch Änderung oder Überarbeitung eingearbeitet sind. Bei undatierten Verweisungen gilt die letzte Ausgabe der in Bezug genommenen Publikation.

EN 1179
Zink und Zinklegierungen – Primärzink

EN 22063
Metallische und andere anorganische Schichten – Thermisches Spritzen – Zink, Aluminium und ihre Legierungen (ISO 2063 : 1991)

EN ISO 1460
Metallische Überzüge – Feuerverzinkung auf Eisenwerkstoffen – Gravimetrisches Verfahren zur Bestimmung der Masse pro Flächeneinheit (ISO 1460 : 1992)

EN ISO 2064
Metallische und andere anorganische Schichten – Definitionen und Festlegungen, die die Messung der Schichtdicke betreffen (ISO 2064 : 1980)

EN ISO 2178
Nichtmagnetische Überzüge auf magnetischen Grundmetallen – Messen der Schichtdicke – Magnetverfahren (ISO 2178 : 1982)

ISO 752 : 1981
Zinc and zinc alloys – Primary zinc

ISO 2859-1
Sampling procedures for inspection by attributes – Part 1: Sampling plans indexed by acceptable quality level (AQL) for lot-by-lot inspection

ISO 2859-3
Sampling procedures for inspection by attributes – Part 3: Skip-lot sampling procedures

ISO 10474 : 1991
Steel and steel products – Inspection documents

3 Begriffe

Für die Anwendung dieser Norm werden die folgenden Begriffe definiert, die zusammen mit anderen Begriffen in EN ISO 2064 aufgeführt sind.

3.1 Feuerverzinken (Stückverzinken): Herstellen von Überzügen aus Zink- bzw. Eisen-Zink-Legierungen durch Eintauchen von vorbereitetem Stahl oder Guß in geschmolzenes Zink.

3.2 Zinküberzug: Überzug, der beim Feuerverzinken erzeugt wird.

ANMERKUNG: Die Bezeichnung "Zinküberzug" wird im weiteren Verlauf mit "Überzug" bezeichnet.

3.3 Masse des Überzuges: Die Gesamtmasse der Zink- und/oder Eisen-Zink-Legierungsschicht je Oberflächeneinheit (m/A) (angegeben in Gramm je Quadratmeter, g/m^2).

Seite 4
EN ISO 1461 : 1999

3.4 Überzugsdicke: Die Gesamtdicke der Zink- und/oder Eisen-Zink-Legierungsschicht (angegeben in Mikrometer, µm).

3.5 Wesentliche Fläche: Derjenige Oberflächenbereich eines Stahlteils, bei dem der aufgebrachte oder aufzubringende Zinküberzug von erheblicher Bedeutung für die Verwendungsfähigkeit und/oder Erscheinung ist.

3.6 Prüfmuster: Das Teil oder eine Anzahl von Teilen von einer Menge, das/die für weitere Prüfungen ausgewählt werden.

3.7 Referenzfläche: Bereich innerhalb dessen eine festgelegte Anzahl von Messungen durchgeführt werden muß.

3.8 Örtliche Schichtdicke: Mittelwert einer Überzugsdicke aus einer festgelegten Anzahl von Einzelmessungen innerhalb einer Referenzfläche bei einer magnetischen Prüfung oder als Einzelwert einer gravimetrischen Prüfung.

3.9 Durchschnittliche Schichtdicke: Die mittlere örtliche Dicke des Zinküberzugs auf einem größeren Einzelteil oder bei allen Teilen eines Prüfmusters.

3.10 Örtliche Masse des Überzugs: Die Masse des Überzugs, die sich aus einer einzelnen gravimetrischen Prüfung ergibt.

3.11 Durchschnittliche Masse des Überzugs: Die durchschnittliche Masse des Überzuges, ermittelt anhand von zu prüfenden Teilen entsprechend Abschnitt 5; verbunden mit Prüfverfahren entsprechend EN ISO 1460 oder durch Umrechnung der durchschnittlichen Schichtdicke (siehe 3.9).

3.12 Mindestwert: Kleinster Einzelmeßwert innerhalb einer Prüffläche bei einer gravimetrischen Prüfung oder kleinster Mittelwert aus einer festgelegten Anzahl von Einzelmessungen bei einer magnetischen Prüfung.

3.13 Prüfmenge: Ein einzelner Auftrag oder eine einzelne Lieferung.

3.14 Abnahmeprüfung: Prüfung eines Prüfmusters innerhalb des Zuständigkeitsbereiches einer Feuerverzinkerei (falls keine anderen Festlegungen getroffen wurden).

3.15 Bereiche ohne Überzug: Bereiche auf Eisen- und Stahlteilen, bei denen keine Eisen-Zink-Reaktion stattgefunden hat.

4 Allgemeine Anforderungen

ANMERKUNG 1: Die chemische Zusammensetzung und der Oberflächenzustand des Grundwerkstoffes (z. B. Rauheit), die Masse der Teile und die Verzinkungsbedingungen beeinflussen Aussehen, Dicke, Aufbau und die physikalischen / mechanischen Eigenschaften des Zinküberzugs. Diese Norm trifft zu den vorstehenden Punkten keine Festlegungen; im Anhang C werden jedoch einige Empfehlungen gegeben.

ANMERKUNG 2: EN ISO 14713 gibt Empfehlungen zur Auswahl von Zinküberzügen für Eisen- und Stahlteile. EN ISO 12944-5 gilt für Beschichtungen und enthält Informationen für Beschichtungen auf Zinküberzügen.

4.1 Die Zinkschmelze

Die Zinkschmelze muß aus Zink bestehen, wobei die Summe der Begleitelemente (mit Ausnahme von Eisen und Zinn), 1,5 Massen-% nicht übersteigen darf. Begleitelemente im Sinne dieser Norm sind diejenigen Stoffe, die in EN 1179 bzw. ISO 752 aufgeführt sind (siehe auch Anhang C).

4.2 Informationen, die der Auftraggeber zur Verfügung stellen muß

Diejenigen Informationen, die der Auftraggeber zur Verfügung stellen muß, sind im Anhang A festgelegt.

4.3 Sicherheit

Für die Sicherheit relevante Hinweise zum Be- und Entlüften werden im Anhang B gegeben.

5 Prüfungen

Ein Prüfmuster für eine Schichtdickenprüfung muß von jeder Prüfmenge entnommen werden (siehe 3.13). Die Mindestanzahl von Teilen, die ein Prüfmuster bilden, muß Tabelle 1 entsprechen.

Tabelle 1: Anzahl von Prüfmustern in einer Prüfmenge

Anzahl der Teile in einer Prüfmenge	Mindestanzahl der Prüfmuster
1 bis 3	Alle
4 bis 500	3
501 bis 1 200	5
1 201 bis 3 200	8
3 201 bis 10 000	13
mehr als 10 000	20

Abnahmeprüfungen müssen durchgeführt werden, bevor die Teile den Zuständigkeitsbereich der Feuerverzinkerei verlassen, es sei denn, es wurden andere Vereinbarungen getroffen.

6 Eigenschaften des Überzuges

6.1 Aussehen

Bei Abnahmeprüfungen müssen alle wesentlichen Flächen auf dem Verzinkungsgut, bei Betrachtung mit dem unbewaffneten Auge, frei von Verdickungen/Blasen (z. B. erhabenen Stellen ohne Verbindung zum Metalluntergrund), rauhen Stellen, Zinkspitzen (falls sie eine Verletzungsgefahr darstellen) und Fehlstellen sein.

ANMERKUNG 1: "Rauheit" und "Glätte" sind relative Begriffe und die Rauheit von stückverzinkten Überzügen unterscheidet sich von kontinuierlich feuerverzinkten Produkten, wie z.B. kontinuierlich feuerverzinktem Blech und Draht.

Das Auftreten von dunkel- bzw. hellgrauen Bereichen (z. B. ein netzförmiges Muster von grauen Bereichen) oder eine geringe Oberflächenunebenheit ist kein Grund zur Zurückweisung, ebenso Weißrost (mit weißlichen oder dunklen Korrosionsprodukten – überwiegend bestehend aus Zinkoxid –, der durch Lagerung unter feuchten Bedingungen nach dem Feuerverzinken entstehen kann), sofern der geforderte Mindestwert der Dicke des Zinküberzugs noch vorhanden ist.

ANMERKUNG 2: Es ist nicht möglich, eine Definition für die Gleichmäßigkeit und das Finish von Zinküberzügen festzulegen, die alle Anforderungen der Praxis abdeckt.

Flußmittel- und Zinkascherückstände sind nicht zulässig. Zinkverdickungen sind unzulässig, falls sie den bestimmungsgemäßen Gebrauch des Stahlteils stören, sie beeinträchtigen jedoch nicht den Korrosionswiderstand.

Teile, die die visuelle Prüfung nicht bestehen, sind nach 6.3 nachzubessern oder müssen neu feuerverzinkt werden, mit anschließender, erneuter Prüfung.

Falls zusätzliche Anforderungen bestehen (z. B. wenn Zinküberzüge zusätzlich beschichtet werden sollen), muß zuvor ein Muster angefertigt werden (siehe A.2 und C.1.4), soweit erforderlich.

6.2 Dicke des Zinküberzugs

6.2.1 Allgemeines

Zinküberzüge, die durch das Stückverzinkungsverfahren aufgebracht werden, dienen dem Schutz von Eisen- und Stahlteilen vor Korrosion (siehe Anhang C). Die Schutzdauer dieser Überzüge (gleichgültig, ob silbriges oder dunkelgraues Aussehen) ist etwa proportional der Schichtdicke. Für außergewöhnlich hohe Korrosionsbelastung und/oder für eine außergewöhnlich lange Schutzdauer dürfen Zinküberzüge mit größerer Dicke als hier festgelegt eingesetzt werden.

Die Ausführung derartiger Zinküberzüge muß zwischen Auftraggeber und Feuerverzinkungsunternehmen vereinbart werden, insbesondere die Voraussetzungen hierzu (z. B. Strahlen der Stahloberfläche, eine besondere Stahlzusammensetzung).

6.2.2 Prüfverfahren

Im Falle von Unstimmigkeiten im Hinblick auf das anzuwendende Prüfverfahren ist das Verfahren zur Bestimmung der durchschnittlichen örtlichen Dicke des Zinküberzugs nach EN ISO 1460, nach dem gravimetrischen Verfahren unter Berücksichtigung der normalen Dichte des Zinküberzugs (7,2 g/cm^3), anzuwenden.

Bei Prüfmengen mit weniger als 10 Einzelteilen kann der Auftraggeber das gravimetrische Prüfverfahren ablehnen, wenn dieses als Folge der Zerstörung des Zinküberzugs unzumutbare Kosten für ihn verursachen würde.

ANMERKUNG: Prüfungen (siehe Anhang D) sollten vorzugsweise nach dem magnetischen Verfahren (EN ISO 2178) oder dem gravimetrischen Verfahren durchgeführt werden (Alternativen, z. B. magnetinduktives Verfahren (ISO 2808), coulometrisches Verfahren oder Mikroschliff-Verfahren sind in Anhang D angegeben).

Das bevorzugte Verfahren in der Praxis und bei Routineprüfungen ist das nach EN ISO 2178. Da in diesem Fall die Fläche, über die sich die Messung erstreckt, relativ klein ist, können Einzelwerte teilweise niedriger liegen als die Werte der örtlichen oder der durchschnittlichen Schichtdicke. Wenn eine hinreichende Anzahl von Messungen innerhalb einer Referenzfläche durchgeführt wird, ergibt sich bei den magnetischen Prüfverfahren jedoch die gleiche örtliche Schichtdicke wie bei der Anwendung des gravimetrischen Verfahrens.

6.2.3 Referenzflächen

Um ein repräsentatives Ergebnis der durchschnittlichen Schichtdicke oder der durchschnittlichen Masse des Überzugs pro Einheit zu erlangen, müssen die Anzahl und Lage der Prüfflächen und ihre Größe für das gravimetrische oder magnetische Verfahren entsprechend der Form und Größe des/der Bauteil/s/e ausgewählt werden. Bei langen Teilen muß die Referenzfläche etwa 100 mm von den Bauteilenden sowie etwa in Bauteilmitte liegen und muß den gesamten Querschnitt des Teils umfassen.

Die Anzahl der Referenzflächen ist abhängig von der Größe der zu prüfenden Einzelteile und muß folgendes berücksichtigen:

a) Teile mit wesentlichen Flächen über 2 m^2 ("große Teile")
Es müssen wenigstens 3 Referenzflächen auf jedem zu prüfenden Teil festgelegt werden. Die durchschnittliche Schichtdicke auf jedem Teil im Prüfmuster muß gleich oder größer sein als die durchschnittliche Schichtdicke nach Tabelle 2 oder 3.

b) Teile mit wesentlichen Flächen über 10 000 mm^2 und einschließlich 2 m^2
Es muß mindestens eine Referenzfläche auf jedem Teil festgelegt werden.

c) Teile mit wesentlichen Flächen zwischen 1 000 mm^2 und einschließlich 10 000 mm^2
Es muß eine Referenzflächen pro Teil festgelegt werden.

d) Teile mit weniger als 1 000 mm^2 wesentlicher Fläche
Eine hinreichende Anzahl von Teilen wird zusammengefaßt, um wenigstens eine Gesamtfläche von 1 000 mm^2 als Referenzfläche zu erreichen. Die Anzahl der Referenzflächen muß entsprechend der rechten Spalte in Tabelle 1 ausgewählt werden. Mitunter entspricht die Anzahl der zu prüfenden Teile der Anzahl derjenigen Teile, die zum Erreichen einer Referenzfläche erforderlich sind, multipliziert mit der erforderlichen Anzahl nach Tabelle 1 entsprechend des Prüfmusters (oder der Gesamtzahl der feuerverzinkten Teile, falls sie geringer ist). Alternativ können Prüfverfahren aus ISO 2859 ausgewählt werden.

ANMERKUNG 1:
10 000 mm^2 = 100 cm^2
1 000 mm^2 = 10 cm^2
2 m^2 entspricht einer Fläche von 200 cm × 100 cm
10 000 mm^2 entspricht 10 × 10 cm
1 000 mm^2 entspricht 10 × 1 cm.

In den Fällen b), c) und d) muß die Überzugsdicke auf jeder Referenzfläche gleich oder größer sein als die örtliche Schichtdicke entsprechend Tabelle 2 oder 3. Die durchschnittliche Schichtdicke auf allen Referenzflächen muß gleich oder größer sein als die durchschnittliche Schichtdicke nach Tabelle 2 oder 3.

Falls die Dicke des Zinküberzugs nach EN ISO 2178 durch magnetische Messungen ermittelt wird, müssen die Referenzflächen hinsichtlich ihrer Größe und Lage die gleichen Kriterien erfüllen wie beim gravimetrischen Verfahren.

Falls mehr als 5 Teile zusammengefaßt werden müssen, um die Referenzfläche von 1 000 mm^2 zu erreichen, muß von jedem Teil eine magnetische Messung durchgeführt werden, falls hinreichend Bereiche von wesentlichen Flächen zur Verfügung stehen; falls nicht, muß das gravimetrische Verfahren angewandt werden.

Innerhalb einer jeden Referenzfläche von wenigstens 1 000 mm^2 müssen mindestens 5 Einzelwerte magnetisch ermittelt werden. Falls einer der Einzelwerte niedriger liegt als der Wert der örtlichen Schichtdicke in Tabelle 2 oder 3, ist dieses unerheblich, da nur der Durchschnittswert der gesamten Referenzfläche gleich oder größer als die örtliche Schichtdicke entsprechend der Tabelle sein muß. Die durchschnittliche Überzugsdicke aller Referenzflächen muß für das magnetische Verfahren in gleicher Weise berechnet werden wie für das gravimetrische Verfahren (EN ISO 1460).

Seite 7
EN ISO 1461 : 1999

Schichtdickenmessungen dürfen nicht im Bereich von Schnittkanten, weniger als 10 mm von Werkstückkanten, Brennschnittflächen und Ecken durchgeführt werden (siehe C.1.3).

Tabelle 2: Dicke von Zinküberzügen auf Prüfteilen, die nicht geschleudert wurden

Teile und ihre Dicke (mm)		Örtliche Schichtdicke [a] (Mindestwert) µm	Durchschnittliche Schichtdicke [b] (Mindestwert) µm
Stahl	≥ 6 mm	70	85
Stahl	≥3 mm bis < 6 mm	55	70
Stahl	≥1,5 mm bis < 3 mm	45	55
Stahl	<1,5 mm	35	45
Guß	≥ 6 mm	70	80
Guß	< 6 mm	60	70

[a] Siehe 3.8
[b] Siehe 3.9

ANMERKUNG 2: Tabelle 2 dient zum allgemeinen Gebrauch; spezielle Produktnormen können abweichende Anforderungen festlegen. Dickere Zinküberzüge oder zusätzliche Anforderungen können vereinbart werden, ohne zu dieser Norm im Widerspruch zu stehen.

Die örtliche Schichtdicke nach Tabelle 2 darf nur an den festgelegten Referenzflächen nach 6.2.3 geprüft werden.

Tabelle 3: Dicke von Zinküberzügen auf Prüfteilen, die geschleudert wurden

Teile und ihre Dicke (mm)	Örtliche Schichtdicke [a] (Mindestwert) µm	Durchschnittliche Schichtdicke [b] (Mindestwert) µm
Gewindeteile ≥ 20 mm Durchmesser ≥ 6 bis < 20 mm Durchmesser < 6 mm Durchmesser	45 35 20	55 45 25
Andere Teile (einschließlich Guß) ≥ 3 mm < 3 mm	45 35	55 45

[a] Siehe 3.8
[b] Siehe 3.9

ANMERKUNG 3: Tabelle 3 dient zum allgemeinen Gebrauch; Normen über Verbindungsmittel und spezielle Produktnormen können abweichende Anforderungen festlegen; siehe ebenfalls A.2(g).

Die örtliche Schichtdicke nach Tabelle 3 darf nur an den festgelegten Referenzflächen nach 6.2.3 geprüft werden.

6.3 Ausbesserung

Die Summe der Bereiche ohne Überzug, die ausgebessert werden müssen, darf 0,5 % der Gesamtoberfläche eines Einzelteils nicht überschreiten. Ein einzelner Bereich ohne Überzug darf in seiner Größe 10 cm^2 nicht übersteigen. Falls größere Bereiche ohne Überzug vorliegen, muß das betreffende Bauteil neu verzinkt werden, falls keine anderen Vereinbarungen zwischen Auftraggeber und Feuerverzinkungsunternehmen getroffen werden.

Die Ausbesserung muß durch thermisches Spritzen mit Zink (EN 22063) oder durch eine geeignete Zinkstaubbeschichtung, innerhalb der praktikablen Grenzen solcher Systeme erfolgen. Die Verwendung von Loten auf Zinkbasis ist ebenfalls möglich (siehe Anhang C.5). Der Auftraggeber bzw. Endverbraucher muß über das verwendete Ausbesserungsverfahren informiert werden.

Wenn gesonderte Anforderungen vereinbart werden, z. B. das Auftragen zusätzlicher Beschichtungen, muß der Verzinker zuvor den Auftraggeber über die Art der Ausbesserung informieren.

Die Ausbesserung muß die Entfernung von Verunreinigungen und die notwendige Reinigung und Oberflächenvorbereitung der Schadstelle zur Sicherstellung des Haftvermögens beinhalten.

Die Schichtdicke des ausgebesserten Bereiches muß mindestens 30 µm mehr betragen als die geforderte örtliche Dicke des Zinküberzugs an der entsprechenden Stelle nach Tabelle 2 oder 3, falls keine anderslautenden Vereinbarungen getroffen wurden, z. B. wenn eine zusätzliche Beschichtung aufgetragen werden soll, und daher die Schichtdicke der Ausbesserungsstelle die gleiche Dicke aufweisen soll wie der Zinküberzug. An den ausgebesserten Stellen muß ein hinreichender Korrosionsschutz sichergestellt sein.

ANMERKUNG: Siehe auch Anhang C.5 für Hinweise zum Ausbessern von beschädigten Flächen.

6.4 Haftvermögen

Zur Zeit existieren zur Prüfung des Haftvermögens von Zinküberzügen auf stückverzinkten Stahlteilen keine ISO-Normen. Siehe auch C.6.

Das Haftvermögen zwischen dem Zink und dem Grundwerkstoff muß üblicherweise nicht geprüft werden, da ein hinreichendes Haftvermögen typisch für den Feuerverzinkungsprozeß ist und der Zinküberzug widersteht – ohne sich abzulösen oder abzublättern – bei üblichem Handling und üblichem Gebrauch. Im allgemeinen erfordern dickere Zinküberzüge, daß sie vorsichtiger behandelt werden als dünnere. Biegen und Umformen nach dem Feuerverzinken gehören nicht zum üblichen Gebrauch.

Sollte es notwendig sein, das Haftvermögen zu prüfen, zum Beispiel für den Fall, daß Werkstücke einer hohen mechanischen Belastung ausgesetzt sind, darf eine derartige Prüfung nur auf wesentlichen Flächen erfolgen, in Bereichen, in denen ein gutes Haftvermögen für die vorgesehenen Anwendung von Bedeutung ist.

Ein Kreuzschnitt-Test erlaubt einige Hinweise auf die mechanischen Eigenschaften des Überzuges, jedoch sind in manchen Fällen weitere Aussagen erforderlich. Schlagprüfungen oder Schnittprüfungen können ebenfalls für feuerverzinkte Werkstücke entwickelt werden; derartige Prüfverfahren werden bei der Entwicklung in einem eigenständigen Normendokument zusätzlich berücksichtigt.

6.5 Abnahme-Kriterien

Wenn Prüfungen der Schichtdicke nach 6.2.2 entsprechend einer geeigneten Anzahl von Referenzflächen nach 6.2.3 durchgeführt werden, darf die Dicke des Zinküberzugs die Werte aus Tabelle 2 oder 3 nicht unterschreiten. Mit Ausnahme von Schiedsprüfungen hat die Prüfung mit Hilfe von zerstörungsfreien Verfahren zu erfolgen, es sei denn, der Auftraggeber stimmt einer Bestimmung des Massenverlustes zu. Falls Teile aus Stählen unterschiedlicher Dicke zusammengesetzt sind, ist für jede Materialdicke die entsprechende Schichtdicke des Überzugs gemäß Tabelle 2 oder 3 zugrunde zu legen.

Falls die Dicke eines Überzuges auf einem Prüfmuster nicht den Anforderungen entspricht, muß die doppelte Menge von Teilen (oder sämtliche Teile, falls nicht mehr zur Verfügung stehen) ausgewählt und erneut geprüft werden. Falls dieses größere Prüfmuster einwandfrei ist, muß die gesamte Prüfmenge akzeptiert werden. Falls dieses größere Prüfmuster die erneute Prüfung nicht besteht, entspricht das Los nicht den Anforderungen. Die fehlerhaften Teile müssen aussortiert werden, oder der Auftraggeber stimmt einer erneuten Verzinkung zu.

7 Werksbescheinigung

Falls gefordert, hat die Verzinkerei eine Werksbescheinigung auszustellen, aus welcher die Übereinstimmung mit dieser Norm hervorgeht (siehe ISO 10474).

Seite 9
EN ISO 1461 : 1999

Anhang A (normativ)
Informationen, die der Auftraggeber dem Verzinker zur Verfügung stellen muß

A.1 Grundsätzliche Informationen

Die Nummer dieser Norm, EN ISO 1461, muß vom Auftraggeber dem Verzinker mitgeteilt werden:

A.2 Zusätzliche Informationen

Die nachfolgenden Punkte können zum Teil von Bedeutung sein; falls ja, müssen sie vom Auftraggeber, soweit verfügbar, von ihm festgelegt oder näher bezeichnet werden.

Der Verzinker stellt auf Anfrage seinerseits ihm vorliegende Informationen zu diesen Punkten zur Verfügung, einschließlich des Ausbesserungsverfahrens für Bereiche ohne Überzug.

a) Die Zusammensetzung und die Eigenschaften des Grundwerkstoffes, die den Verzinkungsvorgang beeinflussen können (siehe Anhang C);

b) Eine Identifikation von wesentlichen Flächen, zum Beispiel anhand von Zeichnungen oder durch vorher angebrachte geeignete Markierungen;

c) Eine Zeichnung oder andere Möglichkeiten der Identifizierung von Bereichen, auf denen Oberflächenunregelmäßigkeiten, z. B. Verdickungen oder Klebestellen, das verzinkte Teil für den vorgesehenen Gebrauch unbrauchbar machen können; der Auftraggeber muß Möglichkeiten zur Lösung des Problems mit dem Verzinker erörtern;

d) Ein Muster oder andere Möglichkeiten zum Nachweis einer besonders geforderten Oberflächengüte;

e) Spezielle Anforderungen an die Oberflächenvorbereitung;

f) Besonders geforderte Schichtdicken (siehe 6.2.1 und die Anmerkungen 2 und 3 in 6.2.3 und Anhang C);

g) Die Forderung oder die Akzeptanz von geschleuderten Teilen, die die Anforderungen nach Tabelle 3 statt nach Tabelle 2 erfüllen;

h) Falls der Zinküberzug nachbehandelt oder zusätzlich beschichtet werden soll (siehe Anmerkung zu 6.3 sowie C.4 und C.5);

i) Vereinbarungen über Abnahmeprüfungen (siehe Abschnitt 5);

j) Ob eine Werksbescheinigung nach ISO 10474 mitgeliefert werden soll.

Anhang B (normativ)
Sicherheits- und Verfahrensanforderungen

In Ermangelung von nationalen Unfallverhütungsvorschriften zum Entlüften und Entleeren von Hohlräumen in Verzinkungsgut, muß der Auftraggeber Bohrungen oder andere Entlüftungsmöglichkeiten bei Hohlräumen sowie Aufhängemöglichkeiten anbringen oder dem Verzinker seine Zustimmung geben, dieses zu tun. Dieses ist von grundlegender Bedeutung für die Sicherheit und den Verfahrensablauf.

Warnung: Es ist von grundsätzlicher Bedeutung, geschlossene Hohlräume zu vermeiden, da Hohlkörper andernfalls beim Feuerverzinken bersten können.

ANMERKUNG: Weitere Informationen über Be- und Entlüftung werden in ISO 14713 gegeben.

Seite 10
EN ISO 1461 : 1999

Anhang C (informativ)

Eigenschaften von zu verzinkenden Teilen, die das Ergebnis des Feuerverzinkens beeinflussen können

C.1 Grundwerkstoff

C.1.1 Stahlzusammensetzung

Unlegierte Baustähle, niedrig legierte Stähle sowie Gußeisen sind üblicherweise zum Feuerverzinken geeignet. Ob andere Stähle zum Feuerverzinken geeignet sind, sollte anhand der Informationen und Muster, die der Auftraggeber dem Feuerverzinkungsunternehmen zur Verfügung stellt, geklärt werden. Schwefelhaltige Automatenstähle sind normalerweise zum Feuerverzinken ungeeignet.

C.1.2 Oberflächenbeschaffenheit

Die Oberfläche des Grundwerkstoffes sollte vor dem Eintauchen in das Zinkbad metallisch blank sein. Beizen in Säure ist die empfohlene Methode zur Oberflächenvorbereitung. Überbeizen sollte vermieden werden. Oberflächenverunreinigungen, die nicht durch den Beizvorgang entfernt werden können – zum Beispiel kohlenstoffhaltige Verunreinigungen (Ziehmittelreste), Öl, Fett, Beschichtungen, Schweißschlacke und ähnliche Verunreinigungen sollten vor dem Beizen entfernt werden. Die Zuständigkeit für die Entfernung derartiger Verunreinigungen ist zwischen dem Auftraggeber und dem Verzinker abzustimmen.

Gußteile sollten weitestgehend frei sein von Oberflächenporen und Lunkern; sie sollten vorbereitet werden durch Strahlen, elektrolytisches Beizen oder mit Hilfe anderer geeigneter Verfahren zum Behandeln von Guß.

C.1.3 Der Einfluß der Rauheit der Stahloberfläche auf die Dicke des Zinküberzuges beim Feuerverzinken

Die Rauheit der Stahloberfläche hat einen Einfluß auf die Dicke und die Struktur des Zinküberzuges. Oberflächenunebenheiten des Grundwerkstoffes bleiben üblicherweise nach dem Feuerverzinken sichtbar.

Stahloberflächen mit einer großen Rauheit, wie sie z. B. durch Strahlen, Schruppschleifen usw. erreicht wird, ergeben beim Verzinken dickere Zinküberzüge als dieses durch Beizen allein erzielt wird.

Brennschnitte verändern die Stahlzusammensetzung und Struktur des Stahls in der Wärmeeinflußzone in solcher Weise, daß die in Abschnitt 6.3, Tabelle 2 oder 3, geforderten Schichtdicken mitunter nur schwer erreicht werden können. Um sicherzustellen, daß die geforderte Überzugsdicke im Bereich von Brennschnittflächen erreicht wird, sollten die Schnittflächen durch den Auftraggeber mechanisch abgetragen werden.

C.1.4 Der Einfluß von reaktiven Elementen im Grundwerkstoff auf die Dicke des Zinküberzuges und sein Aussehen

Die meisten Stähle lassen sich zufriedenstellend feuerverzinken. Verschiedene reaktive Elemente im Stahl können das Feuerverzinken beeinflussen, z. B. Silicium (Si) und Phosphor (P). Die Stahlzusammensetzung hat einen Einfluß auf die Dicke und das Aussehen von Zinküberzügen. Bei unterschiedlichen Anteilen von Silicium und Phosphor ergeben sich ungleichmäßige, glänzende und/oder dunkelgraue Überzüge, die spröde und dicker als üblich sein können. Die französische Norm NF A 35-503 : 1994 gibt einige Hinweise zum Verzinkungsverhalten und zu verzinkungsgeeigneten Stählen. Es werden zur Zeit jedoch noch weitere Forschungsarbeiten durchgeführt, die den Einfluß der Begleitelemente in den Stählen untersuchen (siehe hierzu auch EN ISO 14713).

C.1.5 Spannungen im Grundwerkstoff

Spannungen im Grundwerkstoff werden beim Verzinkungsvorgang teilweise freigesetzt und können Deformationen des feuerverzinkten Teils verursachen.

Stahlteile, die kalt verformt werden (z. B. gebogen) können in Abhängigkeit von der Art des Stahls und dem Umfang der Kaltverformung verspröden. Da das Feuerverzinken eine Wärmebehandlung darstellt, beschleunigt es die ohnehin eintretende natürliche Alterung derartiger Stähle. Zur Vermeidung der Alterung sollte ein alterungsunempfindlicher Stahl eingesetzt werden. Falls befürchtet werden muß, daß ein Stahlwerkstoff durch Alterung versprödet wird, sollte auf eine Kaltverformung möglichst verzichtet werden. Wenn auf eine Kaltverformung nicht verzichtet werden kann, sollten Spannungen durch eine Wärmebehandlung beseitigt werden, bevor gebeizt und verzinkt wird.

ANMERKUNG: Die Empfindlichkeit für die Alterung und die sich daraus ergebende Versprödung wird durch den Stickstoffgehalt des Stahls verursacht, welcher weitgehend von der Stahlherstellung abhängig ist. Generell kann gesagt werden, daß das Problem in modernen Stahlherstellungsprozessen nicht mehr auftritt. Aluminiumberuhigte Stähle sind am wenigsten empfindlich gegenüber Alterungsvorgängen.

Wärmebehandelte oder kaltverformte Stähle werden durch die Erwärmung im Zinkbad teilweise angelassen und verlieren dabei einen Teil der durch die Wärmebehandlung oder Kaltverformung erhöhten Festigkeit.

Gehärtete und/oder hochfeste Stähle können Zugspannungen in solcher Höhe aufweisen, daß sich beim Beizen oder Feuerverzinken das Risiko zur Rißbildung im Stahl erhöht. Das Risiko der Rißbildung kann reduziert werden durch Spannungsabbau vor dem Beizen und Verzinken. Hierzu sollte der Rat von Fachleuten eingeholt werden.

Gewöhnliche Baustähle verspröden normalerweise nicht durch die Aufnahme von Wasserstoff beim Beizen, selbst wenn Wasserstoff im Stahl verbleiben sollte. Bei derartigen Stählen entweicht der aufgenommene Wasserstoff während des Tauchvorganges im schmelzflüssigen Zink. Falls Stähle eine höhere Härte als etwa 34 HRC, 340 HV oder 325 HB aufweisen (siehe ISO 4964), ist dafür Sorge zu tragen, die Wasserstoffaufnahme während der Oberflächenvorbereitung zu minimieren.

Wenn die Erfahrung zeigt, daß bestimmte Stähle Vorbehandlungen, thermische und mechanische Behandlungen, Beizen und Feuerverzinken zufriedenstellende Ergebnisse ermöglichen, kann davon ausgegangen werden, daß Probleme mit der Werkstoffversprödung nicht zu erwarten sind, wenn die Werkstoffzusammensetzung, Vorbehandlung, thermische und mechanische Behandlung und der Verzinkungsprozeß gleich sind.

C.1.6 Große Teile oder große Werkstoffdicken

Bei großen Teilen werden üblicherweise auch längere Tauchdauern im Zinkbad erforderlich. Diese, ebenso wie bestimmte metallurgische Eigenschaften sowie große Materialdicken, können daher die Ausbildung von dickeren Zinküberzügen zur Folge haben.

C.1.7 Feuerverzinkungspraxis

Dem Zinkbad können geringe Mengen anderer Elemente zugegeben werden (entsprechend den Anforderungen in 4.1) als Teil der Verfahrenstechnik der Verzinkerei mit der Zielrichtung, die nachteiligen Auswirkungen bestimmter Silicium- und Phosphorgehalte zu vermeiden (siehe C.1.4), oder um die Oberflächenstruktur des Zinküberzuges zu beeinflussen. Solche Zusätze beeinflussen nicht die Qualität und den Korrosionswiderstand des Überzuges oder die mechanischen Eigenschaften des verzinkten Produktes; sie brauchen daher nicht genormt zu werden.

C.2 Konstruktion

C.2.1 Allgemein

Die konstruktive Ausbildung von Teilen, die feuerverzinkt werden, sollte das Verfahren der Feuerverzinkung berücksichtigen. Dem Auftraggeber wird empfohlen, den Rat des Verzinkers zu suchen, bevor mit der Konstruktion oder Fertigung eines Bauteils, das feuerverzinkt werden soll, begonnen wird, da es notwendig werden kann, die Konstruktion des Teiles den Anforderungen des Feuerverzinkungsprozesses anzupassen (siehe Anhang B).

C.2.2 Abmessungstoleranzen bei Gewinden

Es gibt zwei Möglichkeiten die Gängigkeit von Gewinden zu gewährleisten; dieses ist zu erreichen: zum einen durch Unterschneiden des Schraubenbolzens und zum anderen durch Überschneiden des Mutterngewindes. Bei Verbindungsmitteln sind hierzu die entsprechenden Vorschriften zu beachten. Im allgemeinen sollten Vereinbarungen hierzu und im Hinblick auf die Schichtdicke getroffen werden, um die Gewindegängigkeit sicherzustellen. Es gibt keine Anforderungen an den Zinküberzug von Innengewinden, die nach dem Feuerverzinken geschnitten oder nachgeschnitten werden.

Die Dicke von Zinküberzügen für Gewindeteile sollte den Anforderungen für zentrifugierte Teile angepaßt sein, um gängige Gewinde einhalten zu können.

> ANMERKUNG 1: Der Zinküberzug auf einem Gewindebolzen schützt auf elektrochemischem Wege das Innengewinde einer Mutter in einer zusammengebauten Einheit. Aus diesem Grunde wird kein Zinküberzug auf Innengewinden benötigt.

> ANMERKUNG 2: Die Festigkeitswerte des verzinkten Gewindebolzens sollten den Anforderungen entsprechen.

C.2.3 Einfluß der Badtemperatur

Werkstoffe, deren Eigenschaften durch die Temperatur der Zinkschmelze beeinflußt werden könnten, sollten nicht feuerverzinkt werden.

Seite 12
EN ISO 1461 : 1999

C.3 Die Zinkschmelze

Besondere Anforderungen an die maximale Höhe von Begleitelementen oder Verunreinigungen in der Zinkschmelze können vom Auftraggeber festgelegt werden.

In besonderen Anwendungsbereichen, zum Beispiel bei Boilern (Behälter, Rohrzylinder usw.), die für den Kontakt mit Trinkwasser vorgesehen sind, kann der Auftraggeber festlegen, daß der Zinküberzug in seiner chemischen Zusammensetzung den Anforderungen für feuerverzinkte Rohre nach EN 10240 entsprechen muß.

C.4 Nachbehandlung

Feuerverzinkte Teile sollten nicht zusammengelegt werden, solange sie heiß oder feucht sind. Kleine Teile, die in Körben oder in Vorrichtungen verzinkt werden, sollten unmittelbar nach dem Herausziehen aus dem Zinkbad zentrifugiert werden, um überflüssiges Metall zu entfernen (siehe Anhang A.2 g)).

Um die mögliche Bildung von Weißrost auf der Oberfläche zu vermeiden, können Teile, die nicht beschichtet werden, einer speziellen Oberflächenbehandlung unterzogen werden.

Falls die Teile nach dem Feuerverzinken beschichtet werden, sollte der Auftraggeber das Feuerverzinkungsunternehmen hierüber zuvor informieren.

C.5 Ausbesserung von Fehlstellen

Falls die Feuerverzinkerei darauf hingewiesen wird, daß ein verzinktes Teil zusätzlich beschichtet werden soll, sollte der Auftraggeber darauf hingewiesen werden, daß das Ausbessern von Fehlstellen zulässig ist; er sollte über das gewählte Ausbesserungsverfahren und die hierzu verwendeten Stoffe informiert werden. Auftraggeber und Beschichter sollten sich vergewissern, daß das nachfolgende Beschichtungssystem für die verwendeten Verfahren und Materialien geeignet ist.

In 6.3 sind die Schichtdicken von Ausbesserungsarbeiten im Hinblick auf Abnahmeprüfungen geregelt. Die gleichen Verfahren gelten für die Ausbesserung von Schadstellen auf Baustellen. Die Größe der tolerierbaren Flächen, die ausgebessert werden, sollten sich an den zulässigen Werten für Fehlstellen beim Feuerverzinken orientieren.

C.6 Haftfestigkeitsprüfung

Über geeignete Prüfverfahren sind, unter Berücksichtigung ihrer Praktikabilität, Vereinbarungen zu treffen.

Anhang D (informativ)
Bestimmung der Schichtdicke

D.1 Allgemeines

Das gebräuchlichste Verfahren zur zerstörungsfreien Prüfung der Schichtdicke ist das magnetische Verfahren (siehe 6.2 und EN ISO 2178). Andere Verfahren (z. B. ISO 2808: elektromagnetisches Verfahren) außerhalb dieser Norm können verwendet werden.

Zu den zerstörenden Verfahren gehören die Bestimmung der Masse pro Flächeneinheit durch das gravimetrische Verfahren (Umrechnung in Schichtdicke (Mikrometer μm) durch Division der Angaben in Gramm pro Quadratmeter (g/m^2) durch 7,2 (siehe D.3), das coulometrische Verfahren (siehe EN ISO 2177) und das Verfahren des Mikroschliffes (siehe D.2)).

Die Definitionen in Abschnitt 3 sollten sorgfältig beachtet werden, insbesondere das Verhältnis zwischen örtlicher und durchschnittlicher Schichtdicke, wenn das magnetische Verfahren angewendet wird und dessen Ergebnisse mit denen einer gravimetrischen Prüfung nach EN ISO 1460, das als Schiedsverfahren angewendet wird, verglichen werden.

D.2 Mikroschliff-Verfahren

Das Mikroschliff-Verfahren (siehe EN ISO 1463) kann ebenfalls eingesetzt werden. Es ist jedoch für die laufende Überwachung ungeeignet, insbesondere bei großen oder teuren Teilen, denn es ist ein zerstörendes Verfahren und gibt nur die Verhältnisse an einem bestimmten Schnitt wieder. Es gibt ein einfaches optisches Bild der untersuchten Schnitte.

Seite 13
EN ISO 1461 : 1999

D.3 Berechnung der Schichtdicke aus der Masse pro Flächeneinheit (Referenzverfahren)

Das Verfahren nach EN ISO 1460 ermittelt die flächenbezogene Masse in Gramm pro Quadratmeter. Diese Werte können umgerechnet werden in eine örtliche Schichtdicke in Mikrometer, indem man durch die Dichte des Überzugs (7,2 g/cm³) dividiert. Das Verhältnis der flächenbezogenen Masse zur Schichtdicke nach Tabelle 2 und 3 ist in Tabelle D.1 und D.2 dargestellt.

Tabelle D.1: Flächenbezogene Masse im Verhältnis zu ihrer Schichtdicke von Teilen, die nicht zentrifugiert werden[a]

Teile und ihre Dicke		Örtliche Schichtdicke (Mindestwert)[b]		Durchschnittliche Schichtdicke (Mindestwert)[c]	
		g/m²	µm	g/m²	µm
Stahl	≥ 6 mm	505	70	610	85
Stahl	≥ 3 mm bis < 6 mm	395	55	505	70
Stahl	≥ 1,5 mm bis < 3 mm	325	45	395	55
Stahl	< 1,5 mm	250	35	325	45
Guß	≥ 6 mm	505	70	575	80
Guß	< 6 mm	430	60	505	70

[a] Siehe Anmerkung 2 in 6.2.3
[b] Siehe 3.10
[c] Siehe 3.11

Tabelle D.2: Flächenbezogene Masse im Verhältnis zu ihrer Schichtdicke von Teilen, die zentrifugiert werden[a]

Teile und ihre Dicke		Örtliche Schichtdicke (Mindestwert)[b]		Durchschnittliche Schichtdicke (Mindestwert)[c]	
		g/m²	µm	g/m²	µm
Gewindeteile					
≥ 20 mm	Durchmesser	325	45	395	55
≥ 6 bis < 20 mm	Durchmesser	250	35	325	45
< 6 mm	Durchmesser	145	20	180	25
Andere Teile (einschließlich Guß)					
≥ 3 mm		325	45	395	55
< 3 mm		250	35	325	45

[a] Siehe Anmerkung 3 in 6.2.3
[b] Siehe 3.10
[c] Siehe 3.11

Anhang E (informativ)
Literaturhinweise

EN 10240
Innere und/oder äußere Schutzüberzüge für Stahlrohre – Anforderungen an Zinküberzüge, die in automatischen Anlagen aufgebracht werden

EN ISO 1463 : 1994
Metall- und Oxidschichten – Schichtdickenmessung – Mikroskopisches Verfahren (ISO 1463 : 1982)

EN ISO 2177 : 1994
Metallische Überzüge – Schichtdickenmessung – Coulometrisches Verfahren durch anodisches Ablösen (ISO 2177 : 1985)

EN ISO 12944-4
Beschichtungsstoffe – Korrosionsschutz von Stahlbauten durch Beschichtungssysteme – Teil 4: Arten von Oberflächen und Oberflächenvorbereitung (ISO 12944-4 : 1998)

EN ISO 12944-5
Beschichtungsstoffe – Korrosionsschutz von Stahlbauten durch Beschichtungssysteme – Teil 5: Beschichtungssysteme (ISO 12944-5 : 1998)

EN ISO 14713
Korrosionsschutz von Eisen- und Stahlkonstruktionen vor Korrosion – Zink- und Aluminiumüberzüge – Leitfäden (ISO 14713 : 1999)

ISO 2808 : 1997
Beschichtungsstoffe – Bestimmung der Schichtdicke

ISO 4964 : 1984
Stähle – Härteumwertung

NF A 35-503 : 1994
Eisen und Stahl – Stähle zum Feuerverzinken

März 1999

Durch Feuerverzinken auf Stahl aufgebrachte Zinküberzüge (Stückverzinken)	Beiblatt 1
Anforderungen und Prüfungen (ISO 1461 : 1999) Hinweise zur Anwendung der Norm	zu DIN EN ISO 1461

ICS 25.220.40

Hot dip galvanized coatings on fabricated iron and steel articles –
Specifications and test methods (ISO 1461 : 1999) – Indications
of application of this standard

Mit
DIN EN ISO 1461 : 1999-03
Ersatz für
DIN 50976 : 1989-05

Revêtements de galvanisation à chaud sur produits finis ferreux –
Spécifications et méthodes d'essai (ISO 1461 : 1999) –
Indications d'application de cette norme

Dieses Beiblatt enthält Informationen zu DIN EN ISO 1461,
jedoch keine zusätzlich genormten Festlegungen.

Vorwort

Zu den in DIN EN ISO 1461 genormten Festlegungen für das Feuerverzinken von Einzelteilen (Stückverzinken) werden vom Arbeitsausschuß NMP 175 "Schmelztauchüberzüge" folgende Empfehlungen und Erläuterungen für die Anwendung von DIN EN ISO 1461 gegeben:

Fortsetzung Seite 2 bis 4

Normenausschuß Materialprüfung (NMP) im DIN Deutsches Institut für Normung e. V.

Zu 1 Anwendungsbereich

DIN EN ISO 1461 regelt den Bereich des diskontinuierlichen Feuerverzinkens, des sog. Stückverzinkens. Sie ist auf gefertigte Eisen- und Stahlteile anzuwenden, sie schließt jedoch auch Teile aus Gußwerkstoffen und bestimmte Halbzeuge (z. B. Profilstahl-Halbzeuge) ein.

DIN EN ISO 1461 gilt nicht für feuerverzinktes Band und Blech (nach DIN EN 10142 bzw. DIN EN 10147), Stahldraht (nach DIN 1548), Stahlrohre, die in automatischen Anlagen feuerverzinkt werden (nach DIN EN 10240) und/oder mechanische Verbindungselemente (nach DIN 267-10 und einer in Vorbereitung befindlichen Internationalen Norm[1]). Darüber hinaus enthält eine große Anzahl von Produktnormen spezielle Festlegungen zum Feuerverzinken dieser Teile, die gegebenenfalls gesondert zu beachten sind.

DIN EN ISO 1461 gilt ebenfalls nicht für Zinküberzüge, die mehr als 2 % andere Metalle aufweisen, d. h., sie ist beispielsweise nicht anwendbar für Zn-Al-Überzüge (z. B. Galfan). Die Abgrenzung zu den Forderungen des Abschnitts 4.1 der DIN EN ISO 1461 sind zu beachten.

Unter "Nachbehandlung" wird das nachträgliche Herstellen von speziellen Schichten verstanden (z. B. zur Verhütung von Weißrost), eine Abkühlung feuerverzinkter Teile in einem Wasserbad ist keine Nachbehandlung im Sinne dieser Norm. Zusätzliche Beschichtungen auf feuerverzinktem Stahl bezeichnet man einschließlich Zinküberzug als Duplex-Systeme. Zu ihrer Ausführung sind Abstimmungen zwischen den Beteiligten im Hinblick auf Oberflächenvorbereitung, Beschichtungssysteme, Schichtdicken, Applikationstechniken usw. erforderlich. Nähere Informationen liefert DIN EN ISO 12944.

Zu 6.2 Dicke des Zinküberzuges, Tabellen 2 und 3

DIN EN ISO 1461 unterscheidet im Hinblick auf die Dicke des Zinküberzuges zwischen Teilen, die nicht geschleudert wurden (Tabelle 2) und Teilen, die geschleudert wurden (Tabelle 3). Üblicherweise werden nur Kleinteile, die in Körben feuerverzinkt werden können, geschleudert. Hierdurch erreicht man, daß der noch flüssige Teil des Zinküberzuges durch das Zentrifugieren teilweise wieder abgeschleudert wird. Die Dicke des Zinküberzuges wird hierdurch reduziert, der verbleibende Zinküberzug ist jedoch gleichmäßiger, die Paßfähigkeit von geschleuderten Teilen ist besser. Es besteht in der Regel keine uneingeschränkte Wahlmöglichkeit zwischen den beiden Verfahrensvarianten. Lediglich bei Kleinteilen, die sowohl ohne als auch mit einem zusätzlichen Schleudern feuerverzinkt werden können, sind im Einzelfall Abstimmungen zwischen den Beteiligten erforderlich, ansonsten obliegt die Auswahl der jeweiligen Verfahrensvariante dem Feuerverzinkungsunternehmen.

Die in DIN EN ISO 1461, Tabelle 3, genannten Schichtdicken für Zinküberzüge auf Gewindeteilen sind für das Feuerverzinken von mechanischen Verbindungselementen unzureichend. Insbesondere Angaben zu den Gewindeabmessungen fehlen. Bis auf weiteres ist zum Feuerverzinken von mechanischen Verbindungsmitteln DIN 267-10 und eine in Vorbereitung befindliche Internationale Norm[1] anzuwenden.

Zu Abschnitt 6.3 Ausbesserung

DIN EN ISO 1461 sieht wahlweise drei verschiedene Ausbesserungsverfahren vor, nämlich das Thermische Spritzen mit Zink, das Auftragen von Zinkstaub-Beschichtungen sowie die Verwendung von zinkhaltigen Loten. Da die Wirksamkeit der Ausbesserungsverfahren im wesentlichen vom ausgewählten Verfahren und der Art und Sorgfalt bei der Applikation abhängt, empfiehlt es sich, gegebenenfalls zusätzlich zu den Festlegungen der Norm, für das jeweilige Verfahren der Ausbesserung detailliertere Festlegungen zwischen den Beteiligten zu treffen.

Zu Abschnitt 6.4 Haftvermögen

Das Haftvermögen von Zinküberzügen muß üblicherweise nicht gesondert geprüft werden. Eine etwaige Prüfung des Haftvermögens ist vor dem Feuerverzinken zu vereinbaren. Solange keine geltende Europäische Norm hierzu zur Verfügung steht, sollte die Prüfung des Haftvermögens von Zinküberzügen nach DIN 50978 durchgeführt werden. Hierbei sind die Rahmenbedingungen der Prüfung nach dieser Norm besonders zu beachten.

Zu Anhang A.2

Zur Vereinfachung der Angaben, z. B. auf Technischen Zeichnungen und Stücklisten, empfiehlt es sich, zur Kennzeichnung der Feuerverzinkung Kurzzeichen und Zeichnungsangaben zu verwenden.

Ein Überzug durch Feuerverzinken (t Zn) (t steht als Akkürzung für "thermisch", Zn steht für das Verfahren des Feuerverzinkens) wird wie folgt bezeichnet: Überzug DIN EN ISO 1461 - t Zn o.

Das Kurzzeichen t Zn o steht für das "Feuerverzinken ohne Anforderung" in bezug auf eine Nachbehandlung.

---

[1] vorgesehene Norm-Nummer: DIN EN ISO 10684

Weitere Bezeichnungen sind:

Überzug DIN EN ISO 1461 - t Zn b sowie
Überzug DIN EN ISO 1461 - t Zn k

Das Kurzzeichen t Zn b steht für das "Feuerverzinken und Beschichten", das Kurzzeichen t Zn k für Feuerverzinken und "keine Nachbehandlung vornehmen".

Werkstücke, die feuerverzinkt werden, sollen in Zeichnungen mit Angaben entsprechend Bild 1 versehen werden:

$$\sqrt{\text{DIN EN ISO 1461 - t Zn o}}$$

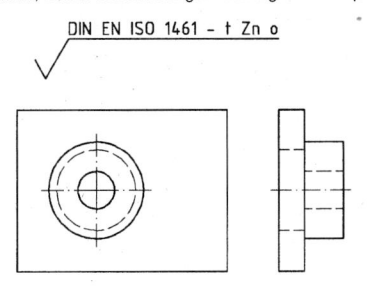

Bild 1

Zu Abschnitt C 4 Nachbehandlung

Zinküberzüge werden üblicherweise nicht nachbehandelt. Werden keine gesonderten Vereinbarungen hierzu getroffen, bleibt es dem Lieferer überlassen, ob und gegebenenfalls welche Art der Nachbehandlung er wählt (Kurzzeichen t Zn o). Sollen feuerverzinkte Stahlteile nachträglich beschichtet werden (Duplex-Systeme) ist der Verzinkungsbetrieb darauf hinzuweisen, daß er keine Maßnahmen ergreift, die das Haftvermögen und die Eigenschaften von Beschichtungen negativ beeinflussen. In diesen Fällen ist das Kurzzeichen t Zn k (keine Nachbehandlung) zu verwenden.

Zu Abschnitt Anhang C 5 Ausbessern von Fehlstellen

Zum Ausbessern von Fehlstellen sind nach DIN EN ISO 1461 zugelassen:

– das Thermische Spritzen mit Zink;

– das Auftragen spezieller Zinkstaub-Beschichtungsstoffe;

– das Auftragen zinkhaltiger Lote.

Beim Auftragen von Beschichtungs-Stoffen auf Stellen, die mit Loten ausgebessert wurden, ist darauf zu achten, daß Flußmittelreste zuvor sorgfältig entfernt wurden. Sollen Stellen, die mit Zinkstaub-Beschichtungsstoffen ausgebessert wurden, zusätzlich mit Deckbeschichtung beschichtet werden, so sind hierbei für die Ausbesserung vorzugsweise Beschichtungsstoffe zu verwenden, die sich uneingeschränkt überbeschichten lassen. Dieses können u. a. Zinkstaub-Beschichtungsstoffe mit folgenden Bindemitteln sein:

– Zweikomponenten-Epoxidharz;

– luftfeuchtigkeitshärtendes Einkomponenten-Polyurethan;

– luftfeuchtigkeitshärtendes Einkomponenten-Ethylsilikat.

Die Ausbesserung von Transport- oder Montageschäden fällt in den meisten Fällen nicht in den Zuständigkeitsbereich der Feuerverzinkerei und damit auch nicht unmittelbar in den Geltungsbereich dieser Norm. Es sollten in diesen Fällen Ausbesserungen möglichst in Anlehnung an DIN EN ISO 1461 durchgeführt werden.

Sonstiges

Das Feuerverzinken wird im Regelfall im Lohnauftrag durchgeführt, d. h., daß Feuerverzinkungsunternehmen Stahlteile vor Korrosion schützen, die der Vertragspartner produziert hat; dieses geschieht in dessen Auftrag. Aus diesem Grunde ist es erforderlich, daß sich Auftraggeber und -nehmer in gemeinsamem Interesse über Details abstimmen. Insbesondere sollten Stahlwerkstoffe verwendet werden, die zum Feuerverzinken geeignet sind, und die Bauteile sollten feuerverzinkungsgerecht konstruiert und gefertigt sein.

DIN EN ISO 1461 deckt den gesamten Bereich der Stückverzinkung ab, und es ist möglich, daß im Einzelfall die Festlegungen der Norm nicht hinreichend sind. Insbesondere wenn besondere Anforderungen an das Aussehen (z. B. in der Architektur), die Eignung/Verwendung für besondere Anwendungen (z. B. thermische oder chemische Belastung) und besondere Anforderungen an die Dicke von Zinküberzügen gestellt werden, sollten Abstimmungen zwischen Auftraggeber und Auftragnehmer erfolgen.

Der Reaktionsverlauf zwischen Eisen bzw. Stahl und flüssigem Zink während des Feuerverzinkens ist kompliziert. Die Phasengrenzreaktionen sind von den Einflußgrößen des Grundwerkstoffes und den Verzinkungsbedingungen abhängig. Der Ablauf der Eisen-Zink-Reaktion kann von einigen Stahlbegleitelementen, insbesondere Silicium und Phosphor, erheblich beschleunigt werden. Als Folge davon bilden sich deutlich dickere, graue oder graufleckige Zinküberzüge aus.

Die Temperatur der Zinkschmelze liegt üblicherweise bei etwa 450 °C (Normaltemperatur) bzw. bei etwa 550 °C (Hochtemperatur).

Je nach den Verzinkungsbedingungen wird dieser Einfluß beobachtet bei Stählen mit einem Siliciumgehalt zwischen 0,03 und 0,12 % (Massenanteil), sog. Sandelin-Effekt sowie oberhalb 0,30 % (Massenanteil). Dieses gilt insbesondere bei Phosphorgehalten unter 0,02 %. Da höhere Phosphorgehalte additiv zum Einfluß des Siliciums entsprechende Auswirkungen haben, verbreitern sie die vorstehend genannten Bereiche einer ungünstigen Stahlzusammensetzung. In Zweifelsfällen sollte eine Probeverzinkung unter praxisgerechten Bedingungen durchgeführt werden, um Informationen über das Verzinkungsverhalten bestimmter Stähle zu erhalten.

Die Eignung von Stählen zum Feuerverzinken sollte bereits bei der Stahlbestellung mit vereinbart werden (siehe 7.5.4 in DIN EN 10025).

Juli 1999

Lacke und Anstrichstoffe
Fachausdrücke und Definitionen für Beschichtungsstoffe
Teil 2: Spezielle Fachausdrücke für Merkmale und Eigenschaften
(ISO 4618-2 : 1999)
Dreisprachige Fassung EN ISO 4618-2 : 1999

DIN

EN ISO 4618-2

ICS 01.040.87; 87.040

Paints and varnishes — Terms and definitions for coating materials —
Part 2: Special terms relating to paint characteristics and properties
(ISO 4618-2 : 1999); Trilingual version EN ISO 4618-2 : 1999
Peintures et vernis — Termes et définitions pour produits de peinture — Partie 2:
Termes particuliérs relatifs aux caractéristiques et aux propriétés des peintures
(ISO 4618-2 : 1999); Version trilingue EN ISO 4618-2 : 1999

Mit DIN 55945 : 1999-07,
DIN EN 971-1 : 1996-09 und
DIN EN ISO 4618-3 : 1999-07
Ersatz für DIN 55945 : 1996-09

Die Europäische Norm EN ISO 4618-2 : 1999 hat den Status einer Deutschen Norm.

Nationales Vorwort

Die Europäische Norm EN ISO 4618-2 fällt in den Zuständigkeitsbereich des Technischen Komitees CEN/TC 139 „Lacke und Anstrichstoffe" (Sekretariat: DIN Deutsches Institut für Normung e.V.). Die Deutsche Norm DIN EN ISO 4618-2 fällt in den Zuständigkeitsbereich des FA-Arbeitsausschusses 1 „Begriffe".

Der Norm-Entwurf wurde als Entwurf DIN EN 971-2 : 1996-07 veröffentlicht.

In DIN 55945 Beiblatt 1 wird auf weitere Normen hingewiesen, die Begriffdefinitionen für Beschichtungsstoffe sowie für Eigenschaften von Beschichtungsstoffen und Beschichtungen enthalten.

Der Nationale Anhang NA ist informativ und enthält ein Verzeichnis der in DIN 55945 : 1999-07 aufgeführten Fachausdrücke und Definitionen.

Änderungen

Gegenüber DIN 55945 : 1996-09 wurden folgende Änderungen vorgenommen:

— Definitionen zu Begriffen, die in DIN EN ISO 4618-2 : 1999 und in DIN EN ISO 4618-3 : 1999 enthalten sind, gestrichen.

Frühere Ausgaben

DIN 55945-1: 1957x-01, 1961x-03, 1968-11
DIN 55945: 1973-10, 1978-04, 1983-08, 1988-12, 1996-09
DIN 55947: 1973-08, 1986-04

Fortsetzung Seite 2
und 12 Seiten EN

Normenausschuß Anstrichstoffe und ähnliche Beschichtungsstoffe (FA) im DIN Deutsches Institut für Normung e.V.

Nationaler Anhang NA (informativ)

Verzeichnis der in DIN 55945 : 1999-07 abgedruckten Fachausdrücke und Definitionen

Abbeizmittel
Abdampfrückstand
Abdunsten
Abscheideäquivalent
Abscheidespannung
Absperrmittel
Alkydharzlack
Anodisches Elektrotauchbeschichten
Anstrich
Applikationsverfahren
ATL

Beständigkeit
Brillanz

Cold Check-Test

Dämmschichtbildende Brandschutzbeschichtung
Dekontaminierbarkeit
Dispersionslackfarbe
Durchhärtung; Durchtrocknung
Durchrostungsgrad
Durchschlagen

Effektlackierung
Einkomponenten-Reaktions-Beschichtungsstoff
ETL

Farblack
Farbmittel
Farbstich
Farbzahl
Fertigungsbeschichtung
Filiformkorrosion
Filmbildner
Filmfehler
Firnis
Flammpunkt
Füllvermögen

Härter
Härtung
Härtungsdauer
High-Solid-Beschichtungsstoff

Imprägniermittel

Kalkfarbe
Kantenflucht
Katalysator
Kathodisches Elektrotauchbeschichten
Kochblasen; Kocher
Korrosionsschutz
Kräuseln
Kreidungsgrad
KTL
Kunstharzputz
Kunststoffdispersion; Polymerdispersion

Lackfarbe
Lackierung
Lasur
Leim
Leimfarbe
Leinölfirnis
Lösemittelarmer Beschichtungsstoff
Lufttrocknung

Naßschichtdicke
Naturharzlack
Naturlack
Nitrokombinationslack

Ölfarbe

Pilzbefall
Porenfüller
Primer

Reaktions-Beschichtungsstoff
Reaktives Lösemittel

Sikkativ
Spachtelmasse
Spirituslack
Standöl
Strahlenhärtung; Strahlenvernetzung

Trocknungsdauer

Überarbeitbarkeit
Umgriff
Unterrostung
Unterwanderung

Verfestigung; Filmbildung
Verlauf
Vernetzung
Vorlack

Wärmehärtung
Wash Primer
Wasserlack
Wasserverdünnbarkeit
Wischbeständigkeit

Zaponlack
Zubereitung
Zwei- oder Mehrkomponenten-Reaktions-Beschichtungsstoff

EUROPEAN STANDARD
NORME EUROPÉENNE
EUROPÄISCHE NORM

EN ISO 4618-2

Juni 1999

UDC 87.040

Trilingual version — Version trilingue — Dreisprachige Fassung

Paints and varnishes
Terms and definitions for coating materials
Part 2: Special terms relating to paint characteristics and properties
(ISO 4618-2 : 1999)

Peintures et vernis
Termes et définitions pour produits de peinture
Partie 2: Termes particuliérs relatifs aux caractéristiques et aux propriétés des peintures
(ISO 4618-2 : 1999)

Lacke und Anstrichstoffe
Fachausdrücke und Definitionen für Beschichtungsstoffe
Teil 2: Spezielle Fachausdrücke für Merkmale und Eigenschaften
(ISO 4618-2 : 1999)

This European Standard was approved by CEN on 3 March 1999.

CEN members are bound to comply with the CEN/CENELEC Internal Regulations which stipulate the conditions for giving this European Standard the status of a national standard without any alteration.

Up-to-date lists and bibliographical references concerning such national standards may be obtained on application to the Central Secretariat or to any CEN member.

This European Standard exists in three official versions (English, French, German). A version in any other language made by translation under the responsibility of a CEN member into its own language and notified to the Central Secretariat has the same status as the official versions.

CEN members are the national standards bodies of Austria, Belgium, Czech Republic, Denmark, Finland, France, Germany, Greece, Iceland, Ireland, Italy, Luxembourg, Netherlands, Norway, Portugal, Spain, Sweden, Switzerland and United Kingdom.

La présente norme européene a été adoptée par le CEN le 3 mars 1999 .

Le membres du CEN sont tenus de se soumettre au Règlement Intérieur du CEN/CENELEC qui définit les conditions dans lesquelles doit être attribué, sans modification, le statut de norme nationale à la norme européenne.

Les listes mises à jour et les références bibliographiques relatives à ces normes nationales peuvent être obtenues auprès du Secrétariat Central ou auprès des membres du CEN.

La présente norme européenne existe en trois versions officielles (allemand, anglais, français). Une version dans une autre langue faite par traduction sous la responsabilité d'un membre du CEN dans sa langue nationale, et notifiée au Secrétariat Central, a le même statut que les versions officielles.

Les membres du CEN sont les organismes nationaux de normalisation des pays suivants: Allemagne, Autriche, Belgique, Danemark, Espagne, Finlande, France, Grèce, Irlande, Islande, Italie, Luxembourg, Norvège, Pays-Bas, Portugal, République Tchèque, Royaume-Uni, Suède et Suisse.

Diese Europäische Norm wurde von CEN am 3. März 1999 angenommen.

Die CEN-Mitglieder sind gehalten, die CEN/CENELEC-Geschäftsordnung zu erfüllen, in der die Bedingungen festgelegt sind, unter denen dieser Europäischen Norm ohne jede Änderung der Status einer nationalen Norm zu geben ist.

Auf dem letzten Stand befindliche Listen dieser nationalen Normen mit ihren bibliographischen Angaben sind beim Zentralsekretariat oder bei jedem CEN-Mitglied auf Anfrage erhältlich.

Diese Europäische Norm besteht in drei offiziellen Fassungen (Deutsch, Englisch, Französisch). Eine Fassung in einer anderen Sprache, die von einem CEN-Mitglied in eigener Verantwortung durch Übersetzung in seine Landessprache gemacht und dem Zentralsekretariat mitgeteilt worden ist, hat den gleichen Status wie die offiziellen Fassungen.

CEN-Mitglieder sind die nationalen Normungsinstitute von Belgien, Dänemark, Deutschland, Finnland, Frankreich, Griechenland, Irland, Island, Italien, Luxemburg, den Niederlanden, Norwegen, Österreich, Portugal, Schweden, der Schweiz, Spanien, der Tschechischen Republik und dem Vereinigten Königreich.

CEN

European Committee for Standardization
Comité Européen de Normalisation
Europäisches Komitee für Normung

Central Secretariat: rue de Stassart 36, B-1050 Brussels

© 1999 CEN. All rights of exploitation in any form and by any means reserved worldwide for CEN national members.
Tous droits d'exploitation sous quelque forme et de quelque manière que ce soit réservés dans le monde entier aux membres nationaux du CEN.
Alle Rechte der Verwertung, gleich in welcher Form und in welchem Verfahren, sind weltweit den nationalen Mitgliedern von CEN vorbehalten.

Ref. No. EN ISO 4618-2 : 1999 EFD

Foreword

The text of EN ISO 4618-2 : 1999 has been prepared by Technical Committee CEN/TC 139, "Paints and varnishes", the secretariat of which is held by DIN, in collaboration with Technical Committee ISO/TC 35 "Paints ad varnishes".

This European Standard shall be given the status of a national standard, either by publication of an indentical text or by endorsement, at the latest by December 1999, and conflicting national standards shall be withdrawn at the latest by December 1999.

This is one of a number of parts of EN ISO 4618. The following further parts are available:

Part 1: General terms

Part 3: Surface preparation and methods of application

According to the CEN/CENELEC Internal Regulations, the national standards organizations of the following countries are bound to implement this European Standard: Austria, Belgium, Czech Republic, Denmark, Finland, France, Germany, Greece, Iceland, Ireland, Italy, Luxembourg, Netherlands, Norway, Portugal, Spain, Sweden, Switzerland and the United Kingdom.

Avant-propos

Le texte du EN ISO 4618-2 : 1999 a été élaborée par le Comité Technique CEN/TC 139, «Peintures et vernis», dont le secrétariat est tenu par le DIN, en collaboration avec le Comité Technique ISO/TC 35 «Peintures et vernis».

Cette norme européenne devra recevoir le statut de norme nationale, soit par publication d'un texte identique, soit par entérinement, au plus tard en décembre 1999, et toutes les normes nationales en contradiction devront être retirées au plus tard en décembre 1999.

L'EN ISO 4618 se compose de plusieurs parties. Les autres parties suivantes sont disponible:

Partie 1: Termes généraux

Partie 3: Préparation de surfaces et méthodes d'application

Selon le Règlement Intérieur du CEN/CENELEC, les instituts de normalisation nationaux des pays suivants sont tenus de mettre cette norme européenne en application: Allemagne, Autriche, Belgique, Danemark, Espagne, Finlande, France, Grèce, Irlande, Islande, Italie, Luxembourg, Norvège, Pays-Bas, Portugal, République Tchèque, Royaume-Uni, Suède et Suisse.

Vorwort

Der Text der EN ISO 4618-2 : 1999 wurde vom Technischen Komitee CEN/TC 139, „Lacke und Anstrichstoffe", dessen Sekretariat vom DIN gehalten wird, in Zusammenarbeit mit dem Technischen Komitee ISO/TC 35 „Paints and varnishes" erarbeitet.

Diese Europäische Norm muß den Status einer nationalen Norm erhalten; entweder durch Veröffentlichung eines identischen Textes oder durch Anerkennung bis Dezember 1999, und etwaige entgegenstehende nationale Normen müssen bis Dezember 1999 zurückgezogen werden.

Dies ist einer von mehreren Teilen von EN ISO 4618. Folgende weitere Teile liegen vor:

Teil 1: Allgemeine Begriffe

Teil 3: Oberflächenvorbereitung und Beschichtungsverfahren

Entsprechend der CEN/CENELEC-Geschäftsordnung sind die nationalen Normungsinstitute der folgenden Länder gehalten, diese Europäische Norm zu übernehmen:
Belgien, Dänemark, Deutschland, Finnland, Frankreich, Griechenland, Irland, Island, Italien, Luxemburg, Niederlande, Norwegen, Österreich, Portugal, Schweden, Schweiz, Spanien, Tschechische Republik und das Vereinigte Königreich.

Scope

This Part of EN ISO 4618 defines special terms relating to paint characteristics and properties used in the field of coating materials (paints, varnishes and similar products).

NOTE: In drawing up this part of EN ISO 4618, Working Group 4 "Terminology" of CEN/TC 139 "Paints and varnishes" has had regarded as far as possible to the existing relevant ISO Standards, and has supplemented or amended these only where deemed necessary or desirable.

Domaine d'application

La présente partie de l'EN ISO 4618 définie des termes particuliérs relatifs aux caractéritiques et aux propriétés des peintures utilisés dans le domaine de produits de peinture (peintures, vernis et produits assimilés).

NOTE: En préparant cette partie de l'EN ISO 4618, le Groupe de travail 4 «Terminologie» de CEN/TC 139 «Peintures et vernis» a pris en compte, dans la mesure du possible, les Normes ISO pertinentes et a les complétées ou amendées dans les cas où cela parait nécessaire ou souhaitable.

Anwendungsbereich

Dieser Teil von EN ISO 4618 definiert spezielle Fachausdrücke für Merkmale und Eigenschaften, die auf dem Gebiet der Beschichtungsstoffe (Lacke, Anstrichstoffe und ähnliche Produkte) verwendet werden.

ANMERKUNG: Bei der Ausarbeitung dieses Teils von EN ISO 4618 hat die Arbeitsgruppe 4 „Terminologie" des CEN/TC 139 „Lacke und Anstrichstoffe" soweit wie möglich bestehende ISO-Normen in Betracht gezogen, wobei deren Festlegungen nur ergänzt oder geändert wurden, wenn dies notwendig oder wünschenswert erschien.

No	Terms and definitions	Termes et définitions	Fachausdrücke und Definitionen
2.1	**after tack:** The property of a **film** to remain sticky after normal **drying** or curing.	**poisseux résiduel (m):** Propriété d'un **feuil** restant collant après **séchage** ou **durcissement**.	**Nachkleben (n):** Eigenschaft einer **Beschichtung**, nach der normalen **Trocknung**/Härtung klebrig zu bleiben.
2.2	**ageing:** The irreversible changes in the properties of a **film** which occur with the passage of time.	**vieillissement (m):** Modifications irréversibles des propriétés du **feuil** au cours du temps.	**Alterung (f):** Mit der Zeit eintretende, nicht umkehrbare Veränderungen der Eigenschaften einer **Beschichtung**.
2.3	**bleeding:** The process of diffusion of a coloured substance into and through a **film** from beneath, thus producing an undesirable staining or colour change.	**saignement (m):** Diffusion d'une substance de **couleur**, à travers et dans le **feuil** provenant de l'intérieur, produisant alors un tachage ou changement de couleur indésirable.	**Ausbluten (n):** Diffusion eines Farbmittels vom **Substrat** in oder durch eine **Beschichtung**, die eine unerwünschte Fleckenbildung oder Farbänderung hervorruft.
2.4	**blistering:** The convex deformation in the **film**, arising from local detachment of one or more of the constituent **coats**.	**cloquage (m):** Déformation convexe dans le feuil, corrélatives au décollement d'une ou plusieurs des couches constitutives du feuil.	**Blasenbildung (f):** Konvexe Verformung der **Beschichtung** durch örtliches Ablösen einer oder mehrerer Schichten.
2.5	**blocking:** The unwanted adhesion between two painted surfaces when the articles are left in contact under load after a given drying period.	**blocage (m):** Toute adhérence non voulue entre deux surfaces peintes en contact, sous charge, après leur période de **séchage** prescrite.	**Blocken (n):** Unerwünschtes Haften zwischen zwei beschichteten Oberflächen, wenn diese nach der vorgegebenen **Trocknung**/Härtung unter Belastung Kontakt miteinander haben.
2.6	**blooming:** The formation of a deposit on the surface of a **film**.	**efflorescence (f):** Formation d'un dépôt à la surface d'un **feuil**.	**Ausblühen (n):** Auftreten von Ablagerungen aus einer **Beschichtung** auf der Oberfläche.
2.7	**blushing:** A milky opalescence that sometimes develops as a **film** of lacquer dries, and is due to the deposition of moisture from the air and/or precipitation of one or more of the solid constituents of the lacquer.	**opalescence (f):** Apparence laiteuse qui se développe parfois au cours du séchage du **feuil** d'un **vernis** et qui est dû à l'humidité de l'air et/ou à la précipitation d'un ou de plusieurs constituants solides du vernis.	**Weißanlaufen (n):** Milchigwerden bestimmter **Beschichtungen** während des Trocknungsvorganges, hervorgerufen durch Kondensation von Luftfeuchte und/oder Ausfällen eines oder mehrerer Bestandteile der Beschichtung.
2.8	**brittleness:** The condition of a **film** having such poor **flexibility** that it disintegrates easily into small fragments.	**friabilité (f):** Etat qui se produit au cours du temps où le **feuil** perd sa souplesse et se reduit facilement en menus fragments.	**Sprödigkeit (f):** Zustand, bei dem die Dehnbarkeit eines **Films** so gering ist, daß dieser leicht in kleine Stücke zerfällt.
2.9	**bronzing:** The change in the **colour** of the surface of the **film** giving the appearance of aged bronze.	**bronzage (m):** Modification de **couleur** du **feuil** lui donnant l'aspect du bronze ancien.	**Bronzieren (n):** Farbänderung einer **Beschichtung**, die dieser das Aussehen von gealterter Bronze gibt.
2.10	**brush marks:** See 2.40 **ropiness**.	**trainées de brosse (f, pl):** Voir 2.40 **cordage**.	**Pinselfurchen (m, pl):** Siehe 2.40 **Streifigkeit**.
2.11	**bubbling:** The formation of temporary or permanent bubbles in the applied **film**.	**bullage (m):** Formation de bulles, temporaires ou permanentes, dans le **feuil**.	**Kochen (n); Kochblasenbildung (f):** Auftreten von Bläschen, vorübergehend oder bleibend, in der **Beschichtung** nach dem Auftragen.
2.12	**chalking:** The appearance of a loosely adherent fine powder on the surface of a **film** arising from the degradation of one or more of its constituents.	**farinage (m):** Apparition d'une poudre fine peu adhérente à la surface du feuil, provenant de la destruction d'un ou plusieurs constituants du **feuil**.	**Kreiden (n); Auskreiden (n):** Auftreten von lose anhaftendem feinem Pulver auf einer **Beschichtung**, hervorgerufen durch den Abbau eines oder mehrerer ihrer Bestandteile.

(fortgesetzt)

(fortgesetzt)

No	Terms and definitions	Termes et définitions	Fachausdrücke und Definitionen
2.13	**checking:** A form of **cracking** characterized by fine cracks distributed over the surface of the dry **film** in a more or less regular pattern. (See figure 1.)	**craquelures en quadrillage (f, pl):** Forme de **craquelage** caractérisée par de fines craquelures reparties sur la surface du **feuil** sec de façon plus ou moins régulière. (Voir figure 1.)	**Krakelieren (n):** Rißbildung in einer Form, bei der feine Risse mehr oder weniger regelmäßig über die Oberfläche der **Beschichtung** verteilt sind. (Siehe Bild 1.)
2.14	**cissing:** The appearance in the **film** of areas of non-uniform thickness which vary in extent and distribution.	**rétraction (f):** Apparition par plages d'importance et de distribution variables, d'irrégularités d'épaisseur du **feuil**.	**Scheckigkeit (f):** Sichtbarwerden von Stellen ungleicher Schichtdicke in der **Beschichtung**, von unterschiedlicher Größe und Verteilung.
2.15	**cold cracking:** The formation of cracks in the **film** resulting from exposure to low temperatures.	**craquelage à froid (m):** Formation de craquelures dans le **feuil** à la suite d'exposition aux basses températures.	**Kälterißbildung (f):** Rißbildung in der **Beschichtung**, hervorgerufen durch den Einfluß tiefer Temperaturen.
2.16	**cracking:** The rupturing of the dry **film**. NOTE 1: The English term „cracking" is used also for a specific form as illustrated in figure 2. NOTE 2: **Hair-cracking**, **crocodiling** and **crow's foot cracking** are examples of forms of cracking (see examples given in the figures).	**craquelage (m):** Formation de ruptures dans le **feuil** sec. NOTE 1: Le terme anglais est aussi utilisé pour décrire une forme particulière comme illustrée en figure 2. NOTE 2: Les **craquelures capilliformes**, les **peaux de crocodile**, les **pattes de corbeau** sont des exemples de types de craquelures (voir les figures données en exemples).	**Rißbildung (f):** Reißen der trockenen **Beschichtung**. ANMERKUNG 1: Der englische Fachausdruck „cracking" wird auch für eine spezielle Form der Rißbildung, wie in Bild 2, verwendet. ANMERKUNG 2: **Haarrißbildung**, **Krokodilhautbildung** und **Krähenfuß-Rißbildung** sind Beispiele für sich selbst erklärende Formen von Rißbildung (siehe die Beispiele in den Bildern).
2.17	**cratering:** The formation in the **film** of small circular depressions that persist after **drying**.	**formation de cratères (f):** Apparition dans le **feuil** de petites dépressions de forme circulaire persistant après le **séchage**.	**Kraterbildung (f):** Auftreten von kleinen, runden Vertiefungen in der **Beschichtung**, die nach dem Trocknen bestehen bleiben.
2.18	**crawling:** An extreme form of **cissing**. NOTE: There is no equivalent German term for "crawling".	**retrécissement (m):** Forme extrême de **rétraction**. NOTE: Il n'y a pas de terme allemand équivalent pour «retrécissement».	...: Extreme Form von „**Scheckigkeit**". ANMERKUNG: Einen äquivalenten deutschen Fachausdruck zu „crawling" gibt es nicht.
2.19	**crazing:** Similar to **checking** but the cracks are deeper and wider. (See figure 3.) NOTE: There is no equivalent German term for "crazing".	**faïençage (m):** Semblable aux **craquelures** en quadrillage mais plus profondes et plus larges. (Voir figure 3.) NOTE: Il n'y a pas de terme allemand équivalent pour «faïençage».	...: Extreme Form der **Krakelierung**, bei der die Risse besonders breit und tief sind. (Siehe Bild 3.) ANMERKUNG: Einen äquivalenten deutschen Fachausdruck zu „crazing" gibt es nicht.
2.20	**crocodiling:** (See figure 4.) See 2.16 **cracking**.	**peau de crocodile (f):** (Voir figure 4.) Voir 2.16 **craquelage**.	**Krokodilhautbildung (f):** (Siehe Bild 4.) Siehe 2.16 **Rißbildung**.
2.21	**crow's foot cracking:** (See figure 5.) See 2.16 **cracking**.	**pattes de corbeau (f):** (Voir figure 5.) Voir 2.16 **craquelage**.	**Krähenfuß-Rißbildung (f):** (Siehe Bild 5.) Siehe 2.16 **Rißbildung**.
2.22	**dirt pick-up:** The tendency of a dry **film** to attract to the surface appreciable amounts of soiling material.	**facilité d'encrassement (f):** Susceptibilité d'un **feuil** sec à attirer à la surface une quantité importante de salissures.	**Schmutzaufnahme (f):** Neigung einer trockenen **Beschichtung**, viel Schmutz an der Oberfläche aufzunehmen.
2.23	**dirt retention:** The tendency of a dry **film** to retain on the surface soiling material which cannot be removed by simple cleaning.	**rétention de salissures (f):** La tendance d'un **feuil** sec à retenir à sa surface une quantité importante de salissures qui ne peut être enlevée par un nettoyage simple.	**Schmutzretention (f):** Neigung einer **Beschichtung**, Schmutz an der Oberfläche festzuhalten, der durch normales Reinigen nicht entfernbar ist.

(fortgesetzt)

Seite 5
EN ISO 4618-2 : 1999

(fortgesetzt)

No	Terms and definitions	Termes et définitions	Fachausdrücke und Definitionen
2.24	**fading:** The loss of **colour** of the **film** of a **coating material**.	**décoloration (f):** Perte de couleur d'un **feuil** d'un **produit de peinture**.	**Ausbleichen (n):** Hellerwerden der ursprünglichen **Farbe** einer **Beschichtung** (Sättigungsabnahme).
2.25	**fish eyes:** The presence of craters in a **coat** each having a small particle of impurity in the centre.	**yeux de poisson (m, pl):** Présence de cratères étirés dans une **couche**, chacun ayant au centre un petit granule d'impureté.	**Fischaugen (n, pl):** In einer **Beschichtung** vorhandene Krater, in deren Mitte sich ein kleines Teilchen einer Verunreinigung befindet.
2.26	**floating:** The separation of one or more **pigments** from a coloured **coating material** containing mixtures of different pigments, causing streaks or areas on the surface of the coating material.	**flottation non uniforme (f):** Dans les **produits de peinture**, séparation d'un ou plusieurs **pigments**, conduisant à la formation de plages ou de stries de couleur différentes à la surface du **produit de peinture**.	**Ausschwimmen (n):** Trennen eines oder mehrerer **Pigmente** eines **Beschichtungsstoffes** und deren Ansammlung an der Oberfläche in Form von Streifen oder Flecken.
2.27	**flocculation:** The formation of loosely coherent **pigment** agglomerates in a **coating material**.	**floculation (f):** Formation d'agglomérats peu cohérents de **pigment** dans un **produit de peinture**.	**Flokkulation (f):** Bildung von locker zusammenhängenden Pigmentagglomeraten in einem **Beschichtungsstoff**.
2.28	**flooding:** The separation of pigment particles in a **coating material** giving rise to a **colour** which, although uniform over the whole surface, is markedly different from that of the freshly applied wet **film**.	**flottation uniforme (f):** Séparation des particules pigmentaires d'une **peinture** donnant lieu à une **couleur** qui, bien qu'uniforme sur toute la surface, est largement différente de celle du **feuil** fraîchement appliqué.	**Aufschwimmen (n):** Trennen der **Pigmente** in einer flüssigen **Beschichtung**, das zu einer **Farbe** führt, die über die gesamte Oberfläche gleichmäßig ist, sich aber deutlich von der Farbe der frischen Beschichtung unterscheidet.
2.29	**frosting:** The formation of a large number of very fine wrinkles in the form of frost-like patterns.	**givrage (m):** Formation d'un grand nombre de plis très fins en forme de motifs de givre.	**Eisblumenbildung (f):** Auftreten einer großen Anzahl sehr feiner Runzeln in Form von Eisblumen.
2.30	**gassing:** The formation of gas during storage of a **coating material**.	**dégazage (m):** Formation de gaz lors du stockage d'un **produit de peinture**.	**Gasen (n); Gasbildung (f):** Bildung von Gas während der Lagerung eines **Beschichtungsstoffes**.
2.31	**hair-cracking:** See 2.16 **cracking**.	**craquelures capilliformes (f):** Voir 2.16 **craquelage**.	**Haarrißbildung (f):** Siehe 2.16 **Rißbildung**.
2.32	**haze:** The blurring of the outlines of reflected images by the formation of scattering particles on or just beneath the surface of the **film**.	**flou (m):** Imprécision des contours des images réfléchies due à la formation de particules diffusant la lumière sur ou juste en dessous de la surface du **feuil**.	**Schleier (m):** Verschwimmen der Konturen von Bildern durch lichtstreuende Teilchen auf oder unmittelbar unter der Oberfläche der **Beschichtung**.
2.33	**holiday:** See 2.35 **miss**.	Voir 2.35 **manque**.	Siehe 2.35 **Fehlstelle**.
2.34	**lifting:** The softening, **swelling**, or separation from the **substrate** of a dry **film** resulting from the application of a subsequent **coat** or chemicals used as **solvents**.	**détrempe (f):** Ramollissement, **gonflement** ou séparation d'un **feuil** sec de son **subjectile** résultant de l'application d'une **couche** suivante ou de l'utilisation de produits chimiques comme des **solvants**.	**Hochziehen (n):** Erweichen, **Quellen** oder Ablösen einer trockenen **Beschichtung** vom Substrat, z.B. hervorgerufen durch den Auftrag einer weiteren **Schicht** oder durch Einwirken von **Lösemitteln**.
2.35	**miss; holiday:** The absence of a **film** from certain areas of the **substrate**.	**manque (m):** Absence de **feuil** en certains endroits du **subjectile**.	**Fehlstelle (f):** Fehlen einer **Beschichtung** auf Teilbereichen des **Substrates**.
2.36	**mud cracking:** The formation of deep cracks during **drying**, occurring primarily with highly pigmented **paints** applied in thick layers on porous **substrates**.	**crevasse (f):** Variété de craquelage profond qui se produit lorsque des **peintures** à concentration pigmentaire élevée sont appliquées en **couches** épaisses sur des **subjectiles** poreux.	**Schwundrißbildung (f):** Bildung von tiefen Rissen während des **Trocknens** einer **Beschichtung**, vor allem beim dickschichtigen Auftrag von hochpigmentierten **Beschichtungsstoffen** auf porösen **Substraten**.

(fortgesetzt)

(fortgesetzt)

No	Terms and definitions	Termes et définitions	Fachausdrücke und Definitionen
2.37	**orange peel:** An effect resembling the texture of the surface of an orange.	**peau d'orange (f):** Aspect semblable à la texture de la surface d'une orange.	**Orangenschaleneffekt (m):** Effekt, bei dem die Oberflächenstruktur einer **Beschichtung** der einer Orangenschale ähnlich sieht.
2.38	**peeling:** The spontaneous detachment from the **substrate** of areas of the **film** due to a loss of adhesion.	**décollement (m):** Séparation spontanée de plages du **feuil** de leur **subjectile** due à une perte d'**adhérence**.	**Abschälen (n):** Selbsttätiges Ablösen einer **Beschichtung** vom **Substrat** durch Haftungsverlust.
2.39	**pinholing:** The presence in the **film** of small holes resembling those made by a pin.	**piqûres (f):** Présence dans le **feuil** de petits trous semblables à ceux faits avec une épingle.	**Nadelstichbildung (f):** Auftreten von kleinen Löchern in der **Beschichtung** ähnlich Stichen mit einer Nadel.
2.40	**ropiness:** An effect, characterized by pronounced **brush marks** that have not flowed out because of the poor levelling properties of the **coating material**.	**cordage (m):** Trainées de pinceau bien marquées qui ne se sont pas égalisées à cause des propriétés d'écoulement médiocre du **produit de peinture**.	**Streifigkeit (f):** Effekt, charakterisiert durch erhalten gebliebene ausgeprägte **Pinselfurchen**, bedingt durch schlechte Verlaufeigenschaften des **Beschichtungsstoffes**.
2.41	**runs:** See 2.42 **sags**.	**coulures (f):** Voir 2.42 **festons**.	**Läufer (m, pl):** Siehe 2.42 **Hänger**.
2.42	**sags:** Local irregularities in the film thickness caused by the downward movement of a **coating material** during **drying** in a vertical or in an inclined position. NOTE: Small sags may be called **runs**, tears or droplets, large sags may be called curtains.	**festons (m):** Irrégularités locales de l'épaisseur du **feuil** provoquées par la progression vers le bas d'un **produit de peinture** lors du **séchage** en position verticale ou inclinée. NOTE: Les petits festons peuvent être appelés **coulures**, larmes, gouttelettes. Les grands festons peuvent être appelés draperies.	**Hänger (m, pl):** Örtliche Unregelmäßigkeiten der Schichtdicke, verursacht durch Ablaufen eines **Beschichtungsstoffes** während des Trocknens in vertikaler oder schräger Lage. ANMERKUNG: Kleine Hänger werden oft **Läufer** oder Tränen, große Hänger oft Vorhänge genannt.
2.43	**settling:** The deposition of a residue on the bottom of a can of a **coating material**. A compact sediment cannot be redispersed by simple stirring.	**sédimentation (f):** Dépôt d'un résidu au fond d'un bidon de **produit de peinture**. Un dépôt dur ne peut être redispersé par simple remuage.	**Absetzen (n):** Bildung eines Bodensatzes im Gebinde eines **Beschichtungsstoffes**. Harter Bodensatz kann durch einfaches Rühren nicht wieder eingearbeitet werden.
2.44	**silking:** The formation of parallel microscopic irregularities left on or in the surface of the dry **film** of a **coating material** giving the appearance of watered silk.	**moirure (f):** Formation d'irrégularités microscopiques parallèles qui persistent sur ou dans la surface du feuil sec en lui donnant l'aspect de soie moirée.	**Glanzfleckenbildung (f):** Bildung paralleler mikroskopisch feiner Unregelmäßigkeiten, die auf oder in der Oberfläche einer **Beschichtung** nach dem Trocknen zurückbleiben und einem Seidengewebe ähnlich sehen.
2.45	**sinkage:** The partial absorption of a **film** of a **coating material** by the **substrate**, mainly perceptible as local differences in **gloss** and/or texture.	**embu (m):** Absorption partielle du feuil d'un **produit de peinture** par le **subjectile**. Elle est largement perceptible par des différences de **brillant** et/ou de texture.	**Einfallen (n); Nachfallen (n):** Teilweise Absorption der **Beschichtung** durch das **Substrat**, meistens wahrnehmbar als örtliche Unterschiede in **Glanz** und/oder Oberflächenstruktur.
2.46	**skinning:** The formation of a skin on the surface of a **coating material** in the can during storage.	**formation de peau (f):** Apparition d'une peau sur la surface d'un **produit de peinture** lors du stockage en bidon.	**Hautbildung (f):** Bildung einer Haut an der Oberfläche eines **Beschichtungsstoffes** während der Lagerung im Gebinde.

(fortgesetzt)

(abgeschlossen)

No	Terms and definitions	Termes et définitions	Fachausdrücke und Definitionen
2.47	**sweating:** The emergence, on the surface of a **film**, of one or more of the liquid constituents of the **coating material**.	**exsudation (f):** Apparition d'un ou de plusieurs constituants liquides d'un **produit de peinture** à la surface du **feuil**.	**Ausschwitzen (n):** Wandern eines oder mehrerer der flüssigen Bestandteile des **Beschichtungsstoffes** an die Oberfläche der **Beschichtung**.
2.48	**swelling:** The increase in the volume of the **film** as a result of the absorption of liquid or vapour.	**gonflement (m):** Augmentation en volume du **feuil** suite à l'absorption de liquide ou de vapeur.	**Quellen (n):** Volumenvergrößerung der **Beschichtung** aufgrund der Aufnahme von Flüssigkeit oder Dampf.
2.49	**thickening:** The increase in the consistency of a **coating material** but not to the extent as to render it unsuitable.	**épaississement (m):** Augmentation de la consistance d'un **produit de peinture**, sans pour autant qu'elle devienne inutilisable.	**Nachdicken (n); Nachziehen (n):** Zunahme der Viskosität eines **Beschichtungsstoffes**, jedoch nicht so weit, daß er unbrauchbar wird.
2.50	**whitening in the grain:** White or silvery areas, mainly in deep-grained wood, which appear as the formation of the clear film progresses.	**blanchissement aux pores (m):** Aspect blanc et strié qui se développe sur du bois verni ou poli de grain poreux qu'il soit bouché ou non.	**Silberporen (f, pl):** Weiße oder silbrig glänzende Flecken, vor allem in tieferen Holzporen, die bei fortgeschrittener Bildung einer Klarlackschicht erscheinen.
2.51	**wrinkling:** The development of rivels in the **film** of a **coating material** during **drying**.	**frisage (m):** Formation de plis fins lors du **séchage** d'un **feuil** de **produit de peinture**.	**Runzelbildung (f):** Bildung von feinen Falten in einer **Beschichtung** während der **Trocknung**.

Illustration of different forms of cracking/
Illustrations de différentes variétés de craquelage/
Darstellung verschiedener Formen der Rißbildung

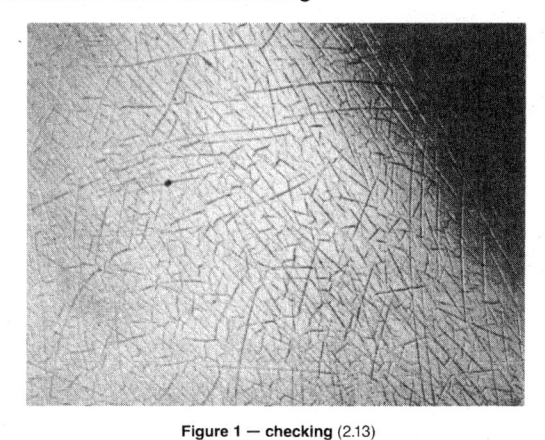

Figure 1 — checking (2.13)
Figure 1 — craquelures en quadrillage (2.13)
Bild 1 — Krakelieren (2.13)

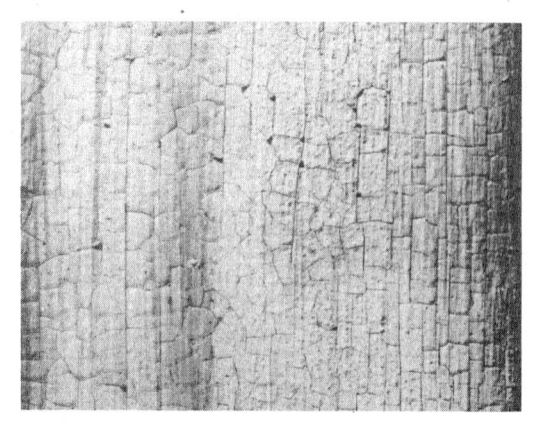

Figure 2 — cracking (2.16)
Figure 2 — craquelage (2.16)
Bild 2 — Rißbildung (2.16)

Figure 3 — crazing (2.19)
Figure 3 — faïençage (2.19)
Bild 3 — ..... (2.19)

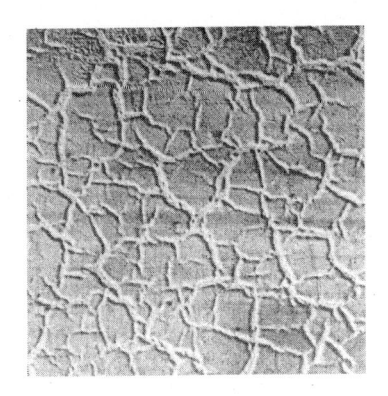

Figure 4 — crocodiling (2.20)
Figure 4 — peau de crocodile (2.20)
Bild 4 — Krokodilhautbildung (2.20)

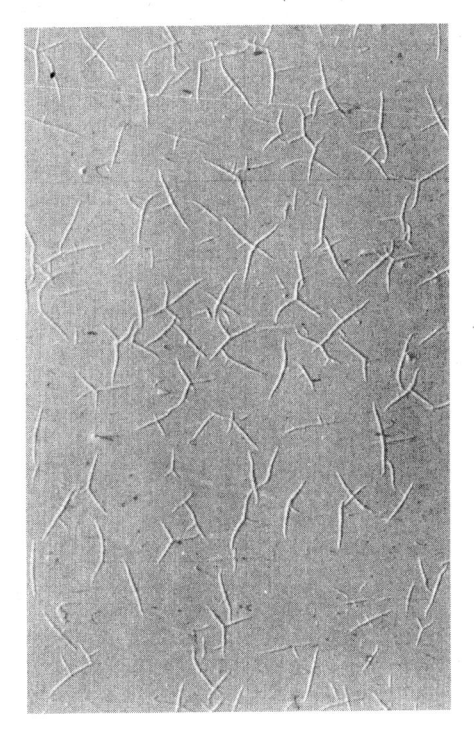

Figure 5 — crow's foot cracking (2.21)
Figure 5 — pattes de corbeau (2.21)
Bild 5 — Krähenfuß-Rißbildung (2.21)

English alphabetical index

This index comprises the terms from this part of EN ISO 4618 (e.g.: after tack ...**2.**1) and those from EN 971-1:1996 (e.g.: accelerator ...**1.**1).

Index alphabétique français

Cet index comprend les termes de cette partie de l'EN ISO 4618 (p.ex.: poisseux residuel ...**2.**1) et ceux de l'EN 971-1:1996 (p.ex.: accélérateur ...**1.**1).

Deutsches alphabetisches Stichwortverzeichnis

Dieses Stichwortverzeichnis umfaßt die in diesem Teil von EN ISO 4618 enthaltenen Fachausdrücke (z. B.: Nachkleben ...**2.**1), sowie die aus EN 971-1:1996 (z. B.: Beschleuniger ...**1.**1).

A

accelerator	1.1
additive	1.2
adhesive strength	1.3
after tack	2.1
ageing	2.2
application rate	1.4

B

baking	1.5, 1.48
binder	1.6
bleeding	2.3
blistering	2.4
blocking	2.5
blooming	2.6
blushing	2.7
brittleness	2.8
bronzing	2.9
brush marks	2.10
bubbling	2.11

C

chalking	2.12
checking	2.13
cissing	2.14
clear coating material	1.7
coat	1.8
coating material	1.9
coating powder	1.41
coating process	1.10
coating system	1.11
cold cracking	2.15
colour	1.12
compatibility	1.13
C.P.V.C.	1.14
cracking	2.16
cratering	2.17
crawling	2.18
crazing	2.19
critical pigment volume concentration	1.14
crocodiling	2.20
crow's foot cracking	2.21

D

diluent	1.15
dirt pick-up	2.22
dirt retention	2.23
drier	1.16
drying	1.17
dyestuff	1.18

A

accélérateur	1.1
additif	1.2
adhérence	1.3
adjuvant	1.2

B

blanchissement aux pores	2.50
blocage	2.5
brillant	1.28
bronzage	2.9
bullage	2.11

C

C.C.O.V.	1.57
cloquage	2.4
colorant	1.18
compatibilité	1.13
composé organique volatil	1.56
concentration pigmentaire volumique	1.38
concentration pigmentaire volumique critique	1.14
consommation spécifique	1.4
contenu en composé organique volatil	1.57
cordage	2.40
couche	1.8
couche de finition	1.24, 1.52
couche intermédiaire	1.31, 1.53
couche primaire	1.43
couleur	1.12
coulures	2.41
C.O.V.	1.56
C.P.V.	1.38
C.P.V.C.	1.14
craquelage	2.16
craquelage à froid	2.15
craquelures capilliformes	2.31
craquelures en quadrillage	2.13
crevasse	2.36
cuisson	1.5

D

décollement	2.38
décoloration	2.24
dégazage	2.30
délai maximale d'utilisation après mélange	1.40
détrempe	2.34
diluant	1.15
dureté	1.29

A

Abdunstzeit	1.25
Ablüftzeit	1.25
Abschälen	2.38
Absetzen	2.43
Additiv	1.2
Alterung	2.2
Anstrichstoff	1.36
Anteil, nichtflüchtiger	1.35
Aufschwimmen	2.28
Ausbleichen	2.24
Ausblühen	2.6
Ausbluten	2.3
Auskreiden	2.12
Ausschwimmen	2.26
Ausschwitzen	2.47

B

Beschichten	1.10
Beschichtung	1.11
Beschichtungsaufbau	1.11
Beschichtungsstoff	1.9
Beschichtungssystem	1.11
Beschichtungsverfahren	1.10
Beschleuniger	1.1
Bindemittel	1.6
Blasenbildung	2.4
Blocken	2.5
Bronzieren	2.9

D

Deckbeschichtung	1.24
Deckvermögen	1.30
Dehnbarkeit	1.26
Dispersionsfarbe	1.19

E

Einbrennen	1.48
Einfallen	2.45
Eisblumenbildung	2.29
Ergiebigkeit	1.46
Ergiebigkeit, praktische	1.42
Ergiebigkeit, theoretische	1.50

F

Farbe	1.12
Farbstoff	1.18
Fehlstelle	2.35
Film	1.22
Fischaugen	2.25
Flokkulation	2.27

E

emulsion paint	1.19
extender	1.20

F

fading	2.24
filler	1.21
film	1.22
fineness of grind	1.23
finishing coat	1.24
fish eyes	2.25
flash-off time	1.25
flexibility	1.26
floating	2.26
flocculation	2.27
flooding	2.28
force drying	1.27
frosting	2.29

G

gassing	2.30
gloss	1.28

H

hair-cracking	2.31
hardness	1.29
haze	2.32
hiding power	1.30
holiday	2.33

I

intermediate coat	1.31, 1.53

L

latex paint	1.19, 1.32
lifting	2.34

M

medium	1.33
miss	2.35
mud cracking	2.36
multi-pack product	1.34

N

non-volatile matter	1.35

O

orange peel	2.37

P

paint	1.36
peeling	2.38
pigment	1.37
pigment volume concentration	1.38
pinholing	2.39
plasticizer	1.39
pot life	1.40
powder coating material	1.41
practical spreading rate	1.42
priming coat	1.43
P.V.C.	1.38

E

efflorescence	2.6
embu	2.45
enduit	1.21
épaississement	2.49
exsudation	2.47

F

facilité d'encrassement	2.22
faïençage	2.19
farinage	2.12
festons	2.42
feuil	1.22
finesse de broyage	1.23
floculation	2.27
flottation non uniforme	2.26
flottation uniforme	2.28
flou	2.32
formation de cratères	2.17
formation de peau	2.46
friabilité	2.8
frisage	2.51

G

givrage	2.29
gonflement	2.48

L

lavabilité	1.58
liant	1.6
lustre	1.44

M

manque	2.35
mastic	1.47
matière de charge	1.20
matière non volatile	1.35
milieu de dispersion	1.33, 1.55
moirure	2.44

O

opalescence	2.7

P

pattes de corbeau	2.21
peau de crocodile	2.20
peau d'orange	2.37
peinture	1.36
peinture au latex	1.19, 1.32
peinture émulsion	1.19
peinture en poudre	1.41
pigment	1.37
piqûres	2.39
plastifiant	1.39
poisseux résiduel	2.1
pouvoir masquant	1.30
procédé d'application	1.10
produit de peinture	1.9
produit de peinture pluricomposant	1.34

Flüchtige organische
Verbindung	1.56
Forcierte Trocknung	1.27
Füllspachtel	1.47
Füllstoff	1.20

G

Gasbildung	2.30
Gasen	2.30

Gehalt an flüchtigen organischen
Verbindungen	1.57
Glanz	1.28
Glanzfleckenbildung	2.44
Grundbeschichtung	1.43
Grundierung	1.43

H

Haarrißbildung	2.31
Hänger	2.42
Härte	1.29
Haftfestigkeit	1.3
Hautbildung	2.46
Hilfsstoff	1.2
Hochziehen	2.34

K

Kälterißbildung	2.15
Klarlack	1.7
Kochblasenbildung	2.11
Kochen	2.11
Körnigkeit	1.23
KPVK	1.14
Krähenfuß-Rißbildung	2.21
Krakelieren	2.13
Kraterbildung	2.17
Kreiden	2.12
Kritische Pigmentvolumenkonzentration	1.14
Krokodilhautbildung	2.20
Kunststoffdispersionsfarbe	1.19

L

Lack	1.36
Läufer	2.41
Latexfarbe	1.32
Lösemittel	1.45

M

Mahlfeinheit	1.23
Mehrkomponenten-Beschichtungsstoff	1.34

N

Nachdicken	2.49
Nachfallen	2.45
Nachkleben	2.1
Nachziehen	2.49
Nadelstichbildung	2.39
Nichtflüchtiger Anteil	1.35

O

Orangenschaleneffekt	2.37

R

ropiness 2.40
runs 2.41

S

sags 2.42
settling 2.43
sheen 1.44
silking 2.44
sinkage 2.45
skinning 2.46
solvent 1.45
spreading rate 1.46
stopper 1.47
stoving 1.48
substrate 1.49
sweating 2.47
swelling 2.48

T

theoretical spreading rate 1.50
thickening 2.49
thinner 1.51
top coat 1.24, 1.52

U

undercoat 1.53

V

varnish 1.7, 1.54
vehicle 1.33, 1.55
VOC 1.56
VOCC 1.57
VOC content 1.57
volatile organic compound 1.56
volatile organic compound
 content 1.57

W

washability 1.58
whitening in the grain 2.50
wrinkling 2.51

R

rendement d'application
 théorique 1.50
rendement pratique
 d'application 1.42
rendement superficiel
 spécifique 1.46
rétention de salissures 2.23
rétraction 2.14
retrécissement 2.18

S

saignement 2.3
séchage 1.17
séchage au four 1.48
séchage forcé 1.27
sédimentation 2.43
siccatif 1.16
solvant 1.45
souplesse 1.26
subjectile 1.49
système de peinture 1.11

T

temps de préséchage 1.25
trainées de brosse 2.10

V

vernis 1.7, 1.54
vieillissement 2.2

Y

yeux de poisson 2.25

P

Pigment 1.37
Pigmentvolumenkonzentration .. 1.38
Pigmentvolumenkonzentration,
 kritische 1.14
Pinselfurchen 2.10
Praktische Ergiebigkeit 1.42
Pulverlack 1.41
PVK 1.38

Q

Quellen 2.48

R

Rißbildung 2.16
Runzelbildung 2.51

S

Scheckigkeit 2.14
Schicht 1.8
Schleier 2.32
Schlußbeschichtung 1.24, 1.52
Schmutzaufnahme 2.22
Schmutzretention 2.23
Schwundrißbildung 2.36
Silberporen 2.50
Sprödigkeit 2.8
Streifigkeit 2.40
Substrat 1.49

T

Theoretische Ergiebigkeit 1.50
Topfzeit 1.40
Trockenstoff 1.16
Trocknung 1.17
Trocknung, forcierte 1.27

U

Untergrund 1.49

V

Verbrauch 1.4
Verdünnungsmittel 1.51
Verschnittmittel für Lösemittel ... 1.15
Verträglichkeit 1.13
VOC 1.56
VOCC 1.57
VOC-Gehalt 1.57

W

Waschbarkeit 1.58
Waschbeständigkeit 1.58
Weichmacher 1.39
Weißanlaufen 2.7

Z

Ziehspachtel 1.21
Zusatzstoff 1.2
Zwischenbeschichtung 1.31, 1.53

Juli 1999

Lacke und Anstrichstoffe
Fachausdrücke und Definitionen für Beschichtungsstoffe
Teil 3: Oberflächenvorbereitung und Beschichtungsverfahren
(ISO 4618-3 : 1999)
Dreisprachige Fassung EN ISO 4618-3 : 1999

DIN EN ISO 4618-3

ICS 01.040.25; 01.040.87; 25.220.10; 87.020

Mit DIN 55945 : 1999-07,
DIN EN 971-1 : 1996-09 und
DIN EN ISO 4618-2 : 1999-07
Ersatz für DIN 55945 : 1996-09

Paints and varnishes — Terms and definitions for coating materials —
Part 3: Surface preparation and methods of application (ISO 4618-3 : 1999);
Trilingual version EN ISO 4618-3 : 1999

Peintures et vernis — Termes et définitions pour produits de peinture —
Partie 3: Préparation de surfaces et méthodes d'application (ISO 4618-3 : 1999);
Version trilingue EN ISO 4618-3 : 1999

Die Europäische Norm EN ISO 4618-3 : 1999 hat den Status einer Deutschen Norm.

Nationales Vorwort

Die Europäische Norm EN ISO 4618-3 fällt in den Zuständigkeitsbereich des Technischen Komitees CEN/TC 139 „Lacke und Anstrichstoffe"(Sekretariat: DIN Deutsches Institut für Normung e.V.). Die Deutsche Norm DIN EN ISO 4618-3 fällt in den Zuständigkeitsbereich des FA-Arbeitsausschusses 1 „Begriffe".

Der Norm-Entwurf wurde als Entwurf DIN EN 971-3 : 1996-07 veröffentlicht.

In DIN 55945 Beiblatt 1 wird auf weitere Normen hingewiesen, die Begriffsdefinitionen für Beschichtungsstoffe sowie für Eigenschaften von Beschichtungsstoffen und Beschichtungen enthalten.

Der Nationale Anhang NA ist informativ und enthält ein Verzeichnis der in DIN 55945 : 1999-07 aufgeführten Fachausdrücke und Definitionen.

Änderungen

Gegenüber DIN 55945 : 1996-09 wurden folgende Änderungen vorgenommen:
— Definitionen zu Begriffen, die in DIN EN ISO 4618-2 : 1999 und in DIN EN ISO 4618-3 : 1999 enthalten sind, gestrichen.

Frühere Ausgaben

DIN 55945-1: 1957x-01; 1961x-03, 1968-11
DIN 55945: 1973-10, 1978-04, 1983-08, 1988-12, 1996-09
DIN 55947: 1973-08, 1986-04

Fortsetzung Seite 2
und 11 Seiten EN

Normenausschuß Anstrichstoffe und ähnliche Beschichtungsstoffe (FA) im DIN Deutsches Institut für Normung e.V.

Nationaler Anhang NA (informativ)

Verzeichnis der in DIN 55945 : 1999-07 abgedruckten Fachausdrücke und Definitionen

Abbeizmittel
Abdampfrückstand
Abdunsten
Abscheideäquivalent
Abscheidespannung
Absperrmittel
Alkydharzlack
Anodisches Elektrotauchbeschichten
Anstrich
Applikationsverfahren
ATL

Beständigkeit
Brillanz

Cold Check-Test

Dämmschichtbildende Brandschutzbeschichtung
Dekontaminierbarkeit
Dispersionslackfarbe
Durchhärtung; Durchtrocknung
Durchrostungsgrad
Durchschlagen

Effektlackierung
Einkomponenten-Reaktions-Beschichtungsstoff
ETL

Farblack
Farbmittel
Farbstich
Farbzahl
Fertigungsbeschichtung
Filiformkorrosion
Filmbildner
Filmfehler
Firnis
Flammpunkt
Füllvermögen

Härter
Härtung
Härtungsdauer
High-Solid-Beschichtungsstoff

Imprägniermittel

Kalkfarbe
Kantenflucht
Katalysator
Kathodisches Elektrotauchbeschichten
Kochblasen; Kocher
Korrosionsschutz
Kräuseln
Kreidungsgrad
KTL
Kunstharzputz
Kunststoffdispersion; Polymerdispersion

Lackfarbe
Lackierung
Lasur
Leim
Leimfarbe
Leinölfirnis
Lösemittelarmer Beschichtungsstoff
Lufttrocknung

Naßschichtdicke
Naturharzlack
Naturlack
Nitrokombinationslack

Ölfarbe

Pilzbefall
Porenfüller
Primer

Reaktions-Beschichtungsstoff
Reaktives Lösemittel

Sikkativ
Spachtelmasse
Spirituslack
Standöl
Strahlenhärtung; Strahlenvernetzung

Trocknungsdauer

Überarbeitbarkeit
Umgriff
Unterrostung
Unterwanderung

Verfestigung; Filmbildung
Verlauf
Vernetzung
Vorlack

Wärmehärtung
Wash Primer
Wasserlack
Wasserverdünnbarkeit
Wischbeständigkeit

Zaponlack
Zubereitung
Zwei- oder Mehrkomponenten-Reaktions-Beschichtungsstoff

188

EUROPEAN STANDARD
NORME EUROPÉENNE
EUROPÄISCHE NORM

EN ISO 4618-3

Juni 1999

UDC 87.040

Trilingual version — Version trilingue — Dreisprachige Fassung

Paints and varnishes
Terms and definitions for coating materials
Part 3: Surface preparation and methods of application
(ISO 4618-3 : 1999)

Peintures et vernis
Termes et définitions pour produits de peinture
Partie 3: Préparation de surfaces et méthodes d'application
(ISO 4618-3 : 1999)

Lacke und Anstrichstoffe
Fachausdrücke und Definitionen für Beschichtungsstoffe
Teil 3: Oberflächenvorbereitung und Beschichtungsverfahren
(ISO 4618-3 : 1999)

This European Standard was approved by CEN on 3 March 1999.

CEN members are bound to comply with the CEN/CENELEC Internal Regulations which stipulate the conditions for giving this European Standard the status of a national standard without any alteration.

Up-to-date lists and bibliographical references concerning such national standards may be obtained on application to the Central Secretariat or to any CEN member.

This European Standard exists in three official versions (English, French, German). A version in any other language made by translation under the responsibility of a CEN member into its own language and notified to the Central Secretariat has the same status as the official versions.

CEN members are the national standards bodies of Austria, Belgium, Czech Republic, Denmark, Finland, France, Germany, Greece, Iceland, Ireland, Italy, Luxembourg, Netherlands, Norway, Portugal, Spain, Sweden, Switzerland and United Kingdom.

La présente norme européenne a été adoptée par le CEN le 3 mars 1999.

Le membres du CEN sont tenus de se soumettre au Règlement Intérieur du CEN/CENELEC qui définit les conditions dans lesquelles doit être attribué, sans modification, le statut de norme nationale à la norme européenne.

Les listes mises à jour et les références bibliographiques relatives à ces normes nationales peuvent être obtenues auprès du Secrétariat Central ou auprès des membres de CEN.

La présente norme européenne existe en trois versions officielles (allemand, anglais, français). Une version dans une autre langue faite par traduction sous la responsabilité d'un membre du CEN dans sa langue nationale, et notifiée au Secrétariat Central, a le même statut que les versions officielles.

Les membres du CEN sont les organismes nationaux de normalisation des pays suivants: Allemagne, Autriche, Belgique, Danemark, Espagne, Finlande, France, Grèce, Irlande, Islande, Italie, Luxembourg, Norvège, Pays-Bas, Portugal, République Tchèque, Royaume-Uni, Suède et Suisse.

Diese Europäische Norm wurde von CEN am 3. März 1999 angenommen.

Die CEN-Mitglieder sind gehalten, die CEN/CENELEC-Geschäftsordnung zu erfüllen, in der die Bedingungen festgelegt sind, unter denen dieser Europäischen Norm ohne jede Änderung der Status einer nationalen Norm zu geben ist.

Auf dem letzten Stand befindliche Listen dieser nationalen Normen mit ihren bibliographischen Angaben sind beim Zentralsekretariat oder bei jedem CEN-Mitglied auf Anfrage erhältlich.

Diese Europäische Norm besteht in drei offiziellen Fassungen (Deutsch, Englisch, Französisch). Eine Fassung in einer anderen Sprache, die von einem CEN-Mitglied in eigener Verantwortung durch Übersetzung in seine Landessprache gemacht und dem Zentralsekretariat mitgeteilt worden ist, hat den gleichen Status wie die offiziellen Fassungen.

CEN-Mitglieder sind die nationalen Normungsinstitute von Belgien, Dänemark, Deutschland, Finnland, Frankreich, Griechenland, Irland, Island, Italien, Luxemburg, den Niederlanden, Norwegen, Österreich, Portugal, Schweden, der Schweiz, Spanien, der Tschechischen Republik und dem Vereinigten Königreich.

CEN

European Committee for Standardization
Comité Européen de Normalisation
Europäisches Komitee für Normung

Central Secretariat: rue de Stassart 36, B-1050 Brussels

© 1999 CEN. All rights of exploitation in any form and by any means reserved worldwide for CEN national members.
Tous droits d'exploitation sous quelque forme et de quelque manière que ce soit réservés dans le monde entier aux membres nationaux du CEN.
Alle Rechte der Verwertung, gleich in welcher Form und in welchem Verfahren, sind weltweit den nationalen Mitgliedern von CEN vorbehalten.

Ref. No. EN ISO 4618-3 : 1999 EFD

Foreword

The text of EN ISO 4618-3 : 1999 has been prepared by Technical Committee CEN/TC 139, "Paints and varnishes", the secretariat of which is held by DIN, in collaboration with Technical Committee ISO/TC 35 "Paints and varnishes".

This European Standard shall be given the status of a national standard, either by publication of an indentical text or by endorsement, at the latest by December 1999, and conflicting national standards shall be withdrawn at the latest by December 1999.

This is one of a number of parts of EN ISO 4618. The following further parts are available:

Part 1: General terms
Part 2: Special terms relating to paint characteristics and properties

According to the CEN/CENELEC Internal Regulations, the national standards organizations of the following countries are bound to implement this European Standard:

Austria, Belgium, Czech Republic, Denmark, Finland, France, Germany, Greece, Iceland, Ireland, Italy, Luxembourg, Netherlands, Norway, Portugal, Spain, Sweden, Switzerland and the United Kingdom.

Scope

This Part of EN ISO 4618 defines special terms relating to surface preparation and application methods used in the field of coating materials (paints, varnishes and similar products).

NOTE: In drawing up this part of EN ISO 4618, Working Group 4 "Terminology" of CEN/TC 139, "Paints and varnishes" has had regarded as far as possible to the existing relevant ISO Standards, and has supplemented or amended these only where deemed necessary or desirable.

Avant-propos

Le texte du EN ISO 4618-3 : 1999 a été élaborée par le Comité Technique CEN/TC 139, «Peintures et vernis», dont le secrétariat est tenu par le DIN, en collaboration avec le Comité Technique ISO/TC 35 «Peintures et vernis».

Cette norme européenne devra recevoir le statut de norme nationale, soit par publication d'un texte identique, soit par entérinement, au plus tard en décembre 1999, et toutes les normes nationales en contradiction devront être retirées au plus tard en décembre 1999.

L'EN ISO 4618 se compose de plusieurs parties. Les autres parties suivantes sont disponible:

Partie 1: Termes généraux
Partie 2: Termes particuliers relatifs aux caractéristiques et aux propriétés des peintures

Selon le Règlement Intérieur du CEN/CENELEC, les instituts de normalisation nationaux des pays suivants sont tenus de mettre cette norme européenne en application:

Allemagne, Autriche, Belgique, Danemark, Espagne, Finlande, France, Grèce, Irlande, Islande, Italie, Luxembourg, Norvège, Pays-Bas, Portugal, République Tchèque, Royaume-Uni, Suède et Suisse.

Domaine d'application

La présente partie de l'EN ISO 4618 définie de termes particuliérs relatif aux préparation de surfaces et méthodes d'application utilisés dans le domaine de produits de peinture (peintures, vernis et produits assimilés).

NOTE: En préparant cette partie de l'EN ISO 4618, le Groupe de travail 4 «Terminologie» de CEN/TC 139 «Peintures et vernis» a pris en compte, dans la mesure du possible, les Normes ISO pertinentes et les a complétées ou amendées dans les cas où cela parait nécessaire ou souhaitable.

Vorwort

Der Text der EN ISO 4618-3 : 1999 wurde vom Technischen Komitee CEN/TC 139, „Lacke und Anstrichstoffe", dessen Sekretariat vom DIN gehalten wird, in Zusammenarbeit mit dem Technischen Komitee ISO/TC 35 „Paints and varnishes" erarbeitet.

Diese Europäische Norm muß den Status einer nationalen Norm erhalten; entweder durch Veröffentlichung eines identischen Textes oder durch Anerkennung bis Dezember 1999, und etwaige entgegenstehende nationale Normen müssen bis Dezember 1999 zurückgezogen werden.

Dies ist einer von mehreren Teilen von EN ISO 4618. Folgende weitere Teile liegen vor:

Teil 1: Allgemeine Begriffe
Teil 2: Spezielle Fachausdrücke für Merkmale und Eigenschaften

Entsprechend der CEN/CENELEC-Geschäftsordnung sind die nationalen Normungsinstitute der folgenden Länder gehalten, diese Europäische Norm zu übernehmen:

Belgien, Dänemark, Deutschland, Finnland, Frankreich, Griechenland, Irland, Island, Italien, Luxemburg, Niederlande, Norwegen, Österreich, Portugal, Schweden, Schweiz, Spanien, Tschechische Republik und das Vereinigte Königreich.

Anwendungsbereich

Dieser Teil von EN ISO 4618 definiert spezielle Fachausdrücke für Oberflächenvorbereitung und Beschichtungsverfahren, die auf dem Gebiet der Beschichtungsstoffe (Lacke, Anstrichstoffe und ähnliche Produkte) verwendet werden.

ANMERKUNG: Bei der Ausarbeitung dieses Teils von EN ISO 4618 hat die Arbeitsgruppe 4 „Terminologie" des CEN/TC 139 „Lacke und Anstrichstoffe" soweit wie möglich bestehende ISO-Normen in Betracht gezogen, wobei deren Festlegungen nur ergänzt oder geändert wurden, wenn dies notwendig oder wünschenswert erschien.

No	Terms and definitions	Termes et définitions	Fachausdrücke und Definitionen
3.1	**abrasive blast-cleaning:** The impingement of a high-kinetic-energy stream of a **blast cleaning abrasive** on the surface to be prepared.	**décapage par projection d'abrasif (m):** Projection d'**abrasif** à haute énergie cinétique sur une surface à préparer.	**Strahlen (n):** Auftreffen eines **Strahlmittels** von hoher kinetischer Energie auf die vorzubereitende Oberfläche.
3.2	**airless spraying:** The process of atomization of **paint** by forcing it hydraulically through an orifice at high pressure.	**pulvérisation haute pression sans air (f):** Procédé d'application d'un **produit de peinture** à travers une buse sous la seule action d'une haute pression hydraulique.	**Airless-Spritzen (n):** Beschichtungsverfahren, bei dem der **Beschichtungsstoff** unter hohem Druck ohne Luftzufuhr durch eine Düse gepreßt und ohne Luftzufuhr zerstäubt wird.
3.3	**anodizing:** The treatment of aluminium by an electrolytic oxidation process to produce a **coat** consisting mainly of aluminium oxide.	**anodisation (f):** Traitement de l'aluminium par un procédé électrolytique d'oxydation pour former principalement un revêtement d'alumine.	**Anodisieren (n):** Behandeln von Aluminium durch ein elektrolytisches Oxidationsverfahren zum Erzeugen einer hauptsächlich aus Aluminiumoxid bestehenden Schicht.
3.4	**anti-corrosive paint:** A **paint** used to protect metal **substrates** against corrosion.	**peinture anti-corrosion (f):** Peinture utilisée pour protéger des **subjectiles** métalliques contre la córrosion.	**Korrosionsschutz-Beschichtungsstoff (m):** Ein **Beschichtungsstoff** zum Schutz von Metalloberflächen gegen Korrosion.
3.5	**blast-cleaning abrasive:** A solid material intended to be used for **abrasive blast-cleaning.**	**abrasif pour décapage par projection (m):** Matériau solide utilisé pour le **décapage par projection d'abrasif.**	**Strahlmittel (n):** Fester Stoff zum **Strahlen.**
3.6	**burning off:** The removal of a coating by a process in which the **film** is softened by heat and then scraped off while still soft.	**décapage thermique (m):** Action d'enlever un revêtement par un procédé dans lequel le **feuil** est ramolli par élévation de température et raclé.	**Abbrennen (n):** Entfernen einer **Beschichtung** durch Wärmeeinwirkung und Abkratzen im erweichten Zustand.
3.7	**chemical pre-treatment:** A general term for any chemical process applied to a surface prior to the application of a **coating material.** NOTE: See e.g. 3.9 **chromating,** 3.34 **phosphating**...	**pré-traitement chimique (m):** Terme générique pour désigner tout traitement chimique d'une surface avant application d'un **produit de peinture.** NOTE: Voir p.ex. 3.9 **chromatation,** 3.34 **phosphatation**...	**Chemische Vorbehandlung (f):** Oberbegriff für chemische Verfahren zur Oberflächenbehandlung vor dem Auftragen von **Beschichtungsstoffen.** ANMERKUNG: Siehe z.B. 3.9 **Chromatieren,** 3.34 **Phosphatieren**...
3.8	**chipping:** The removal, in flakes, of **paint** or rust and **mill scale,** by use of hand or power tools.	**piquage (m):** Action d'enlever par plaques des **produits de peinture,** de la rouille ou la **calamine,** en utilisant des outils à main ou mécanique.	**Abschaben, Abkratzen (n):** Manuelles oder maschinelles Entfernen von **Beschichtungen,** Rost oder Walzhaut.
3.9	**chromating:** The **chemical pre-treatment** of the surface of certain metals using solutions usually consisting essentially of chromic acid and/or chromates.	**chromatation (m): Pre-traitement chimique** de la surface de certains métaux utilisants des solutions à base d'acide chromique et/ou de chromates.	**Chromatieren (n): Chemische Vorbehandlung** der Oberfläche bestimmter Metalle mit Lösungen auf der Grundlage von Chromsäure und/oder Chromaten.
3.10	**coil coating:** A **coating process** whereby the **coating material** is applied continuously to a coil of metal which may be rewound after the **film** has been dried.	**enduction des bandes en continu (m): Procédé d'application** dans lequel le **produit de peinture** est appliqué en continu sur des bandes métalliques, lesquelles peuvent être réenroulées après séchage du revêtement.	**Bandbeschichten (n); „Coil Coating": Beschichtungsverfahren,** bei dem ein **Beschichtungsstoff** kontinuierlich auf ein Metallband aufgetragen und getrocknet wird und das Metallband anschließend wieder aufgerollt werden kann.

(fortgesetzt)

(fortgesetzt)

No	Terms and definitions	Termes et définitions	Fachausdrücke und Definitionen
3.11	**curtain coating:** The application of a **coating material** by passing the article to be coated horizontally through a descending sheet of a continuously recirculated coating material.	**application à la machine à rideau (f):** Procédé d'application dans lequel le **produit de peinture**, continuellement recyclé, tombe sous forme d'un rideau à travers lequel passe horizontalement la pièce à peindre.	**Gießlackieren (n):** Auftragen eines **Beschichtungsstoffes**, wobei das zu beschichtende Werkstück waagerecht durch einen fallenden Vorhang eines im Kreislauf geführten Beschichtungsstoffes bewegt wird.
3.12	**cutting-in:** The application of a **coating material** by brush up to a predetermined line. NOTE: An example is applying the coating material to the frames of windows without applying it to the glazing.	**rechampissage (m):** Application à la brosse d'un **produit de peinture** jusqu'à une limite prédéterminée. NOTE: Un exemple est l'application d'un produit de peinture sur les encadrements de fenêtres sans en appliquer sur les vitres.	**Beschneiden (n):** Auftragen eines **Beschichtungsstoffes** mit einem Pinsel bis zu einer festgelegten Grenze. ANMERKUNG: Ein Beispiel ist das Auftragen des Beschichtungsstoffes auf Fensterrahmen, ohne dabei die Glasscheibe zu verunreinigen.
3.13	**degreasing:** The removal from a surface, prior to painting, of oil, greases and similar substances by suitable means either of an organic solvent or a water-based cleaning agent.	**dégraissage (m):** Action d'enlever par des solvants organiques ou des agents de nettoyage aqueux, toute trace d'huile, graisse et substances similaires, des surfaces avant mise en peinture.	**Entfetten (n):** Entfernen von Ölen, Fetten und ähnlichen Stoffen von einer Oberfläche vor dem **Beschichten** mit Hilfe von organischen Lösemitteln oder wäßrigen Reinigungsmitteln.
3.14	**de-nibbing:** The removal by rubbing with fine abrasive paper of small particles which stand proud of the surface of a paint film.	**égrenage (m):** Action d'enlever de petites particules qui saillent à la surface du **feuil de peinture** au moyen d'un papier abrasif fin.	**Köpfen (n):** Entfernen aller von der Oberfläche einer **Beschichtung** abstehenden kleinen Teilchen mit feinem Schleifpapier.
3.15	**de-scaling:** The removal of **mill scale** or laminated rust from steel or other ferrous **substrates**.	**décalaminage (m):** Action d'enlever la **calamine** ou similaire des **subjectiles** d'acier ou autres subjectiles ferreux.	**Entzundern (n):** Entfernen von **Walzhaut/Zunder** oder Schichtrost von Stahloberflächen.
3.16	**dipping:** The application of a **coating material** by immersing the object to be coated in a bath containing a **coating material** and then, after the withdrawal, allowing it to drain.	**application au trempé (m):** Immersion d'un objet devant être peint dans un bain contenant un **produit de peinture**, puis qu'on laisse égoutter après l'avoir retiré.	**Tauchbeschichten (n); Tauchlackieren (n): Beschichten** durch Eintauchen des zu beschichtenden Gegenstandes in ein Bad mit **Beschichtungsstoff** und anschließendes Abtropfen des überschüssigen Beschichtungsstoffes nach dem Herausziehen.
3.17	**electrodeposition:** The process whereby a **film** of a water-based **coating material** is deposited, under the influence of electric current, on an object that forms either the anode or cathode, depending on the nature of the coating material.	**électrodéposition (f): Méthode d'application** d'un revêtement sous l'action d'un courant électrique où l'objet à peindre soit l'anode soit la cathode, selon la nature de **produit de peinture** hydrodiluable dans lequel l'objet à peindre est immergé.	**Elektrotauchlackieren (n):** Verfahren zum Abscheiden einer **Beschichtung** aus einem wäßrigem **Beschichtungsstoff** unter Einfluß des elektrischen Stroms auf ein Objekt, das je nach Beschichtungsstoff entweder als Anode oder als Kathode geschaltet ist.
3.18	**electron beam curing:** A process for the rapid curing of specially formulated **coating materials** by means of a concentrated stream of electrons.	**séchage par faisceau d'électrons (m):** Procédé de séchage rapide de **produit de peinture** dans un faisceau d'électrons.	**Elektronenstrahlhärten (n):** Verfahren für das rasche Vernetzen von **Beschichtungsstoffen** mit Hilfe von Elektronenstrahlen.
3.19	**electrostatic spraying:** A method of application by which an electrostatic potential difference is applied between the article to be coated and the atomized **coating material** particles.	**pulvérisation électrostatique (f):** Méthode d'application par pulvérisation dans laquelle une différence de potentiel électrostatique est créée entre l'objet devant être peint et les particules atomisées du **produit de peinture**.	**Elektrostatisches Beschichten (n):** Verfahren, bei dem zwischen dem zu beschichtenden Gegenstand und den versprühten Teilchen des **Beschichtungsstoffes** eine elektrostatische Potentialdifferenz angelegt wird.

(fortgesetzt)

(fortgesetzt)

No	Terms and definitions	Termes et définitions	Fachausdrücke und Definitionen
3.20	**etching:** Cleaning and roughening a surface using a chemical agent prior to painting in order to increase adhesion. NOTE: In German the term "Beizen" refers to: 1. The removal of rust and/or **mill scale** from ferrous **substrates** by means of an acidic solution (see 3.35 **pickling**). 2. A specific treatment for the colouring of wood as in the English term "staining".	**mordançage (m):** Procédé de nettoyage et d'attaque d'une surface au moyen d'un produit chimique avant l'application d'une **peinture** afin d'en favoriser l'adhérence. NOTE: En Allemand le terme «Beizen» signifie: 1. Enlèvement de la rouille et de la **calamine** des subjectiles ferreux de l'acier à l'aide d'un solution acide (voir 3.35 **décapage chimique**). 2. Traitement spécifique des bois qui seront ensuite teintés par des colorants (terme anglais «staining»).	**Ätzen/Beizen (n):** Chemisches Verfahren zum Reinigen und Aufrauhen einer Oberfläche, um die Haftfestigkeit von nachfolgenden **Beschichtungen** zu verbessern. ANMERKUNG: Im deutschen Sprachgebrauch wird unter Beizen darüber hinaus verstanden: 1. Das Entfernen von Rost und/ oder **Walzhaut/Zunder** von Stahloberflächen mit einer sauren Lösung (siehe 3.35 **Beizen**) 2. Eine bestimmte färbende Behandlung von Holz (engl. „staining").
3.21	**feather edging:** The tapering, produced by abrading, of the edge of a paint film prior to repainting in order to obscure the laps.	**dégradé en biseau (m):** Amincissement dégressif, par abrasion, de l'épaisseur du bord d'un feuil de peinture avant remise en peinture afin de masquer les zones de recouvrement.	**Beischleifen (n):** Abtragendes Angleichen der **Beschichtung** an ihren Rändern mit der weiteren **Beschichten**, um Überlappungen nicht sichtbar werden zu lassen.
3.22	**filling:** The application of a **filler** to give a level surface.	**enduisage (m):** Application d'**enduit** destiné à corriger les défauts de surface.	**Spachteln (n):** Auftragen eines (Zieh-)**Spachtels** zum Glätten der Oberfläche.
3.23	**flame cleaning:** The process by which a reducing flame is applied to a surface, followed by manual or mechanical cleaning operations.	**nettoyage à la flamme (m):** Traitement d'une surface par déplacement d'une flamme réductrice suivi d'un nettoyage manuel ou mécanique.	**Flammstrahlen (n):** Verfahren, bei dem eine Oberfläche mit einer reduzierenden Flamme behandelt und dann manuell oder maschinell gereinigt wird.
3.24	**flame treatment:** A method of pretreatment, by a flame, where the surface of a plastics material (e.g. polyethylene) is oxidised to improve the wetting properties of the **coating material** and the adhesion of the coating, or even to render these possible.	**flammage (m):** Méthode de prétraitement à la flamme de la surface d'une matière plastique (p.e. polyéthylène) afin d'obtenir des produits d'oxydation qui améliorent la mouillabilité d'un revêtement et l'adhérence des **couches** ou qui les rendent possibles.	**Beflammen (n):** Vorbehandlungsverfahren, bei dem die Oberfläche eines Kunststoffes (z.B. Polyethen) mit einer Flamme oxidiert wird. Dadurch werden die Benetzbarkeit mit einem **Beschichtungsstoff** und die Haftfestigkeit der **Beschichtung** verbessert oder überhaupt erst ermöglicht.
3.25	**flash rust:** The rapid formation of a) a very thin layer of rust on ferrous **substrates** after blast-cleaning, or of b) rust stains after the application of a water-based **coating material** on a ferrous substrate.	**enrouillement instantané (m):** Formation rapide a) d'une **couche** très mince de rouille sur les **subjectiles** ferreux après décapage par projection d'abrasif ou b) formation rapide de taches de rouille après l'application d'une **peinture** en phase aqueuse sur un subjectile ferreux.	**Flugrost (m):** Rasche Bildung von a) einer sehr dünnen Rostschicht auf Stahloberflächen nach dem Strahlen (Flugrost) oder von b) Rostflecken nach dem Auftragen von wäßrigen **Beschichtungsstoffen** auf Stahloberflächen (Punktrost).
3.26	**flow coating:** The application of a **coating material** either by pouring or by allowing it to flow over the object to be coated, and allowing the excess to drain off.	**application par aspersion (f):** Application d'un **produit de peinture** par aspersion ou par écoulement au-dessus de l'objet à peindre. L'excès de liquide est éliminé par égouttage.	**Fluten (n):** Auftragen eines **Beschichtungsstoffes** durch Überfließenlassen des zu beschichtenden Gegenstandes, wobei der Überschuß ablaufen kann.

(fortgesetzt)

(fortgesetzt)

No	Terms and definitions	Termes et définitions	Fachausdrücke und Definitionen
3.27	**graining:** The imitation of the appearance of wood etc. by the skilful use of suitable tools and **coating materials**.	**grainage (m):** Reproduction au moyen d'un matériel approprié et d'un **produit de peinture** de l'aspect et de la texture de la surface du bois.	**Maserieren (n):** Nachahmen des Erscheinungsbildes von Holzoberflächen etc. mit geeigneten Werkzeugen und **Beschichtungsstoffen**.
3.28	**grit blasting:** A process of **abrasive blast-cleaning** using particulate material, such as iron, steel slag or alumina (corundum). NOTE: For a fuller description of the term "grit" see ISO 11124-1 or ISO 11126-1.	**décapage par projection de grenailles angulaires (m): Décapage** par projection d'abrasif utilisant des matériaux tels que fer, scories d'acierie ou alumine (corindon). NOTE: Pour une description plus détaillée du terme anglais voir l'ISO 11124-1 ou l'ISO 11126-1.	**Strahlen mit körnigem Strahlmittel (n): Strahlen** mit körnigem Material wie Stahl, Schlacken oder Aluminiumoxid (Korund). ANMERKUNG: Weitere Erläuterungen des Begriffs „grit" siehe ISO 11124-1oder ISO 11126-1.
3.29	**hot spraying:** The spraying of a **coating material** that has been reduced in viscosity by heating rather than by addition of solvents.	**pulvérisation à chaud (f):** Pulvérisation d'un **produit de peinture** dont on a abaissé la viscosité par élévation de température plutôt que par addition d'un solvant.	**Heißspritzen (n):** Spritzen eines **Beschichtungsstoffes**, dessen Viskosität durch Erwärmen anstelle durch Zugabe von Lösemitteln erniedrigt wird.
3.30	**marbling:** The imitation of the appearance of polished marble by the skilful use of suitable tools and **coating materials**.	**marbrage (m):** Reproduction au moyen d'un matériel approprié et d'un **produit de peinture** de l'aspect et de la texture du marbre poli.	**Marmorieren (n):** Nachahmen des Erscheinungsbildes von poliertem Marmor mit geeigneten Werkzeugen und **Beschichtungsstoffen**.
3.31	**masking:** A temporary covering of that part of a surface which is to remain unpainted.	**masquage (m):** Masquage temporaire de la partie d'une surface qui doit rester non peinte.	**Abdecken (n):** Zeitweiliges Abdecken von Teilen einer Oberfläche, die nicht beschichtet werden sollen.
3.32	**mill scale:** The layer of iron oxides that are formed during the hot rolling of steel.	**calamine (f):** Couche d'oxydes de fer qui apparaît à la surface de l'acier lors des opérations de laminage à chaud.	**Walzhaut (f) / Zunder (m):** Schicht von Eisenoxiden, die beim Warmwalzen von Stahl entsteht.
3.33	**overspray:** The sprayed **coating material** that does not impinge on the surface to be coated.	**perte de peinture à la pulvérisation (f):** Quantité de **produit de peinture** pulvérisé qui n'est pas déposée sur la surface devant être revêtue.	**Overspray (m):** Verspritzter **Beschichtungsstoff**, der nicht auf die zu beschichtende Oberfläche gelangt.
3.34	**phosphating:** The **chemical pretreatment** of certain metals using solutions essentially consisting of phosphoric acid and/or phosphates.	**phosphatation (f): Pré-traitement chimique** de certains métaux à l'aide de solutions contenant essentiellement de l'acide phosphorique et/ou des phosphates.	**Phosphatieren (n): Chemische Vorbehandlung** von Oberflächen bestimmter Metalle mit Lösungen, die vor allem Phosphorsäure und/oder Phosphate enthalten.
3.35	**pickling:** The removal of rust and **mill scale** from ferrous **substrates** by means of an acidic solution usually containing an inhibitor. NOTE: In German the term "Beizen" refers also to: 1. A process of applying a key to a metal surface by means of a chemical agent prior to painting (see 3.20). 2. A specific treatment for the colouring of wood as in the English term "staining".	**décapage chimique (m):** Enlèvement de la rouille et de la **calamine** à l'aide d'une solution d'acide. NOTE: En Allemand le terme «Beizen» signifie aussi: 1. Procédé d'application d'un produit chimique en vue d'améliorer l'accrochage sur une surface métallique avant mise en peinture (voir 3.20). 2. Traitement spécifique des bois qui seront ensuite teintés par des colorants (terme anglaise «staining»).	**Beizen (n):** Entfernen von Rost und **Walzhaut/Zunder** von Stahloberflächen mit einer sauren Lösung, die Beizinhibitor enthält. ANMERKUNG: Im deutschen Sprachgebrauch wird unter Beizen darüber hinaus verstanden: 1. Verfahren zur Vorbereitung von Metall zum Verbessern der Haftfestigkeit nachfolgender **Beschichtungen** (siehe 3.20). 2. Eine bestimmte färbende Behandlung von Holz (engl. „staining").

(fortgesetzt)

(fortgesetzt)

No	Terms and definitions	Termes et définitions	Fachausdrücke und Definitionen
3.36	**preparation grade:** The classification describing the quality level of the cleaning achieved by a given procedure. NOTE: See ISO 8501-1 and ISO 8501-2.	**degré de préparation (m):** Classification décrivant le niveau de qualité du nettoyage obtenu par un procédé donné. NOTE: Voir l'ISO 8501-1 et l'ISO 8501-2.	**Vorbereitungsgrad (m):** Einteilung, die die Qualität der nach einem bestimmten Verfahren gereinigten Oberfläche beschreibt. ANMERKUNG: Siehe ISO 8501-1 und ISO 8501-2.
3.37	**roller application:** A coating process whereby the **coating material** is applied by means of a hand-held roller.	**application au rouleau (f):** Procédé d'application dans lequel le **produit de peinture** est appliqué au moyen d'un rouleau à main.	**Rollen (n):** Beschichtungsverfahren, bei dem der **Beschichtungsstoff** mit einer Rolle (Walze) manuell aufgetragen wird.
3.38	**roller coating:** A **coating process** whereby flat articles are passed between two or more horizontally-mounted rigid rollers from which a **coating material** is transferred to one or both faces of the sheet or article. NOTE: The process can be used for the application of a coating material both to individual items (e.g. panels, flush doors) and strip materials.	**application à la machine à rouleau (f): Procédé d'application** de peinture consistant à faire passer un objet plan entre deux ou plusieurs rouleaux horizontaux rigides qui transfèrent le **produit de peinture** sur une les deux faces de la feuille ou de l'objet. NOTE: Ce procédé peut être employé sur des objets individualisés (p.ex. portes planes, panneaux) ou sur des bandes continues.	**Walzlackieren (n):** Beschichtungsverfahren, bei dem ebene Werkstücke zwischen zwei oder mehr horizontal angeordneten Walzen hindurchlaufen, von denen der **Beschichtungsstoff** ein- oder beidseitig auf Tafeln oder Werkstücke aufgetragen wird. ANMERKUNG: Das Verfahren kann sowohl zum **Beschichten** von Einzelwerkstücken (z. B. Tafeln, Türblättern) als auch zum Bandbeschichten eingesetzt werden.
3.39	**rust grade:** A classification describing the degree of rust formation on a steel surface prior to cleaning. NOTE: See ISO 8501-1.	**degré d'enrouillement (m):** Classification décrivant le degré d'enrouillement d'un **subjectile** d'acier avant nettoyage. NOTE: Voir l'ISO 8501-1.	**Rostgrad (m):** Eine Einteilung, die den Umfang der Rostbildung auf einer Stahloberfläche vor dem Reinigen beschreibt. ANMERKUNG: Siehe ISO 8501-1.
3.40	**sanding:** An abrasive process used to level and/or roughen the **substrate**.	**ponçage (m):** Procédé d'abrasion utilisé pour égaliser le **subjectile**.	**Schleifen (n):** Abtragendes Verfahren, um Oberflächen zu glätten und/oder aufzurauhen.
3.41	**shot blasting:** A process of **abrasive blast-cleaning** using small metal spheres. NOTE: For a fuller description of the term "shot" see ISO 11124-1 or ISO 11126-1.	**décapage par projection de grenailles rondes (m):** Décapage par projection d'abrasif utilisant des petites billes métalliques. NOTE: Pour une description plus complète du terme «shot» voir l'ISO 11124-1 ou l'ISO 11126-1.	**Strahlen mit kugeligem Strahlmittel (n):** Strahlen mit kleinen Metallkugeln. ANMERKUNG: Weitere Erläuterungen des Begriffs „shot" siehe ISO 11124-1 oder ISO 11126-1.
3.42	**steam cleaning:** The removal of surface contaminants from metallic components by the action of steam jets.	**décapage à la vapeur (m):** Action d'enlever les agents contaminants d'une surface métallique au moyen de jets de vapeur.	**Dampfstrahlen (n):** Entfernen von Oberflächenverunreinigungen mit einem Wasserdampfstrahl.
3.43	**tack rag:** A piece of cloth impregnated with a sticky substance that is used to remove dust from a **substrate** after abrading and prior to further painting.	**chiffon de dépoussiérage (m):** Tissu imprégné d'une substance favorisant l'élomination des poussières présentes sur un **subjectile** après ponçage et avant mise en peinture.	**Staubbindetuch (n):** Tuch, das mit einer klebrigen Substanz imprägniert ist und zum Entfernen des Staubes von einer Oberfläche nach dem Schleifen und vor dem weiteren **Beschichten** verwendet wird.
3.44	**UV curing:** The hardening of **coating materials** by exposure to ultraviolet radiation.	**séchage UV (m):** Procédé de séchage d'un **produit de peinture** par exposition aux radiations ultraviolet.	**UV-Härten (n):** Härten von **Beschichtungsstoffen** durch die Einwirkung von Ultraviolett-Strahlen.

(fortgesetzt)

No	Terms and definitions	Termes et définitions	Fachausdrücke und Definitionen
		(abgeschlossen)	
3.45	**wet-on-wet application:** A technique whereby a further **coat** is applied before the previous one has dried, and the composite **film** then dries as a single entity.	**application mouillé sur mouillé (f):** Procédé par lequel une **couche** est appliquée avant que la totalité des composés volatils de la couche précédente soit évaporée, l'ensemble sèche alors, comme une couche unique.	**Naß-in-naß-Lackieren (n):** Arbeitstechnik, bei der ein weiterer **Beschichtungsstoff** aufgetragen wird, bevor die vorhergehende getrocknet ist und dann die gesamte **Beschichtung** trocknet.

English alphabetical index

This index comprises the terms from this part of EN ISO 4618 (e.g.: abrasive blast-cleaning ... **3**.1) and those from EN 971-1:1996 (e.g.: accelerator ... **1**.1) and the EN ISO 4618-2:1999 (e.g.: after tack ... **2**.1).

Index alphabétique français

Cet index comprend les termes de cette partie de l'EN ISO 4618 (p.ex.: décapage par projection d'abrasif ... **3**.1) et ceux de l'EN 971-1:1996 (p.ex.: accélérateur ... **1**.1) et de l'EN ISO 4618-2:1999 (p.ex. poisseux résiduel ... **2**.1).

Deutsches alphabetisches Stichwortverzeichnis

Dieses Stichwortverzeichnis umfaßt die in diesem Teil von EN ISO 4618 enthaltenen Fachausdrücke (z. B.: Strahlen ... **3**.1) sowie die aus EN 971-1:1996 (z. B.: Beschleuniger ... **1**.1) und aus EN ISO 4618-2:1999 (z. B.: Nachkleben ... **2**.1).

A
- abrasive blast-cleaning 3.1
- accelerator 1.1
- additive 1.2
- adhesive strength 1.3
- after tack 2.1
- ageing 2.2
- airless spraying 3.2
- anodizing 3.3
- anti-corrosive paint 3.4
- application rate 1.4

B
- baking 1.5, 1.48
- binder 1.6
- blast-cleaning abrasive 3.5
- bleeding 2.3
- blistering 2.4
- blocking 2.5
- blooming 2.6
- blushing 2.7
- britleness 2.8
- bronzing 2.9
- brush marks 2.10
- bubbling 2.11
- burning off 3.6

C
- chalking 2.12
- checking 2.13
- chemical pre-treatment 3.7
- chipping 3.8
- chromating 3.9
- cissing 2.14
- clear coating material 1.7
- coat 1.8
- coating material 1.9

A
- abrasif pour décapage par projection 3.5
- accélérateur 1.1
- additif 1.2
- adhérence 1.3
- adjuvant 1.2
- anodisation 3.3
- application à la machine à rideau 3.11
- application à la machine à rouleau 3.38
- application au rouleau 3.37
- application au trempé 3.16
- application mouillé sur mouillé .. 3.45
- application par aspersion 3.26

B
- blanchissement aux pores 2.50
- blocage 2.5
- brillant 1.28
- bronzage 2.9
- bullage 2.11

C
- calamine 3.32
- C.C.O.V. 1.57
- chiffon de dépoussiérage 3.43
- chromatation 3.9
- cloquage 2.4
- colorant 1.18
- compatibilité 1.13
- composé organique volatil 1.56
- concentration pigmentaire volumique 1.38
- concentration pigmentaire volumique critique 1.14

A
- Abbrennen 3.6
- Abdecken 3.31
- Abdunstzeit 1.25
- Abkratzen 3.8
- Ablüftzeit 1.25
- Abschaben 3.8
- Abschälen 2.38
- Absetzen 2.43
- Additiv 1.2
- Ätzen 3.20
- Airless-Spritzen 3.2
- Alterung 2.2
- Anodisieren 3.3
- Anstrichstoff 1.36
- Anteil, nichtflüchtiger 1.35
- Aufschwimmen 2.28
- Ausbleichen 2.24
- Ausblühen 2.6
- Ausbluten 2.3
- Auskreiden 2.12
- Ausschwimmen 2.26
- Ausschwitzen 2.47

B
- Bandbeschichten 3.10
- Beflammen 3.24
- Beischleifen 3.21
- Beizen 3.20, 3.35
- Beschichten 1.10
- Beschichtung 1.11
- Beschichtungsaufbau 1.11
- Beschichtungsstoff 1.9
- Beschichtungssystem 1.11
- Beschichtungsverfahren 1.10
- Beschleuniger 1.1
- Beschneiden 3.12
- Bindemittel 1.6
- Blasenbildung 2.4
- Blocken 2.5
- Bronzieren 2.9

coating powder	1.41	
coating process	1.10	
coating system	1.11	
coil coating	3.10	
cold cracking	2.15	
colour	1.12	
compatibility	1.13	
C.P.V.C.	1.14	
cracking	2.16	
cratering	2.17	
crawling	2.18	
crazing	2.19	
critical pigment volume concentration	1.14	
crocodiling	2.20	
crow's foot cracking	2.21	
curtain coating	3.11	
cutting-in	3.12	

D

degreasing	3.13
de-nibbing	3.14
de-scaling	3.15
diluent	1.15
dipping	3.16
dirt pick-up	2.22
dirt retention	2.23
drier	1.16
drying	1.17
dyestuff	1.18

E

electrodeposition	3.17
electron beam curing	3.18
electrostatic spraying	3.19
emulsion paint	1.19
etching	3.20
extender	1.20

F

fading	2.24
feather edging	3.21
filler	1.21
filling	3.22
film	1.22
fineness of grind	1.23
finishing coat	1.24
fish eyes	2.25
flame cleaning	3.23
flame treatment	3.24
flash-off time	1.25
flash rust	3.25
flexibility	1.26
floating	2.26
flocculation	2.27
flooding	2.28
flow coating	3.26
force drying	1.27
frosting	2.29

consommation spécifique	1.4
contenu en composé organique volatil	1.57
cordage	2.40
couche	1.8
couche de finition	1.24, 1.52
couche intermédiaire	1.31, 1.53
couche primaire	1.43
couleur	1.12
coulures	2.41
C.O.V.	1.56
C.P.V.	1.38
C.P.V.C.	1.14
craquelage	2.16
craquelage à froid	2.15
craquelures capilliformes	2.31
craquelures en quadrillage	2.13
crevasse	2.36
cuisson	1.5

D

décalaminage	3.15
décapage à la vapeur	3.42
décapage chimique	3.35
décapage par projection d'abrasif	3.1
décapage par projection de grenailles angulaires	3.28
décapage par projection de grenailles rondes	3.41
décapage thermique	3.6
décollement	2.38
décoloration	2.24
dégazage	2.30
dégradé en biseau	3.21
dégraissage	3.13
degré d'enroulliement	3.39
degré de préparation	3.36
délai maximale d'utilisation après mélange	1.40
détrempe	2.34
diluant	1.15
dureté	1.29

E

efflorescence	2.6
égrenage	3.14
électrodéposition	3.17
embu	2.45
enduction des bandes en continu	3.10
enduisage	3.22
enduit	1.21
enrouillement instantané	3.25
épaississement	2.49
exsudation	2.47

F

facilité d'encrassement	2.22
faïençage	2.19

C

Chemische Vorbehandlung	3.7
Chromatieren	3.9
Coil Coating	3.10

D

Dampfstrahlen	3.42
Deckbeschichtung	1.24
Deckvermögen	1.30
Dehnbarkeit	1.26
Dispersionsfarbe	1.19

E

Einbrennen	1.48
Einfallen	2.45
Eisblumenbildung	2.29
Elektronenstrahlhärten	3.18
Elektrostatisches Beschichten	3.19
Elektrotauchlackieren	3.17
Entfetten	3.13
Entzundern	3.15
Ergiebigkeit	1.46
Ergiebigkeit, praktische	1.42
Ergiebigkeit, theoretische	1.50

F

Farbe	1.12
Farbstoff	1.18
Fehlstelle	2.35
Film	1.22
Fischaugen	2.25
Flammstrahlen	3.23
Flokkulation	2.27
Flüchtige organische Verbindung	1.56
Flugrost	3.25
Fluten	3.26
Forcierte Trocknung	1.27
Füllspachtel	1.47
Füllstoff	1.20

G

Gasbildung	2.30
Gasen	2.30
Gehalt an flüchtigen organischen Verbindungen	1.57
Gießlackieren	3.11
Glanz	1.28
Glanzfleckenbildung	2.44
Grundbeschichtung	1.43
Grundierung	1.43

H

Haarrißbildung	2.31
Hänger	2.42
Härte	1.29
Haftfestigkeit	1.3
Hautbildung	2.46
Heißspritzen	3.29
Hilfsstoff	1.2
Hochziehen	2.34

K

Kälterißbildung	2.15
Klarlack	1.7
Kochblasenbildung	2.11

197

G

gassing 2.30
gloss 1.28
graining 3.27
grit blasting 3.28

H

hair-cracking 2.31
hardness 1.29
haze 2.32
hiding power 1.30
holiday 2.33
hot spraying 3.29

I

intermediate coat 1.31, 1.53

L

latex paint 1.19, 1.32
lifting 2.34

M

marbling 3.30
masking 3.31
medium 1.33
mill scale 3.32
miss 2.35
mud cracking 2.36
multi-pack product 1.34

N

non-volatile matter 1.35

O

orange peel 2.37
overspray 3.33

P

paint 1.36
peeling 2.38
phosphating 3.34
pickling 3.35
pigment 1.37
pigment volume concentration . . 1.38
pinholing 2.39
plasticizer 1.39
pot life 1.40
powder coating material 1.41
practical spreading rate 1.42
preparation grade 3.36
priming coat 1.43
P.V.C. 1.38

R

roller application 3.37
roller coating 3.38
ropiness 2.40
runs 2.41
rust grade 3.39

farinage 2.12
festons 2.42
feuil 1.22
finesse de broyage 1.23
flammage 3.24
floculation 2.27
flottation non uniforme 2.26
flottation uniforme 2.28
flou 2.32
formation de cratères 2.17
formation de peau 2.46
friabilité 2.8
frisage 2.51

G

givrage 2.29
gonflement 2.48
grainage 3.27

L

lavabilité 1.58
liant 1.6
lustre 1.44

M

manque 2.35
marbrage 3.30
masquage 3.31
mastic 1.47
matière de charge 1.20
matière non volatile 1.35
milieu de dispersion 1.33, 1.55
moirure 2.44
mordançage 3.20

N

nettoyage à la flamme 3.23

O

opalescence 2.7

P

pattes de corbeau 2.21
peau de crocodile 2.20
peau d'orange 2.37
peinture 1.36
peinture anti-corrosion 3.4
peinture au latex 1.19, 1.32
peinture émulsion 1.19
peinture en poudre 1.41
perte de peinture à la
   pulvérisation 3.33
phosphatation 3.34
pigment 1.37
piquage 3.8
piqûres 2.39
plastifiant 1.39
poissoux résiduel 2.1
ponçage 3.40

Kochen 2.11
Köpfen 3.14
Körnigkeit 1.23
Korrosionsschutz-Beschich-
   tungsstoff 3.4
KPVK 1.14
Krähenfuß-Rißbildung 2.21
Krakelieren 2.13
Kraterbildung 2.17
Kreiden 2.12
Kritische Pigmentvolumen-
   konzentration 1.14
Krokodilhautbildung 2.20
Kunststoffdispersionsfarbe 1.19

L

Lack 1.36
Läufer 2.41
Latexfarbe 1.32
Lösemittel 1.45

M

Mahlfeinheit 1.23
Marmorieren 3.30
Maserieren 3.27
Mehrkomponenten-Beschich-
   tungsstoff 1.34

N

Nachdicken 2.49
Nachfallen 2.45
Nachkleben 2.1
Nachziehen 2.49
Nadelstichbildung 2.39
Naß-in-naß-Lackierung 3.45
Nichtflüchtiger Anteil 1.35

O

Orangenschaleneffekt 2.37
Overspray 3.33

P

Phosphatieren 3.34
Pigment 1.37
Pigmentvolumenkonzentration . . 1.38
Pigmentvolumenkonzentration,
   kritische 1.14
Pinselfurchen 2.10
Praktische Ergiebigkeit 1.42
Pulverlack 1.41
PVK 1.38

Q

Quellen 2.48

R

Rißbildung 2.16
Rollen 3.37
Rostgrad 3.39
Runzelbildung 2.51

S

Scheckigkeit 2.14
Schicht 1.8
Schleier 2.32

S

sags 2.42
sanding 3.40
settling 2.43
sheen 1.44
shot blasting 3.41
silking 2.44
sinkage 2.45
skinning 2.46
solvent 1.45
spreading rate 1.46
steam cleaning 3.42
stopper 1.47
stoving 1.48
substrate 1.49
sweating 2.47
swelling 2.48

T

tack rag 3.43
theoretical spreading rate 1.50
thickening 2.49
thinner 1.51
top coat 1.24, 1.52

U

undercoat 1.53
UV curing 3.44

V

varnish 1.7, 1.54
vehicle 1.33, 1.55
VOC 1.56
VOCC 1.57
VOC content 1.57
volatile organic compound 1.56
volatile organic compound
 content 1.57

W

washability 1.58
wet-on-wet application 3.45
whitening in the grain 2.50
wrinkling 2.51

---

pouvoir masquant 1.30
pré-traitement chimique 3.7
procédé d'application 1.10
produit de peinture 1.9
produit de peinture
 pluricomposant 1.34
pulvérisation à chaud 3.29
pulvérisation électrostatique 3.19
pulvérisation haute pression
 sans air 3.2

R

rechampissage 3.12
rendement d'application
 théorique 1.50
rendement pratique
 d'application 1.42
rendement superficiel spécifique 1.46
rétention de salissures 2.23
rétraction 2.14
retrécissement 2.18

S

saignement 2.3
séchage 1.17
séchage au four 1.48
séchage forcé 1.27
séchage par faisceau d'électrons 3.18
séchage UV 3.44
sédimentation 2.43
siccatif 1.16
solvant 1.45
souplesse 1.26
subjectile 1.49
système de peinture 1.11

T

temps de préséchage 1.25
trainées de brosse 2.10

V

vernis 1.7, 1.54
vieillissement 2.2

Y

yeux de poisson 2.25

Schleifen 3.40
Schlußbeschichtung 1.24, 1.52
Schmutzaufnahme 2.22
Schmutzretention 2.23
Schwundrißbildung 2.36
Silberporen 2.50
Spachteln 3.22
Sprödigkeit 2.8
Staubbindetuch 3.43
Strahlen 3.1
Strahlen mit körnigem
 Strahlmittel 3.28
Strahlen mit kugeligem
 Strahlmittel 3.41
Strahlmittel 3.5
Streifigkeit 2.40
Substrat 1.49

T

Tauchbeschichten 3.16
Tauchlackieren 3.16
Theoretische Ergiebigkeit 1.50
Topfzeit 1.40
Trockenstoff 1.16
Trocknung 1.17
Trocknung, forcierte 1.27

U

Untergrund 1.49
UV-Härten 3.44

V

Verbrauch 1.4
Verdünnungsmittel 1.51
Verschnittmittel für Lösemittel .. 1.15
Verträglichkeit 1.13
VOC 1.56
VOCC 1.57
VOC-Gehalt 1.57
Vorbereitungsgrad 3.36

W

Walzhaut 3.32
Walzlackieren 3.38
Waschbarkeit 1.58
Waschbeständigkeit 1.58
Weichmacher 1.39
Weißanlaufen 2.7

Z

Ziehspachtel 1.21
Zunder 3.32
Zusatzstoff 1.2
Zwischenbeschichtung 1.31, 1.53

Oktober 1999

Vorbereitung von Stahloberflächen vor dem Auftragen von Beschichtungsstoffen

Prüfungen der Oberflächenreinheit

Teil 1: Feldprüfung auf lösliche Korrosionsprodukte des Eisens
(ISO/TR 8502-1:1991) Deutsche Fassung ENV ISO 8502-1 : 1999

Vornorm

DIN V
ENV ISO 8502-1

ICS 25.220.10

Preparation of steel substrates before application of paints and related products – Tests for the assessment of surface cleanliness – Part 1: Field test for soluble iron corrosion products (ISO/TR 8502-1 : 1991);
German version ENV ISO 8502-1 : 1999

Préparation des subjectiles d'acier avant application de peintures et de produits assimilés – Essais pour apprécier la propreté d'une surface – Partie 1: Essai in situ pour déterminer les produits de corrosion du fer (ISO/TR 8502-1 : 1991);
Version allemande ENV ISO 8502-1 : 1999

Eine Vornorm ist das Ergebnis einer Normungsarbeit, das wegen bestimmter Vorbehalte zum Inhalt oder wegen des gegenüber einer Norm abweichenden Aufstellungsverfahrens vom DIN noch nicht als Norm herausgegeben wird. Zur vorliegenden Vornorm ist kein Entwurf veröffentlicht worden.

Nationales Vorwort

Die Europäische Vornorm ENV ISO 8502-1 fällt in den Zuständigkeitsbereich des Technischen Komitees CEN/TC 139 „Lacke und Anstrichstoffe" (Sekretariat: Deutschland). Der ihr zugrundeliegende internationale Technische Bericht ISO/TR 8502-1 wurde vom ISO/TC 35/SC 12 „Paints and varnishes – Preparation of steel substrates before application of paints and related products" (Sekretariat: Vereinigtes Königreich) ausgearbeitet.

Das zuständige deutsche Normungsgremium ist der Unterausschuß 10.4 „Oberflächenvorbereitung und -prüfung" des FA/NABau-Arbeitsausschusses 10 „Korrosionsschutz von Stahlbauten".

Für die im Abschnitt 2 zitierten Internationalen Normen wird in der folgenden Tabelle auf die entsprechenden Deutschen Normen hingewiesen:

ISO-Norm	DIN-Norm
ISO 3696	DIN ISO 3696
ISO 8501-1	1)
ISO 8501-2	1)

[1] Die Normen ISO 8501-1 und ISO 8501-2 sowie die informative Ergänzung zu ISO 8501-1 mit den photographischen Vergleichsmustern für Rostgrade und Oberflächenvorbereitungsgrade sind im deutschen Bereich unmittelbar anwendbar, da sie die Texte auch in deutscher Sprache enthalten.

Fortsetzung Seite 2
und 8 Seiten ENV

Normenausschuß Anstrichstoffe und ähnliche Beschichtungsstoffe (FA) im DIN Deutsches Institut für Normung e. V.
Normenausschuß Bauwesen (NABau) im DIN

Nationaler Anhang NA (informativ)

Literaturhinweise

DIN ISO 3696
  Wasser für analytische Zwecke – Anforderungen und Prüfungen; Identisch mit ISO 3696 : 1987

EUROPÄISCHE VORNORM
EUROPEAN PRESTANDARD
PRÉNORME EUROPÉENNE

ENV ISO 8502-1

Juli 1999

ICS 87.020

Deutsche Fassung

Vorbereitung von Stahloberflächen vor dem Auftragen von Beschichtungsstoffen
**Prüfungen der Oberflächenreinheit
Teil 1: Feldprüfung auf lösliche Korrosionsprodukte des Eisens
(ISO/TR 8502-1:1991)**

Preparation of steel substrates before application of paints and related products – Tests for the assessment of surface cleanliness – Part 1: Field test for soluble iron corrosion products (ISO/TR 8502-1:1991)

Préparation des subjectiles d'acier avant application de peintures et de produits assimilés – Essais pour apprécier la propreté d'une surface – Partie 1: Essai in situ pour déterminer les produits de corrosion du fer (ISO/TR 8502-1:1991)

Diese Europäische Vornorm (ENV) wurde vom CEN am 7. Juni 1999 als eine künftige Norm zur vorläufigen Anwendung angenommen.

Die Gültigkeitsdauer dieser ENV ist zunächst auf drei Jahre begrenzt. Nach zwei Jahren werden die Mitglieder des CEN gebeten, ihre Stellungnahmen abzugeben, insbesondere über die Frage, ob die ENV in eine Europäische Norm umgewandelt werden kann.

Die CEN-Mitglieder sind verpflichtet, das Vorhandensein dieser ENV in der gleichen Weise wie bei einer EN anzukündigen und die ENV auf nationaler Ebene unverzüglich in geeigneter Weise verfügbar zu machen. Es ist zulässig, entgegenstehende nationale Normen bis zur Entscheidung über eine mögliche Umwandlung der ENV in eine EN (parallel zur ENV) beizubehalten.

CEN-Mitglieder sind die nationalen Normungsinstitute von Belgien, Dänemark, Deutschland, Finnland, Frankreich, Griechenland, Irland, Island, Italien, Luxemburg, Niederlande, Norwegen, Österreich, Portugal, Schweden, Schweiz, Spanien, der Tschechischen Republik und dem Vereinigten Königreich.

CEN

Europäisches Komitee für Normung
European Committee for Standardization
Comité Européen de Normalisation

Zentralsekretariat: rue de Stassart 36, B-1050 Brüssel

© 1999 CEN – Alle Rechte der Verwertung, gleich in welcher Form und in welchem Verfahren, sind weltweit den nationalen Mitgliedern von CEN vorbehalten.

Ref. Nr. ENV ISO 8502-1 : 1999 D

Seite 2
ENV ISO 8502-1 : 1999

Vorwort

Der Text des Internationalen "Technical Report" vom Technischen Komitee ISO/TC 35 "Paints and varnishes" der "International Organization for Standardization" (ISO) wurde als Europäische Vornorm durch das Technische Komitee CEN/TC 139 "Lacke und Anstrichstoffe" übernommen, dessen Sekretariat vom DIN gehalten wird.

Entsprechend der CEN/CENELEC-Geschäftsordnung sind die nationalen Normungsinstitute der folgenden Länder gehalten, diese Europäische Vornorm zu übernehmen: Belgien, Dänemark, Deutschland, Finnland, Frankreich, Griechenland, Irland, Island, Italien, Luxemburg, Niederlande, Norwegen, Österreich, Portugal, Schweden, Schweiz, Spanien, Tschechische Republik und Vereinigtes Königreich.

Anerkennungsnotiz

Der Text des Internationalen "Technical Report" ISO/TR 8502-1:1991 wurde vom CEN als Europäische Vornorm ohne irgendeine Abänderung genehmigt.

ANMERKUNG: Die normativen Verweisungen auf Internationale Normen sind im Anhang ZA (normativ) aufgeführt.

Einleitung

Das Verhalten von Schutzbeschichtungen auf Stahl wird wesentlich vom Zustand der Stahloberfläche unmittelbar vor dem Beschichten beeinflußt. Von grundlegendem Einfluß für dieses Verhalten sind:

a) Rost und Walzhaut;

b) Oberflächenverunreinigungen, einschließlich Salze, Staub, Öle und Fette;

c) Rauheit.

Dementsprechend wurden in ISO 8501, ISO 8502 und ISO 8503 Verfahren ausgearbeitet, mit denen diese Einflußgrößen beurteilt werden können. ISO 8504 stellt einen Leitfaden für Vorbereitungsverfahren zum Reinigen von Stahloberflächen dar, wobei für jedes Verfahren angegeben wird, welche Reinheitsgrade erreicht werden können.

Diese Internationalen Normen enthalten keine Empfehlungen für die auf die Stahloberfläche aufzutragenden Beschichtungssysteme. Sie enthalten auch keine Empfehlungen für die in bestimmten Fällen an die Oberflächenqualität zu stellenden Anforderungen, obwohl die Oberflächenqualität einen unmittelbaren Einfluß auf die Auswahl der aufzutragenden Schutzbeschichtung und ihr Verhalten hat. Solche Empfehlungen sind in anderen Unterlagen enthalten, z. B. in nationalen Normen und Verarbeitungsrichtlinien. Die Anwender dieser Internationalen Normen müssen dafür sorgen, daß die Oberflächenqualitäten

– sowohl zu den Umgebungsbedingungen, denen der Stahl ausgesetzt sein wird als auch zu dem zu verwendenden Beschichtungssystem passen;

– mit dem vorgeschriebenen Reinigungsverfahren erreicht werden können.

Die vorstehend erwähnten vier Internationalen Normen behandeln die folgenden Aspekte der Vorbereitung von Stahloberflächen:

ISO 8501, Visuelle Beurteilung der Oberflächenreinheit;

ISO 8502, Prüfungen zur Beurteilung der Oberflächenreinheit;

ISO 8503, Rauheitskenngrößen von gestrahlten Stahloberflächen;

ISO 8504, Verfahren für die Oberflächenvorbereitung.

Jede dieser Internationalen Normen ist wiederum in Teile aufgeteilt.

Verrostete Stahloberflächen, besonders der Rostgrade C oder D (siehe ISO 8501-1), auch wenn sie bis zum Oberflächenvorbereitungsgrad Sa 3 (siehe ISO 8501-1 und ISO 8501-2) gestrahlt sind, können noch durch lösliche Korrosionsprodukte des Eisens verunreinigt sein. Diese Verbindungen sind fast farblos und befinden sich in den Vertiefungen der Roststellen. Wenn diese Verbindungen vor dem Beschichten nicht entfernt werden, können chemische Reaktionen zu starken Rostansammlungen führen, welche den Verbund zwischen dem Untergrund und der Schutzbeschichtung aufheben.

Bei Oberflächen mit Vorbereitungsgraden schlechter als Sa 2½ können unter Eisenoxidschichten lösliche Korrosionsprodukte des Eisens verborgen bleiben, welche erst nach weiterer Reinigung nachweisbar sind.

Bei Feldprüfungen ist es schwierig, nach dem Strahlen die Konzentration der löslichen Salze auf dem Untergrund genau zu bestimmen. Es ist jedoch notwendig, lösliche Eisensalze nachzuweisen und ihre Menge abzuschätzen. Ein

Seite 3
ENV ISO 8502-1 : 1999

Verfahren hierfür wird in diesem Technischen Bericht (Typ 2) beschrieben. Das Verfahren ist ein Hilfsmittel und noch keine Internationale Norm, da weitere Erfahrungen mit ihm gesammelt werden müssen.

Neben dem in diesem Technischen Bericht beschriebenen Verfahren werden auch andere zum Nachweis löslicher Salze benutzt. Einige dieser Verfahren werden im Anhang A mit ihren Vorteilen und Grenzen kurz beschrieben.

Für die im Abschnitt 5 beschriebenen Wischverfahren wurde geschätzt, daß die an der Oberfläche nachweisbare Konzentration in der Größenordnung von 10 mg/m^2 Eisen(II)-Ionen liegt. In der Praxis gibt es Hinweise dafür, daß Konzentrationen im Bereich von 15 mg/m^2 für die meisten Beschichtungszwecke unbedeutend sind. Bei Konzentrationen in der Größenordnung von 250 mg/m^2 ist es danach nicht empfehlenswert, die Oberfläche zu beschichten, es sei denn, das beschichtete Bauwerk befindet sich in extrem trockener Umgebung. Oberflächen mit diesen hohen Konzentrationen an Verunreinigungen werden bei einer relativen Luftfeuchte über 50 % nach dem Strahlen schnell wieder rosten.

ANMERKUNG 1: Es wird empfohlen, nach der Prüfung die Prüffläche weiter zu reinigen, um vor dem Beschichten Flugrost zu entfernen.

Beim Festlegen der zulässigen Obergrenze von Verunreinigungen der Oberfläche durch lösliche Korrosionsprodukte des Eisens sollten unnötig niedrige Werte vermieden werden. Niedrige Werte sind nur im Meeresklima oder ähnlich korrosiven Umgebungen angemessen. Eine Forderung nach extrem geringen Konzentrationen an Verunreinigungen kann sehr kostspielig sein und stünde in vielen ländlichen und nichtindustriellen Binnenlandgebieten im Mißverhältnis zu dem zu erreichenden Nutzen.

1 Anwendungsbereich

Dieser Fachbericht beschreibt eine Feldprüfung zum Bestimmen löslicher Korrosionsprodukte des Eisens auf Oberflächen, die bis zum Vorbereitungsgrad Sa 2½ oder besser gestrahlt sind (siehe ISO 8501-1 oder ISO 8501-2). Für die Prüfung wird Indikatorpapier verwendet, das auf Eisen(II)-Ionen anspricht.

Diese Feldprüfung ist nicht bei Stahloberflächen geeignet, die von Hand gereinigt sind.

2 Normative Verweisungen

Diese Vornorm enthält, durch datierte oder undatierte Verweisungen, Festlegungen aus anderen Publikationen. Diese normativen Verweisungen sind an den jeweiligen Stellen im Text zitiert, und die Publikationen sind nachstehend aufgeführt. Bei datierten Verweisungen gehören spätere Änderungen oder Überarbeitungen dieser Publikationen nur zu dieser Vornorm, falls sie durch Änderung oder Überarbeitung eingearbeitet sind. Bei undatierten Verweisungen gilt die letzte Ausgabe der in Bezug genommenen Publikation.

ISO 3696:1987
    Water for analytical laboratory use – Specification and test methods

ISO 8501-1:1988
    Preparation of steel substrates before application of paints and related products – Visual assessment of surface cleanliness – Part 1: Rust grades and preparation grades of uncoated steel substrates and of steel substrates after overall removal of previous coatings

ISO 8501-2:-[1]),
    Preparation of steel substrates before application of paints and related products – Visual assessment of surface cleanliness – Part 2: Preparation grades of previously coated steel substrates after localized removal of previous coatings

---

[1]) Zu veröffentlichen.

3 Prinzip

Ein Teil der löslichen Salze auf der Prüffläche wird durch einen definierten Waschvorgang mit Wasser entfernt. Das Waschwasser wird gesammelt und mit 2,2'-Bipyridyl-Indikatorpapier kolorimetrisch auf Eisen(II)-Ionen geprüft.

4 Reagenzien, Gerät und Prüfmittel

Nur Reagenzien von bekanntem analytischen Reinheitsgrad und nur Wasser, dessen Reinheit mindestens der Qualität 3 nach ISO 3696 entspricht, verwenden.

4.1 Indikatorpapier für Eisen(II)-Ionen, hergestellt durch Imprägnieren schmaler Filtrierpapierstreifen mit 2,2'-Bipyridyl. Das Indikatorpapier muß im Bereich von 5 mg/l bis 250 mg/l empfindlich sein. Es ist in trockenen, dicht verschlossenen Behältern aufzubewahren.

Dieses Indikatorpapier ist im Handel erhältlich. Wenn dieses verwendet wird, muß es vor dem Gebrauch durch Eintauchen in Lösungen bekannter Eisen(II)-Ionen-Konzentration kalibriert werden (siehe 5.1).

4.2 Lösliches Eisen(II)-Salz, z. B. Ammoniumeisen(II)-sulfat.

4.3 Schwefelsäure, verdünnt.

4.4 Drei saugfähige Baumwollbäusche aus reiner Baumwolle, mit einer Masse von etwa 2 g bis 3 g.

4.5 Zwei Behälter (a und b), mit einem Fassungsvermögen von jeweils etwa 400 ml. Der eine Behälter (4.5a) enthält 50 ml Wasser, der andere (4.5b) ist leer.

ANMERKUNG 2: Kunststofftüten haben sich für die Arbeit auf der Baustelle als geeignet erwiesen.

4.6 Kleiner Glasstab.

4.7 Lineal und Kreide, oder andere geeignete Mittel zum Markieren der Prüffläche.

5 Durchführung

5.1 Herstellen von Indikatorpapier für Vergleichszwecke

Unmittelbar vor jeder Prüfserie Indikatorpapier (4.1) für Vergleichszwecke nach dem folgenden Verfahren kalibrieren.

Frische Lösungen von Eisen(II)-Salz (4.2) mit Eisen(II)-Konzentrationen von 5 mg/l, 10 mg/l, 100 mg/l und 250 mg/l herstellen und mit verdünnter Schwefelsäure (4.3) stabilisieren. Wenn die Qualität des Eisen(II)-Salzes fraglich ist, dessen Eisen(II)-Gehalt vor dem Herstellen der Lösungen nach einem Standard-Redoxverfahren bestimmen. In jede Lösung einen Indikatorpapierstreifen (4.1) tauchen, herausziehen und zum Vergleich mit Streifen, die bei der Prüfung erhalten werden, benutzen.

5.2 Herstellen der Probenlösung

Das im folgenden beschriebene Waschverfahren und die anschließende Beurteilung der hergestellten Probenlösung (siehe 5.3) zweifach durchführen. Dazu Kunststoffhandschuhe oder eine Kunststoffpinzette verwenden, um eine Verunreinigung mit Eisensalzen möglichst gering zu halten.

Nach dem Strahlen eine Prüffläche von etwa 25 000 mm^2 (z. B. 250 mm × 100 mm) mit geeigneten Mitteln (4.7) markieren. Einen saugfähigen Baumwollbausch (4.4) sich mit Wasser aus dem ersten Behälter (4.5a) vollsaugen lassen und dann die Prüffläche damit gründlich abwaschen. Unbedingt vermeiden, daß Wasser aus dem Bausch läuft, insbesondere, wenn die Prüffläche nicht horizontal ist. Den Baumwollbausch in den zweiten Behälter (4.5b) legen und das Waschen mit einem frischen Baumwollbausch wiederholen. In dem ersten Behälter zurückgebliebenes Wasser in den zweiten Behälter geben.

Den gesamten Waschvorgang nach etwa 4 min abschließen.

Seite 5
ENV ISO 8502-1 : 1999

Die Oberfläche mit einem trockenen Baumwollbausch trocknen und den Bausch in den zweiten Behälter legen. Die drei Baumwollbäusche und das Wasser mit dem Glasstab (4.6) gründlich rühren, um die Probenlösung herzustellen.

5.3 Beurteilen der Probenlösung

Einen Indikatorpapierstreifen (4.1) in die nach 5.2 hergestellte Probenlösung, die sich in dem zweiten Behälter (4.5b) befindet, tauchen und die Farbe mit den kalibrierten Indikatorpapierstreifen (siehe 5.1) vergleichen.

6 Auswertung

Wenn 50 ml Wasser und eine Prüffläche von 25 000 mm^2 verwendet werden, wie in 5.2 beschrieben, ist das Doppelte der Eisen(II)-Konzentration in mg/l, die durch das Indikatorpapier angezeigt wird, gleich der Konzentration gelöster Eisen(II)-Korrosionsprodukte in mg/m^2.

7 Prüfbericht

Der Prüfbericht muß mindestens die folgenden Angaben enthalten:

a) einen Hinweis auf diesen Fachbericht (ISO/TR 8502-1);

b) Kennzeichnung und Lage (z. B. horizontal, vertikal, geneigt) der Prüffläche;

c) Rostgrad und Oberflächenvorbereitungsgrad der Prüffläche;

d) jede Abweichung von dem festgelegten Prüfverfahren;

e) Ergebnis der Prüfung, wie im Abschnitt 6 angegeben;

f) Prüfdatum.

Anhang A (informativ)

Andere Verfahren zum Bestimmen löslicher Korrosionsprodukte des Eisens

A.1 Allgemeines

Neuere Arbeiten im Vereinigten Königreich haben gezeigt, daß das halbquantitative Verfahren zur Prüfung auf Eisen(II)-Ionen, das eine Wischprüfung für die Probenahme und für Eisen(II)-Ionen spezifisches Indikatorpapier (wie in diesem Fachbericht angegeben) verwendet, für eine Feldprüfung am besten geeignet ist. Verunreinigungen durch lösliche Salze sind auf einer Stahloberfläche wahrscheinlich nicht gleichmäßig verteilt, sondern weitgehend in den Vertiefungen konzentriert. Das Nachweisverfahren erfordert die Probenahme von einer beträchtlichen Fläche, ungefähr 25 000 mm^2, und ermöglicht die Beurteilung der durchschnittlichen Verunreinigung der Oberfläche, gibt aber keinen Aufschluß, ob Vertiefungen mit hohen Konzentrationen an aggressiven Stoffen vorhanden sind.

Eine Reihe anderer Feldprüfungen zum Nachweis dieser Salze wurde in den vergangenen Jahren untersucht. Diese Prüfungen werden in A.2 bis A.5 beschrieben.

A.2 Leitfähigkeitsmessung

Bei diesem Verfahren wird die Leitfähigkeit von Waschwasser der gestrahlten Oberfläche gemessen. Eine Zunahme der Leitfähigkeit kann mit dem Gehalt an löslichen Salzen in Beziehung gebracht werden. Dieses Verfahren hat den Vorteil, daß alle löslichen Salze erfaßt werden, z. B. sowohl Ammonium- als auch Eisen(II)-Salze. Nachteilig ist, daß ein spezielles Gerät für die Feldprüfung benötigt wird.

A.3 Indikatorpapier mit Kaliumhexacyanoferrat(III)

Bei diesem Verfahren werden lösliche Eisensalze mit Indikatorpapier nachgewiesen, das mit Kaliumhexacyanoferrat(III) imprägniert ist. Die Prüfung ist im Anhang G von BS 5493:1977, *Code of practice for protective coating of iron and steel structures against corrosion*, beschrieben und wird wie folgt durchgeführt:

a) Einen feinen Nebel von Wassertropfen mit einem Handzerstäuber (z. B. einem geeigneten Parfümzerstäuber) auf einen kleinen Teil einer gestrahlen Oberfläche sprühen.

b) Die Wassertropfen verdunsten lassen und in dem Augenblick, wenn sie verschwunden sind, aber die Oberfläche gerade noch sichtbar feucht ist, ein kleines Stück Indikatorpapier auflegen und 2 s bis 5 s mit dem Daumen andrücken.

Wenn noch lösliche Salze vorhanden sind, werden diese durch die Kapillarwirkung in das Indikatorpapier gezogen und reagieren mit dem Kaliumhexacyanoferrat(III) zu charakteristischem Berliner Blau. Die blauen Flecke auf dem Papier entsprechen den verunreinigten Vertiefungen auf dem gestrahlten Stahl.

Das Verfahren ist einfach anzuwenden. Es hat den Vorteil, daß die genaue Lage der Vertiefungen, die lösliche Korrosionsprodukte des Eisens enthalten, zu erkennen ist. Es hat den Nachteil, daß die Oberfläche genügend befeuchtet werden muß. Wird zu wenig Wasser verwendet, werden die Salze nicht vollständig gelöst, wird zuviel Wasser verwendet, färbt sich das Indikatorpapier vollständig blau. Auch ändert sich die Intensität der blauen Flecke entsprechend dem Probenahmeverfahren, und die Intensität kann durchweg hoch bleiben, auch wenn die tatsächliche Verunreinigung durch lösliche Salze auf ein niedriges Niveau gesunken ist. Außerdem ist das Indikatorpapier nicht lagerbeständig. Es muß für jede Prüfung frisch hergestellt werden.

A.4 Dispersionen, die Indikatoren für Korrosionsprodukte enthalten

Bei diesem Verfahren sind Indikatoren für lösliche Korrosionsprodukte des Eisens, wie Kaliumhexacyanoferrat(III) oder 2,2'-Bipyridyl, Bestandteil einer weißen Dispersion. Das hat gegenüber dem Indikatorpapier mit Kaliumhexacyanoferrat(III) den möglichen Vorteil, daß das Probenahmeverfahren wirkungsvoller sein kann. Das Verfahren hat jedoch die anderen Nachteile des Kaliumhexacyanoferrat(III)-Verfahrens. Es kann eine vollständige Blaufärbung ohne Aussage zum Grad der Verunreinigung auftreten, und man hat sich gezeigt, daß sich der Indikator bei der Lagerung verändert.

In ähnlicher Weise werden lösliche Eisensalze durch ein Flugrostmuster sichtbar, wenn eine speziell formulierte weiße Dispersionsfarbe auf eine verunreinigte Fläche aufgetragen wird. Soweit bekannt ist, wurden keine Wiederholbarkeits- oder Vergleichbarkeitsprüfungen zu diesem Verfahren durchgeführt, es soll aber von einigen Beschichtern als "ja/nein"-Prüfung für kritische Anwendungen benutzt werden.

A.5 Visuelle Prüfung mit Auflicht-Makroskop/Lupe

Bei diesem Verfahren wird ein(e) Auflicht-Makroskop/Lupe mit 20facher Vergrößerung benutzt. Weißliche Kristalle von Korrosionsprodukten kann man oft in den Vertiefungen der gestrahlten Oberfläche sehen. Der Nachteil dieses Verfahrens ist, daß es sehr subjektiv ist und nichts über die Art und Zusammensetzung der Verunreinigungen aussagt. Außerdem können sich die Kristalle bei hoher Feuchte auflösen und daher nicht sichtbar sein.

Seite 8
ENV ISO 8502-1 : 1999

Anhang ZA (normativ)

Normative Verweisungen auf internationale Publikationen mit ihren entsprechenden europäischen Publikationen

Diese Europäische Vornorm enthält, durch datierte oder undatierte Verweisungen, Festlegungen aus anderen Publikationen. Diese normativen Verweisungen sind an den jeweiligen Stellen im Text zitiert, und die Publikationen sind nachstehend aufgeführt. Bei datierten Verweisungen gehören spätere Änderungen oder Überarbeitungen dieser Publikationen nur zu dieser Europäischen Vornorm, falls sie durch Änderung oder Überarbeitung eingearbeitet sind. Bei undatierten Verweisungen gilt die letzte Ausgabe der in Bezug genommenen Publikation.

Publikation	Jahr	Titel	EN	Jahr
ISO 3696	1987	Water for analytical laboratory use – Specification and test methods	EN ISO 3696	1995

	Vorbereitung von Stahloberflächen vor dem Auftragen von Beschichtungsstoffen	**DIN**
	Prüfungen zum Beurteilen der Oberflächenreinheit Teil 2: Laborbestimmung von Chlorid auf gereinigten Oberflächen (ISO 8502-2 : 1992) Deutsche Fassung EN ISO 8502-2 : 1999	**EN ISO 8502-2**

ICS 25.220.10

Preparation of steel substrates before application of paints and related products —
Test for the assessment of surface cleanliness —
Part 2: Laboratory determination of chloride on cleaned surfaces
(ISO 8502-2 : 1992); German version EN ISO 8502-2 : 1999

Préparation des subjectiles d'acier avant application de peintures et de produits assimilés —
Essais pour apprécier la propreté d'une surface —
Partie 2: Recherche des chlorures sur les surfaces nettoyées
(ISO 8502-2 : 1992); Version allemande EN ISO 8502-2 : 1999

Die Europäische Norm EN ISO 8502-2 : 1999 hat den Status einer Deutschen Norm.

Nationales Vorwort

Die Europäische Norm EN ISO 8502-2 fällt in den Zuständigkeitsbereich des Technischen Komitees CEN/TC 139 „Lacke und Anstrichstoffe" (Sekretariat: Deutschland). Die ihr zugrundeliegende Internationale Norm ISO 8502-2 wurde vom ISO/TC 35/SC 12 „Paints and varnishes — Preparation of steel substrates before application of paints and related products" (Sekretariat: BSI, Vereinigtes Königreich) ausgearbeitet.

Das zuständige deutsche Normungsgremium ist der Unterausschuß 10.4 „Oberflächenvorbereitung und -prüfung" des FA/NABau-Arbeitsausschusses 10 „Korrosionsschutz von Stahlbauten".

Für die im Abschnitt 2 zitierten Internationalen Normen wird in der folgenden Tabelle auf die entsprechenden Deutschen Normen hingewiesen:

ISO-Norm	DIN-Norm
ISO 3696	DIN ISO 3696
ISO 8501-1	[1]
ISO 8501-2	[1]

[1] Die Normen ISO 8501-1 und ISO 8501-2 sowie die informative Ergänzung zu ISO 8501-1 mit den photographischen Vergleichsmustern für Rostgrade und Oberflächenvorbereitungsgrade sind im deutschen Bereich unmittelbar anwendbar, da sie die Texte auch in deutscher Sprache enthalten.

Nationaler Anhang NA   (informativ)

Literaturhinweise

DIN ISO 3696
    Wasser für analytische Zwecke — Anforderungen und Prüfungen; Identisch mit
    ISO 3696 : 1987

Fortsetzung 5 Seiten EN

Normenausschuß Anstrichstoffe und ähnliche Beschichtungsstoffe (FA) im DIN Deutsches Institut für Normung e.V.
Normenausschuß Bauwesen (NABau) im DIN

EUROPÄISCHE NORM
EUROPEAN STANDARD
NORME EUROPÉENNE

EN ISO 8502-2

April 1999

ICS 87.020

Deutsche Fassung

Vorbereitung von Stahloberflächen vor dem Auftragen von Beschichtungsstoffen

Prüfungen zum Beurteilen der Oberflächenreinheit
Teil 2: Laborbestimmung von Chlorid auf gereinigten Oberflächen
(ISO 8502-2 : 1992)

Preparation of steel substrates before application of paints and related products — Test for the assessment of surface cleanliness — Part 2: Laboratory determination of chloride on cleaned surfaces (ISO 8502-2 : 1992)

Préparation des subjectiles d'acier avant application de peintures et de produits assimilés — Essais pour apprécier la propreté d'une surface — Partie 2: Recherche des chlorures sur les surfaces nettoyées (ISO 8502-2 : 1992)

Diese Europäische Norm wurde von CEN am 1. April 1999 angenommen.

Die CEN-Mitglieder sind gehalten, die CEN/CENELEC-Geschäftsordnung zu erfüllen, in der die Bedingungen festgelegt sind, unter denen dieser Europäischen Norm ohne jede Änderung der Status einer nationalen Norm zu geben ist.

Auf dem letzten Stand befindliche Listen dieser nationalen Normen mit ihren bibliographischen Angaben sind beim Zentralsekretariat oder bei jedem CEN-Mitglied auf Anfrage erhältlich.

Diese Europäische Norm besteht in drei offiziellen Fassungen (Deutsch, Englisch, Französisch). Eine Fassung in einer anderen Sprache, die von einem CEN-Mitglied in eigener Verantwortung durch Übersetzung in seine Landessprache gemacht und dem Zentralsekretariat mitgeteilt worden ist, hat den gleichen Status wie die offiziellen Fassungen.

CEN-Mitglieder sind die nationalen Normungsinstitute von Belgien, Dänemark, Deutschland, Finnland, Frankreich, Griechenland, Irland, Island, Italien, Luxemburg, Niederlande, Norwegen, Österreich, Portugal, Schweden, Schweiz, Spanien, der Tschechischen Republik und dem Vereinigten Königreich.

EUROPÄISCHES KOMITEE FÜR NORMUNG
European Committee for Standardization
Comité Européen de Normalisation

Zentralsekretariat: rue de Stassart 36, B-1050 Brüssel

© 1999 CEN — Alle Rechte der Verwertung, gleich in welcher Form und in welchem Verfahren, sind weltweit den nationalen Mitgliedern von CEN vorbehalten.

Ref. Nr. EN ISO 8502-2 : 1999 D

Seite 2
EN ISO 8502-2 : 1999

Vorwort

Der Text der Internationalen Norm vom Technischen Komitee ISO/TC 35 „Paints and varnishes" der International Organization for Standardization (ISO) wurde als Europäische Norm durch das Technische Komitee CEN/TC 139 „Lacke und Anstrichstoffe" übernommen, dessen Sekretariat vom DIN gehalten wird.

Diese Europäische Norm muß den Status einer nationalen Norm erhalten, entweder durch Veröffentlichung eines identischen Textes oder durch Anerkennung bis Oktober 1999, und etwaige entgegenstehende nationale Normen müssen bis Oktober 1999 zurückgezogen werden.

Entsprechend der CEN/CENELEC-Geschäftsordnung sind die nationalen Normungsinstitute der folgenden Länder gehalten, diese Europäische Norm zu übernehmen:
Belgien, Dänemark, Deutschland, Finnland, Frankreich, Griechenland, Irland, Island, Italien, Luxemburg, Niederlande, Norwegen, Österreich, Portugal, Schweden, Schweiz, Spanien, die Tschechische Republik und das Vereinigte Königreich.

Anerkennungsnotiz

Der Text der Internationalen Norm ISO 8502-2 : 1992 wurde von CEN als Europäische Norm ohne irgendeine Abänderung genehmigt.

ANMERKUNG: Die normativen Verweisungen auf internationale Normen sind im Anhang ZA (normativ) aufgeführt.

Einleitung

Das Verhalten von Schutzbeschichtungen auf Stahl wird wesentlich vom Zustand der Stahloberfläche unmittelbar vor dem Beschichten beeinflußt. Von grundlegendem Einfluß für dieses Verhalten sind:

a) Rost und Walzhaut;

b) Oberflächenverunreinigungen, einschließlich Salze, Staub, Öle und Fette;

c) Rauheit.

Dementsprechend wurden in ISO 8501, ISO 8502 und ISO 8503 Verfahren ausgearbeitet, mit denen diese Einflußgrößen beurteilt werden können. ISO 8504 stellt einen Leitfaden für Vorbereitungsverfahren zum Reinigen von Stahloberflächen dar, wobei für jedes Verfahren angegeben wird, welche Reinheitsgrade erreicht werden können.

Diese Internationalen Normen enthalten keine Empfehlungen für die auf die Stahloberfläche aufzutragenden Beschichtungssysteme. Sie enthalten auch keine Empfehlungen für die in bestimmten Fällen an die Oberflächenqualität zu stellenden Anforderungen, obwohl die Oberflächenqualität einen unmittelbaren Einfluß auf die Auswahl der aufzutragenden Schutzbeschichtung und ihr Verhalten hat. Solche Empfehlungen sind in anderen Unterlagen enthalten, z. B. in nationalen Normen und Verarbeitungsrichtlinien. Die Anwender dieser Internationalen Normen müssen dafür sorgen, daß die Oberflächenqualitäten

— sowohl zu den Umgebungsbedingungen, denen der Stahl ausgesetzt sein wird, als auch zu dem zu verwendenden Beschichtungssystem passen;

— mit dem vorgeschriebenen Reinigungsverfahren erreicht werden können.

Die vorstehend erwähnten vier Internationalen Normen behandeln die folgenden Aspekte der Vorbereitung von Stahloberflächen:

ISO 8501, Visuelle Beurteilung der Oberflächenreinheit;

ISO 8502, Prüfungen zur Beurteilung der Oberflächenreinheit;

ISO 8503, Rauheitskenngrößen von gestrahlten Stahloberflächen;

ISO 8504, Verfahren für die Oberflächenvorbereitung.

Jede dieser Internationalen Normen ist wiederum in Teile aufgeteilt.

Dieser Teil von ISO 8502 beschreibt ein Verfahren zum Bestimmen von chloridhaltigen, leicht wasserlöslichen Salzen, die auf einer Stahloberfläche vorhanden sind.

Verrostete Stahloberflächen, besonders der Rostgrade C oder D (siehe ISO 8501-1), auch wenn sie bis zum Oberflächenvorbereitungsgrad Sa 3 (siehe ISO 8501-1 und ISO 8501-2) gestrahlt sind, können noch durch lösliche Salze und Korrosionsprodukte verunreinigt sein. Diese Verbindungen sind fast farblos und befinden sich in den Vertiefungen der Roststellen. Wenn diese Verbindungen vor dem Beschichten nicht entfernt werden, können chemische Reaktionen zu starken Rostansammlungen führen, welche den Verbund zwischen dem Untergrund und der Schutzbeschichtung aufheben.

Selbst leicht lösliche Salze können oft nicht vollständig abgewaschen werden, wie es bei dieser Prüfung beschrieben ist. Mit dem Verfahren läßt sich deshalb nicht die gesamte Chloridmenge auf der Oberfläche bestimmen. Es gibt aber einen Hinweis auf den Reinheitsgrad der Oberfläche. Durch sorgfältiges Abschaben der Oberfläche mit einem Metallspatel oder Messer während des Abwaschens und während des Waschvorganges kann ein größerer Anteil des Salzes entfernt werden.

Warnung: Das in diesem Teil von ISO 8502 beschriebene Verfahren ist zur Anwendung durch sachkundige Chemiker oder durch andere entsprechend ausgebildete und/oder überwachte Personen gedacht. Die bei diesem Verfahren angewendeten Stoffe und Arbeitsabläufe können für die Gesundheit nachteilig sein, wenn keine angemessenen Schutzmaßnahmen getroffen werden. Im Text wird auf bestimmte Gefahren aufmerksam gemacht (siehe 4.4). Dieser Teil von ISO 8502 bezieht sich nur auf seine technische Eignung und befreit den Anwender nicht von der Beachtung gesetzlich vorgeschriebener Auflagen für Gesundheit und Sicherheit.

1 Anwendungsbereich

Dieser Teil von ISO 8502 beschreibt ein Verfahren zum Bestimmen von in Wasser leicht löslichen chloridhaltigen Salzen, die sich auf einer Stahloberfläche befinden. Das Verfahren ist auch bei beschichteten Oberflächen anwendbar. Es wird üblicherweise in einem Labor an Waschflüssigkeiten durchgeführt, die auf Baustellen von Oberflächen gesammelt wurden.

Das Verfahren ist zum Bestimmen von Salzen anwendbar, die durch den Reinigungsprozeß eingeschleppt wurden oder die sich vor oder nach dem Reinigen abgelagert haben.

ANMERKUNG 1: Obwohl das Verfahren zur Chloridbestimmung im allgemeinen genau ist, ist die Präzision des Verfahrens durch die Unsicherheiten bei der Probenahme eingeschränkt. Außerdem sind Spuren von Eisenchlorid, das sich in Vertiefungen befindet, schwierig zu extrahieren.

Das Prüfverfahren ist nicht anwendbar bei Oberflächen, die mit Chromat oder Nitrit behandelt worden sind. Chromate und Nitrite werden im allgemeinen beim Naßstrahlen als Inhibitoren im Wasser verwendet. Eine Chromatkonzentration von 10 mg/l oder größer oder eine Nitritkonzentration von 20 mg/l oder größer im Waschwasser stört die Chloridbestimmung.

Eine Eisen(III)-ionenkonzentration von 10 mg/l stört ebenfalls die Bestimmung, aber die Eisen(III)-ionen sind im Rost angereichert, der durch Filtrieren aus der Probenlösung entfernt wird.

2 Normative Verweisungen

Die folgenden Normen enthalten Festlegungen, die, durch Verweisung in diesem Text, Bestandteil dieses Teils von ISO 8502-2 sind. Zum Zeitpunkt der Veröffentlichung waren die angegebenen Ausgaben gültig. Alle Normen unterliegen der Überarbeitung. Vertragspartner, deren Vereinbarungen auf diesem Teil von ISO 8502 basieren, werden gebeten, zu prüfen, ob die neuesten Ausgaben der nachfolgend aufgeführten Normen angewendet werden können. Die Mitglieder von IEC und ISO führen Verzeichnisse der gegenwärtig gültigen Internationalen Normen.

ISO 3696 : 1987
Water for analytical laboratory use. — Specification and test methods

ISO 8501-1 : 1988
Preparation of steel substrates before application of paints and related products — Visual assessment of surface cleanliness — Part 1: Rust grades and preparation grades of uncoated steel substrates and of steel substrates after overall removal of previous coatings

ISO 8501-2:-[1]
Preparation of steel substrates before application of paints and related products — Visual assessment of surface cleanliness — Part 2: Preparation grades of previously coated steel substrates after localized removal of previous coatings

3 Prinzip

Ein definierter Bereich der Stahloberfläche wird mit einem bekannten Volumen Wasser abgewaschen. Das Chlorid im Waschwasser wird mit Quecksilber(II)-nitrat unter Verwendung von Diphenylcarbazon/Bromphenolblau als Mischindikator nach Clarke[2] titriert. Bei der Titration reagieren die Quecksilberionen mit freien Chloridionen zu $HgCl_2$, das nur schwach dissoziiert. Wenn die Chloridionen aufgebraucht sind, ergibt der Überschuß an Quecksilberionen mit Diphenylcarbazon eine intensive Violettfärbung, die den Endpunkt der Titration anzeigt.

4 Reagenzien

Bei der Analyse nur Reagenzien von bekanntem analytischen Reinheitsgrad und nur Wasser, dessen Reinheit mindestens dem Grad 3 nach ISO 3696 entspricht, verwenden.

4.1 Salpetersäure, $c(HNO_3)$ etwa 0,05 mol/l.

3,5 ml konzentrierte Salpetersäure (ϱ = 1,40 g/ml) in etwas Wasser geben und mit Wasser auf 1 000 ml auffüllen.

4.2 Natriumhydroxid-Lösung, $c(NaOH)$ etwa 0,025 mol/l.

1,0 g Natriumhydroxid in Wasser lösen, in einen 1 000-ml-Meßkolben überführen und mit Wasser bis zur Marke auffüllen.

4.3 Kaliumchlorid-Standardlösung, $\varrho(Cl) = 100$ mg/l.

0,2103 g Kaliumchlorid in Wasser lösen, in einen 1 000-ml-Meßkolben überführen und mit Wasser bis zur Marke auffüllen.

1 ml dieser Lösung enthält 0,1 mg Cl.

4.4 Quecksilber(II)-nitrat-Standardlösung, $c[Hg(NO_3)_2] = 0,0125$ mol/l.

Warnung: Quecksilber(II)-nitrat ist toxisch. Augen- und Hautkontakt vermeiden.

4.4.1 Herstellen der Lösung

4,171 g Quecksilber(II)-nitrat-Halbhydrat $[Hg(NO_3)_2 \cdot 1/2\, H_2O]$ in Wasser lösen, in einen 1 000-ml-Meßkolben überführen und mit Wasser bis zur Marke auffüllen.

4.4.2 Einstellen der Lösung

Mit einer Pipette (5.11) 20 ml Kaliumchlorid-Standardlösung (4.3) in einen Becher (5.5) geben. 5 Tropfen Diphenylcarbazon/Bromphenolblau-Mischindikatorlösung (4.5) hinzugeben und rühren. Wenn eine blauviolette oder rote Farbe entsteht, tropfenweise Salpetersäure (4.1) zugeben, bis die Farbe nach Gelb umschlägt. Dann noch einen Überschuß von 1 ml Salpetersäure zugeben. Wenn sich die Lösung unmittelbar nach Zugabe der Indikatorlösung gelb oder orange färbt, tropfenweise Natriumhydroxid-Lösung (4.2) zugeben, bis die Farbe nach Blauviolett umschlägt. Dann weiter ansäuern. Die angesäuerte Lösung mit Quecksilber(II)-nitrat-Lösung (4.4) titrieren, bis die gesamte Lösung eine bleibende blauviolette Farbe annimmt. Die titrierte Lösung zum Vergleich mit der nach 6.1 erhaltenen titrierten Blindlösung verwenden. Die Konzentration der Quecksilber(II)-nitrat-Lösung berechnen. Beachten, daß 1 Mol Quecksilber(II)-ionen 2 Mol Chloridionen äquivalent ist.

---

[1] Zu veröffentlichen.
[2] CLARKE, F.E.: Bestimmung von Chlorid in Wasser, *Analytical Chemistry*, 22 (1950), 4, S. 553–555.

4.5 Diphenylcarbazon/Bromphenolblau-Mischindikatorlösung

0,5 g kristallines Diphenylcarbazon und 0,05 g kristallines Bromphenolblau in 75 ml Ethanol, 95 % (V/V), lösen und mit Ethanol auf 100 ml auffüllen.
In einer braunen Glasflasche aufbewahren.

5 Geräte und Prüfmittel

5.1 Lineal und chloridfreie Kreide oder andere geeignete Mittel zum Markieren der Prüffläche.

5.2 Saugfähige Baumwollbäusche, mit einer Masse von 1 g bis 1,5 g.

5.3 Metallspatel oder Messer.

5.4 Handschuhe aus Kunststoff.

5.5 Becher, 250 ml.

5.6 Kleiner Glasstab.

5.7 Trichter.

5.8 Filtrierpapier, Durchmesser etwa 120 mm.

5.9 Meßzylinder, 50 ml.

5.10 Meßkolben, 50 ml, 100 ml und 1 000 ml.

5.11 Vollpipetten, 1 ml und 20 ml.

5.12 Titrationseinrichtung, vorzugsweise Titriergerät mit Digitalanzeige.

6 Durchführung

6.1 Blindversuch

Immer einen Blindversuch mit Wasser durchführen. Dazu, wie in 4.4.2 beschrieben, verfahren, jedoch 20 ml Wasser anstelle der Kaliumchlorid-Lösung verwenden. Die titrierte Lösung zum Vergleich der Endpunkte benutzen.

6.2 Abwaschen der Oberfläche

Mindestens eine Doppelbestimmung durchführen. Während des Waschvorganges, z. B. durch Verwenden von sauberen Handschuhen aus Kunststoff (5.4), unbeabsichtigtes Verunreinigen des Waschwassers vermeiden.
Mit Lineal und Kreide oder anderen geeigneten Mitteln (5.1) eine Prüffläche von etwa 25 000 mm² (z. B. 250 mm × 100 mm) markieren.
2 Becher (5.5) mit A und B kennzeichnen. Mit dem Meßzylinder (5.9) 45 ml Wasser in Becher A füllen. Einen Baumwollbausch (5.2) in das Wasser tauchen und damit die Prüffläche gründlich abwaschen. Dabei darf kein Wasser aus dem Bausch tropfen oder von der Prüffläche ablaufen. Das Wasser mit dem Bausch von der Oberfläche aufnehmen und diesen in den Becher B ausdrücken.

Handelt es sich um unbeschichteten Stahl, die Oberfläche mit dem Metallspatel oder Messer (5.3) abschaben, bis mindestens 50 % der Prüffläche als blankes Metall vorliegen.
Den Waschvorgang mit weiteren Wassermengen wiederholen, bis das gesamte Wasser aufgebraucht ist. Falls der Baumwollbausch abgenutzt ist, einen neuen verwenden. Die benutzten Bäusche aufbewahren. Der Waschvorgang sollte mindestens 5 min dauern.
Die Waschflüssigkeit mit Filtrierpapier (5.8) und Trichter (5.7) filtrieren. Das Filtrat in dem 50-ml-Meßkolben (5.10) sammeln. Die verwendeten Bäusche und Filtrierpapiere mit kleinen Wassermengen (insgesamt 5 ml) im Becher B mit Hilfe des kleinen Glasstabes (5.6) auswaschen. Die Bäusche ausdrücken, und die Waschflüssigkeiten im Kolben sammeln. Mit Wasser bis zur Marke auffüllen.

6.3 Titration des Waschwassers

Den 50-ml-Meßkolben schütteln. Mit einer Pipette (5.11) 20 ml Waschwasser in einen sauberen Becher (5.5) geben. Den Chloridgehalt des Waschwassers entsprechend 4.4.2 bestimmen, jedoch das Waschwasser dafür verwenden.

7 Auswertung

Den ermittelten Chloridgehalt je Flächeneinheit, $\varrho_A(Cl)$, ausgedrückt in mg/m², nach der Gleichung

$$\varrho_A(Cl) = \frac{(V_1 - V_0) \cdot c \cdot 1{,}773 \cdot 10^8}{A}$$

berechnen.
Dabei ist:

V_1 Volumen, in ml, der Quecksilber(II)-nitrat-Lösung bei der Titration des Waschwassers (siehe 6.3);

V_0 Volumen, in ml, der Quecksilber(II)-nitrat-Lösung beim Blindversuch (siehe 6.1);

c tatsächliche Konzentration, in mol Hg(NO$_3$)$_2$/l, der Quecksilber(II)-nitrat-Lösung, bestimmt nach 4.4.2;

A Größe der abgewaschenen Fläche, in mm².

Das Ergebnis auf 10 mg/m² angeben.

ANMERKUNG 2: Die Haltbarkeit eines Beschichtungssystems wird durch die auf der Stahloberfläche verbleibenden löslichen Chloride beeinträchtigt. Der vertretbare Grenzwert für diese Verunreinigung hängt von den Einsatzbedingungen ab. Da man mit diesem Verfahren noch zu wenig Erfahrungen hat, können noch keine Grenzwerte festgelegt werden.

8 Prüfbericht

Der Prüfbericht muß mindestens die folgenden Angaben enthalten:

a) alle Einzelheiten zum Kennzeichnen der geprüften Oberfläche, einschließlich solchen zur Gestalt und Lage (z. B. horizontal, vertikal, geneigt);

b) einen Hinweis auf diesen Teil von ISO 8502 (ISO 8502-2);

c) Prüfergebnisse, wie im Abschnitt 7 angegeben;

d) jede Abweichung von dem festgelegten Verfahren;

e) Prüfdatum.

Anhang ZA (normativ)

Normative Verweisungen auf internationale Publikationen mit ihren entsprechenden europäischen Publikationen

Diese Europäische Norm enthält, durch datierte oder undatierte Verweisungen, Festlegungen aus anderen Publikationen. Diese normativen Verweisungen sind an den jeweiligen Stellen im Text zitiert, und die Publikationen sind nachstehend aufgeführt. Bei datierten Verweisungen gehören spätere Änderungen oder Überarbeitungen dieser Publikationen nur zu dieser Europäischen Norm, falls sie durch Änderung oder Überarbeitung eingearbeitet sind. Bei undatierten Verweisungen gilt die letzte Ausgabe der in Bezug genommenen Publikation.

Publikation	Jahr	Titel	EN	Jahr
ISO 3696	1987	Water for analytical laboratory use — Specification and test methods	EN ISO 3696	1995

Juni 1999

Vorbereitung von Stahloberflächen vor dem Auftragen von Beschichtungsstoffen

Prüfungen zum Beurteilen der Oberflächenreinheit

Teil 3: Beurteilung von Staub auf für das Beschichten vorbereiteten Stahloberflächen (Klebeband-Verfahren)
(ISO 8502-3 : 1992)   Deutsche Fassung EN ISO 8502-3 : 1999

DIN

EN ISO 8502-3

ICS 25.220.10

Preparation of steel substrates before application of paint and related products —
Test for the assessment of surface cleanliness —
Part 3: Assessment of dust on steel surfaces prepared for painting (pressure-sensitive tape method) (ISO 8502-3 : 1992); German version EN ISO 8502-3 : 1999
Préparation des subjectiles d'acier avant application de peintures et de produits assimilés —
Essais pour apprécier la propreté d'une surface —
Partie 3: Evaluation de la poussière sur les surfaces d'acier préparées pour la mise en peinture (méthode du ruban adhésif sensible à la pression) (ISO 8502-3 : 1992); Version allemande EN ISO 8502-3 : 1999

Die Europäische Norm EN ISO 8502-3 : 1999 hat den Status einer Deutschen Norm.

Nationales Vorwort

Die Europäische Norm EN ISO 8502-3 fällt in den Zuständigkeitsbereich des Technischen Komitees CEN/TC 139 „Lacke und Anstrichstoffe" (Sekretariat: Deutschland). Die ihr zugrundeliegende Internationale Norm ISO 8502-3 wurde vom ISO/TC 35/SC 12 „Paints and varnishes — Preparation of steel substrates before application of paints and related products" (Sekretariat: BSI, Vereinigtes Königreich) ausgearbeitet.

Das zuständige deutsche Normungsgremium ist der Unterausschuß 10.4 „Oberflächenvorbereitung und -prüfung" des FA/NABau-Arbeitsausschusses 10 „Korrosionsschutz von Stahlbauten".

Für die im Abschnitt 2 zitierten Internationalen Normen wird in der folgenden Tabelle auf die entsprechenden Deutschen Normen hingewiesen:

ISO-Norm	DIN-Norm
ISO 8501-1	[1]

[1] Die Norm ISO 8501-1 sowie die informative Ergänzung zu ISO 8501-1 mit den photographischen Vergleichsmustern für Rostgrade und Oberflächenvorbereitungsgrade sind im deutschen Bereich unmittelbar anwendbar, da sie die Texte auch in deutscher Sprache enthalten.

Fortsetzung 7 Seiten EN

Normenausschuß Anstrichstoffe und ähnliche Beschichtungsstoffe (FA) im DIN Deutsches Institut für Normung e.V.
Normenausschuß Bauwesen (NABau) im DIN

EUROPÄISCHE NORM
EUROPEAN STANDARD
NORME EUROPÉENNE

EN ISO 8502-3

Mai 1999

ICS 87.020

Deutsche Fassung

Vorbereitung von Stahloberflächen vor dem Auftragen von Beschichtungsstoffen

Prüfungen zum Beurteilen der Oberflächenreinheit
Teil 3: Beurteilung von Staub auf für das Beschichten vorbereiteten Stahloberflächen (Klebeband-Verfahren)
(ISO 8502-3 : 1992)

Preparation of steel substrates before application of paint and related products — Test for the assessment of surface cleanliness — Part 3: Assessment of dust on steel surfaces prepared for painting (pressure-sensitive tape method) (ISO 8502-3 : 1992)

Préparation des subjectiles d'acier avant application de peintures et de produits assimilés — Essais pour apprécier la propreté d'une surface — Partie 3: Evaluation de la poussière sur les surfaces d'acier préparées pour la mise en peinture (méthode du ruban adhésif sensible à la pression) (ISO 8502-3 : 1992)

Diese Europäische Norm wurde von CEN am 18. April 1999 angenommen.

Die CEN-Mitglieder sind gehalten, die CEN/CENELEC-Geschäftsordnung zu erfüllen, in der die Bedingungen festgelegt sind, unter denen dieser Europäischen Norm ohne jede Änderung der Status einer nationalen Norm zu geben ist.

Auf dem letzten Stand befindliche Listen dieser nationalen Normen mit ihren bibliographischen Angaben sind beim Zentralsekretariat oder bei jedem CEN-Mitglied auf Anfrage erhältlich.

Diese Europäische Norm besteht in drei offiziellen Fassungen (Deutsch, Englisch, Französisch). Eine Fassung in einer anderen Sprache, die von einem CEN-Mitglied in eigener Verantwortung durch Übersetzung in seine Landessprache gemacht und dem Zentralsekretariat mitgeteilt worden ist, hat den gleichen Status wie die offiziellen Fassungen.

CEN-Mitglieder sind die nationalen Normungsinstitute von Belgien, Dänemark, Deutschland, Finnland, Frankreich, Griechenland, Irland, Island, Italien, Luxemburg, Niederlande, Norwegen, Österreich, Portugal, Schweden, Schweiz, Spanien, der Tschechischen Republik und dem Vereinigten Königreich.

EUROPÄISCHES KOMITEE FÜR NORMUNG
European Committee for Standardization
Comité Européen de Normalisation

Zentralsekretariat: rue de Stassart 36, B-1050 Brüssel

© 1999 CEN — Alle Rechte der Verwertung, gleich in welcher Form und in welchem Verfahren, sind weltweit den nationalen Mitgliedern von CEN vorbehalten.

Ref. Nr. EN ISO 8502-3 : 1999 D

Seite 2
EN ISO 8502-3 : 1999

Vorwort

Diese Europäische Norm muß den Status einer nationalen Norm erhalten, entweder durch Veröffentlichung eines identischen Textes oder durch Anerkennung bis November 1999, und etwaige entgegenstehende nationale Normen müssen bis November 1999 zurückgezogen werden.

Entsprechend der CEN/CENELEC-Geschäftsordnung sind die nationalen Normungsinstitute der folgenden Länder gehalten, diese Europäische Norm zu übernehmen:
Belgien, Dänemark, Deutschland, Finnland, Frankreich, Griechenland, Irland, Island, Italien, Luxemburg, Niederlande, Norwegen, Österreich, Portugal, Schweden, Schweiz, Spanien, die Tschechische Republik und das Vereinigte Königreich.

Anerkennungsnotiz

Der Text der Internationalen Norm ISO 8502-3 : 1992 wurde von CEN als Europäische Norm ohne irgendeine Abänderung genehmigt.

Einleitung

Das Verhalten von Schutzbeschichtungen auf Stahl wird wesentlich vom Zustand der Stahloberfläche unmittelbar vor dem Beschichten beeinflußt. Von grundlegendem Einfluß für dieses Verhalten sind:

a) Rost und Walzhaut (Zunder);
b) Oberflächenverunreinigungen, einschließlich Salze, Staub, Öle und Fette;
c) Rauheit.

Dementsprechend wurden in ISO 8501, ISO 8502 und ISO 8503 Verfahren ausgearbeitet, mit denen diese Einflußgrößen beurteilt werden können. ISO 8504 stellt einen Leitfaden für Vorbereitungsverfahren zum Reinigen von Stahloberflächen dar, wobei für jedes Verfahren angegeben wird, welche Reinheitsgrade erreicht werden können.

Diese Internationalen Normen enthalten keine Empfehlungen für die auf die Stahloberfläche aufzutragenden Beschichtungssysteme. Sie enthalten auch keine Empfehlungen für die in bestimmten Fällen an die Oberflächenqualität zu stellenden Anforderungen, obwohl die Oberflächenqualität einen unmittelbaren Einfluß auf die Auswahl der vorgesehenen Schutzbeschichtung und ihr Verhalten hat. Solche Empfehlungen sind in anderen Unterlagen enthalten, z. B. in nationalen Normen und Verarbeitungsrichtlinien. Die Anwender dieser Internationalen Normen müssen dafür sorgen, daß die Oberflächenqualitäten

— sowohl zu den Umgebungsbedingungen, denen der Stahl ausgesetzt sein wird, als auch zu dem zu verwendenden Beschichtungssystem passen;

— mit dem vorgeschriebenen Reinigungsverfahren erreicht werden können.

Die vorstehend erwähnten vier Internationalen Normen behandeln die folgenden Aspekte der Vorbereitung von Stahloberflächen:

ISO 8501, Visuelle Beurteilung der Oberflächenreinheit;

ISO 8502, Prüfungen zur Beurteilung der Oberflächenreinheit;

ISO 8503, Rauheitskenngrößen von gestrahlten Stahloberflächen;

ISO 8504, Verfahren für die Oberflächenvorbereitung.

Jede dieser Internationalen Normen ist wiederum in Teile aufgeteilt.

Dieser Teil von ISO 8502 beschreibt ein Klebeband-Verfahren zum Beurteilen der Menge und der Partikelgröße von Staub auf Stahloberflächen, die zum Beschichten vorbereitet sind.

In den Vertragsunterlagen, die im Beschichtungsplan Einzelheiten der Oberflächenvorbereitung durch Strahlen enthalten, wird gewöhnlich festgelegt, daß alle Oberflächen frei von Verunreinigungen einschließlich Öl, Fett, Schmutz, Staub und wasserlöslichen Salzen sein müssen.

Staub auf gestrahlten Stahloberflächen kann die Haftfestigkeit organischer Beschichtungen vermindern und durch Feuchtigkeitsaufnahme die Korrosion der gestrahlten Stahloberflächen fördern. Staub kann sich auf horizontalen Oberflächen, im Inneren von Rohren und in Hohlräumen von Bauten ansammeln. Durch eine besondere Prüfung sollte sichergestellt werden, daß solche Bereiche vor dem Beschichten ausreichend gereinigt und ausreichend frei von Staub sind.

Da das Prüfverfahren subjektiv ist, kann man Staub auf gestrahlten Stahloberflächen nicht genau bestimmen. Mit erfahrenen Prüfern, und besonders, wenn das Verhalten der zu prüfenden Oberflächen mit vereinbarten Standardproben verglichen wird, gibt es jedoch sehr nützliche Informationen.

Auf Baustellen, auf denen Prüfungen durchgeführt werden, gibt es sehr unterschiedliche Bedingungen. Gegebenenfalls zwischen den Vertragspartnern geschlossene Vereinbarungen sollten die Anzahl oder Häufigkeit der Prüfungen, die Prüforte sowie Datum und Zeit einschließen, zu denen die Prüfungen durchzuführen sind.

1 Anwendungsbereich

1.1 Dieser Teil von ISO 8502 beschreibt ein Verfahren zum Beurteilen von Staub auf gereinigten Stahloberflächen, die zum Beschichten vorbereitet sind. Er enthält Bilder für die Bewertung der durchschnittlichen Staubmenge und Beschreibungen für die Bewertung der durchschnittlichen Partikelgröße des Staubes.

ANMERKUNG 1: Die Mengen- und Größenbewertungen in diesem Teil von ISO 8502 sind aus ISO 4628-1 : 1982, *Paints and varnishes — Evaluation of degradation of paint coatings; Designation of intensity, quantity and size of common types of defect — Part 1: General principles and rating schemes*, abgeleitet.

1.2 Das Verfahren kann durchgeführt werden entweder

a) als „ja/nein"-Prüfung durch Bewerten der Staubmenge auf einer Prüffläche und der durchschnittlichen Partikelgröße des Staubes, im Vergleich mit bestimmten Grenzwerten;

oder

b) um auf einer Oberfläche vorhandenen Staub zu dokumentieren, indem die für die Prüfung benutzten Klebebänder auf Kacheln, Karton oder Papier von geeigneter Kontrastfarbe aufgeklebt werden.

1.3 Das Verfahren eignet sich zum Beurteilen von Staub, der nach der Reinigung auf einer Stahloberfläche zurückbleibt, die vor dem Reinigen Rostgrad A, B oder C nach ISO 8501-1 hatte. Wegen seiner begrenzten Verformbarkeit kann das Klebeband nicht in die Vertiefungen einer gereinigten Stahloberfläche eindringen, die ursprünglich Rostgrad D hatte.

1.4 Obwohl ein Prüfverfahren subjektiv ist, bei dem mit dem Daumen auf ein Band gedrückt wird, reicht dieses Verfahren meistens aus, insbesondere, wenn staubfreie Oberflächen gefordert werden. In Streitfällen, ausgenommen bei einem ursprünglichen Rostgrad C oder D, kann das Klebeband mit einer durch Federkraft belasteten Walze angedrückt werden.

2 Normative Verweisungen

Die folgenden Normen enthalten Festlegungen, die, durch Verweisung in diesem Text, Bestandteil dieses Teiles von ISO 8502 sind. Zum Zeitpunkt der Veröffentlichung waren die angegebenen Ausgaben gültig. Alle Normen unterliegen der Überarbeitung. Vertragspartner, deren Vereinbarungen auf diesem Teil von ISO 8502 basieren, werden gebeten, zu prüfen, ob die neuesten Ausgaben der nachfolgend aufgeführten Normen angewendet werden können. Die Mitglieder von IEC und ISO führen Verzeichnisse der gegenwärtig gültigen Internationalen Normen.

ISO 8501-1 : 1988
Preparation of steel substrates before application of paints and related products — Visual assessment of surface cleanliness — Part 1: Rust grades and preparation grades of uncoated steel substrates and of steel substrates after overall removal of previous coatings

IEC 454-2 : 1974
Specifications for pressure-sensitive adhesive tapes for electrical purposes — Methods of test

3 Definition

Für diesen Teil von ISO 8502 gilt folgende Definition.

3.1 Staub: Feine Partikel auf einer zum Beschichten vorbereiteten Stahloberfläche, die entweder vom Strahlen oder von anderen Verfahren für die Oberflächenvorbereitung herrühren oder aus der Umgebung stammen.

4 Prinzip

Ein Klebeband wird auf die zum Beschichten vorbereitete Stahloberfläche gedrückt. Das Klebeband mit dem daran haftenden Staub wird dann entfernt, auf eine Unterlage mit geeigneter Kontrastfarbe zur Farbe des Staubes gelegt und visuell geprüft. Bewertet werden die Menge des an dem Klebeband haftenden Staubes und die Partikelgröße.

5 Gerät und Prüfmittel

5.1 Klebeband, in Rollen, farblos, transparent, selbstklebend und druckempfindlich, 25 mm breit, mit einer Schälfestigkeit von mindestens 190 N je m Breite, gemessen durch die 180°-Abziehprüfung nach IEC 454-2.

ANMERKUNG 2: Diese Abziehprüfung verlangt ein 180°-Abziehen von einem Stahluntergrund mit einer Abziehgeschwindigkeit von (300 ± 30) mm/min.

5.2 Unterlage, mit einer Kontrastfarbe zur Farbe des Staubes, z. B. aus Glas oder schwarzen oder weißen glasierten Kacheln, Karton oder Papier.

5.3 Durch Federkraft belastete Walze, für eine Belastung von 39,2 N oder 49,0 N oder eine dazwischen liegende Belastung ausgelegt. (Siehe Anhang A.)

ANMERKUNG 3: Die Walze wird kalibriert, indem man Gewichtsstücke mit der Masse 4 kg und 5 kg auflegt. Wenn 4 kg aufliegen, ist die von der Walze übertragene Belastung 39,2 N; wenn 5 kg aufliegen, ist die Belastung 49,0 N.

5.4 Handlupe, mit zehnfacher Vergrößerung.

6 Durchführung

6.1 Zu Beginn jeder Prüfserie die ersten drei Lagen des Klebebandes von der Rolle abrollen und verwerfen. Dann ein Stück von etwa 200 mm Länge abrollen.

6.2 Die klebende Seite des Bandes nur an den Enden berühren und ungefähr 150 mm des frisch abgerollten Bandes fest auf die zu prüfende Fläche drücken. Unterabschnitt 1.4 berücksichtigen und wahlweise eines der unter a) und b) beschriebenen Verfahren benutzen.

a) Den Daumen quer über ein Ende des Bandes legen und ihn mit festem Druck gleichmäßig schnell dreimal in jeder Richtung je 5 bis 6 Sekunden längs des Bandes bewegen. Das Band von der Prüffläche abziehen, es auf eine geeignete Unterlage (5.2) legen und so mit dem Daumen andrücken, daß es auf dieser haftet.

b) Die kalibrierte durch Federkraft belastete Walze (5.3) mittig quer über ein Ende des Bandes setzen und sie mit einer nach unten gerichteten Belastung zwischen 39,2 N und 49,0 N (siehe Anmerkung A.3) gleichmäßig schnell dreimal in jeder Richtung je 5 bis 6 Sekunden längs des Bandes abrollen. Das Band von der Prüffläche abziehen, es auf eine geeignete Unterlage (5.2) legen und so mit dem Daumen andrücken, daß es auf dieser haftet.

6.3 Die Menge des Staubes auf dem Band durch visuellen Vergleich eines Bereiches des Bandes mit einem gleich großen Bereich auf den im Bild 1 gezeigten Bildern abschätzen. Die Bewertung angeben, die dem am besten passenden Bild entspricht.

ANMERKUNG 4: Die Verwendung von Zwischenstufen ist erlaubt, wenn eine genauere Bewertung erforderlich ist Eine vollständige Bedeckung mit Staub als Menge 5, Größe 1, angeben.

ANMERKUNG 5: Es ist nicht ungewöhnlich, daß das Band nach der Prüfung vollständig verfärbt ist, im allgemeinen rötlichbraun oder schwarz. Je nach Art des verwendeten Strahlmittels treten dabei manchmal einzeln sichtbare Partikel auf. Die Verfärbung wird durch mikroskopisch feinen Staub von der Prüffläche hervorgerufen, der die Haftfestigkeit der Beschichtung erheblich vermindern kann.

6.4 Die vorherrschende Partikelgröße des Staubes auf dem Klebeband anhand Tabelle 1, die die sechs Klassen 0, 1, 2, 3, 4 und 5 für die Partikelgröße des Staubes definiert, beurteilen.

ANMERKUNG 6: Die Verwendung von Zwischenstufen ist erlaubt, wenn eine genauere Bewertung erforderlich ist. Eine vollständige Bedeckung mit Staub als Größe 1 angeben (siehe Anmerkung 5).

ANMERKUNG 7: Mikroskopisch feiner Staub besteht im allgemeinen aus Partikeln von weniger als 50 µm Durchmesser.

6.5 Eine ausreichende Anzahl von Prüfungen durchführen, um die zu prüfende Oberfläche zu charakterisieren.

Für jede Oberfläche einer bestimmten Art und eines bestimmten Aussehens mindestens drei getrennte Prüfungen durchführen. Wenn die Bewertung für die Menge nicht mehr als eine Einheit (oder weniger) auseinanderliegt, mindestens zwei weitere Prüfungen durchführen und den Mittelwert bilden.

6.6 Nach der Prüfung und vor dem Beschichten der Stahloberfläche Reste von Band oder Klebstoff von der Prüffläche entfernen.

7 Prüfbericht

Der Prüfbericht muß mindestens die folgenden Angaben enthalten:

a) alle Einzelheiten, die zum Identifizieren der geprüften Oberfläche(n) notwendig sind;

b) einen Hinweis auf diesen Teil von ISO 8502 (d. h. ISO 8502-3);

c) alle Einzelheiten, die zum Identifizieren des benutzten Klebebandes notwendig sind;

d) alle Einzelheiten, die zum Identifizieren der Unterlage für das Band notwendig sind;

e) Art der Bereiche jeder geprüften Oberfläche mit Hinweisen auf Besonderheiten, z. B. Leisten, Träger, von Aussteifungen oder Flanschen, von vorgefertigten Einheiten gebildete Taschen und die Lage der Prüffläche, z. B. vertikal, horizontal nach oben oder horizontal nach unten;

f) Bewertung(en) der Menge und der Partikelgröße des Staubes für jede geprüfte Oberfläche (alternativ können im allgemeinen Stahlbau die zur Prüfung verwendeten Klebebänder selbst, wenn es zwischen den Vertragspartnern vereinbart wurde, als Beleg der Prüfungen aufbewahrt werden);

g) jede Abweichung von dem beschriebenen Verfahren;

h) Datum und, falls zweckmäßig, die Uhrzeit jeder Prüfung.

Tabelle 1: Klassen für die Partikelgröße

Klasse	Beschreibung der Staubpartikel
0	Partikel nicht sichtbar bei zehnfacher Vergrößerung
1	Partikel sichtbar bei zehnfacher Vergrößerung, aber nicht mit normalem oder korrigiertem Sehvermögen (gewöhnlich Partikel mit weniger als 50 µm Durchmesser)
2	Partikel gerade sichtbar mit normalem oder korrigiertem Sehvermögen (gewöhnlich Partikel zwischen 50 µm und 100 µm Durchmesser)
3	Partikel deutlich sichtbar mit normalem oder korrigiertem Sehvermögen (Partikel bis zu 0,5 mm Durchmesser)
4	Partikel zwischen 0,5 mm und 2,5 mm Durchmesser
5	Partikel größer als 2,5 mm Durchmesser

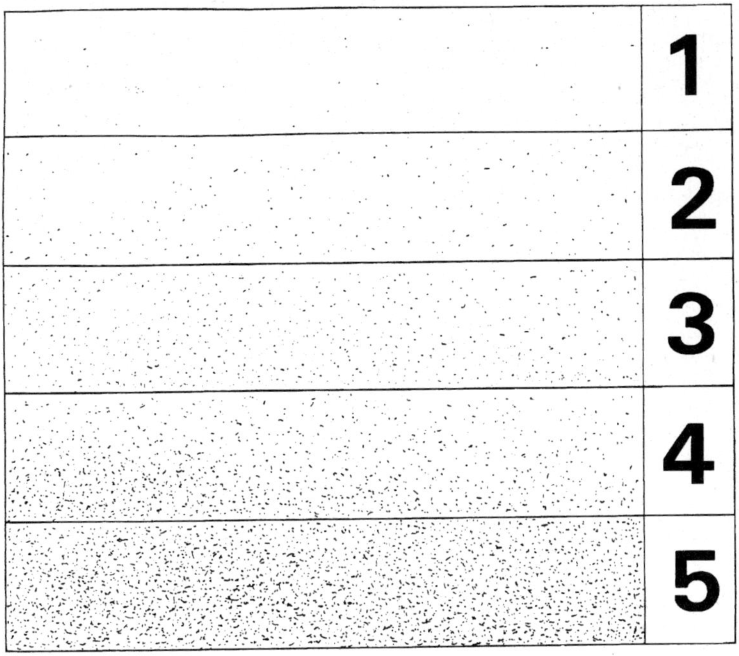

Seite 5
EN ISO 8502-3 : 1999

Bild 1: Bilder, die den Staubmengen 1, 2, 3, 4 und 5 entsprechen

Anhang A (informativ)
Durch Federkraft belastete Walze

Dieser Anhang zeigt, nur als Beispiel, die Konstruktion einer Walze, die sich beim Gebrauch als geeignet erwiesen hat. Ausführliche Teilansichten siehe Bilder A.1, A.2 und A.3. Anweisungen zum Kalibrieren werden im Bild A.4 gegeben.

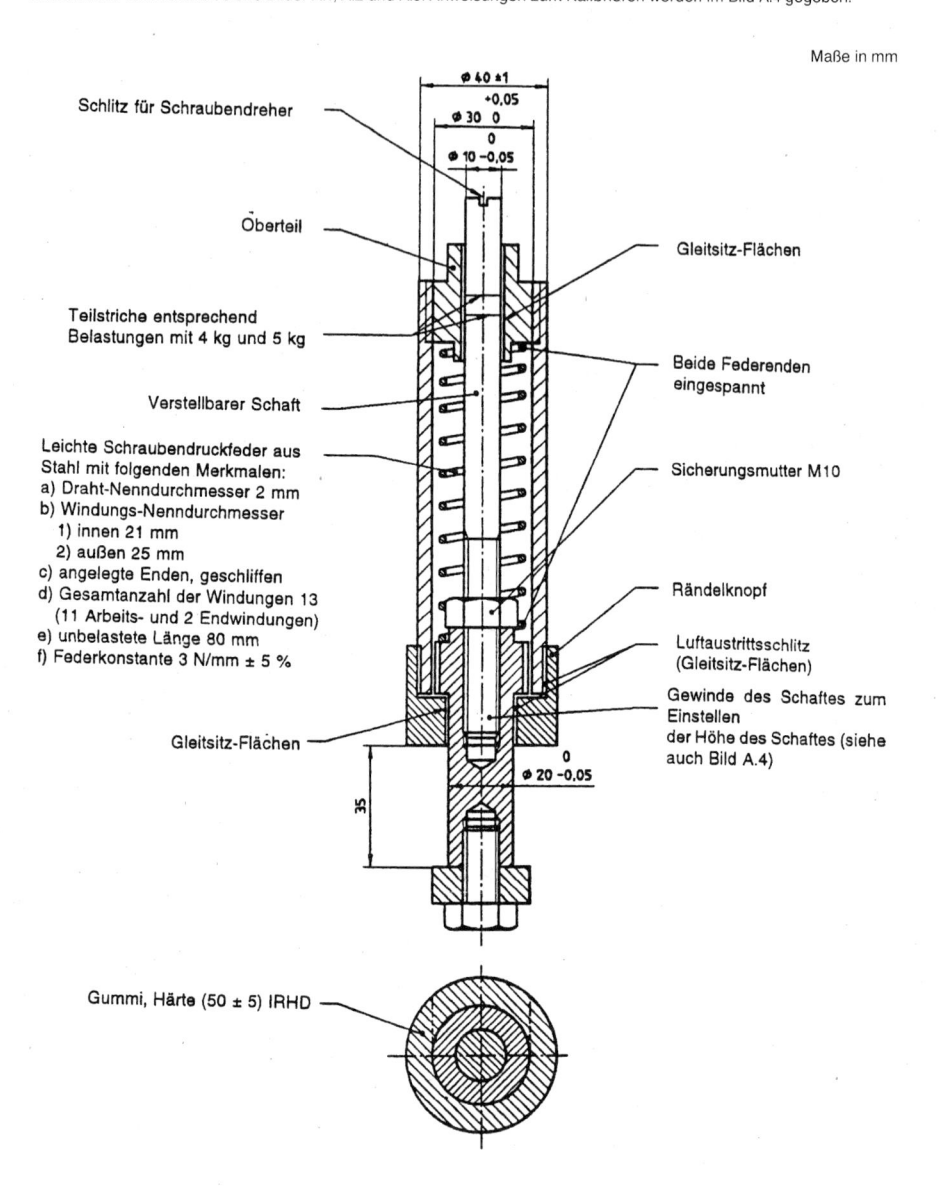

Maße in mm

Beschriftungen (links):
- Schlitz für Schraubendreher
- Oberteil
- Teilstriche entsprechend Belastungen mit 4 kg und 5 kg
- Verstellbarer Schaft
- Leichte Schraubendruckfeder aus Stahl mit folgenden Merkmalen:
  a) Draht-Nenndurchmesser 2 mm
  b) Windungs-Nenndurchmesser
     1) innen 21 mm
     2) außen 25 mm
  c) angelegte Enden, geschliffen
  d) Gesamtanzahl der Windungen 13 (11 Arbeits- und 2 Endwindungen)
  e) unbelastete Länge 80 mm
  f) Federkonstante 3 N/mm ± 5 %
- Gleitsitz-Flächen
- Gummi, Härte (50 ± 5) IRHD

Beschriftungen (rechts):
- Gleitsitz-Flächen
- Beide Federenden eingespannt
- Sicherungsmutter M10
- Rändelknopf
- Luftaustrittsschlitz (Gleitsitz-Flächen)
- Gewinde des Schaftes zum Einstellen der Höhe des Schaftes (siehe auch Bild A.4)

Maße: ⌀ 40 ±1; ⌀ 30 +0,05/0; ⌀ 10 −0,05/0; ⌀ 20 −0,05/0; 35

Bild A.1: Teil-Seitenansicht der Walze im Schnitt

Seite 7
EN ISO 8502-3 : 1999

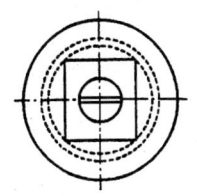

Maße in mm

Bild A.2: Draufsicht auf den verstellbaren Schaft und das Oberteil

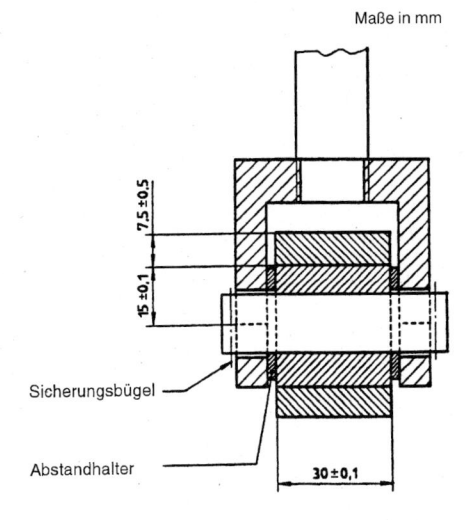

Sicherungsbügel

Abstandhalter

7,5 ± 0,5

15 ± 0,1

30 ± 0,1

Bild A.3: Teil-Vorderansicht des unteren Teiles der Walze

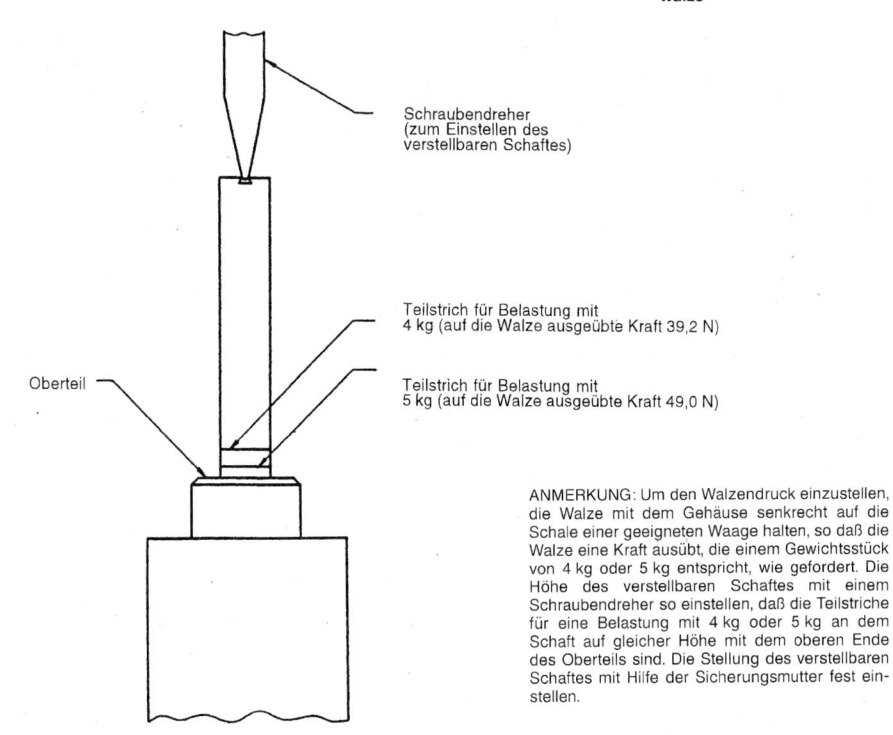

Schraubendreher (zum Einstellen des verstellbaren Schaftes)

Oberteil

Teilstrich für Belastung mit 4 kg (auf die Walze ausgeübte Kraft 39,2 N)

Teilstrich für Belastung mit 5 kg (auf die Walze ausgeübte Kraft 49,0 N)

ANMERKUNG: Um den Walzendruck einzustellen, die Walze mit dem Gehäuse senkrecht auf die Schale einer geeigneten Waage halten, so daß die Walze eine Kraft ausübt, die einem Gewichtsstück von 4 kg oder 5 kg entspricht, wie gefordert. Die Höhe des verstellbaren Schaftes mit einem Schraubendreher so einstellen, daß die Teilstriche für eine Belastung mit 4 kg oder 5 kg an dem Schaft auf gleicher Höhe mit dem oberen Ende des Oberteils sind. Die Stellung des verstellbaren Schaftes mit Hilfe der Sicherungsmutter fest einstellen.

Bild A.4: Kalibrierung bei den Graduierungen für eine Belastung mit 4 kg und 5 kg

223

Juni 1999

Vorbereitung von Stahloberflächen vor dem Auftragen von Beschichtungsstoffen **Prüfungen zum Beurteilen der Oberflächenreinheit** Teil 4: Anleitung zum Abschätzen der Wahrscheinlichkeit von Taubildung vor dem Beschichten (ISO 8502-4 : 1993)　　Deutsche Fassung EN ISO 8502-4 : 1999	**DIN** **EN ISO 8502-4**

ICS 25.220.10

Preparation of steel substrates before application of paint and related products —
Tests for the assessment of surface cleanliness —
Part 4: Guidance on the estimation of the probability of condensation prior
to paint application (ISO 8502-4 : 1993); German version EN ISO 8502-4 : 1999
Préparation des subjectiles d'acier avant application de peintures et de produits assimilés —
Essais pour apprécier la propreté d'une surface —
Partie 4: Principes directeurs pour l'estimation de la probabilité de condensation
avant application de peinture (ISO 8502-4 : 1993); Version allemande EN ISO 8502-4 : 1999

Die Europäische Norm EN ISO 8502-4 : 1999 hat den Status einer Deutschen Norm.

Nationales Vorwort

Die Europäische Norm EN ISO 8502-4 fällt in den Zuständigkeitsbereich des Technischen Komitees CEN/TC 139 „Lacke und Anstrichstoffe" (Sekretariat: Deutschland). Die ihr zugrundeliegende Internationale Norm ISO 8502-4 wurde vom ISO/TC 35/SC 12 „Paints and varnishes — Preparation of steel substrates before application of paints and related products" (Sekretariat: BSI, Vereinigtes Königreich) ausgearbeitet.

Das zuständige deutsche Normungsgremium ist der Unterausschuß 10.4 „Oberflächenvorbereitung und -prüfung" des FA/NABau-Arbeitsausschusses 10 „Korrosionsschutz von Stahlbauten".

Fortsetzung 19 Seiten EN

Normenausschuß Anstrichstoffe und ähnliche Beschichtungsstoffe (FA) im DIN Deutsches Institut für Normung e.V.
Normenausschuß Bauwesen (NABau) im DIN

EUROPÄISCHE NORM
EUROPEAN STANDARD
NORME EUROPÉENNE

EN ISO 8502-4

Mai 1999

ICS 87.020

Deutsche Fassung

Vorbereitung von Stahloberflächen vor dem Auftragen von Beschichtungsstoffen

Prüfungen zum Beurteilen der Oberflächenreinheit

Teil 4: Anleitung zum Abschätzen der Wahrscheinlichkeit von Taubildung vor dem Beschichten (ISO 8502-4 : 1993)

Preparation of steel substrates before application of paint and related products — Tests for the assessment of surface cleanliness — Part 4: Guidance on the estimation of the probability of condensation prior to paint application (ISO 8502-4 : 1993)

Préparation des subjectiles d'acier avant application de peintures et de produits assimilés — Essais pour apprécier la propreté d'une surface — Partie 4: Principes directeurs pour l'estimation de la probabilité de condensation avant application de peinture (ISO 8502-4 : 1993)

Diese Europäische Norm wurde von CEN am 18. April 1999 angenommen.

Die CEN-Mitglieder sind gehalten, die CEN/CENELEC-Geschäftsordnung zu erfüllen, in der die Bedingungen festgelegt sind, unter denen dieser Europäischen Norm ohne jede Änderung der Status einer nationalen Norm zu geben ist.

Auf dem letzten Stand befindliche Listen dieser nationalen Normen mit ihren bibliographischen Angaben sind beim Zentralsekretariat oder bei jedem CEN-Mitglied auf Anfrage erhältlich.

Diese Europäische Norm besteht in drei offiziellen Fassungen (Deutsch, Englisch, Französisch). Eine Fassung in einer anderen Sprache, die von einem CEN-Mitglied in eigener Verantwortung durch Übersetzung in seine Landessprache gemacht und dem Zentralsekretariat mitgeteilt worden ist, hat den gleichen Status wie die offiziellen Fassungen.

CEN-Mitglieder sind die nationalen Normungsinstitute von Belgien, Dänemark, Deutschland, Finnland, Frankreich, Griechenland, Irland, Island, Italien, Luxemburg, Niederlande, Norwegen, Österreich, Portugal, Schweden, Schweiz, Spanien, der Tschechischen Republik und dem Vereinigten Königreich.

EUROPÄISCHES KOMITEE FÜR NORMUNG
European Committee for Standardization
Comité Européen de Normalisation

Zentralsekretariat: rue de Stassart 36, B-1050 Brüssel

© 1999 CEN — Alle Rechte der Verwertung, gleich in welcher Form und in welchem Verfahren, sind weltweit den nationalen Mitgliedern von CEN vorbehalten.

Ref. Nr. EN ISO 8502-4 : 1999 D

Seite 2
EN ISO 8502-4 : 1999

Vorwort

Diese Europäische Norm muß den Status einer nationalen Norm erhalten, entweder durch Veröffentlichung eines identischen Textes oder durch Anerkennung bis November 1999, und etwaige entgegenstehende nationale Normen müssen bis November 1999 zurückgezogen werden.

Entsprechend der CEN/CENELEC-Geschäftsordnung sind die nationalen Normungsinstitute der folgenden Länder gehalten, diese Europäische Norm zu übernehmen:
Belgien, Dänemark, Deutschland, Finnland, Frankreich, Griechenland, Irland, Island, Italien, Luxemburg, Niederlande, Norwegen, Österreich, Portugal, Schweden, Schweiz, Spanien, die Tschechische Republik und das Vereinigte Königreich.

Anerkennungsnotiz

Der Text der Internationalen Norm ISO 8502-4 : 1993 wurde von CEN als Europäische Norm ohne irgendeine Abänderung genehmigt.

ANMERKUNG: Die normativen Verweisungen auf Internationale Normen sind im Anhang ZA (normativ) aufgeführt.

Einleitung

Das Verhalten von Schutzbeschichtungen auf Stahl wird wesentlich vom Zustand der Stahloberfläche unmittelbar vor dem Beschichten beeinflußt. Von grundlegendem Einfluß für dieses Verhalten sind:
a) Rost und Walzhaut (Zunder);
b) Oberflächenverunreinigungen, einschließlich Salze, Staub, Öle und Fette;
c) Rauheit.

Dementsprechend wurden in ISO 8501, ISO 8502 und ISO 8503 Verfahren ausgearbeitet, mit denen diese Einflußgrößen beurteilt werden können. ISO 8504 stellt einen Leitfaden für Vorbereitungsverfahren zum Reinigen von Stahloberflächen dar, wobei für jedes Verfahren angegeben wird, welche Reinheitsgrade erreicht werden können.

Diese Internationalen Normen enthalten keine Empfehlungen für die auf die Stahloberfläche aufzutragenden Beschichtungssysteme. Sie enthalten auch keine Empfehlungen für die in bestimmten Fällen an die Oberflächenqualität zu stellenden Anforderungen, obwohl diese Oberflächenqualität einen unmittelbaren Einfluß auf die Auswahl der vorgesehenen Schutzbeschichtung und ihr Verhalten hat. Solche Empfehlungen sind in anderen Unterlagen enthalten, z. B. in nationalen Normen und Verarbeitungsrichtlinien. Die Anwender dieser Internationalen Normen müssen dafür sorgen, daß die festgelegten Oberflächenqualitäten

— sowohl zu den Umgebungsbedingungen, denen der Stahl ausgesetzt sein wird, als auch zu dem zu verwendenden Beschichtungssystem passen;
— mit dem vorgeschriebenen Reinigungsverfahren erreicht werden können.

Die vorstehend erwähnten vier Internationalen Normen behandeln die folgenden Aspekte der Vorbereitung von Stahloberflächen:
ISO 8501, Visuelle Beurteilung der Oberflächenreinheit;
ISO 8502, Prüfungen zur Beurteilung der Oberflächenreinheit;
ISO 8503, Rauheitskenngrößen von gestrahlten Stahloberflächen;
ISO 8504, Verfahren für die Oberflächenvorbereitung.

Jede dieser Internationalen Normen ist wiederum in Teile aufgeteilt.

Einige Beschichtungsstoffe (aber nicht alle) verlangen trockene Oberflächen, wenn sie auf Stahlbauten aufgetragen werden. Dünne Kondenswasserfilme auf Stahloberflächen sind meistens unsichtbar. Es ist deshalb wichtig, ein Verfahren zu haben, nach dem die Wahrscheinlichkeit von Taubildung vor dem Beschichten abgeschätzt werden kann.

1 Anwendungsbereich

Diese Internationale Norm enthält eine Anleitung zum Abschätzen der Wahrscheinlichkeit von Taubildung auf einer zu beschichtenden Oberfläche. Die Anleitung kann verwendet werden, um festzustellen, ob die Bedingungen auf der Baustelle für das Beschichten geeignet sind oder nicht.

2 Normative Verweisungen

Die folgenden Normen enthalten Festlegungen, die, durch Verweisung in diesem Text, Bestandteil dieses Teiles von ISO 8502 sind. Zum Zeitpunkt der Veröffentlichung waren die angegebenen Ausgaben gültig. Alle Normen unterliegen der Überarbeitung. Vertragspartner, deren Vereinbarungen auf diesem Teil von ISO 8502 basieren, werden gebeten, zu prüfen, ob die neuesten Ausgaben der nachfolgend aufgeführten Normen angewendet werden können. Die Mitglieder von IEC und ISO führen Verzeichnisse der gegenwärtig gültigen Internationalen Normen.

ISO 4677-1 : 1985
Atmospheres for conditioning and testing — Determination of relative humidity — Part 1: Aspirated psychrometer method

ISO 4677-2 : 1985
Atmospheres for conditioning and testing — Determination of relative humidity — Part 2: Whirling psychrometer method

ISO 8601 : 1988
Data elements and interchange formats — Information interchange — Representation of dates and times

3 Wahrscheinlichkeit von Taubildung

Die Wahrscheinlichkeit von Taubildung wird anhand der relativen Luftfeuchte und der Temperatur der Stahloberfläche abgeschätzt. Hierfür gibt es aber keine einfache Regel, weil eine Vielzahl von Faktoren die Taubildung und das Verdunsten von Wasser beeinflussen, z. B.

— Wärmeleitfähigkeit der Konstruktion;
— Sonnenbestrahlung der Oberfläche;
— Bewegung der die Konstruktion umgebenden Luft;
— Verunreinigung der Oberfläche durch hygroskopische Substanzen.

Diese Faktoren bewirken manchmal Befeuchtung oder verhindern örtlich das Trocknen der Oberfläche, z. B. wenn die Oberflächentemperatur niedrig bleibt oder wegen Wärmeverlust sinkt oder wenn die Luft wegen mangelnder Belüftung schnell mit Feuchte gesättigt ist. Selbstverständlich wirken diese Faktoren gelegentlich auch umgekehrt. Deshalb sollten alle Prüfergebnisse sehr sorgfältig interpretiert werden.

Wenn Beschichtungsstoffe aufgetragen werden, sollte die Temperatur der Stahloberfläche mindestens 3 °C über dem Taupunkt liegen, falls nicht anders vereinbart.

ANMERKUNG 1: Für Beschichtungsstoffe, die Feuchtigkeit auf der zu beschichtenden Oberfläche vertragen, kann eine Temperaturdifferenz von weniger als 3 °C akzeptabel sein.

Andere Temperaturdifferenzen können durch den Hersteller des Beschichtungsstoffes festgelegt oder zwischen den Vertragspartnern vereinbart werden.

Wenn die Differenz zwischen der Oberflächentemperatur und dem Taupunkt unter dem geforderten und/oder vereinbarten Mindestwert liegt oder unter diesen fallen wird, sollte die Wahrscheinlichkeit von Taubildung als „hoch" eingestuft werden.

Wenn die Differenz über dem geforderten und/oder vereinbarten Mindestwert liegt oder über diesem bleiben wird, sollte die Wahrscheinlichkeit von Taubildung als „gering" eingestuft werden.

Es ist wichtig abzuschätzen, ob die Temperatur während der kritischen Periode so fallen kann, daß sich Tau bilden kann. Tabelle 1 kann bei dieser Abschätzung helfen.

Wenn die relative Luftfeuchte 85 % oder höher ist, ist Beschichten immer kritisch, weil der Taupunkt nur 2,5 °C oder weniger entfernt liegt.

Wenn die relative Luftfeuchte hoch ist (92 % oder Taupunkt 1,3 °C entfernt), sollte nur beschichtet werden, wenn ziemlich sicher ist, daß die Bedingungen gleichbleiben oder sich während des Auftragens und Trocknens verbessern.

ANMERKUNG 2: Gleichbleibende oder sich verbessernde Bedingungen lassen sich im allgemeinen für eine Zeitdauer von 6 h voraussagen.

Selbst wenn die relative Luftfeuchte niedrig genug ist (z. B. 80 % oder Taupunkt 3,4 °C entfernt), sollten die Umgebungsbedingungen dennoch für eine angemessene, oft über 6 h voraus liegende Zeitdauer betrachtet werden, um sicherzustellen, daß sich kein Tau bilden wird.

4 Geräte

Die Geräte nach a), b) und c) sollten benutzt werden. Auch andere Geräte dürfen verwendet werden, wenn sie eine gleiche oder noch größere Genauigkeit haben.

a) Für Messungen der Lufttemperatur: Quecksilberthermometer oder digitale elektronische Thermometer, die auf ± 0,5 °C genau anzeigen.

b) Für Messungen der Luftfeuchte:

1) Aspirations-Psychrometer und Schleuderhygrometer, einschließlich der Tabellen zum Berechnen der Feuchte (siehe ISO 4677-1 und ISO 4677-2), auf ± 3 % relative Luftfeuchte genau;

ANMERKUNG 3: Nach der Meteorologischen Weltorganisation (WMO) ist das Aspirations-Psychrometer das Referenzgerät.

2) Digitale elektronische Hygrometer, die auf Messung der Kapazitätsänderung von Polymerfilmen beruhen und auf ± 3 % relative Luftfeuchte genau sind, mit Meßbereichen von 0 % bis 100 % relative Luftfeuchte und − 40 °C bis + 80 °C;

Tabelle 1: Temperaturerniedrigung, die erforderlich ist, um Taubildung hervorzurufen, als Funktion der relativen Luftfeuchte

Relative Luftfeuchte, %	98	95	92	90	85	80
Temperaturerniedrigung, °C	0,3	0,8	1,3	1,6	2,5	3,4

ANMERKUNG: Die Werte sind Mittelwerte für Lufttemperaturen zwischen 0 °C und 35 °C. Für eine gegebene Lufttemperatur können genauere Werte nach Anhang A ermittelt werden.

3) Digitale elektronische Hygrometer, die auf Messung der Widerstandsänderung einer Elektrolytbrücke beruhen und auf ± 2 % relative Luftfeuchte genau anzeigen, mit Meßbereichen von 0 % bis 97 % relative Luftfeuchte und 0 °C bis 70 °C;

c) Für Messungen der Oberflächentemperatur: Digitale elektronische Thermometer, die auf ± 0,5 °C genau anzeigen.

ANMERKUNG 4: Magnetische Oberflächenthermometer können verwendet werden, wenn sie die erforderliche Genauigkeit haben und lange genug auf der Oberfläche belassen werden, um die Oberflächentemperatur anzunehmen.

5 Durchführung

5.1 Mit den in 4a) und 4b) beschriebenen Geräten die Lufttemperatur auf 0,5 °C genau und die relative Luftfeuchte messen.

5.2 Den Taupunkt berechnen, der eine logarithmische Funktion des Dampfdrucks bei der jeweiligen Temperatur ist. Es gibt Tabellen und Diagramme, mit denen der Taupunkt bestimmt werden kann. Parameter sind die Lufttemperatur und die relative Luftfeuchte. Eine solche Tabelle ist im Anhang A wiedergegeben. Handelsübliche Taupunkt-Rechner mit ausreichender Genauigkeit dürfen ebenfalls verwendet werden.

5.3 Mit dem in 4c) beschriebenen Gerät die Temperatur der Stahloberfläche messen. Dabei auf je 10 m² mindestens eine Temperaturmessung vornehmen und die niedrigste gemessene Temperatur zum Berechnen des Taupunktes verwenden.

ANMERKUNG 5: Bei der Auswahl der Meßstellen für die Temperaturmessung sollten Unterschiede der Dicke des Stahls und Auswirkungen von Schatten berücksichtigt werden.

5.4 Die niedrigste Oberflächentemperatur (über dem Taupunkt) schätzen, die notwendig ist, um unter den herrschenden Umgebungsbedingungen Taubildung zu vermeiden.

6 Prüfbericht

Der Prüfbericht muß die folgenden Angaben enthalten:

a) einen Hinweis auf diesen Teil von ISO 8502 (d. h. ISO 8502-4);
b) Datum und Stunde der Messungen, in Übereinstimmung mit ISO 8601;
c) eine Beschreibung der benutzten Geräte;
d) berechneter Taupunkt;
e) gemessene Oberflächentemperatur des Stahls;
f) Differenz zwischen der Temperatur der Stahloberfläche und dem Taupunkt;
g) kleinste erforderliche Temperaturdifferenz, um Taubildung zu vermeiden;
h) eine Schätzung, ob die Wahrscheinlichkeit von Taubildung „hoch" oder „gering" ist.

Anhang A (informativ)

Tabelle für die Bestimmung des Taupunktes

Die folgende Tabelle gibt die Taupunkt-Temperatur t_d als Funktion der Lufttemperatur t und der relativen Feuchte φ an.

Die Tabelle wird wie folgt benutzt:

— die Zeilen für die relative Luftfeuchte suchen, die den gemessenen Wert einschließen;
— die Spalten für die Lufttemperatur suchen, die den gemessenen Wert einschließen;
— die den vier Schnittpunkten entsprechenden Werte für die Taupunkt-Temperatur feststellen, in zwei Stufen linear interpolieren und auf 0,1 °C runden.

Die Werte in der Tabelle sind nach der folgenden Gleichung berechnet, die für $t \geq 0$ °C gilt:

$$t_d = 234{,}175 \cdot \frac{(234{,}175 + t)(\ln 0{,}01 + \ln \Phi) + 17{,}080\,85\,t}{234{,}175 \cdot 17{,}080\,85 - (234{,}175 + t)(\ln 0{,}01 + \ln \Phi)}$$

ANMERKUNG 6: Wie man aus der Gleichung sehen kann, ist t_d eine vergleichsweise einfache Funktion der zwei Variablen t und Φ. Diese Funktion stützt sich deshalb auf Berechnungen mit einem einfachen wissenschaftlichen programmierbaren Rechner. Ein solcher Rechner mit seinem Programm kann als der Tabelle gleichwertig angesehen werden. Der Rechner ist der Tabelle aber darin überlegen, daß er die Taupunkt-Temperatur direkt ohne Interpolation angibt. Des weiteren ist ein kleiner Taschenrechner auf der Baustelle einfacher zu handhaben als eine umfangreiche Tabelle von mehreren Seiten im Format A4. Um sicherzugehen, daß der Rechner richtig programmiert ist, zwei tabellierte Werte für t und Φ in den Rechner geben und das Ergebnis mit dem entsprechenden Wert für t_d in der Tabelle vergleichen.

EN ISO 8502-4 : 1999

Relative Luftfeuchte, Φ (%)	Lufttemperatur, t (°C)									
	0	1	2	3	4	5	6	7	8	9
1	−49,7	−49,1	−48,5	−47,9	−47,3	−46,6	−46,0	−45,4	−44,8	−44,2
2	−43,6	−43,0	−42,3	−41,7	−41,0	−40,3	−39,7	−39,0	−38,4	−37,7
3	−39,9	−39,2	−38,5	−37,8	−37,1	−36,5	−35,8	−35,1	−34,4	−33,7
4	−37,1	−36,4	−35,7	−35,0	−34,3	−33,6	−32,9	−32,2	−31,5	−30,8
5	−34,9	−34,2	−33,5	−32,8	−32,1	−31,3	−30,6	−29,9	−29,2	−28,5
6	−33,1	−32,4	−31,6	−30,9	−30,2	−29,4	−28,7	−28,0	−27,2	−26,5
7	−31,5	−30,8	−30,1	−29,3	−28,6	−27,8	−27,1	−26,3	−25,6	−24,8
8	−30,2	−29,4	−28,7	−27,9	−27,1	−26,4	−25,6	−24,9	−24,1	−23,4
9	−28,9	−28,2	−27,4	−26,6	−25,9	−25,1	−24,3	−23,6	−22,8	−22,1
10	−27,8	−27,0	−26,3	−25,5	−24,7	−23,9	−23,2	−22,4	−21,6	−20,9
11	−26,8	−26,0	−25,2	−24,4	−23,7	−22,9	−22,1	−21,3	−20,5	−19,8
12	−25,9	−25,1	−24,3	−23,5	−22,7	−21,9	−21,1	−20,3	−19,6	−18,8
13	−25,0	−24,2	−23,4	−22,6	−21,8	−21,0	−20,2	−19,4	−18,6	−17,8
14	−24,2	−23,4	−22,6	−21,8	−21,0	−20,2	−19,4	−18,6	−17,8	−17,0
15	−23,4	−22,6	−21,8	−21,0	−20,2	−19,4	−18,6	−17,8	−17,0	−16,1
16	−22,7	−21,9	−21,1	−20,2	−19,4	−18,6	−17,8	−17,0	−16,2	−15,4
17	−22,0	−21,2	−20,4	−19,6	−18,7	−17,9	−17,1	−16,3	−15,5	−14,6
18	−21,4	−20,5	−19,7	−18,9	−18,1	−17,2	−16,4	−15,6	−14,8	−14,0
19	−20,8	−19,9	−19,1	−18,8	−17,4	−16,6	−15,8	−15,0	−14,1	−13,3
20	−20,2	−19,3	−18,5	−17,7	−16,8	−16,0	−15,2	−14,3	−13,5	−12,7
21	−19,6	−18,8	−17,9	−17,1	−16,3	−15,4	−14,6	−13,7	−12,9	−12,1
22	−19,1	−18,2	−17,4	−16,5	−15,7	−14,9	−14,0	−13,2	−12,3	−11,5
23	−18,6	−17,7	−16,9	−16,0	−15,2	−14,3	−13,5	−12,6	−11,8	−10,9
24	−18,1	−17,2	−16,4	−15,5	−14,7	−13,8	−13,0	−12,1	−11,3	−10,4
25	−17,6	−16,7	−15,9	−15,0	−14,2	−13,3	−12,5	−11,6	−10,8	−9,9
26	−17,1	−16,3	−15,4	−14,5	−13,7	−12,8	−12,0	−11,1	−10,3	−9,4
27	−16,7	−15,8	−14,9	−14,1	−13,2	−12,4	−11,5	−10,6	−9,8	−8,9
28	−16,2	−15,4	−14,5	−13,6	−12,8	−11,9	−11,1	−10,2	−9,3	−8,5
29	−15,8	−15,0	−14,1	−13,2	−12,4	−11,5	−10,6	−9,8	−8,9	−8,0
30	−15,4	−14,5	−13,7	−12,8	−11,9	−11,1	−10,2	−9,3	−8,5	−7,6
31	−15,0	−14,2	−13,3	−12,4	−11,5	−10,7	−9,8	−8,9	−8,0	−7,2
32	−14,6	−13,8	−12,9	−12,0	−11,1	−10,3	−9,4	−8,5	−7,6	−6,8
33	−14,3	−13,4	−12,5	−11,6	−10,7	−9,9	−9,0	−8,1	−7,2	−6,4
34	−13,9	−13,0	−12,1	−11,3	−10,4	−9,5	−8,6	−7,7	−6,8	−6,0
35	−13,6	−12,7	−11,8	−10,9	−10,0	−9,1	−8,2	−7,4	−6,5	−5,6
36	−13,2	−12,3	−11,4	−10,5	−9,7	−8,8	−7,9	−7,0	−6,1	−5,2
37	−12,9	−12,0	−11,1	−10,2	−9,3	−8,4	−7,5	−6,6	−5,8	−4,9
38	−12,6	−11,7	−10,8	−9,9	−9,0	−8,1	−7,2	−6,3	−5,4	−4,5

(fortgesetzt)

Relative Luftfeuchte, Φ (%)	Lufttemperatur, t (°C)									
	0	1	2	3	4	5	6	7	8	9
39	−12,2	−11,3	−10,4	−9,5	−8,6	−7,7	−6,9	−6,0	−5,1	−4,2
40	−11,9	−11,0	−10,1	−9,2	−8,3	−7,4	−6,5	−5,6	−4,7	−3,8
41	−11,6	−10,7	−9,8	−8,9	−8,0	−7,1	−6,2	−5,3	−4,4	−3,5
42	−11,3	−10,4	−9,5	−8,6	−7,7	−6,8	−5,9	−5,0	−4,1	−3,2
43	−11,0	−10,1	−9,2	−8,3	−7,4	−6,5	−5,6	−4,7	−3,8	−2,9
44	−10,7	−9,8	−8,9	−8,0	−7,1	−6,2	−5,3	−4,4	−3,5	−2,6
45	−10,5	−9,5	−8,6	−7,7	−6,8	−5,9	−5,0	−4,1	−3,2	−2,3
46	−10,2	−9,3	−8,4	−7,4	−6,5	−5,6	−4,7	−3,8	−2,9	−2,0
47	−9,9	−9,0	−8,1	−7,2	−6,2	−5,3	−4,4	−3,5	−2,6	−1,7
48	−9,6	−8,7	−7,8	−6,9	−6,0	−5,1	−4,1	−3,2	−2,3	−1,4
49	−9,4	−8,5	−7,5	−6,6	−5,7	−4,8	−3,9	−2,9	−2,0	−1,1
50	−9,1	−8,2	−7,3	−6,4	−5,4	−4,5	−3,6	−2,7	−1,8	−0,8
51	−8,9	−8,0	−7,0	−6,1	−5,2	−4,3	−3,3	−2,4	−1,5	−0,6
52	−8,6	−7,7	−6,8	−5,9	−4,9	−4,0	−3,1	−2,1	−1,2	−0,3
53	−8,4	−7,5	−6,5	−5,6	−4,7	−3,7	−2,8	−1,9	−1,0	0,0
54	−8,2	−7,2	−6,3	−5,4	−4,4	−3,5	−2,6	−1,6	−0,7	0,2
55	−7,9	−7,0	−6,1	−5,1	−4,2	−3,3	−2,3	−1,4	−0,5	0,5
56	−7,7	−6,8	−5,8	−4,9	−3,9	−3,0	−2,1	−1,1	−0,2	0,7
57	−7,5	−6,5	−5,6	−4,7	−3,7	−2,8	−1,8	−0,9	0,0	1,0
58	−7,2	−6,3	−5,4	−4,4	−3,5	−2,5	−1,6	−0,7	0,3	1,2
59	−7,0	−6,1	−5,1	−4,2	−3,3	−2,3	−1,4	−0,4	0,5	1,4
60	−6,8	−5,9	−4,9	−4,0	−3,0	−2,1	−1,1	−0,2	0,7	1,7
61	−6,6	−5,6	−4,7	−3,8	−2,8	−1,9	−0,9	0,0	1,0	1,9
62	−6,4	−5,4	−4,5	−3,5	−2,6	−1,6	−0,7	0,2	1,2	2,1
63	−6,2	−5,2	−4,3	−3,3	−2,4	−1,4	−0,5	0,5	1,4	2,4
64	−6,0	−5,0	−4,1	−3,1	−2,2	−1,2	−0,3	0,7	1,6	2,6
65	−5,8	−4,8	−3,9	−2,9	−2,0	−1,0	−0,1	0,9	1,8	2,8
66	−5,6	−4,6	−3,7	−2,7	−1,8	−0,8	0,2	1,1	2,1	3,0
67	−5,4	−4,4	−3,5	−2,5	−1,5	−0,6	0,4	1,3	2,3	3,2
68	−5,2	−4,2	−3,3	−2,3	−1,3	−0,4	0,6	1,5	2,5	3,4
69	−5,0	−4,0	−3,1	−2,1	−1,1	−0,2	0,8	1,7	2,7	3,6
70	−4,8	−3,8	−2,9	−1,9	−1,0	0,0	1,0	1,9	2,9	3,8
71	−4,6	−3,6	−2,7	−1,7	−0,8	0,2	1,2	2,1	3,1	4,0
72	−4,4	−3,5	−2,5	−1,5	−0,6	0,4	1,4	2,3	3,3	4,2
73	−4,2	−3,3	−2,3	−1,3	−0,4	0,6	1,5	2,5	3,5	4,4
74	−4,1	−3,1	−2,1	−1,2	−0,2	0,8	1,7	2,7	3,7	4,6
75	−3,9	−2,9	−1,9	−1,0	0,0	1,0	1,9	2,9	3,9	4,8
76	−3,7	−2,7	−1,8	−0,8	0,2	1,1	2,1	3,1	4,0	5,0

(fortsetzt)

Relative Luftfeuchte, Φ (%)	Lufttemperatur, t (°C)									
	0	1	2	3	4	5	6	7	8	9
77	−3,5	−2,6	−1,6	−0,6	0,4	1,3	2,3	3,3	4,2	5,2
78	−3,4	−2,4	−1,4	−0,4	0,5	1,5	2,5	3,4	4,4	5,4
79	−3,2	−2,2	−1,2	−0,3	0,7	1,7	2,6	3,6	4,6	5,6
80	−3,0	−2,0	−1,1	−0,1	0,9	1,9	2,8	3,8	4,8	5,7
81	−2,9	−1,9	−0,9	0,1	1,0	2,0	3,0	4,0	4,9	5,9
82	−2,7	−1,7	−0,7	0,2	1,2	2,2	3,2	4,1	5,1	6,1
83	−2,5	−1,5	−0,6	0,4	1,4	2,4	3,3	4,3	5,3	6,3
84	−2,4	−1,4	−0,4	0,6	1,6	2,5	3,5	4,5	5,5	6,4
85	−2,2	−1,2	−0,2	0,7	1,7	2,7	3,7	4,7	5,6	6,6
86	−2,0	−1,1	−0,1	0,9	1,9	2,9	3,8	4,8	5,8	6,8
87	−1,9	−0,9	0,1	1,1	2,0	3,0	4,0	5,0	6,0	7,0
88	−1,7	−0,8	0,2	1,2	2,2	3,2	4,2	5,2	6,1	7,1
89	−1,6	−0,6	0,4	1,4	2,4	3,3	4,3	5,3	6,3	7,3
90	−1,4	−0,4	0,5	1,5	2,5	3,5	4,5	5,5	6,5	7,5
91	−1,3	−0,3	0,7	1,7	2,7	3,7	4,6	5,6	6,6	7,6
92	−1,1	−0,1	0,8	1,8	2,8	3,8	4,8	5,8	6,8	7,8
93	−1,0	0,0	1,0	2,0	3,0	4,0	5,0	5,9	6,9	7,9
94	−0,8	0,1	1,1	2,1	3,1	4,1	5,1	6,1	7,1	8,1
95	−0,7	0,3	1,3	2,3	3,3	4,3	5,3	6,3	7,3	8,2
96	−0,6	0,4	1,4	2,4	3,4	4,4	5,4	6,4	7,4	8,4
97	−0,4	0,6	1,6	2,6	3,6	4,6	5,6	6,6	7,6	8,6
98	−0,3	0,7	1,7	2,7	3,7	4,7	5,7	6,7	7,7	8,7
99	−0,1	0,9	1,9	2,9	3,9	4,9	5,9	6,9	7,9	8,9
100	0,0	1,0	2,0	3,0	4,0	5,0	6,0	7,0	8,0	9,0

(fortgesetzt)

Relative Luftfeuchte, Φ (%)	Lufttemperatur, t (°C)									
	10	11	12	13	14	15	16	17	18	19
1	−43,6	−43,0	−42,4	−41,8	−41,2	−40,5	−39,9	−39,3	−38,7	−38,1
2	−37,1	−36,4	−35,8	−35,1	−34,5	−33,8	−33,2	−32,5	−31,9	−31,2
3	−33,1	−32,4	−31,7	−31,0	−30,3	−29,7	−29,0	−28,3	−27,7	−27,0
4	−30,1	−29,4	−28,7	−28,0	−27,3	−26,6	−25,9	−25,2	−24,5	−23,9
5	−27,7	−27,0	−26,3	−25,6	−24,9	−24,2	−23,5	−22,8	−22,1	−21,4
6	−25,8	−25,1	−24,3	−23,6	−22,9	−22,2	−21,4	−20,7	−20,0	−19,3
7	−24,1	−23,4	−22,6	−21,9	−21,1	−20,4	−19,7	−18,9	−18,2	−17,5
8	−22,6	−21,9	−21,1	−20,4	−19,6	−18,9	−18,1	−17,4	−16,6	−15,9
9	−21,3	−20,5	−19,8	−19,0	−18,3	−17,5	−16,7	−16,0	−15,2	−14,5
10	−20,1	−19,3	−18,6	−17,8	−17,0	−16,3	−15,5	−14,7	−14,0	−13,2
11	−19,0	−18,2	−17,4	−16,7	−15,9	−15,1	−14,3	−13,6	−12,8	−12,0
12	−18,0	−17,2	−16,4	−15,6	−14,9	−14,1	−13,3	−12,5	−11,7	−11,0
13	−17,0	−16,3	−15,5	−14,7	−13,9	−13,1	−12,3	−11,5	−10,7	−10,0
14	−16,2	−15,4	−14,6	−13,8	−13,0	−12,2	−11,4	−10,6	−9,8	−9,0
15	−15,3	−14,5	−13,7	−12,9	−12,1	−11,3	−10,5	−9,7	−8,9	−8,1
16	−14,6	−13,8	−13,0	−12,1	−11,3	−10,5	−9,7	−8,9	−8,1	−7,3
17	−13,8	−13,0	−12,2	−11,4	−10,6	−9,8	−9,0	−8,1	−7,3	−6,5
18	−13,1	−12,3	−11,5	−10,7	−9,9	−9,0	−8,2	−7,4	−6,6	−5,8
19	−12,5	−11,7	−10,8	−10,0	−9,2	−8,4	−7,5	−6,7	−5,9	−5,1
20	−11,8	−11,0	−10,2	−9,4	−8,5	−7,7	−6,9	−6,1	−5,2	−4,4
21	−11,2	−10,4	−9,6	−8,7	−7,9	−7,1	−6,2	−5,4	−4,6	−3,8
22	−10,7	−9,8	−9,0	−8,1	−7,3	−6,5	−5,6	−4,8	−4,0	−3,1
23	−10,1	−9,3	−8,4	−7,6	−6,7	−5,9	−5,1	−4,2	−3,4	−2,5
24	−9,6	−8,7	−7,9	−7,0	−6,2	−5,3	−4,5	−3,7	−2,8	−2,0
25	−9,1	−8,2	−7,4	−6,5	−5,7	−4,8	−4,0	−3,1	−2,3	−1,4
26	−8,6	−7,7	−6,8	−6,0	−5,1	−4,3	−3,4	−2,6	−1,7	−0,9
27	−8,1	−7,2	−6,4	−5,5	−4,6	−3,8	−2,9	−2,1	−1,2	−0,4
28	−7,6	−6,7	−5,9	−5,0	−4,2	−3,3	−2,4	−1,6	−0,7	0,1
29	−7,2	−6,3	−5,4	−4,6	−3,7	−2,8	−2,0	−1,1	−0,3	0,6
30	−6,7	−5,8	−5,0	−4,1	−3,3	−2,4	−1,5	−0,7	0,2	1,1
31	−6,3	−5,4	−4,6	−3,7	−2,8	−1,9	−1,1	−0,2	0,7	1,5
32	−5,9	−5,0	−4,1	−3,3	−2,4	−1,5	−0,6	0,2	1,1	2,0
33	−5,5	−4,6	−3,7	−2,8	−2,0	−1,1	−0,2	0,7	1,5	2,4
34	−5,1	−4,2	−3,3	−2,4	−1,6	−0,7	0,2	1,1	1,9	2,8
35	−4,7	−3,8	−2,9	−2,1	−1,2	−0,3	0,6	1,5	2,3	3,2
36	−4,3	−3,4	−2,6	−1,7	−0,8	0,1	1,0	1,9	2,7	3,6
37	−4,0	−3,1	−2,2	−1,3	−0,4	0,5	1,4	2,2	3,1	4,0
38	−3,6	−2,7	−1,8	−0,9	−0,1	0,8	1,7	2,6	3,5	4,4

(fortgesetzt)

Relative Luftfeuchte, Φ (%)	Lufttemperatur, t (°C)								
	10	11	12	13	14	15	16	17	18	19
39	−3,3	−2,4	−1,5	−0,6	0,3	1,2	2,1	3,0	3,9	4,8
40	−2,9	−2,0	−1,1	−0,2	0,6	1,5	2,4	3,3	4,2	5,1
41	−2,6	−1,7	−0,8	0,1	1,0	1,9	2,8	3,7	4,6	5,5
42	−2,3	−1,4	−0,5	0,4	1,3	2,2	3,1	4,0	4,9	5,8
43	−2,0	−1,1	−0,2	0,7	1,7	2,6	3,5	4,4	5,3	6,2
44	−1,7	−0,7	0,2	1,1	2,0	2,9	3,8	4,7	5,6	6,5
45	−1,3	−0,4	0,5	1,4	2,3	3,2	4,1	5,0	5,9	6,8
46	−1,1	−0,1	0,8	1,7	2,6	3,5	4,4	5,3	6,2	7,1
47	−0,8	0,2	1,1	2,0	2,9	3,8	4,7	5,6	6,5	7,5
48	−0,5	0,4	1,4	2,3	3,2	4,1	5,0	5,9	6,8	7,8
49	−0,2	0,7	1,6	2,6	3,5	4,4	5,3	6,2	7,1	8,1
50	0,1	1,0	1,9	2,8	3,8	4,7	5,6	6,5	7,4	8,4
51	0,4	1,3	2,2	3,1	4,0	5,0	5,9	6,8	7,7	8,7
52	0,6	1,6	2,5	3,4	4,3	5,2	6,2	7,1	8,0	8,9
53	0,9	1,8	2,7	3,7	4,6	5,5	6,4	7,4	8,3	9,2
54	1,1	2,1	3,0	3,9	4,9	5,8	6,7	7,6	8,6	9,5
55	1,4	2,3	3,3	4,2	5,1	6,1	7,0	7,9	8,8	9,8
56	1,7	2,6	3,5	4,5	5,4	6,3	7,2	8,2	9,1	10,0
57	1,9	2,8	3,8	4,7	5,6	6,6	7,5	8,4	9,4	10,3
58	2,1	3,1	4,0	5,0	5,9	6,8	7,8	8,7	9,6	10,6
59	2,4	3,3	4,3	5,2	6,1	7,1	8,0	8,9	9,9	10,8
60	2,6	3,6	4,5	5,4	6,4	7,3	8,3	9,2	10,1	11,1
61	2,8	3,8	4,7	5,7	6,6	7,6	8,5	9,4	10,4	11,3
62	3,1	4,0	5,0	5,9	6,9	7,8	8,7	9,7	10,6	11,6
63	3,3	4,2	5,2	6,1	7,1	8,0	9,0	9,9	10,9	11,8
64	3,5	4,5	5,4	6,4	7,3	8,3	9,2	10,2	11,1	12,0
65	3,7	4,7	5,6	6,6	7,5	8,5	9,4	10,4	11,3	12,3
66	4,0	4,9	5,9	6,8	7,8	8,7	9,7	10,6	11,6	12,5
67	4,2	5,1	6,1	7,0	8,0	8,9	9,9	10,8	11,8	12,7
68	4,4	5,3	6,3	7,2	8,2	9,2	10,1	11,1	12,0	13,0
69	4,6	5,5	6,5	7,5	8,4	9,4	10,3	11,3	12,2	13,2
70	4,8	5,8	6,7	7,7	8,6	9,6	10,5	11,5	12,5	13,4
71	5,0	6,0	6,9	7,9	8,8	9,8	10,8	11,7	12,7	13,6
72	5,2	6,2	7,1	8,1	9,0	10,0	11,0	11,9	12,9	13,8
73	5,4	6,4	7,3	8,3	9,2	10,2	11,2	12,1	13,1	14,1
74	5,6	6,6	7,5	8,5	9,4	10,4	11,4	12,3	13,3	14,3
75	5,8	6,8	7,7	8,7	9,6	10,6	11,6	12,5	13,5	14,5
76	6,0	6,9	7,9	8,9	9,8	10,8	11,8	12,7	13,7	14,7

(fortgesetzt)

Relative Luftfeuchte, Φ (%)	Lufttemperatur, t (°C)									
	10	11	12	13	14	15	16	17	18	19
77	6,2	7,1	8,1	9,1	10,0	11,0	12,0	12,9	13,9	14,9
78	6,4	7,3	8,3	9,3	10,2	11,2	12,2	13,1	14,1	15,1
79	6,5	7,5	8,5	9,5	10,4	11,4	12,4	13,3	14,3	15,3
80	6,7	7,7	8,7	9,6	10,6	11,6	12,6	13,5	14,5	15,5
81	6,9	7,9	8,8	9,8	10,8	11,8	12,7	13,7	14,7	15,7
82	7,1	8,1	9,0	10,0	11,0	12,0	12,9	13,9	14,9	15,9
83	7,3	8,2	9,2	10,2	11,2	12,1	13,1	14,1	15,1	16,0
84	7,4	8,4	9,4	10,4	11,3	12,3	13,3	14,3	15,3	16,2
85	7,6	8,6	9,6	10,5	11,5	12,5	13,5	14,5	15,4	16,4
86	7,8	8,8	9,7	10,7	11,7	12,7	13,7	14,6	15,6	16,6
87	7,9	8,9	9,9	10,9	11,9	12,9	13,8	14,8	15,8	16,8
88	8,1	9,1	10,1	11,1	12,0	13,0	14,0	15,0	16,0	17,0
89	8,3	9,3	10,2	11,2	12,2	13,2	14,2	15,2	16,2	17,1
90	8,4	9,4	10,4	11,4	12,4	13,4	14,4	15,3	16,3	17,3
91	8,6	9,6	10,6	11,6	12,6	13,5	14,5	15,5	16,5	17,5
92	8,8	9,8	10,7	11,7	12,7	13,7	14,7	15,7	16,7	17,7
93	8,9	9,9	10,9	11,9	12,9	13,9	14,9	15,9	16,9	17,8
94	9,1	10,1	11,1	12,1	13,1	14,0	15,0	16,0	17,0	18,0
95	9,2	10,2	11,2	12,2	13,2	14,2	15,2	16,2	17,2	18,2
96	9,4	10,4	11,4	12,4	13,4	14,4	15,4	16,4	17,4	18,3
97	9,5	10,5	11,5	12,5	13,5	14,5	15,5	16,5	17,5	18,5
98	9,7	10,7	11,7	12,7	13,7	14,7	15,7	16,7	17,7	18,7
99	9,9	10,8	11,8	12,8	13,8	14,8	15,8	16,8	17,8	18,8
100	10,0	11,0	12,0	13,0	14,0	15,0	16,0	17,0	18,0	19,0

(fortgesetzt)

Seite 11
EN ISO 8502-4 : 1999

Relative Luftfeuchte, Φ (%)	Lufttemperatur, t (°C)									
	20	21	22	23	24	25	26	27	28	29
1	−37,5	−36,9	−36,3	−35,8	−35,2	−34,6	−34,0	−33,4	−32,8	−32,2
2	−30,6	−30,0	−29,3	−28,7	−28,0	−27,4	−26,8	−26,1	−25,5	−24,9
3	−26,3	−25,6	−25,0	−24,3	−23,6	−23,0	−22,3	−21,7	−21,0	−20,3
4	−23,2	−22,5	−21,8	−21,1	−20,4	−19,7	−19,0	−18,4	−17,7	−17,0
5	−20,6	−19,9	−19,2	−18,5	−17,8	−17,1	−16,4	−15,7	−15,0	−14,3
6	−18,5	−17,8	−17,1	−16,4	−15,7	−15,0	−14,2	−13,5	−12,8	−12,1
7	−16,7	−16,0	−15,3	−14,6	−13,8	−13,1	−12,4	−11,6	−10,9	−10,2
8	−15,2	−14,4	−13,7	−12,9	−12,2	−11,5	−10,7	−10,0	−9,2	−8,5
9	−13,7	−13,0	−12,2	−11,5	−10,7	−10,0	−9,2	−8,5	−7,7	−7,0
10	−12,4	−11,7	−10,9	−10,2	−9,4	−8,6	−7,9	−7,1	−6,4	−5,6
11	−11,3	−10,5	−9,7	−9,0	−8,2	−7,4	−6,7	−5,9	−5,1	−4,4
12	−10,2	−9,4	−8,6	−7,9	−7,1	−6,3	−5,5	−4,8	−4,0	−3,2
13	−9,2	−8,4	−7,6	−6,8	−6,0	−5,3	−4,5	−3,7	−2,9	−2,1
14	−8,2	−7,4	−6,6	−5,9	−5,1	−4,3	−3,5	−2,7	−1,9	−1,1
15	−7,3	−6,5	−5,8	−5,0	−4,2	−3,4	−2,6	−1,8	−1,0	−0,2
16	−6,5	−5,7	−4,9	−4,1	−3,3	−2,5	−1,7	−0,9	−0,1	0,7
17	−5,7	−4,9	−4,1	−3,3	−2,5	−1,7	−0,9	−0,1	0,7	1,5
18	−5,0	−4,2	−3,4	−2,5	−1,7	−0,9	−0,1	0,7	1,5	2,3
19	−4,3	−3,4	−2,6	−1,8	−1,0	−0,2	0,6	1,4	2,3	3,1
20	−3,6	−2,8	−1,9	−1,1	−0,3	0,5	1,3	2,2	3,0	3,8
21	−2,9	−2,1	−1,3	−0,5	0,4	1,2	2,0	2,8	3,7	4,5
22	−2,3	−1,5	−0,6	0,2	1,0	1,8	2,7	3,5	4,3	5,2
23	−1,7	−0,9	0,0	0,8	1,6	2,5	3,3	4,1	5,0	5,8
24	−1,1	−0,3	0,5	1,4	2,2	3,1	3,9	4,7	5,6	6,4
25	−0,6	0,3	1,1	2,0	2,8	3,6	4,5	5,3	6,2	7,0
26	0,0	0,8	1,7	2,5	3,3	4,2	5,0	5,9	6,7	7,6
27	0,5	1,3	2,2	3,0	3,9	4,7	5,6	6,4	7,3	8,1
28	1,0	1,8	2,7	3,5	4,4	5,3	6,1	7,0	7,8	8,7
29	1,5	2,3	3,2	4,0	4,9	5,8	6,6	7,5	8,3	9,2
30	1,9	2,8	3,7	4,5	5,4	6,2	7,1	8,0	8,8	9,7
31	2,4	3,3	4,1	5,0	5,9	6,7	7,6	8,4	9,3	10,2
32	2,8	3,7	4,6	5,4	6,3	7,2	8,0	8,9	9,8	10,6
33	3,3	4,1	5,0	5,9	6,8	7,6	8,5	9,4	10,2	11,1
34	3,7	4,6	5,4	6,3	7,2	8,1	8,9	9,8	10,7	11,6
35	4,1	5,0	5,9	6,7	7,6	8,5	9,4	10,2	11,1	12,0
36	4,5	5,4	6,3	7,1	8,0	8,9	9,8	10,7	11,5	12,4
37	4,9	5,8	6,7	7,5	8,4	9,3	10,2	11,1	12,0	12,8
38	5,3	6,2	7,1	7,9	8,8	9,7	10,6	11,5	12,4	13,2

(fortgesetzt)

Relative Luftfeuchte, Φ (%)	Lufttemperatur, t (°C)									
	20	21	22	23	24	25	26	27	28	29
39	5,7	6,5	7,4	8,3	9,2	10,1	11,0	11,9	12,8	13,6
40	6,0	6,9	7,8	8,7	9,6	10,5	11,4	12,3	13,1	14,0
41	6,4	7,3	8,2	9,1	10,0	10,8	11,7	12,6	13,5	14,4
42	6,7	7,6	8,5	9,4	10,3	11,2	12,1	13,0	13,9	14,8
43	7,1	8,0	8,9	9,8	10,7	11,6	12,5	13,4	14,3	15,2
44	7,4	8,3	9,2	10,1	11,0	11,9	12,8	13,7	14,6	15,5
45	7,7	8,6	9,5	10,4	11,3	12,3	13,2	14,1	15,0	15,9
46	8,0	9,0	9,9	10,8	11,7	12,6	13,5	14,4	15,3	16,2
47	8,4	9,3	10,2	11,1	12,0	12,9	13,8	14,7	15,6	16,5
48	8,7	9,6	10,5	11,4	12,3	13,2	14,1	15,1	16,0	16,9
49	9,0	9,9	10,8	11,7	12,6	13,5	14,5	15,4	16,3	17,2
50	9,3	10,2	11,1	12,0	12,9	13,9	14,8	15,7	16,6	17,5
51	9,6	10,5	11,4	12,3	13,2	14,2	15,1	16,0	16,9	17,8
52	9,9	10,8	11,7	12,6	13,5	14,5	15,4	16,3	17,2	18,1
53	10,1	11,1	12,0	12,9	13,8	14,8	15,7	16,6	17,5	18,4
54	10,4	11,3	12,3	13,2	14,1	15,0	16,0	16,9	17,8	18,7
55	10,7	11,6	12,6	13,5	14,4	15,3	16,3	17,2	18,1	19,0
56	11,0	11,9	12,8	13,8	14,7	15,6	16,5	17,5	18,4	19,3
57	11,2	12,2	13,1	14,0	15,0	15,9	16,8	17,8	18,7	19,6
58	11,5	12,4	13,4	14,3	15,2	16,2	17,1	18,0	19,0	19,9
59	11,8	12,7	13,6	14,6	15,5	16,4	17,4	18,3	19,2	20,2
60	12,0	12,9	13,9	14,8	15,8	16,7	17,6	18,6	19,5	20,4
61	12,3	13,2	14,1	15,1	16,0	17,0	17,9	18,8	19,8	20,7
62	12,5	13,4	14,4	15,3	16,3	17,2	18,2	19,1	20,0	21,0
63	12,8	13,7	14,6	15,6	16,5	17,5	18,4	19,4	20,3	21,2
64	13,0	13,9	14,9	15,8	16,8	17,7	18,7	19,6	20,5	21,5
65	13,2	14,2	15,1	16,1	17,0	18,0	18,9	19,9	20,8	21,7
66	13,5	14,4	15,4	16,3	17,3	18,2	19,2	20,1	21,0	22,0
67	13,7	14,6	15,6	16,5	17,5	18,4	19,4	20,3	21,3	22,2
68	13,9	14,9	15,8	16,8	17,7	18,7	19,6	20,6	21,5	22,5
69	14,1	15,1	16,1	17,0	18,0	18,9	19,9	20,8	21,8	22,7
70	14,4	15,3	16,3	17,2	18,2	19,1	20,1	21,1	22,0	23,0
71	14,6	15,5	16,5	17,5	18,4	19,4	20,3	21,3	22,2	23,2
72	14,8	15,8	16,7	17,7	18,6	19,6	20,6	21,5	22,5	23,4
73	15,0	16,0	16,9	17,9	18,9	19,8	20,8	21,7	22,7	23,7
74	15,2	16,2	17,2	18,1	19,1	20,0	21,0	22,0	22,9	23,9
75	15,4	16,4	17,4	18,3	19,3	20,3	21,2	22,2	23,1	24,1
76	15,6	16,6	17,6	18,5	19,5	20,5	21,4	22,4	23,4	24,3

(fortgesetzt)

Relative Luftfeuchte, Φ (%)	Lufttemperatur, t (°C)									
	20	21	22	23	24	25	26	27	28	29
77	15,8	16,8	17,8	18,7	19,7	20,7	21,7	22,6	23,6	24,6
78	16,0	17,0	18,0	19,0	19,9	20,9	21,9	22,8	23,8	24,8
79	16,2	17,2	18,2	19,2	20,1	21,1	22,1	23,0	24,0	25,0
80	16,4	17,4	18,4	19,4	20,3	21,3	22,3	23,2	24,2	25,2
81	16,6	17,6	18,6	19,6	20,5	21,5	22,5	23,5	24,4	25,4
82	16,8	17,8	18,8	19,8	20,7	21,7	22,7	23,7	24,6	25,6
83	17,0	18,0	19,0	20,0	20,9	21,9	22,9	23,9	24,8	25,8
84	17,2	18,2	19,2	20,1	21,1	22,1	23,1	24,1	25,0	26,0
85	17,4	18,4	19,4	20,3	21,3	22,3	23,3	24,3	25,2	26,2
86	17,6	18,6	19,5	20,5	21,5	22,5	23,5	24,5	25,4	26,4
87	17,8	18,8	19,7	20,7	21,7	22,7	23,7	24,6	25,6	26,6
88	18,0	18,9	19,9	20,9	21,9	22,9	23,9	24,8	25,8	26,8
89	18,1	19,1	20,1	21,1	22,1	23,1	24,0	25,0	26,0	27,0
90	18,3	19,3	20,3	21,3	22,3	23,2	24,2	25,2	26,2	27,2
91	18,5	19,5	20,5	21,4	22,4	23,4	24,4	25,4	26,4	27,4
92	18,7	19,6	20,6	21,6	22,6	23,6	24,6	25,6	26,6	27,6
93	18,8	19,8	20,8	21,8	22,8	23,8	24,8	25,8	26,8	27,7
94	19,0	20,0	21,0	22,0	23,0	24,0	25,0	25,9	26,9	27,9
95	19,2	20,2	21,2	22,2	23,1	24,1	25,1	26,1	27,1	28,1
96	19,3	20,3	21,3	22,3	23,3	24,3	25,3	26,3	27,3	28,3
97	19,5	20,5	21,5	22,5	23,5	24,5	25,5	26,5	27,5	28,5
98	19,7	20,7	21,7	22,7	23,7	24,7	25,7	26,7	27,7	28,7
99	19,8	20,8	21,8	22,8	23,8	24,8	25,8	26,8	27,8	28,8
100	20,0	21,0	22,0	23,0	24,0	25,0	26,0	27,0	28,0	29,0

(fortgesetzt)

Relative Luftfeuchte, Φ (%)	Lufttemperatur, t (°C)									
	30	31	32	33	34	35	36	37	38	39
1	−31,6	−31,0	−30,4	−29,9	−29,3	−28,7	−28,1	−27,5	−26,9	−26,4
2	−24,2	−23,6	−23,0	−22,4	−21,7	−21,1	−20,5	−19,8	−19,2	−18,6
3	−19,7	−19,0	−18,4	−17,7	−17,0	−16,4	−15,7	−15,1	−14,4	−13,8
4	−16,3	−15,6	−15,0	−14,3	−13,6	−12,9	−12,3	−11,6	−10,9	−10,2
5	−13,6	−12,9	−12,2	−11,5	−10,9	−10,2	−9,5	−8,8	−8,1	−7,4
6	−11,4	−10,7	−10,0	−9,3	−8,6	−7,8	−7,1	−6,4	−5,7	−5,0
7	−9,5	−8,7	−8,0	−7,3	−6,6	−5,9	−5,1	−4,4	−3,7	−3,0
8	−7,8	−7,0	−6,3	−5,6	−4,8	−4,1	−3,4	−2,6	−1,9	−1,2
9	−6,2	−5,5	−4,8	−4,0	−3,3	−2,5	−1,8	−1,1	−0,3	0,4
10	−4,9	−4,1	−3,4	−2,6	−1,9	−1,1	−0,4	0,4	1,1	1,9
11	−3,6	−2,9	−2,1	−1,3	−0,6	0,2	0,9	1,7	2,5	3,2
12	−2,4	−1,7	−0,9	−0,1	0,6	1,4	2,2	2,9	3,7	4,4
13	−1,4	−0,6	0,2	1,0	1,7	2,5	3,3	4,0	4,8	5,6
14	−0,4	0,4	1,2	2,0	2,8	3,5	4,3	5,1	5,9	6,7
15	0,6	1,4	2,2	3,0	3,7	4,5	5,3	6,1	6,9	7,7
16	1,5	2,3	3,1	3,9	4,7	5,4	6,2	7,0	7,8	8,6
17	2,3	3,1	3,9	4,7	5,5	6,3	7,1	7,9	8,7	9,5
18	3,1	3,9	4,7	5,5	6,3	7,2	8,0	8,8	9,6	10,4
19	3,9	4,7	5,5	6,3	7,1	7,9	8,7	9,6	10,4	11,2
20	4,6	5,4	6,3	7,1	7,9	8,7	9,5	10,3	11,1	11,9
21	5,3	6,1	7,0	7,8	8,6	9,4	10,2	11,1	11,9	12,7
22	6,0	6,8	7,6	8,5	9,3	10,1	10,9	11,8	12,6	13,4
23	6,6	7,5	8,3	9,1	9,9	10,8	11,6	12,4	13,3	14,1
24	7,2	8,1	8,9	9,7	10,6	11,4	12,2	13,1	13,9	14,7
25	7,8	8,7	9,5	10,4	11,2	12,0	12,9	13,7	14,5	15,4
26	8,4	9,3	10,1	10,9	11,8	12,6	13,5	14,3	15,1	16,0
27	9,0	9,8	10,7	11,5	12,4	13,2	14,0	14,9	15,7	16,6
28	9,5	10,4	11,2	12,1	12,9	13,8	14,6	15,5	16,3	17,2
29	10,0	10,9	11,7	12,6	13,4	14,3	15,2	16,0	16,9	17,7
30	10,5	11,4	12,3	13,1	14,0	14,8	15,7	16,5	17,4	18,2
31	11,0	11,9	12,8	13,6	14,5	15,3	16,2	17,1	17,9	18,8
32	11,5	12,4	13,2	14,1	15,0	15,8	16,7	17,6	18,4	19,3
33	12,0	12,8	13,7	14,6	15,4	16,3	17,2	18,0	18,9	19,8
34	12,4	13,3	14,2	15,0	15,9	16,8	17,6	18,5	19,4	20,3
35	12,9	13,7	14,6	15,5	16,4	17,2	18,1	19,0	19,9	20,7
36	13,3	14,2	15,1	15,9	16,8	17,7	18,6	19,4	20,3	21,2
37	13,7	14,6	15,5	16,4	17,2	18,1	19,0	19,9	20,8	21,6
38	14,1	15,0	15,9	16,8	17,7	18,5	19,4	20,3	21,2	22,1

(fortgesetzt)

Seite 15
EN ISO 8502-4 : 1999

Relative Luftfeuchte, Φ (%)	Lufttemperatur, t (°C)									
	30	31	32	33	34	35	36	37	38	39
39	14,5	15,4	16,3	17,2	18,1	19,0	19,8	20,7	21,6	22,5
40	14,9	15,8	16,7	17,6	18,5	19,4	20,3	21,1	22,0	22,9
41	15,3	16,2	17,1	18,0	18,9	19,8	20,7	21,5	22,4	23,3
42	15,7	16,6	17,5	18,4	19,3	20,2	21,0	21,9	22,8	23,7
43	16,1	16,9	17,8	18,7	19,6	20,5	21,4	22,3	23,2	24,1
44	16,4	17,3	18,2	19,1	20,0	20,9	21,8	22,7	23,6	24,5
45	16,8	17,7	18,6	19,5	20,4	21,3	22,2	23,1	24,0	24,9
46	17,1	18,0	18,9	19,8	20,7	21,6	22,5	23,4	24,3	25,2
47	17,5	18,4	19,3	20,2	21,1	22,0	22,9	23,8	24,7	25,6
48	17,8	18,7	19,6	20,5	21,4	22,3	23,2	24,1	25,1	26,0
49	18,1	19,0	19,9	20,8	21,8	22,7	23,6	24,5	25,4	26,3
50	18,4	19,3	20,3	21,2	22,1	23,0	23,9	24,8	25,7	26,7
51	18,8	19,7	20,6	21,5	22,4	23,3	24,2	25,2	26,1	27,0
52	19,1	20,0	20,9	21,8	22,7	23,7	24,6	25,5	26,4	27,3
53	19,4	20,3	21,2	22,1	23,1	24,0	24,9	25,8	26,7	27,6
54	19,7	20,6	21,5	22,4	23,4	24,3	25,2	26,1	27,0	28,0
55	20,0	20,9	21,8	22,7	23,7	24,6	25,5	26,4	27,4	28,3
56	20,3	21,2	22,1	23,0	24,0	24,9	25,8	26,7	27,7	28,6
57	20,5	21,5	22,4	23,3	24,3	25,2	26,1	27,0	28,0	28,9
58	20,8	21,8	22,7	23,6	24,6	25,5	26,4	27,3	28,3	29,2
59	21,1	22,0	23,0	23,9	24,8	25,8	26,7	27,6	28,6	29,5
60	21,4	22,3	23,2	24,2	25,1	26,1	27,0	27,9	28,9	29,8
61	21,6	22,6	23,5	24,5	25,4	26,3	27,3	28,2	29,1	30,1
62	21,9	22,9	23,8	24,7	25,7	26,6	27,5	28,5	29,4	30,4
63	22,2	23,1	24,1	25,0	25,9	26,9	27,8	28,8	29,7	30,6
64	22,4	23,4	24,3	25,3	26,2	27,2	28,1	29,0	30,0	30,9
65	22,7	23,6	24,6	25,5	26,5	27,4	28,4	29,3	30,2	31,2
66	22,9	23,9	24,8	25,8	26,7	27,7	28,6	29,6	30,5	31,5
67	23,2	24,1	25,1	26,0	27,0	27,9	28,9	29,8	30,8	31,7
68	23,4	24,4	25,3	26,3	27,2	28,2	29,1	30,1	31,0	32,0
69	23,7	24,6	25,6	26,5	27,5	28,4	29,4	30,3	31,3	32,2
70	23,9	24,9	25,8	26,8	27,7	28,7	29,6	30,6	31,6	32,5
71	24,2	25,1	26,1	27,0	28,0	28,9	29,9	30,8	31,8	32,8
72	24,4	25,3	26,3	27,3	28,2	29,2	30,1	31,1	32,0	33,0
73	24,6	25,6	26,5	27,5	28,5	29,4	30,4	31,3	32,3	33,3
74	24,8	25,8	26,8	27,7	28,7	29,7	30,6	31,6	32,5	33,5
75	25,1	26,0	27,0	28,0	28,9	29,9	30,9	31,8	32,8	33,7
76	25,3	26,3	27,2	28,2	29,2	30,1	31,1	32,0	33,0	34,0

(fortgesetzt)

239

Relative Luftfeuchte, Φ (%)	Lufttemperatur, t (°C)									
	20	21	22	23	24	25	26	27	28	29
77	25,5	26,5	27,4	28,4	29,4	30,3	31,3	32,3	33,2	34,2
78	25,7	26,7	27,7	28,6	29,6	30,6	31,5	32,5	33,5	34,4
79	26,0	26,9	27,9	28,9	29,8	30,8	31,8	32,7	33,7	34,7
80	26,2	27,1	28,1	29,1	30,0	31,0	32,0	33,0	33,9	34,9
81	26,4	27,3	28,3	29,3	30,3	31,2	32,2	33,2	34,2	35,1
82	26,6	27,6	28,5	29,5	30,5	31,5	32,4	33,4	34,4	35,3
83	26,8	27,8	28,7	29,7	30,7	31,7	32,6	33,6	34,6	35,6
84	27,0	28,0	28,9	29,9	30,9	31,9	32,9	33,8	34,8	35,8
85	27,2	28,2	29,2	30,1	31,1	32,1	33,1	34,0	35,0	36,0
86	27,4	28,4	29,4	30,3	31,3	32,3	33,3	34,3	35,2	36,2
87	27,6	28,6	29,6	30,5	31,5	32,5	33,5	34,5	35,4	36,4
88	27,8	28,8	29,8	30,7	31,7	32,7	33,7	34,7	35,7	36,6
89	28,0	29,0	30,0	30,9	31,9	32,9	33,9	34,9	35,9	36,8
90	28,2	29,2	30,1	31,1	32,1	33,1	34,1	35,1	36,1	37,0
91	28,4	29,4	30,3	31,3	32,3	33,3	34,3	35,3	36,3	37,3
92	28,6	29,5	30,5	31,5	32,5	33,5	34,5	35,5	36,5	37,5
93	28,7	29,7	30,7	31,7	32,7	33,7	34,7	35,7	36,7	37,7
94	28,9	29,9	30,9	31,9	32,9	33,9	34,9	35,9	36,9	37,9
95	29,1	30,1	31,1	32,1	33,1	34,1	35,1	36,1	37,1	38,0
96	29,3	30,3	31,3	32,3	33,3	34,3	35,3	36,3	37,2	38,2
97	29,5	30,5	31,5	32,5	33,5	34,4	35,4	36,4	37,4	38,4
98	29,6	30,6	31,6	32,6	33,6	34,6	35,6	36,6	37,6	38,6
99	29,8	30,8	31,8	32,8	33,8	34,8	35,8	36,8	37,8	38,8
100	30,0	31,0	32,0	33,0	34,0	35,0	36,0	37,0	38,0	39,0

(fortgesetzt)

Relative Luftfeuchte, Φ (%)	Lufttemperatur, t (°C)										
	40	41	42	43	44	45	46	47	48	49	50
1	−25,8	−25,2	−24,6	−24,1	−23,5	−22,9	−22,3	−21,8	−21,2	−20,6	−20,1
2	−18,0	−17,4	−16,7	−16,1	−15,5	−14,9	−14,3	−13,6	−13,0	−12,4	−11,8
3	−13,1	−12,5	−11,8	−11,2	−10,5	−9,9	−9,2	−8,6	−8,0	−7,3	−6,7
4	−9,6	−8,9	−8,2	−7,5	−6,9	−6,2	−5,5	−4,9	−4,2	−3,6	−2,9
5	−6,7	−6,0	−5,3	−4,6	−4,0	−3,3	−2,6	−1,9	−1,2	−0,5	0,1
6	−4,3	−3,6	−2,9	−2,2	−1,5	−0,8	−0,1	0,6	1,3	2,0	2,7
7	−2,3	−1,6	−0,8	−0,1	0,6	1,3	2,0	2,7	3,4	4,1	4,8
8	−0,5	0,3	1,0	1,7	2,4	3,2	3,9	4,6	5,3	6,0	6,8
9	1,2	1,9	2,6	3,4	4,1	4,8	5,6	6,3	7,0	7,8	8,5
10	2,6	3,4	4,1	4,9	5,6	6,3	7,1	7,8	8,6	9,3	10,0
11	4,0	4,7	5,5	6,2	7,0	7,7	8,5	9,2	10,0	10,7	11,5
12	5,2	6,0	6,7	7,5	8,3	9,0	9,8	10,5	11,3	12,0	12,8
13	6,4	7,1	7,9	8,7	9,4	10,2	11,0	11,7	12,5	13,3	14,0
14	7,4	8,2	9,0	9,8	10,5	11,3	12,1	12,9	13,6	14,4	15,2
15	8,4	9,2	10,0	10,8	11,6	12,4	13,1	13,9	14,7	15,5	16,2
16	9,4	10,2	11,0	11,8	12,6	13,3	14,1	14,9	15,7	16,5	17,3
17	10,3	11,1	11,9	12,7	13,5	14,3	15,1	15,9	16,6	17,4	18,2
18	11,2	12,0	12,8	13,6	14,4	15,2	16,0	16,8	17,5	18,3	19,1
19	12,0	12,8	13,6	14,4	15,2	16,0	16,8	17,6	18,4	19,2	20,0
20	12,8	13,6	14,4	15,2	16,0	16,8	17,6	18,4	19,2	20,0	20,8
21	13,5	14,3	15,1	16,0	16,8	17,6	18,4	19,2	20,0	20,8	21,6
22	14,2	15,0	15,9	16,7	17,5	18,3	19,1	20,0	20,8	21,6	22,4
23	14,9	15,7	16,6	17,4	18,2	19,0	19,8	20,7	21,5	22,3	23,1
24	15,6	16,4	17,2	18,1	18,9	19,7	20,5	21,4	22,2	23,0	23,8
25	16,2	17,0	17,9	18,7	19,5	20,4	21,2	22,0	22,9	23,7	24,5
26	16,8	17,7	18,5	19,3	20,2	21,0	21,8	22,7	23,5	24,3	25,2
27	17,4	18,3	19,1	19,9	20,8	21,6	22,5	23,3	24,1	25,0	25,8
28	18,0	18,8	19,7	20,5	21,4	22,2	23,1	23,9	24,7	25,6	26,4
29	18,6	19,4	20,3	21,1	22,0	22,8	23,6	24,5	25,3	26,2	27,0
30	19,1	20,0	20,8	21,7	22,5	23,4	24,2	25,1	25,9	26,8	27,6
31	19,6	20,5	21,3	22,2	23,0	23,9	24,8	25,6	26,5	27,3	28,2
32	20,1	21,0	21,9	22,7	23,6	24,4	25,3	26,1	27,0	27,9	28,7
33	20,6	21,5	22,4	23,2	24,1	24,9	25,8	26,7	27,5	28,4	29,3
34	21,1	22,0	22,9	23,7	24,6	25,5	26,3	27,2	28,0	28,9	29,8
35	21,6	22,5	23,3	24,2	25,1	25,9	26,8	27,7	28,5	29,4	30,3
36	22,1	22,9	23,8	24,7	25,5	26,4	27,3	28,2	29,0	29,9	30,8
37	22,5	23,4	24,3	25,1	26,0	26,9	27,8	28,6	29,5	30,4	31,3
38	22,9	23,8	24,7	25,6	26,5	27,3	28,2	29,1	30,0	30,8	31,7

(fortgesetzt)

Relative Luftfeuchte, Φ (%)	Lufttemperatur, t (°C)										
	40	41	42	43	44	45	46	47	48	49	50
39	23,4	24,3	25,1	26,0	26,9	27,8	28,7	29,5	30,4	31,3	32,2
40	23,8	24,7	25,6	26,5	27,3	28,2	29,1	30,0	30,9	31,7	32,6
41	24,2	25,1	26,0	26,9	27,8	28,6	29,5	30,4	31,3	32,2	33,1
42	24,6	25,5	26,4	27,3	28,2	29,1	30,0	30,8	31,7	32,6	33,5
43	25,0	25,9	26,8	27,7	28,6	29,5	30,4	31,3	32,1	33,0	33,9
44	25,4	26,3	27,2	28,1	29,0	29,9	30,8	31,7	32,6	33,4	34,3
45	25,8	26,7	27,6	28,5	29,4	30,3	31,2	32,1	33,0	33,8	34,7
46	26,1	27,0	27,9	28,8	29,7	30,6	31,5	32,4	33,3	34,2	35,1
47	26,5	27,4	28,3	29,2	30,1	31,0	31,9	32,8	33,7	34,6	35,5
48	26,9	27,8	28,7	29,6	30,5	31,4	32,3	33,2	34,1	35,0	35,9
49	27,2	28,1	29,0	29,9	30,9	31,8	32,7	33,6	34,5	35,4	36,3
50	27,6	28,5	29,4	30,3	31,2	32,1	33,0	33,9	34,8	35,8	36,7
51	27,9	28,8	29,7	30,6	31,6	32,5	33,4	34,3	35,2	36,1	37,0
52	28,2	29,2	30,1	31,0	31,9	32,8	33,7	34,6	35,6	36,5	37,4
53	28,6	29,5	30,4	31,3	32,2	33,2	34,1	35,0	35,9	36,8	37,7
54	28,9	29,8	30,7	31,6	32,6	33,5	34,4	35,3	36,2	37,2	38,1
55	29,2	30,1	31,1	32,0	32,9	33,8	34,7	35,7	36,6	37,5	38,4
56	29,5	30,4	31,4	32,3	33,2	34,1	35,1	36,0	36,9	37,8	38,8
57	29,8	30,8	31,7	32,6	33,5	34,5	35,4	36,3	37,2	38,2	39,1
58	30,1	31,1	32,0	32,9	33,8	34,8	35,7	36,6	37,6	38,5	39,4
59	30,4	31,4	32,3	33,2	34,2	35,1	36,0	36,9	37,9	38,8	39,7
60	30,7	31,7	32,6	33,5	34,5	35,4	36,3	37,3	38,2	39,1	40,0
61	31,0	32,0	32,9	33,8	34,8	35,7	36,6	37,6	38,5	39,4	40,4
62	31,3	32,2	33,2	34,1	35,0	36,0	36,9	37,9	38,8	39,7	40,7
63	31,6	32,5	33,5	34,4	35,3	36,3	37,2	38,2	39,1	40,0	41,0
64	31,9	32,8	33,7	34,7	35,6	36,6	37,5	38,4	39,4	40,3	41,3
65	32,1	33,1	34,0	35,0	35,9	36,9	37,8	38,7	39,7	40,6	41,6
66	32,4	33,4	34,3	35,2	36,2	37,1	38,1	39,0	40,0	40,9	41,9
67	32,7	33,6	34,6	35,5	36,5	37,4	38,4	39,3	40,2	41,2	42,1
68	32,9	33,9	34,8	35,8	36,7	37,7	38,6	39,6	40,5	41,5	42,4
69	33,2	34,2	35,1	36,1	37,0	38,0	38,9	39,9	40,8	41,8	42,7
70	33,5	34,4	35,4	36,3	37,3	38,2	39,2	40,1	41,1	42,0	43,0
71	33,7	34,7	35,6	36,6	37,5	38,5	39,4	40,4	41,3	42,3	43,2
72	34,0	34,9	35,9	36,8	37,8	38,7	39,7	40,7	41,6	42,6	43,5
73	34,2	35,2	36,1	37,1	38,0	39,0	40,0	40,9	41,9	42,8	43,8
74	34,5	35,4	36,4	37,3	38,3	39,3	40,2	41,2	42,1	43,1	44,0
75	34,7	35,7	36,6	37,6	38,5	39,5	40,5	41,4	42,4	43,3	44,3
76	34,9	35,9	36,9	37,8	38,8	39,8	40,7	41,7	42,6	43,6	44,6

(fortgesetzt)

Relative Luftfeuchte, Φ (%)	Lufttemperatur, t (°C)									
	40	41	42	43	44	45	46	47	48	49	50
77	35,2	36,1	37,1	38,1	39,0	40,0	41,0	41,9	42,9	43,9	44,8
78	35,4	36,4	37,3	38,3	39,3	40,2	41,2	42,2	43,1	44,1	45,1
79	35,6	36,6	37,6	38,5	39,5	40,5	41,4	42,4	43,4	44,4	45,3
80	35,9	36,8	37,8	38,8	39,7	40,7	41,7	42,7	43,6	44,6	45,6
81	36,1	37,1	38,0	39,0	40,0	41,0	41,9	42,9	43,9	44,8	45,8
82	36,3	37,3	38,3	39,2	40,2	41,2	42,2	43,1	44,1	45,1	46,0
83	36,5	37,5	38,5	39,5	40,4	41,4	42,4	43,4	44,3	45,3	46,3
84	36,8	37,7	38,7	39,7	40,7	41,6	42,6	43,6	44,6	45,5	46,5
85	37,0	38,0	38,9	39,9	40,9	41,9	42,8	43,8	44,8	45,8	46,8
86	37,2	38,2	39,2	40,1	41,1	42,1	43,1	44,1	45,0	46,0	47,0
87	37,4	38,4	39,4	40,4	41,3	42,3	43,3	44,3	45,3	46,2	47,2
88	37,6	38,6	39,6	40,6	41,5	42,5	43,5	44,5	45,5	46,5	47,4
89	37,8	38,8	39,8	40,8	41,8	42,7	43,7	44,7	45,7	46,7	47,7
90	38,0	39,0	40,0	41,0	42,0	43,0	43,9	44,9	45,9	46,9	47,9
91	38,2	39,2	40,2	41,2	42,2	43,2	44,2	45,1	46,1	47,1	48,1
92	38,4	39,4	40,4	41,4	42,4	43,4	44,4	45,4	46,3	47,3	48,3
93	38,6	39,6	40,6	41,6	42,6	43,6	44,6	45,6	46,6	47,6	48,5
94	38,8	39,8	40,8	41,8	42,8	43,8	44,8	45,8	46,8	47,8	48,8
95	39,0	40,0	41,0	42,0	43,0	44,0	45,0	46,0	47,0	48,0	49,0
96	39,2	40,2	41,2	42,2	43,2	44,2	45,2	46,2	47,2	48,2	49,2
97	39,4	40,4	41,4	42,4	43,4	44,4	45,4	46,4	47,4	48,4	49,4
98	39,6	40,6	41,6	42,6	43,6	44,6	45,6	46,6	47,6	48,6	49,6
99	39,8	40,8	41,8	42,8	43,8	44,8	45,8	46,8	47,8	48,8	49,8
100	40,0	41,0	42,0	43,0	44,0	45,0	46,0	47,0	48,0	49,0	50,0

Anhang ZA (normativ)

Normative Verweisungen auf internationale Publikationen mit ihren entsprechenden europäischen Publikationen

Diese Europäische Norm enthält, durch datierte oder undatierte Verweisungen, Festlegungen aus anderen Publikationen. Diese normativen Verweisungen sind an den jeweiligen Stellen im Text zitiert, und die Publikationen sind nachstehend aufgeführt. Bei datierten Verweisungen gehören spätere Änderungen oder Überarbeitungen dieser Publikationen nur zu dieser Europäischen Norm, falls sie durch Änderung oder Überarbeitung eingearbeitet sind. Bei undatierten Verweisungen gilt die letzte Ausgabe der in Bezug genommenen Publikation.

Publikation	Jahr	Titel	EN	Jahr
ISO 8601	1988	Data elements and interchange formats — Information interchange — Representation of dates and times	EN 28601	1992

Juni 1999

Vorbereitung von Stahloberflächen vor dem Auftragen von Beschichtungsstoffen
Prüfungen zum Beurteilen der Oberflächenreinheit
Teil 6: Lösen von wasserlöslichen Verunreinigungen zur Analyse —
Bresle-Verfahren (ISO 8502-6 : 1995)   Deutsche Fassung EN ISO 8502-6 : 1999

DIN EN ISO 8502-6

ICS 25.220.10

Preparation of steel substrates before application of paints and related products —
Tests for the assessment of surface cleanliness —
Part 6: Extraction of soluble contaminants for analysis —
The Bresle method (ISO 8502-6 : 1995); German version EN ISO 8502-6 : 1999
Préparation des subjectiles d'acier avant application de peintures et de produits assimilés —
Essais pour apprécier la propreté d'une surface —
Partie 6: Extraction des contaminants solubles en vue de l'analyse —
Méthode de Bresle (ISO 8502-6 : 1995); Version allemande EN ISO 8502-6 : 1999

Die Europäische Norm EN ISO 8502-6 : 1999 hat den Status einer Deutschen Norm.

Nationales Vorwort

Die Europäische Norm EN ISO 8502-6 fällt in den Zuständigkeitsbereich des Technischen Komitees CEN/TC 139 „Lacke und Anstrichstoffe" (Sekretariat: Deutschland). Die ihr zugrundeliegende Internationale Norm ISO 8502-6 wurde vom ISO/TC 35/SC 12 „Paints and varnishes — Preparation of steel substrates before application of paints and related products" (Sekretariat: BSI, Vereinigtes Königreich) ausgearbeitet.

Das zuständige deutsche Normungsgremium ist der Unterausschuß 10.4 „Oberflächenvorbereitung und -prüfung" des FA/NABau-Arbeitsausschusses 10 „Korrosionsschutz von Stahlbauten".

Für die im Abschnitt 2 zitierten Internationalen Normen wird in der folgenden Tabelle auf die entsprechenden Deutschen Normen hingewiesen:

ISO-Norm	DIN-Norm
ISO 554	DIN 50014
ISO 8501-1	1)
ISO 8503-2	DIN EN ISO 8503-2

1) Die Norm ISO 8501-1 sowie die informative Ergänzung zu ISO 8501-1 mit den photographischen Vergleichsmustern für Rostgrade und Oberflächenvorbereitungsgrade sind im deutschen Bereich unmittelbar anwendbar, da sie die Texte auch in deutscher Sprache enthalten.

Nationaler Anhang NA   (informativ)

Literaturhinweise

DIN 50014
    Normalklimate für Vorbehandlung und/oder Prüfung — Festlegungen (ISO 554 : 1976)
DIN EN ISO 8503-2
    Vorbereitung von Stahloberflächen vor dem Auftragen von Beschichtungsstoffen — Rauheitskenngrößen von gestrahlten Stahloberflächen — Teil 2: Verfahren zur Prüfung der Rauheit von gestrahltem Stahl — Vergleichsmusterverfahren (ISO 8503-2 : 1988); Deutsche Fassung EN ISO 8503-2 : 1995

Fortsetzung 7 Seiten EN

Normenausschuß Anstrichstoffe und ähnliche Beschichtungsstoffe (FA) im DIN Deutsches Institut für Normung e.V.
Normenausschuß Bauwesen (NABau) im DIN

EUROPÄISCHE NORM
EUROPEAN STANDARD
NORME EUROPÉENNE

EN ISO 8502-6

Mai 1999

ICS 87.020

Deutsche Fassung

Vorbereitung von Stahloberflächen vor dem Auftragen von Beschichtungsstoffen

Prüfungen zum Beurteilen der Oberflächenreinheit

Teil 6: Lösen von wasserlöslichen Verunreinigungen zur Analyse — Bresle-Verfahren (ISO 8502-6 : 1995)

Preparation of steel substrates before application of paints and related products — Tests for the assessment of surface cleanliness — Part 6: Extraction of soluble contaminants for analysis — The Bresle method (ISO 8502-6 : 1995)

Préparation des subjectiles d'acier avant application de peintures et de produits assimilés — Essais pour apprécier la propreté d'une surface — Partie 6: Extraction des contaminants solubles en vue de l'analyse — Méthode de Bresle (ISO 8502-6 : 1995)

Diese Europäische Norm wurde von CEN am 18. April 1999 angenommen.

Die CEN-Mitglieder sind gehalten, die CEN/CENELEC-Geschäftsordnung zu erfüllen, in der die Bedingungen festgelegt sind, unter denen dieser Europäischen Norm ohne jede Änderung der Status einer nationalen Norm zu geben ist.

Auf dem letzten Stand befindliche Listen dieser nationalen Normen mit ihren bibliographischen Angaben sind beim Zentralsekretariat oder bei jedem CEN-Mitglied auf Anfrage erhältlich.

Diese Europäische Norm besteht in drei offiziellen Fassungen (Deutsch, Englisch, Französisch). Eine Fassung in einer anderen Sprache, die von einem CEN-Mitglied in eigener Verantwortung durch Übersetzung in seine Landessprache gemacht und dem Zentralsekretariat mitgeteilt worden ist, hat den gleichen Status wie die offiziellen Fassungen.

CEN-Mitglieder sind die nationalen Normungsinstitute von Belgien, Dänemark, Deutschland, Finnland, Frankreich, Griechenland, Irland, Island, Italien, Luxemburg, Niederlande, Norwegen, Österreich, Portugal, Schweden, Schweiz, Spanien, der Tschechischen Republik und dem Vereinigten Königreich.

EUROPÄISCHES KOMITEE FÜR NORMUNG
European Committee for Standardization
Comité Européen de Normalisation

Zentralsekretariat: rue de Stassart 36, B-1050 Brüssel

© 1999 CEN — Alle Rechte der Verwertung, gleich in welcher Form und in welchem Verfahren, sind weltweit den nationalen Mitgliedern von CEN vorbehalten.

Ref. Nr. EN ISO 8502-6 : 1999 D

Seite 2
EN ISO 8502-6 : 1999

Vorwort

Diese Europäische Norm muß den Status einer nationalen Norm erhalten, entweder durch Veröffentlichung eines identischen Textes oder durch Anerkennung bis November 1999, und etwaige entgegenstehende nationale Normen müssen bis November 1999 zurückgezogen werden.

Entsprechend der CEN/CENELEC-Geschäftsordnung sind die nationalen Normungsinstitute der folgenden Länder gehalten, diese Europäische Norm zu übernehmen:

Belgien, Dänemark, Deutschland, Finnland, Frankreich, Griechenland, Irland, Island, Italien, Luxemburg, Niederlande, Norwegen, Österreich, Portugal, Schweden, Schweiz, Spanien, die Tschechische Republik und das Vereinigte Königreich.

Anerkennungsnotiz

Der Text der Internationalen Norm ISO 8502-6 : 1995 wurde von CEN als Europäische Norm ohne irgendeine Abänderung genehmigt.

ANMERKUNG: Die normativen Verweisungen auf Internationale Normen sind im Anhang ZA (normativ) aufgeführt.

Einleitung

Das Verhalten von Schutzbeschichtungen auf Stahl wird wesentlich vom Zustand der Stahloberfläche unmittelbar vor dem Beschichten beeinflußt. Von grundlegendem Einfluß für dieses Verhalten sind:

a) Rost und Walzhaut (Zunder);

b) Oberflächenverunreinigungen, einschließlich Salze, Staub, Öle und Fette;

c) Rauheit.

Dementsprechend wurden in ISO 8501, ISO 8502 und ISO 8503 Verfahren ausgearbeitet, mit denen diese Einflußgrößen beurteilt werden können. ISO 8504 stellt einen Leitfaden für Vorbereitungsverfahren zum Reinigen von Stahloberflächen dar, wobei für jedes Verfahren angegeben wird, welche Reinheitsgrade erreicht werden können.

Diese Internationalen Normen enthalten keine Empfehlungen für die auf die Stahloberfläche aufzutragenden Beschichtungssysteme. Sie enthalten auch keine Empfehlungen für die in bestimmten Fällen an die Oberflächenqualität zu stellenden Anforderungen, obwohl die Oberflächenqualität einen unmittelbaren Einfluß auf die Auswahl der vorgesehenen Schutzbeschichtung und ihr Verhalten hat. Solche Empfehlungen sind in anderen Unterlagen enthalten, z. B. in nationalen Normen und Verarbeitungsrichtlinien. Die Anwender dieser Internationalen Normen müssen dafür sorgen, daß die festgelegten Oberflächenqualitäten

— sowohl zu den Umgebungsbedingungen, denen der Stahl ausgesetzt sein wird, als auch zu dem zu verwendenden Beschichtungssystem passen;

— mit dem vorgeschriebenen Reinigungsverfahren erreicht werden können.

Die vorstehend erwähnten vier Internationalen Normen behandeln die folgenden Aspekte der Vorbereitung von Stahloberflächen:

ISO 8501, Visuelle Beurteilung der Oberflächenreinheit;

ISO 8502, Prüfungen zur Beurteilung der Oberflächenreinheit;

ISO 8503, Rauheitskenngrößen von gestrahlten Stahloberflächen;

ISO 8504, Verfahren für die Oberflächenvorbereitung.

Jede dieser Internationalen Normen ist wiederum in Teile aufgeteilt.

Dies ist ein Teil der Norm ISO 8502, in der Prüfungen zum Beurteilen der Oberflächenreinheit festgelegt sind. Für solche Prüfungen gibt es verschiedene Löseverfahren, um lösliche Verunreinigungen auf zu beschichtenden Oberflächen zu bestimmen. Bei einigen dieser Verfahren werden verhältnismäßig große Oberflächen abgewischt. Dabei erhält man Durchschnittswerte für die Verunreinigungen. Höhere örtliche Konzentrationen von Verunreinigungen lassen sich aber so nicht feststellen. Durch Abwischen lassen sich auch nicht alle tiefsitzenden Verunreinigungen, z. B. Eisen(II)-Salze, entfernen.

Es gibt auch andere Verfahren, bei denen kleine Zellen für das Lösemittel verwendet werden, um die Verunreinigungen der Oberfläche zu entfernen und zu sammeln. Die Zellen (starr oder flexibel) werden dort an die zu prüfenden Oberflächen angelegt, wo lösliche Verunreinigungen vorhanden sein könnten, z. B. bei Rostnarben. Diese Technik ergibt im allgemeinen genauere Werte für örtlich vorhandene Verunreinigungen.

Dieser Teil von ISO 8502 beschreibt ein einfaches, wenig kostenaufwendiges Feldverfahren mit einer Zelle in einem flexiblen selbstklebenden Pflaster, die mit Lösemittel gefüllt werden kann. Das Verfahren wurde von einem schwedischen Wissenschaftler, Dr. A. Bresle, entwickelt.

1 Anwendungsbereich

Dieser Teil von ISO 8502 beschreibt ein Verfahren zum Lösen von löslichen Verunreinigungen auf einer Oberfläche zur Analyse, bei dem Zellen in flexiblen selbstklebenden Pflastern verwendet werden, die auf jede Oberfläche, unabhängig von deren Form (eben oder gekrümmt) und Lage (in jeder Richtung, auch nach unten) geklebt werden können.

Das Verfahren ist als Feldverfahren geeignet, um lösliche Verunreinigungen vor dem Beschichten oder ähnlichen Behandlungen zu bestimmen.

Dieser Teil von ISO 8502 befaßt sich nicht mit der Analyse der gelösten Verunreinigungen. Analysenverfahren, die als Feldverfahren geeignet sind, werden in anderen Teilen von ISO 8502 beschrieben.

2 Normative Verweisungen

Die folgenden Normen enthalten Festlegungen, die, durch Verweisung in diesem Text, auch für diese Internationale Norm gelten. Zum Zeitpunkt der Veröffentlichung waren die angegebenen Ausgaben gültig. Alle Normen unterliegen der Überarbeitung. Vertragspartner, deren Vereinbarungen auf dieser Internationalen Norm basieren, werden gebeten, zu prüfen, ob die neuesten Ausgaben der nachfolgend aufgeführten Normen angewendet werden können. Die Mitglieder von IEC und ISO führen Verzeichnisse der gegenwärtig gültigen Internationalen Normen.

ISO 554 : 1976
Standard atmospheres for conditioning and/or testing — Specifications

ISO 8501-1 : 1988
Preparation of steel substrates before application of paints and related products — Visual assessment of surface cleanliness — Part 1: Rust grades and preparation grades of uncoated steel substrates and of steel substrates after removal of previous coatings

ISO 8503-2 : 1988
Preparation of steel substrates before application of paints and related products — Surface roughness characteristics of blast-cleaned steel substrates — Part 2: Method for the grading of surface profile of abrasive blast-cleaned steel — Comparator procedure

ISO/IEC Guide 2 : 1991
General terms and their definitions concerning standardization and related activities

3 Prinzip

Ein selbstklebendes Pflaster mit einer Aussparung in der Mitte zur Aufnahme des Lösemittels wird auf die Oberfläche, von der lösliche Verunreinigungen zu entfernen sind, geklebt. Das Lösemittel wird mit einer Spritze in die Aussparung injiziert und dann wieder in die Spritze gesaugt. Dieser Vorgang wird mehrmals wiederholt. Das Lösemittel (das jetzt die von der zu prüfenden Oberfläche gelösten Verunreinigungen enthält) wird dann zur Analyse in ein geeignetes Gefäß gegeben.

4 Geräte und Prüfmittel

4.1 Selbstklebendes Pflaster, hergestellt aus alterungsbeständigem, flexiblem Werkstoff mit geschlossenen Poren, z. B. Polyethylen-Schaumstoff, mit einer gestanzten Aussparung in der Mitte. Der herausgestanzte Werkstoff verbleibt in der Aussparung als Verstärkung, bis das Pflaster verwendet wird. Das Pflaster ist auf einer Seite mit einer dünnen Elastomerfolie beschichtet. Die andere Seite ist mit Klebstoff und einer abziehbaren Schutzschicht aus Papier versehen.

ANMERKUNG 1: Die Aussparung und das Pflaster können eine beliebige Form haben, z. B. rund, rechtwinklig, elliptisch.

Die Dicke des Pflasters muß (1,5 ± 0,3) mm, die Breite des Klebrandes zwischen der Aussparung und der Außenkante des Pflasters mindestens 5 mm betragen. Pflaster mit einer der in Tabelle 1 festgelegten Standardabmessungen für die Größe der Aussparung werden Normpflaster genannt.

Es ist wichtig, daß das selbstklebende Pflaster dicht ist. Für die Typprüfung (siehe Anhang A) wurde deshalb ein leicht durchführbares Verfahren zur Prüfung der Dichtheit entwickelt. Es sind 12 gleichgroße Pflaster zu prüfen, von denen mindestens 8 die Prüfung bestehen müssen. Die Dichtheitsprüfung ist von einem akkreditiertem Laboratorium durchzuführen, und das Ergebnis ist in einem Prüfbericht anzugeben. Fachbegriffe und Definitionen in diesem Zusammenhang siehe ISO/IEC-Leitfaden 2.

Tabelle 1: Normpflaster

Pflastergröße	Fläche der Aussparung mm^2
A-0155	155 ± 2
A-0310	310 ± 3
A-0625	625 ± 6
A-1250	1 250 ± 13
A-2500	2 500 ± 25

4.2 Mehrfachspritze

Zylindervolumen, höchstens: 8 ml
Nadeldurchmesser, höchstens: 1 mm
Nadellänge, höchstens: 50 mm

4.3 Lösemittel, nach den zu bestimmenden Oberflächenverunreinigungen ausgewählt. Für die Bestimmung wasserlöslicher Salze oder anderer wasserlöslicher Verunreinigungen destilliertes oder deionisiertes Wasser verwenden.

4.4 Kontaktthermometer, auf 0,5 °C genau, Skalenwert 0,5 °C.

5 Durchführung

Das Verfahren zum Lösen von Verunreinigungen wird wie folgt durchgeführt:

5.1 Ein selbstklebendes Pflaster (4.1) geeigneter Größe (siehe Tabelle 1) nehmen. Das Schutzpapier und den ausgestanzten Mittelteil entfernen (siehe Bild 1).

5.2 Die selbstklebende Seite des Pflasters so gegen die zu prüfende Oberfläche (siehe Bild 2) pressen, daß möglichst wenig Luft in der Aussparung des Pflasters eingeschlossen wird.

5.3 Die Spritze (4.2) mit Lösemittel (4.3) füllen (siehe Bild 3).

ANMERKUNG 2: Das Volumen an Lösemittel, das zum Füllen der Aussparung benötigt wird, ist der Fläche der Aussparung proportional und beträgt im allgemeinen (2,6 · 10^{-3} ± 0,6 · 10^{-3}) ml/mm^2.

5.4 Die Nadel der Spritze in einem Winkel von etwa 30° zu der zu prüfenden Oberfläche in der Nähe der Außenkante des Pflasters so einstechen, daß sie durch den Schaumstoff des Pflasters in die Aussparung zwischen der Elastomerfolie und der zu prüfenden Oberfläche hineinführt (siehe Bild 4).

Falls das Pflaster so angebracht ist, daß die Aussparung mit der Spritze schwer erreicht werden kann, die Nadel der Spritze soweit wie nötig biegen.

5.5 Das Lösemittel injizieren und dabei sicherstellen, daß es die gesamte zu prüfende Oberfläche benetzt (siehe Bild 4).

Damit keine Luft in der Aussparung des Pflasters eingeschlossen wird, die Injektion in zwei Stufen wie folgt durchführen:
Die Hälfte des Lösemittels injizieren. Die verbleibende Luft durch die Nadel absaugen. Die Nadel aus dem Pflaster ziehen. Die Spritze so halten, daß die Nadel nach oben zeigt und die Luft aus der Spritze entfernen. Die Nadel wieder in die Aussparung einführen und das restliche Lösemittel injizieren.

5.6 Nach einer Zeitspanne, die zwischen den Vertragspartnern zu vereinbaren ist, das Lösemittel zurück in die Spritze saugen (siehe Bild 5).

ANMERKUNG 3: Auf gestrahlten Flächen ohne Lochfraßkorrosion reichen 10 min aus, da dann im allgemeinen mehr als 90 % der löslichen Salze gelöst wurden.

5.7 Ohne die Nadel der Spritze aus dem Pflaster zu ziehen, das Lösemittel wiederum injizieren und zurück in die Spritze saugen. Diesen Zyklus — injizieren/absaugen — noch mindestens dreimal wiederholen.

5.8 Nach dem letzten Zyklus so viel Lösemittel wie möglich aus der Aussparung absaugen und zur Analyse in ein geeignetes Gefäß geben (siehe Bild 6).

ANMERKUNG 4: Wenn die Schritte nach 5.3 bis 5.8 nur einmal durchgeführt werden, können in den meisten Fällen etwa 95 % der löslichen Verunreinigungen gelöst werden. Durch Wiederholen dieser Schritte mit frischem Lösemittel können auch die verbleibenden 5 % fast vollständig gelöst werden.

5.9 Bei den Schritten nach 5.3 bis 5.8 ist es wichtig, daß kein Lösemittel aus dem Pflaster oder der Spritze verlorengeht, z. B. durch schlechte Qualität oder unsachgemäße Handhabung der Prüfmittel. Falls Lösemittel verlorengeht, ist die erhaltene Lösung zu verwerfen.

5.10 Nach Schritt 5.8 die Spritze reinigen und spülen, damit sie erneut verwendet werden kann. Eine gebogene Nadel wird am besten so belassen, bis es notwendig wird, sie zu begradigen oder weiter zu biegen.

5.11 Die Temperatur der Stahloberfläche mit dem Kontaktthermometer (4.4) auf 0,5 °C genau ermitteln.

6 Prüfbericht

Der Prüfbericht muß mindestens folgende Angaben enthalten:
a) einen Hinweis auf diesen Teil von ISO 8502 (d. h. ISO 8502-6);
b) verwendetes Lösemittel;
c) injiziertes Lösemittelvolumen;
d) Gesamtdauer des Kontaktes zwischen Lösemittel und Untergrund, d. h. vereinbarte Zeitdauer nach 5.6, multipliziert mit der Anzahl der durchgeführten Zyklen;
e) Temperatur während der Schritte 5.3 bis 5.8;
f) Prüfdatum.

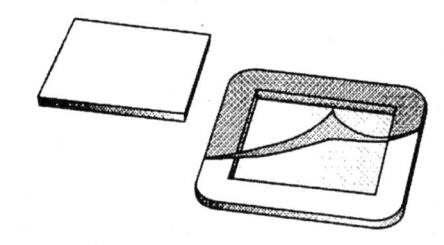

Bild 1: Schutzpapier und ausgestanztes Mittelteil werden entfernt

Bild 2: Das Pflaster wird auf die zu prüfende Oberfläche geklebt

Seite 5
EN ISO 8502-6 : 1999

Bild 3: Die Spritze wird mit Lösemittel gefüllt

Bild 4: Das Lösemittel wird in die Aussparung des Pflasters injiziert
(das in 5.4 beschriebene Verfahren ist genau einzuhalten)

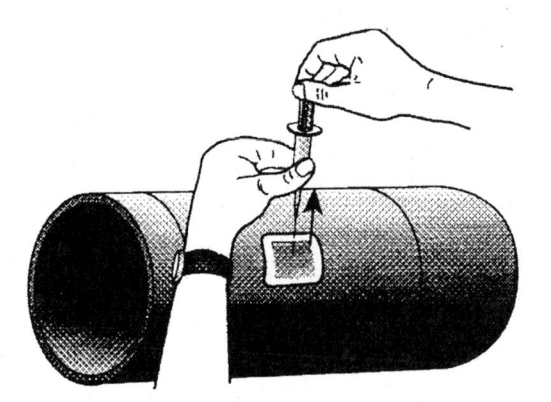

Bild 5: Das Lösemittel wird aus der Aussparung im Pflaster wieder entfernt

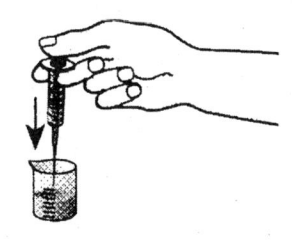

Bild 6: Das Lösemittel wird zur nachfolgenden Analyse in ein geeignetes Gefäß gegeben

249

Anhang A (normativ)
Dichtheitsprüfung zur Typprüfung von Pflastern

A.1 Allgemeines

Ob die löslichen Verunreinigungen von einer Stahloberfläche quantitativ entfernt werden, hängt weitgehend von der Dichtheit der selbstklebenden Pflaster und der Haftfestigkeit der Verbindung zwischen dem Pflaster und der Stahloberfläche ab.

Ein Lösemittelverlust ist eher wahrscheinlich, wenn die Oberfläche unrein ist (z. B. verrostet oder feucht), oder wenn sie rauh ist (z. B. durch Narben, die nach dem Strahlen verbleiben).

Ein Verlust ist auch umso wahrscheinlicher, je höher der innere Druck ist und je länger dieser einwirkt.

Die Verluste verursachenden Einflußgrößen sind bei der folgenden Dichtheitsprüfung bewußt überbewertet worden. Die Prüfung ist als Typprüfung für selbstklebende Pflaster mit einer Elastomerfolie aus Gummi gedacht.

ANMERKUNG 5: Das Prüfverfahren kann auch zur Produktionskontrolle und zur Kontrolle von Lieferungen solcher Pflaster angewendet werden. Es kann schließlich auch für Vergleiche verwendet werden und zur Vorhersage von möglichen Schwierigkeiten bei dem Verfahren zum Lösen von Verunreinigungen (Abschnitt 5). Ein Bestehen der Prüfung garantiert jedoch nicht, daß das Pflaster in der Praxis unter allen Umständen zufriedenstellend funktioniert.

A.2 Prinzip

Ein Pflaster wird auf einer sauberen Stahlplatte bekannter Rauheit befestigt. In die Aussparung des Pflasters wird Wasser injiziert, um einen inneren Druck zu erzeugen und das Pflaster entsprechend zu belasten. Nach einer festgelegten Zeitspanne wird das Pflaster auf Undichtigkeiten untersucht.

A.3 Geräte und Prüfmittel

A.3.1 Selbstklebendes Pflaster, nach 4.1.

A.3.2 Visuell saubere Stahlplatte, von geeigneter Größe, z. B. 150 mm × 150 mm, ursprünglich mit Rostgrad D, vorbereitet nach Sa 2½, wie in ISO 8501-1 definiert, mit einer Sekundärrauheit „kantig", eingestuft als „grob" nach ISO 8503-2.

A.3.3 Spritze, nach 4.2.

A.3.4 Wasser, destilliert oder deionisiert.

A.3.5 Stoppuhr.

A.4 Durchführung

Die Prüfung im Normalklima 23/50 mit breiten Toleranzen nach ISO 554 durchführen.

ANMERKUNG 6: Die Zahlenwerte 23 und 50 beziehen sich auf die Temperatur in °C und die relative Luftfeuchte in %.

A.4.1 Das selbstklebende Pflaster (A.3.1) auf der Stahlplatte (A.3.2) befestigen und mit der Spritze (A.3.3) ein Volumen Wasser (A.3.4) nach Tabelle A.1 injizieren.

Tabelle A.1

Pflastergröße	Zu injizierendes Wasservolumen ml
A-0155	0,8 ± 0,1
A-0310	3,7 ± 0,1
A-0625	5,5 ± 0,1
A-1250	14,9 ± 0,1
A-2500	39,5 ± 0,1

A.4.2 Die Stoppuhr (A.3.5) starten.

A.4.3 Kontrollieren, ob eine Undichtigkeit auftritt. Dies mindestens alle 5 min wiederholen, bis 20 min vom Beginn der Prüfung (A.4.2) an vergangen sind.

A.4.4 Falls eine Undichtigkeit auftritt, bevor 20 min vergangen sind, die Zeitdauer notieren, nach der diese aufgetreten ist, und die Stelle auf dem Pflaster, von der diese ausgegangen ist.

A.4.5 Falls innerhalb von 20 min keine Undichtigkeit auftritt, hat das selbstklebende Pflaster die Prüfung bestanden.

A.5 Prüfbericht

Der Prüfbericht muß mindestens folgende Angaben enthalten:
a) Typ und Größe des selbstklebenden Pflasters;
b) injiziertes Wasservolumen;
c) Zeitdauer, nach der eine Undichtigkeit aufgetreten ist, sofern weniger als 20 min;
d) Stelle, von der die Undichtigkeit ausgegangen ist;
e) Prüfdatum.

Anhang ZA (normativ)
Normative Verweisungen auf internationale Publikationen mit ihren entsprechenden europäischen Publikationen

Diese Europäische Norm enthält, durch datierte oder undatierte Verweisungen, Festlegungen aus anderen Publikationen. Diese normativen Verweisungen sind an den jeweiligen Stellen im Text zitiert, und die Publikationen sind nachstehend aufgeführt. Bei datierten Verweisungen gehören spätere Änderungen oder Überarbeitungen dieser Publikationen nur zu dieser Europäischen Norm, falls sie durch Änderung oder Überarbeitung eingearbeitet sind. Bei undatierten Verweisungen gilt die letzte Ausgabe der in Bezug genommenen Publikation.

Publikation	Jahr	Titel	EN	Jahr
ISO 8503-2	1988	Preparation of steel substrates before application of paints and related products — Surface roughness characteristics of blast-cleaned steel substrates — Part 2: Method for the grading of surface profile of abrasive blast-cleaned steel — Comparator procedure	EN ISO 8503-2	1995

251

Mai 1999

Schutz von Eisen- und Stahlkonstruktionen vor Korrosion

Zink- und Aluminiumüberzüge
Leitfäden (ISO 14713 : 1999)
Deutsche Fassung EN ISO 14713 : 1999

DIN EN ISO 14713

ICS 25.220.40; 91.080.10

Protection against corrosion of iron and steel in structures —
Zinc and aluminium coatings —
Guidelines (ISO 14713 : 1999);
German version EN ISO 14713 : 1999
Protection contre la corrosion du fer et d'acier dans les constructions —
Revêtements du zinc et d'aluminium —
Lignes directrices (ISO 14713 : 1999);
Version allemande EN ISO 14713 : 1999

Die Europäische Norm EN ISO 14713 : 1999 hat den Status einer Deutschen Norm.

Nationales Vorwort

Diese Internationale Norm wurde im Komitee ISO/TC 107/SC 4 erarbeitet, im Europäischen Komitee CEN/TC 262/SC 1 überarbeitet und im Rahmen der parallelen Umfrage nach Unterabschnitt 5.1 der Wiener Vereinbarung in ISO und CEN angenommen.

Für die deutsche Mitarbeit ist der Arbeitsausschuß NMP 175 „Schmelztauchüberzüge" des Normenausschusses Materialprüfung (NMP) verantwortlich.

Deutschland hat im Rahmen der o. a. parallelen Abstimmung diese Norm aus folgenden Gründen abgelehnt:
— Die Norm läßt Festlegungen sowie Definitionen anderer Normen unberücksichtigt bzw. trifft andere Festlegungen.
— Die Festlegungen im Abschnitt 6, insbesondere zur Korrosion in Böden und Wässern, sind oberflächlich und für die praktische Anwendung nicht hinreichend geeignet.
— Der Norm-Inhalt bezieht sich im Gegensatz zum Titel (Zink- und Aluminiumüberzüge) fast ausschließlich auf Zinküberzüge.
— Die umfangreiche Tabelle 2 erweckt den Eindruck einer sehr breiten Anwendbarkeit, bietet jedoch dem Planer kaum brauchbare Informationen.

Aus der Sicht des Arbeitsausschusses NMP 175 werden den Anwender der Norm folgende Hinweise gegeben:
— Die Ausführungen zum Abschnitt 7 „Planung von Korrosionsschutzsystemen" liefern wichtige Grundsatzinformationen.
— Die Ausführungen zu Korrosivitätskategorien und zur Schutzdauer von Zinküberzügen fassen neue wissenschaftliche Erkenntnisse zusammen und ersetzen damit anderslautende Fachpublikationen.
— Der Anhang A „Feuerverzinkungsgerechte Gestaltung" liefert anschauliche Beispiele und macht detaillierte Aufstellungen zu einer Vielzahl von konstruktiven Fragen. Die dargestellten Lösungsvorschläge sind nützlich.
— Der Anhang B „Gestaltung von Stahlteilen für das thermische Spritzen" ist zwar lückenhaft, bietet aber trotzdem wichtige Grundinformationen.
— Für die im Abschnitt 2 zitierten Internationalen Normen wird im Folgenden auf die entsprechenden Deutschen Normen hingewiesen:

    ISO 1461   siehe DIN EN ISO 1461
    ISO 2063   siehe DIN EN 22063
    ISO 2064   siehe DIN EN ISO 2064
    ISO 12944-5 siehe DIN EN ISO 12944-5

Fortsetzung Seite 2
und 28 Seiten EN

Normenausschuß Materialprüfung (NMP) im DIN Deutsches Institut für Normung e.V.

Nationaler Anhang NA (informativ)

Literaturangaben

DIN EN ISO 1461
Durch Feuerverzinken auf Stahl aufgebrachte Zinküberzüge (Stückverzinken) — Anforderungen und Prüfungen (ISO 1461 : 1999); Deutsche Fassung EN ISO 1461 : 1999

DIN EN 22063
Metallische und andere anorganische Schichten — Thermisches Spritzen — Zink, Aluminium und ihre Legierungen (ISO 2063 : 1991); Deutsche Fassung EN 22063 : 1993

DIN EN ISO 2064
Metallische und andere anorganische Schichten — Definitionen und Festlegungen, die die Messung der Schichtdicke betreffen (ISO 2064 : 1980); Deutsche Fassung EN ISO 2064 : 1994

DIN EN ISO 12944-5
Beschichtungsstoffe — Korrosionsschutz von Stahlbauten durch Beschichtungssysteme — Teil 5: Beschichtungssysteme (ISO 12944-5 : 1998); Deutsche Fassung EN ISO 12944-5 : 1998

EUROPÄISCHE NORM
EUROPEAN STANDARD
NORME EUROPÉENNE

EN ISO 14713

März 1999

ICS 25.220.40; 91.080.10

Deskriptoren:

Deutsche Fassung

Schutz von Eisen- und Stahlkonstruktionen vor Korrosion

Zink- und Aluminiumüberzüge

Leitfäden (ISO 14713 : 1999)

Protection against corrosion of iron and steel in structures — Zinc and aluminium coatings — Guidelines (ISO 14713 : 1999)

Protection contre la corrosion du fer et d'acier dans les constructions — Revêtements du zinc et d'aluminium — Lignes directrices (ISO 14713 : 1999)

Diese Europäische Norm wurde von CEN am 20. November 1998 angenommen.

Die CEN-Mitglieder sind gehalten, die CEN/CENELEC-Geschäftsordnung zu erfüllen, in der die Bedingungen festgelegt sind, unter denen dieser Europäischen Norm ohne jede Änderung der Status einer nationalen Norm zu geben ist.

Auf dem letzten Stand befindliche Listen dieser nationalen Normen mit ihren bibliographischen Angaben sind beim Zentralsekretariat oder bei jedem CEN-Mitglied auf Anfrage erhältlich.

Diese Europäische Norm besteht in drei offiziellen Fassungen (Deutsch, Englisch, Französisch). Eine Fassung in einer anderen Sprache, die von einem CEN-Mitglied in eigener Verantwortung durch Übersetzung in seine Landessprache gemacht und dem Zentralsekretariat mitgeteilt worden ist, hat den gleichen Status wie die offiziellen Fassungen.

CEN-Mitglieder sind die nationalen Normungsinstitute von Belgien, Dänemark, Deutschland, Finnland, Frankreich, Griechenland, Irland, Island, Italien, Luxemburg, Niederlande, Norwegen, Österreich, Portugal, Schweden, Schweiz, Spanien, der Tschechischen Republik und dem Vereinigten Königreich.

EUROPÄISCHES KOMITEE FÜR NORMUNG
European Committee for Standardization
Comité Européen de Normalisation

Zentralsekretariat: rue de Stassart 36, B-1050 Brüssel

© 1999 CEN — Alle Rechte der Verwertung, gleich in welcher Form und in welchem Verfahren, sind weltweit den nationalen Mitgliedern von CEN vorbehalten.

Ref. Nr. EN ISO 14713 : 1999 D

Inhalt

	Seite
Vorwort	2
1 Anwendungsbereich	2
2 Normative Verweisungen	2
3 Begriffe	3
4 Werkstoffe	3
5 Auswahl von Zink- oder Aluminiumüberzügen	3
6 Korrosion unter verschiedenen Umweltbedingungen	4
7 Planung von Korrosionsschutzsystemen	5
Anhang A (informativ) Feuerverzinkungsgerechte Gestaltung	15
Anhang B (informativ) Gestaltung von Eisen- und Stahlteilen für das thermische Spritzen	23
Anhang C (informativ) Literaturhinweise	27
Anhang ZA (normativ) Nachweis von internationalen Veröffentlichungen mit ihren relevanten europäischen Bezügen	28

Vorwort

Der Text dieser Europäischen Norm wurde erarbeitet vom Technischen Komitee CEN/TC 262 „Metallische und andere anorganische Überzüge", dessen Sekretariat vom BSI gehalten wird, in Zusammenarbeit mit dem Technischen Komitee ISO/TC 107 „Metallic and other inorganic coatings".

Diese Europäische Norm muß den Status einer nationalen Norm erhalten, entweder durch Veröffentlichung eines identischen Textes oder durch Anerkennung bis August 1999, und etwaige entgegenstehende nationale Normen müssen bis August 1999 zurückgezogen werden.

Entsprechend der CEN/CENELEC-Geschäftsordnung sind die nationalen Normungsinstitute der folgenden Länder gehalten, diese Europäische Norm zu übernehmen:

Belgien, Dänemark, Deutschland, Finnland, Frankreich, Griechenland, Irland, Island, Italien, Luxemburg, Niederlande, Norwegen, Österreich, Portugal, Schweden, Schweiz, Spanien, die Tschechische Republik und das Vereinigte Königreich.

1 Anwendungsbereich

Diese Europäische Norm beinhaltet einen Leitfaden bezüglich des Korrosionsschutzes von Eisen- und Stahlkonstruktionen einschließlich ihrer Verbindungsmittel durch Zink- oder Aluminiumüberzüge. Die Norm behandelt u.a. das Feuerverzinken und das thermische Spritzen von warm- bzw. kaltgewalztem Stahl, ebenso können diese Empfehlungen für andere Arten von Zinküberzügen Anwendung finden (elektrolytische Verzinkung, mechanisches Plattieren, Sherardisieren usw.). Der Erstschutz gliedert sich in

a) verfügbare genormte Schutzverfahren;
b) konstruktive Gesichtspunkte und
c) das Anwendungsumfeld.

Dieser Leitfaden erfaßt ebenso den Einfluß des Erstschutzes durch Aluminium- oder Zinküberzüge auf nachfolgende Beschichtungssysteme oder Pulverbeschichtungen.

Dieser Leitfaden gibt allgemeine Empfehlungen und behandelt nicht die Instandsetzung von Beschichtungssystemen für Zink- oder Aluminiumüberzüge. Die Instandsetzung des Beschichtungssystems wird in einem separaten Dokument behandelt (siehe ISO 12944-5).

Spezifische Anforderungen für jeden Typ von Metallüberzügen werden in separaten Normen behandelt. Anforderungen an Metallüberzüge, die werksseitig auf Produkte aufgebracht werden und dadurch ihr integraler Bestandteil sind (z. B. Nägel, Befestigungselemente, duktile Eisenrohre), werden in den jeweiligen Produktnormen behandelt.

2 Normative Verweisungen

Diese Norm enthält durch datierte oder undatierte Verweisungen Festlegungen aus anderen Publikationen. Diese normativen Verweisungen sind an den jeweiligen Stellen im Text zitiert, und die Publikationen sind nachstehend aufgeführt. Bei datierten Verweisungen gehören spätere Änderungen oder Überarbeitungen dieser Publikationen nur zu dieser Norm, falls sie durch Änderung oder Überarbeitung eingearbeitet sind. Bei undatierten Verweisungen gilt die letzte Ausgabe der in Bezug genommenen Publikation.

EN 10142
  Kontinuierlich feuerverzinktes Blech und Band aus weichen Stählen zum Kaltumformen — Technische Lieferbedingungen

EN 10147
  Kontinuierlich feuerverzinktes Blech und Band aus Baustählen — Technische Lieferbedingungen

EN 10240
  Innere und/oder äußere Schutzüberzüge für Stahlrohre — Festlegungen für durch Schmelztauchverzinken in automatischen Anlagen hergestellte Überzüge

ISO 1461 : 1999
  Hot dip galvanized coatings on fabricated iron and steel articles — Specification and test methods

ISO 2063
  Metallic and other inorganic coatings — Thermal spraying — Zinc, aluminium and their alloys

255

ISO 2064
Metallic and other inorganic coatings — Definitions and conventions concerning the measurement of thickness

ISO 2081
Metallic coatings — Electroplated coatings of zinc on iron or steel

ISO 4998
Continuous hot-dip zinc-coated carbon steel sheet of structural quality

ISO 9223
Corrosion of metals and alloys — Corrosivity of atmospheres — Classification

ISO 12944-5
Paints and varnishes — Corrosion protection of steel structures by protective paint systems — Part 5: Protective

3 Begriffe

Für die Anwendung dieser Norm gelten die folgenden Begriffe, die zusammen mit anderen Begriffen aus ISO 1461, ISO 2063 und ISO 2064 gelten.

3.1 atmosphärische Korrosion: Korrosion unter Einfluß der Erdatmosphäre bei Umgebungstemperaturen zwischen −55 °C und +60 °C

3.2 erhöhte Temperaturen: Temperaturen zwischen +60 °C und +150 °C

3.3 außergewöhnliche Belastungen: Sonderbelastungen, welche die Korrosionsbelastung beträchtlich verstärken und so die Anforderungen an das Korrosionsschutzsystem erhöhen

3.4 Schutzdauer bis zur ersten Instandsetzung: Zeitintervall zwischen der Herstellung eines ersten Überzuges und seiner ersten Instandsetzung, um den Schutz des Grundwerkstoffes sicherzustellen

4 Werkstoffe

4.1 Eisen und Stahl-Grundwerkstoffe

Stahl kann warm- oder kaltgewalzt werden. Warmwalzen wird angewendet, um typische Stahlprofile, wie z. B. I oder H-Profile, zu erzeugen. Manche kleineren Konstruktionsteile, wie Gitterträger, Fassadenschienen und Fassadenelemente, werden kaltgeformt.

Stahl ist eine Verbindung von Eisen und Kohlenstoff mit weiteren Legierungselementen, die im Hinblick auf die gewünschten Eigenschaften und Verfahrenstechniken zugegeben werden. Die metallurgischen und chemischen Eigenschaften des Stahls sind im Hinblick auf thermisch gespritzte Überzüge ohne Bedeutung. Beim Feuerverzinken hingegen wird die Reaktivität des Stahls von seiner chemischen Zusammensetzung beeinflußt, insbesondere durch seinen Silicium- und Phosphorgehalt (siehe ISO 1461 : 1999, Anhang C).

Eisen-Gußwerkstoffe haben unterschiedliche metallurgische Gefüge und chemische Zusammensetzungen. Dieses ist für thermisch gespritzte Überzüge ohne Bedeutung, jedoch sind im Hinblick auf das Feuerverzinken einige zusätzliche Angaben erforderlich:

— Grauguß hat einen Kohlenstoffgehalt von mehr als 2%, der überwiegend in lamellarer Form vorliegt.

— Gußeisen mit Kugelgraphit: ähnlich dem üblichen Grauguß, jedoch mit Graphitausscheidungen, die in kugeliger Form vorliegen, was durch die Begleitelemente Magnesium und Cer bewirkt wird.

— Temperguß (schwarz, weiß oder perlitisch): Zähigkeit und Bearbeitbarkeit wird durch eine Wärmebehandlung erreicht und nicht vornehmlich durch Graphit.

Übliches Beizen in Salzsäure entfernt nicht Formsand- oder Graphitrückstände von der Oberfläche der Gußteile. Hierzu ist das Strahlen der Teile mit Strahlmitteln erforderlich. Die Oberflächenvorbereitung komplexer Teile kann auch in Betrieben durchgeführt werden, die über eine Beize auf der Basis von Salzsäure-/Flußsäure-Gemischen verfügen.

Beim Entwurf von Gußteilen, die feuerverzinkt werden sollen, sollte eine große Sorgfalt aufgewendet werden. Kleine Gußteile mit einem einfachen Aufbau und kräftigen Wanddicken bereiten erfahrungsgemäß keine Probleme, vorausgesetzt, daß die chemische Zusammensetzung des Werkstoffes und der Oberflächenzustand akzeptabel sind. Größere Gußteile sollten mit möglichst gleichen Wanddicken gestaltet sein, um Verzug und Rißbildung durch die thermischen Einwirkungen auszuschließen. Möglichst große Bauteilradien und eingegossene Kennzeichnungen sollten bevorzugt und scharfe Ecken und große Vertiefungen vermieden werden.

Die große Oberflächenrauhigkeit, die typisch ist für Gußteile, kann eine größere Dicke des Zinküberzuges zur Folge haben, als dies bei gewalzten Stahlteilen der Fall ist.

4.2 Nichteisen-(NE-)Metalle als Überzüge

Metallische Überzüge sind eine effektive Methode, um die Korrosion von Eisenwerkstoffen zu verzögern oder zu verhindern. Zink und Aluminium sowie ihre Legierungen untereinander oder mit Eisen stellen die gebräuchlichste Art dar. Als Feuerverzinken oder thermisches Spritzen liefern sie Metallüberzüge mit zweifacher Schutzwirkung, da sie den Stahl durch ihre Barrierewirkung und durch kathodische Wirkung schützen.

Der Korrosionsangriff auf Zink und Aluminium sowie deren Legierungen hängt ab von der Zeitspanne, während derer sie Feuchtigkeit und Oberflächenverunreinigung ausgesetzt sind; die Korrosionsraten sind jedoch deutlich niedriger als bei Stahl und verringern sich oft auch im Laufe der Zeit. Die relative Bedeutung von verschiedenen Verunreinigungen ist ebenfalls verschieden.

Diese Nichteisen-Überzüge bedürfen keiner Wartung, wenn der gesamte Korrosionsabtrag der Korrosionsschutzschicht und der darunter liegenden Eisen- oder Stahlteile so gering ist, daß er die Gebrauchstauglichkeit des Bauteils während seiner vorgegebenen Gebrauchsdauer nicht herabsetzt. Falls eine größere Gesamt-Schutzdauer verlangt wird, sollte auf den Metallüberzug ein zusätzliches Beschichtungssystem aufgebracht werden, entweder gleich zu Beginn oder später, jedoch so frühzeitig, daß der Metallüberzug noch vorhanden ist.

5 Auswahl von Zink- oder Aluminiumüberzügen

Zink- und Aluminiumüberzüge sind im Hinblick auf folgende Gesichtspunkte auszuwählen:

a) die allgemeinen Umgebungsbedingungen, welchen der Metallüberzug standzuhalten hat (siehe Abschnitt 6 und Tabelle 1);

b) örtliche Abweichungen von den Umgebungsbedingungen, einschließlich vorhersehbarer zukünftiger Veränderungen und jeglicher Sonderbelastungen;

Seite 4
EN ISO 14713 : 1999

c) die geforderte Zeitspanne bis zur ersten Instandsetzung des Metallüberzuges (siehe Tabelle 2 unter den jeweils zutreffenden Umgebungsbedingungen);

d) die Notwendigkeit zusätzlicher Maßnahmen;

e) die Notwendigkeit eines zusätzlichen Beschichtungssystems, entweder gleich zu Beginn oder zu einem späteren Zeitpunkt, sobald der Metallüberzug das Ende seiner Schutzdauer erreicht hat und einer ersten Instandsetzung bedarf, um die Instandhaltungskosten zu minimieren;

f) die Verfügbarkeit und die Kosten.

g) Wenn die Zeitspanne bis zur ersten Instandsetzung des Überzuges geringer ist als die für das Bauteil geforderte Lebensdauer, ist auch der Aufwand für Instandsetzung und Stillstandszeit ein Gesichtspunkt.

Die Vorgehensweise für die Anwendung des ausgewählten Korrosionsschutzsystems sollte zwischen dem Stahlverarbeiter und dem Anwender des Korrosionsschutzsystems abgestimmt werden.

ANMERKUNG 1: Ergänzende Informationen können in Produktnormen gegeben werden.

ANMERKUNG 2: Zink-Aluminium-Überzüge, sowohl für das Schmelztauchen (z. B. bei Band und Draht) als auch für das thermische Spritzen, sind in einigen Ländern und für einige Bauteile verfügbar. Sie sind jedoch nicht allgemein verfügbar und daher — ebenso wie andere Legierungs-Überzüge — in Tabelle 2 nicht aufgeführt.

6 Korrosion unter verschiedenen Umweltbedingungen

6.1 Atmosphärische Korrosion

Tabelle 1 zeigt die Hauptgruppen der Umgebungsbedingungen (entsprechend ISO 9223). In der normalen Atmosphäre ist, solange sich die relative Luftfeuchte unter 60 % bewegt, die Korrosionsrate von Stahl üblicherweise unbedeutend, z. B. innerhalb von Gebäuden. Metallüberzüge mit oder ohne Beschichtung können jedoch aus optischen oder hygienischen Gründen erwünscht sein (z. B. in Lebensmittel-Betrieben). Wenn die relative Luftfeuchte höher als 60 % ist, wenn Feuchte vorhanden ist, ungünstige Einsatzbedingungen vorliegen oder eine häufige Kondensatbildung vorkommt, tritt bei Stahl — ebenso wie bei den meisten anderen Metallen — eine verstärkte Korrosion auf. Rückstände auf der Oberfläche, insbesondere Chloride und Sulfate, beschleunigen den Angriff. Substanzen, die sich auf der Oberfläche von Stahl ablagern, erhöhen die Korrosion, wenn sie Feuchte absorbieren können oder in Lösung gehen können. Die Temperatur beeinflußt die Korrosionsrate von ungeschütztem Stahl, und Temperaturschwankungen haben einen größeren Einfluß als die Höhe der Durchschnittstemperatur.

Die allgemeinen Umgebungsbedingungen sind am besten durch Messungen zu bestimmen (z. B. relative Luftfeuchte, Temperatur, Sulfat- und Chlorid-Ablagerungsraten; aber solche Werte sind häufig nicht verfügbar. Deshalb wurde bei den qualitativen Beschreibungen in Tabelle 1 und Bild 1 von den jüngsten Daten der UN und anderen weltweiten Studien ausgegangen. Die zugrundeliegende Tendenz für das Korrosionsverhalten ist in verschiedenen Ländern oder Landesteilen ziemlich unterschiedlich, beispielsweise wird eine „industrielle" Atmosphäre in Skandinavien oder in Spanien eine geringere Korrosion bewirken als eine „industrielle" Atmosphäre in Großbritannien. Die Korrosionsrate von Zink und Zinklegierungen hat sich in den vergangenen 30 Jahren erheblich reduziert, und man geht davon aus, daß diese Reduzierung sich im Zusammenwirken mit der Reduzierung der Luftverunreinigungen ebenfalls fortsetzt. Deshalb sollte die Kategorie der Umgebungsbedingungen auf der Grundlage des bekannten Einflusses von Sulfat- oder Chloridgehalten gewählt werden: der Schwefeldioxidgehalt hat die größte Bedeutung für Zink; in ansonsten ähnlichen Atmosphären steigt die Korrosionsrate von Zink linear mit der Zunahme der Schwefeldioxidkonzentration.

Die örtlichen Umgebungsbedingungen, d. h., die Bedingungen in unmittelbarer Umgebung des jeweiligen Bauobjektes, sind ebenfalls von grundlegender Bedeutung, weil sie eine exaktere Beurteilung der voraussichtlichen Korrosionsbedingungen erlauben als eine Betrachtung der allgemeinen Umgebungsbedingungen allein. Die örtlichen Umgebungsbedingungen sind allerdings in der Planungsphase eines Projektes oftmals nicht hinreichend bekannt. Dennoch scheint jede Anstrengung gerechtfertigt, die örtlichen Umgebungsbedingungen exakt zu bestimmen, weil sie einen wesentlichen Faktor in der gesamten Korrosionsbelastung darstellen, gegen welche ein Korrosionsschutz erforderlich ist. Ein Beispiel für derartige örtliche Umgebungsbedingungen ist die Unterseite von Brücken (insbesondere solchen über Gewässern).

Die Korrosion von Stahltragwerken und Stahlteilen im Inneren von Gebäuden ist abhängig von den Umgebungsbedingungen im Gebäude selbst; sie ist jedoch unbedeutend in üblicher Gebäudeatmosphäre, also trockener und beheizter Luft. Stahlteile in den Außenwänden von Gebäuden werden durch den Aufbau der Wandelemente beeinflußt, d. h., von der Außenhülle strikt getrennte Stahlteile sind weniger korrosionsgefährdet als Teile in direktem Kontakt mit der Außenhülle oder darin eingebettete Teile. Bei Gebäuden, in denen industrielle Prozesse, chemische Umsetzungen, feuchte oder kontaminierte Abläufe stattfinden, ist besondere Aufmerksamkeit geboten. Nur teilweise umbaute Stahlkonstruktionen, wie Feldscheunen oder Flugzeughallen, sollten wie freistehende Tragwerke behandelt werden.

6.2 Korrosion in Böden

Die Korrosion im Erdboden ist abhängig von dessen Gehalt an Mineralien, seiner Art und chemischen Zusammensetzung, den organischen Bestandteilen, dem Wasser- und Sauerstoffgehalt (aerobe und anaerobe Korrosion). Die Korrosion ist üblicherweise in gestörten Böden größer als in unberührten.

Kalk- und sandhaltige Böden (sofern chloridfrei) führen im allgemeinen zur geringsten Korrosion, während Ton- und Tonmergelböden bis zu einem begrenzten Grade zu Korrosion führen. In Moor- und Torfböden ist das Korrosionsverhalten vom Säuregehalt abhängig.

Wo ausgedehnte Stahlkonstruktionen — wie Pipelines, Tunnels und Tankanlagen — unterschiedliche Bodentypen durchlaufen, kann sich der Korrosionsangriff an vereinzelten Stellen (anodischen Flächen) verstärken, wie durch die Bildung unterschiedlicher „Belüftungselemente". In einigen Anwendungsfällen, beispielsweise bei „Bewehrter Erde", wird eine kontrollierte Hinterfüllung in Verbindung mit einem Metallüberzug für die Bewehrung verwendet.

Korrosionselemente können sich auch an den Grenzflächen Boden/Luft und Boden/Grundwasserspiegel bilden, welche den Korrosionsangriff möglicherweise verstärken; diese Stellen müssen besondere Berücksichtigung finden. Umgekehrt kann die Anwendung eines „kathodischen Schutzes" für Konstruktionen im Boden (oder im Wasser) die Anforderungen an den Schutzüberzug verändern und die Haltbarkeit verlängern. Hierzu sollte der Rat eines Fachmannes eingeholt werden.

Die Einflußfaktoren für den Korrosionsangriff im Boden sind so vielgestaltig, daß sie es unmöglich machen, sich auf einfache Anleitungsvorschriften nach Tabelle 2 zu beschränken.

6.3 Korrosion in Wässern

Die Wasserart — weiches oder hartes Süßwasser (Leitungswasser), Brackwasser oder Salzwasser hat einen erheblichen Einfluß auf die Korrosion von Stahl im Wasser und die entsprechende Auswahl von schützenden Metallüberzügen. Bei Zinküberzügen wird der Korrosionsangriff zunächst einmal von der chemischen Zusammensetzung des Wassers beeinflußt, wobei aber Temperatur, Druck, Durchflußmenge, Bewegung sowie das Vorhandensein von Sauerstoff ebenfalls von Bedeutung sind. Beispielsweise sollte Zink nicht in heißem, weichen Wasser verwendet werden; starker Korrosionsangriff auf Zink erfolgt ebenfalls durch Kondensat, vornehmlich zwischen 55 °C und 80 °C (z. B. in Saunaanlagen). Andererseits kann eine Deckschichtbildung bei allen Temperaturen vorkommen; unterhalb von etwa 60 °C kann Zink einen kathodischen Schutz bewirken. Die Schutzdauer von Zinküberzügen in kaltem, harten Wasser ist üblicherweise höher, als in weichen Wässern (mit „Ryznars oder Langeliers Index" läßt sie berechnen, ob das Wasser weich oder hart ist). Die Wahl zwischen Aluminium und Zink ist oftmals abhängig vom vorhandenen pH-Wert: Aluminium wird bei pH-Werten < 5 oder 6; Zink hingegen bei pH-Werten > 5 oder 6 verwendet (in Abhängigkeit von weiteren Faktoren). Weil die Zusammensetzung von nicht salzhaltigen Wässern stark variieren kann, sollte man vorhandene Erfahrungen nutzen oder den Rat von Fachleuten einholen. Für den Einsatz von heißem Wasser sollte man immer den Ratschlag eines Spezialisten suchen (siehe z. B. DIN 50930-3 : 1991). Überzüge, welche für Bauteile oder für Konstruktionen im Trinkwasserbereich verwendet werden (einschließlich Rohrleitungen, Verbindungsstücke, Behälter und Tankdeckel) sollten nicht toxisch sein und sollten weder Geschmack noch Geruch, Farbe oder Trübung auf das Wasser übertragen; sie sollten einen mikrobiologischen Angriff nicht fördern. Bei Behältern, bei denen ein zusätzlicher Schutz des Zinküberzuges notwendig ist, sollte eine geeignete hochwertige Beschichtung in ausreichender Schichtdicke aufgebracht werden.

Zonen mit wechselndem Wasserspiegel (z. B. in Gebieten, wo der Wasserspiegel aufgrund naturgesetzlicher Bewegungen wechselt — beispielsweise durch Gezeiten — oder durch künstliche Veränderungen des Wasserspiegels in Schleusen oder Staubecken) oder Spritzwasserbereiche sollte besonders aufmerksam betrachtet werden, da zusätzlich zum Wasserangriff atmosphärischer Angriff und Abrieb auftreten können.

Die Vielzahl der Einflußgrößen, welche eine Korrosion in Frischwasser beeinflussen, machen es unmöglich, sich auf einfache Anleitungsvorschriften in Tabelle 2 zu beschränken. Einige Richtwerte für Seewasser bzw. Salzwasser sind in Tabelle 2 g) zu finden; doch sei betont, daß in allen Fällen der Korrosionsbelastung durch Wässer der Rat von Fachleuten eingeholt werden sollte, damit alle Unwägbarkeiten berücksichtigt werden.

6.4 Sonderbelastungen

6.4.1 Allgemeines

Wegen der Vielfalt außergewöhnlicher Belastungen werden nur im paar Beispiele/Sonderfälle unter 6.4.2 bis 6.4.4 behandelt; sie sind in Tabelle 2 nicht berücksichtigt.

6.4.2 Chemischer Angriff

Die Korrosion wird örtlich verstärkt durch Verunreinigungen aus Industrieprozessen, vornehmlich durch Säuren im Falle von Zinküberzügen und Basen bei Aluminiumüberzügen.

Viele organische Lösemittel haben nur geringe Wirkung auf Nichteisen-Metalle, jedoch sollte man für jede Chemikalie einen speziellen Ratschlag einholen.

6.4.3 Abrieb

Natürliche mechanische Belastungen können in Gewässern durch Anschwemmen von Steinen, Abrieb durch Sand, anprallende Wellen und anderes ausgelöst werden. Teilchen, welche durch Wind herangeführt werden (beispielsweise Sand), können ebenfalls den Korrosionsangriff verstärken.

Nichteisen-Metallüberzüge haben eine deutlich höhere Abriebfestigkeit (um den Faktor 10 und mehr) als die meisten konventionellen Beschichtungssysteme. Die Eisen-Zink-Legierungen sind besonders abriebfest.

Begangene oder befahrene oder sich aneinander reibende Flächen unterliegen zuweilen starkem Abrieb. Flächen unter grobkörnigem Kies sind einer starken Belastung durch Aufprall und Abrieb ausgesetzt. Die ausgezeichnete Haftung zwischen Metallüberzügen und Stahl (dies gilt besonders beim Feuerverzinken und beim Sherardisieren, da es sich um Legierungsbindungen handelt) hilft, solche Einflüsse zu begrenzen.

6.4.4 Belastungen durch erhöhte und hohe Temperaturen

Alle beschriebenen Metallüberzüge sind üblicherweise auch bei erhöhten Temperaturen einsetzbar. Spezielle Ratschläge sollte man jedoch bei jeder organischen Beschichtung einholen.

Temperaturen über +200 °C werden in dieser Internationalen/Europäischen Norm nicht berücksichtigt. Temperaturen zwischen +200 °C und +500 °C kommen nur unter recht speziellen Bedingungen beim Bau und Betrieb vor, wie beispielsweise bei Stahlschornsteinen/-kaminen, Flüssiggasleitungen, Gas-Hauptabnahmeleitungen in Kokereien. Für derartig exponierte Oberflächenüberzüge muß man einen Fachmann zu Rate ziehen.

7 Planung von Korrosionsschutzsystemen

7.1 Allgemeine Grundsätze

Konstruktion und Fertigung beeinflussen die Auswahl des Korrosionsschutzsystems. Es kann zweckmäßig und wirtschaftlich sein, den konstruktiven Entwurf und die Gestaltung darauf abzuändern, daß das jeweils gewählte oder bevorzugte Schutzsystem die größtmögliche Wirkung entfalten kann. Die folgenden Gesichtspunkte sind unbedingt zu beachten:

a) für sichere und einfache Zugänglichkeit im Zuge der Instandsetzung ist zu sorgen;

b) Taschen, Rücksprünge und Vertiefungen, in welchen sich Wasser und Schmutz sammeln können, sind zu vermeiden; eine äußere Form mit glatten Konturen erleichtert das Aufbringen eines Korrosionsschutzsystems und hilft dadurch, den Korrosionswiderstand zu verbessern; korrosionsfördernde Chemikalien sind von Konstruktionsteilen abzuleiten, beispielsweise durch Drainagerohre, um Tausalzlösungen abzuführen;

c) Flächen, welche nach der Montage unzugänglich sind, sollte man mit einem Korrosionsschutzsystem schützen, das die geforderte Standzeit der Konstruktion überdauert;

d) wenn Kontaktkorrosion zwischen zwei verschiedenen Metallen möglich ist, sollten stets zusätzliche Schutzmaßnahmen ins Auge gefaßt werden (siehe beispielsweise PD 6484 von British Standards Institution);

e) wo der geschützte Stahl möglicherweise mit anderen Bau- und Werkstoffen in Berührung kommt, ist den Kontaktflächen besondere Aufmerksamkeit zu widmen, das heißt, Beschichtungen und Trennfolien sind gegebenenfalls einzuplanen;

f) Feuerverzinken, Sherardisieren, mechanisches Plattieren oder Elektroplattieren läßt sich nur in entsprechenden Betrieben durchführen; thermisches Spritzen läßt sich sowohl in Betrieben als auch auf der Baustelle durchführen. Wenn ein Beschichtungssystem auf einen Metallüberzug aufgebracht werden soll, so kann man die Ausführung wesentlich leichter im Betrieb überwachen. Wenn jedoch die Wahrscheinlichkeit eines beträchtlichen Schadens während des Transports oder der Montage nicht auszuschließen ist, ist die letzte Deckbeschichtung auf der Baustelle aufzubringen. Wenn das gesamte Beschichtungssystem auf der Baustelle aufgebracht wird, sollte klargestellt sein, wie erforderlichenfalls Instandsetzungsarbeiten am Überzug durchzuführen sind, nachdem die Konstruktion montiert ist.

g) Biegen und andere Arten der Ver- und Bearbeitung sollten vor dem Feuerverzinken (nach ISO 1461) oder dem thermischen Spritzen (nach ISO 2063) durchgeführt werden.

h) Markierungen auf den Teilen sind so anzubringen, daß sie nach dem Aufbringen der Überzüge noch zu erkennen sind.

i) Es ist Vorsorge zu treffen, um Verzug während der Behandlung zu minimieren.

7.2 Gestaltung

Die Anforderungen an die Gestaltung bei Teilen, die feuerverzinkt oder thermisch gespritzt werden sollen, sind verschieden. Anhang A gibt praktische Hinweise zum feuerverzinkungsgerechten Konstruieren und Anhang B zu thermisch gespritzten Überzügen. Diese ergänzen die allgemeinen Regeln zur Gestaltung von Stahlbauten.

Der Entwurf sollte bereits frühzeitig mit einem Feuerverzinker abgestimmt werden, mit dem Ziel, fertigungsbedingte Spannungen zu reduzieren oder, wo möglich, auszugleichen. Spannungsspitzen im Grundwerkstoff können beim Feuerverzinken abgebaut werden, dieses kann Verformungen des Verzinkungsgutes zur Folge haben.

Die Gestaltung für das elektrolytische Verzinken folgt den allgemeinen Konstruktionsregeln für elektrolytische Verfahren und wird an dieser Stelle nicht behandelt. Die Gestaltung für das Sherardisieren und für mechanische Überzugsverfahren sollte man am besten mit den zuständigen Spezialisten besprechen; grundsätzlich sind diese Verfahren zum Schutz von Kleinteilen geeignet, die in Trommeln gedreht werden können; andere Teile erfordern spezialisierte Anlagen.

7.3 Hohlkästen und Hohlbauteile

7.3.1 Allgemeines

Die Innenflächen von Hohlkästen und Hohlbauteilen bedürfen üblicherweise keines Schutzes, nämlich dann, wenn diese hermetisch dicht verschlossen sind. Falls Hohlkästen und Hohlbauteile jedoch der Witterung ausgesetzt sind und nicht hermetisch dicht sind, sollte auf die Notwendigkeit des Korrosionsschutzes auf der Innen- und Außenseite hingewiesen werden zur Vermeidung von Ablagerungen im Innern von Hohlbauteilen und im Hinblick auf die Ableitung von eingedrungenem Wasser.

7.3.2 Schutz durch Feuerverzinken

Das Feuerverzinken führt zu gleich dicken Überzügen innen wie außen. Falls Rohre und Hohlprofilkonstruktionen feuerverzinkt werden, ist im Hinblick auf den Verfahrensablauf auf die Anbringung von Be- und Entlüftungsöffnungen zu achten (siehe Anhang A).

7.3.3 Schutz durch Thermisches Spritzen

Bei Innenflächen ist das thermische Spritzen mangels Zugänglichkeit für das Spritzwerkzeug zuweilen nicht möglich. Nimmt man aus diesem Grunde auf der Innenseite von Hohlkonstruktionen einen weniger wirksamen Korrosionsschutz in Kauf, so sollte man über andere zusätzliche Schutzverfahren (z. B. Lufttrocknung) nachdenken, um den Korrosionsschutz zu verbessern.

7.4 Verbindungen

7.4.1 Verbindungen von Teilen, die mit thermisch gespritzten oder Schmelztauchüberzügen hergestellt werden

Das Schutzverfahren für Schrauben, Muttern und andere Arten tragender Verbindungselemente sollte sorgfältig geplant werden. Im Idealfall ist der Korrosionsschutz der Verbindungsmittel und der übrigen Stahlkonstruktion gleichwertig. Spezielle Anforderungen sind in den jeweiligen Produktnormen enthalten, und in einer Reihe von Entwürfen sind zur Zeit Normen für Überzüge auf Verbindungsmitteln in Vorbereitung.

Durch Feuerverzinken hergestellte Überzüge (siehe ISO 1461) haben durchschnittliche Schichtdicken von mindestens 55 µm, für sherardisierte Teile (eine Europäische Norm (work item 00262097) wird zur Zeit erarbeitet) oder andere Überzüge auf Verbindungsmitteln sollten Festlegungen getroffen werden. Verbindungsmittel aus nichtrostendem Stahl können auch eingesetzt werden. Sie sollten gegebenenfalls nach der Montage beschichtet werden, z. B. aus Gestaltungsgründen oder um Kontaktkorrosion zu vermeiden, wenn die Teile mit chloridhaltigen Lösungen in Berührung kommen. In solchen Fällen sollte der nichtrostende Stahl eine geeignete Oberflächenvorbereitung erhalten.

Die sich berührenden Oberflächen von gleitfesten Schraubenverbindungen sollten eine Sonderbehandlung zur Reibbeiwerterhöhung erhalten. Es ist keineswegs notwendig, thermisch gespritzte oder Feuerverzinkungsüberzüge von solchen Bereichen zu entfernen, um einen angemessenen Reibbeiwert zu erzielen, jedoch sollte man das Langzeitverhalten bedenken (um Kriechgleiten zu verhindern) und notwendige Anpassungen an die Montageabmessungen berücksichtigen.

7.4.2 Schweißtechnische Hinweise im Zusammenhang mit Schutzüberzügen

Je nachdem, ob das Schweißen a) vor oder b) nach dem Aufbringen von Zink- oder Aluminiumüberzügen durchgeführt wird, sind unterschiedliche Sachverhalte zu berücksichtigen.

Zu bevorzugen ist das Schweißen vor dem Feuerverzinken oder dem thermischen Spritzen. Nach dem Schweißen sollte die gesamte Oberfläche im Nahtbereich bis zu dem Gütegrad vorbereitet werden, der für die gesamte Konstruktion vor Aufbringen des jeweiligen Schutzüberzuges erforderlich ist. Das Schweißen sollte so durchgeführt werden (d. h. gleich auf beiden Seiten der Hauptachse), daß ungleichförmige Spannungen und Verformungen vermieden werden. Schlacken und andere Schweißrückstände sollten vor dem Aufbringen von Zink- oder Aluminiumüberzügen entfernt werden. Die üblichen Vorbereitungen für das Flammspritzen sind üblicherweise hierfür auch ausreichend. Für das Feuerverzinken kann jedoch

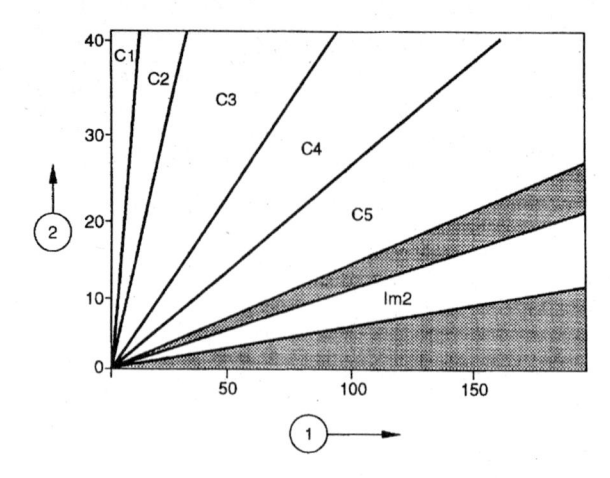

1 Schichtdicke, in μm
2 Schutzdauer bis zur ersten Instandhaltung in Jahren

ANMERKUNG 1: Jede Umgebung ist in einem Band dargestellt; die Linien zeigen die typischen Ober- und Untergrenzen für die Schutzdauer in dem entsprechenden Bereich.
ANMERKUNG 2: Die spezifischen mikroklimatischen Einflüsse sind hierbei nicht berücksichtigt.

Bild 1: Typische Schutzdauern bis zur ersten Instandsetzung von Zinküberzügen in verschiedenen Bereichen auf der Basis typischer Korrosionsraten

eine besondere Vorbehandlung erforderlich sein, insbesondere sollten Schweißschlacken sorgfältig entfernt werden. Einige Schweißverfahren hinterlassen alkalische Überreste, die durch Strahlen zu entfernen sind und dem ein Waschen mit sauberem Wasser folgen sollte, ehe thermisch gespritzte Überzüge aufgebracht werden. (Dies gilt nicht für das Feuerverzinken, bei dem die Oberflächenvorbereitung derartige alkalische Ablagerungen beseitigt.)

Es ist wünschenswert, daß für die Fertigung keine sog. „Fertigungsbeschichtungen" eingesetzt werden, da diese vor dem Feuerverzinken oder Flammspritzen wieder vollständig entfernt werden müssen.

Falls das Schweißen nach dem Feuerverzinken oder dem thermischen Spritzen durchgeführt wird, sollte der Überzug örtlich in der Schweißnahtzone vor dem Schweißen entfernt werden, um eine hochwertige Schweißung sicherzustellen. Nach dem Schweißen sollte der Überzug örtlich wieder instandgesetzt werden; dies entweder durch thermisches Spritzen, Zinkstaubbeschichtungen oder Auftragen von Loten.

Nach dem Schweißen von Stahl mit einem Überzug sollte die Art der Ausbesserung so gewählt werden, daß sie mit den nachfolgenden Beschichtungen verträglich ist (flüssig- oder pulverbeschichtet).

Bauteile, die aus verschiedenen Metallen zusammengesetzt sind, erfordern auch unterschiedliche Verfahren der Oberflächenvorbereitung, diese sollten mit dem ausführenden Unternehmen besprochen werden, das den Korrosionsschutz ausführen soll.

7.4.3 Hart- und Weichlöten

Weichgelötete Baugruppen können nicht feuerverzinkt werden; auch das Hartlöten sollte nach Möglichkeit vermieden werden, da viele Arten des Hartlötens sich nicht für eine nachfolgende Feuerverzinkung eignen. Falls auf das Hartlöten nicht verzichtet werden kann, sollte ein Feuerverzinkungsfachmann gefragt werden.

Weil bei diesen Verfahren zuweilen korrosive Flußmittel eingesetzt werden, sollten die Flußmittelreste unbedingt entfernt werden, um eine Korrosion der Teile zu verhindern; die Gestaltung dieser Teile sollte das erleichtern.

7.5 Zink- oder Aluminiumüberzüge mit zusätzlichen Beschichtungen

ISO 12944-5 gibt Hinweise zum zusätzlichen Beschichten von Zink- oder Aluminiumüberzügen. Für ein Umfeld mit geringer Korrosionsbelastung (oder für eine kürzere Gebrauchsdauer als gängig oder vereinbart) kann ein einschichtiges Beschichten nach entsprechender Oberflächenvorbereitung, falls gefordert, ausreichend sein.

Für ein aggressiveres und feuchtes Umfeld braucht man jedoch mindestens zweischichtige Beschichtungssysteme, um die Anzahl der durchgängigen Poren möglichst gering zu halten.

Die Nutzungsdauer einer beschichteten Konstruktion ist meistens länger als die Schutzdauer eines Überzugs, dabei kann jedoch nach Abbau des Überzugs einiges an

Stahl durch Korrosion zerstört werden, ehe die Konstruktion unbrauchbar wird. Falls es notwendig ist, die Schutzdauer des Korrosionsschutzsystems zu verlängern, sollte eine Instandsetzung stattfinden, noch ehe sich Rost gebildet hat und möglichst schon, wenn noch wenigstens 20 bis 30 µm einer Restdicke des Metallüberzugs verblieben sind. Dies verleiht einem Überzug mit zusätzlicher Beschichtung eine größere Schutzdauer, als diejenige eines einfachen Beschichtungssystems.

Falls sich die Instandsetzung bis zum Auftreten von Rost verzögert, so ist der Stahluntergrund instandzusetzen wie ein korrodierter, zuvor ausschließlich beschichteter Stahl.

Die gesamte Schutzdauer eines Korrosionsschutzsystems aus Überzug und Beschichtung ist größer als die Summe der Einzelschutzdauern eines Überzugs (siehe Tabelle 2) und einer geeigneten Flüssig- oder Pulverbeschichtung. Dies beruht auf dem Synergie-Effekt, d. h., das Vorhandensein eines metallischen Überzuges verhindert oder vermindert die Unterrostung der Beschichtung; die Beschichtung bewahrt den Überzug vor frühzeitiger Korrosion.

Falls darauf hingewiesen wird, daß intakte Altbeschichtungen auf der Oberfläche bleiben können, sollte die aufgetragene Beschichtung auch die geforderte Schichtdicke aufweisen.

Eine Instandsetzung wird üblicherweise durchgeführt, wenn ein Überzug unansehnlich wird oder seine Schichtdicke abgebaut ist. Hierzu benötigt ein Überzug in der Regel eine längere Zeitspanne als eine Beschichtung. So wird zum Beispiel ein Überzug mit einer Schutzdauer von mehr als 20 Jahren angegeben, wohingegen jedoch der gleiche Metallüberzug zuzüglich einer Beschichtung bereits nach mehr als 10 Jahren instand gesetzt werden sollte aufgrund des Aussehens der Beschichtung. Bemerkt werden sollte, daß eine Fläche mit abgewitterter Beschichtung Feuchtigkeit und Verunreinigungen enthalten kann, die durch Regen nicht gelöst werden und wodurch die Korrosion beschleunigt wird.

Tabelle 1: Korrosivitätskategorien, Korrosionsbelastung und Korrosionsraten

Kurzzeichen	Korrosivitätskategorie	Korrosionsbelastung	Korrosionsrate, durchschnittl. Dickenverlust für Zink µm/Jahr[a, b, c]
C 1	Innen: trocken	unbedeutend	≤ 0,1
C 2	Innen: gelegentliche Kondensatbildung Außen: ländliches Inland	gering	0,1 bis 0,7
C 3	Innen: hohe Luftfeuchte, mäßige Luftverunreinigung Außen: städtisches Inland, geringe Küste	mäßig	0,7 bis 2
C 4	Innen: Schwimmbäder, Chemieanlagen usw. Außen: industrielles Inland; städtische Küste	stark	2 bis 4
C 5	Außen: industriell mit hoher Feuchte oder hoher Chloridbelastung (Küste)	sehr stark	4 bis 8
Im 2	Meerwasser in gemäßigten Klimagebiet	sehr stark	10 bis 20[d]

[a] Der Dickenverlust des Zinküberzugs entspricht den Werten in ISO 9223, mit der Ausnahme, daß bei Werten von 2 µm und mehr je Jahr die Werte auf ganze Zahlen gerundet wurden.

[b] Der Dickenverlust für Zink, der in Tabelle 2 angegeben ist, entspricht den Angaben der vorstehenden Tabelle. Für eine erste Abschätzung ist die Korrosion aller metallischen Zinkoberflächen in gleicher Umgebung als gleich anzusetzen. Stahl korrodiert zwischen 10 und 40 mal schneller als Zink, wobei die höheren Werte üblicherweise in chloridhaltiger Atmosphäre zu finden sind. Aluminium-Überzüge haben in Abhängigkeit von der Zeit keinen linearen Dickenverlust. Die Zusammenhänge dieses Sachverhaltes sind in ISO 9223 erläutert und gelten für Bleche.

[c] Veränderungen in der Atmosphäre im Verlaufe der Zeit: In den zurückliegenden 30 Jahren ist eine erhebliche Verminderung der Luftverunreinigung, insbesondere des Schwefeldioxids stattgefunden. Dies bedeutet, daß die gegenwärtigen Korrosionsraten (die vorstehende Tabelle basiert auf Daten aus den Jahren 1990 bis 1995) innerhalb der jeweiligen Umweltbedingungen deutlich niedriger sind als in der Vergangenheit; für die Zukunft werden als Folge der weiteren Reduzierung der Umweltverschmutzung nochmals niedrigere Korrosionsraten festzustellen sein.

[d] Meerwasser in gemäßigten Klimagebieten ist gegenüber Zink weniger korrosiv als tropisches Meerwasser, da letzteres in der Regel eine deutlich höhere Temperatur hat. Die vorstehende Tabelle berücksichtigt die Verhältnisse in europäischem Meerwasser. Für tropische Einsatzbedingungen sollten gesonderte Informationen eingeholt werden.

Seite 9
EN ISO 14713 : 1999

Tabelle 2: Empfehlungen für Korrosionsschutzsysteme unter spezifischen Einsatzbedingungen

a) Korrosivitätskategorie C 2 (Zink-Korrosionsrate < 0,7 µm/Jahr bzw. < 5 g/m²/Jahr bei andauerndem Einsatz). Die Schutzdauern in der Korrosivitätskategorie C1 sind etwa 5 bis 10mal länger

Typische Schutzdauer bis zur ersten Instandsetzung Jahre	Allgemeine Beschreibung	Durchschnittliche Überzugsdicke je Seite µm Mindestwert	Anmerkungen (siehe Ende Tabelle 2)
sehr lang (20 oder länger)	Stückverzinkung gemäß ISO 1461	25 bis 85[a]	1, 2, 3, 4
	Feuerverzinktes Rohr gemäß EN 10240	25 bis 55[a]	1, 2, 3, 4
	Versiegelte oder unversiegelte, thermisch gespritzte Al-Schichten gemäß ISO 2063	100	4, 5, 6
	Versiegelte thermisch gespritzte Al-Schichten gemäß ISO 2063	50	4, 5, 6
	Versiegelte oder unversiegelte thermisch gespritzte Zn-Schichten gemäß ISO 2063	50	1, 4, 5, 8
	Kontinuierlich feuerverzinktes Band oder Blech Z 275 (siehe EN 10142 oder EN 10147 oder ISO 4998)	20	1
	Elektrolytisch verzinkter Stahl (allgemein)	20	1
lang (10 bis < 20)	siehe oben		
mittel (5 bis < 10)	siehe oben		
kurz (unter 5)	siehe oben		

b) Korrosivitätskategorie C 3 (Innenräume), erhöhte Luftfeuchte, mäßige Luftverschmutzung, gelegentliche Kondensatbildung (Zink-Korrosionsrate 0,7 bis 2 µm oder 5 bis 15 g/m²/Jahr bei andauerndem Einsatz)

sehr lang (20 oder länger)	Stückverzinkung gemäß ISO 1461	45 bis 85[a]	1, 2, 3, 4
	Feuerverzinktes Rohr gemäß EN 10240	45 bis 55[a]	1, 2, 3, 4
	Versiegelte thermisch gespritzte Al-Schichten gemäß ISO 2063	100	4, 5, 6
	Versiegelte oder unversiegelte thermisch gespritzte Zn-Schichten gemäß ISO 2063	100	1, 4, 5, 6
lang (10 bis < 20)	siehe oben oder		
	Feuerverzinktes Rohr gemäß EN 10240	25	1, 2, 3, 4
	Feuerverzinkt (Stückverzinkt) gemäß ISO 1461	25	
mittel (5 bis < 10)	siehe oben oder		
	Kontinuierlich feuerverzinktes Band oder Blech Z 275 gemäß EN 10142 oder EN 10147 oder ISO 4998	20	1
	Elektrolytisch verzinkter Stahl (allgemein)	20	1
kurz (unter 5)	siehe oben		

[a] Abhängig von der Überzugsqualität (siehe EN 10240) oder der Materialdicke eines Stahlteils (siehe ISO 1461).

(fortgesetzt)

Tabelle 2 (fortgesetzt)

c) Korrosivitätskategorie C 3 (außen) (Zink-Korrosionsrate 0,7 bis 2 μm/Jahr; 5 bis 15 g/m²/Jahr bei andauerndem Einsatz)

Typische Schutzdauer bis zur ersten Instandsetzung Jahre	Allgemeine Beschreibung	Durchschnittliche Überzugsdicke je Seite μm Mindestwert	Anmerkungen (siehe Ende Tabelle 2)
sehr lang (20 oder länger)	Stückverzinkung gemäß ISO 1461 (alle Materialdicken)	45 bis 85[a]	1, 2, 3, 4
	Versiegelte thermisch gespritzte Al-Schichten gemäß ISO 2063	100	4, 5, 6
	Versiegelte oder unversiegelte thermisch gespritzte Zn-Schichten gemäß ISO 2063	100	1, 4, 5, 6
	Feuerverzinktes Rohr gemäß (z. B. gemäß EN 10240)	45 bis 55[a]	1, 2, 3, 4
lang (10 bis < 20)	siehe oben oder		
	Feuerverzinktes Rohr (z. B. gemäß EN 10240)	25	1, 2, 3, 4, 9
	Feuerverzinkung (Stückverzinkung) gemäß ISO 1461	25	1, 2, 3, 4, 9
mittel (5 bis < 10)	siehe oben oder		
	Kontinuierlich feuerverzinktes Band oder Blech Z 275 (siehe EN 10142 oder ISO 4998)	20	1, 9
	Elektrolytisch verzinkter Stahl	20	1, 9
kurz (unter 5)	siehe oben		

d) Korrosivitätskategorie C 4 (Zink-Korrosionsrate 2 bis 4 μm/Jahr, 15 bis 30 g/m²/Jahr bei andauerndem Einsatz)

sehr lang (20 oder länger)	Stückverzinkung gemäß ISO 1461 (Stahl ≥ 6 mm)	85	1, 2, 3, 4
	Versiegelte thermisch gespritzte Al-Schichten gemäß ISO 2063	100	4, 5, 6
	Versiegelte oder unversiegelte thermisch gespritzte Zn-Schichten gemäß ISO 2063	100	1, 4, 5, 6
lang (10 bis < 20)	siehe oben oder		
	Stückverzinkung gemäß ISO 1461 (Stahl < 6 mm)	45 bis 70[a]	1, 2, 3, 4
	Feuerverzinktes Rohr gemäß EN 10240	45 bis 55[a]	1, 2, 3, 4
mittel (5 bis < 10)	siehe oben oder		
	Kontinuierlich feuerverzinktes Band oder Blech Z 275 (siehe EN 10142 oder EN 10147 oder ISO 4998)	20	1, 9
	Elektrolytisch verzinkter Stahl (allgemein)	25	1, 9
	Feuerverzinktes Rohr gemäß EN 10240	25	1, 2, 3, 4, 9
	Stückverzinkung gemäß ISO 1461[b]	25	1, 2, 3, 4, 9
kurz (unter 5)	siehe oben		

[a] Siehe Seite 9
[b] Gewindeteile < 6 mm Durchmesser.

(fortgesetzt)

Tabelle 2 (fortgesetzt)

e) Korrosivitätskategorie C 5, sehr hoch (untere Hälfte dieser Klasse)
   (Zink-Korrosionsrate etwa 4 bis 6 µm/Jahr; 30 bis 40 g/m²/Jahr bei andauerndem Einsatz).

Typische Schutzdauer bis zur ersten Instandsetzung Jahre	Allgemeine Beschreibung	Durchschnittliche Überzugsdicke je Seite µm Mindestwert	Anmerkungen (siehe Ende Tabelle 2)
sehr lang (20 oder länger)	Stückverzinkung (dicke Überzüge — nicht immer verfügbar, siehe Anmerkung 2 am Ende von Tabelle 2)	115	1, 2, 3, 4, 10, 11
	Unversiegelte thermisch gespritzte Al-Schichten gemäß ISO 2063	150	4, 6
	Unversiegelte thermisch gespritzte Zn-Schichten gemäß ISO 2063	150	1, 4, 6
	Versiegelte thermisch gespritzte Al-Schichten gemäß ISO 2063	150	4, 5, 6
	Versiegelte thermisch gespritzte Zn-Schichten gemäß ISO 2063	150	4, 5, 6
lang (10 bis < 20)	siehe oben oder		
	Stückverzinkung gemäß ISO 1461 (Stahl ≥ 6 mm)	85	1, 2, 3, 4
	Versiegelte thermisch gespritzte Al-Schichten gemäß ISO 2063	100	4, 5, 6
	Versiegelte thermisch gespritzte Zn-Schichten gemäß ISO 2063	100	4, 5, 6
mittel (5 bis < 10)	siehe oben oder		
	Stückverzinkung gemäß ISO 1461 (Stahl < 6 mm)[b]	45 bis 70[a]	1, 2, 3, 4,
	Unversiegelte thermisch gespritzte Zn-Schichten oder Al-Schichten gemäß ISO 2063	100	1, 4, 6
	Feuerverzinktes Rohr (z. B. gemäß EN 10240)	45 bis 55[a]	1, 2, 3, 4
kurz (unter 5)	siehe oben oder		
	Stückverzinkung gemäß ISO 1461[c] (Stahl < 6 mm ⌀ geschleudert)	25	1, 2, 3, 4, 9
	Feuerverzinktes Rohr (z. B. gemäß EN 10240)	25	1, 2, 3, 4, 9
	Kontinuierlich feuerverzinktes Band oder Blech Z 275 (siehe EN 10142 oder EN 10147 oder ISO 4998)	20	1, 9
	Elektrolytisch verzinkter Stahl (allgemein)	20	1, 9

f) Korrosivitätskategorie C 5 sehr hoch (obere Hälfte dieser Klasse) (Zink-Korrosionsrate 6 bis 8 µm/Jahr; 40 bis 60 g/m²/Jahr bei andauerndem Einsatz).

sehr lang (20 oder länger)	Stückverzinkung	150 bis 200[c]	1, 2, 3, 4, 10, 11
	Unversiegelte thermisch gespritzte Al-Schichten gemäß ISO 2063	250	4, 6
	Unversiegelte thermisch gespritzte Zn-Schichten gemäß ISO 2063	250	1, 4, 6
	Versiegelte thermisch gespritzte Al-Schichten gemäß ISO 2063	150	4, 5, 6
	Versiegelte thermisch gespritzte Zn-Schichten gemäß ISO 2063	150	4, 5, 6

[a] Siehe Seite 9
[b] Siehe Seite 10
[c] Unter diesen Bedingungen und bei einer Schutzdauer > 20 Jahre ist ein Zinküberzug sehr großer Dicke erforderlich, z.B. 150 µm bis 200 µm. Derartige Überzüge sind nicht genormt. Bei Bedarf sollten hierzu Abstimmungen und Vereinbarungen zwischen dem Auftraggeber und dem Feuerverzinkungsunternehmen getroffen werden.
Siehe ISO 1461 und Anmerkung 2 am Ende von Tabelle 2 als allgemeinen Hinweis.

(fortgesetzt)

Tabelle 2 (fortgesetzt)

Typische Schutzdauer bis zur ersten Instandsetzung Jahre	Allgemeine Beschreibung	Durchschnittliche Überzugsdicke je Seite µm Mindestwert	Anmerkungen (siehe Ende Tabelle 2)
lang (10 bis < 20)	siehe oben oder		
	Stückverzinkung (dicke Überzüge — nicht immer verfügbar, siehe Anmerkung 2 am Ende von Tabelle 2)	115	1, 2, 3, 4, 10, 11
	Unversiegelte thermisch gespritzte Al-Schichten gemäß ISO 2063	150	4, 6
	Unversiegelte thermisch gespritzte Zn-Schichten gemäß ISO 2063	150	1, 4, 6
	Versiegelte thermisch gespritzte Al-Schichten gemäß ISO 2063	100	4, 5, 6
	Versiegelte thermisch gespritzte Zn-Schichten gemäß ISO 2063	100	4, 5
mittel (5 bis < 10)	siehe oben oder		
	Stückverzinkung gemäß ISO 1461 (Stahl ≥ 3 mm)	70 bis 85	1, 2, 3, 4
kurz (unter 5)	siehe oben oder		
	Stückverzinkung gemäß ISO 1461 (Stahl < 3 mm oder geschleudert)	25 bis 55[a]	1, 2, 3, 4, 9
	Feuerverzinktes Rohr (z. B. gemäß EN 10240)	25 bis 55[a]	1, 2, 3, 4, 9
	Kontinuierlich feuerverzinktes Band oder Blech Z 275 (siehe EN 10142 oder EN 10147 order ISO 4998)	20	9

g) Korrosivitätskategorie Im 2: Meerwasser in gemäßigtem Klimagebiet[d, e]: Zink-Korrosionsrate etwa 10 bis 20 µm/Jahr; 70 bis 150 g/m²/Jahr

sehr lang (20 oder länger)	Versiegelte thermisch gespritzte Al-Schichten gemäß ISO 2063	150	4, 5, 6
	Versiegelte thermisch gespritzte Zn-Schichten gemäß ISO 2063	250	4, 5, 6
lang (10 bis < 20)	siehe oben oder		
	Stückverzinkung (siehe Fußnote c unter Tabelle 2f)	150 bis 200	1, 2, 3, 4, 11
	Versiegelte thermisch gespritzte Zn-Schichten gemäß ISO 2063	150	4, 5, 6
mittel (5 bis < 10)	siehe oben oder		
	Stückverzinkung (dicke Überzüge — siehe Anmerkung 2 am Ende von Tabelle 2)	115	1, 2, 3, 4
kurz (unter 5)	siehe oben oder		
	Stückverzinkung gemäß ISO 1461 (Stahl ≥ 3 mm)	70 bis 85	1, 2, 3, 4

[a] Siehe Seite 9
[d] Feuerverzinkte Rohre, Bleche und Fittings werden beim Einsatz in Seewasser üblicherweise zusätzlich geschützt.
[e] Brackwasser kann mehr oder weniger korrosiv sein als Seewasser, allgemeine Hinweise können nicht gegeben werden.

(fortgesetzt)

Tabelle 2 (fortgesetzt)

ANMERKUNG 1: Schutzdauer bis zur ersten Instandsetzung eines Überzugs: In Tabelle 2 sind zahlreiche Korrosionsschutzsysteme aufgelistet, geordnet und klassifiziert nach Umgebungseinflüssen und Schutzdauer bis zur ersten Instandsetzung; dies zeigt die dem Planer bestehenden Möglichkeiten. Die für Langzeitwirkung empfohlenen Systeme sind durchweg auch für kürzere Zeitspannen geeignet und oft sogar auch für diese wirtschaftlich. Tabelle 2 kann für jegliche Art von Zinküberzügen eingesetzt werden. Die Korrosionsrate, die der Tabelle zugrunde liegen, sind jeweils im Tabellenkopf angegeben. Es ist nicht möglich, bei Überzügen — egal welcher Art — eine exakt gleichmäßige Dicke zu erzielen. Wo die Bezeichnung „durchschnittliche Überzugdicke — Mindestwert" auftaucht, sei es in Spalte 3 der Tabellen-Kopfleiste oder an anderen Textstellen, so weist dieses auf den Mindestwert hin; in der Praxis liegen die Durchschnittswerte meist erheblich darüber. Dies ist bedeutsam, weil Zink- und Aluminium-Überzüge jenen benachbarten Bereichen Schutz gewähren können, die ihren Schutzüberzug vorzeitig verloren haben. Es sollte darauf hingewiesen werden, daß sich in EN 10240 Schichtdickenangaben auf die örtliche Mindestdicke beziehen. Die Dickenangaben in diesen Tabellen weichen teilweise von Festlegungen in anderen Normen ab.

In Tabelle 2 werden Richtwerte für Überzüge gegeben, wie sie auf feuerverzinkte Bleche und kaltgeformte Profile (Kaltprofile) mit tragender Funktion aufgebracht werden, sowie für elektrolytisch verzinktes Blech, ferner für thermisch gespritzte Überzüge aus Zink oder Aluminium oder Schmelztauchüberzüge auf Fertigteilen. Feuerverzinkte Fertigteile und Halbzeuge, welche aus dünnwandigem Werkstoff hergestellt sind sowie Befestigungsmittel, wie auch Kleinteile und andere Schleuderwaren, haben üblicherweise eine mittlere Überzugdicke; (die hierzu geltenden Produktnormen sind zu beachten). Die Schutzdauer von metallischen Zinküberzügen unter atmosphärischer Einwirkung und in Meerwasser ist in Bild 1 dargestellt. Die Schutzdauer in der Atmosphäre steigt mit sinkendem Gehalt an Schwefeldioxid in der Luft, wenn die übrigen Faktoren konstant bleiben.

Die Schutzdauer der allgemein verfügbaren kontinuierlich feuerverzinkten Bleche Z 275 sind durchgängig in der Tabelle 2 zugrundegelegt. Dickere Zinkauflagen, wie beispielsweise bei der Qualität Z 450, erhöhen die Schutzdauer bis zur ersten Instandsetzung etwa verhältnisgleich zur höheren Schichtdicke. Umgekehrt vermindert sich bei dünneren Zinkauflagen die Schutzdauer in etwa im gleichen Verhältnis.

Zink-Aluminium-Überzüge (mit 5 % bis 55 % Al) haben üblicherweise einen höheren Korrosionswiderstand als reines Zn; weil deren Gebrauch in größerem Umfang noch aussteht, sind diese Materialien in dieser Tabelle nicht aufgeführt. Über diese Art von Überzug gibt es umfangreiche technische Literatur.

ANMERKUNG 2: Dicke des Zinküberzuges auf Fertigteilen: Die ISO 1461 legt die genormte Schichtdicke auf min. 85 μm bei Stahl-Wanddicken ab 6 mm fest. Dünnwandige Stahlteile, feuerverzinkte Stahlrohre und Schleuderware (üblicherweise Gewindeteile und Leitungsrohr-Fittings) haben dünnere Überzüge, aber üblicherweise über 45 μm Dicke. Wenn Überzüge davon abweichender Dicken verwendet werden sollen, so läßt sich der dann Schutzdauer durch Näherungsrechnung errechnen, denn die Schutzdauer von Zinküberzügen ist annähernd proportional ihrer Dicke. Für Rohre gemäß EN 10240 kann der Besteller auch dickere Zinküberzüge zur Verlängerung der Schutzdauer fordern.

Zinküberzüge von mehr als 85 μm Dicke sind in ISO 1461 nicht genormt, sie können jedoch im gegenseitigen Einvernehmen für spezielle Schichtdicken vereinbart werden. Die Kenntnis der Zusammensetzung (Analyse) des zu verwendenden Stahls ist hierzu von grundlegender Bedeutung; der Feuerverzinker sollte vor der Stahlauswahl zu Rate gezogen werden, weil die erwähnten großen Schichtdicken sich nicht auf jeder Stahlsorte erzeugen lassen. Falls der Stahl als geeignet gilt, können dickere Überzüge vereinbart werden, wobei nachstehende Zahlen als Orientierung genannt seien:

Erzeugnis und Dicke mm	Örtliche Schichtdicke Mindestwert in μm	Durchschnittliche Schichtdicke Mindestwert in μm
Stahl t ≥ 6	100	115
Stahl 3 < t < 6	85	95
Stahl 1 < t ≤ 3	60	70
Kleine Schleuderteile	Keine Empfehlung	Keine Empfehlung

Noch dickere Überzüge (z. B. 150 bis 200 μm) erfordern noch größere Sorgfalt bei der Stahlauswahl. Bei allen dicken Überzügen ist es erforderlich oder zumindest empfehlenswert, die durch Feuerverzinken erreichbare Schichtdicke zuvor durch eine Probeverzinkung zu prüfen. Die Zusammensetzung von Stahl beeinflußt auch dessen Reaktionsgeschwindigkeit mit dem Zink. Im allgemeinen pflegen sich zusammenhängende hellgraue Überzüge zu bilden, wenn der Gehalt des Stahls an Silicium plus dem 2½fachen des Gehalts an Phosphor weniger als 0,1 % beträgt. Brauchbare, zusammenhängende Überzüge definierter Dicke lassen sich jedoch auf den meisten anderen ebenfalls erzielen.

(fortgesetzt)

Tabelle 2 (abgeschlossen)

ANMERKUNG 3: Ausbesserung oder Instandsetzung von Zinküberzügen: Unzureichende Schichtdicke, beispielsweise auf kleinen Bauteilen, läßt sich durch Auftragen von Zinkstaub-Beschichtungsstoffen erhöhen, um so die gesamte Zinkschichtdicke für die vorgegebene Standzeit zu erzielen. Ungleichmäßigkeiten und Beschädigungen lassen sich durch Spritzverzinken oder durch spezielle Zinklote oder hochzinkhaltige Beschichtungen (siehe ISO 1461) nachbessern. Der Auftraggeber sollte sicherstellen, daß die nachgebesserte Fläche keine Unverträglichkeiten mit evtl. nachfolgenden Schichten aufweist.

ANMERKUNG 4: Instandsetzungsintervalle für Metallüberzüge mit anschließender Beschichtung (siehe 7.5): Falls feuerverzinkte Oberflächen oder versiegelte thermisch gespritzte Überzüge durch Auftragen von Beschichtungsstoffen instandgesetzt werden, sollten als Instandsetzungs-Zeitspannen diejenigen des Metall+Beschichtungs-Systems betrachtet werden, welche oftmals kürzer sind als die Zeitabstände für die bloßen Überzüge allein, aber länger als für eine entsprechende Beschichtung, wenn sie unmittelbar auf den Stahl aufgetragen wird. Unversiegelte thermisch gespritzte Überzüge sollten üblicherweise geeignet sein, eine Konstruktion oder ein Tragwerk während seiner gesamten vorgegebenen Standzeit sicher zu schützen. Die Instandsetzungsarbeiten für solche Überzüge sind weit aufwendiger als die für versiegelte thermisch gespritzte Überzüge. Die in Tabelle 2 in der Kategorie für „sehr lange Schutzdauer" empfohlenen Korrosionsschutzsysteme dürften im allgemeinen die Erwartungen/Erfordernisse hinsichtlich ihrer Lebensdauer dann erfüllen, wenn eine Instandsetzung nach 20 Jahren vorgenommen wird. Falls die Möglichkeit zu einer (Zwischen-)Instandsetzung solcher „sehr langlebigen Überzüge" besteht, ehe die 20-Jahres-Frist verstrichen ist, sollte man diese Gelegenheit zum Vorteil nutzen, insbesondere, wenn die Nutzungsdauer der Konstruktion unbekannt ist. Im Falle des Zusammentreffens nachteiliger Einwirkungen in einer der Kategorien sollte möglicherweise der Stahl gestrahlt und komplett neu beschichtet werden.

ANMERKUNG 5: Versiegelte thermisch gespritzte Überzüge: Das Aussehen und die Schutzdauer von thermisch gespritzten Überzügen läßt sich durch deren Versiegelung verbessern. Vinyl- oder Epoxy-Copolymer-Versiegelungen sind üblich. Diese sollten solange aufgetragen werden, bis eine vollständige Penetration/Durchdringung stattgefunden hat; eine meßbare Überschichtung mit der Versiegelung ist nicht erforderlich. Eine solche Versiegelung ist insbesondere bei (thermisch gespritzten) Aluminium-Überzügen wünschenswert, wenn der thermisch gespritzte Überzug bei einer eventuellen Instandsetzung des Oberflächenschutzes erhalten bleiben soll; letzteres erfordert dann nur eine Erneuerung der Versiegelung. Eine Beschichtung thermisch gespritzter Überzüge ist ein nur selten gewähltes Korrosionsschutzsystem, falls nicht durch ästhetische Anforderungen, starke Korrosionsbelastung oder zusätzlich mechanische Beanspruchung dieses erforderlich ist.

ANMERKUNG 6: Kontakt von Überzügen mit Beton: Die Alkalität von Beton macht ihn für einen direkten Kontakt mit Aluminium oder Aluminium-Überzügen ungeeignet, so daß eine chemisch neutrale (inerte) Zwischenschicht vorhanden sein sollte. Auch in der Atmosphäre sollte eine Berührungsstelle/-fläche zwischen Aluminium oder Zink einerseits und Beton oder Erdboden andererseits eine inerte Zwischenschicht (z. B. eine Beschichtung) erhalten.

ANMERKUNG 7: Anti-Fouling-Beschichtungen: Zum Unterbinden maritimen Bewuchses gibt es nach besonderen Rezepturen hergestellte Beschichtungen. Die meisten derartigen Anti-Fouling-Beschichtungen sollten alljährlich oder alle zwei Jahre erneuert werden. Zink und Aluminium sollten nicht mit kupfer- oder quecksilberhaltigen Zubereitungen überschichtet werden.

ANMERKUNG 8: Dünne thermisch gespritzte Überzüge: ISO 2063 gestattet die Verwendung von unversiegelten Zinküberzügen von 50 µm Dicke in Innenräumen sowie Zinkstaub-Beschichtungen sowohl in Innenräumen als auch in Stadtluft; deshalb wurden diese Überzüge in diese Übersicht mit einbezogen. Man sollte den Ratschlag eines Spritzmetallisierers in Anspruch nehmen, wenn und ehe man derartig dünne Überzüge vorsieht.

ANMERKUNG 9: In stark aggressiven Atmosphären sollten Zinküberzüge von weniger als etwa 30 µm grundsätzlich von vornherein zusätzlich beschichtet werden.

ANMERKUNG 10: In stark aggressiven Atmosphären ist eine Instandsetzung alle 10 Jahre oder früher zu empfehlen, falls eine optimal lange Schutzdauer angestrebt wird.

ANMERKUNG 11: Durch Metallüberzüge plus Beschichtung kann man sehr große Schutzdauern erreichen (siehe 7.5). Metallüberzüge und Flüssig- oder Pulver-Beschichtungen von Anbeginn sind eine Möglichkeit zur Steigerung der Schutzwirkung. Solche Schichtsysteme lassen sich im Regelfall für eine Instandsetzung nach mehr als 10 bis 15 Jahren bemessen.

Anhang A (informativ)
Feuerverzinkungsgerechte Gestaltung

A.1 Allgemeines

Erzeugnisse, die einen Korrosionsschutz erhalten sollen, sollten im Hinblick auf die Planung nicht nur dessen Nutzung und Gebrauch sowie Herstellungsverfahren berücksichtigen, sondern auch eventuelle Einschränkungen beim Aufbringen des Korrosionsschutzsystems. Die Bilder A.1 bis A.11 verdeutlichen einige Entwurfsprinzipien, von denen wiederum einige sich ausschließlich auf das Feuerverzinken (Stückverzinken) beziehen.

A.2 Oberflächenvorbereitung

Die Gestaltung der Bauteile und die verwendeten Werkstoffe sollten eine gute Vorbereitung ihrer Oberfläche zulassen. Dies ist eine grundlegende Voraussetzung für einen hochwertigen Überzug. Verunreinigungen sollten vollständig entfernt werden, auch diejenigen, die sich durch Beizen nicht entfernen lassen, z. B. Öl, Fett, Beschichtungen, Schweißschlacken und -spritzer und ähnliche Verunreinigungen, aber ebenso Reste von Schweiß-Sprays. Wichtig ist auch, alle Lacke, Wachse, Farben, öl- und fettgebundenen Markierungen oder (Montage-)Signierungen zu vermeiden oder zu entfernen. Die Oberflächen sollten fehlerfrei sein; nur so läßt sich ein Überzug von tadellosem Aussehen und einwandfreiem Erscheinungsbild und den vereinbarten Eigenschaften sicherstellen.

Graphit an der Oberfläche von Guß verhindert die Benetzung mit dem flüssigen Metall. Gußstücke können nach einer Glühbehandlung Silikat-Partikel in der Oberfläche aufweisen, welche unbedingt entfernt werden sollten, wenn ein Schmelztauch-Überzug guter Qualität gefordert ist. Ein Strahlen ist sowohl vor als auch nach einer Glühbehandlung zu empfehlen.

A.3 Verfahrensbedingte Hinweise für die Gestaltung

Die Metallschmelze und die zugehörigen Werksanlagen sollten ausreichende Maße und Kapazitäten zur Aufnahme der zu verzinkenden Gegenstände besitzen. Waren mit Überlängen, deren Maße die verfügbaren Bäder überschreiten, lassen sich zur Erzielung eines einheitlichen Überzuges wechselseitig tauchen.

Alle Gegenstände sind während des Tauchens in die Bäder sicher zu befestigen. Oft lassen sich dazu vorhandene Schraubenlöcher benutzen. Oft bringt man Hublaschen oder -ösen an (Bild A.9), um die Handhabung ganz allgemein zu erleichtern. Das Verzinkungsgut kann in Gestelle gepackt oder an Traversen befestigt werden, dann können allerdings einzelne Kontaktstellen (Auflagerungspunkte) nach dem Feuerverzinken erkennbar bleiben. Das Tauchen in die Zinkschmelze erfordert sowohl horizontale als auch vertikale Bewegungen des Verzinkungsgutes in der Schmelze, gegebenenfalls auch beim Herausziehen unter einem Winkel. Die Verfahrensfolge erfordert einen Luftaustausch sowie ein Befluten aller Werkstückoberflächen mit Vorbehandlungsflüssigkeiten und Zink. „Lufttaschen" können die Oberflächenreaktion örtlich behindern und so Fehlstellen hervorrufen. Flüssigkeit verdampft bei der Feuerverzinkungstemperatur von etwa 450 °C; dabei auftretenden Kräfte können Ausbeulungen oder gar ein Bersten hervorrufen. Ausgeschlepptes Zink kann unter Umständen schlecht haften, sieht unschön aus und stellt eine vermeidbare Verschwendung dar.

Spezielles Verzinkungsgut, wie Wärmetauscher und Gasbehälter, können nur auf der Außenseite verzinkt werden (siehe Bild A.11). Dies erfordert jedoch besondere Verfahrensweisen und Ausrüstungen (z. B. Belastungsvorrichtungen, Pressen, um den Auftrieb des Verzinkungsgutes in der Zinkschmelze zu überwinden); hier sollte vorab ein darauf spezialisierter Feuerverzinker zu Rat gezogen werden.

A.4 Gestaltungshinweise

Entwurfs-Kriterien für zu verzinkende Gegenstände sind in den Bildern A.1 bis A.11 zusammengestellt.

WARNHINWEIS: Allseitig geschlossene Hohlkästen oder Hohlbauteile sind unter allen Umständen zu vermeiden oder mit Be- und Entlüftungsöffnungen zu versehen; andernfalls besteht ein erhebliches Risiko für deren Bersten in der Schmelze.

Die Berücksichtigung von Einlaß- und Auslaßöffnungen für Luft und Behandlungsflüssigkeiten in Hohlbauteilen hat den Vorteil, daß sich auch die darin enthaltenen Innenflächen mit Zink überziehen lassen, welcher dem Bauteil besseren Schutz verleiht (Bilder A.5 und A.10). Im Falle hoher Eigenspannungen in Stahlteilen kommt es zuweilen vor, daß diese Spannungen bei der Feuerverzinkungstemperatur (zumindest teilweise) frei werden. Dies ist eine der Hauptursachen für unerwarteten Verzug und unvorhergesehene Rißbildung in solchen Stahlteilen. Bevorzugt werden sollten deshalb symmetrische Querschnitte/Wanddicken und Schweißfolgen; vermieden werden sollten hingegen große Unterschiede in den Werkstück-Wanddicken und -Querschnitten; d. h. beispielsweise, dünnes Blech darf man nicht mit dickwandigen Walzstählen verschweißen. Die Schweißfolge und Fertigungstechnik ist so auszuwählen und auszurichten, daß möglichst wenig unausgeglichene Spannungen erzeugt bzw. eingetragen werden. Das Schweißen sollte auf das unvermeidliche Mindestmaß beschränkt bleiben, auch, um unterschiedliche Wärmedehnungen zu minimieren. Diskussionen mit Feuerverzinkungs-Fachleuten über der Montage- bzw. Schweißfolge zusammengesetzter Komponenten und Bauteile sind empfehlenswert. Flächige Baugruppen und Teilkomponenten, welche nur geringen Raum im Zinkbad beanspruchen, lassen sich im Gegensatz zu sperrigen Teilen weit wirtschaftlicher feuerverzinken. Grundsätzlich sollte man besser vor als nach dem Feuerverzinken Schweißarbeiten durchführen, um einen unbeschädigten Zinküberzug zu erhalten. Weitere Informationen hinsichtlich der Spannungen im Grundmaterial enthält ISO 1461 : 1999, C.1.5.

Verzinkungsgut sollte so konstruiert sein, daß es Zutritt und Ablauf des geschmolzenen Metalls erleichtert und daß Lufttaschen und Luftenschlüsse vermieden werden. Glatte Profile und Formstähle ohne scharfe Kanten und Ecken begünstigen das Feuerverzinken. Zusammenbauen mit ebenfalls feuerverzinkten Verbindungsmitteln verbessert die Wirksamkeit des Korrosionsschutzes.

Um das Tauchen in die Zinkschmelze bei Fachwerk-Konstruktionen zu erleichtern, sollten notwendige Freischnitte und Durchbrüche bei Stabanschlüssen bereits vor deren Zusammenbau gemacht werden, und zwar am einfachsten durch Anfasen oder Ausklinken. Dies vermeidet Säcke und Taschen, in denen überschüssiges geschmolzenes Zink erstarren kann. Bei bereits verschweißten Teilen kann das Brennschneiden ein Verfahren sein, fehlende Öffnungen herzustellen, weil zum Ansetzen eines Bohrwerkzeugs häufig kaum Platz vorhanden ist und die Bohrung daher nicht weit genug in einer Ecke angebracht werden kann.

A.5 Passungen

Die Dicke eines Zinküberzugs wird hauptsächlich von den Eigenschaften, der Dicke und der chemischen Zusammensetzung des Stahls bestimmt. Bei sich berührenden Flächen und bei Öffnungen (Passungen) sollte daher zusätzlicher Freiraum gelassen/geschaffen werden, damit Platz für die zusätzliche Dicke des Überzugs verbleibt. Beispielsweise gilt für Zinküberzüge auf ebenen Flächen ein zusätzliches Spiel von 1 mm als ausreichend.

Bei Gewinden ist der Sachverhalt komplizierter. Bei feuerverzinkten und geschleuderten Muttern und Schraubenbolzen ist gegenwärtig die Praxis länderspezifisch durchaus verschieden.

a) Entweder schneidet oder rollt man das Bolzengewinde exakt nach der jeweiligen Norm auf Nennmaß; für die Muttern wird dann nach dem Feuerverzinken ein um etwa 0,4 mm größeres Gewinde geschnitten.

b) Oder man fertigt die Schraubenbolzen auf Untermaß (beispielsweise nach Schwedischer Norm SS 3192 bis SS 3194), so daß Muttern mit Normgewinde verwendbar sind.

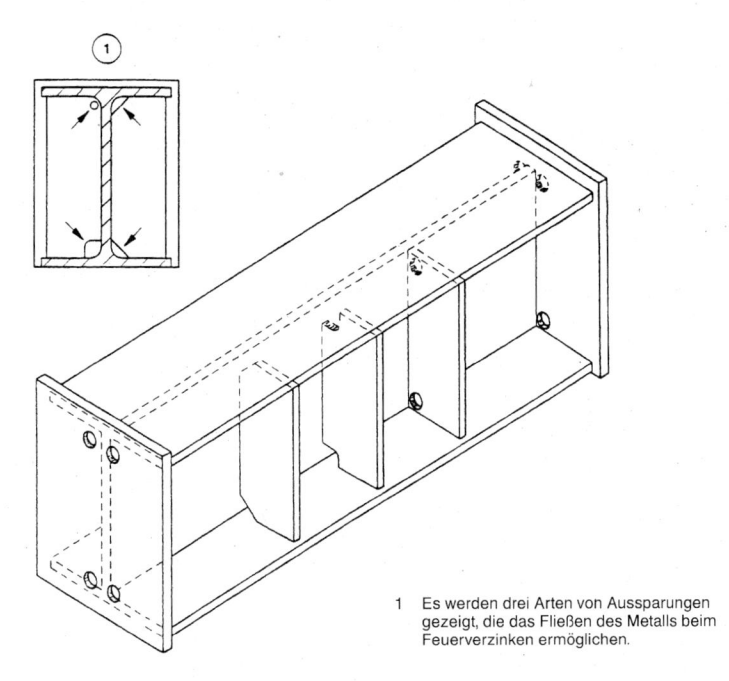

1 Es werden drei Arten von Aussparungen gezeigt, die das Fließen des Metalls beim Feuerverzinken ermöglichen.

ANMERKUNG: Außenliegende Versteifungen sowie geschweißte Kopfplatten und Steifen an Stützen und Trägern, ebenso Kopfplatten in H- und U-Formstählen, sind an ihren Ecken zu kappen. Die so erzeugten Freischnitte sollten möglichst groß sein, ohne jedoch die Statik nachteilig zu beeinträchtigen. Falls an der geschaffenen Ecke/Kante/Freischnitt, Schweißnähte zu machen sind, sollten ausgerundete Schnitte verwandt werden, um die Schweißnaht ohne Unterbrechung um das Ende der Schnittstelle bis auf deren andere Seite durchführen zu können. Bohrungen sind weniger wirksam; falls angewandt, sollten sie so nahe wie möglich an den Ecken und Kanten liegen.

Unter Umständen können die gekappten Ecken oder Öffnungen auch im Hauptträger angeordnet werden. Im Falle großvolumiger Kastenträger und Hohlkörper (siehe auch Bild A.9) sollte bei innenliegenden Steifen, zuzüglich zur Ausklinkung der Ecken, auch in der Mitte eine ausreichend große Öffnung vorhanden sein. Ausklinkungen an den Ecken sollten nur bei kleinvolumigen Hohlkörpern ausgeführt werden. Abgewinkelte Profile sollten möglichst kurz vor dem Hauptprofilflansch beendet werden. Bei Fuß-/Kopfplatten sind gegebenenfalls gesonderte Be-/Entlüftungsbohrungen nötig. Alle diese Vorgaben bezwecken:

a) das Einschließen von Luft während des Verfahrensablaufs zu verhüten und somit der Beizsäure und dem geschmolzenen Zink Zutritt zu allen Werkstückoberflächen zu erlauben;

b) das Ablaufen der Behandlungsflüssigkeiten beim Herausziehen aus den Vorbehandlungsbädern sowie schließlich auch aus dem Verzinkungskessel zu erleichtern. Die genaue bzw. günstigste Lage der Freischnitte und Löcher ist vom Tauchverfahren bzw. vom Eintauchwinkel abhängig, weshalb ein Verzinkungsfachmann im Entwurfsstadium des jeweiligen Gegenstands zu Rate gezogen werden sollte.

Bild A.1: Formstähle/Profile mit Kopfplatten und Steifen sowie Stoßblechen, Aussparungen

A.6 Hinweise für Lagerung und Transport

Feuerverzinkte Stahlteile sollten so gestapelt werden, daß Luft ungehinderten Zutritt zu allen Flächen hat. Bei großen ebenen Flächen, beispielsweise Kastenträgern, sollten Abstandshalter zwischengefügt werden (sofern sie nicht gleich in die Gestaltung einbezogen werden können), um so bei Lagerung oder Transport im Freien Weißrostbildung zu unterdrücken. Die Teile sollten nicht so gestaltet sein, daß sie flächig aneinander liegen, weil sie andernfalls durch Kondensation und/oder Kapillarwirkung Wasser anziehen können (siehe auch ISO 1461).

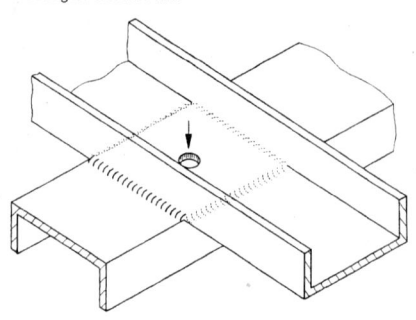

ANMERKUNG: Bei bündig aufeinanderliegenden zu verschweißenden Oberflächen ist eine Aussparung in der dargestellten Art zu bohren, insbesondere bei dünnwandigen Stahlteilen (Blech, Kaltprofil). Die Größe der Bohrung sollte die Größe der Überlappung berücksichtigen. Je nach Form der Überlappung kann auch mehr als eine Öffnung sinnvoll sein. Es sollte sichergestellt werden, daß Behandlungsflüssigkeiten nicht eingeschlossen werden können (siehe Bild A.3); diese Vorsichtsmaßnahme ist unabdingbar, um ein Bersten beim Feuerverzinken auszuschließen. Ein durchgängiges Bohren durch beide Werkstücke ist nicht erforderlich, obwohl es den freien Zufluß der Behandlungsflüssigkeiten fördert.

Bild A.2: Verschweißen ebener Flächen

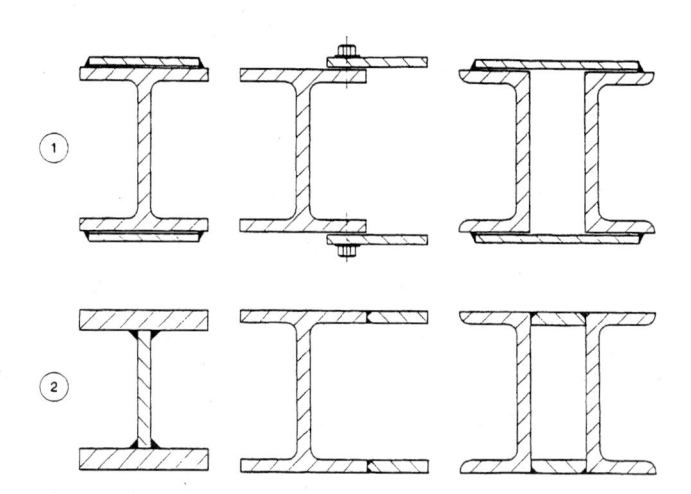

1 sollte vermieden werden
2 sollte bevorzugt werden

ANMERKUNG: Enge Spalten zwischen einzelnen Teilen und insbesondere Oberflächen in flächiger Berührung miteinander lassen zwar Vorbehandlungsflüssigkeiten eindringen, das schmelzflüssige Zink kann jedoch nicht in enge Spalten eindringen. Schweißnähte sollten in solchen Fällen ausnahmsweise unterbrochen ausgeführt werden, um Überdruck ableiten zu können. Schraubenverbindungen sind vorzugsweise nach dem Feuerverzinken herzustellen, wenn es möglich ist, die Einzelkomponenten zu verzinken. Alle Komponenten können dabei feuerverzinkt werden. Feuerverzinken geeigneter Normprofile vor einer Montage durch Schraubverbindungen erleichtert sowohl die Handhabung als auch die Montage und Demontage falls später nötig; es ist praktisch und kostengünstig.

Bild A.3: Enge Spalten

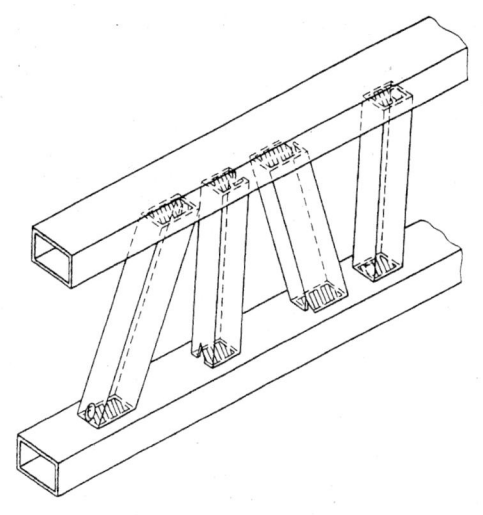

ANMERKUNG: Hohlprofile sollten Ein- und Austrittsöffnungen für Luft und Behandlungsflüssigkeiten erhalten (wobei eine Anbringung von außen günstiger ist — weil leichter zu überprüfen — als eine verdeckte Anbringung im Innern). Geschweißte Profilanschlüsse sollten ebenfalls mit gebohrten Löchern oder V-förmigen Aussparungen versehen werden, welche so nah wie möglich am geschlossenen Ende liegen und einander diagonal gegenüberstehen sollten, dieses jeweils an der Ober- und Unterseite des Verzinkungsgutes. Die Aussparungen sollten möglichst groß sein; ein typischer Mindestdurchmesser für kleine Werkstücke ist ⌀ 10 mm; die Ein- und Austrittsöffnungen in größeren Gegenständen sollten etwa 25 % des Durchmessers der Hohlprofile aufweisen (Siehe auch Bild A. 5).

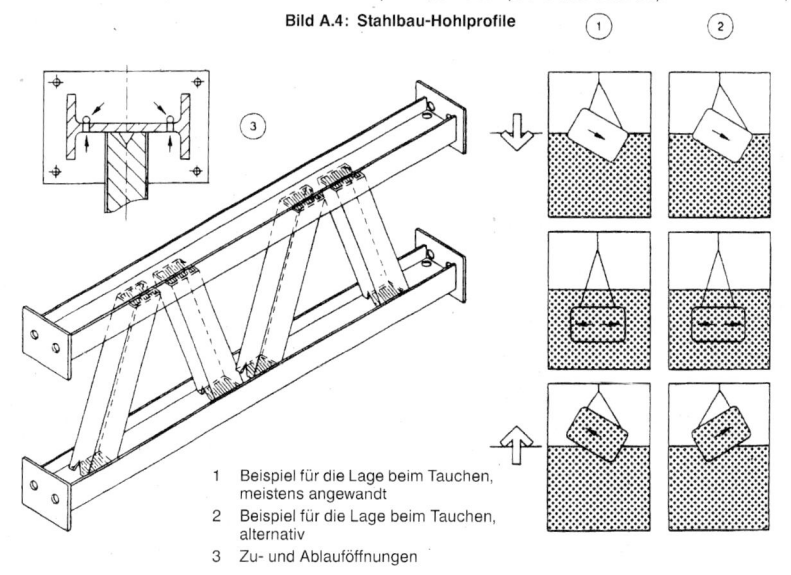

Bild A.4: Stahlbau-Hohlprofile

1 Beispiel für die Lage beim Tauchen, meistens angewandt
2 Beispiel für die Lage beim Tauchen, alternativ
3 Zu- und Ablauföffnungen

ANMERKUNG: Die Zinkschmelze sollte ungehindert fließen können; vorzugsweise tritt die Zinkschmelze beim Eintauchen an einer Seite ein und fließt beim Herausziehen aus der diagonal entgegengesetzten Seite des Bauteils wieder aus. Die Position von Zu- und Ablauföffnungen sollte diesen Sachverhalt berücksichtigen.

Bild A.5: Lage zum Tauchen und Herausziehen

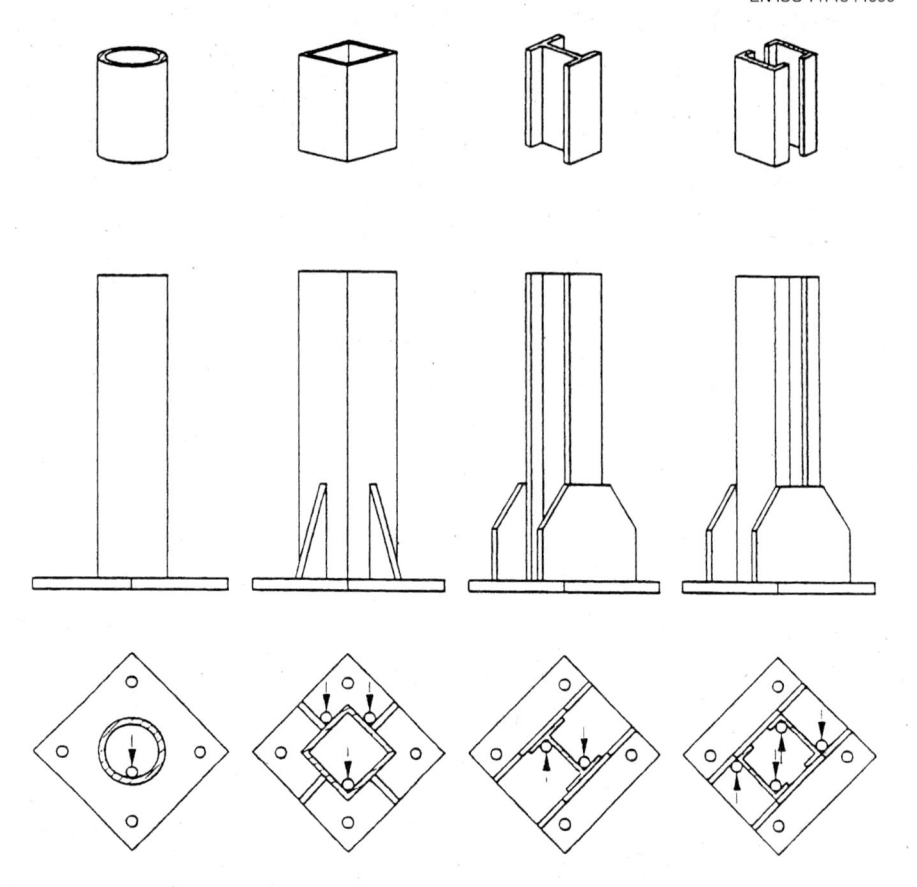

ANMERKUNG: Durchflußöffnungen sollten am Ende eines Bauteils möglichst diagonal gegenüberliegen. Die jeweils zu bevorzugende Variante sollte in Zusammenarbeit mit einem Feuerverzinkungsfachmann ausgewählt werden.

Bild A.6: Unterschiedliche Ausführungen für Fuß- und Kopfplatten

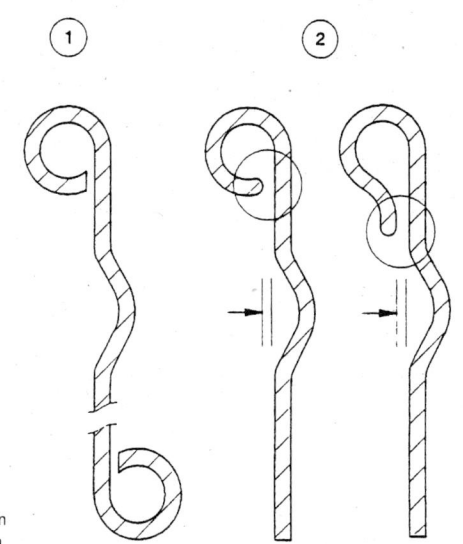

1 sollte vermieden werden
2 sollte bevorzugt werden

ANMERKUNG: Die Gestaltung des Einzelteils und die Art seiner Aufhängung im Zinkbad sollte ein ungehindertes Abfließen des Zinks aus der Bördelung erlauben. Gerollte Kanten sollten nicht dicht verbördelt sein, sondern einen angemessenen Spalt zwischen der auslaufenden Bördelkante und dem Mutterblech aufweisen. Ferner sollten sich gerollte Kanten möglichst nicht auf genau gegenüberliegenden Kanten/Seiten des Werkstücks befinden, so daß in einer der beiden so gebildeten tassenartigen Vertiefungen kein geschmolzenes Zink aus dem Bad geschöpft wird.

Bild A.7: Eingerollte und umgebördelte Kanten

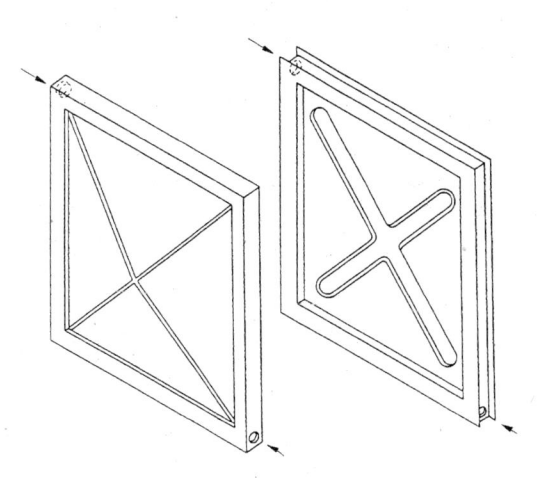

ANMERKUNG: Große offene Behälter oder deren Wandungen sind gegen Verzug und Wellenbildung zu versteifen. Wird die Kante des Behälters bzw. seiner Wandung mit einem Rahmen eingefaßt, so sind Öffnungen an gegenüberliegenden Ecken anzuordnen. Ebene Bleche neigen zum Verzug. Wo möglich, sollten Bleche zur Aussteifung mit kreuz- oder rinnenförmigen Sicken verwendet oder bombiert werden.

Bild A.8: Feuerverzinken flächiger Teile

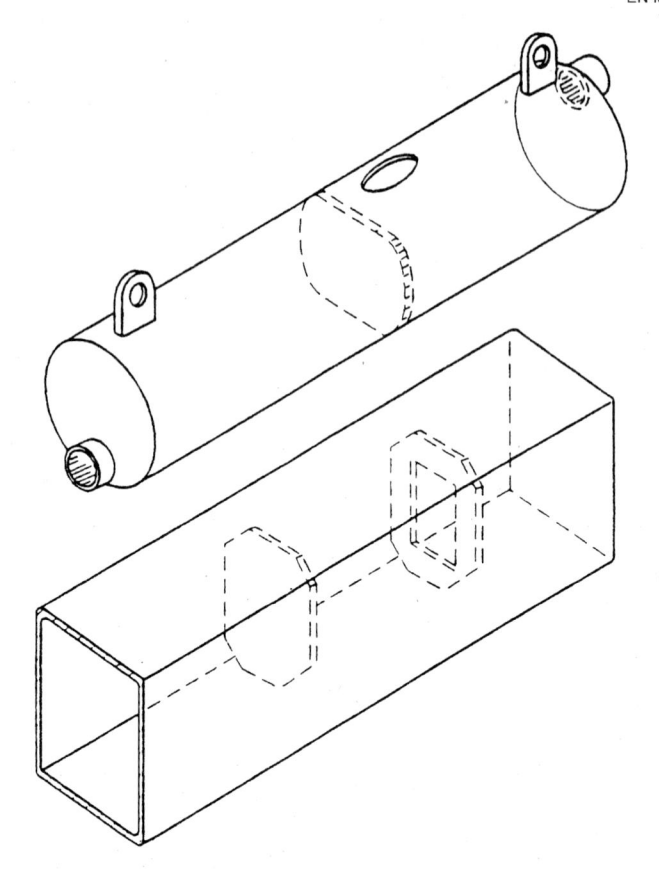

ANMERKUNG: Ein- und Auslässe für Luft sind diametral auf gegenüberliegenden Seiten anzubringen; sie sollten mindestens 50 mm Durchmesser aufweisen. Innere Steifen/Prallplatten/Staukörper sollten an Ober- und Unterkante gekappt sein; diese Stutzungen oder Kappungen sollte man durch eine Revisionsöffnung sehen und kontrollieren können. Große Behälter erfordern ein Mannloch ausreichender Größe, zusätzlich zum dargestellten Luftloch — ein Feuerverzinkungsfachmann kann über dessen Größe Rat erteilen. Hublaschen oder -ösen sollte man unbedingt im Entwurf einplanen; sie sollten kräftig genug sein, um beim Ausziehen des Zylinders oder Hohlkörpers das zunächst noch darin befindliche flüssige Zink zusätzlich tragen zu können.

Bild A.9: Behälter

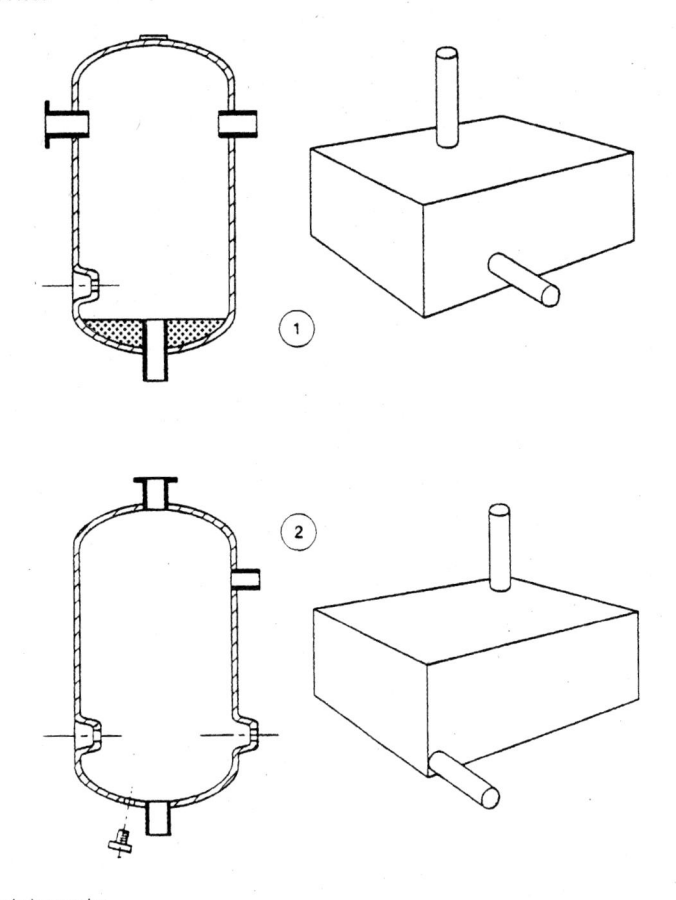

1   sollte vermieden werden
2   sollte bevorzugt werden

ANMERKUNG: Wenn nach innen weisende Vorsprünge/Rücksprünge oder Einsenkungen unvermeidlich sind, sollte eine separate Abflußöffnung vorgesehen werden; diese läßt sich nach dem Feuerverzinken erforderlichenfalls wieder verschließen.

Bild A.10: Eingeschlossene Hohlräume

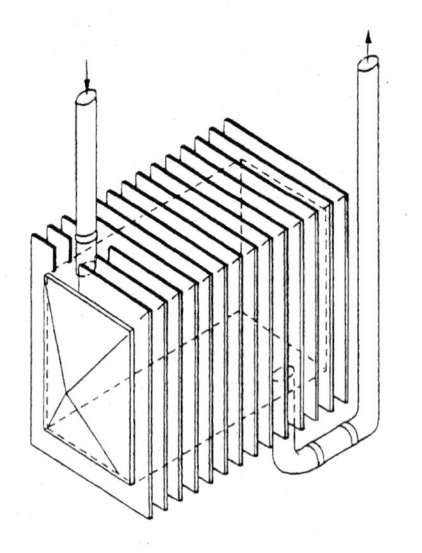

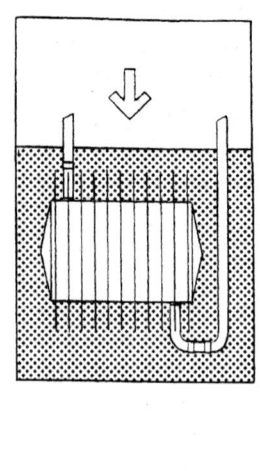

ANMERKUNG: Will man die Feuerverzinkung auf die Außenseite eines Bauteils beschränken (z. B. eines Behälters, Wärmetauschers), so sollte man
  a) alle Öffnungen verschließen, welche unterhalb des Zinkspiegels liegen;
  b) Steigrohre an geeigneten Öffnungen anbringen, damit Überdruck abgeleitet werden kann;
  c) Vorrichtungen vorsehen, um das Verzinkungsgut unter die Schmelze zu drücken (ohne derartige Drückvorrichtungen würde der Auftrieb ein Eintauchen der Teile in die Zinkschmelze behindern).

Bild A.11: Feuerverzinken von Außenflächen

Anhang B (informativ)
Gestaltung von Eisen- und Stahlteilen für das thermische Spritzen

B.1 Allgemeines

Es ist wesentlich, daß bei der Planung eines Stahlteils nicht nur dessen Funktion und die Art seiner Herstellung berücksichtigt wird, sondern auch die Voraussetzungen für den Korrosionsschutz berücksichtigt werden.

Zum thermischen Spritzen auf Eisen- und Stahloberflächen verwendet man meist Aluminium oder Zink. Doch lassen sich auch andere Metalle auftragen, wie Zinn und dessen Legierungen, Kupfer und dessen Legierungen, Stähle anderer Art und nichtrostende Stähle sowie Nickel-Legierungen (und einige keramische Stoffe). Der Korrosionswiderstand solcher thermisch gespritzter Überzüge läßt sich durch Auftragen von penetrierenden Beschichtungen noch steigern. Solche Beschichtungen verlängern nicht nur die Schutzdauer der Überzüge, sondern bewirken ein glatteres Finish und ermöglichen eine Farbgebung. Herkömmliche Beschichtungssysteme sind im allgemeinen weniger tauglich. Eine fachliche Beratung seitens der Ausführenden sollte schon im Entwurfsstadium eingeholt werden.

Das thermische Spritzen zum Schutz vor Korrosion umfaßt zwei gesonderte Schritte, die Vorbereitung der Oberfläche und das eigentliche Spritzen.

B.2 Oberflächenvorbereitung

Die Oberfläche ist zu strahlen (siehe ISO 8501-1) bis zum Oberflächenvorbereitungsgrad Sa 2 ½, bevor man Zink oder Zinklegierungen aufträgt, oder bis zum Oberflächenvorbereitungsgrad Sa 3, falls Aluminium oder dessen Legierungen aufgetragen werden sollen. Dadurch sollte sich eine geeignete Oberflächenrauheit ergeben haben (siehe ISO 8503-1 und ISO 2063). Die zu beschichtenden Oberflächen sollten völlig frei von Staub und lockeren Partikeln sein.

B.3 Verfahrenstechnik

Thermisch gespritzte Überzüge werden hergestellt durch Schmelzen des Überzugmetalls (in einer Art Pistole o. ä.) und durch Aufspritzen des Überzugmetalls auf das Werkstück. Das Spritzmetallisieren ist üblicherweise ein „kalter Prozeß", und der Wärmeeintrag in den zu beschichtenden Werkstoff ist verhältnismäßig gering.

Das thermische Spritzen wird entweder von Hand oder mit Automaten durchgeführt; sowohl die Produktionsüberwachung als auch die Prüfung gespritzter Zn- und Al-Überzüge richtet sich nach ISO 2063.

B.4 Hinweise zur Gestaltung

Wirksamkeit und Wirtschaftlichkeit einer zufriedenstellenden Oberflächenvorbereitung sowie auch der nachfolgenden thermisch gespritzten Verzinkung hängen von folgenden Überlegungen ab:

a) Zum Spritzmetallisieren vorgesehene Bauteile, Tragwerke und Konstruktionen sollten im Hinblick auf dieses Verfahren gestaltet werden. Werden diese Grundsätze nicht beachtet, muß mit Problemen, steigenden Kosten und verminderter Schutzdauer gerechnet werden.

b) Die folgenden wesentlichen Grundsätze sollten beachtet werden:
  — Die Gestaltung sollte sicherstellen, daß alle Flächen zu der der Oberflächenvorbereitung nachfolgenden Entfernung von Strahlrückständen und zum abschließenden thermischen Spritzen zugänglich sind; diese Arbeitsgänge sollten sich vollständig und gleichmäßig durchführen lassen.
  — Die Gegenstände sollten korrosionsschutzgerecht gestaltet werden. Als Hauptursachen für Rost gelten Feuchte und Schmutz, in denen sich korrosionsfördernde Agenzien aus der Atmosphäre ansammeln und anreichern können. Dieser Gesichtspunkt verlangt einfache glattflächige Gestaltung und das Vermeiden aller Details, welche das Anlagern von Feuchte und Schmutz ermöglichen.
  — Die Gestaltung sollte Überwachung, Säuberung und Instandsetzung erleichtern.
  — Für dünnwandige Bleche ist im Hinblick auf eine Verformungsgefahr das Strahlen zu vermeiden.

Die zunehmende Verwendung von Schweißkonstruktionen hat bewirkt, daß sich die nachstehenden Entwurfs-Empfehlungen leichter als früher verwirklichen lassen. Schweißgerechtes Konstruieren hat viel Gemeinsames mit korrosionsschutzgerechter Gestaltung, weil im allgemeinen eine schlecht schweißbare auch eine schlecht zu schützende Konstruktion ist.

Günstige beziehungsweise ungünstige Entwurfsbeispiele für das Metallspritzen sind in Bild B.1 bis B.8 dargestellt.

Viele der nachstehenden Entwurfs-Empfehlungen gelten ebensogut für jedweden Ingenieurbau unter Korrosionsbelastung, ungeachtet seiner jeweiligen Art des Korrosionsschutzes.

— Alle Konstruktionen mit einer „Schattenwirkung", also mit Behinderung des leichten Zugangs für das Strahlen oder thermische Spritzen, sollten vermieden werden.
— Weil sowohl beim Strahlen als auch beim thermischen Spritzen das Strahl- bzw. Spritzmittel in gerader Linie von der Spritzdüse abgeschleudert wird, sollte die Oberfläche unter einem Winkel von 90° hinreichend zugänglich sein. Der Auftreffwinkel sollte 45° keinesfalls unterschreiten.
— Da sowohl die Spritzpistole als auch das zugehörige Schlauchpaket zugeführt werden und ein Mindestabstand von der Düse zur Oberfläche von etwa 150 bis 200 mm erforderlich ist, sollte ein Mindestabstand von wenigstens 300 mm zur Oberfläche verfügbar sein.
— Enge Spalten, Fugen, tiefe Taschen und spitze Innenwinkel sind zu vermeiden, weil solche Details eine einheitliche Oberflächenvorbereitung und Beschichtung behindern, was an diesen Stellen einen unzureichenden Korrosionsschutz bedeutet. In ähnlicher Weise begünstigen L- oder T-förmige Träger geringer Querschnittsmaße sowie tiefe und enge U- bzw. Kanal-Querschnitte leicht „blinde" Zonen, die sich fachgerecht weder vorbereiten noch thermisch spritzen lassen. Man sollte daher auf geeignetere Ausführungen zurückgreifen.
— Gerundete Ecken und Kanten sind scharfen vorzuziehen.
— Geschlossene Hohlräume wie Behälter und Gefäße sollten ausreichende Mannlöcher aufweisen, damit der Zugang zu allen Innenflächen möglich ist. Eine zweite Öffnung ist zur Belüftung erforderlich. Da beim Strahlen erhebliche Mengen Staub entstehen, sollten diese rasch und möglichst wirksam abgesaugt werden, um vertretbare Arbeitsbedingungen und eine saubere Oberfläche zu erzielen. Das Metallspritzen in engen Räumen erzeugt außerdem Metallstäube und Wärme. Um vertretbare Arbeitsbedingungen zu erhalten, ist für gute Belüftung des Arbeitsplatzes und für eine getrennte Luftzufuhr zum Schutzhelm des Ausführenden zu sorgen.
— Wird die Stahloberfläche durch Strahlen vorbereitet, sollte für die vollständige Entfernung von Strahlmittelrückständen und Stäuben gesorgt werden. Mannlöcher und Öffnungen zur Luftzirkulation können das Entfernen der Strahlmittelrückstände beträchtlich erleichtern; ebenso den Gebrauch von Industrie-Staubsaugern. Für diesen Einsatzbereich sind Saugkopf-Strahlgeräte besonders geeignet, die durch eine Kreislaufführung Probleme mit Strahlmittelrückständen minimieren. Weiterhin verringert die kontinuierliche Reinigung des Strahlmittels die Staubentwicklung. Hierdurch wird ebenfalls die abschließende Entfernung von Strahlmitteln und Staub von der Werkstückoberfläche erleichtert, da derartige Rückstände, wenn sie auf der Oberfläche verbleiben, eine spätere Korrosion fördern können.
— Nach Möglichkeit sollten Zwischenwände, Schotte, Prallbleche, Fittings u. a. im Innenraum von Tanks und Hohlkörpern abnehmbar sein, um das thermische Spritzen zu erleichtern. Falls dies nicht möglich ist, sollte man der leichten Zugänglichkeit zu allen Oberflächen solcher Einbauteile besondere Aufmerksamkeit widmen.
— Zur ausreichenden Vorbereitung und als Grundvoraussetzung für das thermische Spritzen der Innenflächen von Hohlkörpern und Rohren sollten Grenzen beachtet werden, welche von den Voraussetzungen „Zugänglichkeit" und „Mindest-Düsenabstand" gesetzt werden. Im Allgemeinen lassen sich kurze gerade Abschnitte von mehr als 100 mm Durchmesser thermisch spritzen, wenn die Strahl- und Spritzgeräte speziell ausrüstet. Gebogene Rohre und kleine Hohlprofile von weniger als 100 mm Durchmesser lassen sich jedoch nur äußerst schwierig behandeln, ihre Verwendung sollte man möglichst vermeiden und nur vorsehen, wenn die Durchführbarkeit mit dem ausführenden Unternehmen positiv abgeklärt ist.
— Bei Komponenten, Bauteilen, Strukturen und Tragwerken unter plötzlicher Temperaturbelastung sowie schneller Ausdehnung oder Schrumpfung oder auch Schwingungsbelastung (beispielsweise Dämpfer in Strahltriebwerk-Prüfständen) ist wichtig, daß deren Gestaltung die Dehnung und Schrumpfung minimiert. Hierdurch sollte eine ausreichende Versteifung der aufgespritzten Metalle möglich sein.

B.5 Hinweise zur Vermeidung korrosionsauslösender Bereiche

B.5.1 Zu vermeiden sind, wegen der Schwierigkeiten ausreichenden Schutzes, alle Fugen und Spalten, wie sie sich bei Verwendung von Winkel- oder U-Profilen mit

277

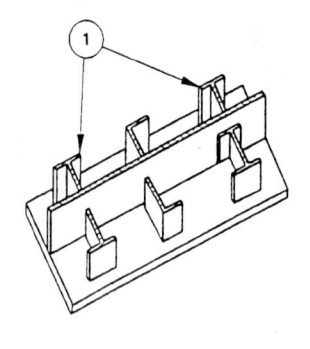

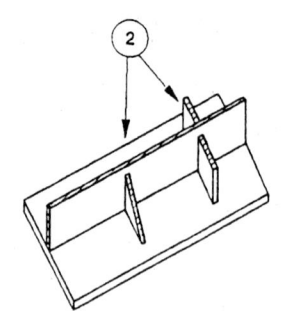

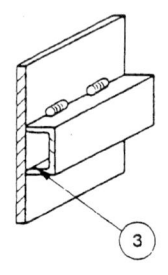

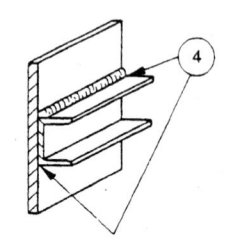

1 Steifen oder U-Profile mit Hinterschneidungen sollten vermieden werden
2 Flachstahl, auch mit verdicktem Ende, sollte bevorzugt werden
3 Sollte vermieden werden; allenfalls anwendbar, wenn das Innere des U-Profils vor dem Schweißen vor Korrosion geschützt wurde
4 Durchgehende Schweißnaht, glatt und von Schweißrückständen gereinigt, sollte bevorzugt werden

Bild B.1: Innenkanten, Spalten und Fugen

aneinander liegenden Flächen ergeben oder wenn Steifen (und Verstärkungsbleche) durch kurze unterbrochene Füllnähte auf wechselnden Seiten aufgeschweißt werden. Durchlaufende Nähte sind zu bevorzugen.

B.5.2 Stumpfstöße sind Überlapp-Stößen vorzuziehen, es sei denn, daß letztere mit kontinuierlich durchlaufenden, ausgerundeten Nähten geglättet werden.

B.5.3 Ecken sind unbedingt abzurunden, weil sie sich dann weit einfacher schützen lassen als scharfe Ecken. Dies vereinfacht auch die Überwachung, Reinigung und Instandsetzung und minimiert die Gefahr der Schmutz- und Feuchtigkeits-Ablagerung.

B.5.4 Gerundete Kanten haben den Vorteil, daß sich auch dort eine gleichmäßige Dicke des Überzuges aufbringen läßt, im Gegensatz zu scharfen Kanten, an denen die Überzugsdicke stets geringer ausfällt als auf den glatten Flächen. Überzüge an scharfen Kanten werden häufiger beschädigt.

ANMERKUNG: Wo große „Kanten"-flächen (z. B. an Streckmetall) einer atmosphärischen Korrosionsbelastung ausgesetzt sind, sollte man im allgemeinen besser einen Überzug aus Zink als einen aus Aluminium wählen, da Zink einen besseren kathodischen Schutz von Stahloberflächen bietet.

B.5.5 Fugen, schmale Spalten, Berührungspunkte, Taschen, Kanäle und waagerechte flache Flächen bieten ideale Bereiche für einen Korrosionsangriff, da Feuchtigkeit und Schmutz sich dort leicht festsetzen. Wo irgend möglich, sollte man bei der Gestaltung Vorkehrungen durch Einplanen richtig angeordneter und ausreichender Entwässerungslöcher treffen zum Absaugen oder Ablaufen und zur Drainage von Feuchtigkeit.

B.5.6 Überlappende Oberflächen, welche durch Schweißen verbunden werden sollen, sollten hermetisch durch Rundumschweißnähte abgeschlossen werden, um so den Einschluß von Strahlmittel zu verhindern und ebenso das Eindringen von Feuchte in nicht korrosionsgeschützte Bereiche.

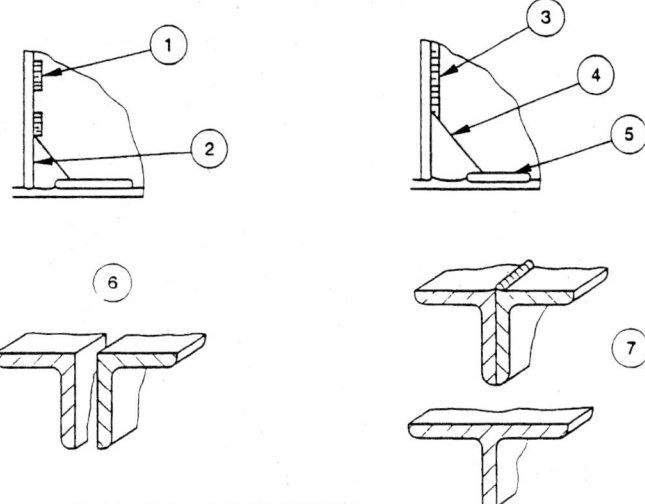

1 Unterbrochene Schweißnaht an Steife sollte vermieden werden
2 Verstärkung zu nahe am Flansch sollte vermieden werden
3 Durchlaufende Schweißnaht sollte bevorzugt werden
4 Großer Freischnitt sollte bevorzugt werden
5 Verstärkung genügend weit entfernt sollte bevorzugt werden
6 Es sollte vermieden werden, daß Winkelstähle mit dem Rücken zueinander stehen, weil sich der Zwischenraum nicht überziehen läßt
7 Durchlaufende Nähte oder T-Profile sollten bevorzugt werden

Bild B.2: Spalten und Fugen

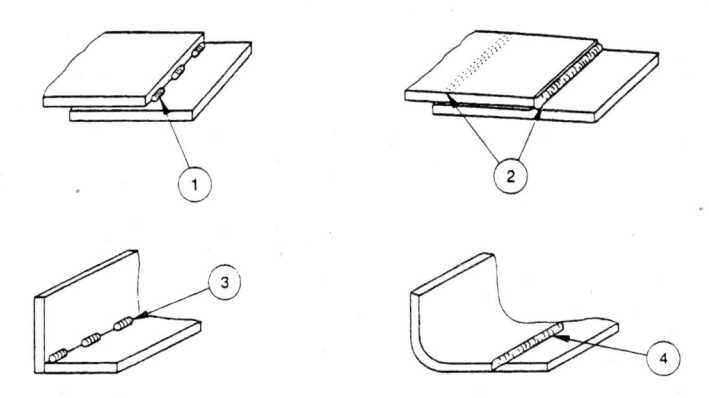

1 Überlappte Stöße mit unterbrochenen Schweißnähten sollten vermieden werden
2 Überlappungen mit voller Abdichtung durch Nähte, sanfte Übergänge, frei von Schweißrückständen, sollten bevorzugt werden
3 Scharfe Ecken und unterbrochene Schweißnähte sollten vermieden werden
4 Gerundete Ecken und durchlaufende Nähte mit Stumpfstoß sollten bevorzugt werden

Bild B.3: Überlappungen und Ecken

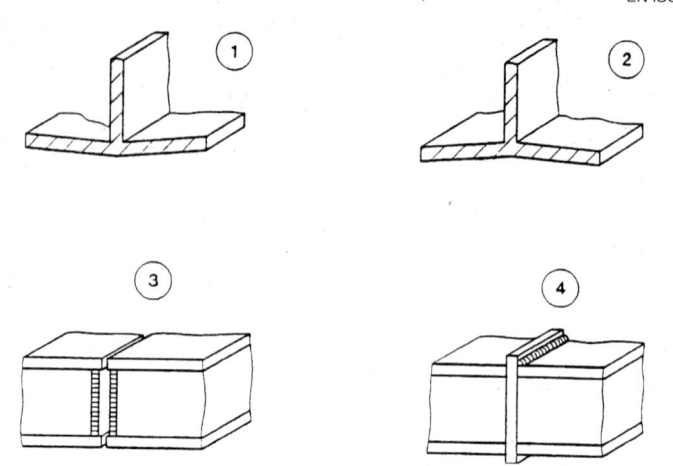

1 Gestaltungsdetails solcher Art, daß Schmutz und Feuchte zurückgehalten werden, sollten vermieden werden
2 Vorgekrümmtes Blech, das ein Ablaufen von Wasser bewirkt, sollte bevorzugt werden
3 Zu knapp bemessene Kopfplatten sollten vermieden werden
4 Hervorstehende Stirnplatten sollten bevorzugt werden

Bild B.4: Ebene Flächen und Taschen

Anhang C   (informativ)
Literaturhinweise

ISO 8501-1 : 1988
  Preparation of steel substrates before application of paints and related products — Visual assessment of surface cleanliness — Part 1: Rust grades and preparation grades of uncoated steel substrates and of steel substrates after overall removal of previous coatings

ISO 8503-1 : 1988
  Preparation of steel substrates before application of paints and related products — Surface roughness characteristics of blast-cleaned stell substrates — Part 1: Specifications and definitions for ISO surface profile comparators for the assessment of abrasive blast-cleaned surfaces

EN 10214 : 1995
  Kontinuierlich schmelztauchveredeltes Band und Blech aus Stahl mit Zink-Aluminium-Überzügen (ZA) — Technische Lieferbedingungen

EN 10215 : 1995
  Kontinuierlich schmelztauchveredeltes Band und Blech aus Stahl mit Aluminium-Zink-Überzügen (AZ) — Technische Lieferbedingungen

DIN 50930-3 : 1993
  Korrosion der Metalle — Korrosion metallischer Werkstoffe im Innern von Rohrleitungen, Behältern und Apparaten bei Korrosionsbelastung durch Wässer — Beurteilung der Korrosionswahrscheinlichkeit feuerverzinkter Eisenwerkstoffe

PD 6484 : 1979
  Commentary on corrosion at bimetallic contacts and its alleviation

SS 3192
  Metallic and other non-organic coatings — Hot dip zinc-coated threaded components of steel

SS 3193
  ISO General purpose metric screw threads — Hot dip galvanizing of external screw threads — Tolerances and limits of sizes

SS 3194
  ISO inch screw threads — Hot dip galvanizing of external screw threads (UNC threads) — Tolerances and limits of sizes

Anhang ZA (normativ)
Nachweis von internationalen Veröffentlichungen mit ihren relevanten europäischen Bezügen

Diese Europäische Norm enthält durch datierte oder undatierte Verweisungen Festlegungen aus anderen Publikationen. Diese normativen Verweisungen sind an den jeweiligen Stellen im Text zitiert, und die Publikationen sind nachstehend aufgeführt. Bei datierten Verweisungen gehören spätere Änderungen oder Überarbeitungen dieser Publikationen nur zu dieser Europäischen Norm, falls sie durch Änderung oder Überarbeitung eingearbeitet sind. Bei undatierten Verweisungen gilt die letzte Ausgabe der in Bezug genommenen Publikation.

Publikation	Jahr	Titel	EN	Jahr
ISO 1461	1996	Hot dip galvanized coatings on fabricated iron and steel articles	EN ISO 1461	1996
ISO 8503-1	1988	Preparation of steel substrates before application of paints and related products — Surface roughness characteristics of blast-cleaned steel substrates — Part C1: Specifications and definitions for ISO surface profile comparators for the assessment of abrasive blast-cleaned surfaces	EN ISO 8503-1	1995
ISO 2063	1991	Metallic and other inorganic coatings — Thermal metal spraying — Zinc, aluminium and their alloys	EN 22063	1993
ISO 2064	1980	Metallic and other non-organic coatings — Definitions and conventions concerning the measurement of thickness	EN ISO 2064	1994
ISO 12944-5	1996	Paints and varnishes — Corrosion protection of steel structures by protective paint systems — Part 5: Protective paint systems	EN ISO 12944-5	1996

Übersicht über die normativen Verweisungen in DIN EN ISO 12944-1 bis DIN EN ISO 12944-8 und Fundstellen der entsprechenden DIN-Normen in den DIN-Taschenbüchern über den Korrosionsschutz von Stahlbauten durch Beschichtungen und Überzüge

Dokument	Zitiert in DIN EN ISO 12944 Teil ...	Entsprechende(r) DIN-Norm/ Norm-Entwurf	Abgedruckt in DIN-Taschenbuch[1] 168	266	286
ISO 554	6	DIN 50014			
ISO 1461	3, 4	DIN EN ISO 1461	+		
ISO 1512	6, 7	DIN EN 21512		+	
ISO 1513	6, 7	DIN EN ISO 1513		+	
ISO 2063	4	DIN EN 22063		+	
ISO 2409	4, 6, 7, 8	DIN EN ISO 2409		+	
ISO 2808	5, 6, 7, 8	DIN EN ISO 2808			
ISO 2812-1	6	DIN EN ISO 2812-1			
ISO 2812-2	6	DIN EN ISO 2812-1			
ISO 3231	6	DIN EN ISO 3231			
ISO 3549	5	E DIN ISO 3549			
ISO 4623	8	DIN EN ISO 4623			
ISO 4624	6, 7, 8	DIN EN 24624		+	
ISO 4628-1	1, 4, 5, 6	E DIN ISO 4628-1 DIN 53230[2]		+	
ISO 4628-2	1, 4, 5, 6, 8	E DIN ISO 4628-2 DIN 53209[2]		+	
ISO 4628-3	1, 4, 5, 6, 8	E DIN ISO 4628-3 DIN 53210[2]		+	
ISO 4628-4	1, 4, 5, 6, 8	DIN ISO 4628-4[2] E DIN ISO 4628-4		+	
ISO 4628-5	1, 4, 5, 6, 8	DIN ISO 4628-5[2] E DIN ISO 4628-5		+	
ISO 4628-6	4, 5, 8	E DIN ISO 4628-6			
ISO 6270	6	DIN EN ISO 6270			
ISO 7253	6	E DIN EN ISO 7253			
ISO 7384	6	DIN EN ISO 7384			
ISO 8501-1	3, 4, 5, 6, 8	[3]			+
Inf. Ergänzung zu ISO 8501-1	4	[3]			+
ISO 8501-2	4, 8	[3]			+
ISO/TR 8502-1	4	DIN V ENV ISO 8502-1		+	
ISO 8502-2	4	DIN EN ISO 8502-2		+	
ISO 8502-3	4	DIN EN ISO 8502-3		+	
ISO 8502-4	4, 7	DIN EN ISO 8502-4		+	
ISO 8503-1	4, 6, 8	DIN EN ISO 8503-1		+	
ISO 8503-2	4, 5, 6, 8	DIN EN ISO 8503-2		+	
ISO 8503-3	8	DIN EN ISO 8503-3		+	
ISO 8503-4	8	DIN EN ISO 8503-4		+	
ISO 8504-1	4	E DIN ISO 8504-1		+	

Dokument	Zitiert in DIN EN ISO 12944 Teil ...	Entsprechende(r) DIN-Norm/ Norm-Entwurf	Abgedruckt in DIN-Taschenbuch [1]		
			168	266	286
ISO 8504-2	4	E DIN ISO 8504-2		+	
ISO 8504-3	4	E DIN ISO 8504-3		+	
ISO 9001	7	DIN EN ISO 9001			
ISO 9002	7	DIN EN ISO 9002			
ISO 9223	2	[4]			
ISO 9226	2	[4]			
ISO 11124-1	4, 8	DIN EN ISO 11124-1			+
ISO 11124-2	4, 8	DIN EN ISO 11124-2			+
ISO 11124-3	4, 8	DIN EN ISO 11124-3			+
ISO 11124-4	4, 8	DIN EN ISO 11124-4			+
ISO 11126-1	4, 8	DIN EN ISO 11126-1			+
ISO 11126-3	4, 8	DIN EN ISO 11126-3			+
ISO 11126-4	4, 8	DIN EN ISO 11126-4			+
ISO 11126-5	4, 8	DIN EN ISO 11126-5			+
ISO 11126-6	4, 8	DIN EN ISO 11126-6			+
ISO 11126-7	4, 8	DIN EN ISO 11126-7			
ISO 11126-8	4, 8	DIN EN ISO 11126-8			+
ISO 12944-1	2, 3, 4, 5, 6, 7, 8	DIN EN ISO 12944-1			+
ISO 12944-2	3, 5, 6, 8	DIN EN ISO 12944-2			+
ISO 12944-3	8	DIN EN ISO 12944-3			+
ISO 12944-4	5, 6, 7, 8	DIN EN ISO 12944-4			+
ISO 12944-5	3, 6, 7, 8	DIN EN ISO 12944-5			+
ISO 12944-6	5, 8	DIN EN ISO 12944-6			+
ISO 12944-7	8	DIN EN ISO 12944-7			+
ISO 12944-8	7	DIN EN ISO 12944-8			+
ISO 14713	3	DIN EN ISO 14713	+		
EN 10025	1	DIN EN 10025			
EN 10238	4	DIN EN 10238		+	
EN 12501-1	2	E DIN EN 12501-1			

[1] Angabe der Nummer des DIN-Taschenbuches, in dem diese Norm abgedruckt ist
DIN-Taschenbuch 168 (5. Aufl., 2000)
DIN-Taschenbuch 266 (1. Aufl., 1997)
DIN-Taschenbuch 286 (1. Aufl., 1998)

[2] Die Normen ISO 4628-1 bis ISO 4628-5 werden zur Zeit überarbeitet. Es ist vorgesehen, die Neuausgaben als Europäische Normen und damit in das DIN-Normenwerk zu übernehmen (Ersatz für DIN 53209, DIN 53210 und DIN 53230).

[3] Die Normen ISO 8501-1 und ISO 8501-2 sowie die informative Ergänzung zu ISO 8501-1 mit den photographischen Vergleichsmustern für Rostgrade und Oberflächenvorbereitungsgrade sind im deutschen Bereich unmittelbar anwendbar, da sie die Texte auch in deutscher Sprache enthalten. Das DIN-Taschenbuch 266 enthält die Vergleichsmuster in Schwarz-Weiß-Wiedergabe.

[4] Übernahme als DIN-Norm zur Zeit nicht vorgesehen.

Verzeichnis der im DIN-Taschenbuch 143 (5. Aufl., 1999) abgedruckten Normen
(nach Sachgebieten geordnet)

Dokument	Ausgabe	Titel	Seite
		1 Allgemeines, Begriffe, Kurzzeichen	
DIN 4768	1990-05	Ermittlung der Rauheitskenngrößen R_a, R_z, R_{max} mit elektrischen Tastschnittgeräten; Begriffe, Meßbedingungen	81
DIN 4769-1	1972-05	Oberflächen-Vergleichsmuster; Technische Lieferbedingungen, Anwendung	84
DIN 4769-4	1974-07	Oberflächen-Vergleichsmuster; Gestrahlte Metalloberflächen	87
DIN 8200	1982-10	Strahlverfahrenstechnik; Begriffe, Einordnung der Strahlverfahren	89
DIN 18299	1996-06	VOB Verdingungsordnung für Bauleistungen – Teil C: Allgemeine Technische Vertragsbedingungen für Bauleistungen (ATV); Allgemeine Regelungen für Bauarbeiten jeder Art	137
		2 Korrosionsschutz von Stahl- und Aluminiumbauten sowie Bauteilen	
DIN 267-10	1988-01	Mechanische Verbindungselemente; Technische Lieferbedingungen; Feuerverzinkte Teile	1
DIN 4113-1	1980-05	Aluminiumkonstruktionen unter vorwiegend ruhender Belastung; Berechnung und bauliche Durchbildung	6
DIN 4133	1991-11	Schornsteine aus Stahl	29
DIN 4427	1990-09	Stahlrohr für Trag- und Arbeitsgerüste; Anforderungen, Prüfungen; Deutsche Fassung HD 1039 : 1990	55
DIN 4753-4	1994-10	Wassererwärmer und Wassererwärmungsanlagen für Trink- und Betriebswasser – Teil 4: Wasserseitiger Korrosionsschutz durch Beschichtungen aus warmhärtenden, duroplastischen Beschichtungsstoffen; Anforderungen und Prüfung	65
DIN 4753-5	1994-10	Wassererwärmer und Wassererwärmungsanlagen für Trink- und Betriebswasser – Teil 5: Wasserseitiger Korrosionsschutz durch Auskleidungen mit Folien aus natürlichem oder synthetischem Kautschuk; Anforderungen und Prüfung	69
DIN 4753-9	1990-09	Wassererwärmer und Wassererwärmungsanlagen für Trink- und Betriebswasser; Wasserseitiger Korrosionsschutz durch thermoplastische Beschichtungsstoffe; Anforderungen und Prüfung	73
DIN 4753-10	1989-05	Wassererwärmer und Wassererwärmungsanlagen für Trink- und Betriebswasser; Kathodischer Korrosionsschutz für nicht beschichtete Stahlbehälter; Anforderungen und Prüfung	78
DIN 8567	1994-09	Vorbereitung von Oberflächen metallischer Werkstücke und Bauteile für das thermische Spritzen	128

Dokument	Ausgabe	Titel	Seite
DIN 18168-1	1981-10	Leichte Deckenbekleidungen und Unterdecken; Anforderungen für die Ausführung	132
DIN 18364	1996-06	VOB Verdingungsordnung für Bauleistungen – Teil C: Allgemeine Technische Vertragsbedingungen für Bauleistungen (ATV); Korrosionsschutzarbeiten an Stahl- und Aluminiumbauten	148
DIN 18800-1	1990-11	Stahlbauten; Bemessung und Konstruktion	159
DIN 18800-1/A1	1996-02	Stahlbauten – Teil 1: Bemessung und Konstruktion; Änderung A1	208
DIN 18800-7	1983-05	Stahlbauten; Herstellen, Eignungsnachweise zum Schweißen	209
DIN 18801	1983-09	Stahlhochbau; Bemessung, Konstruktion, Herstellung	218
DIN 18807-1	1987-06	Trapezprofile im Hochbau; Stahltrapezprofile; Allgemeine Anforderungen, Ermittlung der Tragfähigkeitswerte durch Berechnung	226
DIN 18914	1985-09	Dünnwandige Rundsilos aus Stahl	242
DIN 19530-2	1983-02	Rohre und Formstücke aus Stahl mit Steckmuffe für Abwasserleitungen; Technische Lieferbedingungen	248
DIN 19630	1982-08	Richtlinien für den Bau von Wasserrohrleitungen; Technische Regel des DVGW	255
DIN 30670	1991-04	Umhüllung von Stahlrohren und -formstücken mit Polyethylen	273
DIN 30671	1992-06	Umhüllung (Außenbeschichtung) von erdverlegten Stahlrohren mit Duroplasten	280
DIN 30672-1	1991-09	Umhüllungen aus Korrosionsschutzbinden und wärmeschrumpfendem Material für Rohrleitungen für Dauerbetriebstemperaturen bis 50 °C	288
DIN 30673	1986-12	Umhüllung und Auskleidung von Stahlrohren, -formstücken und -behältern mit Bitumen	301
DIN 30674-1	1982-09	Umhüllung von Rohren aus duktilem Gußeisen; Polyethylen-Umhüllung	308
DIN 30674-2	1992-10	Umhüllung von Rohren aus duktilem Gußeisen; Zementmörtel-Umhüllung	316
DIN 30674-3	1982-09	Umhüllung von Rohren aus duktilem Gußeisen; Zink-Überzug mit Deckbeschichtung	323
DIN 30674-4	1983-05	Umhüllung von Rohren aus duktilem Gußeisen; Beschichtung mit Bitumen	326
DIN 30674-5	1985-03	Umhüllung von Rohren aus duktilem Gußeisen; Polyethylen-Folienumhüllung	329
DIN 30675-1	1992-09	Äußerer Korrosionsschutz von erdverlegten Rohrleitungen; Schutzmaßnahmen und Einsatzbereiche bei Rohrleitungen aus Stahl	333
DIN 30675-2	1993-04	Äußerer Korrosionsschutz von erdverlegten Rohrleitungen; Schutzmaßnahmen und Einsatzbereiche bei Rohrleitungen aus duktilem Gußeisen	340
DIN 30676	1985-10	Planung und Anwendung des kathodischen Korrosionsschutzes für den Außenschutz	344

Dokument	Ausgabe	Titel	Seite
DIN 30677-1	1991-02	Äußerer Korrosionsschutz von erdverlegten Armaturen; Umhüllung (Außenbeschichtung) für normale Anforderungen	358
DIN 30677-2	1988-09	Äußerer Korrosionsschutz von erdverlegten Armaturen; Umhüllung aus Duroplasten (Außenbeschichtung) für erhöhte Anforderungen	361
DIN 30678	1992-10	Umhüllung von Stahlrohren mit Polypropylen	367
DIN 42559	1983-05	Transformatoren; Radiatoren für Öltransformatoren	373

3 Strahlmittel

Dokument	Ausgabe	Titel	Seite
DIN 8200	1982-10	Strahlverfahrenstechnik; Begriffe, Einordnung der Strahlverfahren	89
DIN 8201-4	1985-07	Feste Strahlmittel; Stahldrahtkorn	99
DIN 8201-5	1985-07	Feste Strahlmittel, natürlich, mineralisch; Quarzsand	102
DIN 8201-6	1985-07	Feste Strahlmittel, synthetisch, mineralisch; Elektrokorund	104
DIN 8201-7	1985-07	Feste Strahlmittel, synthetisch, mineralisch; Glasperlen	106

4 Metallüberzüge

Dokument	Ausgabe	Titel	Seite
DIN 267-10	1988-01	Mechanische Verbindungselemente; Technische Lieferbedingungen; Feuerverzinkte Teile	1
DIN 4427	1990-09	Stahlrohr für Trag- und Arbeitsgerüste; Anforderungen, Prüfungen; Deutsche Fassung HD 1039 : 1990	55
DIN 8566-1	1979-03	Zusätze für das thermische Spritzen; Massivdrähte zum Flammspritzen	108
DIN 8566-2	1984-12	Zusätze für das thermische Spritzen; Massivdrähte zum Lichtbogenspritzen; Technische Lieferbedingungen	117
DIN 8566-3	1991-02	Zusätze für das thermische Spritzen; Fülldrähte, Schnüre und Stäbe zum Flammspritzen	124
DIN 8567	1994-09	Vorbereitung von Oberflächen metallischer Werkstücke und Bauteile für das thermische Spritzen	128
DIN 18168-1	1981-10	Leichte Deckenbekleidungen und Unterdecken; Anforderungen für die Ausführung	132
DIN 18807-1	1987-06	Trapezprofile im Hochbau; Stahltrapezprofile; Allgemeine Anforderungen, Ermittlung der Tragfähigkeitswerte durch Berechnung	226
DIN 19530-2	1983-02	Rohre und Formstücke aus Stahl mit Steckmuffe für Abwasserleitungen; Technische Lieferbedingungen	248
DIN 30674-3	1982-09	Umhüllung von Rohren aus duktilem Gußeisen; Zink-Überzug mit Deckbeschichtung	323
DIN 30675-2	1993-04	Äußerer Korrosionsschutz von erdverlegten Rohrleitungen; Schutzmaßnahmen und Einsatzbereiche bei Rohrleitungen aus duktilem Gußeisen	340
DIN 42559	1983-05	Transformatoren; Radiatoren für Öltransformatoren	373

Dokument	Ausgabe	Titel	Seite

5 Beschichtungsstoffe

Dokument	Ausgabe	Titel	Seite
DIN 4113-1	1980-05	Aluminiumkonstruktionen unter vorwiegend ruhender Belastung; Berechnung und bauliche Durchbildung	6
DIN 4753-4	1994-10	Wassererwärmer und Wassererwärmungsanlagen für Trink- und Betriebswasser – Teil 4: Wasserseitiger Korrosionsschutz durch Beschichtungen aus warmhärtenden, duroplastischen Beschichtungsstoffen; Anforderungen und Prüfung	65
DIN 4753-9	1990-09	Wassererwärmer und Wassererwärmungsanlagen für Trink- und Betriebswasser; Wasserseitiger Korrosionsschutz durch thermoplastische Beschichtungsstoffe; Anforderungen und Prüfung	73
DIN 30673	1986-12	Umhüllung und Auskleidung von Stahlrohren, -formstücken und -behältern mit Bitumen	301
DIN 30674-4	1983-05	Umhüllung von Rohren aus duktilem Gußeisen; Beschichtung mit Bitumen	326

6 Schutzsysteme

Dokument	Ausgabe	Titel	Seite
DIN 4753-4	1994-10	Wassererwärmer und Wassererwärmungsanlagen für Trink- und Betriebswasser – Teil 4: Wasserseitiger Korrosionsschutz durch Beschichtungen aus warmhärtenden, duroplastischen Beschichtungsstoffen; Anforderungen und Prüfung	65
DIN 4753-5	1994-10	Wassererwärmer und Wassererwärmungsanlagen für Trink- und Betriebswasser – Teil 5: Wasserseitiger Korrosionsschutz durch Auskleidungen mit Folien aus natürlichem oder synthetischem Kautschuk; Anforderungen und Prüfung	69
DIN 4753-9	1990-09	Wassererwärmer und Wassererwärmungsanlagen für Trink- und Betriebswasser; Wasserseitiger Korrosionsschutz durch thermoplastische Beschichtungsstoffe; Anforderungen und Prüfung	73
DIN 18807-1	1987-06	Trapezprofile im Hochbau; Stahltrapezprofile; Allgemeine Anforderungen, Ermittlung der Tragfähigkeitswerte durch Berechnung	226
DIN 19530-2	1983-02	Rohre und Formstücke aus Stahl mit Steckmuffe für Abwasserleitungen; Technische Lieferbedingungen	248
DIN 19630	1982-08	Richtlinien für den Bau von Wasserrohrleitungen; Technische Regel des DVGW	255
DIN 30670	1991-04	Umhüllung von Stahlrohren und -formstücken mit Polyethylen	273
DIN 30671	1992-06	Umhüllung (Außenbeschichtung) von erdverlegten Stahlrohren mit Duroplasten	280
DIN 30672-1	1991-09	Umhüllungen aus Korrosionsschutzbinden und wärmeschrumpfendem Material für Rohrleitungen für Dauerbetriebstemperaturen bis 50 °C	288

Dokument	Ausgabe	Titel	Seite
DIN 30673	1986-12	Umhüllung und Auskleidung von Stahlrohren, -formstücken und -behältern mit Bitumen	301
DIN 30674-1	1982-09	Umhüllung von Rohren aus duktilem Gußeisen; Polyethylen-Umhüllung	308
DIN 30674-2	1992-10	Umhüllung von Rohren aus duktilem Gußeisen; Zementmörtel-Umhüllung	316
DIN 30674-3	1982-09	Umhüllung von Rohren aus duktilem Gußeisen; Zink-Überzug mit Deckbeschichtung	323
DIN 30674-4	1983-05	Umhüllung von Rohren aus duktilem Gußeisen; Beschichtung mit Bitumen	326
DIN 30674-5	1985-03	Umhüllung von Rohren aus duktilem Gußeisen; Polyethylen-Folienumhüllung	329
DIN 30675-1	1992-09	Äußerer Korrosionsschutz von erdverlegten Rohrleitungen; Schutzmaßnahmen und Einsatzbereiche bei Rohrleitungen aus Stahl	333
DIN 30675-2	1993-04	Äußerer Korrosionsschutz von erdverlegten Rohrleitungen; Schutzmaßnahmen und Einsatzbereiche bei Rohrleitungen aus duktilem Gußeisen	340
DIN 30676	1985-10	Planung und Anwendung des kathodischen Korrosionsschutzes für den Außenschutz	344
DIN 30677-1	1991-02	Äußerer Korrosionsschutz von erdverlegten Armaturen; Umhüllung (Außenbeschichtung) für normale Anforderungen	358
DIN 30677-2	1988-09	Äußerer Korrosionsschutz von erdverlegten Armaturen; Umhüllung aus Duroplasten (Außenbeschichtung) für erhöhte Anforderungen	361
DIN 30678	1992-10	Umhüllung von Stahlrohren mit Polypropylen	367
DIN 42559	1983-05	Transformatoren; Radiatoren für Öltransformatoren	373

7 Schichtdickenmessung

Siehe DIN-Taschenbücher 168 und 266

8 Prüfverfahren für Beschichtungsstoffe, Beschichtungen und Metallüberzüge

Dokument	Ausgabe	Titel	Seite
DIN 4427	1990-09	Stahlrohr für Trag- und Arbeitsgerüste; Anforderungen, Prüfungen; Deutsche Fassung HD 1039 : 1990	55
DIN 4753-4	1994-10	Wassererwärmer und Wassererwärmungsanlagen für Trink- und Betriebswasser – Teil 4: Wasserseitiger Korrosionsschutz durch Beschichtungen aus warmhärtenden, duroplastischen Beschichtungsstoffen; Anforderungen und Prüfung	65
DIN 4753-5	1994-10	Wassererwärmer und Wassererwärmungsanlagen für Trink- und Betriebswasser – Teil 5: Wasserseitiger Korrosionsschutz durch Auskleidungen mit Folien aus natürlichem oder synthetischem Kautschuk; Anforderungen und Prüfung	69

Dokument	Ausgabe	Titel	Seite
DIN 4753-9	1990-09	Wassererwärmer und Wassererwärmungsanlagen für Trink- und Betriebswasser; Wasserseitiger Korrosionsschutz durch thermoplastische Beschichtungsstoffe; Anforderungen und Prüfung	73
DIN 19530-2	1983-02	Rohre und Formstücke aus Stahl mit Steckmuffe für Abwasserleitungen; Technische Lieferbedingungen	248
DIN 30670	1991-04	Umhüllung von Stahlrohren und -formstücken mit Polyethylen	273
DIN 30671	1992-06	Umhüllung (Außenbeschichtung) von erdverlegten Stahlrohren mit Duroplasten	280
DIN 30672-1	1991-09	Umhüllungen aus Korrosionsschutzbinden und wärmeschrumpfendem Material für Rohrleitungen für Dauerbetriebstemperaturen bis 50 °C	288
DIN 30673	1986-12	Umhüllung und Auskleidung von Stahlrohren, -formstücken und -behältern mit Bitumen	301
DIN 30674-1	1982-09	Umhüllung von Rohren aus duktilem Gußeisen; Polyethylen-Umhüllung	308
DIN 30674-2	1992-10	Umhüllung von Rohren aus duktilem Gußeisen; Zementmörtel-Umhüllung	316
DIN 30674-3	1982-09	Umhüllung von Rohren aus duktilem Gußeisen; Zink-Überzug mit Deckbeschichtung	323
DIN 30674-4	1983-05	Umhüllung von Rohren aus duktilem Gußeisen; Beschichtung mit Bitumen	326
DIN 30674-5	1985-03	Umhüllung von Rohren aus duktilem Gußeisen; Polyethylen-Folienumhüllung	329
DIN 30677-1	1991-02	Äußerer Korrosionsschutz von erdverlegten Armaturen; Umhüllung (Außenbeschichtung) für normale Anforderungen	358
DIN 30677-2	1988-09	Äußerer Korrosionsschutz von erdverlegten Armaturen; Umhüllung aus Duroplasten (Außenbeschichtung) für erhöhte Anforderungen	361
DIN 30678	1992-10	Umhüllung von Stahlrohren mit Polypropylen	367

9 Rauheit, Oberflächengestalt

DIN 4768	1990-05	Ermittlung der Rauheitskenngrößen R_a, R_z, R_{max} mit elektrischen Tastschnittgeräten; Begriffe, Meßbedingungen	81
DIN 4769-1	1972-05	Oberflächen-Vergleichsmuster; Technische Lieferbedingungen, Anwendung	84
DIN 4769-4	1974-07	Oberflächen-Vergleichsmuster; Gestrahlte Metalloberflächen	87

10 Sonstiges

DIN 24375	1981-06	Oberflächentechnik; Flachstrahl-Düsen für luftloszerstäubende Spritzpistolen; Maße, Prüfung, Kennzeichnung	266
DIN 24376	1980-05	Oberflächentechnik; Materialdruckbehälter, Begriffe, Fabrikschild	270

Verzeichnis der im DIN-Taschenbuch 219 (2. Aufl., 1995) abgedruckten DIN-Normen, ISO-Normen und anderer technischer Regeln

(nach Sachgebieten geordnet)

Dokument	Ausgabe	Titel	Seite
		1 Allgemeines	
DIN 50900-1	04.82	Korrosion der Metalle; Begriffe; Allgemeine Begriffe	37
DIN 50900-2	01.84	Korrosion der Metalle; Begriffe; Elektrochemische Begriffe	43
DIN 50900-3	09.85	Korrosion der Metalle; Begriffe; Begriffe der Korrosionsuntersuchung	51
DIN 50902	07.94	Schichten für den Korrosionsschutz von Metallen; Begriffe, Verfahren und Oberflächenvorbereitung	55
ISO 8044	12.89	Korrosion von Metallen und Legierungen, Begriffe	406
		2 Korrosionsprüfung	
DIN 50017	10.82	Klimate und ihre technische Anwendung; Kondenswasser-Prüfklimate	26
DIN 50021	06.88	Sprühnebelprüfungen mit verschiedenen Natriumchlorid-Lösungen	31
DIN 50905-1	01.87	Korrosion der Metalle; Korrosionsuntersuchungen; Grundsätze	65
DIN 50905-2	01.87	Korrosion der Metalle; Korrosionsuntersuchungen; Korrosionsgrößen bei gleichmäßiger Flächenkorrosion	70
DIN 50905-3	01.87	Korrosion der Metalle; Korrosionsuntersuchungen, Korrosionsgrößen bei ungleichmäßiger und örtlicher Korrosion ohne mechanische Belastung	74
DIN 50905-4	01.87	Korrosion der Metalle; Korrosionsuntersuchungen; Durchführung von chemischen Korrosionsversuchen ohne mechanische Belastung in Flüssigkeiten im Laboratorium	78
DIN 50914	06.84	Prüfung nichtrostender Stähle auf Beständigkeit gegen interkristalline Korrosion; Kupfersulfat-Schwefelsäure-Verfahren, Strauß-Test	81
DIN 50915	09.93	Prüfung von unlegierten und niedriglegierten Stählen auf Beständigkeit gegen interkristalline Spannungsrißkorrosion in nitrathaltigen Angriffsmitteln; Geschweißte und ungeschweißte Werkstoffe	85
DIN 50916-1	08.76	Prüfung von Kupferlegierungen; Spannungsrißkorrosionsversuch mit Ammoniak, Prüfung von Rohren, Stangen und Profilen	90
DIN 50916-2	09.85	Prüfung von Kupferlegierungen: Spannungsrißkorrosionsprüfung mit Ammoniak; Prüfung von Bauteilen	92
DIN 50917-2	02.87	Korrosion der Metalle; Naturversuche; Naturversuche in Meerwasser	95

Dokument	Ausgabe	Titel	Seite
DIN 50918	06.78	Korrosion der Metalle; Elektrochemische Korrosionsuntersuchungen	102
DIN 50919	02.84	Korrosion der Metalle; Korrosionsuntersuchungen der Kontaktkorrosion in Elektrolytlösungen	108
DIN 50920-1	10.85	Korrosion der Metalle; Korrosionsuntersuchungen in strömenden Flüssigkeiten; Allgemeines	114
DIN 50921	10.84	Korrosion der Metalle; Prüfung nichtrostender austenitischer Stähle auf Beständigkeit gegen örtliche Korrosion in stark oxidierenden Säuren; Korrosionsversuch in Salpetersäure durch Messung des Massenverlustes (Prüfung nach Huey)	122
DIN 50922	10.85	Korrosion der Metalle; Untersuchung der Beständigkeit von metallischen Werkstoffen gegen Spannungsrißkorrosion; Allgemeines	125
DIN 50959	04.82	Galvanische Überzüge; Hinweise auf das Korrosionsverhalten galvanischer Überzüge auf Eisenwerkstoffen unter verschiedenen Klimabeanspruchungen	210
DIN EN ISO 196	08.95	Kupfer und Kupfer-Knetlegierungen – Auffinden von Restspannungen – Quecksilber(I)nitratversuch (ISO 196 : 1978); Deutsche Fassung EN ISO 196 : 1995	222
DIN EN ISO 4536	04.95	Metallische und anorganische Überzüge auf metallischen Grundwerkstoffen – Salztröpfchen-Korrosionsprüfung (SD-Versuch) (ISO 4536 : 1985); Deutsche Fassung EN ISO 4536 : 1995	230
DIN EN ISO 4538	04.95	Metallische Überzüge – Thioacetamid-Korrosionsprüfung (TAA-Versuch) (ISO 4538 : 1978); Deutsche Fassung EN ISO 4538 : 1995	236
DIN EN ISO 4541	01.95	Metallische und andere anorganische Überzüge – Corrodkote-Korrosionsprüfung (CORR Test) (ISO 4541 : 1978); Deutsche Fassung EN ISO 4541 : 1994	258
DIN EN ISO 4543	01.95	Metallische und andere anorganische Überzüge – Allgemeine Richtlinien für Korrosionsversuche, anwendbar auf Lagerungsbedingungen (ISO 4543 : 1981); Deutsche Fassung EN ISO 4543 : 1994	263
DIN EN ISO 6509	05.95	Korrosion von Metallen und Legierungen – Bestimmung der Entzinkungsbeständigkeit von Kupfer-Zink-Legierungen (ISO 6509 : 1991); Deutsche Fassung EN ISO 6509 : 1995	269
DIN EN ISO 6988	01.95	Metallische und andere anorganische Überzüge – Prüfung mit Schwefeldioxid unter allgemeiner Feuchtigkeitskondensation (ISO 6988 : 1985); Deutsche Fassung EN ISO 6988 : 1994	274
DIN EN ISO 7384	04.95	Korrosionsprüfungen in künstlicher Atmosphäre – Allgemeine Anforderungen (ISO 7384 : 1986); Deutsche Fassung EN ISO 7384 : 1995	281

Dokument	Ausgabe	Titel	Seite
DIN EN ISO 7441	04.95	Korrosion von Metallen und Legierungen – Bestimmung der Kontaktkorrosion durch Freibewitterungsversuche (ISO 7441 : 1984); Deutsche Fassung EN ISO 7441 : 1995	288
DIN EN ISO 7539-1	08.95	Korrosion der Metalle und Legierungen – Prüfung der Spannungsrißkorrosion – Teil 1; Allgemeine Richtlinien für Prüfverfahren (ISO 7539-1 : 1987); Deutsche Fassung EN ISO 7539-1 : 1995	299
DIN EN ISO 7539-2	08.95	Korrosion der Metalle und Legierungen – Prüfung der Spannungsrißkorrosion – Teil 2: Vorbereitung und Anwendung von Biegeproben (ISO 7539-2 : 1989); Deutsche Fassung EN ISO 7539-2 : 1995	312
DIN EN ISO 7539-3	08.95	Korrosion der Metalle und Legierungen – Prüfung der Spannungsrißkorrosion – Teil 3: Vorbereitung und Anwendung von Bügelproben (ISO 7539-3 : 1989); Deutsche Fassung EN ISO 7539-3: 1995	320
DIN EN ISO 7539-4	08.95	Korrosion der Metalle und Legierungen – Prüfung der Spannungsrißkorrosion – Teil 4: Vorbereitung und Anwendung von einachsig belasteten Zugproben (ISO 7539-4: 1989); Deutsche Fassung EN ISO 7539-4 : 1995	325
DIN EN ISO 7539-5	08.95	Korrosion der Metalle und Legierungen – Prüfung der Spannungsrißkorrosion – Teil 5: Vorbereitung und Anwendung von C-Ring-Proben (ISO 7539-5 : 1989); Deutsche Fassung EN ISO 7539-5: 1995	330
DIN EN ISO 7539-6	08.95	Korrosion der Metalle und Legierungen – Prüfung der Spannungsrißkorrosion – Teil 6: Vorbereitung und Anwendung von angerissenen Proben (ISO 7539-6 : 1989); Deutsche Fassung EN ISO 7539-6 : 1995	340
DIN EN ISO 7539-7	08.95	Korrosion der Metalle und Legierungen – Prüfung der Spannungsrißkorrosion – Teil 7: Prüfung mit langsamer Dehnrate (ISO 7539-7: 1989); Deutsche Fassung EN ISO 7539-7: 1995	371
DIN EN ISO 8565	05.95	Metalle und Legierungen – Korrosionsversuche in der Atmosphäre – Allgemeine Anforderungen an Freibewitterungsversuche (ISO 8565 : 1992); Deutsche Fassung EN ISO 8565 : 1995	387
DIN EN ISO 10062	05.95	Korrosionsprüfungen in künstlicher Atmosphäre mit sehr niedrigen Konzentrationen von Schadgasen (ISO 10062: 1991); Deutsche Fassung EN ISO 10062 : 1995	396
ISO 8407	07.91	Korrosion von Metallen und Legierungen; Entfernen von Korrosionsprodukten von Probekörpern	428
SEP 1861	01.82	Prüfung von Schweißverbindungen an unlegierten und niedriglegierten Stählen auf ihre Beständigkeit gegen Spannungsrißkorrosion	437

Dok.	Ausg.	Titel	Seite
SEP 1877	07.94	Prüfung der Beständigkeit hochlegierter, korrosionsbeständiger Werkstoffe gegen interkristalline Korrosion	440

3 Beurteilung

Dok.	Ausg.	Titel	Seite
DIN 50928	09.85	Korrosion der Metalle; Prüfung und Beurteilung des Korrosionsschutzes beschichteter metallischer Werkstoffe bei Korrosionsbelastung durch wäßrige Korrosionsmedien	153
DIN 50929-1	09.85	Korrosion der Metalle; Korrosionswahrscheinlichkeit metallischer Werkstoffe bei äußerer Korrosionsbelastung; Allgemeines	161
DIN 50929-2	09.85	Korrosion der Metalle; Korrosionswahrscheinlichkeit metallischer Werkstoffe bei äußerer Korrosionsbelastung; Installationsteile innerhalb von Gebäuden	166
DIN 50929-3	09.85	Korrosion der Metalle; Korrosionswahrscheinlichkeit metallischer Werkstoffe bei äußerer Korrosionsbelastung; Rohrleitungen und Bauteile in Böden und Wässern	170
DIN 50930-1	02.93	Korrosion der Metalle; Korrosion metallischer Werkstoffe im Innern von Rohrleitungen, Behältern und Apparaten bei Korrosionsbelastung durch Wässer; Allgemeines	182
DIN 50930-2	02.93	Korrosion der Metalle; Korrosion metallischer Werkstoffe im Innern von Rohrleitungen, Behältern und Apparaten bei Korrosionsbelastung durch Wässer; Beurteilung der Korrosionswahrscheinlichkeit unlegierter und niedriglegierter Eisenwerkstoffe	186
DIN 50930-3	02.93	Korrosion der Metalle; Korrosion metallischer Werkstoffe im Innern von Rohrleitungen, Behältern und Apparaten bei Korrosionsbelastung durch Wässer; Beurteilung der Korrosionswahrscheinlichkeit feuerverzinkter Eisenwerkstoffe	191
DIN 50930-4	02.93	Korrosion der Metalle; Korrosion metallischer Werkstoffe im Innern von Rohrleitungen, Behältern und Apparaten bei Korrosionsbelastung durch Wässer; Beurteilung der Korrosionswahrscheinlichkeit nichtrostender Stähle	198
DIN 50930-5	02.93	Korrosion der Metalle; Korrosion metallischer Werkstoffe im Innern von Rohrleitungen, Behältern und Apparaten bei Korrosionsbelastung durch Wässer; Beurteilung der Korrosionswahrscheinlichkeit von Kupfer und Kupferwerkstoffen	203
DIN 55928-1	05.91	Korrosionsschutz von Stahlbauten durch Beschichtungen und Überzüge; Allgemeines, Begriffe, Korrosionsbelastungen	214

Dokument	Ausgabe	Titel	Seite
DIN EN ISO 1462	04.95	Metallische Überzüge – Andere als gegenüber dem Grundmetall anodische Überzüge – Beschleunigte Korrosionsprüfungen, Verfahren zur Auswertung der Ergebnisse (ISO 1462 : 1973); Deutsche Fassung EN ISO 1462 : 1995	225
DIN EN ISO 4540	05.95	Metallische Überzüge – Überzüge, die gegenüber dem Grundwerkstoff kathodisch sind – Bewertung der Proben nach der Korrosionsprüfung (ISO 4540 : 1980); Deutsche Fassung EN ISO 4540: 1995	241
DIN EN ISO 8403	04.95	Metallische Überzüge – Überzüge, die gegenüber dem Grundwerkstoff anodisch sind – Bewertung der Proben nach Korrosionsprüfungen (ISO 8403 : 1991); Deutsche Fassung EN ISO 8403: 1995	377
V VG 81249-2	08.83	Korrosion von Metallen in Seewasser; Freie Korrosion; Begriffe, Grundlagen, Potentiale, Massenverluste	445

4 Schutzmaßnahmen

Dokument	Ausgabe	Titel	Seite
DIN 30675-1	09.92	Äußerer Korrosionsschutz von erdverlegten Rohrleitungen; Schutzmaßnahmen und Einsatzbereiche bei Rohrleitungen aus Stahl	1
DIN 30675-2	04.93	Äußerer Korrosionsschutz von erdverlegten Rohrleitungen; Schutzmaßnahmen und Einsatzbereiche bei Rohrleitungen aus duktilem Gußeisen	8
DIN 30676	10.85	Planung und Anwendung des kathodischen Korrosionsschutzes für den Außenschutz	12
DIN 50925	10.92	Korrosion der Metalle; Nachweis der Wirksamkeit des kathodischen Korrosionsschutzes erdverlegter Anlagen	132
DIN 50926	10.92	Korrosion der Metalle; Kathodischer Korrosionsschutz mit Fremdstrom im Sohlebereich von Heizölbehältern aus unlegiertem Stahl	137
DIN 50927	08.85	Planung und Anwendung des elektrochemischen Korrosionsschutzes für die Innenflächen von Apparaten, Behältern und Rohren (Innenschutz)	141
AGK-Merkblatt 1	01.85	Regeln zum Korrosionsschutz von Solaranlagen zur Wassererwärmung; Teil 1: Innenkorrosion bei geschlossenen Anlagen	403

Verzeichnis der im DIN-Taschenbuch 266 (1. Aufl., 1997) abgedruckten Normen und Norm-Entwürfe
(nach Sachgebieten geordnet)

Dokument	Ausgabe	Titel	Seite
		1 Allgemeines, Begriffe, Kurzzeichen	
DIN EN 657	94-06	Thermisches Spritzen; Begriffe, Einteilung; Deutsche Fassung EN 657:1994	5
DIN EN 971-1	96-09	Lacke und Anstrichstoffe – Fachausdrücke und Definitionen für Beschichtungsstoffe – Teil 1: Allgemeine Begriffe; Dreisprachige Fassung EN 971-1:1996	14
DIN EN 971-1 Bbl 1	96-09	Lacke und Anstrichstoffe – Fachausdrücke und Definitionen für Beschichtungsstoffe – Teil 1: Allgemeine Begriffe; Erläuterungen	29
DIN EN ISO 2064	95-01	Metallische und andere anorganische Schichten – Definitionen und Festlegungen, die die Messung der Schichtdicke betreffen (ISO 2064:1980); Deutsche Fassung EN ISO 2064:1994	177
		2 Korrosionsschutz von Stahlbauten	
DIN EN 40-4	84-01	Lichtmaste; Oberflächenschutz für Lichtmaste aus Metall	1
DIN EN 10238	96-11	Automatisch gestrahlte und automatisch fertigungsbeschichtete Erzeugnisse aus Baustählen; Deutsche Fassung EN 10238:1996	109
DIN EN 22063	94-08	Metallische und andere anorganische Schichten – Thermisches Spritzen – Zink, Aluminium und ihre Legierungen (ISO 2063:1991); Deutsche Fassung EN 22063:1993	125
E DIN ISO 8504-1	95-02	Vorbereitung von Stahloberflächen vor dem Auftragen von Beschichtungsstoffen – Verfahren für die Oberflächenvorbereitung – Teil 1: Allgemeine Grundsätze (ISO 8504-1:1992)	280
E DIN ISO 8504-2	95-02	Vorbereitung von Stahloberflächen vor dem Auftragen von Beschichtungsstoffen – Verfahren für die Oberflächenvorbereitung – Teil 2: Strahlen (ISO 8504-2:1992)	288
E DIN ISO 8504-3	95-02	Vorbereitung von Stahloberflächen vor dem Auftragen von Beschichtungsstoffen – Verfahren für die Oberflächenvorbereitung – Teil 3: Reinigen mit Handwerkzeugen und mit maschinell angetriebenen Werkzeugen (ISO 8504-3:1993)	303
ISO 8501-1	88-12	Vorbereitung von Stahloberflächen vor dem Auftragen von Beschichtungsstoffen; Visuelle Beurteilung der Oberflächenreinheit; Teil 1: Rostgrade und Oberflächenvorbereitungsgrade von unbeschichteten Stahloberflächen und Stahloberflächen nach ganzflächigem Entfernen vorhandener Beschichtungen	310

| Dok. | Ausg. | Titel | Seite |

| ISO 8501-1 Supplement 1 | 94-12 | Vorbereitung von Stahloberflächen vor dem Auftragen von Beschichtungsstoffen; Visuelle Beurteilung der Oberflächenreinheit; Teil 1: Rostgrade und Oberflächenvorbereitungsgrade von unbeschichteten Stahloberflächen und Stahloberflächen nach ganzflächigem Entfernen vorhandener Beschichtungen – Informative Ergänzung zu Teil 1: Repräsentative photographische Beispiele für die Veränderung des Aussehens von Stahl beim Strahlen mit unterschiedlichen Strahlmitteln ... | 335 |
| ISO 8501-2 | 94-12 | Vorbereitung von Stahloberflächen vor dem Auftragen von Beschichtungsstoffen – Visuelle Beurteilung der Oberflächenreinheit – Teil 2: Oberflächenvorbereitungsgrade von beschichteten Oberflächen nach örtlichem Entfernen der vorhandenen Beschichtungen .... | 344 |

3 Strahlmittel

| E DIN ISO 8504-2 | 95-02 | Vorbereitung von Stahloberflächen vor dem Auftragen von Beschichtungsstoffen – Verfahren für die Oberflächenvorbereitung – Teil 2: Strahlen (ISO 8504-2:1992) | 288 |

4 Metallüberzüge

DIN EN 40-4	84-01	Lichtmaste; Oberflächenschutz für Lichtmaste aus Metall	1
DIN EN 657	94-06	Thermisches Spritzen; Begriffe, Einteilung; Deutsche Fassung EN 657:1994	5
DIN EN 10142	95-08	Kontinuierlich feuerverzinktes Band und Blech aus weichen Stählen zum Kaltumformen – Technische Lieferbedingungen (enthält Änderung A1:1995); Deutsche Fassung EN 10142:1990 + A1:1995	35
DIN EN 10143	93-03	Kontinuierlich schmelztauchveredeltes Blech und Band aus Stahl; Grenzabmaße und Formtoleranzen; Deutsche Fassung EN 10143:1993	46
DIN EN 10147	95-08	Kontinuierlich feuerverzinktes Band und Blech aus Baustählen – Technische Lieferbedingungen (enthält Änderung A1:1995); Deutsche Fassung EN 10147:1991 + A1:1995	54
DIN EN 10152	93-12	Elektrolytisch verzinkte kaltgewalzte Flacherzeugnisse aus Stahl; Technische Lieferbedingungen; Deutsche Fassung EN 10152:1993	65
DIN EN 10169-1	96-10	Kontinuierlich organisch beschichtete (bandbeschichtete) Flacherzeugnisse aus Stahl – Teil 1: Allgemeines (Definitionen, Werkstoffe, Grenzabweichungen, Prüfverfahren); Deutsche Fassung EN 10169-1:1996	78
DIN EN 10214	95-04	Kontinuierlich schmelztauchveredeltes Band und Blech aus Stahl mit Zink-Aluminium-Überzügen (ZA) – Technische Lieferbedingungen; Deutsche Fassung EN 10214:1995	92

Dok.	Ausg.	Titel	Seite
DIN EN 10215	95-04	Kontinuierlich schmelztauchveredeltes Band und Blech aus Stahl mit Aluminium-Zink-Überzügen (AZ) – Technische Lieferbedingungen; Deutsche Fassung EN 10215:1995	101
DIN EN 22063	94-08	Metallische und andere anorganische Schichten – Thermisches Spritzen – Zink, Aluminium und ihre Legierungen (ISO 2063:1991); Deutsche Fassung EN 22063:1993	125

5 Beschichtungsstoffe

DIN EN 10169-1	96-10	Kontinuierlich organisch beschichtete (bandbeschichtete) Flacherzeugnisse aus Stahl – Teil 1: Allgemeines (Definitionen, Werkstoffe, Grenzabweichungen, Prüfverfahren); Deutsche Fassung EN 10169-1:1996	78
DIN EN 10238	96-11	Automatisch gestrahlte und automatisch fertigungsbeschichtete Erzeugnisse aus Baustählen; Deutsche Fassung EN 10238:1996	109

6 Schutzsysteme

DIN EN 40-4	84-01	Lichtmaste; Oberflächenschutz für Lichtmaste aus Metall	1
DIN EN 10169-1	96-10	Kontinuierlich organisch beschichtete (bandbeschichtete) Flacherzeugnisse aus Stahl – Teil 1: Allgemeines (Definitionen, Werkstoffe, Grenzabweichungen, Prüfverfahren); Deutsche Fassung EN 10169-1:1996	78
DIN EN 10238	96-11	Automatisch gestrahlte und automatisch fertigungsbeschichtete Erzeugnisse aus Baustählen; Deutsche Fassung EN 10238:1996	109

7 Schichtdickenmessung

DIN EN 10169-1	96-10	Kontinuierlich organisch beschichtete (bandbeschichtete) Flacherzeugnisse aus Stahl – Teil 1: Allgemeines (Definitionen, Werkstoffe, Grenzabweichungen, Prüfverfahren); Deutsche Fassung EN 10169-1:1996	78
DIN EN 10238	96-11	Automatisch gestrahlte und automatisch fertigungsbeschichtete Erzeugnisse aus Baustählen; Deutsche Fassung EN 10238:1996	109
DIN EN 22063	94-08	Metallische und andere anorganische Schichten – Thermisches Spritzen – Zink, Aluminium und ihre Legierungen (ISO 2063:1991); Deutsche Fassung EN 22063:1993	125
DIN EN ISO 2064	95-01	Metallische und andere anorganische Schichten – Definitionen und Festlegungen, die die Messung der Schichtdicke betreffen (ISO 2064:1980); Deutsche Fassung EN ISO 2064:1994	177

Dok.	Ausg.	Titel	Seite
DIN EN ISO 2178	95-04	Nichtmagnetische Überzüge auf magnetischen Grundmetallen – Messen der Schichtdicke – Magnetverfahren (ISO 2178:1982); Deutsche Fassung EN ISO 2178:1995	181
DIN EN ISO 2360	95-04	Nichtleitende Überzüge auf nichtmagnetischen Grundmetallen – Messen der Schichtdicke – Wirbelstromverfahren (ISO 2360:1982); Deutsche Fassung EN ISO 2360:1995	187
DIN EN ISO 3882	95-01	Metallische und andere anorganische Schichten – Übersicht von Verfahren der Schichtdickenmessung (ISO 3882:1986); Deutsche Fassung EN ISO 3882:1994	218

8 Prüfverfahren für Beschichtungsstoffe, Beschichtungen und Metallüberzüge

Dok.	Ausg.	Titel	Seite
DIN EN 10142	95-08	Kontinuierlich feuerverzinktes Band und Blech aus weichen Stählen zum Kaltumformen – Technische Lieferbedingungen (enthält Änderung A1:1995); Deutsche Fassung EN 10142:1990 + A1:1995	35
DIN EN 10147	95-08	Kontinuierlich feuerverzinktes Band und Blech aus Baustählen – Technische Lieferbedingungen (enthält Änderung A1:1995); Deutsche Fassung EN 10147:1991 + A1:1995	54
DIN EN 10152	93-12	Elektrolytisch verzinkte kaltgewalzte Flacherzeugnisse aus Stahl; Technische Lieferbedingungen; Deutsche Fassung EN 10152:1993	65
DIN EN 10169-1	96-10	Kontinuierlich organisch beschichtete (bandbeschichtete) Flacherzeugnisse aus Stahl – Teil 1: Allgemeines (Definitionen, Werkstoffe, Grenzabweichungen, Prüfverfahren); Deutsche Fassung EN 10169-1:1996	78
DIN EN 10214	95-04	Kontinuierlich schmelztauchveredeltes Band und Blech aus Stahl mit Zink-Aluminium-Überzügen (ZA) – Technische Lieferbedingungen; Deutsche Fassung EN 10214:1995	92
DIN EN 10215	95-04	Kontinuierlich schmelztauchveredeltes Band und Blech aus Stahl mit Aluminium-Zink-Überzügen (AZ) – Technische Lieferbedingungen; Deutsche Fassung EN 10215:1995	101
DIN EN 21512	94-05	Lacke und Anstrichstoffe; Probenahme von flüssigen oder pastenförmigen Produkten (ISO 1512:1991); Deutsche Fassung EN 21512:1994	116
DIN EN 22063	94-08	Metallische und andere anorganische Schichten – Thermisches Spritzen – Zink, Aluminium und ihre Legierungen (ISO 2063:1991); Deutsche Fassung EN 22063:1993	125
DIN EN 24624	92-09	Lacke und Anstrichstoffe; Abreißversuch zur Beurteilung der Haftfestigkeit (ISO 4624:1978); Deutsche Fassung EN 24624:1992	135

Dok.	Ausg.	Titel	Seite
DIN EN 29117	92-09	Lacke und Anstrichstoffe; Bestimmung des Durchtrocknungszustandes und der Durchtrocknungszeit; Prüfverfahren (ISO 9117:1990); Deutsche Fassung EN 29117:1992	145
DIN EN ISO 1513	94-10	Lacke und Anstrichstoffe – Vorprüfung und Vorbereitung von Proben für weitere Prüfungen (ISO 1513:1992); Deutsche Fassung EN ISO 1513:1994	152
DIN EN ISO 1514	97-09	Lacke und Anstrichstoffe – Norm-Probenplatten (ISO 1514:1993); Deutsche Fassung EN ISO 1514:1997	157
DIN EN ISO 1517	95-06	Lacke und Anstrichstoffe – Prüfung auf Oberflächentrocknung – Glasperlen-Verfahren (ISO 1517:1973); Deutsche Fassung EN ISO 1517:1995	166
DIN EN ISO 1520	95-04	Lacke und Anstrichstoffe – Tiefungsprüfung (ISO 1520:1973); Deutsche Fassung EN ISO 1520:1995	
DIN EN ISO 2409	94-10	Lacke und Anstrichstoffe – Gitterschnittprüfung (ISO 2409:1992); Deutsche Fassung EN ISO 2409:1994	192
DIN EN ISO 2431	96-05	Lacke und Anstrichstoffe – Bestimmung der Auslaufzeit mit Auslaufbechern (ISO 2431:1993, einschließlich Technische Korrektur 1:1994); Deutsche Fassung EN ISO 2431:1996	202
DIN EN ISO 3678	95-04	Lacke und Anstrichstoffe – Prüfung auf Abdruckfestigkeit (ISO 3678:1976); Deutsche Fassung EN ISO 3678:1995	213
DIN EN ISO 3892	96-09	Konversionsschichten auf metallischen Werkstoffen – Bestimmung der flächenbezogenen Masse der Schichten – Gravimetrische Verfahren (ISO 3892:1980); Deutsche Fassung EN ISO 3892:1994	227
DIN ISO 4628-4	86-12	Lacke, Anstrichstoffe und ähnliche Beschichtungsstoffe; Bezeichnung des Grades der Rißbildung von Beschichtungen; Identisch mit ISO 4628/4, Ausgabe 1982	268
DIN ISO 4628-5	86-12	Lacke, Anstrichstoffe und ähnliche Beschichtungsstoffe; Bezeichnung des Grades des Abblätterns von Beschichtungen; Identisch mit ISO 4628/5, Ausgabe 1982	274

9 Rauheit, Oberflächengestalt

DIN EN ISO 8503-1	95-08	Vorbereitung von Stahloberflächen vor dem Auftragen von Beschichtungsstoffen – Rauheitskenngrößen von gestrahlten Stahloberflächen – Teil 1: Anforderungen und Begriffe für ISO-Rauheitsvergleichsmuster zur Beurteilung gestrahlter Oberflächen (ISO 8503-1:1988); Deutsche Fassung EN ISO 8503-1:1995	232
DIN EN ISO 8503-2	95-08	Vorbereitung von Stahloberflächen vor dem Auftragen von Beschichtungsstoffen – Rauheitskenngrößen von gestrahlten Stahloberflächen – Teil 2: Verfahren zur Prüfung der Rauheit von gestrahltem Stahl; Vergleichsmusterverfahren (ISO 8503-2:1988); Deutsche Fassung EN ISO 8503-2:1995	241

Dok.	Ausg.	Titel	Seite
DIN EN ISO 8503-3	95-08	Vorbereitung von Stahloberflächen vor dem Auftragen von Beschichtungsstoffen – Rauheitskenngrößen von gestrahlten Stahloberflächen – Teil 3: Verfahren zur Kalibrierung von ISO-Rauheitsvergleichsmustern und zur Bestimmung der Rauheit; Mikroskopverfahren (ISO 8503-3:1988); Deutsche Fassung EN ISO 8503-3:1995	248
DIN EN ISO 8503-4	95-08	Vorbereitung von Stahloberflächen vor dem Auftragen von Beschichtungsstoffen – Rauheitskenngrößen von gestrahlten Stahloberflächen – Teil 4: Verfahren zur Kalibrierung von ISO-Rauheitsvergleichsmustern und zur Bestimmung der Rauheit; Tastschnittverfahren (ISO 8503-4:1988); Deutsche Fassung EN ISO 8503-4:1995	258

Verzeichnis der im DIN-Taschenbuch 286 (1. Aufl., 1998) abgedruckten Normen

Dokument	Ausgabe	Titel	Seite
DIN EN ISO 11124-1	1997-06	Vorbereitung von Stahloberflächen vor dem Auftragen von Beschichtungsstoffen – Anforderungen an metallische Strahlmittel – Teil 1: Allgemeine Einleitung und Einteilung (ISO 11124-1 : 1993); Deutsche Fassung EN ISO 11124-1 : 1997	1
DIN EN ISO 11124-2	1997-10	Vorbereitung von Stahloberflächen vor dem Auftragen von Beschichtungsstoffen – Anforderungen an metallische Strahlmittel – Teil 2: Hartguß, kantig (Grit) (ISO 11124-2 : 1993); Deutsche Fassung EN ISO 11124-2 : 1997	6
DIN EN ISO 11124-3	1997-10	Vorbereitung von Stahloberflächen vor dem Auftragen von Beschichtungsstoffen – Anforderungen an metallische Strahlmittel – Teil 3: Stahlguß mit hohem Kohlenstoffgehalt, kugelig und kantig (Shot und Grit) (ISO 11124-3 : 1993); Deutsche Fassung EN ISO 11124-3 : 1997	15
DIN EN ISO 11124-4	1997-10	Vorbereitung von Stahloberflächen vor dem Auftragen von Beschichtungsstoffen – Anforderungen an metallische Strahlmittel – Teil 4: Stahlguß mit niedrigem Kohlenstoffgehalt, kugelig (Shot) (ISO 11124-4 : 1993); Deutsche Fassung EN ISO 11124-4 : 1997	25
DIN EN ISO 11125-1	1997-11	Vorbereitung von Stahloberflächen vor dem Auftragen von Beschichtungsstoffen – Prüfverfahren für metallische Strahlmittel – Teil 1: Probenahme (ISO 11125-1 : 1993); Deutsche Fassung EN ISO 11125-1 : 1997	34
DIN EN ISO 11125-2	1997-11	Vorbereitung von Stahloberflächen vor dem Auftragen von Beschichtungsstoffen – Prüfverfahren für metallische Strahlmittel – Teil 2: Bestimmung der Korngrößenverteilung (ISO 11125-2 : 1993); Deutsche Fassung EN ISO 11125-2 : 1997	40
DIN EN ISO 11125-3	1997-11	Vorbereitung von Stahloberflächen vor dem Auftragen von Beschichtungsstoffen – Prüfverfahren für metallische Strahlmittel – Teil 3: Bestimmung der Härte (ISO 11125-3 : 1993); Deutsche Fassung EN ISO 11125-3 : 1997	45
DIN EN ISO 11125-4	1997-11	Vorbereitung von Stahloberflächen vor dem Auftragen von Beschichtungsstoffen – Prüfverfahren für metallische Strahlmittel – Teil 4: Bestimmung der scheinbaren Dichte (ISO 11125-4 : 1993); Deutsche Fassung EN ISO 11125-4 : 1997	50
DIN EN ISO 11125-5	1997-11	Vorbereitung von Stahloberflächen vor dem Auftragen von Beschichtungsstoffen – Prüfverfahren für metallische Strahlmittel – Teil 5: Bestimmung des Anteils an defekten Körnern und des Gefüges (ISO 11125-5 : 1993); Deutsche Fassung EN ISO 11125-5 : 1997	54

Dokument	Ausgabe	Titel	Seite
DIN EN ISO 11125-6	1997-11	Vorbereitung von Stahloberflächen vor dem Auftragen von Beschichtungsstoffen – Prüfverfahren für metallische Strahlmittel – Teil 6: Bestimmung der Fremdbestandteile (ISO 11125-6 : 1993); Deutsche Fassung EN ISO 11125-6 : 1997	59
DIN EN ISO 11125-7	1997-11	Vorbereitung von Stahloberflächen vor dem Auftragen von Beschichtungsstoffen – Prüfverfahren für metallische Strahlmittel – Teil 7: Bestimmung der Feuchte (ISO 11125-7 : 1993); Deutsche Fassung EN ISO 11125-7 : 1997	63
DIN EN ISO 11126-1	1997-06	Vorbereitung von Stahloberflächen vor dem Auftragen von Beschichtungsstoffen – Anforderungen an nichtmetallische Strahlmittel – Teil 1: Allgemeine Einleitung und Einteilung (ISO 11126-1 : 1993, einschließlich Technische Korrekturen 1 : 1997 und 2 : 1997); Deutsche Fassung EN ISO 11126-1 : 1997	67
DIN EN ISO 11126-3	1997-10	Vorbereitung von Stahloberflächen vor dem Auftragen von Beschichtungsstoffen – Anforderungen an nichtmetallische Strahlmittel – Teil 3: Strahlmittel aus Kupferhüttenschlacke (ISO 11126-3 : 1993); Deutsche Fassung EN ISO 11126-3 : 1997	72
DIN EN ISO 11126-4	1998-04	Vorbereitung von Stahloberflächen vor dem Auftragen von Beschichtungsstoffen – Anforderungen an nichtmetallische Strahlmittel – Teil 4: Strahlmittel aus Schmelzkammerschlacke (ISO 11126-4 : 1993); Deutsche Fassung EN ISO 11126-4 : 1998	79
DIN EN ISO 11126-5	1998-04	Vorbereitung von Stahloberflächen vor dem Auftragen von Beschichtungsstoffen – Anforderungen an nichtmetallische Strahlmittel – Teil 5: Strahlmittel aus Nickelhüttenschlacke (ISO 11126-5 : 1993); Deutsche Fassung EN ISO 11126-5 : 1998	86
DIN EN ISO 11126-6	1997-11	Vorbereitung von Stahloberflächen vor dem Auftragen von Beschichtungsstoffen – Anforderungen an nichtmetallische Strahlmittel – Teil 6: Strahlmittel aus Hochofenschlacke (ISO 11126-6 : 1993); Deutsche Fassung EN ISO 11126-6 : 1997	93
DIN EN ISO 11126-8	1997-11	Vorbereitung von Stahloberflächen vor dem Auftragen von Beschichtungsstoffen – Anforderungen an nichtmetallische Strahlmittel – Teil 8: Olivinsand (ISO 11126-8 : 1993); Deutsche Fassung EN ISO 11126-8 : 1997	101
DIN EN ISO 11127-1	1997-11	Vorbereitung von Stahloberflächen vor dem Auftragen von Beschichtungsstoffen – Prüfverfahren für metallische Strahlmittel – Teil 1: Probenahme (ISO 11127-1 : 1993); Deutsche Fassung EN ISO 11127-1 : 1997	109

Dokument	Ausgabe	Titel	Seite
DIN EN ISO 11127-2	1997-11	Vorbereitung von Stahloberflächen vor dem Auftragen von Beschichtungsstoffen – Prüfverfahren für nichtmetallische Strahlmittel – Teil 2: Bestimmung der Korngrößenverteilung (ISO 11127-2 : 1993); Deutsche Fassung EN ISO 11127-2 : 1997	116
DIN EN ISO 11127-3	1997-11	Vorbereitung von Stahloberflächen vor dem Auftragen von Beschichtungsstoffen – Prüfverfahren für nichtmetallische Strahlmittel – Teil 3: Bestimmung der scheinbaren Dichte (ISO 11127-3 : 1993); Deutsche Fassung EN ISO 11127-3 : 1997	121
DIN EN ISO 11127-4	1997-11	Vorbereitung von Stahloberflächen vor dem Auftragen von Beschichtungsstoffen – Prüfverfahren für nichtmetallische Strahlmittel – Teil 4: Abschätzung der Härte durch Vergleich mit Glasscheiben (ISO 11127-4 : 1993); Deutsche Fassung EN ISO 11127-4 : 1997	126
DIN EN ISO 11127-5	1997-11	Vorbereitung von Stahloberflächen vor dem Auftragen von Beschichtungsstoffen – Prüfverfahren für nichtmetallische Strahlmittel – Teil 5: Bestimmung der Feuchte (ISO 11127-5 : 1993); Deutsche Fassung EN ISO 11127-5 : 1997	130
DIN EN ISO 11127-6	1997-11	Vorbereitung von Stahloberflächen vor dem Auftragen von Beschichtungsstoffen – Prüfverfahren für nichtmetallische Strahlmittel – Teil 6: Bestimmung der wasserlöslichen Verunreinigungen durch Messung der Leitfähigkeit (ISO 11127-6 : 1993); Deutsche Fassung EN ISO 11127-6 : 1997	134
DIN EN ISO 11127-7	1997-11	Vorbereitung von Stahloberflächen vor dem Auftragen von Beschichtungsstoffen – Prüfverfahren für nichtmetallische Strahlmittel – Teil 7: Bestimmung der wasserlöslichen Chloride (ISO 11127-7 : 1993); Deutsche Fassung EN ISO 11127-7 : 1997	138
DIN EN ISO 12944-1	1998-07	Beschichtungsstoffe – Korrosionsschutz von Stahlbauten durch Beschichtungssysteme – Teil 1: Allgemeine Einleitung (ISO 12944-1 : 1998); Deutsche Fassung EN ISO 12944-1 : 1998	143
DIN EN ISO 12944-2	1998-07	Beschichtungsstoffe – Korrosionsschutz von Stahlbauten durch Beschichtungssysteme – Teil 2: Einteilung der Umgebungsbedingungen (ISO 12944-2 : 1998); Deutsche Fassung EN ISO 12944-2 : 1998	153
DIN EN ISO 12944-3	1998-07	Beschichtungsstoffe – Korrosionsschutz von Stahlbauten durch Beschichtungssysteme – Teil 3: Grundregeln zur Gestaltung (ISO 12944-3 : 1998); Deutsche Fassung EN ISO 12944-3 : 1998	166

Dokument	Ausgabe	Titel	Seite
DIN EN ISO 12944-4	1998-07	Beschichtungsstoffe – Korrosionsschutz von Stahlbauten durch Beschichtungssysteme – Teil 4: Arten von Oberflächen und Oberflächenvorbereitung (ISO 12944-4 : 1998); Deutsche Fassung EN ISO 12944-4 : 1998	180
DIN EN ISO 12944-5	1998-07	Beschichtungsstoffe – Korrosionsschutz von Stahlbauten durch Beschichtungssysteme – Teil 5: Beschichtungssysteme (ISO 12944-5 : 1998); Deutsche Fassung EN ISO 12944-5 : 1998	210
DIN EN ISO 12944-6	1998-07	Beschichtungsstoffe – Korrosionsschutz von Stahlbauten durch Beschichtungssysteme – Teil 6: Laborprüfungen zur Bewertung von Beschichtungssystemen (ISO 12944-6 : 1998); Deutsche Fassung EN ISO 12944-6 : 1998	233
DIN EN ISO 12944-7	1998-07	Beschichtungsstoffe – Korrosionsschutz von Stahlbauten durch Beschichtungssysteme – Teil 7: Ausführung und Überwachung der Beschichtungsarbeiten (ISO 12944-7 : 1998); Deutsche Fassung EN ISO 12944-7 : 1998	252
DIN EN ISO 12944-8	1998-07	Beschichtungsstoffe – Korrosionsschutz von Stahlbauten durch Beschichtungssysteme – Teil 8: Erarbeiten von Spezifikationen für Erstschutz und Instandsetzung (ISO 12944-8 : 1998); Deutsche Fassung EN ISO 12944-8 : 1998	261

Verzeichnis nicht abgedruckter Normen und Norm-Entwürfe
(nach Sachgebieten geordnet)

Dokument	Ausgabe	Titel
		1 Technische Grundnormen (Auswahl)
DIN 1301-1	1993-12	Einheiten; Einheitennamen, Einheitenzeichen
DIN 1301-1 Bbl 1	1982-04	Einheiten; Einheitenähnliche Namen und Zeichen
DIN 1301-2	1978-02	Einheiten; Allgemein angewendete Teile und Vielfache
DIN 1301-3	1979-10	Einheiten; Umrechnungen für nicht mehr anzuwendende Einheiten
DIN 1302	1994-04	Allgemeine mathematische Zeichen und Begriffe
E DIN 1302	1998-06	Allgemeine mathematische Zeichen und Begriffe
DIN 1304-1	1994-03	Formelzeichen; Allgemeine Formelzeichen
DIN 1305	1988-01	Masse, Wägewert, Kraft, Gewichtskraft, Gewicht, Last; Begriffe
DIN 1314	1977-02	Druck; Grundbegriffe, Einheiten
DIN 1319-1	1995-01	Grundlagen der Meßtechnik – Teil 1: Grundbegriffe
DIN 1319-2	1980-01	Grundbegriffe der Meßtechnik; Begriffe für die Anwendung von Meßgeräten
E DIN 1319-2	1996-02	Grundlagen der Meßtechnik – Teil 2: Begriffe für die Anwendung von Meßgeräten
DIN 1319-3	1996-05	Grundlagen der Meßtechnik – Teil 3: Auswertung von Messungen einer einzelnen Meßgröße, Meßunsicherheit
DIN 1319-4	1999-02	Grundlagen der Meßtechnik – Teil 4: Auswertung von Messungen; Meßunsicherheit
DIN 1333	1992-02	Zahlenangaben
		2 Allgemeines, Begriffe, Kurzzeichen
DIN 1306	1984-06	Dichte; Begriffe, Angaben
DIN 2310-1	1987-11	Thermisches Schneiden; Allgemeine Begriffe und Benennungen
DIN 2310-6	1991-02	Thermisches Schneiden; Einteilung, Verfahren
DIN 4102-1	1998-05	Brandverhalten von Baustoffen und Bauteilen – Teil 1: Baustoffe; Begriffe, Anforderungen und Prüfungen
DIN 4102-1 Ber 1	1998-08	Berichtigung zu DIN 4102-1 : 1998-05
DIN 4102-2	1977-09	Brandverhalten von Baustoffen und Bauteilen; Bauteile; Begriffe, Anforderungen und Prüfungen
DIN 4102-3	1977-09	Brandverhalten von Baustoffen und Bauteilen; Brandwände und nichttragende Außenwände; Begriffe, Anforderungen und Prüfungen
DIN 4102-4	1994-03	Brandverhalten von Baustoffen und Bauteilen; Zusammenstellung und Anwendung klassifizierter Baustoffe, Bauteile und Sonderbauteile
DIN 4102-4 Ber 1	1995-05	Berichtigungen zu DIN 4102-4 : 1994-03
DIN 4102-4 Ber 2	1996-04	Berichtigungen zu DIN 4102-4 : 1994-03

Dokument	Ausgabe	Titel
DIN 4102-4 Ber 3	1998-09	Berichtigungen zu DIN 4102-4 : 1994-03
DIN 4102-5	1977-09	Brandverhalten von Baustoffen und Bauteilen; Feuerschutzabschlüsse, Abschlüsse in Fahrschachtwänden und gegen Feuer widerstandsfähige Verglasungen; Begriffe, Anforderungen und Prüfungen
DIN 4102-6	1977-09	Brandverhalten von Baustoffen und Bauteilen; Lüftungsleitungen, Begriffe, Anforderungen und Prüfungen
DIN 4102-7	1998-07	Brandverhalten von Baustoffen und Bauteilen – Teil 7: Bedachungen; Begriffe, Anforderungen und Prüfungen
DIN 4102-9	1990-05	Brandverhalten von Baustoffen und Bauteilen; Kabelabschottungen; Begriffe, Anforderungen und Prüfungen
DIN 4102-11	1985-12	Brandverhalten von Baustoffen und Bauteilen; Rohrummantelungen, Rohrabschottungen, Installationsschächte und -kanäle sowie Abschlüsse ihrer Revisionsöffnungen; Begriffe, Anforderungen und Prüfungen
DIN 4102-13	1990-05	Brandverhalten von Baustoffen und Bauteilen; Brandschutzverglasungen; Begriffe, Anforderungen und Prüfungen
DIN 4102-14	1990-05	Brandverhalten von Baustoffen und Bauteilen; Bodenbeläge und Bodenbeschichtungen; Bestimmung der Flammenausbreitung bei Beanspruchung mit einem Wärmestrahler
DIN 4102-17	1990-12	Brandverhalten von Baustoffen und Bauteilen; Schmelzpunkt von Mineralfaser-Dämmstoffen; Begriffe, Anforderungen, Prüfung
DIN 4108 Bbl 1	1982-04	Wärmeschutz im Hochbau; Inhaltsverzeichnisse, Stichwortverzeichnis
DIN 4108 Bbl 2	1998-08	Wärmeschutz und Energie-Einsparung in Gebäuden – Wärmebrücken – Planungs- und Ausführungsbeispiele
DIN 4108-1	1981-08	Wärmeschutz im Hochbau; Größen und Einheiten
DIN 4760	1982-06	Gestaltabweichungen; Begriffe, Ordnungssystem
DIN 4765	1974-03	Bestimmen des Flächentraganteils von Oberflächen; Begriffe
DIN 7723	1987-12	Kunststoffe; Weichmacher; Kennbuchstaben und Kurzzeichen
DIN 7728-1	1988-01	Kunststoffe; Kennbuchstaben und Kurzzeichen für Polymere und ihre besonderen Eigenschaften
DIN 8200	1982-10	Strahlverfahrenstechnik; Begriffe, Einordnung der Strahlverfahren
DIN 8522	1980-09	Fertigungsverfahren der Autogentechnik; Übersicht
DIN 8580	1974-06	Fertigungsverfahren; Einteilung
E DIN 8580	1985-07	Fertigungsverfahren; Begriffe, Einteilung
DIN 18195-1	1983-08	Bauwerksabdichtungen; Allgemeines; Begriffe
E DIN 18195-1	1998-09	Bauwerksabdichtungen – Teil 1: Grundsätze, Definitionen, Zuordnung der Abdichtungsarten

Dokument	Ausgabe	Titel
DIN 18299	1996-06	VOB Verdingungsordnung für Bauleistungen – Teil C: Allgemeine Technische Vertragsbedingungen für Bauleistungen (ATV); Allgemeine Regelungen für Bauarbeiten jeder Art
DIN 18550-1	1985-01	Putz; Begriffe und Anforderungen
DIN 18558	1985-01	Kunstharzputze; Begriffe, Anforderungen, Ausführung
DIN 31051	1985-01	Instandhaltung; Begriffe und Maßnahmen
DIN 50010-1	1977-10	Klimate und ihre technische Anwendung; Klimabegriffe; Allgemeine Klimabegriffe
DIN 50010-2	1981-08	Klimate und ihre technische Anwendung; Klimabegriffe; Physikalische Begriffe
DIN 50035-1	1989-03	Begriffe auf dem Gebiet der Alterung von Materialien; Grundbegriffe
DIN 50035-2	1989-04	Begriffe auf dem Gebiet der Alterung von Materialien; Polymere Werkstoffe
DIN 50060	1995-11	Prüfung des Brandverhaltens von Werkstoffen und Erzeugnissen – Begriffe
DIN 50903	1967-01	Metallische Überzüge; Poren, Einschlüsse, Blasen und Risse; Begriffe
DIN 52460	1991-05	Fugen- und Glasabdichtungen; Begriffe
E DIN 52460	1998-02	Fugen- und Glasabdichtungen – Begriffe
DIN V 55650	1998-05	Bindemittel für Lacke und ähnliche Beschichtungsstoffe – Begriffe
E DIN 55651	1997-11	Lösemittel für Beschichtungsstoffe – Kurzzeichen
DIN 55690	1988-01	Lacke, Anstrichstoffe und ähnliche Beschichtungsstoffe; Pulverlacke; Bilden von Benennungen
DIN 55943	1993-11	Farbmittel; Begriffe
E DIN 55943	1999-03	Farbmittel – Begriffe
DIN 55944	1990-04	Farbmittel; Einteilung nach koloristischen und chemischen Gesichtspunkten
DIN 55945 Bbl 1	1996-09	Lacke und Anstrichstoffe – Fachausdrücke und Definitionen für Beschichtungsstoffe – Weitere Begriffe zu den Normen der Reihe DIN EN 971; Hinweise auf Begriffe in anderen Normen
DIN 55946-1	1983-12	Bitumen und Steinkohlenteerpech; Begriffe für Bitumen und Zubereitungen aus Bitumen
DIN 55946-2	1983-12	Bitumen und Steinkohlenteerpech; Begriffe für Steinkohlenteerpech und Zubereitungen aus Steinkohlenteer-Spezialpech
DIN EN 657	1994-06	Thermisches Spritzen; Begriffe, Einteilung; Deutsche Fassung EN 657 : 1994
DIN EN 10020	1989-09	Begriffsbestimmungen für die Einteilung der Stähle; Deutsche Fassung EN 10020 : 1988

Dokument	Ausgabe	Titel
E DIN EN 10020	1997-08	Begriffsbestimmungen für die Einteilung der Stähle; Deutsche Fassung prEN 10020 : 1997
DIN EN 10079	1993-02	Begriffsbestimmungen für Stahlerzeugnisse; Deutsche Fassung EN 10079 : 1992
E DIN EN 12508	1997-01	Korrosionsschutz von Metallen – Oberflächenbehandlung, metallische und andere anorganische Überzüge, Galvanotechnik und verwandte Verfahren – Klassifizierung der Benennungen, Wörterverzeichnis der Benennungen und Definitionen; Deutsche Fassung prEN 12508 : 1996
E DIN EN 12597	1997-01	Mineralölerzeugnisse – Bitumen und bitumenhaltige Bindemittel – Terminologie; Deutsche Fassung prEN 12597 : 1996
E DIN EN 13143	1998-04	Metallische und andere anorganische Schichten – Definitionen und Festlegungen, die die Porigkeit betreffen; Deutsche Fassung prEN 13143 : 1998
DIN EN 26927	1991-05	Hochbau; Fugendichtstoffe; Begriffe (ISO 6927 : 1981); Deutsche Fassung EN 26927 : 1990
DIN EN ISO 2064	1995-01	Metallische und andere anorganische Schichten – Definitionen und Festlegungen, die die Messung der Schichtdicke betreffen (ISO 2064 : 1980); Deutsche Fassung EN ISO 2064 : 1994
DIN EN ISO 3882	1995-01	Metallische und andere anorganische Schichten – Übersicht von Verfahren der Schichtdickenmessung (ISO 3882 : 1986); Deutsche Fassung EN ISO 3882 : 1994
E DIN EN ISO 4618-4	1999-09	Lacke und Anstrichstoffe – Fachausdrücke und Definitionen für Beschichtungsstoffe – Teil 4: Fachausdrücke für Rohstoffe (ISO/DIS 4618-4 : 1999); Dreisprachige Fassung prEN ISO 4618-4 : 1999
E DIN EN ISO 8044	1996-01	Korrosion von Metallen und Legierungen – Begriffe und Definitionen; Deutsche Fassung prEN ISO 8044 : 1995
DIN EN ISO 8785	1999-10	Geometrische Produktspezifikation (GPS) – Oberflächenunvollkommenheiten – Begriffe, Definitionen und Kenngrößen (ISO 8785 : 1998); Deutsche Fassung EN ISO 8785 : 1999
E DIN EN ISO 16348	1998-07	Metallische und andere anorganische Schichten – Definitionen und Festlegungen, die das Aussehen betreffen (ISO/DIS 16348 : 1998); Deutsche Fassung prEN ISO 16348 : 1998

3 Korrosionsschutz von Stahl- und Aluminiumbauten sowie Bauteilen

Dokument	Ausgabe	Titel
DIN 267-10	1988-01	Mechanische Verbindungselemente; Technische Lieferbedingungen; Feuerverzinkte Teile
DIN 1056	1984-10	Freistehende Schornsteine in Massivbauart; Berechnung und Ausführung
DIN 1076	1999-11	Ingenieurbauwerke im Zuge von Straßen und Wegen – Überwachung und Prüfung

Dokument	Ausgabe	Titel
DIN 1988-1	1988-12	Technische Regeln für Trinkwasser-Installationen (TRWI); Allgemeines; Technische Regel des DVGW
DIN 1988-7	1988-12	Technische Regeln für Trinkwasser-Installationen (TRWI); Vermeidung von Korrosionsschäden und Steinbildung; Technische Regel des DVGW
DIN 2000	1973-11	Zentrale Trinkwasserversorgung; Leitsätze für Anforderungen an Trinkwasser, Planung, Bau und Betrieb der Anlagen
E DIN 2000	1999-10	Zentrale Trinkwasserversorgung – Leitsätze für Anforderungen an Trinkwasser, Planung, Bau, Betrieb und Instandhaltung der Anlagen – Technische Regel des DVGW
DIN 2874	1993-05	Flansch-Rohre aus Stahl und Flansch-Formstücke aus Stahl und Gußeisen mit Auskleidung aus PTFE oder PFA; Technische Lieferbedingungen
DIN 2875	1993-05	Flansch-Rohre und Flansch-Formstücke aus Stahl mit Auskleidung aus Hart- oder Weichgummi; Technische Lieferbedingungen
DIN 2876	1993-05	Flansch-Rohre aus Stahl und Flansch-Formstücke aus Stahl mit Emaillierung; Technische Lieferbedingungen
DIN 3476	1996-08	Armaturen und Formstücke für Roh- und Trinkwasser – Korrosionsschutz durch EP-Innenbeschichtung aus Pulverlacken (P) bzw. Flüssiglacken (F) – Anforderungen und Prüfungen
DIN 4026	1975-08	Rammpfähle; Herstellung, Bemessung und zulässige Belastung
DIN 4026 Bbl	1975-08	Rammpfähle; Herstellung, Bemessung und zulässige Belastung; Erläuterungen
DIN V 4026-500	1996-04	Verdrängungspfähle – Teil 500: Herstellung
DIN 4118	1981-06	Fördergerüste und Fördertürme für den Bergbau; Lastannahmen, Berechnungs- und Konstruktionsgrundlagen
DIN 4119-1	1979-06	Oberirdische zylindrische Flachboden-Tankbauwerke aus metallischen Werkstoffen; Grundlagen, Ausführung, Prüfungen
DIN 4125	1990-11	Verpreßanker; Kurzzeitanker und Daueranker; Bemessung, Ausführung und Prüfung
DIN 4131	1991-11	Antennentragwerke aus Stahl
DIN 4132	1981-02	Kranbahnen; Stahltragwerke; Grundsätze für Berechnung, bauliche Durchbildung und Ausführung
DIN 4132 Bbl 1	1981-02	Kranbahnen; Stahltragwerke; Grundsätze für Berechnung, bauliche Durchbildung und Ausführung; Erläuterungen
DIN 4133	1991-11	Schornsteine aus Stahl
DIN 4140	1996-11	Dämmarbeiten an betriebs- und haustechnischen Anlagen – Ausführung von Wärme- und Kältedämmungen
DIN 4141-1	1984-09	Lager im Bauwesen; Allgemeine Regelungen
DIN 4141-2	1984-09	Lager im Bauwesen; Lagerung für Ingenieurbauwerke im Zuge von Verkehrswegen (Brücken)
DIN 4141-3	1984-09	Lager im Bauwesen; Lagerung für Hochbauten

Dokument	Ausgabe	Titel
E DIN 4141-12	1994-11	Lager im Bauwesen – Gleitlager
DIN V 4141-13	1994-10	Lager im Bauwesen – Festhaltekonstruktionen und Horizontalkraftlager – Bauliche Durchbildung und Bemessung
DIN 4141-14	1985-09	Lager im Bauwesen; Bewehrte Elastomerlager; Bauliche Durchbildung und Bemessung
DIN 4141-15	1991-01	Lager im Bauwesen; Unbewehrte Elastomerlager; Bauliche Durchbildung und Bemessung
DIN 4141-140	1991-01	Lager im Bauwesen; Bewehrte Elastomerlager; Baustoffe, Anforderungen, Prüfungen und Überwachung
DIN 4141-150	1991-01	Lager im Bauwesen; Unbewehrte Elastomerlager; Baustoffe, Anforderungen, Prüfungen und Überwachung
DIN 4427	1990-09	Stahlrohr für Trag- und Arbeitsgerüste; Anforderungen, Prüfungen; Deutsche Fassung HD 1039 : 1990
DIN 4681-1	1988-01	Ortsfeste Druckbehälter aus Stahl für Flüssiggas für erdgedeckte Aufstellung; Maße, Ausrüstung
DIN 4681-3	1986-05	Ortsfeste Druckbehälter aus Stahl für Flüssiggas, für erdgedeckte Aufstellung; Außenbeschichtung als Korrosionsschutz mit besonderer Wirksamkeit gegen chemische und mechanische Angriffe
DIN 4753-1	1988-03	Wassererwärmer und Wassererwärmungsanlagen für Trink- und Betriebswasser; Anforderungen, Kennzeichnung, Ausrüstung und Prüfung
DIN 4753-3	1993-07	Wassererwärmer und Wassererwärmungsanlagen für Trink- und Betriebswasser; Wasserseitiger Korrosionsschutz durch Emaillierung; Anforderungen und Prüfung
DIN 4753-4	1994-10	Wassererwärmer und Wassererwärmungsanlagen für Trink- und Betriebswasser – Teil 4: Wasserseitiger Korrosionsschutz durch Beschichtungen aus warmhärtenden, duroplastischen Beschichtungsstoffen; Anforderungen und Prüfung
DIN 4753-5	1994-10	Wassererwärmer und Wassererwärmungsanlagen für Trink- und Betriebswasser – Teil 5: Wasserseitiger Korrosionsschutz durch Auskleidungen mit Folien aus natürlichem oder synthetischem Kautschuk; Anforderungen und Prüfung
DIN 4753-6	1986-02	Wassererwärmungsanlagen für Trink- und Betriebswasser; Kathodischer Korrosionsschutz für emaillierte Stahlbehälter; Anforderungen und Prüfung
DIN 4753-9	1990-09	Wassererwärmer und Wassererwärmungsanlagen für Trink- und Betriebswasser; Wasserseitiger Korrosionsschutz durch thermoplastische Beschichtungsstoffe; Anforderungen und Prüfung
DIN 4753-10	1989-05	Wassererwärmer und Wassererwärmungsanlagen für Trink- und Betriebswasser; Kathodischer Korrosionsschutz für nicht beschichtete Stahlbehälter; Anforderungen und Prüfung
DIN 6607	1991-01	Korrosionsschutzbeschichtungen unterirdischer Lagerbehälter (Tanks); Anforderungen, Prüfung

Dokument	Ausgabe	Titel
DIN 6620-1	1981-10	Batteriebehälter (Tanks) aus Stahl, für oberirdische Lagerung brennbarer Flüssigkeiten der Gefahrklasse A III; Behälter
DIN 6620-2	1981-10	Batteriebehälter (Tanks) aus Stahl, für oberirdische Lagerung brennbarer Flüssigkeiten der Gefahrklasse A III; Verbindungsrohrleitungen
DIN 6622-1	1981-10	Haushaltsbehälter (Tanks) aus Stahl; 620 Liter Volumen für oberirdische Lagerung von Heizöl
DIN 6622-3	1981-10	Haushaltsbehälter (Tanks) aus Stahl, für oberirdische Lagerung von Heizöl; Auffangwannen
DIN V 11535-1	1998-02	Gewächshäuser – Teil 1: Ausführung und Berechnung
DIN 11622-1	1994-07	Gärfuttersilos und Güllebehälter; Teil 1: Bemessung, Ausführung, Beschaffenheit; Allgemeine Anforderungen
DIN 11622-2	1994-07	Gärfuttersilos und Güllebehälter; Teil 2: Bemessung, Ausführung, Beschaffenheit; Gärfuttersilos und Güllebehälter aus Stahlbeton, Stahlbetonfertigteilen, Betonformsteinen und Betonschalungssteinen
DIN 11622-4	1994-07	Gärfuttersilos und Güllebehälter; Teil 4: Bemessung, Ausführung, Beschaffenheit; Gärfutterhochsilos und Güllehochbehälter aus Stahl
DIN 15018-2	1984-11	Krane; Stahltragwerke; Grundsätze für die bauliche Durchbildung und Ausführung
DIN 18082-3	1984-01	Feuerschutzabschlüsse; Stahltüren T 30-1; Bauart B
DIN 18111-1	1985-01	Türzargen; Stahlzargen; Standardzargen für gefälzte Türen
DIN 18160-1	1987-02	Hausschornsteine; Anforderungen, Planung und Ausführung
E DIN 18160-1	1998-07	Abgasanlagen – Teil 1: Planung und Ausführung
DIN 18168-1	1981-10	Leichte Deckenbekleidungen und Unterdecken; Anforderungen für die Ausführung
DIN 18335	1996-06	VOB Verdingungsordnung für Bauleistungen – Teil C: Allgemeine Technische Vertragsbedingungen für Bauleistungen (ATV); Stahlbauarbeiten
DIN 18360	1998-05	VOB Verdingungsordnung für Bauleistungen – Teil C: Allgemeine Technische Vertragsbedingungen für Bauleistungen (ATV) – Metallbauarbeiten
DIN 18364	1996-06	VOB Verdingungsordnung für Bauleistungen – Teil C: Allgemeine Technische Vertragsbedingungen für Bauleistungen (ATV); Korrosionsschutzarbeiten an Stahl- und Aluminiumbauten
DIN 18516-1	1990-01	Außenwandbekleidungen, hinterlüftet; Anforderungen, Prüfgrundsätze
E DIN 18516-1	1998-10	Außenwandbekleidungen, hinterlüftet – Teil 1: Anforderungen, Prüfgrundsätze
DIN 18800-7	1983-05	Stahlbauten; Herstellen, Eignungsnachweise zum Schweißen

Dokument	Ausgabe	Titel
DIN 18807-9	1998-06	Trapezprofile im Hochbau – Teil 9: Aluminium-Trapezprofile und ihre Verbindungen; Anwendung und Konstruktion
DIN 18808	1984-10	Stahlbauten; Tragwerke aus Hohlprofilen unter vorwiegend ruhender Beanspruchung
DIN 18914	1985-09	Dünnwandige Rundsilos aus Stahl
DIN 19630	1982-08	Richtlinien für den Bau von Wasserrohrleitungen; Technische Regel des DVGW
DIN 19643-1	1997-04	Aufbereitung von Schwimm- und Badebeckenwasser – Teil 1: Allgemeine Anforderungen
DIN 19643-2	1997-04	Aufbereitung von Schwimm- und Badebeckenwasser – Teil 2: Verfahrenskombination: Adsorption, Flockung, Filtration, Chlorung
DIN 19643-3	1997-04	Aufbereitung von Schwimm- und Badebeckenwasser – Teil 3: Verfahrenskombination: Flockung, Filtration, Ozonung, Sorptionsfiltration, Chlorung
DIN 19643-4	1999-02	Aufbereitung von Schwimm- und Badebeckenwasser – Teil 4: Verfahrenskombination: Flockung, Ozonung, Mehrschichtfiltration, Chlorung
E DIN 19643-5	1999-04	Aufbereitung von Schwimm- und Badebeckenwasser – Teil 5: Verfahrenskombination: Flockung, Filtration, Adsorption an Aktivkornkohle, Chlorung
DIN 19651	1988-11	Schnellkupplungsrohre; Technische Lieferbedingungen
DIN 24975	1996-11	Dienstleistungsautomaten – Fahrausweisautomaten – Allgemeine Anforderungen an die Gebrauchstauglichkeit
DIN 25410	1987-10	Kerntechnische Anlagen; Oberflächensauberkeit von Bauteilen
E DIN 25410	1996-04	Kerntechnische Anlagen – Oberflächensauberkeit von Bauteilen
DIN 28051	1997-07	Chemischer Apparatebau – Beschichtungen und Auskleidungen aus organischen Werkstoffen für Bauteile aus metallischem Werkstoff – Konstruktive Gestaltung der metallischen Bauteile
DIN 28052-1	1992-02	Chemischer Apparatebau; Oberflächenschutz mit nichtmetallischen Werkstoffen für Bauteile aus Beton in verfahrenstechnischen Anlagen; Begriffe, Auswahlkriterien
E DIN 28052-1	1999-08	Chemischer Apparatebau – Oberflächenschutz mit nichtmetallischen Werkstoffen für Bauteile aus Beton in verfahrenstechnischen Anlagen – Teil 1: Begriffe, Auswahlkriterien
DIN 28052-2	1993-08	Chemischer Apparatebau; Oberflächenschutz mit nichtmetallischen Werkstoffen für Bauteile aus Beton in verfahrenstechnischen Anlagen; Anforderungen an den Untergrund
DIN 28052-3	1994-12	Chemischer Apparatebau – Oberflächenschutz mit nichtmetallischen Werkstoffen für Bauteile aus Beton in verfahrenstechnischen Anlagen – Teil 3: Beschichtungen mit organischen Bindemitteln

Dokument	Ausgabe	Titel
DIN 28052-4	1995-12	Chemischer Apparatebau – Oberflächenschutz mit nichtmetallischen Werkstoffen für Bauteile aus Beton in verfahrenstechnischen Anlagen – Teil 4: Auskleidungen
DIN 28052-5	1997-04	Chemischer Apparatebau – Oberflächenschutz mit nichtmetallischen Werkstoffen für Bauteile aus Beton in verfahrenstechnischen Anlagen – Teil 5: Kombinierte Beläge
E DIN 28052-6	1999-05	Chemischer Apparatebau – Oberflächenschutz mit nichtmetallischen Werkstoffen für Bauteile aus Beton in verfahrenstechnischen Anlagen – Teil 6: Eignungsnachweis und Prüfungen
DIN 28053	1997-04	Chemischer Apparatebau – Beschichtungen und Auskleidungen aus organischen Werkstoffen für Bauteile aus metallischem Werkstoff – Anforderungen an Metalloberflächen
DIN 28054	1990-04	Chemischer Apparatebau; Beschichtungen mit organischen Werkstoffen für Bauteile aus metallischem Werkstoff; Anforderungen, Prüfung
E DIN 28054-1	1998-11	Chemischer Apparatebau – Beschichtungen mit organischen Werkstoffen für Bauteile aus metallischem Werkstoff – Teil 1: Anforderungen und Prüfungen
DIN 28054-2	1992-01	Chemischer Apparatebau; Beschichtungen mit organischen Werkstoffen für Bauteile aus metallischem Werkstoff; Laminatbeschichtungen
DIN 28054-3	1994-06	Chemischer Apparatebau; Beschichtungen mit organischen Werkstoffen für Bauteile aus metallischem Werkstoff; Spachtelbeschichtungen
DIN 28054-4	1995-10	Chemischer Apparatebau – Beschichtungen mit organischen Werkstoffen für Bauteile aus metallischem Werkstoff – Teil 4: Spritzbeschichtungen
DIN 28054-5	1996-12	Chemischer Apparatebau – Beschichtungen mit organischen Werkstoffen für Bauteile aus metallischem Werkstoff – Teil 5: Pulverbeschichtungen
DIN 28055-1	1990-09	Chemischer Apparatebau; Auskleidung aus organischen Werkstoffen für Bauteile aus metallischem Werkstoff; Anforderungen
DIN 28055-2	1991-02	Chemischer Apparatebau; Auskleidungen aus organischen Werkstoffen für Bauteile aus metallischem Werkstoff; Prüfungen
DIN 30670	1991-04	Umhüllung von Stahlrohren und -formstücken mit Polyethylen
DIN 30671	1992-06	Umhüllung (Außenbeschichtung) von erdverlegten Stahlrohren mit Duroplasten
E DIN 30672	1999-07	Organische Umhüllungen für den Korrosionsschutz von in Böden und Wässern verlegten Rohrleitungen für Dauerbetriebstemperaturen bis 50 °C ohne kathodischen Korrosionsschutz – Bänder und schrumpfende Materialien

Dokument	Ausgabe	Titel
DIN 30672-1	1991-09	Umhüllungen aus Korrosionsschutzbinden und wärmeschrumpfendem Material für Rohrleitungen für Dauerbetriebstemperaturen bis 50 °C
DIN 30673	1986-12	Umhüllung und Auskleidung von Stahlrohren, -formstücken und -behältern mit Bitumen
DIN 30674-1	1982-09	Umhüllung von Rohren aus duktilem Gußeisen; Polyethylen-Umhüllung
DIN 30674-2	1992-10	Umhüllung von Rohren aus duktilem Gußeisen; Zementmörtel-Umhüllung
DIN 30674-3	1982-09	Umhüllung von Rohren aus duktilem Gußeisen; Zink-Überzug mit Deckbeschichtung
DIN 30674-4	1983-05	Umhüllung von Rohren aus duktilem Gußeisen; Beschichtung mit Bitumen
DIN 30674-5	1985-03	Umhüllung von Rohren aus duktilem Gußeisen; Polyethylen-Folienumhüllung
DIN 30675-1	1992-09	Äußerer Korrosionsschutz von erdverlegten Rohrleitungen; Schutzmaßnahmen und Einsatzbereiche bei Rohrleitungen aus Stahl
DIN 30675-2	1993-04	Äußerer Korrosionsschutz von erdverlegten Rohrleitungen; Schutzmaßnahmen und Einsatzbereiche bei Rohrleitungen aus duktilem Gußeisen
DIN 30676	1985-10	Planung und Anwendung des kathodischen Korrosionsschutzes für den Außenschutz
DIN 30677-1	1991-02	Äußerer Korrosionsschutz von erdverlegten Armaturen; Umhüllung (Außenbeschichtung) für normale Anforderungen
DIN 30677-2	1988-09	Äußerer Korrosionsschutz von erdverlegten Armaturen; Umhüllung aus Duroplasten (Außenbeschichtung) für erhöhte Anforderungen
DIN 30678	1992-10	Umhüllung von Stahlrohren mit Polypropylen
DIN 32539	1998-07	Flammstrahlen von Stahl- und Betonoberflächen
DIN 32617	1995-10	Hausbriefkästen – Anforderungen, Aufstellung und Prüfung
DIN 42559	1983-05	Transformatoren; Radiatoren für Öltransformatoren
DIN 50927	1985-08	Planung und Anwendung des elektrochemischen Korrosionsschutzes für die Innenflächen von Apparaten, Behältern und Rohren (Innenschutz)
DIN 50929-1	1985-09	Korrosion der Metalle; Korrosionswahrscheinlichkeit metallischer Werkstoffe bei äußerer Korrosionsbelastung; Allgemeines
DIN 50929-2	1985-09	Korrosion der Metalle; Korrosionswahrscheinlichkeit metallischer Werkstoffe bei äußerer Korrosionsbelastung; Installationsteile innerhalb von Gebäuden
DIN 50929-3	1985-09	Korrosion der Metalle; Korrosionswahrscheinlichkeit metallischer Werkstoffe bei äußerer Korrosionsbelastung; Rohrleitungen und Bauteile in Böden und Wässern

Dokument	Ausgabe	Titel
DIN 50939	1996-09	Korrosionsschutz – Chromatieren von Aluminium – Verfahrensgrundsätze und Prüfverfahren
DIN 50942	1996-09	Phosphatieren von Metallen – Verfahrensgrundsätze, Prüfverfahren
DIN 81249-1	1997-11	Korrosion von Metallen in Seewasser und Seeatmosphäre – Teil 1: Begriffe, Grundlagen
DIN 81249-2	1997-11	Korrosion von Metallen in Seewasser und Seeatmosphäre – Teil 2: Freie Korrosion in Seewasser
DIN 81249-3	1997-11	Korrosion von Metallen in Seewasser und Seeatmosphäre – Teil 3: Kontaktkorrosion in Seewasser
DIN 81249-4	1997-11	Korrosion von Metallen in Seewasser und Seeatmosphäre – Teil 4: Korrosion in Seeatmosphäre
E DIN EN 39	1997-02	Stahlrohre für die Verwendung in Trag- und Arbeitsgerüsten – Technische Lieferbedingungen; Deutsche Fassung prEN 39 : 1996
DIN EN 40-4	1984-01	Lichtmaste; Oberflächenschutz für Lichtmaste aus Metall
E DIN EN 40-4	1995-09	Lichtmaste – Teil 4: Regeln für Maste aus Beton
E DIN EN 40-5	1995-09	Lichtmaste – Teil 5: Regeln für Maste aus Stahl
DIN EN 40-6	1984-01	Lichtmaste; Belastungsannahmen
E DIN EN 40-6	1995-09	Lichtmaste – Teil 6: Regeln für Maste aus Aluminium
DIN V ENV 1090-1	1998-07	Ausführung von Tragwerken aus Stahl – Teil 1: Allgemeine Regeln und Regeln für Hochbauten; Deutsche Fassung ENV 1090-1 : 1996
DIN EN 1123-1	1999-03	Rohre und Formstücke aus längsnahtgeschweißtem feuerverzinktem Stahlrohr mit Steckmuffe für Abwasserleitungen – Teil 1: Anforderungen, Prüfungen, Güteüberwachung; Deutsche Fassung EN 1123-1 : 1999
DIN EN 1337-9	1998-04	Lager im Bauwesen – Teil 9: Schutz; Deutsche Fassung EN 1337-9 : 1997
DIN EN 1337-11	1998-04	Lager im Bauwesen – Teil 11: Transport, Zwischenlagerung und Einbau; Deutsche Fassung EN 1337-11 : 1997
DIN EN 10238	1996-11	Automatisch gestrahlte und automatisch fertigungsbeschichtete Erzeugnisse aus Baustählen; Deutsche Fassung EN 10238 : 1996
DIN EN 10240	1998-02	Innere und/oder äußere Schutzüberzüge für Stahlrohre – Festlegungen für durch Schmelztauchverzinken in automatisierten Anlagen hergestellte Überzüge; Deutsche Fassung EN 10240 : 1997
E DIN EN 10285	1996-10	Stahlrohre und -formstücke für erd- und wasserverlegte Rohrleitungen – Im Dreischicht-Verfahren extrudierte Polyethylenbeschichtungen; Deutsche Fassung prEN 10285 : 1996
E DIN EN 10286	1996-10	Stahlrohre und -formstücke für erd- und wasserverlegte Rohrleitungen – Im Dreischicht-Verfahren extrudierte Polypropylenbeschichtungen; Deutsche Fassung prEN 10286 : 1996

Dokument	Ausgabe	Titel
E DIN EN 10287	1996-10	Stahlrohre und -formstücke für erd- und wasserverlegte Rohrleitungen – Aufgeschmolzene Polyethylenbeschichtungen; Deutsche Fassung prEN 10287 : 1996
E DIN EN 10288	1996-11	Stahlrohre und -formstücke für erd- und wasserverlegte Rohrleitungen – Im Zweischicht-Verfahren extrudierte Polyethylenbeschichtungen; Deutsche Fassung prEN 10288 : 1996
E DIN EN 10289	1997-03	Stahlrohre und -formstücke für On- und Offshore-verlegte Rohrleitungen – Umhüllung (Außenbeschichtung) mit Epoxi- und epoximodifizierten Materialien; Deutsche Fassung prEN 10289 : 1996
E DIN EN 10290	1997-03	Stahlrohre und -formstücke für On- und Offshore-verlegte Rohrleitungen – Umhüllung (Außenbeschichtung) mit Polyurethan und polyurethan-modifizierten Materialien; Deutsche Fassung prEN 10290 : 1996
E DIN EN 10309	1999-06	Stahlrohre und -formstücke für erd- und wasserverlegte Rohrleitungen – Außenbeschichtung mit Epoxidpulver; Deutsche Fassung prEN 10309 : 1999
E DIN EN 10310	1999-06	Stahlrohre und -formstücke für erd- und wasserverlegte Rohrleitungen – Innen- und Außenbeschichtungen auf Epoxidharz- und Polyamidbasis im Zweischichtverfahren; Deutsche Fassung prEN 10310 : 1999
DIN EN 12068	1999-03	Kathodischer Korrosionsschutz – Organische Umhüllungen für den Korrosionsschutz von in Böden und Wässern verlegten Stahlrohrleitungen im Zusammenwirken mit kathodischem Korrosionsschutz – Bänder und schrumpfende Materialien; Deutsche Fassung EN 12068 : 1998
E DIN EN 12473	1997-01	Allgemeine Grundsätze des kathodischen Korrosionsschutzes in Meerwasser; Deutsche Fassung prEN 12473 : 1996
E DIN EN 12474	1997-01	Kathodischer Korrosionsschutz für unterseeische Rohrleitungen; Deutsche Fassung prEN 12474 : 1996
E DIN EN 12476	1997-01	Phosphatierüberzüge auf Metallen – Verfahren für die Spezifizierung von Anforderungen; Deutsche Fassung prEN 12476 : 1996
E DIN EN 12487	1997-01	Korrosionsschutz von Metallen – Gespülte und nicht gespülte Chromatierüberzüge auf Aluminium und Aluminiumlegierungen; Deutsche Fassung prEN 12487 : 1996
E DIN EN 12495	1997-01	Kathodischer Korrosionsschutz von ortsfesten Offshore-Anlagen aus Stahl; Deutsche Fassung prEN 12495 : 1996
E DIN EN 12496	1997-01	Galvanische Anoden für den kathodischen Korrosionsschutz in Meerwasser; Deutsche Fassung prEN 12496 : 1996
E DIN EN 12499	1996-12	Kathodischer Korrosionsschutz für die Innenflächen metallischer Schutzobjekte – Grundlagen; Deutsche Fassung prEN 12499 : 1996

Dokument	Ausgabe	Titel
E DIN EN 12500	1997-01	Korrosionsschutz metallischer Werkstoffe – Korrosionswahrscheinlichkeit in einer atmosphärischen Umgebung – Einteilung, Bestimmung und Abschätzung der Korrosivität der atmosphärischen Umgebung; Deutsche Fassung prEN 12500 : 1996
E DIN EN 12502-1	1997-01	Korrosionsschutz metallischer Werkstoffe – Korrosionswahrscheinlichkeit in Wasserleitungssystemen – Teil 1: Allgemeines; Deutsche Fassung prEN 12502-1 : 1996
E DIN EN 12696-1	1997-03	Kathodischer Korrosionsschutz von Stahl in Beton – Stahlbetonkonstruktionen an der Atmosphäre; Deutsche Fassung prEN 12696-1 : 1996
E DIN EN 12837	1997-07	Beschichtungsstoffe – Qualifikation von Beschichtungsinspektoren für den Korrosionsschutz von Stahlbauten durch Beschichtungssysteme; Deutsche Fassung prEN 12837 : 1997
E DIN EN 12954	1997-10	Kathodischer Korrosionsschutz von metallenen Anlagen in Böden und Wässern – Grundlagen; Deutsche Fassung prEN 12954 : 1997
E DIN EN 13438	1999-03	Pulverbeschichtungen für feuerverzinkte Stahlerzeugnisse für Bauzwecke; Deutsche Fassung prEN 13438 : 1998
DIN EN 22063	1994-08	Metallische und andere anorganische Schichten – Thermisches Spritzen – Zink, Aluminium und ihre Legierungen (ISO 2063 : 1991); Deutsche Fassung EN 22063 : 1993
DIN EN ISO 11960	1998-04	Erdöl- und Erdgasindustrien – Stahlrohre zur Verwendung als Futter- oder Steigrohre für Bohrungen (ISO 11960 : 1996); Deutsche Fassung EN ISO 11960 : 1998
DIN EN ISO 12944-1	1998-07	Beschichtungsstoffe – Korrosionsschutz von Stahlbauten durch Beschichtungssysteme – Teil 1: Allgemeine Einleitung (ISO 12944-1 : 1998); Deutsche Fassung EN ISO 12944-1 : 1998
DIN EN ISO 12944-2	1998-07	Beschichtungsstoffe – Korrosionsschutz von Stahlbauten durch Beschichtungssysteme – Teil 2: Einteilung der Umgebungsbedingungen (ISO 12944-2 : 1998); Deutsche Fassung EN ISO 12944-2 : 1998
DIN EN ISO 12944-3	1998-07	Beschichtungsstoffe – Korrosionsschutz von Stahlbauten durch Beschichtungssysteme – Teil 3: Grundregeln zur Gestaltung (ISO 12944-3 : 1998); Deutsche Fassung EN ISO 12944-3 : 1998
DIN EN ISO 12944-4	1998-07	Beschichtungsstoffe – Korrosionsschutz von Stahlbauten durch Beschichtungssysteme – Teil 4: Arten von Oberflächen und Oberflächenvorbereitung (ISO 12944-4 : 1998); Deutsche Fassung EN ISO 12944-4 : 1998
DIN EN ISO 12944-5	1998-07	Beschichtungsstoffe – Korrosionsschutz von Stahlbauten durch Beschichtungssysteme – Teil 5: Beschichtungssysteme (ISO 12944-5 : 1998); Deutsche Fassung EN ISO 12944-5 : 1998

Dokument	Ausgabe	Titel
DIN EN ISO 12944-6	1998-07	Beschichtungsstoffe – Korrosionsschutz von Stahlbauten durch Beschichtungssysteme – Teil 6: Laborprüfungen zur Bewertung von Beschichtungssystemen (ISO 12944-6 : 1998); Deutsche Fassung EN ISO 12944-6 : 1998
DIN EN ISO 12944-7	1998-07	Beschichtungsstoffe – Korrosionsschutz von Stahlbauten durch Beschichtungssysteme – Teil 7: Ausführung und Überwachung der Beschichtungsarbeiten (ISO 12944-7 : 1998); Deutsche Fassung EN ISO 12944-7 : 1998
DIN EN ISO 12944-8	1998-07	Beschichtungsstoffe – Korrosionsschutz von Stahlbauten durch Beschichtungssysteme – Teil 8: Erarbeiten von Spezifikationen für Erstschutz und Instandsetzung (ISO 12944-8 : 1998); Deutsche Fassung EN ISO 12944-8 : 1998
E DIN ISO 8504-1	1995-02	Vorbereitung von Stahloberflächen vor dem Auftragen von Beschichtungsstoffen – Verfahren für die Oberflächenvorbereitung – Teil 1: Allgemeine Grundsätze (ISO 8504-1 : 1992)
E DIN ISO 8504-2	1995-02	Vorbereitung von Stahloberflächen vor dem Auftragen von Beschichtungsstoffen – Verfahren für die Oberflächenvorbereitung – Teil 2: Strahlen (ISO 8504-2 : 1992)
E DIN ISO 8504-3	1995-02	Vorbereitung von Stahloberflächen vor dem Auftragen von Beschichtungsstoffen – Verfahren für die Oberflächenvorbereitung – Teil 3: Reinigen mit Handwerkzeugen und mit maschinell angetriebenen Werkzeugen (ISO 8504-3 : 1993)
DIN VDE 0150 (DIN 57150/ VDE 0150)	1983-04	Schutz gegen Korrosion durch Streuströme aus Gleichstromanlagen (VDE-Bestimmung)
E DIN VDE 0150/A1	1990-01	Schutz gegen Korrosion durch Streuströme aus Gleichstromanlagen

4 Strahlmittel, Strahlverfahren

Dokument	Ausgabe	Titel
DIN 8200	1982-10	Strahlverfahrenstechnik; Begriffe, Einordnung der Strahlverfahren
DIN 8201-4	1985-07	Feste Strahlmittel; Stahldrahtkorn
DIN 8201-5	1985-07	Feste Strahlmittel, natürlich, mineralisch; Quarzsand
DIN 8201-7	1985-07	Feste Strahlmittel, synthetisch, mineralisch; Glasperlen
DIN 50312	1977-10	Prüfung von Strahlmitteln; Prüfkabine für das Druckluftstrahlen
DIN 50315	1988-10	Prüfung metallischer Strahlmittel durch Schleuderstrahlen; Verschleißprüfung, Wirkungsprüfung
DIN 65468	1991-08	Luft- und Raumfahrt; Strahlen abtragend, reinigend; Kenn-Nummer 0215
E DIN EN 1248	1994-03	Gießereimaschinen; Sicherheitsanforderungen für Strahlanlagen; Deutsche Fassung prEN 1248 : 1993

Dokument	Ausgabe	Titel
DIN EN ISO 11124-1	1997-06	Vorbereitung von Stahloberflächen vor dem Auftragen von Beschichtungsstoffen – Anforderungen an metallische Strahlmittel – Teil 1: Allgemeine Einleitung und Einteilung (ISO 11124-1 : 1993); Deutsche Fassung EN ISO 11124-1 : 1997
DIN EN ISO 11124-2	1997-10	Vorbereitung von Stahloberflächen vor dem Auftragen von Beschichtungsstoffen – Anforderungen an metallische Strahlmittel – Teil 2: Hartguß, kantig (Grit) (ISO 11124-2 : 1993); Deutsche Fassung EN ISO 11124-2 : 1997
DIN EN ISO 11124-3	1997-10	Vorbereitung von Stahloberflächen vor dem Auftragen von Beschichtungsstoffen – Anforderungen an metallische Strahlmittel – Teil 3: Stahlguß mit hohem Kohlenstoffgehalt, kugelig und kantig (Shot und Grit) (ISO 11124-3 : 1993); Deutsche Fassung EN ISO 11124-3 : 1997
DIN EN ISO 11124-4	1997-10	Vorbereitung von Stahloberflächen vor dem Auftragen von Beschichtungsstoffen – Anforderungen an metallische Strahlmittel – Teil 4: Stahlguß mit niedrigem Kohlenstoffgehalt, kugelig (Shot) (ISO 11124-4 : 1993); Deutsche Fassung EN ISO 11124-4 : 1997
DIN EN ISO 11125-1	1997-11	Vorbereitung von Stahloberflächen vor dem Auftragen von Beschichtungsstoffen – Prüfverfahren für metallische Strahlmittel – Teil 1: Probenahme (ISO 11125-1 : 1993); Deutsche Fassung EN ISO 11125-1 : 1997
DIN EN ISO 11125-2	1997-11	Vorbereitung von Stahloberflächen vor dem Auftragen von Beschichtungsstoffen – Prüfverfahren für metallische Strahlmittel – Teil 2: Bestimmung der Korngrößenverteilung (ISO 11125-2 : 1993); Deutsche Fassung EN ISO 11125-2 : 1997
DIN EN ISO 11125-3	1997-11	Vorbereitung von Stahloberflächen vor dem Auftragen von Beschichtungsstoffen – Prüfverfahren für metallische Strahlmittel – Teil 3: Bestimmung der Härte (ISO 11125-3 : 1993); Deutsche Fassung EN ISO 11125-3 : 1997
DIN EN ISO 11125-4	1997-11	Vorbereitung von Stahloberflächen vor dem Auftragen von Beschichtungsstoffen – Prüfverfahren für metallische Strahlmittel – Teil 4: Bestimmung der scheinbaren Dichte (ISO 11125-4 : 1993); Deutsche Fassung EN ISO 11125-4 : 1997
DIN EN ISO 11125-5	1997-11	Vorbereitung von Stahloberflächen vor dem Auftragen von Beschichtungsstoffen – Prüfverfahren für metallische Strahlmittel – Teil 5: Bestimmung des Anteils an defekten Körnern und des Gefüges (ISO 11125-5 : 1993); Deutsche Fassung EN ISO 11125-5 : 1997

Dokument	Ausgabe	Titel
DIN EN ISO 11125-6	1997-11	Vorbereitung von Stahloberflächen vor dem Auftragen von Beschichtungsstoffen – Prüfverfahren für metallische Strahlmittel – Teil 6: Bestimmung der Fremdbestandteile (ISO 11125-6 : 1993); Deutsche Fassung EN ISO 11125-6 : 1997
DIN EN ISO 11125-7	1997-11	Vorbereitung von Stahloberflächen vor dem Auftragen von Beschichtungsstoffen – Prüfverfahren für metallische Strahlmittel – Teil 7: Bestimmung der Feuchte (ISO 11125-7 : 1993); Deutsche Fassung EN ISO 11125-7 : 1997
DIN EN ISO 11126-1	1997-06	Vorbereitung von Stahloberflächen vor dem Auftragen von Beschichtungsstoffen – Anforderungen an nichtmetallische Strahlmittel – Teil 1: Allgemeine Einleitung und Einteilung (ISO 11126-1 : 1993, einschließlich Technische Korrekturen 1 : 1997 und 2 : 1997); Deutsche Fassung EN ISO 11126-1 : 1997
DIN EN ISO 11126-3	1997-10	Vorbereitung von Stahloberflächen vor dem Auftragen von Beschichtungsstoffen – Anforderungen an nichtmetallische Strahlmittel – Teil 3: Strahlmittel aus Kupferhüttenschlacke (ISO 11126-3 : 1993); Deutsche Fassung EN ISO 11126-3 : 1997
DIN EN ISO 11126-4	1998-04	Vorbereitung von Stahloberflächen vor dem Auftragen von Beschichtungsstoffen – Anforderungen an nichtmetallische Strahlmittel – Teil 4: Strahlmittel aus Schmelzkammerschlacke (ISO 11126-4 : 1993); Deutsche Fassung EN ISO 11126-4 : 1998
DIN EN ISO 11126-5	1998-04	Vorbereitung von Stahloberflächen vor dem Auftragen von Beschichtungsstoffen – Anforderungen an nichtmetallische Strahlmittel – Teil 5: Strahlmittel aus Nickelhüttenschlacke (ISO 11126-5 : 1993); Deutsche Fassung EN ISO 11126-5 : 1998
DIN EN ISO 11126-6	1997-11	Vorbereitung von Stahloberflächen vor dem Auftragen von Beschichtungsstoffen – Anforderungen an nichtmetallische Strahlmittel – Teil 6: Strahlmittel aus Hochofenschlacke (ISO 11126-6 : 1993); Deutsche Fassung EN ISO 11126-6 : 1997
DIN EN ISO 11126-7	1999-10	Vorbereitung von Stahloberflächen vor dem Auftragen von Beschichtungsstoffen – Anforderungen an nichtmetallische Strahlmittel – Teil 7: Elektrokorund (ISO 11126-7 : 1995); Deutsche Fassung EN ISO 11126-7 : 1999
DIN EN ISO 11126-8	1997-11	Vorbereitung von Stahloberflächen vor dem Auftragen von Beschichtungsstoffen – Anforderungen an nichtmetallische Strahlmittel – Teil 8: Olivinsand (ISO 11126-8 : 1993); Deutsche Fassung EN ISO 11126-8 : 1997
DIN EN ISO 11127-1	1997-11	Vorbereitung von Stahloberflächen vor dem Auftragen von Beschichtungsstoffen – Prüfverfahren für metallische Strahlmittel – Teil 1: Probenahme (ISO 11127-1 : 1993); Deutsche Fassung EN ISO 11127-1 : 1997

Dokument	Ausgabe	Titel
DIN EN ISO 11127-2	1997-11	Vorbereitung von Stahloberflächen vor dem Auftragen von Beschichtungsstoffen – Prüfverfahren für nichtmetallische Strahlmittel – Teil 2: Bestimmung der Korngrößenverteilung (ISO 11127-2 : 1993); Deutsche Fassung EN ISO 11127-2 : 1997
DIN EN ISO 11127-3	1997-11	Vorbereitung von Stahloberflächen vor dem Auftragen von Beschichtungsstoffen – Prüfverfahren für nichtmetallische Strahlmittel – Teil 3: Bestimmung der scheinbaren Dichte (ISO 11127-3 : 1993); Deutsche Fassung EN ISO 11127-3 : 1997
DIN EN ISO 11127-4	1997-11	Vorbereitung von Stahloberflächen vor dem Auftragen von Beschichtungsstoffen – Prüfverfahren für nichtmetallische Strahlmittel – Teil 4: Abschätzung der Härte durch Vergleich mit Glasscheiben (ISO 11127-4 : 1993); Deutsche Fassung EN ISO 11127-4 : 1997
DIN EN ISO 11127-5	1997-11	Vorbereitung von Stahloberflächen vor dem Auftragen von Beschichtungsstoffen – Prüfverfahren für nichtmetallische Strahlmittel – Teil 5: Bestimmung der Feuchte (ISO 11127-5 : 1993); Deutsche Fassung EN ISO 11127-5 : 1997
DIN EN ISO 11127-6	1997-11	Vorbereitung von Stahloberflächen vor dem Auftragen von Beschichtungsstoffen – Prüfverfahren für nichtmetallische Strahlmittel – Teil 6: Bestimmung der wasserlöslichen Verunreinigungen durch Messung der Leitfähigkeit (ISO 11127-6 : 1993); Deutsche Fassung EN ISO 11127-6 : 1997
DIN EN ISO 11127-7	1997-11	Vorbereitung von Stahloberflächen vor dem Auftragen von Beschichtungsstoffen – Prüfverfahren für nichtmetallische Strahlmittel – Teil 7: Bestimmung der wasserlöslichen Chloride (ISO 11127-7 : 1993); Deutsche Fassung EN ISO 11127-7 : 1997
E DIN EN ISO 14877	1997-01	Schutzkleidung für Strahlarbeiten mit körnigen Strahlmitteln (ISO/DIS 14877 : 1996); Deutsche Fassung prEN ISO 14877 : 1996

5 Metallüberzüge

DIN 267-10	1988-01	Mechanische Verbindungselemente; Technische Lieferbedingungen; Feuerverzinkte Teile
DIN 1548	1979-01	Zinküberzüge auf runden Stahldrähten
DIN 2000	1973-11	Zentrale Trinkwasserversorgung; Leitsätze für Anforderungen an Trinkwasser, Planung, Bau und Betrieb der Anlagen
E DIN 2000	1999-10	Zentrale Trinkwasserversorgung – Leitsätze für Anforderungen an Trinkwasser, Planung, Bau, Betrieb und Instandhaltung der Anlagen – Technische Regel des DVGW
DIN 4118	1981-06	Fördergerüste und Fördertürme für den Bergbau; Lastannahmen, Berechnungs- und Konstruktionsgrundlagen
DIN 4131	1991-11	Antennentragwerke aus Stahl

Dokument	Ausgabe	Titel
DIN 4141-1	1984-09	Lager im Bauwesen; Allgemeine Regelungen
DIN 4427	1990-09	Stahlrohr für Trag- und Arbeitsgerüste; Anforderungen, Prüfungen; Deutsche Fassung HD 1039 : 1990
DIN 4753-1	1988-03	Wassererwärmer und Wassererwärmungsanlagen für Trink- und Betriebswasser; Anforderungen, Kennzeichnung, Ausrüstung und Prüfung
DIN 6622-3	1981-10	Haushaltsbehälter (Tanks) aus Stahl, für oberirdische Lagerung von Heizöl; Auffangwannen
DIN 8566-1	1979-03	Zusätze für das thermische Spritzen; Massivdrähte zum Flammspritzen
DIN 8566-2	1984-12	Zusätze für das thermische Spritzen; Massivdrähte zum Lichtbogenspritzen; Technische Lieferbedingungen
DIN 8566-3	1991-02	Zusätze für das thermische Spritzen; Fülldrähte, Schnüre und Stäbe zum Flammpritzen
DIN 8567	1994-09	Vorbereitung von Oberflächen metallischer Werkstücke und Bauteile für das thermische Spritzen
DIN V 11535-1	1998-02	Gewächshäuser – Teil 1: Ausführung und Berechnung
DIN 11622-4	1994-07	Gärfuttersilos und Güllebehälter; Teil 4: Bemessung, Ausführung, Beschaffenheit; Gärfutterhochsilos und Güllehochbehälter aus Stahl
DIN 15018-2	1984-11	Krane; Stahltragwerke; Grundsätze für die bauliche Durchbildung und Ausführung
DIN 18160-1	1987-02	Hausschornsteine; Anforderungen, Planung und Ausführung
E DIN 18160-1	1998-07	Abgasanlagen – Teil 1: Planung und Ausführung
DIN 18168-1	1981-10	Leichte Deckenbekleidungen und Unterdecken; Anforderungen für die Ausführung
DIN 18516-1	1990-01	Außenwandbekleidungen, hinterlüftet; Anforderungen, Prüfgrundsätze
E DIN 18516-1	1998-10	Außenwandbekleidungen, hinterlüftet – Teil 1: Anforderungen, Prüfgrundsätze
DIN 18807-1	1987-06	Trapezprofile im Hochbau; Stahltrapezprofile; Allgemeine Anforderungen, Ermittlung der Tragfähigkeitswerte durch Berechnung
DIN 18914	1985-09	Dünnwandige Rundsilos aus Stahl
DIN 19630	1982-08	Richtlinien für den Bau von Wasserrohrleitungen; Technische Regel des DVGW
DIN 19651	1988-11	Schnellkupplungsrohre; Technische Lieferbedingungen
DIN 28058-1	1987-11	Blei im Apparatebau; Homogene Verbleiung
DIN 28058-2	1989-01	Blei im Apparatebau; Konstruktionen aus Bleihalbfabrikaten
DIN 30674-3	1982-09	Umhüllung von Rohren aus duktilem Gußeisen; Zink-Überzug mit Deckbeschichtung

Dokument	Ausgabe	Titel
DIN 30675-2	1993-04	Äußerer Korrosionsschutz von erdverlegten Rohrleitungen; Schutzmaßnahmen und Einsatzbereiche bei Rohrleitungen aus duktilem Gußeisen
DIN 32617	1995-10	Hausbriefkästen – Anforderungen, Aufstellung und Prüfung
DIN 42559	1983-05	Transformatoren; Radiatoren für Öltransformatoren
DIN 50929-1	1985-09	Korrosion der Metalle; Korrosionswahrscheinlichkeit metallischer Werkstoffe bei äußerer Korrosionsbelastung; Allgemeines
DIN 50929-2	1985-09	Korrosion der Metalle; Korrosionswahrscheinlichkeit metallischer Werkstoffe bei äußerer Korrosionsbelastung; Installationsteile innerhalb von Gebäuden
DIN 50929-3	1985-09	Korrosion der Metalle; Korrosionswahrscheinlichkeit metallischer Werkstoffe bei äußerer Korrosionsbelastung; Rohrleitungen und Bauteile in Böden und Wässern
DIN 50962	1998-08	Galvanische Überzüge – Chromatierte Zinklegierungsüberzüge auf Eisenwerkstoffen
E DIN EN 39	1997-02	Stahlrohre für die Verwendung in Trag- und Arbeitsgerüsten – Technische Lieferbedingungen; Deutsche Fassung prEN 39 : 1996
DIN EN 40-4	1984-01	Lichtmaste; Oberflächenschutz für Lichtmaste aus Metall
E DIN EN 40-4	1995-09	Lichtmaste – Teil 4: Regeln für Maste aus Beton
E DIN EN 40-5	1995-09	Lichtmaste – Teil 5: Regeln für Maste aus Stahl
DIN EN 582	1994-01	Thermisches Spritzen; Ermittlung der Haftzugfestigkeit; Deutsche Fassung EN 582 : 1993
DIN EN 657	1994-06	Thermisches Spritzen; Begriffe, Einteilung; Deutsche Fassung EN 657 : 1994
DIN V ENV 1090-1	1998-07	Ausführung von Tragwerken aus Stahl – Teil 1: Allgemeine Regeln und Regeln für Hochbauten; Deutsche Fassung ENV 1090-1 : 1996
DIN EN 1274	1996-08	Thermisches Spritzen – Pulver – Zusammensetzung; Technische Lieferbedingungen; Deutsche Fassung EN 1274 : 1996
DIN EN 1403	1998-10	Korrosionsschutz von Metallen – Galvanische Überzüge – Verfahren für die Spezifizierung allgemeiner Anforderungen; Deutsche Fassung EN 1403 : 1998
DIN EN 10142	1995-08	Kontinuierlich feuerverzinktes Band und Blech aus weichen Stählen zum Kaltumformen – Technische Lieferbedingungen (enthält Änderung A1 : 1995); Deutsche Fassung EN 10142 : 1990 + A1 : 1995
E DIN EN 10142	1998-02	Kontinuierlich feuerverzinktes Band und Blech aus weichen Stählen zum Kaltumformen – Technische Lieferbedingungen; Deutsche Fassung prEN 10142 : 1998
DIN EN 10143	1993-03	Kontinuierlich schmelztauchveredeltes Blech und Band aus Stahl; Grenzabmaße und Formtoleranzen; Deutsche Fassung EN 10143 : 1993

Dokument	Ausgabe	Titel
DIN EN 10147	1995-08	Kontinuierlich feuerverzinktes Band und Blech aus Baustählen – Technische Lieferbedingungen (enthält Änderung A1 : 1995); Deutsche Fassung EN 10147 : 1991 + A1 : 1995
E DIN EN 10147	1998-02	Kontinuierlich feuerverzinktes Band und Blech aus Baustählen – Technische Lieferbedingungen; Deutsche Fassung prEN 10147 : 1998
DIN EN 10152	1993-12	Elektrolytisch verzinkte kaltgewalzte Flacherzeugnisse aus Stahl; Technische Lieferbedingungen; Deutsche Fassung EN 10152 : 1993
DIN EN 10154	1996-05	Kontinuierlich schmelztauchveredeltes Band und Blech aus Stahl mit Aluminium-Silicium-Überzügen (AS) – Technische Lieferbedingungen; Deutsche Fassung EN 10154 : 1996
DIN EN 10169-1	1996-10	Kontinuierlich organisch beschichtete (bandbeschichtete) Flacherzeugnisse aus Stahl – Teil 1: Allgemeines (Definitionen, Werkstoffe, Grenzabweichungen, Prüfverfahren); Deutsche Fassung EN 10169-1 : 1996
E DIN EN 10169-2	1995-12	Kontinuierlich organisch beschichtete (bandbeschichtete) Flacherzeugnisse aus Stahl – Teil 2: Erzeugnisse für den Bauaußeneinsatz; Deutsche Fassung prEN 10169-2 : 1995
DIN EN 10214	1995-04	Kontinuierlich schmelztauchveredeltes Band und Blech aus Stahl mit Zink-Aluminium-Überzügen (ZA) – Technische Lieferbedingungen; Deutsche Fassung EN 10214 : 1995
DIN EN 10215	1995-04	Kontinuierlich schmelztauchveredeltes Band und Blech aus Stahl mit Aluminium-Zink-Überzügen (AZ) – Technische Lieferbedingungen; Deutsche Fassung EN 10215 : 1995
DIN EN 10240	1998-02	Innere und/oder äußere Schutzüberzüge für Stahlrohre – Festlegungen für durch Schmelztauchverzinken in automatisierten Anlagen hergestellte Überzüge; Deutsche Fassung EN 10240 : 1997
E DIN EN 12329	1996-05	Korrosionsschutz von Metallen – Galvanische Zinküberzüge auf Eisenwerkstoffen; Deutsche Fassung prEN 12329 : 1996
E DIN EN 12330	1996-05	Korrosionsschutz von Metallen – Galvanische Cadmiumüberzüge auf Eisenwerkstoffen; Deutsche Fassung prEN 12330 : 1996
E DIN EN 13144	1998-04	Metallische und andere anorganische Schichten – Verfahren zur quantitativen Messung der Haftfestigkeit durch Zugversuch; Deutsche Fassung prEN 13144 : 1998
E DIN EN 13214	1998-07	Thermisches Spritzen – Aufsicht für das thermische Spritzen – Aufgaben und Verantwortung; Deutsche Fassung prEN 13214 : 1998
E DIN EN 13507	1999-07	Thermisches Spritzen – Vorbehandlung von Oberflächen metallischer Werkstücke und Bauteile für das thermische Spritzen; Deutsche Fassung prEN 13507 : 1999

Dokument	Ausgabe	Titel
DIN EN 22063	1994-08	Metallische und andere anorganische Schichten – Thermisches Spritzen – Zink, Aluminium und ihre Legierungen (ISO 2063 : 1991); Deutsche Fassung EN 22063 : 1993
DIN EN ISO 4042	1999-10	Verbindungselemente – Galvanische Überzüge (ISO 4042 : 1999); Deutsche Fassung EN ISO 4042 : 1999
DIN EN ISO 6988	1997-03	Metallische und andere anorganische Überzüge – Prüfung mit Schwefeldioxid unter allgemeiner Feuchtigkeitskondensation (ISO 6988 : 1985); Deutsche Fassung EN ISO 6988 : 1994
E DIN EN ISO 10683	1999-04	Verbindungselemente – Nichtelektrolytisch aufgebrachte Zinklamellenüberzüge (ISO/DIS 10683 : 1999); Deutsche Fassung prEN ISO 10683 : 1999
DIN EN ISO 12687	1998-09	Metallische Überzüge – Prüfung der Porigkeit – Naß-Schwefelverfahren (mit Schwefelblüte) (ISO 12687 : 1996); Deutsche Fassung EN ISO 12687 : 1998
DIN EN ISO 12944-1	1998-07	Beschichtungsstoffe – Korrosionsschutz von Stahlbauten durch Beschichtungssysteme – Teil 1: Allgemeine Einleitung (ISO 12944-1 : 1998); Deutsche Fassung EN ISO 12944-1 : 1998
DIN EN ISO 12944-4	1998-07	Beschichtungsstoffe – Korrosionsschutz von Stahlbauten durch Beschichtungssysteme – Teil 4: Arten von Oberflächen und Oberflächenvorbereitung (ISO 12944-4 : 1998); Deutsche Fassung EN ISO 12944-4 : 1998
DIN EN ISO 12944-5	1998-07	Beschichtungsstoffe – Korrosionsschutz von Stahlbauten durch Beschichtungssysteme – Teil 5: Beschichtungssysteme (ISO 12944-5 : 1998); Deutsche Fassung EN ISO 12944-5 : 1998
DIN EN ISO 14918	1999-03	Thermisches Spritzen – Prüfung von thermischen Spritzern (ISO 14918 : 1998); Deutsche Fassung EN ISO 14918 : 1998
E DIN EN ISO 14919	1997-09	Thermisches Spritzen – Drähte, Stäbe und Schnüre zum Flammspritzen und Lichtbogenspritzen; Einteilung – Technische Lieferbedingungen (ISO/DIS 14919 : 1997); Deutsche Fassung prEN ISO 14919 : 1997
DIN EN ISO 14920	1999-03	Thermisches Spritzen – Spritzen und Einschmelzen thermisch gespritzter Schichten von selbstfließenden Legierungen (ISO 14920 : 1999); Deutsche Fassung EN ISO 14920 : 1999
E DIN EN ISO 14921	1998-07	Thermisches Spritzen – Vorgehen für das Anwenden thermischer Spritzschichten für Bauteile im Maschinenbau (ISO/DIS 14921 : 1998); Deutsche Fassung prEN ISO 14921 : 1998
DIN EN ISO 14922-1	1999-08	Thermisches Spritzen – Qualitätsanforderungen an thermisch gespritzte Bauteile – Teil 1: Richtlinien zur Auswahl und Verwendung (ISO 14922-1 : 1999); Deutsche Fassung EN ISO 14922-1 : 1999

Dokument	Ausgabe	Titel
DIN EN ISO 14922-2	1999-08	Thermisches Spritzen – Qualitätsanforderungen an thermisch gespritzte Bauteile – Teil 2: Umfassende Qualitätsanforderungen (ISO 14922-2 : 1999); Deutsche Fassung EN ISO 14922-2 : 1999
DIN EN ISO 14922-3	1999-08	Thermisches Spritzen – Qualitätsanforderungen an thermisch gespritzte Bauteile – Teil 3: Standard-Qualitätsanforderungen (ISO 14922-3 : 1999); Deutsche Fassung EN ISO 14922-3 : 1999
DIN EN ISO 14922-4	1999-08	Thermisches Spritzen – Qualitätsanforderungen an thermisch gespritzte Bauteile – Teil 4: Elementar-Qualitätsanforderungen (ISO 14922-4 : 1999); Deutsche Fassung EN ISO 14922-4 : 1999

6 Beschichtungsstoffe

Dokument	Ausgabe	Titel
DIN 4113-1	1980-05	Aluminiumkonstruktionen unter vorwiegend ruhender Belastung; Berechnung und bauliche Durchbildung
DIN 4681-3	1986-05	Ortsfeste Druckbehälter aus Stahl für Flüssiggas, für erdgedeckte Aufstellung; Außenbeschichtung als Korrosionsschutz mit besonderer Wirksamkeit gegen chemische und mechanische Angriffe
DIN 4753-4	1994-10	Wassererwärmer und Wassererwärmungsanlagen für Trink- und Betriebswasser – Teil 4: Wasserseitiger Korrosionsschutz durch Beschichtungen aus warmhärtenden, duroplastischen Beschichtungsstoffen; Anforderungen und Prüfung
DIN 4753-9	1990-09	Wassererwärmer und Wassererwärmungsanlagen für Trink- und Betriebswasser; Wasserseitiger Korrosionsschutz durch thermoplastische Beschichtungsstoffe; Anforderungen und Prüfung
DIN 18195-2	1983-08	Bauwerksabdichtungen; Stoffe
E DIN 18195-2	1998-09	Bauwerksabdichtungen – Teil 2: Stoffe
DIN 18363	1996-06	VOB Verdingungsordnung für Bauleistungen – Teil C: Allgemeine Technische Vertragsbedingungen für Bauleistungen (ATV); Maler- und Lackierarbeiten
DIN 18558	1985-01	Kunstharzputze; Begriffe, Anforderungen, Ausführung
DIN 28054-2	1992-01	Chemischer Apparatebau; Beschichtungen mit organischen Werkstoffen für Bauteile aus metallischem Werkstoff; Laminatbeschichtungen
DIN 28054-3	1994-06	Chemischer Apparatebau; Beschichtungen mit organischen Werkstoffen für Bauteile aus metallischem Werkstoff; Spachtelbeschichtungen
DIN 28054-4	1995-10	Chemischer Apparatebau – Beschichtungen mit organischen Werkstoffen für Bauteile aus metallischem Werkstoff – Teil 4: Spritzbeschichtungen
DIN 28054-5	1996-12	Chemischer Apparatebau – Beschichtungen mit organischen Werkstoffen für Bauteile aus metallischem Werkstoff – Teil 5: Pulverbeschichtungen

Dokument	Ausgabe	Titel
DIN 28055-1	1990-09	Chemischer Apparatebau; Auskleidung aus organischen Werkstoffen für Bauteile aus metallischem Werkstoff; Anforderungen
DIN 28055-2	1991-02	Chemischer Apparatebau; Auskleidungen aus organischen Werkstoffen für Bauteile aus metallischem Werkstoff; Prüfungen
DIN 29597	1995-04	Luft- und Raumfahrt – Verarbeitung von flüssigen Beschichtungsstoffen
DIN 30673	1986-12	Umhüllung und Auskleidung von Stahlrohren, -formstücken und -behältern mit Bitumen
DIN 30674-4	1983-05	Umhüllung von Rohren aus duktilem Gußeisen; Beschichtung mit Bitumen
DIN 53220	1978-04	Anstrichstoffe und ähnliche Beschichtungsstoffe; Verbrauch zum Beschichten einer Fläche, Begriffe, Einflußfaktoren
DIN 53778-1	1983-08	Kunststoffdispersionsfarben für Innen; Mindestanforderungen
E DIN 55632-1	1995-12	Lacke und Anstrichstoffe – Beschichtungen auf Aluminium und Aluminiumlegierungen für Bauzwecke – Teil 1: Beschichtungen aus Pulverlacken (Vorschlag für eine Europäische Norm)
DIN 55945 Bbl 1	1996-09	Lacke und Anstrichstoffe – Fachausdrücke und Definitionen für Beschichtungsstoffe – Weitere Begriffe zu den Normen der Reihe DIN EN 971; Hinweise auf Begriffe in anderen Normen
DIN 55946-1	1983-12	Bitumen und Steinkohlenteerpech; Begriffe für Bitumen und Zubereitungen aus Bitumen
DIN 55946-2	1983-12	Bitumen und Steinkohlenteerpech; Begriffe für Steinkohlenteerpech und Zubereitungen aus Steinkohlenteer-Spezialpech
DIN 55991-1	1983-08	Beschichtungsstoffe; Beschichtungen für kerntechnische Anlagen; Anforderungen, Prüfung
E DIN 55991-1	1993-09	Beschichtungsstoffe; Beschichtungen für kerntechnische Anlagen; Anforderungen und Prüfung
DIN 55991-2	1992-02	Beschichtungsstoffe; Beschichtungen für kerntechnische Anlagen; Identitätsprüfung von Beschichtungsstoffen
E DIN 55991-3	1992-07	Beschichtungsstoffe; Beschichtungen für kerntechnische Anlagen; Planung und Ausführung von Beschichtungsarbeiten
DIN 65081	1995-04	Luft- und Raumfahrt – Anstrich- und ähnliche Beschichtungsstoffe – Technische Lieferbedingungen
E DIN EN 2435-01	1994-11	Luft- und Raumfahrt – Anstrichstoffe; Korrosionsbeständiger Zweikomponenten-Grundanstrich, kalthärtend, chromathaltig – Teil 01: Mindestanforderungen
E DIN EN 3840	1994-12	Luft- und Raumfahrt – Anstrichstoffe – Technische Lieferbedingungen

Dokument	Ausgabe	Titel
E DIN EN 4473	1999-07	Luft- und Raumfahrt – Aluminiumpigmentierte Beschichtungen – Technische Lieferbedingungen
E DIN EN 4474	1999-07	Luft- und Raumfahrt – Aluminiumpigmentierte Beschichtungen – Beschichtungsverfahren
E DIN EN 10309	1999-06	Stahlrohre und -formstücke für erd- und wasserverlegte Rohrleitungen – Außenbeschichtung mit Epoxidpulver; Deutsche Fassung prEN 10309 : 1999
E DIN EN 10310	1999-06	Stahlrohre und -formstücke für erd- und wasserverlegte Rohrleitungen – Innen- und Außenbeschichtungen auf Epoxidharz- und Polyamidbasis im Zweischichtverfahren; Deutsche Fassung prEN 10310 : 1999
E DIN EN 13438	1999-03	Pulverbeschichtungen für feuerverzinkte Stahlerzeugnisse für Bauzwecke; Deutsche Fassung prEN 13438 : 1998
DIN EN ISO 12944-1	1998-07	Beschichtungsstoffe – Korrosionsschutz von Stahlbauten durch Beschichtungssysteme – Teil 1: Allgemeine Einleitung (ISO 12944-1 : 1998); Deutsche Fassung EN ISO 12944-1 : 1998
DIN EN ISO 12944-5	1998-07	Beschichtungsstoffe – Korrosionsschutz von Stahlbauten durch Beschichtungssysteme – Teil 5: Beschichtungssysteme (ISO 12944-5 : 1998); Deutsche Fassung EN ISO 12944-5 : 1998
DIN EN ISO 12944-6	1998-07	Beschichtungsstoffe – Korrosionsschutz von Stahlbauten durch Beschichtungssysteme – Teil 6: Laborprüfungen zur Bewertung von Beschichtungssystemen (ISO 12944-6 : 1998); Deutsche Fassung EN ISO 12944-6 : 1998
DIN EN ISO 12944-7	1998-07	Beschichtungsstoffe – Korrosionsschutz von Stahlbauten durch Beschichtungssysteme – Teil 7: Ausführung und Überwachung der Beschichtungsarbeiten (ISO 12944-7 : 1998); Deutsche Fassung EN ISO 12944-7 : 1998
DIN EN ISO 12944-8	1998-07	Beschichtungsstoffe – Korrosionsschutz von Stahlbauten durch Beschichtungssysteme – Teil 8: Erarbeiten von Spezifikationen für Erstschutz und Instandsetzung (ISO 12944-8 : 1998); Deutsche Fassung EN ISO 12944-8 : 1998

7 Schutzsysteme

DIN 1056	1984-10	Freistehende Schornsteine in Massivbauart; Berechnung und Ausführung
DIN 1988-1	1988-12	Technische Regeln für Trinkwasser-Installationen (TRWI); Allgemeines; Technische Regel des DVGW
DIN 1988-7	1988-12	Technische Regeln für Trinkwasser-Installationen (TRWI); Vermeidung von Korrosionsschäden und Steinbildung; Technische Regel des DVGW
DIN 2000	1973-11	Zentrale Trinkwasserversorgung; Leitsätze für Anforderungen an Trinkwasser, Planung, Bau und Betrieb der Anlagen

Dokument	Ausgabe	Titel
E DIN 2000	1999-10	Zentrale Trinkwasserversorgung – Leitsätze für Anforderungen an Trinkwasser, Planung, Bau, Betrieb und Instandhaltung der Anlagen – Technische Regel des DVGW
DIN 4131	1991-11	Antennentragwerke aus Stahl
DIN 4132	1981-02	Kranbahnen; Stahltragwerke; Grundsätze für Berechnung, bauliche Durchbildung und Ausführung
DIN 4132 Bbl 1	1981-02	Kranbahnen; Stahltragwerke; Grundsätze für Berechnung, bauliche Durchbildung und Ausführung; Erläuterungen
DIN 4141-1	1984-09	Lager im Bauwesen; Allgemeine Regelungen
DIN 4681-2	1984-06	Ortsfeste Druckbehälter aus Stahl für Flüssiggas, mit Außenmantel, für erdgedeckte Aufstellung; Maße, Ausrüstung
DIN 4753-3	1993-07	Wassererwärmer und Wassererwärmungsanlagen für Trink- und Betriebswasser; Wasserseitiger Korrosionsschutz durch Emaillierung; Anforderungen und Prüfung
DIN 4753-4	1994-10	Wassererwärmer und Wassererwärmungsanlagen für Trink- und Betriebswasser – Teil 4: Wasserseitiger Korrosionsschutz durch Beschichtungen aus warmhärtenden, duroplastischen Beschichtungsstoffen; Anforderungen und Prüfung
DIN 4753-5	1994-10	Wassererwärmer und Wassererwärmungsanlagen für Trink- und Betriebswasser – Teil 5: Wasserseitiger Korrosionsschutz durch Auskleidungen mit Folien aus natürlichem oder synthetischem Kautschuk; Anforderungen und Prüfung
DIN 4753-9	1990-09	Wassererwärmer und Wassererwärmungsanlagen für Trink- und Betriebswasser; Wasserseitiger Korrosionsschutz durch thermoplastische Beschichtungsstoffe; Anforderungen und Prüfung
DIN 11622-4	1994-07	Gärfuttersilos und Güllebehälter; Teil 4: Bemessung, Ausführung, Beschaffenheit; Gärfutterhochsilos und Güllehochbehälter aus Stahl
DIN 15018-2	1984-11	Krane; Stahltragwerke; Grundsätze für die bauliche Durchbildung und Ausführung
DIN 18807-1	1987-06	Trapezprofile im Hochbau; Stahltrapezprofile; Allgemeine Anforderungen, Ermittlung der Tragfähigkeitswerte durch Berechnung
DIN 18807-9	1998-06	Trapezprofile im Hochbau – Teil 9: Aluminium-Trapezprofile und ihre Verbindungen; Anwendung und Konstruktion
DIN 19630	1982-08	Richtlinien für den Bau von Wasserrohrleitungen; Technische Regel des DVGW
DIN 19651	1988-11	Schnellkupplungsrohre; Technische Lieferbedingungen
DIN 28053	1997-04	Chemischer Apparatebau – Beschichtungen und Auskleidungen aus organischen Werkstoffen für Bauteile aus metallischem Werkstoff – Anforderungen an Metalloberflächen

Dokument	Ausgabe	Titel
DIN 28054	1990-04	Chemischer Apparatebau; Beschichtungen mit organischen Werkstoffen für Bauteile aus metallischem Werkstoff; Anforderungen, Prüfung
E DIN 28054-1	1998-11	Chemischer Apparatebau – Beschichtungen mit organischen Werkstoffen für Bauteile aus metallischem Werkstoff – Teil 1: Anforderungen und Prüfungen
DIN 28054-2	1992-01	Chemischer Apparatebau; Beschichtungen mit organischen Werkstoffen für Bauteile aus metallischem Werkstoff; Laminatbeschichtungen
DIN 28054-3	1994-06	Chemischer Apparatebau; Beschichtungen mit organischen Werkstoffen für Bauteile aus metallischem Werkstoff; Spachtelbeschichtungen
DIN 28054-4	1995-10	Chemischer Apparatebau – Beschichtungen mit organischen Werkstoffen für Bauteile aus metallischem Werkstoff – Teil 4: Spritzbeschichtungen
DIN 28054-5	1996-12	Chemischer Apparatebau – Beschichtungen mit organischen Werkstoffen für Bauteile aus metallischem Werkstoff – Teil 5: Pulverbeschichtungen
DIN 28055-1	1990-09	Chemischer Apparatebau; Auskleidung aus organischen Werkstoffen für Bauteile aus metallischem Werkstoff; Anforderungen
DIN 30671	1992-06	Umhüllung (Außenbeschichtung) von erdverlegten Stahlrohren mit Duroplasten
DIN 30673	1986-12	Umhüllung und Auskleidung von Stahlrohren, -formstücken und -behältern mit Bitumen
DIN 30674-1	1982-09	Umhüllung von Rohren aus duktilem Gußeisen; Polyethylen-Umhüllung
DIN 30674-2	1992-10	Umhüllung von Rohren aus duktilem Gußeisen; Zementmörtel-Umhüllung
DIN 30674-3	1982-09	Umhüllung von Rohren aus duktilem Gußeisen; Zink-Überzug mit Deckbeschichtung
DIN 30674-4	1983-05	Umhüllung von Rohren aus duktilem Gußeisen; Beschichtung mit Bitumen
DIN 30674-5	1985-03	Umhüllung von Rohren aus duktilem Gußeisen; Polyethylen-Folienumhüllung
DIN 30675-1	1992-09	Äußerer Korrosionsschutz von erdverlegten Rohrleitungen; Schutzmaßnahmen und Einsatzbereiche bei Rohrleitungen aus Stahl
DIN 30675-2	1993-04	Äußerer Korrosionsschutz von erdverlegten Rohrleitungen; Schutzmaßnahmen und Einsatzbereiche bei Rohrleitungen aus duktilem Gußeisen
DIN 30676	1985-10	Planung und Anwendung des kathodischen Korrosionsschutzes für den Außenschutz
DIN 30677-2	1988-09	Äußerer Korrosionsschutz von erdverlegten Armaturen; Umhüllung aus Duroplasten (Außenbeschichtung) für erhöhte Anforderungen

Dokument	Ausgabe	Titel
DIN 42559	1983-05	Transformatoren; Radiatoren für Öltransformatoren
DIN 50929-1	1985-09	Korrosion der Metalle; Korrosionswahrscheinlichkeit metallischer Werkstoffe bei äußerer Korrosionsbelastung; Allgemeines
DIN 50929-2	1985-09	Korrosion der Metalle; Korrosionswahrscheinlichkeit metallischer Werkstoffe bei äußerer Korrosionsbelastung; Installationsteile innerhalb von Gebäuden
DIN 50929-3	1985-09	Korrosion der Metalle; Korrosionswahrscheinlichkeit metallischer Werkstoffe bei äußerer Korrosionsbelastung; Rohrleitungen und Bauteile in Böden und Wässern
DIN EN 1123-1	1999-03	Rohre und Formstücke aus längsnahtgeschweißtem feuerverzinktem Stahlrohr mit Steckmuffe für Abwasserleitungen – Teil 1: Anforderungen, Prüfungen, Güteüberwachung; Deutsche Fassung EN 1123-1 : 1999
E DIN EN 10285	1996-10	Stahlrohre und -formstücke für erd- und wasserverlegte Rohrleitungen – Im Dreischicht-Verfahren extrudierte Polyethylenbeschichtungen; Deutsche Fassung prEN 10285 : 1996
E DIN EN 10286	1996-10	Stahlrohre und -formstücke für erd- und wasserverlegte Rohrleitungen – Im Dreischicht-Verfahren extrudierte Polypropylenbeschichtungen; Deutsche Fassung prEN 10286 : 1996
E DIN EN 10287	1996-10	Stahlrohre und -formstücke für erd- und wasserverlegte Rohrleitungen – Aufgeschmolzene Polyethylenbeschichtungen; Deutsche Fassung prEN 10287 : 1996
E DIN EN 10288	1996-11	Stahlrohre und -formstücke für erd- und wasserverlegte Rohrleitungen – Im Zweischicht-Verfahren extrudierte Polyethylenbeschichtungen; Deutsche Fassung prEN 10288 : 1996
E DIN EN 10289	1997-03	Stahlrohre und -formstücke für On- und Offshore-verlegte Rohrleitungen – Umhüllung (Außenbeschichtung) mit Epoxi- und epoximodifizierten Materialien; Deutsche Fassung prEN 10289 : 1996
E DIN EN 10290	1997-03	Stahlrohre und -formstücke für On- und Offshore-verlegte Rohrleitungen – Umhüllung (Außenbeschichtung) mit Polyurethan und polyurethan-modifizierten Materialien; Deutsche Fassung prEN 10290 : 1996
E DIN EN 10309	1999-06	Stahlrohre und -formstücke für erd- und wasserverlegte Rohrleitungen – Außenbeschichtung mit Epoxidpulver; Deutsche Fassung prEN 10309 : 1999
E DIN EN 10310	1999-06	Stahlrohre und -formstücke für erd- und wasserverlegte Rohrleitungen – Innen- und Außenbeschichtungen auf Epoxidharz- und Polyamidbasis im Zweischichtverfahren; Deutsche Fassung prEN 10310 : 1999

Dokument	Ausgabe	Titel
DIN EN 12068	1999-03	Kathodischer Korrosionsschutz – Organische Umhüllungen für den Korrosionsschutz von in Böden und Wässern verlegten Stahlrohrleitungen im Zusammenwirken mit kathodischem Korrosionsschutz – Bänder und schrumpfende Materialien; Deutsche Fassung EN 12068 : 1998
E DIN EN 13509	1999-08	Meßverfahren für den kathodischen Korrosionsschutz; Deutsche Fassung prEN 13509 : 1999
DIN EN ISO 12944-1	1998-07	Beschichtungsstoffe – Korrosionsschutz von Stahlbauten durch Beschichtungssysteme – Teil 1: Allgemeine Einleitung (ISO 12944-1 : 1998); Deutsche Fassung EN ISO 12944-1 : 1998
DIN EN ISO 12944-5	1998-07	Beschichtungsstoffe – Korrosionsschutz von Stahlbauten durch Beschichtungssysteme – Teil 5: Beschichtungssysteme (ISO 12944-5 : 1998); Deutsche Fassung EN ISO 12944-5 : 1998
DIN EN ISO 12944-6	1998-07	Beschichtungsstoffe – Korrosionsschutz von Stahlbauten durch Beschichtungssysteme – Teil 6: Laborprüfungen zur Bewertung von Beschichtungssystemen (ISO 12944-6 : 1998); Deutsche Fassung EN ISO 12944-6 : 1998
DIN EN ISO 12944-7	1998-07	Beschichtungsstoffe – Korrosionsschutz von Stahlbauten durch Beschichtungssysteme – Teil 7: Ausführung und Überwachung der Beschichtungsarbeiten (ISO 12944-7 : 1998); Deutsche Fassung EN ISO 12944-7 : 1998
DIN EN ISO 12944-8	1998-07	Beschichtungsstoffe – Korrosionsschutz von Stahlbauten durch Beschichtungssysteme – Teil 8: Erarbeiten von Spezifikationen für Erstschutz und Instandsetzung (ISO 12944-8 : 1998); Deutsche Fassung EN ISO 12944-8 : 1998

8 Schichtdickenmessung

Dokument	Ausgabe	Titel
DIN 50933	1987-08	Messung von Schichtdicken; Messung der Dicke von Schichten durch Differenzmessung mit einem Taster
DIN 50987	1987-07	Messung von Schichtdicken; Röntgenfluoreszenz-Verfahren zur Messung der Dicke von Schichten
DIN 50988-2	1988-04	Messung von Schichtdicken; Bestimmung der flächenbezogenen Masse von Zink- und Zinnschichten auf Eisenwerkstoffen durch Ablösen des Schichtwerkstoffes; Maßanalytische Verfahren
DIN EN 12373-2	1999-02	Aluminium und Aluminiumlegierungen – Anodisieren – Teil 2: Bestimmung der Masse je Flächeneinheit (flächenbezogene Masse) von anodisch erzeugten Oxidschichten - Gravimetrisches Verfahren; Deutsche Fassung EN 12373-2 : 1998

Dokument	Ausgabe	Titel
DIN EN 12373-3	1999-04	Aluminium und Aluminiumlegierungen – Anodisieren – Teil 3: Bestimmung der Dicke von anodisch erzeugten Oxidschichten; Zerstörungsfreie Messung mit Lichtschnittmikroskop; Deutsche Fassung EN 12373-3 : 1998
DIN EN ISO 1460	1995-01	Metallische Überzüge – Feuerverzinken auf Eisenwerkstoffen – Gravimetrisches Verfahren zur Bestimmung der flächenbezogenen Masse (ISO 1460 : 1992); Deutsche Fassung EN ISO 1460 : 1994
DIN EN ISO 1463	1995-01	Metall- und Oxidschichten – Schichtdickenmessung – Mikroskopisches Verfahren (ISO 1463 : 1982); Deutsche Fassung EN ISO 1463 : 1994
DIN EN ISO 2064	1995-01	Metallische und andere anorganische Schichten – Definitionen und Festlegungen, die die Messung der Schichtdicke betreffen (ISO 2064 : 1980); Deutsche Fassung EN ISO 2064 : 1994
DIN EN ISO 2177	1995-01	Metallische Überzüge – Schichtdickenmessung – Coulometrisches Verfahren durch anodisches Ablösen (ISO 2177 : 1985); Deutsche Fassung EN ISO 2177 : 1994
DIN EN ISO 2178	1995-04	Nichtmagnetische Überzüge auf magnetischen Grundmetallen – Messen der Schichtdicke – Magnetverfahren (ISO 2178 : 1982); Deutsche Fassung EN ISO 2178 : 1995
DIN EN ISO 2360	1995-04	Nichtleitende Überzüge auf nichtmagnetischen Grundmetallen – Messen der Schichtdicke – Wirbelstromverfahren (ISO 2360 : 1982); Deutsche Fassung EN ISO 2360 : 1995
DIN EN ISO 2808	1999-10	Beschichtungsstoffe – Bestimmung der Schichtdicke (ISO 2808 : 1997); Deutsche Fassung EN ISO 2808 : 1999
E DIN EN ISO 3497	1999-02	Metallische Schichten – Schichtdickenmessung – Röntgenfluoreszenz-Verfahren (ISO/DIS 3497 : 1998); Deutsche Fassung prEN ISO 3497 : 1998
DIN EN ISO 3543	1995-01	Metallische und nichtmetallische Schichten – Dickenmessung – Betarückstreu-Verfahren (ISO 3543 : 1981); Deutsche Fassung EN ISO 3543 : 1994
E DIN EN ISO 3543	1999-02	Metallische und andere anorganische Schichten – Dickenmessung – Betarückstreu-Verfahren (ISO/DIS 3543 : 1998); Deutsche Fassung prEN ISO 3543 : 1998
DIN EN ISO 3882	1995-01	Metallische und andere anorganische Schichten – Übersicht von Verfahren der Schichtdickenmessung (ISO 3882 : 1986); Deutsche Fassung EN ISO 3882 : 1994

9 Prüfverfahren für Beschichtungsstoffe, Beschichtungen und Metallüberzüge

Dokument	Ausgabe	Titel
DIN 4681-3	1986-05	Ortsfeste Druckbehälter aus Stahl für Flüssiggas, für erdgedeckte Aufstellung; Außenbeschichtung als Korrosionsschutz mit besonderer Wirksamkeit gegen chemische und mechanische Angriffe

Dokument	Ausgabe	Titel
DIN 4753-4	1994-10	Wassererwärmer und Wassererwärmungsanlagen für Trink- und Betriebswasser – Teil 4: Wasserseitiger Korrosionsschutz durch Beschichtungen aus warmhärtenden, duroplastischen Beschichtungsstoffen; Anforderungen und Prüfung
DIN 4753-5	1994-10	Wassererwärmer und Wassererwärmungsanlagen für Trink- und Betriebswasser – Teil 5: Wasserseitiger Korrosionsschutz durch Auskleidungen mit Folien aus natürlichem oder synthetischem Kautschuk; Anforderungen und Prüfung
DIN 4753-9	1990-09	Wassererwärmer und Wassererwärmungsanlagen für Trink- und Betriebswasser; Wasserseitiger Korrosionsschutz durch thermoplastische Beschichtungsstoffe; Anforderungen und Prüfung
DIN 30671	1992-06	Umhüllung (Außenbeschichtung) von erdverlegten Stahlrohren mit Duroplasten
DIN 30673	1986-12	Umhüllung und Auskleidung von Stahlrohren, -formstücken und -behältern mit Bitumen
DIN 30674-1	1982-09	Umhüllung von Rohren aus duktilem Gußeisen; Polyethylen-Umhüllung
DIN 30674-2	1992-10	Umhüllung von Rohren aus duktilem Gußeisen; Zementmörtel-Umhüllung
DIN 30674-3	1982-09	Umhüllung von Rohren aus duktilem Gußeisen; Zink-Überzug mit Deckbeschichtung
DIN 30674-4	1983-05	Umhüllung von Rohren aus duktilem Gußeisen; Beschichtung mit Bitumen
DIN 30674-5	1985-03	Umhüllung von Rohren aus duktilem Gußeisen; Polyethylen-Folienumhüllung
DIN 30677-2	1988-09	Äußerer Korrosionsschutz von erdverlegten Armaturen; Umhüllung aus Duroplasten (Außenbeschichtung) für erhöhte Anforderungen
DIN 50162	1978-09	Prüfung plattierter Stähle; Ermittlung der Haft-Scherfestigkeit zwischen Auflagewerkstoff und Grundwerkstoff im Scherversuch
DIN 50927	1985-08	Planung und Anwendung des elektrochemischen Korrosionsschutzes für die Innenflächen von Apparaten, Behältern und Rohren (Innenschutz)
DIN 50928	1985-09	Korrosion der Metalle; Prüfung und Beurteilung des Korrosionsschutzes beschichteter metallischer Werkstoffe bei Korrosionsbelastung durch wäßrige Korrosionsmedien
DIN 50939	1996-09	Korrosionsschutz – Chromatieren von Aluminium – Verfahrensgrundsätze und Prüfverfahren
DIN 50942	1996-09	Phosphatieren von Metallen – Verfahrensgrundsätze, Prüfverfahren
DIN 50978	1985-10	Prüfung metallischer Überzüge; Haftvermögen von durch Feuerverzinken hergestellten Überzügen

Dokument	Ausgabe	Titel
DIN 51213	1970-12	Prüfung metallischer Überzüge auf Drähten; Überzüge aus Zinn oder Zink
DIN 53154	1974-07	Prüfung von Anstrichstoffen und ähnlichen Beschichtungsstoffen; Kugelstrahlversuch an Anstrichen und ähnlichen Beschichtungen
DIN 53157	1987-01	Lacke, Anstrichstoffe und ähnliche Beschichtungsstoffe; Beurteilung des mechanischen Dämpfungsverhaltens von Beschichtungen mit dem Pendelgerät nach König (Pendel-Dämpfungsprüfung)
DIN 53166	1980-07	Prüfung von Anstrichstoffen und ähnlichen Beschichtungsstoffen; Freibewitterung von Anstrichen und ähnlichen Beschichtungen, Allgemeine Angaben
DIN 53167	1985-12	Lacke, Anstrichstoffe und ähnliche Beschichtungsstoffe; Salzsprühnebelprüfung an Beschichtungen
DIN 53213-1	1978-04	Prüfung von Anstrichstoffen und ähnlichen lösungsmittelhaltigen Erzeugnissen; Flammpunktprüfung im geschlossenen Tiegel, Bestimmung des Flammpunktes
DIN 53214	1982-02	Prüfung von Anstrichstoffen; Bestimmung von Fließkurven und Viskositäten mit Rotationsviskosimetern
DIN 53215	1998-11	Bitumen und bitumenhaltige Bindemittel – Bestimmung des Gehaltes an nichtflüchtigen Bestandteilen von bitumenhaltigen Beschichtungsstoffen
DIN 53217-1	1991-03	Lacke, Anstrichstoffe und ähnliche Beschichtungsstoffe; Bestimmung der Dichte; Allgemeines und Übersicht der genormten Verfahren
DIN 53217-2	1991-03	Lacke, Anstrichstoffe und ähnliche Beschichtungsstoffe; Bestimmung der Dichte; Pyknometer-Verfahren
DIN 53217-3	1991-03	Lacke, Anstrichstoffe und ähnliche Beschichtungsstoffe; Bestimmung der Dichte; Tauchkörper-Verfahren
DIN 53217-4	1991-03	Lacke, Anstrichstoffe und ähnliche Beschichtungsstoffe; Bestimmung der Dichte; Aräometer-Verfahren
DIN 53217-5	1991-03	Lacke, Anstrichstoffe und ähnliche Beschichtungsstoffe; Bestimmung der Dichte; Schwingungsverfahren
DIN 53218	1981-05	Prüfung von Anstrichstoffen und ähnlichen Beschichtungsstoffen; Visueller Farbvergleich (Farbabmusterung) von Anstrichen und ähnlichen Beschichtungen
DIN 53219	1992-08	Lacke und ähnliche Beschichtungsstoffe; Bestimmung des Volumens der nichtflüchtigen Anteile
DIN 53221	1973-12	Prüfung von Anstrichstoffen und ähnlichen Beschichtungsstoffen; Prüfung von Anstrichen auf Überlackierbarkeit
DIN 53223	1973-12	Prüfung von Anstrichstoffen und ähnlichen Beschichtungsstoffen; Bestimmung des Kreidungsgrades von Anstrichen und ähnlichen Beschichtungen nach der Klebebandmethode

Dokument	Ausgabe	Titel
DIN 53229	1989-02	Lacke, Anstrichstoffe und ähnliche Beschichtungsstoffe; Bestimmung der Viskosität bei hohem Geschwindigkeitsgefälle mit Rotationsviskosimetern
DIN 53778-2	1983-08	Kunststoffdispersionsfarben für Innen; Beurteilung der Reinigungsfähigkeit und der Wasch- und Scheuerbeständigkeit von Anstrichen
DIN 53778-3	1983-08	Kunststoffdispersionsfarben; Bestimmung des Kontrastverhältnisses und der Helligkeit von Anstrichen
DIN 53778-4	1983-08	Kunststoffdispersionsfarben; Prüfung auf Überstreichbarkeit nach festgelegter Trocknungszeit
E DIN 55632-1	1995-12	Lacke und Anstrichstoffe – Beschichtungen auf Aluminium und Aluminiumlegierungen für Bauzwecke – Teil 1: Beschichtungen aus Pulverlacken (Vorschlag für eine Europäische Norm)
DIN 55670	1994-05	Lacke und ähnliche Beschichtungsstoffe; Prüfung von Lackierungen, Anstrichen und ähnlichen Beschichtungen auf Poren und Risse mit Hochspannung
DIN 55671	1990-07	Schnellbestimmung des Gehaltes an nichtflüchtigen Anteilen; Folienmethode für Harze, Harzlösungen, Lacke, Anstrichstoffe und ähnliche Beschichtungsstoffe
DIN 55677	1997-09	Lacke und ähnliche Beschichtungsstoffe – Beurteilung der Ablaufneigung
DIN 55678-1	1988-10	Lacke, Anstrichstoffe und ähnliche Beschichtungsstoffe; Bestimmung des Pigmentgehaltes; Zentrifugenverfahren
DIN 55678-2	1988-10	Lacke, Anstrichstoffe und ähnliche Beschichtungsstoffe; Bestimmung des Pigmentgehaltes; Veraschungsverfahren
DIN 55678-3	1988-10	Lacke, Anstrichstoffe und ähnliche Beschichtungsstoffe; Bestimmung des Pigmentgehaltes; Filtrationsverfahren
DIN 55680	1983-08	Anstrichstoffe und ähnliche Erzeugnisse; Schnellverfahren zur Feststellung der Gefahrklasse; ISO 3680 modifiziert
DIN 55990-2	1979-12	Prüfung von Anstrichstoffen und ähnlichen Beschichtungsstoffen; Pulverlacke; Bestimmung der Korngrößenverteilung
DIN 55990-3	1979-12	Prüfung von Anstrichstoffen und ähnlichen Beschichtungsstoffen; Pulverlacke; Bestimmung der Dichte
E DIN 55990-3	1988-10	Lacke, Anstrichstoffe und ähnliche Beschichtungsstoffe; Pulverlacke; Bestimmung der Dichte; Identisch mit ISO/DIS 8130-2 : 1988
DIN 55990-4	1979-12	Prüfung von Anstrichstoffen und ähnlichen Beschichtungsstoffen; Pulverlacke; Bestimmung der Einbrennbedingungen
DIN 55990-5	1980-01	Prüfung von Anstrichstoffen und ähnlichen Beschichtungsstoffen; Pulverlacke; Bestimmung des Einbrennverlustes

Dokument	Ausgabe	Titel
E DIN 55990-5	1988-10	Lacke, Anstrichstoffe und ähnliche Beschichtungsstoffe; Pulverlacke; Bestimmung des Einbrennverlustes; Identisch mit ISO/DIS 8130-7 : 1988
DIN 55990-6	1979-12	Prüfung von Anstrichstoffen und ähnlichen Beschichtungsstoffen; Pulverlacke; Berechnung der unteren Zündgrenze
DIN 55990-7	1980-06	Prüfung von Anstrichstoffen und ähnlichen Beschichtungsstoffen; Pulverlacke; Beurteilung der Blockfestigkeit
DIN 55990-8	1980-06	Prüfung von Anstrichstoffen und ähnlichen Beschichtungsstoffen; Pulverlacke; Beurteilung der chemischen Lagerbeständigkeit
DIN 55991-1	1983-08	Beschichtungsstoffe; Beschichtungen für kerntechnische Anlagen; Anforderungen, Prüfung
E DIN 55991-1	1993-09	Beschichtungsstoffe; Beschichtungen für kerntechnische Anlagen; Anforderungen und Prüfung
DIN 55991-2	1992-02	Beschichtungsstoffe; Beschichtungen für kerntechnische Anlagen; Identitätsprüfung von Beschichtungsstoffen
DIN 65046-1	1998-12	Luft- und Raumfahrt – Prüfverfahren für Oberflächenschutzschichten; Beschichtungsstoffe – Teil 1: Übersicht und Kurzzeichen
DIN 65046-2	1998-12	Luft- und Raumfahrt – Prüfverfahren für Oberflächenschutzschichten; Beschichtungsstoffe – Teil 2: Proben, Probenvorbereitung, Trocknung
DIN 65046-3	1998-12	Luft- und Raumfahrt – Prüfverfahren für Oberflächenschutzschichten; Beschichtungsstoffe – Teil 3: Prüfungen im Anlieferungszustand
DIN 65046-4	1998-12	Luft- und Raumfahrt – Prüfverfahren für Oberflächenschutzschichten; Beschichtungsstoffe – Teil 4: Prüfungen von Beschichtungen
DIN 65046-5	1998-12	Luft- und Raumfahrt – Prüfverfahren für Oberflächenschutzschichten; Beschichtungsstoffe – Teil 5: Beständigkeitsprüfungen von Beschichtungen
DIN 65046-6	1998-11	Luft- und Raumfahrt – Prüfverfahren für den Oberflächenschutz – Teil 6: Chemische und galvanische Beschichtungen; Nicht für Neukonstruktionen
DIN EN 456	1991-09	Lacke, Anstrichstoffe und ähnliche Produkte; Bestimmung des Flammpunktes; Schnellverfahren (ISO 3679 : 1983 modifiziert); Deutsche Fassung EN 456 : 1991
DIN EN 582	1994-01	Thermisches Spritzen; Ermittlung der Haftzugfestigkeit; Deutsche Fassung EN 582 : 1993
DIN EN 1396	1997-02	Aluminium und Aluminiumlegierungen – Bandbeschichtete Bleche und Bänder für allgemeine Anwendungen – Spezifikationen; Deutsche Fassung EN 1396 : 1996

Dokument	Ausgabe	Titel
DIN EN 3212	1995-11	Luft- und Raumfahrt – Anstrichstoffe – Bestimmung der Korrosionsbeständigkeit durch Wechseltauchversuch in einer gepufferten Natriumchloridlösung; Deutsche Fassung EN 3212 : 1995
DIN EN 3665	1997-08	Luft- und Raumfahrt – Prüfverfahren für Anstrichstoffe – Prüfung der Beständigkeit gegen Filiformkorrosion von Aluminiumlegierungen; Deutsche Fassung EN 3665 : 1997
E DIN EN 3840	1994-12	Luft- und Raumfahrt – Anstrichstoffe – Technische Lieferbedingungen
E DIN EN 3847	1998-05	Luft- und Raumfahrt – Lacke und Anstrichstoffe – Bestimmung des Absetzverhaltens
DIN EN 10142	1995-08	Kontinuierlich feuerverzinktes Band und Blech aus weichen Stählen zum Kaltumformen – Technische Lieferbedingungen (enthält Änderung A1 : 1995); Deutsche Fassung EN 10142 : 1990 + A1 : 1995
E DIN EN 10142	1998-02	Kontinuierlich feuerverzinktes Band und Blech aus weichen Stählen zum Kaltumformen – Technische Lieferbedingungen; Deutsche Fassung prEN 10142 : 1998
DIN EN 10147	1995-08	Kontinuierlich feuerverzinktes Band und Blech aus Baustählen – Technische Lieferbedingungen (enthält Änderung A1 : 1995); Deutsche Fassung EN 10147 : 1991 + A1 : 1995
E DIN EN 10147	1998-02	Kontinuierlich feuerverzinktes Band und Blech aus Baustählen – Technische Lieferbedingungen; Deutsche Fassung prEN 10147 : 1998
DIN EN 10152	1993-12	Elektrolytisch verzinkte kaltgewalzte Flacherzeugnisse aus Stahl; Technische Lieferbedingungen; Deutsche Fassung EN 10152 : 1993
DIN EN 10154	1996-05	Kontinuierlich schmelztauchveredeltes Band und Blech aus Stahl mit Aluminium-Silicium-Überzügen (AS) – Technische Lieferbedingungen; Deutsche Fassung EN 10154 : 1996
DIN EN 10169-1	1996-10	Kontinuierlich organisch beschichtete (bandbeschichtete) Flacherzeugnisse aus Stahl – Teil 1: Allgemeines (Definitionen, Werkstoffe, Grenzabweichungen, Prüfverfahren); Deutsche Fassung EN 10169-1 : 1996
E DIN EN 10169-2	1995-12	Kontinuierlich organisch beschichtete (bandbeschichtete) Flacherzeugnisse aus Stahl – Teil 2: Erzeugnisse für den Bauaußeneinsatz; Deutsche Fassung prEN 10169-2 : 1995
DIN EN 10214	1995-04	Kontinuierlich schmelztauchveredeltes Band und Blech aus Stahl mit Zink-Aluminium-Überzügen (ZA) – Technische Lieferbedingungen; Deutsche Fassung EN 10214 : 1995
DIN EN 10215	1995-04	Kontinuierlich schmelztauchveredeltes Band und Blech aus Stahl mit Aluminium-Zink-Überzügen (AZ) – Technische Lieferbedingungen; Deutsche Fassung EN 10215 : 1995

Dokument	Ausgabe	Titel
DIN EN 10240	1998-02	Innere und/oder äußere Schutzüberzüge für Stahlrohre – Festlegungen für durch Schmelztauchverzinken in automatisierten Anlagen hergestellte Überzüge; Deutsche Fassung EN 10240 : 1997
E DIN EN 10285	1996-10	Stahlrohre und -formstücke für erd- und wasserverlegte Rohrleitungen – Im Dreischicht-Verfahren extrudierte Polyethylenbeschichtungen; Deutsche Fassung prEN 10285 : 1996
E DIN EN 10286	1996-10	Stahlrohre und -formstücke für erd- und wasserverlegte Rohrleitungen – Im Dreischicht-Verfahren extrudierte Polypropylenbeschichtungen; Deutsche Fassung prEN 10286 : 1996
E DIN EN 10287	1996-10	Stahlrohre und -formstücke für erd- und wasserverlegte Rohrleitungen – Aufgeschmolzene Polyethylenbeschichtungen; Deutsche Fassung prEN 10287 : 1996
E DIN EN 10288	1996-11	Stahlrohre und -formstücke für erd- und wasserverlegte Rohrleitungen – Im Zweischicht-Verfahren extrudierte Polyethylenbeschichtungen; Deutsche Fassung prEN 10288 : 1996
E DIN EN 10289	1997-03	Stahlrohre und -formstücke für On- und Offshore-verlegte Rohrleitungen – Umhüllung (Außenbeschichtung) mit Epoxi- und epoximodifizierten Materialien; Deutsche Fassung prEN 10289 : 1996
E DIN EN 10290	1997-03	Stahlrohre und -formstücke für On- und Offshore-verlegte Rohrleitungen – Umhüllung (Außenbeschichtung) mit Polyurethan und polyurethan-modifizierten Materialien; Deutsche Fassung prEN 10290 : 1996
E DIN EN 10309	1999-06	Stahlrohre und -formstücke für erd- und wasserverlegte Rohrleitungen – Außenbeschichtung mit Epoxidpulver; Deutsche Fassung prEN 10309 : 1999
E DIN EN 10310	1999-06	Stahlrohre und -formstücke für erd- und wasserverlegte Rohrleitungen – Innen- und Außenbeschichtungen auf Epoxidharz- und Polyamidbasis im Zweischichtverfahren; Deutsche Fassung prEN 10310 : 1999
E DIN EN 13438	1999-03	Pulverbeschichtungen für feuerverzinkte Stahlerzeugnisse für Bauzwecke; Deutsche Fassung prEN 13438 : 1998
E DIN EN 13523-0	1999-05	Bandbeschichtete Metalle – Prüfverfahren – Teil 0: Allgemeine Einleitung und Liste der Prüfverfahren; Deutsche Fassung prEN 13523-0 : 1999
E DIN EN 13523-1	1999-05	Bandbeschichtete Metalle – Prüfverfahren – Teil 1: Schichtdicke; Deutsche Fassung prEN 13523-1 : 1999
E DIN EN 13523-2	1999-05	Bandbeschichtete Metalle – Prüfverfahren – Teil 2: Reflektometerwert; Deutsche Fassung prEN 13523-2 : 1999
E DIN EN 13523-3	1999-05	Bandbeschichtete Metalle – Prüfverfahren – Teil 3: Farbabstand; Farbmetrischer Vergleich; Deutsche Fassung prEN 13523-3 : 1999

Dokument	Ausgabe	Titel
E DIN EN 13523-4	1999-09	Bandbeschichtete Metalle – Prüfverfahren – Teil 4: Bleistifthärte; Deutsche Fassung prEN 13523-4 : 1999
E DIN EN 13523-5	1999-09	Bandbeschichtete Metalle – Prüfverfahren – Teil 5: Widerstandsfähigkeit gegen schnelle Verformung (Schlagprüfung); Deutsche Fassung prEN 13523-5 : 1999
E DIN EN 13523-7	1999-09	Bandbeschichtete Metalle – Prüfverfahren – Teil 7: Widerstandsfähigkeit gegen Rißbildung beim Biegen (T-Biegeprüfung); Deutsche Fassung prEN 13523-7 : 1999
E DIN EN 13523-10	1999-09	Bandbeschichtete Metalle – Prüfverfahren – Teil 10: Beständigkeit gegen fluoreszierende UV-Strahlung und Kondensation von Wasser; Deutsche Fassung prEN 13523-10 : 1999
DIN EN 21512	1994-05	Lacke und Anstrichstoffe; Probenahme von flüssigen oder pastenförmigen Produkten (ISO 1512 : 1991); Deutsche Fassung EN 21512 : 1994
DIN EN 21524	1991-09	Lacke und Anstrichstoffe; Bestimmung der Mahlfeinheit (Körnigkeit) (ISO 1524 : 1983); Deutsche Fassung EN 21524 : 1991
DIN EN 22063	1994-08	Metallische und andere anorganische Schichten – Thermisches Spritzen – Zink, Aluminium und ihre Legierungen (ISO 2063 : 1991); Deutsche Fassung EN 22063 : 1993
DIN EN 23270	1991-09	Lacke, Anstrichstoffe und deren Rohstoffe; Temperaturen und Luftfeuchten für Konditionierung und Prüfung (ISO 3270 : 1984); Deutsche Fassung EN 23270 : 1991
DIN EN 24624	1992-09	Lacke und Anstrichstoffe; Abreißversuch zur Beurteilung der Haftfestigkeit (ISO 4624 : 1978); Deutsche Fassung EN 24624 : 1992
DIN EN 29117	1992-09	Lacke und Anstrichstoffe; Bestimmung des Durchtrocknungszustandes und der Durchtrocknungszeit; Prüfverfahren (ISO 9117 : 1990); Deutsche Fassung EN 29117 : 1992
DIN EN ISO 1462	1995-04	Metallische Überzüge – Andere als gegenüber dem Grundmetall anodische Überzüge – Beschleunigte Korrosionsprüfungen, Verfahren zur Auswertung der Ergebnisse (ISO 1462 : 1973); Deutsche Fassung EN ISO 1462 : 1995
DIN EN ISO 1513	1994-10	Lacke und Anstrichstoffe – Vorprüfung und Vorbereitung von Proben für weitere Prüfungen (ISO 1513 : 1992); Deutsche Fassung EN ISO 1513 : 1994
DIN EN ISO 1514	1997-09	Lacke und Anstrichstoffe – Norm-Probenplatten (ISO 1514 : 1993); Deutsche Fassung EN ISO 1514 : 1997
DIN EN ISO 1517	1995-06	Lacke und Anstrichstoffe – Prüfung auf Oberflächentrocknung – Glasperlen-Verfahren (ISO 1517 : 1973); Deutsche Fassung EN ISO 1517 : 1995
DIN EN ISO 1519	1995-04	Lacke und Anstrichstoffe – Dornbiegeversuch (zylindrischer Dorn) (ISO 1519 : 1973); Deutsche Fassung EN ISO 1519 : 1995

Dokument	Ausgabe	Titel
E DIN EN ISO 1519	1999-04	Beschichtungsstoffe – Dornbiegeversuch (zylindrischer Dorn) (ISO/DIS 1519 : 1998); Deutsche Fassung prEN ISO 1519 : 1998
DIN EN ISO 1520	1995-04	Lacke und Anstrichstoffe – Tiefungsprüfung (ISO 1520 : 1973); Deutsche Fassung EN ISO 1520 : 1995
DIN EN ISO 2409	1994-10	Lacke und Anstrichstoffe – Gitterschnittprüfung (ISO 2409 : 1992); Deutsche Fassung EN ISO 2409 : 1994
DIN EN ISO 2431	1996-05	Lacke und Anstrichstoffe – Bestimmung der Auslaufzeit mit Auslaufbechern (ISO 2431 : 1993, einschließlich Technische Korrektur 1 : 1994); Deutsche Fassung EN ISO 2431 : 1996
DIN EN ISO 2808	1999-10	Beschichtungsstoffe – Bestimmung der Schichtdicke (ISO 2808 : 1997); Deutsche Fassung EN ISO 2808 : 1999
DIN EN ISO 2812-1	1994-10	Lacke und Anstrichstoffe – Bestimmung der Beständigkeit gegen Flüssigkeiten – Teil 1: Allgemeine Verfahren (ISO 2812-1 : 1993); Deutsche Fassung EN ISO 2812-1 : 1994
DIN EN ISO 2812-2	1995-01	Lacke und Anstrichstoffe – Bestimmung der Beständigkeit gegen Flüssigkeiten – Teil 2: Verfahren mit Eintauchen in Wasser (ISO 2812-2 : 1993); Deutsche Fassung EN ISO 2812-2 : 1994
DIN EN ISO 2813	1999-06	Beschichtungsstoffe – Bestimmung des Reflektometerwertes von Beschichtungen (außer Metallic-Beschichtungen) unter 20°, 60° und 85° (ISO 2813 : 1994, einschließlich Technische Korrektur 1 : 1997); Deutsche Fassung EN ISO 2813 : 1999
DIN EN ISO 2815	1998-06	Beschichtungsstoffe – Eindruckversuch nach Buchholz (ISO 2815 : 1973); Deutsche Fassung EN ISO 2815 : 1998
DIN EN ISO 3219	1994-10	Kunststoffe – Polymere/Harze in flüssigem, emulgiertem oder dispergiertem Zustand – Bestimmung der Viskosität mit einem Rotationsviskosimeter bei definiertem Geschwindigkeitsgefälle (ISO 3219 : 1993); Deutsche Fassung EN ISO 3219 : 1994
DIN EN ISO 3231	1998-02	Beschichtungsstoffe – Bestimmung der Beständigkeit gegen feuchte, Schwefeldioxid enthaltende Atmosphären (ISO 3231 : 1993); Deutsche Fassung EN ISO 3231 : 1997
DIN EN ISO 3251	1995-09	Lacke und Anstrichstoffe – Bestimmung des nichtflüchtigen Anteils von Lacken, Anstrichstoffen und Bindemitteln für Lacke und Anstrichstoffe (ISO 3251 : 1993); Deutsche Fassung EN ISO 3251 : 1995
DIN EN ISO 3678	1995-04	Lacke und Anstrichstoffe – Prüfung auf Abdruckfestigkeit (ISO 3678 : 1976); Deutsche Fassung EN ISO 3678 : 1995
DIN EN ISO 3892	1996-09	Konversionsschichten auf metallischen Werkstoffen – Bestimmung der flächenbezogenen Masse der Schichten – Gravimetrische Verfahren (ISO 3892 : 1980); Deutsche Fassung EN ISO 3892 : 1994

Dokument	Ausgabe	Titel

DIN EN ISO 4622   1994-10   Lacke und Anstrichstoffe – Druckprüfung zur Bestimmung der Stapelfähigkeit (ISO 4622 : 1992); Deutsche Fassung EN ISO 4622 : 1994

DIN EN ISO 4623   1995-04   Lacke und Anstrichstoffe – Filiform-Korrosionsprüfung auf Stahl (ISO 4623 : 1984); Deutsche Fassung EN ISO 4623 : 1995

DIN EN ISO 6270   1995-05   Lacke und Anstrichstoffe – Bestimmung der Beständigkeit gegen Feuchtigkeit (kontinuierliche Kondensation) (ISO 6270 : 1980); Deutsche Fassung EN ISO 6270 : 1995

DIN EN ISO 6272   1994-10   Lacke und Anstrichstoffe – Prüfung durch fallendes Gewichtsstück (ISO 6272 : 1993); Deutsche Fassung EN ISO 6272 : 1994

DIN EN ISO 6860   1995-04   Lacke und Anstrichstoffe – Dornbiegeversuch (mit konischem Dorn) (ISO 6860 : 1984); Deutsche Fassung EN ISO 6860 : 1995

DIN EN ISO 8130-9   1999-07   Pulverlacke – Teil 9: Probenahme (ISO 8130-9 : 1992); Deutsche Fassung EN ISO 8130-9 : 1999

DIN EN ISO 9514   1994-10   Lacke und Anstrichstoffe – Bestimmung der Topfzeit von flüssigen Systemen – Vorbereitung und Konditionierung von Proben und Richtlinien für die Prüfung (ISO 9514 : 1992); Deutsche Fassung EN ISO 9514 : 1994

DIN EN ISO 11341   1998-02   Beschichtungsstoffe – Künstliches Bewittern und künstliches Bestrahlen – Beanspruchung durch gefilterte Xenonbogenstrahlung (ISO 11341 : 1994); Deutsche Fassung EN ISO 11341 : 1997

DIN EN ISO 12944-5   1998-07   Beschichtungsstoffe – Korrosionsschutz von Stahlbauten durch Beschichtungssysteme – Teil 5: Beschichtungssysteme (ISO 12944-5 : 1998); Deutsche Fassung EN ISO 12944-5 : 1998

DIN EN ISO 12944-6   1998-07   Beschichtungsstoffe – Korrosionsschutz von Stahlbauten durch Beschichtungssysteme – Teil 6: Laborprüfungen zur Bewertung von Beschichtungssystemen (ISO 12944-6 : 1998); Deutsche Fassung EN ISO 12944-6 : 1998

DIN EN ISO 12944-7   1998-07   Beschichtungsstoffe – Korrosionsschutz von Stahlbauten durch Beschichtungssysteme – Teil 7: Ausführung und Überwachung der Beschichtungsarbeiten (ISO 12944-7 : 1998); Deutsche Fassung EN ISO 12944-7 : 1998

DIN ISO 1516   1987-06   Lacke, Anstrichstoffe, Mineralöl und ähnliche Erzeugnisse; Bestimmung der Gefahrklasse durch den Flammpunkt; Verfahren mit geschlossenem Tiegel; Identisch mit ISO 1516, Ausgabe 1981

E DIN ISO 1522   1996-06   Lacke und Anstrichstoffe – Pendeldämpfungsprüfung (ISO/DIS 1522 : 1996)

DIN ISO 3248   1981-05   Anstrichstoffe; Bestimmung der Auswirkung von Wärme

Dokument	Ausgabe	Titel
E DIN ISO 3668	1996-06	Lacke und Anstrichstoffe – Visueller Vergleich der Farbe von Beschichtungsstoffen (Farbabmusterung) (ISO/DIS 3668 : 1996)
E DIN ISO 4628-1	1997-09	Beschichtungsstoffe – Beurteilung von Beschichtungsschäden; Bewertung der Menge und Größe von Schäden und der Intensität von Veränderungen – Teil 1: Allgemeine Grundsätze und Bewertungssystem (ISO/CD 4628-1 : 1997)
E DIN ISO 4628-2	1997-09	Beschichtungsstoffe – Beurteilung von Beschichtungsschäden; Bewertung der Menge und Größe von Schäden und der Intensität von Veränderungen – Teil 2: Bewertung des Blasengrades (ISO/CD 4628-2 : 1997)
E DIN ISO 4628-3	1997-09	Beschichtungsstoffe – Beurteilung von Beschichtungsschäden; Bewertung der Menge und Größe von Schäden und der Intensität von Veränderungen – Teil 3: Bewertung des Rostgrades (ISO/CD 4628-3 : 1997)
DIN ISO 4628-4	1986-12	Lacke, Anstrichstoffe und ähnliche Beschichtungsstoffe; Bezeichnung des Grades der Rißbildung von Beschichtungen; Identisch mit ISO 4628/4, Ausgabe 1982
E DIN ISO 4628-4	1997-09	Beschichtungsstoffe – Beurteilung von Beschichtungsschäden; Bewertung der Menge und Größe von Schäden und der Intensität von Veränderungen – Teil 4: Bewertung des Rißgrades (ISO/CD 4628-4 : 1997)
DIN ISO 4628-5	1986-12	Lacke, Anstrichstoffe und ähnliche Beschichtungsstoffe; Bezeichnung des Grades des Abblätterns von Beschichtungen; Identisch mit ISO 4628/5, Ausgabe 1982
E DIN ISO 4628-5	1997-09	Beschichtungsstoffe – Beurteilung von Beschichtungsschäden; Bewertung der Menge und Größe von Schäden und der Intensität von Veränderungen – Teil 5: Bewertung des Abblätterungsgrades (ISO/CD 4628-5 : 1997)
E DIN ISO 4628-6	1998-04	Beschichtungsstoffe – Beurteilung von Beschichtungsschäden; Bewertung von Ausmaß, Menge und Größe von Schäden – Teil 6: Bewertung des Kreidungsgrades nach dem Klebebandverfahren (ISO 4628-6 : 1990)
E DIN ISO 7253	1998-09	Beschichtungsstoffe – Bestimmung der Beständigkeit gegen neutralen Salzsprühnebel (ISO 7253 : 1996)

10 Rauheit, Oberflächengestalt

DIN 4760	1982-06	Gestaltabweichungen; Begriffe, Ordnungssystem
DIN 4765	1974-03	Bestimmen des Flächentraganteils von Oberflächen; Begriffe
DIN 4766-1	1981-03	Herstellverfahren der Rauheit von Oberflächen; Erreichbare gemittelte Rauhtiefe R_z nach DIN 4768 Teil 1
DIN 4766-2	1981-03	Herstellverfahren der Rauheit von Oberflächen; Erreichbare Mittenrauhwerte R_a nach DIN 4768 Teil 1

Dokument	Ausgabe	Titel
DIN 4769-4	1974-07	Oberflächen-Vergleichsmuster; Gestrahlte Metalloberflächen
DIN EN ISO 3274	1998-04	Geometrische Produktspezifikationen (GPS) – Oberflächenbeschaffenheit: Tastschnittverfahren – Nenneigenschaften von Tastschnittgeräten (ISO 3274 : 1996); Deutsche Fassung EN ISO 3274 : 1997
DIN EN ISO 4287	1998-10	Geometrische Produktspezifikationen (GPS) – Oberflächenbeschaffenheit: Tastschnittverfahren – Benennungen, Definitionen und Kenngrößen der Oberflächenbeschaffenheit (ISO 4287 : 1997); Deutsche Fassung EN ISO 4287 : 1998
DIN EN ISO 4288	1998-04	Geometrische Produktspezifikation (GPS) – Oberflächenbeschaffenheit: Tastschnittverfahren – Regeln und Verfahren für die Beurteilung der Oberflächenbeschaffenheit (ISO 4288 : 1996); Deutsche Fassung EN ISO 4288 : 1997
DIN EN ISO 8503-1	1995-08	Vorbereitung von Stahloberflächen vor dem Auftragen von Beschichtungsstoffen – Rauheitskenngrößen von gestrahlten Stahloberflächen – Teil 1: Anforderungen und Begriffe für ISO-Rauheitsvergleichsmuster zur Beurteilung gestrahlter Oberflächen (ISO 8503-1 : 1988); Deutsche Fassung EN ISO 8503-1 : 1995
DIN EN ISO 8503-2	1995-08	Vorbereitung von Stahloberflächen vor dem Auftragen von Beschichtungsstoffen – Rauheitskenngrößen von gestrahlten Stahloberflächen – Teil 2: Verfahren zur Prüfung der Rauheit von gestrahltem Stahl; Vergleichsmusterverfahren (ISO 8503-2 : 1988); Deutsche Fassung EN ISO 8503-2 : 1995
DIN EN ISO 8503-3	1995-08	Vorbereitung von Stahloberflächen vor dem Auftragen von Beschichtungsstoffen – Rauheitskenngrößen von gestrahlten Stahloberflächen – Teil 3: Verfahren zur Kalibrierung von ISO-Rauheitsvergleichsmustern und zur Bestimmung der Rauheit; Mikroskopverfahren (ISO 8503-3 : 1988); Deutsche Fassung EN ISO 8503-3 : 1995
DIN EN ISO 8503-4	1995-08	Vorbereitung von Stahloberflächen vor dem Auftragen von Beschichtungsstoffen – Rauheitskenngrößen von gestrahlten Stahloberflächen – Teil 4: Verfahren zur Kalibrierung von ISO-Rauheitsvergleichsmustern und zur Bestimmung der Rauheit; Tastschnittverfahren (ISO 8503-4 : 1988); Deutsche Fassung EN ISO 8503-4 : 1995
DIN EN ISO 8785	1999-10	Geometrische Produktspezifikation (GPS) – Oberflächenunvollkommenheiten – Begriffe, Definitionen und Kenngrößen (ISO 8785 : 1998); Deutsche Fassung EN ISO 8785 : 1999
DIN EN ISO 12085	1998-05	Geometrische Produktspezifikationen (GPS) – Oberflächenbeschaffenheit: Tastschnittverfahren – Motifkenngrößen (ISO 12085 : 1996); Deutsche Fassung EN ISO 12085 : 1997

Dokument	Ausgabe	Titel
E DIN EN ISO 12179	1998-07	Geometrische Produktspezifikationen (GPS) – Oberflächenbeschaffenheit: Tastschnittverfahren – Kalibrierung von Tastschnittgeräten (ISO/DIS 12179 : 1998); Deutsche Fassung prEN ISO 12179 : 1998
DIN EN ISO 13565-1	1998-04	Geometrische Produktspezifikationen (GPS) – Oberflächenbeschaffenheit: Tastschnittverfahren – Oberflächen mit plateauartigen funktionsrelevanten Eigenschaften – Teil 1: Filterung und allgemeine Meßbedingungen (ISO 13565-1 : 1996); Deutsche Fassung EN ISO 13565-1 : 1997
DIN EN ISO 13565-2	1998-04	Geometrische Produktspezifikationen (GPS) – Oberflächenbeschaffenheit: Tastschnittverfahren – Oberflächen mit plateauartigen funktionsrelevanten Eigenschaften – Teil 2: Beschreibung der Höhe mittels linearer Darstellung der Materialanteilkurve (ISO 13565-2 : 1996); Deutsche Fassung EN ISO 13565-2 : 1997

11 Korrosionsprüfung, Klima

DIN 3979	1979-07	Zahnschäden an Zahnradgetrieben; Bezeichnung, Merkmale, Ursachen
DIN 31661	1983-12	Gleitlager; Begriffe, Merkmale und Ursachen von Veränderungen und Schäden
DIN V 40046-37	1987-03	Elektrotechnik; Grundlegende Umweltprüfverfahren; Prüfung Ky: Hydrogensulfid (Schwefelwasserstoff) H_2S für elektrische Kontakte und Verbindungen
DIN 50008-1	1981-02	Klimate und ihre technische Anwendung; Konstantklimate über wäßrigen Lösungen; Gesättigte Salzlösungen, Glycerinlösungen
DIN 50008-2	1981-07	Klimate und ihre technische Anwendung; Konstantklimate über wäßrigen Lösungen; Schwefelsäurelösungen
DIN 50010-1	1977-10	Klimate und ihre technische Anwendung; Klimabegriffe, Allgemeine Klimabegriffe
DIN 50010-2	1981-08	Klimate und ihre technische Anwendung; Klimabegriffe, Physikalische Begriffe
DIN 50011-12	1987-09	Klimate und ihre technische Anwendung; Klimaprüfeinrichtungen; Klimagröße; Lufttemperatur
DIN 50012-1	1986-01	Klimate und ihre technische Anwendung; Luftfeuchte-Meßverfahren; Allgemeines
DIN 50012-2	1986-01	Klimate und ihre technische Anwendung; Luftfeuchte-Meßverfahren; Psychrometer
DIN 50012-3	1986-01	Klimate und ihre technische Anwendung; Luftfeuchte-Meßverfahren; Haarhygrometer
DIN 50012-4	1986-01	Klimate und ihre technische Anwendung; Luftfeuchte-Meßverfahren; Taupunktspiegel-Hygrometer
DIN 50012-5	1988-11	Klimate und ihre technische Anwendung; Luftfeuchte-Meßverfahren; LiCl-Hygrometer

Dokument	Ausgabe	Titel
DIN 50013	1979-06	Klimate und ihre technische Anwendung; Vorzugstemperaturen
DIN 50014	1985-07	Klimate und ihre technische Anwendung; Normalklimate
DIN 50015	1975-08	Klimate und ihre technische Anwendung; Konstante Prüfklimate
DIN 50016	1962-12	Werkstoff-, Bauelemente- und Geräteprüfung; Beanspruchung im Feucht-Wechselklima
DIN 50017	1982-10	Klimate und ihre technische Anwendung; Kondenswasser-Prüfklimate
DIN 50018	1997-06	Prüfung im Kondenswasser-Wechselklima mit schwefeldioxidhaltiger Atmosphäre
DIN 50021	1988-06	Sprühnebelprüfungen mit verschiedenen Natriumchlorid-Lösungen
DIN 50905-1	1987-01	Korrosion der Metalle; Korrosionsuntersuchungen; Grundsätze
DIN 50905-2	1987-01	Korrosion der Metalle; Korrosionsuntersuchungen; Korrosionsgrößen bei gleichmäßiger Flächenkorrosion
DIN 50905-3	1987-01	Korrosion der Metalle; Korrosionsuntersuchungen; Korrosionsgrößen bei ungleichmäßiger und örtlicher Korrosion ohne mechanische Belastung
DIN 50905-4	1987-01	Korrosion der Metalle; Korrosionsuntersuchungen; Durchführung von chemischen Korrosionsversuchen ohne mechanische Belastung in Flüssigkeiten im Laboratorium
DIN 50918	1978-06	Korrosion der Metalle; Elektrochemische Korrosionsuntersuchungen
DIN 50919	1984-02	Korrosion der Metalle; Korrosionsuntersuchungen der Kontaktkorrosion in Elektrolytlösungen
DIN 50920-1	1985-10	Korrosion der Metalle; Korrosionsuntersuchungen in strömenden Flüssigkeiten; Allgemeines
DIN 50922	1985-10	Korrosion der Metalle; Untersuchung der Beständigkeit von metallischen Werkstoffen gegen Spannungsrißkorrosion; Allgemeines
DIN 50928	1985-09	Korrosion der Metalle; Prüfung und Beurteilung des Korrosionsschutzes beschichteter metallischer Werkstoffe bei Korrosionsbelastung durch wäßrige Korrosionsmedien
DIN 50930-1	1993-02	Korrosion der Metalle; Korrosion metallischer Werkstoffe im Innern von Rohrleitungen, Behältern und Apparaten bei Korrosionsbelastung durch Wässer; Allgemeines
DIN 50930-2	1993-02	Korrosion der Metalle; Korrosion metallischer Werkstoffe im Innern von Rohrleitungen, Behältern und Apparaten bei Korrosionsbelastung durch Wässer; Beurteilung der Korrosionswahrscheinlichkeit unlegierter und niedriglegierter Eisenwerkstoffe

Dokument	Ausgabe	Titel
DIN 50930-3	1993-02	Korrosion der Metalle; Korrosion metallischer Werkstoffe im Innern von Rohrleitungen, Behältern und Apparaten bei Korrosionsbelastung durch Wässer; Beurteilung der Korrosionswahrscheinlichkeit feuerverzinkter Eisenwerkstoffe
DIN 50930-4	1993-02	Korrosion der Metalle; Korrosion metallischer Werkstoffe im Innern von Rohrleitungen, Behältern und Apparaten bei Korrosionsbelastung durch Wässer; Beurteilung der Korrosionswahrscheinlichkeit nichtrostender Stähle
DIN 50930-5	1993-02	Korrosion der Metalle; Korrosion metallischer Werkstoffe im Innern von Rohrleitungen, Behältern und Apparaten bei Korrosionsbelastung durch Wässer; Beurteilung der Korrosionswahrscheinlichkeit von Kupfer und Kupferwerkstoffen
DIN 50931-1	1999-11	Korrosion der Metalle – Korrosionversuche mit Trinkwässern – Teil 1: Prüfung der Veränderung der Trinkwasserbeschaffenheit
E DIN 50934-1	1997-08	Korrosion der Metalle – Verfahren zur Beurteilung der Wirksamkeit von Wasserbehandlungsanlagen zum Korrosionsschutz – Teil 1: Allgemeines
E DIN 50934-2	1998-05	Korrosion der Metalle – Verfahren zur Beurteilung der Wirksamkeit von Wasserbehandlungsanlagen zum Korrosionsschutz – Teil 2: Anlagen zur Verminderung der Abgabe von Korrosionsprodukten an das Trinkwasser
DIN 50938	1987-11	Brünieren von Gegenständen aus Eisenwerkstoffen; Verfahrensgrundsätze, Prüfverfahren
DIN 50939	1996-09	Korrosionsschutz – Chromatieren von Aluminium – Verfahrensgrundsätze und Prüfverfahren
DIN 50942	1996-09	Phosphatieren von Metallen – Verfahrensgrundsätze, Prüfverfahren
DIN 50959	1982-04	Galvanische Überzüge; Hinweise auf das Korrosionsverhalten galvanischer Überzüge auf Eisenwerkstoffen unter verschiedenen Klimabeanspruchungen
DIN 52168-1	1980-11	Prüfung von Holzschutzmitteln; Bestimmung der Korrosionswirkung auf Metalle, Holzschutzmittel im flüssigen oder gelösten Zustand
DIN 53167	1985-12	Lacke, Anstrichstoffe und ähnliche Beschichtungsstoffe; Salzsprühnebelprüfung an Beschichtungen
DIN EN 990	1995-09	Prüfverfahren zur Überprüfung des Korrosionsschutzes der Bewehrung in dampfgehärtetem Porenbeton und in haufwerksporigem Leichtbeton; Deutsche Fassung EN 990 : 1995
DIN EN ISO 1462	1995-04	Metallische Überzüge – Andere als gegenüber dem Grundmetall anodische Überzüge – Beschleunigte Korrosionsprüfungen, Verfahren zur Auswertung der Ergebnisse (ISO 1462 : 1973); Deutsche Fassung EN ISO 1462 : 1995

Dokument	Ausgabe	Titel
DIN EN ISO 3231	1998-02	Beschichtungsstoffe – Bestimmung der Beständigkeit gegen feuchte, Schwefeldioxid enthaltende Atmosphären (ISO 3231 : 1993); Deutsche Fassung EN ISO 3231 : 1997
DIN EN ISO 3651-1	1998-08	Ermittlung der Beständigkeit nichtrostender Stähle gegen interkristalline Korrosion – Teil 1: Nichtrostende austenitische und ferritisch-austenitische (Duplex)-Stähle; Korrosionsversuch in Salpetersäure durch Messung des Massenverlustes (Huey-Test) (ISO 3651-1 : 1998); Deutsche Fassung EN ISO 3651-1 : 1998
DIN EN ISO 3651-2	1998-08	Ermittlung der Beständigkeit nichtrostender Stähle gegen interkristalline Korrosion – Teil 2: Nichtrostende austenitische und ferritisch-austenitische (Duplex)-Stähle; Korrosionsversuch in schwefelsäurehaltigen Medien (ISO 3651-2 : 1998); Deutsche Fassung EN ISO 3651-2 : 1998
DIN EN ISO 3892	1996-09	Konversionsschichten auf metallischen Werkstoffen – Bestimmung der flächenbezogenen Masse der Schichten – Gravimetrische Verfahren (ISO 3892 : 1980); Deutsche Fassung EN ISO 3892 : 1994
DIN EN ISO 4540	1995-05	Metallische Überzüge – Überzüge, die gegenüber dem Grundwerkstoff kathodisch sind – Bewertung der Proben nach der Korrosionsprüfung (ISO 4540 : 1980); Deutsche Fassung EN ISO 4540 : 1995
DIN EN ISO 4541	1995-01	Metallische und andere anorganische Überzüge – Corrodkote-Korrosionsprüfung (CORR Test) (ISO 4541 : 1978); Deutsche Fassung EN ISO 4541 : 1994
DIN EN ISO 4623	1995-04	Lacke und Anstrichstoffe – Filiform-Korrosionsprüfung auf Stahl (ISO 4623 : 1984); Deutsche Fassung EN ISO 4623 : 1995
DIN EN ISO 6270	1995-05	Lacke und Anstrichstoffe – Bestimmung der Beständigkeit gegen Feuchtigkeit (kontinuierliche Kondensation) (ISO 6270 : 1980); Deutsche Fassung EN ISO 6270 : 1995
DIN EN ISO 6988	1997-03	Metallische und andere anorganische Überzüge – Prüfung mit Schwefeldioxid unter allgemeiner Feuchtigkeitskondensation (ISO 6988 : 1985); Deutsche Fassung EN ISO 6988 : 1994
DIN EN ISO 7384	1995-04	Korrosionsprüfungen in künstlicher Atmosphäre – Allgemeine Anforderungen (ISO 7384 : 1986); Deutsche Fassung EN ISO 7384 : 1995
DIN EN ISO 8565	1995-05	Metalle und Legierungen – Korrosionsversuche in der Atmosphäre – Allgemeine Anforderungen an Freibewitterungsversuche (ISO 8565 : 1992); Deutsche Fassung EN ISO 8565 : 1995
DIN EN ISO 10062	1995-05	Korrosionsprüfungen in künstlicher Atmosphäre mit sehr niedrigen Konzentrationen von Schadgasen (ISO 10062 : 1991); Deutsche Fassung EN ISO 10062 : 1995

Dokument	Ausgabe	Titel
DIN EN ISO 11306	1998-04	Korrosion von Metallen und Legierungen – Richtlinien für die Auslagerung von Metallen und Legierungen in oberflächennahem Meerwasser und für die Auswertung (ISO 11306 : 1998); Deutsche Fassung EN ISO 11306 : 1998
DIN EN ISO 12944-6	1998-07	Beschichtungsstoffe – Korrosionsschutz von Stahlbauten durch Beschichtungssysteme – Teil 6: Laborprüfungen zur Bewertung von Beschichtungssystemen (ISO 12944-6 : 1998); Deutsche Fassung EN ISO 12944-6 : 1998
E DIN ISO 4628-1	1997-09	Beschichtungsstoffe – Beurteilung von Beschichtungsschäden; Bewertung der Menge und Größe von Schäden und der Intensität von Veränderungen – Teil 1: Allgemeine Grundsätze und Bewertungssystem (ISO/CD 4628-1 : 1997)
E DIN ISO 4628-2	1997-09	Beschichtungsstoffe – Beurteilung von Beschichtungsschäden; Bewertung der Menge und Größe von Schäden und der Intensität von Veränderungen – Teil 2: Bewertung des Blasengrades (ISO/CD 4628-2 : 1997)
E DIN ISO 4628-3	1997-09	Beschichtungsstoffe – Beurteilung von Beschichtungsschäden; Bewertung der Menge und Größe von Schäden und der Intensität von Veränderungen – Teil 3: Bewertung des Rostgrades (ISO/CD 4628-3 : 1997)
DIN ISO 4628-4	1986-12	Lacke, Anstrichstoffe und ähnliche Beschichtungsstoffe; Bezeichnung des Grades der Rißbildung von Beschichtungen; Identisch mit ISO 4628/4, Ausgabe 1982
E DIN ISO 4628-4	1997-09	Beschichtungsstoffe – Beurteilung von Beschichtungsschäden; Bewertung der Menge und Größe von Schäden und der Intensität von Veränderungen – Teil 4: Bewertung des Rißgrades (ISO/CD 4628-4 : 1997)
DIN ISO 4628-5	1986-12	Lacke, Anstrichstoffe und ähnliche Beschichtungsstoffe; Bezeichnung des Grades des Abblätterns von Beschichtungen; Identisch mit ISO 4628/5, Ausgabe 1982
E DIN ISO 4628-5	1997-09	Beschichtungsstoffe – Beurteilung von Beschichtungsschäden; Bewertung der Menge und Größe von Schäden und der Intensität von Veränderungen – Teil 5: Bewertung des Abblätterungsgrades (ISO/CD 4628-5 : 1997)
E DIN ISO 4628-6	1998-04	Beschichtungsstoffe – Beurteilung von Beschichtungsschäden; Bewertung von Ausmaß, Menge und Größe von Schäden – Teil 6: Bewertung des Kreidungsgrades nach dem Klebebandverfahren (ISO 4628-6 : 1990)
E DIN ISO 7253	1998-09	Beschichtungsstoffe – Bestimmung der Beständigkeit gegen neutralen Salzsprühnebel (ISO 7253 : 1996)

12 Kennfarben, Sicherheitsfarben

DIN 1843	1974-12	Werkzeugmaschinen; Anstrich von Maschinen, Grau
DIN 1844	1974-12	Werkzeugmaschinen; Anstrich von Maschinen, Grün

Dokument	Ausgabe	Titel
DIN 2403	1984-03	Kennzeichnung von Rohrleitungen nach dem Durchflußstoff
DIN 2404	1942-12	Kennfarben für Heizungsrohrleitungen
DIN 4844-1	1980-05	Sicherheitskennzeichnung; Begriffe, Grundsätze und Sicherheitszeichen
E DIN 4844-1	1999-10	Sicherheitskennzeichnung – Teil 1: Maße, Erkennungsweiten
DIN 4844-2	1982-11	Sicherheitskennzeichnung; Sicherheitsfarben
E DIN 4844-2	1999-10	Sicherheitskennzeichnung – Teil 2: Darstellung von Sicherheitszeichen
DIN 4844-3	1985-10	Sicherheitskennzeichnung; Ergänzende Festlegungen zu DIN 4844 Teil 1 und Teil 2
DIN 5381	1985-02	Kennfarben
DIN 6171-1	1989-03	Aufsichtfarben für Verkehrszeichen; Farben und Farbgrenzen bei Beleuchtung mit Tageslicht
DIN 30710	1990-03	Sicherheitskennzeichnung von Fahrzeugen und Geräten
DIN 43656	1979-01	Elektrische Innenraum-Schaltanlagen und Hochspannungs-Schaltgeräte bis 36 kV; Farbgebung
E DIN ISO 3864-1	1999-04	Sicherheitsfarben und Sicherheitszeichen – Teil 1: Sicherheitszeichen an Arbeitsstätten und in öffentlichen Bereichen – Gestaltungsgrundsätze (ISO/DIS 3864-1 : 1999)

13 Bauwesen, Verdingungsordnung für Bauleistungen

Dokument	Ausgabe	Titel
DIN 1045	1988-07	Beton und Stahlbeton; Bemessung und Ausführung
DIN 1045/A1	1996-12	Beton und Stahlbeton – Bemessung und Ausführung; Änderungen
E DIN 1045-1	1997-02	Tragwerke aus Beton, Stahlbeton und Spannbeton – Teil 1: Bemessung und Konstruktion
E DIN 1045-2	1999-07	Tragwerke aus Beton, Stahlbeton und Spannbeton – Teil 2: Beton – Leistungsbeschreibung, Eigenschaften, Herstellung und Übereinstimmung
E DIN 1045-3	1999-02	Tragwerke aus Beton, Stahlbeton und Spannbeton – Teil 3: Bauausführung
DIN 1960	1992-12	VOB Verdingungsordnung für Bauleistungen – Teil A: Allgemeine Bestimmungen für die Vergabe von Bauleistungen
DIN 1961	1998-05	VOB Verdingungsordnung für Bauleistungen – Teil B: Allgemeine Vertragsbedingungen für die Ausführung von Bauleistungen
DIN 4102-1	1998-05	Brandverhalten von Baustoffen und Bauteilen – Teil 1: Baustoffe; Begriffe, Anforderungen und Prüfungen
DIN 4102-1 Ber 1	1998-08	Berichtigung zu DIN 4102-1 : 1998-05
DIN 4102-2	1977-09	Brandverhalten von Baustoffen und Bauteilen; Bauteile; Begriffe, Anforderungen und Prüfungen

Dokument	Ausgabe	Titel
DIN 4102-3	1977-09	Brandverhalten von Baustoffen und Bauteilen; Brandwände und nichttragende Außenwände; Begriffe, Anforderungen und Prüfungen
DIN 4102-4	1994-03	Brandverhalten von Baustoffen und Bauteilen; Zusammenstellung und Anwendung klassifizierter Baustoffe, Bauteile und Sonderbauteile
DIN 4102-4 Ber 1	1995-05	Berichtigungen zu DIN 4102-4 : 1994-03
DIN 4102-4 Ber 2	1996-04	Berichtigungen zu DIN 4102-4 : 1994-03
DIN 4102-4 Ber 3	1998-09	Berichtigungen zu DIN 4102-4 : 1994-03
DIN 4102-5	1977-09	Brandverhalten von Baustoffen und Bauteilen; Feuerschutzabschlüsse, Abschlüsse in Fahrschachtwänden und gegen Feuer widerstandsfähige Verglasungen; Begriffe; Anforderungen und Prüfungen
DIN 4102-6	1977-09	Brandverhalten von Baustoffen und Bauteilen; Lüftungsleitungen; Begriffe, Anforderungen und Prüfungen
DIN 4102-7	1998-07	Brandverhalten von Baustoffen und Bauteilen – Teil 7: Bedachungen; Begriffe; Anforderungen und Prüfungen
DIN 4102-8	1986-05	Brandverhalten von Baustoffen und Bauteilen; Kleinprüfstand
DIN 4102-9	1990-05	Brandverhalten von Baustoffen und Bauteilen; Kabelabschottungen; Begriffe, Anforderungen und Prüfungen
DIN 4102-11	1985-12	Brandverhalten von Baustoffen und Bauteilen; Rohrummantelungen, Rohrabschottungen, Installationsschächte und -kanäle sowie Abschlüsse ihrer Revisionsöffnungen; Begriffe, Anforderungen und Prüfungen
DIN 4102-12	1998-11	Brandverhalten von Baustoffen und Bauteilen – Teil 12: Funktionserhalt von elektrischen Kabelanlagen; Anforderungen und Prüfungen
DIN 4102-13	1990-05	Brandverhalten von Baustoffen und Bauteilen; Brandschutzverglasungen; Begriffe, Anforderungen und Prüfungen
DIN 4102-14	1990-05	Brandverhalten von Baustoffen und Bauteilen; Bodenbeläge und Bodenbeschichtungen; Bestimmung der Flammenausbreitung bei Beanspruchung mit einem Wärmestrahler
DIN 4102-15	1990-05	Brandverhalten von Baustoffen und Bauteilen; Brandschacht
DIN 4102-16	1998-05	Brandverhalten von Baustoffen und Bauteilen – Teil 16: Durchführung von Brandschachtprüfungen
DIN 4108 Bbl 1	1982-04	Wärmeschutz im Hochbau; Inhaltsverzeichnisse, Stichwortverzeichnis
DIN 4108 Bbl 2	1998-08	Wärmeschutz und Energie-Einsparung in Gebäuden – Wärmebrücken – Planungs- und Ausführungsbeispiele
DIN 4108-1	1981-08	Wärmeschutz im Hochbau; Größen und Einheiten

Dokument	Ausgabe	Titel
DIN 4108-2	1981-08	Wärmeschutz im Hochbau; Wärmedämmung und Wärmespeicherung; Anforderungen und Hinweise für Planung und Ausführung
E DIN 4108-2	1999-06	Wärmeschutz und Energie-Einsparung in Gebäuden – Teil 2: Mindestanforderungen an den Wärmeschutz
DIN 4108-3	1981-08	Wärmeschutz im Hochbau; Klimabedingter Feuchteschutz; Anforderungen und Hinweise für Planung und Ausführung
E DIN 4108-3	1999-07	Wärmeschutz und Energie-Einsparung in Gebäuden – Teil 3: Klimabedingter Feuchteschutz; Anforderungen und Hinweise für Planung und Ausführung
DIN V 4108-4	1998-10	Wärmeschutz und Energie-Einsparung in Gebäuden – Teil 4: Wärme- und feuchteschutztechnische Kennwerte
DIN 4108-5	1981-08	Wärmeschutz im Hochbau; Berechnungsverfahren
DIN V 4108-6	1995-04	Wärmeschutz im Hochbau – Teil 6: Berechnung des Jahresheizwärmebedarfs von Gebäuden
DIN V 4108-7	1996-11	Wärmeschutz im Hochbau – Teil 7: Luftdichtheit von Bauteilen und Anschlüssen; Planungs- und Ausführungsempfehlungen sowie -beispiele
E DIN 4108-20	1995-07	Wärmeschutz im Hochbau – Teil 20: Thermisches Verhalten von Gebäuden; Sommerliche Raumtemperaturen bei Gebäuden ohne Anlagentechnik; Allgemeine Kriterien und Berechnungsalgorithmen (Vorschlag für eine Europäische Norm)
E DIN 4108-21	1995-11	Wärmeschutz im Hochbau – Teil 21: Außenwände von Gebäuden; Luftdurchlässigkeit; Prüfverfahren (Vorschlag für eine Europäische Norm)
DIN 4420-1	1990-12	Arbeits- und Schutzgerüste; Allgemeine Regelungen; Sicherheitstechnische Anforderungen, Prüfungen
DIN 4420-2	1990-12	Arbeits- und Schutzgerüste; Leitergerüste; Sicherheitstechnische Anforderungen
DIN 4420-3	1990-12	Arbeits- und Schutzgerüste; Gerüstbauarten ausgenommen Leiter- und Systemgerüste; Sicherheitstechnische Anforderungen und Regelausführungen
DIN 4420-4	1988-12	Arbeits- und Schutzgerüste aus vorgefertigten Bauteilen (Systemgerüste); Werkstoffe, Gerüstbauteile, Abmessungen, Lastannahmen und sicherheitstechnische Anforderungen; Deutsche Fassung HD 1000 : 1988
DIN 7216	1988-05	Malerspachteln
DIN 18195-1	1983-08	Bauwerksabdichtungen; Allgemeines; Begriffe
E DIN 18195-1	1998-09	Bauwerksabdichtungen – Teil 1: Grundsätze, Definitionen, Zuordnung der Abdichtungsarten
DIN 18195-2	1983-08	Bauwerksabdichtungen; Stoffe
E DIN 18195-2	1998-09	Bauwerksabdichtungen – Teil 2: Stoffe
DIN 18195-3	1983-08	Bauwerksabdichtungen; Verarbeitung der Stoffe

Dokument	Ausgabe	Titel
E DIN 18195-3	1998-09	Bauwerksabdichtungen – Teil 3: Anforderungen an den Untergrund und Verarbeitung der Stoffe
DIN 18195-4	1983-08	Bauwerksabdichtungen; Abdichtungen gegen Bodenfeuchtigkeit; Bemessung und Ausführung
E DIN 18195-4	1998-09	Bauwerksabdichtungen – Teil 4: Abdichtungen gegen Bodenfeuchtigkeit (Kapillarwasser, Haftwasser, Sickerwasser); Bemessung und Ausführung
DIN 18195-5	1984-02	Bauwerksabdichtungen; Abdichtungen gegen nichtdrückendes Wasser; Bemessung und Ausführung
E DIN 18195-5	1998-09	Bauwerksabdichtungen – Teil 5: Abdichtungen gegen nichtdrückendes Wasser; Bemessung und Ausführung
DIN 18195-6	1983-08	Bauwerksabdichtungen; Abdichtungen gegen von außen drückendes Wasser; Bemessung und Ausführung
E DIN 18195-6	1998-09	Bauwerksabdichtungen – Teil 6: Abdichtungen gegen von außen drückendes Wasser; Bemessung und Ausführung
DIN 18195-7	1989-06	Bauwerksabdichtungen; Abdichtungen gegen von innen drückendes Wasser; Bemessung und Ausführung
DIN 18195-8	1983-08	Bauwerksabdichtungen; Abdichtungen über Bewegungsfugen
DIN 18195-9	1986-12	Bauwerksabdichtungen; Durchdringungen, Übergänge, Abschlüsse
DIN 18195-10	1983-08	Bauwerksabdichtungen; Schutzschichten und Schutzmaßnahmen
DIN 18230-1	1998-05	Baulicher Brandschutz im Industriebau – Teil 1: Rechnerisch erforderliche Feuerwiderstandsdauer
DIN 18230-1 Ber 1	1998-12	Berichtigungen zu DIN 18230-1 : 1998-05
DIN V 18230-1 Bbl 1	1989-11	Baulicher Brandschutz im Industriebau; Rechnerisch erforderliche Feuerwiderstandsdauer; Abbrandfaktoren m und Heizwerte
DIN 18230-2	1999-01	Baulicher Brandschutz im Industriebau – Teil 2: Ermittlung des Abbrandverhaltens von Materialien in Lageranordnung – Werte für den Abbrandfaktor m
DIN 18299	1996-06	VOB Verdingungsordnung für Bauleistungen – Teil C: Allgemeine Technische Vertragsbedingungen für Bauleistungen (ATV); Allgemeine Regelungen für Bauarbeiten jeder Art
DIN 18331	1998-05	VOB Verdingungsordnung für Bauleistungen – Teil C: Allgemeine Technische Vertragsbedingungen für Bauleistungen (ATV); Beton- und Stahlbetonarbeiten
DIN 18335	1996-06	VOB Verdingungsordnung für Bauleistungen – Teil C: Allgemeine Technische Vertragsbedingungen für Bauleistungen (ATV); Stahlbauarbeiten
DIN 18360	1998-05	VOB Verdingungsordnung für Bauleistungen – Teil C: Allgemeine Technische Vertragsbedingungen für Bauleistungen (ATV) – Metallbauarbeiten

Dokument	Ausgabe	Titel
DIN 18363	1996-06	VOB Verdingungsordnung für Bauleistungen – Teil C: Allgemeine Technische Vertragsbedingungen für Bauleistungen (ATV); Maler- und Lackierarbeiten
DIN 18364	1996-06	VOB Verdingungsordnung für Bauleistungen – Teil C: Allgemeine Technische Vertragsbedingungen für Bauleistungen (ATV); Korrosionsschutzarbeiten an Stahl- und Aluminiumbauten
DIN 18380	1998-05	VOB Verdingungsordnung für Bauleistungen – Teil C: Allgemeine Technische Vertragsbedingungen für Bauleistungen (ATV) – Heizanlagen und zentrale Wassererwärmungsanlagen
DIN 18421	1998-05	VOB Verdingungsordnung für Bauleistungen – Teil C: Allgemeine Technische Vertragsbedingungen für Bauleistungen (ATV) – Dämmarbeiten an technischen Anlagen
DIN 18451	1998-05	VOB Verdingungsordnung für Bauleistungen – Teil C: Allgemeine Technische Vertragsbedingungen für Bauleistungen (ATV) – Gerüstarbeiten
DIN 18540	1995-02	Abdichten von Außenwandfugen im Hochbau mit Fugendichtstoffen
DIN 18545-1	1992-02	Abdichten von Verglasungen mit Dichtstoffen; Anforderungen an Glasfalze
DIN 18545-2	1995-03	Abdichten von Verglasungen mit Dichtstoffen – Teil 2: Dichtstoffe; Bezeichnung, Anforderungen, Prüfung
E DIN 18545-2	1999-06	Abdichten von Verglasungen mit Dichtstoffen – Teil 2: Dichtstoffe; Bezeichnung, Anforderungen, Prüfung
DIN 18545-3	1992-02	Abdichten von Verglasungen mit Dichtstoffen; Verglasungssysteme
DIN 18550-1	1985-01	Putz; Begriffe und Anforderungen
DIN 18550-2	1985-01	Putz; Putze aus Mörteln mit mineralischen Bindemitteln; Ausführung
DIN 18550-3	1991-03	Putz; Wärmedämmputzsysteme aus Mörteln mit mineralischen Bindemitteln und expandiertem Polystyrol (EPS) als Zuschlag
DIN 18550-4	1993-08	Putz; Leichtputze; Ausführung
DIN 18556	1985-01	Prüfung von Beschichtungsstoffen für Kunstharzputze und von Kunstharzputzen
DIN 18558	1985-01	Kunstharzputze; Begriffe, Anforderungen, Ausführung
DIN 18800-1	1990-11	Stahlbauten; Bemessung und Konstruktion
DIN 18800-1/A1	1996-02	Stahlbauten – Teil 1: Bemessung und Konstruktion; Änderung A1
DIN 18801	1983-09	Stahlhochbau; Bemessung, Konstruktion, Herstellung
DIN 18807-1	1987-06	Trapezprofile im Hochbau; Stahltrapezprofile; Allgemeine Anforderungen, Ermittlung der Tragfähigkeitswerte durch Berechnung
DIN 18807-2	1987-06	Trapezprofile im Hochbau; Stahltrapezprofile; Durchführung und Auswertung von Tragfähigkeitsversuchen

Dokument	Ausgabe	Titel
DIN 18807-3	1987-06	Trapezprofile im Hochbau; Stahltrapezprofile; Festigkeitsnachweis und konstruktive Ausbildung
DIN 18807-6	1995-09	Trapezprofile im Hochbau – Teil 6: Aluminium-Trapezprofile und ihre Verbindungen; Ermittlung der Tragfähigkeitswerte durch Berechnung
DIN 18807-7	1995-09	Trapezprofile im Hochbau – Teil 7: Aluminium-Trapezprofile und ihre Verbindungen; Ermittlung der Tragfähigkeitswerte durch Versuche
DIN 18807-8	1995-09	Trapezprofile im Hochbau – Teil 8: Aluminium-Trapezprofile und ihre Verbindungen; Nachweise der Tragsicherheit und Gebrauchstauglichkeit
DIN 18807-9	1998-06	Trapezprofile im Hochbau – Teil 9: Aluminium-Trapezprofile und ihre Verbindungen; Anwendung und Konstruktion
DIN 18808	1984-10	Stahlbauten; Tragwerke aus Hohlprofilen unter vorwiegend ruhender Beanspruchung
DIN 18809	1987-09	Stählerne Straßen- und Wegbrücken; Bemessung, Konstruktion, Herstellung
DIN 68800-1	1974-05	Holzschutz im Hochbau; Allgemeines
DIN 68800-2	1996-05	Holzschutz – Teil 2: Vorbeugende bauliche Maßnahmen im Hochbau
DIN 68800-3	1990-04	Holzschutz; Vorbeugender chemischer Holzschutz
DIN 68800-4	1992-11	Holzschutz; Bekämpfungsmaßnahmen gegen holzzerstörende Pilze und Insekten
DIN 68800-5	1978-05	Holzschutz im Hochbau; Vorbeugender chemischer Schutz von Holzwerkstoffen
E DIN 68800-5	1990-01	Holzschutz; Vorbeugender chemischer Schutz von Holzwerkstoffen
DIN EN 751-1	1997-05	Dichtmittel für metallene Gewindeverbindungen in Kontakt mit Gasen der 1., 2. und 3. Familie und Heißwasser – Teil 1: Anaerobe Dichtmittel; Deutsche Fassung EN 751-1 : 1996
DIN EN 751-2	1997-08	Dichtmittel für metallene Gewindeverbindungen in Kontakt mit Gasen der 1., 2. und 3. Familie und Heißwasser – Teil 2: Nichtaushärtende Dichtmittel; Deutsche Fassung EN 751-2 : 1996
DIN EN 751-3	1997-08	Dichtmittel für metallene Gewindeverbindungen in Kontakt mit Gasen der 1., 2. und 3. Familie und Heißwasser – Teil 3: Ungesinterte PTFE-Bänder; Deutsche Fassung EN 751-3 : 1996
E DIN EN 13501-2	1999-06	Klassifizierung von Bauprodukten und Bauarten zu ihrem Brandverhalten – Teil 2: Klassifizierung mit den Ergebnissen aus den Feuerwiderstandsprüfungen (mit Ausnahme von Produkten für Lüftungsanlagen); Deutsche Fassung prEN 13501-2 : 1999
DIN EN 26927	1991-05	Hochbau; Fugendichtstoffe; Begriffe (ISO 6927 : 1981); Deutsche Fassung EN 26927 : 1990

Dokument	Ausgabe	Titel

14 Sonstiges

Dokument	Ausgabe	Titel
DIN 24299-2	1981-03	Fabrikschild für Pumpen; Kolben- und Membranpumpen der Oberflächentechnik
DIN 24374-1	1980-05	Oberflächentechnik; Bestimmung der Kennlinien für Pumpen, druckluftgetriebene Kolbenpumpe
DIN 24375	1981-06	Oberflächentechnik; Flachstrahl-Düsen für luftloszerstäubende Spritzpistolen; Maße, Prüfung, Kennzeichnung
DIN 24376	1980-05	Oberflächentechnik; Materialdruckbehälter, Begriffe, Fabrikschild
E DIN 24377	1981-04	Oberflächentechnik; Kennzeichnung, Auswahl, Bestellung und Anwendung von Schläuchen und Schlauchleitungen
DIN EN 1953	1998-12	Spritz- und Sprühgeräte für Beschichtungsstoffe – Sicherheitsanforderungen; Deutsche Fassung EN 1953 : 1998
DIN EN 10130	1999-02	Kaltgewalzte Flacherzeugnisse aus weichen Stählen zum Kaltumformen – Technische Lieferbedingungen (enthält Änderung A1 : 1998); Deutsche Fassung EN 10130 : 1991 + A1 : 1998
DIN EN 10139	1997-12	Kaltband ohne Überzug aus weichen Stählen zum Kaltumformen – Technische Lieferbedingungen; Deutsche Fassung EN 10139 : 1997
DIN EN 10203	1991-08	Kaltgewalztes elektrolytisch verzinntes Weißblech; Deutsche Fassung EN 10203 : 1991
DIN EN 10204	1995-08	Metallische Erzeugnisse – Arten von Prüfbescheinigungen (enthält Änderung A1 : 1995); Deutsche Fassung EN 10204 : 1991 + A1 : 1995
DIN EN 10205	1992-01	Kaltgewalztes Feinstblech in Rollen zur Herstellung von Weißblech oder von elektrolytisch spezialverchromtem Stahl; Deutsche Fassung EN 10205 : 1991
E DIN EN 12215	1996-03	Beschichtungsanlagen – Spritzkabinen für flüssige organische Beschichtungsstoffe – Sicherheitsanforderungen; Deutsche Fassung prEN 12215 : 1995
E DIN EN 12581	1996-12	Beschichtungsanlagen – Tauchbeschichtungsanlagen und elektrophoretische Beschichtungsanlagen für organische flüssige Beschichtungsstoffe – Sicherheitsanforderungen; Deutsche Fassung prEN 12581 : 1996
E DIN EN 13355	1999-01	Beschichtungsanlagen – Kombinierte Spritz- und Trocknungskabinen – Sicherheitsanforderungen; Deutsche Fassung prEN 13355 : 1998
DIN EN 28028	1993-04	Gummi- und/oder Kunststoffschlauchleitungen für das luftfreie Farbspritzen; Spezifikation (ISO 8028 : 1987); Deutsche Fassung EN 28028 : 1993
DIN EN 45001	1990-05	Allgemeine Kriterien zum Betreiben von Prüflaboratorien; Identisch mit EN 45001 : 1989
DIN EN 45002	1990-05	Allgemeine Kriterien zum Begutachten von Prüflaboratorien; Identisch mit EN 45002 : 1989

Dokument	Ausgabe	Titel
DIN EN 45003	1995-05	Akkreditierungssysteme für Kalibrier- und Prüflaboratorien – Allgemeine Anforderungen für Betrieb und Anerkennung (ISO/IEC Leitfaden 58 : 1993); Dreisprachige Fassung EN 45003 : 1995
DIN EN 45004	1995-06	Allgemeine Kriterien für den Betrieb verschiedener Typen von Stellen, die Inspektionen durchführen; Dreisprachige Fassung EN 45004 : 1995
DIN EN 45010	1998-03	Allgemeine Anforderungen an die Begutachtung und Akkreditierung von Zertifizierungsstellen (ISO/IEC Guide 61 : 1996); Dreisprachige Fassung EN 45010 : 1998
DIN EN 45011	1998-03	Allgemeine Anforderungen an Stellen, die Produktzertifizierungssysteme betreiben (ISO/IEC Guide 65 : 1996); Dreisprachige Fassung EN 45011 : 1998
DIN EN 45012	1998-03	Allgemeine Anforderungen an Stellen, die Qualitätsmanagementsysteme begutachten und zertifizieren (ISO/IEC Guide 62 : 1996); Dreisprachige Fassung EN 45012 : 1998
DIN EN 45013	1990-05	Allgemeine Kriterien für Stellen, die Personal zertifizieren; EN 45013 : 1989
DIN EN 45014	1998-03	Allgemeine Kriterien für Komformitätserklärungen von Anbietern (ISO/IEC Guide 22 : 1996); Dreisprachige Fassung EN 45014 : 1998
DIN EN 50144-2-7 (VDE 0740 T 207)	1996-10	Sicherheit handgeführter motorbetriebener Elektrowerkzeuge – Teil 2-7: Besondere Anforderungen für Spritzpistolen; Deutsche Fassung EN 50144-2-7 : 1996
E DIN EN 50144-2-7/AB (VDE 0740 T 207/AB)	1999-02	Sicherheit handgeführter motorbetriebener Elektrowerkzeuge – Teil 2-7: Besondere Anforderungen für Spritzpistolen; Änderung AB; Deutsche Fassung EN 50144-2-7 : 1996/prAB : 1998
DIN EN 50176 (VDE 0147 T 101)	1997-09	Ortsfeste elektrostatische Sprühanlagen für brennbare flüssige Beschichtungsstoffe; Deutsche Fassung EN 50176 : 1996
DIN EN 50177 (VDE 0147 T 102)	1997-09	Ortsfeste elektrostatische Sprühanlagen für brennbare Beschichtungspulver; Deutsche Fassung EN 50177 : 1996
E DIN EN ISO 9000	1999-05	Qualitätsmanagementsysteme – Grundlagen und Begriffe (ISO/CD 9000 : 1999)
DIN EN ISO 9000-1	1994-08	Normen zum Qualitätsmanagement und zur Qualitätssicherung/QM-Darlegung – Teil 1: Leitfaden zur Auswahl und Anwendung (ISO 9000-1 : 1994); Dreisprachige Fassung EN ISO 9000-1 : 1994
DIN EN ISO 9000-3	1998-08	Normen zum Qualitätsmanagement und zur Qualitätssicherung/QM-Darlegung – Teil 3: Leitfaden für die Anwendung von ISO 9001 : 1994 auf Entwicklung, Lieferung, Installation und Wartung von Computer-Software (ISO 9000-3 : 1997); Zweisprachige Fassung EN ISO 9000-3 : 1997
DIN EN ISO 9001	1994-08	Qualitätsmanagementsysteme – Modell zur Qualitätssicherung/QM-Darlegung in Design/Entwicklung, Produktion, Montage und Wartung (ISO 9001 : 1994); Dreisprachige Fassung EN ISO 9001 : 1994

Dokument	Ausgabe	Titel
E DIN EN ISO 9001	1999-05	Qualitätsmanagementsysteme – Forderungen (ISO/CD 9001 : 1999)
DIN EN ISO 9002	1994-08	Qualitätsmanagementsysteme – Modell zur Qualitätssicherung/QM-Darlegung in Produktion, Montage und Wartung (ISO 9002 : 1994); Dreisprachige Fassung EN ISO 9002 : 1994
DIN EN ISO 9003	1994-08	Qualitätsmanagementsysteme – Modell zur Qualitätssicherung/QM-Darlegung bei der Endprüfung (ISO 9003 : 1994); Dreisprachige Fassung EN ISO 9003 : 1994
E DIN EN ISO 9004	1999-05	Qualitätsmanagementsysteme – Leitfaden (ISO/CD 9004 : 1999)
DIN EN ISO 9004-1	1994-08	Qualitätsmanagement und Elemente eines Qualitätsmanagementsystems – Teil 1: Leitfaden (ISO 9004-1 : 1994); Dreisprachige Fassung EN ISO 9004-1 : 1994
DIN VDE 0105-4	1988-09	Betrieb von Starkstromanlagen; Zusatzfestlegungen für ortsfeste elektrostatische Sprühanlagen
DIN VDE 0147-1 (DIN 57147-1/ VDE 0147 T 1)	1983-09	Errichten ortsfester elektrostatischer Sprühanlagen; Allgemeine Festlegungen (VDE-Bestimmung)
DIN VDE 0147-2	1985-08	Errichten ortsfester elektrostatischer Sprühanlagen; Flockmaschinen
DIN VDE 0745-100	1987-01	Elektrische Betriebsmittel für explosionsgefährdete Bereiche; Elektrostatische Handsprüheinrichtungen; Deutsche Fassung EN 50050, Ausgabe 1986
DIN VDE 0745-101	1987-12	Bestimmungen für die Auswahl, Errichtung und Anwendung elektrostatischer Sprühanlagen für brennbare Sprühstoffe; Teil 1: Elektrostatische Handsprüheinrichtungen für flüssige Sprühstoffe mit einer Energiegrenze von 0,24 mJ sowie Zubehör; Deutsche Fassung EN 50053 Teil 1, Ausgabe 1987
DIN VDE 0745-102	1990-09	Bestimmungen für die Auswahl, Errichtung und Anwendung elektrostatischer Sprühanlagen für brennbare Sprühstoffe; Teil 2: Elektrostatische Handsprüheinrichtungen für Pulver mit einer Energiegrenze von 5 mJ sowie Zubehör; Deutsche Fassung EN 50053-2 : 1989
DIN VDE 0745-103	1990-09	Bestimmungen für die Auswahl, Errichtung und Anwendung elektrostatischer Sprühanlagen für brennbare Sprühstoffe; Teil 3: Elektrostatische Handsprüheinrichtungen für Flock mit einer Energiegrenze von 0,24 mJ oder 5 mJ sowie Zubehör; Deutsche Fassung EN 50053-3 : 1989
DIN VDE 0745-200	1992-06	Bestimmungen für elektrostatische Handsprüheinrichtungen für nichtbrennbare Sprühstoffe für Beschichtungen; Deutsche Fassung EN 50059 : 1990

Verzeichnis weiterer technischer Regeln, Verordnungen, Richtlinien und Merkblätter (Auswahl)

Dokument	Ausgabe	Titel
AGI Q 151	01.91	Dämmarbeiten; Korrosionsschutz bei Kälte- und Wärmedämmungen an betriebstechnischen Anlagen
E AGI K 30 TIB	05.94	Korrosionsschutz neuer Stahlbauten – Wirtschaftlichkeitsberechnung
BFS-Merkblatt Nr 4	1994	Zinkstaubbeschichtungen
BFS-Merkblatt Nr 5	03.98	Beschichtungen auf Zink und verzinktem Stahl
BFS-Merkblatt Nr 6	1994	Anstriche auf Bauteilen aus Aluminium
DAST 006	01.80	Überschweißen von Fertigungsbeschichtungen
DAST 010	06.76	Anwendung hochfester Schrauben im Stahlbau
DIN-Fachbericht 28	1990	Prüfung vorbereiteter Stahl- und Beschichtungsoberflächen auf visuell nicht feststellbare Verunreinigungen
DVGW GW 9	03.86	Beurteilung von Böden hinsichtlich ihres Korrosionsverhaltens auf erdverlegte Rohrleitungen und Behälter aus unlegierten und niedriglegierten Eisenwerkstoffen
DVGW GW 10	04.84	Inbetriebnahme und Überwachung des kathodischen Korrosionsschutzes erdverlegter Lagerbehälter und Stahlrohrleitungen
E DVGW GW 10	08.91	Inbetriebnahme und Überwachung des kathodischen Korrosionsschutzes erdverlegter Lagerbehälter und Stahlrohrleitungen
DVGW GW 12	04.84	Planung und Errichtung kathodischer Korrosionsschutzanlagen für erdverlegte Lagerbehälter und Stahlrohrleitungen
DVGW GW 14	11.89	Ausbesserung von Fehlstellen in Korrosionsschutzumhüllungen von Rohren und Rohrleitungsteilen aus Eisenwerkstoffen
DVS 0501	03.76	Prüfen der Porenneigung beim Überschweißen von Fertigungsbeschichtungen auf Stahl
DVS 1147	10.84	DVS-Lehrgang Flammstrahlen
DVS 2301	07.87	Thermische Spritzverfahren für metallische und nichtmetallische Werkstoffe
DVS 2302	11.95	Korrosionsschutz von Stählen und Gußeisenwerkstoffen durch thermisch gespritzte Überzüge
DVS 2303-1	07.91	Zerstörungsfreies Prüfen von thermisch gespritzten Schichten – Schichtdickenmessung
DVS 2303-2	10.95	Zerstörungsfreies Prüfen von thermisch gespritzten Schichten – Prüfen innerer Merkmale
DVS 2303-4	01.99	Zerstörungsfreies Prüfen von thermisch gespritzten Schichten – Zusammenstellung der zerstörungsfreien Prüfverfahren

Dokument	Ausgabe	Titel
DVS 2304	11.88	Gütesicherung beim thermischen Spritzen aufgebrachter Spritzschichten mit Hilfe zerstörender Verfahren
DVS 2306-1	05.75	Grundlehrgang für Flamm- und Metallspritzer
DVS 2306-2	05.75	Aufbaulehrgang für Flammspritzer
DVS 2307-1	01.99	Arbeitsschutz beim Entfetten und Strahlen von Oberflächen zum thermischen Spritzen
DVS 2307-2	08.96	Arbeitsschutz beim Flammspritzen
DVS 2307-3	10.96	Arbeitsschutz beim Lichtbogenspritzen
DVS 2307-4	01.97	Arbeitsschutz beim Plasmaspritzen
STG 2203	05.76	Korrosionsschutz für Schiffe und Wasserfahrzeuge – Teil 2: Apparate, Rohrleitungen, Armaturen
STG 2215	1998	Korrosionsschutz für Schiffe und Seebauwerke – Teil 1: Schiff, Seebauwerk und Ausrüstung – Neubau
STG 2216	1994	STG-Datenblatt für Beschichtungsstoffe (Text Deutsch, Englisch)
STG 2220	1988	Prüfung und Beurteilung der Verträglichkeit von Unterwasser-Beschichtungssystemen für Schiffe und Seebauwerke mit dem kathodischen Korrosionsschutzverfahren
STG 2221	1992	Korrosionsschutz für Schiffe und Seebauwerke – Teil III: Instandhaltung von Korrosionsschutz-Systemen
STG 2222	1992	Definition von Reinheitsgraden für das Druckwasserstrahlen ohne Zusatz fester Strahlmittel, von korrodierten oder beschichteten Stahloberflächen, bei verschiedenen Ausgangszuständen (Text Deutsch und Englisch erhältlich)
TRbF 521	02.84	Richtlinie für den kathodischen Korrosionsschutz (KKS) von unterirdischen Tankanlagen und Rohrleitungen aus metallischen Werkstoffen (KKS-Richtlinie)
TRGS 507	06.96	Oberflächenbehandlung in Räumen und Behältern
TRGS 602	05.88	Ersatzstoffe und Verwendungsbeschränkungen, Zinkchromat und Strontiumchromat als Pigmente für Korrosionsschutz-Beschichtungsstoffe
VDMA 24 367	09.74	Oberflächentechnik – Maschinen und Anlagen für Oberflächentechnik – Aufbau, Begriffe
VDMA 24 368	04.72	Oberflächentechnik – Merkblatt für das Bestellen von Maschinen und Anlagen für Oberflächentechnik
VDMA 24 369-1	04.77	Oberflächentechnik – Maschinen und Anlagen für Oberflächentechnik – Grundlagen für Prüfungen
VDMA 24 370	04.75	Oberflächentechnik – Maschinen und Anlagen für Oberflächentechnik – Abscheidegradprüfungen an Lacknebelabscheidern
VDMA 24 371-1	03.80	Oberflächentechnik – Maschinen und Anlagen für Oberflächentechnik – Richtlinien für elektrostatisches Beschichten mit Kunststoffpulver
VDMA 24 371-2	03.80	Oberflächentechnik – Maschinen und Anlagen für Oberflächentechnik – Richtlinien für elektrostatisches Beschichten mit Kunststoffpulver; Ausführungsbeispiele

Dokument	Ausgabe	Titel
VDMA 24 372	07.77	Oberflächentechnik – Anlagen zur Abluftreinigung – Begriffe
VDMA 24 373	06.78	Oberflächentechnik – Merkblatt für das Bestellen von thermischen Abluftreinigungsanlagen
VDMA 24 381	02.81	Oberflächentechnik – Richtlinien für Spritzkabinen und kombinierte Spritz- und Trocknungskabinen
VDMA 24 382	01.83	Oberflächentechnik – Richtlinien für Material-Umlaufanlagen

Straßenbau-Richtlinien des Bundesministers für Verkehr

Zusätzliche Technische Vertragsbedingungen und Richtlinien für den Korrosionsschutz von Stahlbauten (ZTV-KOR 92) (August 1992)

Richtlinien für den Korrosionsschutz von Seilen und Kabeln im Brückenbau (RKS-Seile) mit Anhang: Technische Lieferbedingungen für Beschichtungs-, Dicht- und Injizierstoffe an Seilen und Kabeln im Brückenbau (TLKS-Seile) (Ausgabe 1983)

Richtlinien für die Prüfung von Beschichtungsstoffen für den Korrosionsschutz im Stahlwasserbau (März 1981)

Technische Lieferbedingungen für Oberflächenschutzsysteme (TL-OS); Technische Prüfvorschriften für Oberflächenschutzsysteme (TP-OS) (Ausgabe 1990)

Bezugsquellen:

AGI-Arbeitsblätter
Herausgeber: Arbeitsgemeinschaft Industriebau e. V., Lülsdorfer Straße 206, 51143 Köln
Vertrieb: Curt R. Vincentz Verlag, Schiffgraben 41–43, 30175 Hannover

Auslandsnormen
Vertrieb: Beuth Verlag GmbH, Burggrafenstraße 6, 10787 Berlin; Postanschrift 10772 Berlin

BFS-Merkblätter
Herausgeber und Vertrieb: Bundesausschuß Farbe und Sachwertschutz, Vilbeler Landstraße 255, 60388 Frankfurt /Main

DAST-Richtlinien
Herausgeber: Deutscher Ausschuß für Stahlbau, Ebertplatz 1, 50668 Köln
Vertrieb: Stahlbau-Verlagsgesellschaft mbH, Sohnstraße 65, 40237 Düsseldorf

DVGW-Regelwerk
Herausgeber: Deutscher Verein des Gas- und Wasserfaches e. V., Postfach 14 03 62, 53058 Bonn
Vertrieb: Wirtschafts- und Verlagsgesellschaft Gas und Wasser GmbH, Postfach 14 01 51, 53056 Bonn

DVS-Merkblätter und -Richtlinien
Herausgeber: Deutscher Verband für Schweißen und verwandte Verfahren e.V. Postfach 10 19 65, 40010 Düsseldorf
Vertrieb: Verlag für Schweißen und verwandte Verfahren – DVS-Verlag, Postfach 10 19 65, 40010 Düsseldorf

STG-Richtlinien
Herausgeber und Vertrieb: Schiffbautechnische Gesellschaft e.V., Lämmersieth 72, 22305 Hamburg

Straßenbau-Richtlinien des Bundesministers für Verkehr
Herausgeber: Bundesminister für Verkehr, Postfach 20 01 00, 53170 Bonn
Vertrieb: Verkehrsblatt-Verlag, Hohe Straße 39, 44139 Dortmund

TRbF Technische Regeln für brennbare Flüssigkeiten
Herausgeber: Bundesminister für Arbeit und Sozialordnung (BMA), Postfach 14 02 80, 53107 Bonn
Vertrieb: Die Technischen Regeln werden vom DITR eingescannt. Die einzelnen Dokumente können als Rückvergrößerung auf Papier vom DITR bezogen werden.

Deutsches Informationszentrum für technische Regeln (DITR) im DIN
Deutsches Institut für Normung e. V., Burggrafenstraße 6, 10787 Berlin;
Postanschrift 10772 Berlin

TRGS Technische Regeln für Gefahrstoffe

Herausgeber: Bundesminister für Arbeit und Sozialordnung (BMA), Postfach 14 02 80, 53107 Bonn

Vertrieb: Die Technischen Regeln werden vom DITR eingescannt. Die einzelnen Dokumente können als Rückvergrößerung auf Papier vom DITR bezogen werden.

Deutsches Informationszentrum für technische Regeln (DITR) im DIN
Deutsches Institut für Normung e. V., Burggrafenstraße 6, 10787 Berlin;
Postanschrift 10772 Berlin

VDMA-Einheitsblätter

Herausgeber: Verband Deutscher Maschinen und Anlagenbau e. V., Postfach 71 08 64, 60498 Frankfurt am Main

Vertrieb: Beuth-Verlag GmbH, Burggrafenstraße 6, 10787 Berlin; Postanschrift 10772 Berlin

Verzeichnis ausländischer Normen über den Korrosionsschutz von Stahl durch Beschichtungen und Überzüge

Dokument	Ausgabe	Titel
Australien/Neuseeland		
AS 1627		Metal finishing – Preparation and pretreatment of surfaces
1627.0	1997	Method selection guide
1627.1	1989	Cleaning using liquid solvents and alkaline solutions
1627.2	1989	Power tool cleaning
1627.3	1988	Flame descaling
1627.4	1989	Abrasive blast cleaning
1627.5	1994	Pickling, descaling and oxide removal
1627.6	1994	Chemical conversion treatment of metals
1627.7	1988	Hand tool cleaning of metal surfaces
1627.9	1989	Pictorial surface preparation standards for painting steel surfaces (= ISO 8501-1 : 1988)
1627.10	1980	Cleaning and preparation of metal surfaces using acid solutions (non-immersion)
AS/NZS 3750		Paints for steel structures
3750.0	1995	Introduction and list of Standards
3750.1	1994	Epoxy mastic (two-pack) – For rusted steel
3750.2	1994	Ultra high-build paint
3750.3	1994	Heat-resisting – Exterior
3750.4	1994	Bitumen paint
3750.5	1994	Acrylic full gloss (two-pack)
3750.6	1995	Full gloss polyurethane (two-pack)
3750.7	1994	Aluminium paint
3750.8	1994	Vinyl paints – Primer, high-build and gloss
3750.9	1994	Organic zinc-rich primer
3750.10	1994	Full gloss epoxy (two-pack)
3750.11	1996	Chlorinated rubber – High-build and gloss
3750.12	1996	Alkyd/micaceous iron oxide
3750.13	1997	Epoxy primer (two-pack)
3750.14	1997	High-build epoxy (two-pack)
AS 3884	1991	Etch primers (single pack and two-pack) for treating metal surfaces
AS 3885	1991	Paints for steel structures – Galvanized and zinc primed – Latex
AS 3887	1991	Paints for steel structures – Coal tar epoxy (two-pack)
AS 4089	1993	Priming paint for steel – Single component – General purpose
Finnland		
SFS 4956	1984	Anti-corrosive painting – Painting (available in English)

Dokument	Ausgabe	Titel
SFS 4957	1983	Anti-corrosive painting – Surface preparation (available in English)
SFS 4958	1983	Anti-corrosive painting – Design of construction (available in English)
SFS 4959	1983	Anti-corrosive painting – Application methods and painting (available in English)
SFS 4960	1983	Anti-corrosive painting – Quality control (available in English)
SFS 4961	1984	Anti-corrosive painting – Maintenance (available in English)
SFS 4962	1984	Anti-corrosive painting – Paints and painting systems (available in English)
SFS 4963	1984	Anti-corrosive painting – Recommendation of protective systems for forest industry (available in English)
SFS 5225	1986	Anti-corrosive painting – Recommendations of protective systems for the metal working industry – Steel surfaces

Frankreich

Dokument	Ausgabe	Titel
NF T 34-550	10.95	Peintures et vernis – System de peinture anticorrosion pour la protection des ouvrages métalliques – Spécifications
NF T 34-600	12.97	Peintures et vernis – System de peinture anticorrosion pour la protection des ouvrages métalliques – Spécifications de la classe C5M

Großbritannien

Dokument	Ausgabe	Titel
BS 5493	1977	Code of practice for protective coating of iron and steel structures against corrosion

Norwegen

Dokument	Ausgabe	Titel
NS 5400	1980	Anticorrosive paint. Alkyd-based red lead. Norwegian/English edition (2. Ausgabe)
NS 5401	1995	Paint – Alkyd top coat. Norwegian/English edition (3. Ausgabe)
NS 5402	1995	Paint – Alkyd primer – Lead and chromate free. Norwegian/English edition (2. Ausgabe)
NS 5403	1995	Paint – Two-pack epoxy primer. Norwegian/English edition (2. Ausgabe)
NS 5404	1995	Paint – Two-pack epoxy top coat. Norwegian/English edition (2. Ausgabe)
NS 5405	1980	Anticorrosive paint. Two-component epoxy tar type. Norwegian/English edition (1. Ausgabe)
NS 5406	1983	Paint anti-corrosive primer. Based on chlorinated rubber or vinyl. Norwegian/English edition (1. Ausgabe)
NS 5407	1983	Paint. Anti-corrosive paint. Based on chlorinated rubber or vinyl. Norwegian/English edition (1. Ausgabe)

Dokument	Ausgabe	Titel
NS 5408	1983	Paint. Anti-corrosive bitumen-modified chlorinated rubber or vinyl paint. Norwegian/English edition (1. Ausgabe)
NS 5409	1995	Paint – Two-pack polyurethane top coat. Norwegian/English edition (1. Ausgabe)
NS 5410	1995	Paint – Zinc-rich two-pack epoxy primer. Norwegian/English edition (1. Ausgabe)
NS 5411	1995	Paint – Two-pack epoxy mastic. Norwegian/English edition (1. Ausgabe)
NS 5412	1996	Paint – Two-component water-based zinc silicate. Norwegian/English edition (1. Ausgabe)
NS 5413	1996	Paint – Two-component zinc ethyl silicate. Norwegian/English edition (1. Ausgabe)
NS 5414	1997	Paint – Water-borne two-component (two-pack) epoxy Norwegian/English edition (1. Ausgabe)
NS 5415	1985	Anti-corrosive paint systems for steel structures. Norwegian/English edition (1. Ausgabe)

Südafrika

SABS 1200HC	1988	Corrosion protection of structural steelwork

USA

ASTM D 2200	1995	Pictorial Surface Preparation standards for painting steel surfaces
	1982	Steel Structures Painting Council (SSPC) – Surface Preparation Specifications (3. Ausgabe)

Verzeichnis genormter und anderer wichtiger Farben und Farbmustersammlungen (Auswahl)

Dokument	Ausgabe	Titel
Australien		
AS 2700	1996	Colour standards for general purposes
Dänemark		
DS 735	1982	Farver til maerkning
Deutschland		Siehe Verzeichnis nicht abgedruckter Normen und Norm-Entwürfe, Abschnitt 12.
		Farbenkarte zu DIN 6164
RAL-840 HR		Farbregister
RAL-841 GL		Farbregister (Farbmuster hochglänzend)
Frankreich		
NF X 08-002	03.83	Collection réduite de couleurs – Désignation et catalogue des couleurs CCR – Étalons secondairs
Großbritannien		
BS 381 C	1996	Specification for colours for identification, coding and special purposes
BS 4800	1989	Schedule of paint colours for building purposes
BS 5252	1976	Framework for colour co-ordination for building purposes
Indien		
IS:5	1978	Colours for ready mixed paints and enamels
Japan		
JIS Z 8721	1993	Specification of colours according to their three attributes
		dazu: Book of JIS Colour Standards
Norwegen		
NS 4054	1983	Farger for merking
NS 4074	1997	Fargeatlas 96
Schweden		
SS 01 91 02	1996	Färgatlas
SS 03 14 11	1981	Märkfärger
SS 05 68 21	1984	Grå färger för byggvaror
Spanien		
UNE 48 103	09.94	Pinturas y barnices – Colores normalizados
Südafrika		
SABS 1091	1975	National colour standards for paints
USA		
Federal Standard No. 595A		Colors

Druckfehlerberichtigungen

Folgende Druckfehlerberichtigungen wurden in den DIN-Mitteilungen + elektronorm zu der in diesem DIN-Taschenbuch enthaltenen Norm veröffentlicht.

Die abgedruckte Norm entspricht der Originalfassung und wurde nicht korrigiert. In Folgeausgaben werden die aufgeführten Druckfehler berichtigt.

DIN 55928-8

In Tabelle 4, Spalte 6, der o. g. Norm, muß für das Korrosionsschutzsystem, Kennzahl 4-200.2, zur Sollschichtdicke von 60 µm die Fußnote 5 angefügt werden. Beim System mit der Kennzahl 4-310.2 muß in der gleichen Spalte die Fußnote 5 gestrichen werden.

Die Fußnote 5 zur Tabelle 4 muß wie folgt richtig lauten:

„Bei Erhöhung der Sollschichtdicke von geprüften Systemen 4-200.2 und 4-310.1 ist keine erneute Korrosionsschutzprüfung erforderlich."

Im Abschnitt 5, Absatz 3, der o. g. Norm, muß der letzte Satz: „Siehe auch Erläuterungen." gestrichen werden.

Stichwortverzeichnis

Die hinter den Stichwörtern stehenden Nummern sind die DIN-Nummern (ohne die Buchstaben DIN) der abgedruckten Normen.

Abbeizmittel, Begriff   55945
Abbrennen, Begriff   EN ISO 4618-3
Abdampfrückstand, Begriff   55945
Abdecken, Begriff   EN ISO 4618-3
Abdunsten, Begriff   55945
Abdunstzeit, Begriff   EN 971-1
Abkreiden siehe Kreiden
Ablüftzeit, Begriff   EN 971-1, EN 971-1 Bbl 1
Abnahmeprüfung, Begriff   EN ISO 1461
Abrieb, Sonderbelastung   EN ISO 14713
Abschaben, Begriff   EN ISO 4618-3
Abschälen, Begriff   EN ISO 4618-2
Abscheideäquivalent, Begriff   55945
Abscheiden, Begriff   55945
Abscheidespannung, Begriff   55945
Absetzen, Begriff   EN ISO 4618-2
Absperrmittel, Begriff   55945
Acrylharz, Bindemittel   55928-9
Acrylharz, Schutzsysteme   55928-8
Acrylharz-Folie   55928-8
Additiv, Begriff   EN 971-1
Airless-Spritzen, Begriff   EN ISO 4618-3
AK Kurzzeichen für Alkyd(-Harz)   55950
Alitier-Überzug, Begriff   50902
Alkalisilikat, Bindemittel   55928-9
Alkydharz, Bindemittel   55928-9
Alkydharz, Schutzsysteme   55928-8
Alkydharzlack, Begriff   55945
Aluminiumüberzug, Beschichtung   EN ISO 14713
Aluminiumüberzug, Eisenwerkstoffe, Korrosionsschutz   EN ISO 14713
Alterung, Begriff   EN ISO 4618-2
Anlaufen, Begriff   55945
Anodisches Elektrotauchbeschichten, Begriff   55945
Anodisieren, Begriff   EN ISO 4618-3
Anorganische Beschichtung, Begriff   50902

Anstrich, Begriff   55945
Anstrich, Blasengrad, Bezeichnung   53209
Anstrich, Korrosionsschutz von Stahlbauten   55928-8, 55928-9
Anstrichstoff, Begriff   EN 971-1, EN 971-1 Bbl 1
Anteil, nichtflüchtiger, Begriff   EN 971-1, EN 971-1 Bbl 1
Applikationsverfahren, Begriff   55945
ATL, Begriff   55945
Atmosphärische Korrosion   EN ISO 14713
Atmosphärische Korrosion, Begriff   EN ISO 14713
Ätzen, Begriff   EN ISO 4618-3
Aufdampfen, Begriff   50902
Aufschwimmen, Begriff   EN ISO 4618-2
Auftragslöten, Begriff   50902
Ausbesserung, Zinküberzug   EN ISO 1461, EN ISO 1461 Bbl 1
Ausbleichen, Begriff   EN ISO 4618-2
Ausblühen, Begriff   EN ISO 4618-2
Ausbluten, Begriff   EN ISO 4618-2
Auskleidung, Begriff   50902
Auskreiden, Begriff   EN ISO 4618-2
Ausschwimmen, Begriff   EN ISO 4618-2
Ausschwitzen, Begriff   EN ISO 4618-2
Außergewöhnliche Belastung, Begriff   EN ISO 14713
Auswertung von Prüfungen, Bewertungssystem   53230
AY Kurzzeichen für Acryl(-Harz)   55950

B Kurzzeichen für Bitumen   55950
Bandbeschichtung   55928-8
Bandverzinken   55928-8
Bauteile aus Stahl für den Schiffbau, Kurzzeichen für Oberflächenvorbereitung, Fertigungsbeschichtung und Grundbeschichtung   80200

Bauteile, tragende, dünnwandige 55928-8
Beflammen, Begriff   EN ISO 4618-3
Begriffsbestimmungen siehe unter den jeweiligen Benennungen
Beischleifen, Begriff   EN ISO 4618-3
Beizen, Begriff   EN ISO 4618-3
Belastung, außergewöhnliche Begriff   EN ISO 14713
Bereiche ohne Überzug, Begriff   EN ISO 1461
Beschichten, elektrostatisches, Begriff   EN ISO 4618-3
Beschichtung, Begriff   50902, 55928-8, EN 971-1
Beschichtung, Blasengrad, Bezeichnung 53209
Beschichtung, Metallüberzüge   EN ISO 14713
Beschichtung, Prüfung   53209, 53210, 55928-8
Beschichtung, anorganische, Begriff 50902
Beschichtung durch Aufdampfen, Begriff 50902
Beschichtung, organische, Begriff 50902
Beschichtungsaufbau, Begriff   EN 971-1, EN 971-1 Bbl 1
Beschichtungseinheit, Begriff   55928-8
Beschichtungspulver, Begriff   55945
Beschichtungsstoff, Anforderungen 55900-1, 55900-2
Beschichtungsstoff, Begriff   50902, EN 971-1, EN 971-1 Bbl 1
Beschichtungsstoff, Prüfung   55900-1, 55900-2, 55928-8
Beschichtungsstoff, Raumheizkörper 55900-1, 55900-2
Beschichtungsstoff, lösemittelarm, Begriff 55945
Beschichtungssystem, Begriff   EN 971-1, EN 971-1 Bbl 1
Beschichtungssysteme, Korrosionsschutz 55928-8
Beschichtungsverfahren, Begriff   EN 971-1

Beschleuniger, Begriff   EN 971-1, EN 971-1 Bbl 1
Beschneiden, Begriff   EN ISO 4618-3
Beständigkeit, Begriff   55945
Betarückstreu-Verfahren, Schichtdickenmessung   50977
Bewertungssystem für die Auswertung von Prüfungen   53230
Bindemittel, Begriff   EN 971-1, EN 971-1 Bbl 1
Bindemittel, für Fertigungs-, Grund- und Deckbeschichtungen   55928-9
Bindemittel, für Reaktions-Beschichtungsstoffe   55928-9
Bindemittel, überwiegend oxidativ härtende (trocknende)   55928-9
Bindemittel, überwiegend physikalisch trocknende   55928-9
Bitumen-Öl-Kombination, Bindemittel 55928-9
Blankglühen, Begriff   50902
Blasenbildung, Begriff   EN ISO 4618-2
Blasengrad, Bezeichnung   53209
Bleimennige   55928-9
Blocken, Begriff   EN ISO 4618-2
Boden, Korrosion   EN ISO 14713
Borier-Überzug, Begriff   50902
Brandschutzbeschichtung, dämmschichtbildende, Begriff   55945
Bresle-Verfahren, Oberflächenreinheit, Prüfung   EN ISO 8502-6
Brillanz, Begriff   55945
Bronzieren, Begriff   EN ISO 4618-2
Bürsten, Begriff   50902

CA Kurzzeichen für Celluloseacetat 55950
CAB Kurzzeichen für Celluloseacetobutyrat   55950
CAP Kurzzeichen für Celluloseacetopropionat   55950
Cadmiumüberzug, Chromatierung 50961
Cadmiumüberzug, Eisenwerkstoffe 50961

Chemische Vorbehandlung, Begriff
EN ISO 4618-3
Chemischer Angriff, Sonderbelastung
EN ISO 14713
Chemischer Überzug, Angaben in technischen Unterlagen und Zeichnungen 50960-1, 50960-2
Chlorid, Oberflächenreinheit, Prüfung
EN ISO 8502-2
Chlorkautschuk, Bindemittel 55928-9
Chromatier-Überzug, Begriff 50902
Chromatierung, Cadmiumüberzüge 50961
Chromatierung, Zinküberzüge 50961
CN Kurzzeichen für Cellulosenitrat 55950
Cold-Check-Test, Begriff 55945
CSM Kurzzeichen für chlorsulfoniertes Polyethylen 55950
Cyclokautschuk, Bindemittel 55928-9

Dämmschichtbildende Brandschutzbeschichtung, Begriff 55945
Dampfstrahlen, Begriff EN ISO 4618-3
Deckbeschichtung, Begriff EN 971-1
Deckbeschichtung, Korrosionsschutz 55928-8
Deckbeschichtung, Raumheizkörper 55900-1, 55900-2
Deckschicht, Begriff 50900-1
Deckvermögen, Begriff EN 971-1
Dehnbarkeit, Begriff EN 971-1
Dekapieren, Begriff 50902
Dekontaminierbarkeit, Begriff 55945
Dickschichtsysteme 55928-8
Diffusionsüberzug, Begriff 50902
Dicke, Zinküberzug EN ISO 1461, EN ISO 1461 Bbl 1
Dispersionsfarbe, Begriff EN 971-1
Dispersionslackfarbe, Begriff 55945
Diffusionsüberzug, metallischer, Begriff 50902
Dispersionsüberzug, metallischer, Begriff 50902
Dünnwandige tragende Bauteile, Korrosionsschutz 55928-8

Duplex-Korrosionsschutz-Schicht, Begriff 50902
Durchhärtung, Begriff 55945
Durchrostungsgrad, Begriff 55945
Durchschlagen, Begriff 55945
Durchschnittliche Masse des Überzugs, Begriff EN ISO 1461
Durchschnittliche Schichtdicke, Begriff EN ISO 1461
Durchtrocknung, Begriff 55945

Effektlackierung, Begriff 55945
Eigenüberwachung 55928-8
Einbrennen, Begriff EN 971-1
Einfallen, Begriff EN ISO 4618-2
Einkomponenten-Reaktions-Beschichtungsstoff, Begriff 55945
Einlaßmittel, Begriff 55945
Eisblumenbildung, Begriff EN ISO 4618-2
Eisen, Korrosionsprodukte, Prüfung
ENV ISO 8502-1
Eisenwerkstoffe, Korrosionsschutz 55928-8, EN ISO 1461, EN ISO 1461 Bbl 1, EN ISO 14713
Eisen-Zink-Diffusionsüberzug, Begriff 50902
Elastizität, Begriff EN 971-1
Elektrochemische Korrosion, Begriffe 50900-2
Elektrolytisch abgeschiedener Metallüberzug, Begriff 50902
Elektronenstrahlhärten, Begriff
EN ISO 4618-3
Elektrostatisches Beschichten, Begriff
EN ISO 4618-3
Elektrotauchlackieren, Begriff
EN ISO 4618-3
Elektrotauchlackieren, anodisch (ATL), Begriff 55945
Elektrotauchlackieren, kathodisch (KTL), Begriff 55945
Email-Überzug, Begriff 50902
Entfetten, Begriff 50902, EN ISO 4618-3
Entzundern, Begriff EN ISO 4618-3
EP Kurzzeichen für Epoxid(-Harz) 55950

EPE Kurzzeichen für Epoxid(-Harz)ester 55950
Epoxidharz, Bindemittel 55928-9
Epoxidharz, Schutzsysteme 55928-8
Epoxidharzester, Bindemittel 55928-9
EP-T Kurzzeichen für Epoxid(-Harz)-Teer-Kombination 55950
Ergiebigkeit, Begriff EN 971-1
Ergiebigkeit, praktische, Begriff EN 971-1
Ergiebigkeit, theoretische, Begriff EN 971-1
Erhöhte Temperatur, Begriff EN ISO 14713
Erstprüfung, Begriff 55928-8
ETL, Begriff 55945

Farbe, Begriff EN 971-1, EN 971-1 Bbl 1
Farblack, Begriff 55945
Farbmittel, Begriff 55945
Farbstich, Begriff 55945
Farbstoff, Begriff EN 971-1
Farbzahl, Begriff 55945
Fehlstelle, Begriff EN ISO 4618-2
Fehlstelle, Zinküberzug EN ISO 1461, EN ISO 1461 Bbl 1
Fertigungsbeschichtung, Begriff 55945
Festkörperreicher Beschichtungsstoff, Begriff 55945
Feuerverzinken, Begriff EN ISO 14713
Feuerverzinken, Leitfaden EN ISO 14713
Feuerverzinkung, Anforderungen EN ISO 1461, EN ISO 1461 Bbl 1
Feuerverzinkung, Bezeichnung EN ISO 1461 Bbl 1
Feuerverzinkung, Dicke EN ISO 1461, EN ISO 1461 Bbl 1
Feuerverzinkung, Prüfung EN ISO 1461, EN ISO 1461 Bbl 1
Filiformkorrosion, Begriff 55945
Film, Begriff EN 971-1
Filmbildner, Begriff 55945
Filmbildung, Begriff 55945
Filmfehler, Begriff 55945
Firnis, Begriff 55945
Fischaugen, Begriff EN ISO 4618-2

Fläche, wesentliche, Begriff EN ISO 1461
Flammpunkt, Begriff 55945
Flammstrahlen, Begriff 50902, EN ISO 4618-3
Flokkulation, Begriff EN ISO 4618-2
Flüchtige organische Verbindung (VOC), Begriff EN 971-1
Flugrost, Begriff 50900-1, EN ISO 4618-3
Fluten, Begriff EN ISO 4618-3
Forcierte Trocknung, Begriff EN 971-1
Fremdrost, Begriff 50900-1
Fremdüberwachung 55928-8
Füllstoff, Begriff EN 971-1
Füllspachtel, Begriff EN 971-1
Füllvermögen, Begriff 55945

Galvannealen, Begriff 50902
Galvannealing, Begriff 50902
Galvanischer Überzug, Angaben in technischen Unterlagen und Zeichnungen 50960-1, 50960-2
Galvanischer Überzug, Begriff 50902
Galvanischer Überzug, Zinküberzüge auf Eisenwerkstoffen 50961
Gardinen, Begriff 55945
Gasbildung, Begriff EN ISO 4618-2
Gasen, Begriff EN ISO 4618-2
Gehalt an flüchtigen organischen Verbindungen, Begriff EN 971-1
Gestaltung, verzinkungsgerechte EN ISO 14713
Gießlackieren, Begriff EN ISO 4618-3
Glanz, Begriff EN 971-1, EN 971-1 Bbl 1
Glanzfleckenbildung, Begriff EN ISO 4618-2
Grundbeschichtung, Begriff EN 971-1
Grundierung, Begriff EN 971-1

Haarrißbildung, Begriff EN ISO 4618-2
Hänger, Begriff EN ISO 4618-2
Härte, Begriff EN 971-1, EN 971-1 Bbl 1
Härter, Begriff 55945
Hartlöten EN ISO 14713
Härtung, Begriff 55945

Härtungsdauer, Begriff   55945
Haftfestigkeit, Begriff   EN 971-1
Haftvermögen, Zinküberzug
  EN ISO 1461, EN ISO 1461 Bbl 1
Hautbildung, Begriff   EN ISO 4618-2
Heißspritzen, Begriff   EN ISO 4618-3
High-Solid-Beschichtungsstoff, Begriff
  55945
Hilfsstoff, Begriff   EN 971-1
Hochziehen, Begriff   EN ISO 4618-2
Hohlbauteil   EN ISO 14713
Hohlkasten   EN ISO 14713
Homogenverbleien, Begriff   50902

Imprägniermittel, Begriff   55945
Inchromier-Überzug, Begriff   50902

Kalkfarbe, Begriff   55945
Kälterißbildung, Begriff   EN ISO 4618-2
Kantenflucht, Begriff   55945
Katalysator, Begriff   55945
Kathodisches Elektrotauchbeschichten,
  Begriff   55945
Keilschnitt-Verfahren, Schichtdicken-
  messung   50986
Keramik-Beschichtung, Begriff   50902
Klarlack, Begriff   EN 971-1
Kochblasen, Begriff   55945
Kochblasenbildung, Begriff
  EN ISO 4618-2
Kochen, Begriff   EN ISO 4618-2
Kocher, Begriff   55945
Köpfen, Begriff   EN ISO 4618-3
Körnigkeit, Begriff   EN 971-1
Korrodieren, Begriff   50900-1
Korrosion, Begriff   50900-1
Korrosion, Boden   EN ISO 14713
Korrosion, Metalle, allgemeine Begriffe
  50900-1
Korrosion, Metalle, elektrochemische
  Begriffe   50900-2
Korrosion, Wasser   EN ISO 14713
Korrosion, atmosphärische
  EN ISO 14713

Korrosion, atmosphärische, Begriff
  EN ISO 14713
Korrosionsarten, Begriffe   50900-1
Korrosionsbeanspruchung, Begriff
  50900-3
Korrosionsbelastung   EN ISO 14713
Korrosionsbelastung, Begriff   50900-3,
  55928-8
Korrosionserscheinung, Begriff   50900-1
Korrosionserscheinungen, Begriffe
  50900-1
Korrosionsgröße, Begriff   50900-1
Korrosionskunde, Begriff   50900-1
Korrosionsmedium, Begriff   50900-1
Korrosionsprodukte, Begriffe   50900-1
Korrosionsprüfung, Begriff   50900-3
Korrosionsraten   EN ISO 14713
Korrosionsschaden, Begriff   50900-1
Korrosionsschutz, Stahlbauten   55928-8,
  55928-9, EN ISO 1461, EN ISO 1461
  Bbl 1, EN ISO 14713
Korrosionsschutz, Stahlbauten,
  Aluminiumüberzug   EN ISO 14713
Korrosionsschutz, Stahlbauten,
  Zinküberzug   EN ISO 14713
Korrosionsschutz-Beschichtungsstoff,
  Begriff   EN ISO 4618-3
Korrosionsschutzgerechte Gestaltung
  55928-8, EN ISO 14713
Korrosionsschutzklasse   55928-8
Korrosionsschutz-Schicht, Begriff
  50902
Korrosionsschutz-Schichten, Begriffe,
  Verfahren, Oberflächenvorbereitung
  50902
Korrosionsschutzsystem, Begriff   55928-8
Korrosionsschutzsysteme, Planung
  EN ISO 14713
Korrosionsschutzsysteme, tragende
  dünnwandige Bauteile   55928-8
Korrosionssystem, Begriff   50900-1
Korrosionsuntersuchung, Begriff
  50900-3
Korrosionsversuch, Begriff   50900-3
Korrosiv, Begriff   50900-1
Korrosivitätskategorien   EN ISO 14713

Korrosivitätsklassen 55928-8
Krakelieren, Begriff EN ISO 4618-2
Krater, Begriff 55945
Kraterbildung, Begriff EN ISO 4618-2
Krähenfuß-Rißbildung, Begriff
 EN ISO 4618-2
Kräuseln, Begriff 55945
Kreiden, Begriff 55945, EN ISO 4618-2
Kreidungsgrad, Begriff 55945
Kritische Pigmentvolumenkonzentration,
 Begriff EN 971-1
Krokodilhautbildung, Begriff
 EN ISO 4618-2
KTL, Begriff 55945
Kugelplattieren, Begriff 50902
Kunstharzlack, Begriff 55945
Kunstharzputz, Begriff 55945
Kunststoffdispersion, Begriff 55945
Kunststoffdispersionsfarbe, Begriff
 EN 971-1
Kurzzeichen, Bindemittel 55950
Kurzzeichen, Fertigungsbeschichtungen
 von Stahlbauteilen für den Schiffbau
 80200
Kurzzeichen, Grundbeschichtungen von
 Stahlbauteilen für den Schiffbau
 80200
Kurzzeichen, Oberflächenvorbereitungen
 von Stahlbauteilen für den Schiffbau
 80200
Kurzzeichen, Zinküberzüge auf Eisen-
 werkstoffen 50961

Lack, Begriff EN 971-1, EN 971-1 Bbl 1
Lackfarbe, Begriff 55945
Lackierung, Begriff 55945
Landatmosphäre 55928-8
Lasur, Begriff 55945
Latexfarbe, Begriff EN 971-1
Läufer, Begriff EN ISO 4618-2
Leim, Begriff 55945
Leimfarbe, Begriff 55945
Leinölfirnis, Begriff 55945
Lochfraß, Begriff 50900-1
Lochkorrosion, Begriff 50900-1

Lösemittel, Begriff EN 971-1
Lösemittelarmer Beschichtungsstoff,
 Begriff 55945
Lösemittel, reaktives, Begriff 55945
Löseverfahren, Verunreinigungen,
 Oberflächenreinheit, Prüfung
 EN ISO 8502-6
Löten EN ISO 14713
Lufttrocknung, Begriff 55945

Magnetische Verfahren, Schichtdicken-
 messung 50961
Mahlfeinheit, Begriff EN 971-1
Marmorieren, Begriff EN ISO 4618-3
Maserieren, Begriff EN ISO 4618-3
Masse des Überzugs, Begriff
 EN ISO 1461
Masse des Überzugs, durchschnittliche,
 Begriff EN ISO 1461
Masse des Überzugs, örtliche, Begriff
 EN ISO 1461
Meeresatmosphäre 55928-8
Mehrkomponenten-Beschichtungsstoff,
 Begriff EN 971-1, EN 971-1 Bbl 1
Mehrkomponenten-Reaktions-
 Beschichtungsstoff, Begriff 55945
Messung von Schichtdicken 50961,
 50982-3, 50986, 55928-8, EN ISO 1461
Metallischer Diffusionsüberzug, Begriff
 50902
Metallischer Dispersionsüberzug, Begriff
 50902
Metallüberzug, Anforderungen 50961,
 55928-8, EN ISO 1461
Metallüberzug, elektrolytisch abgeschie-
 dener, Begriff 50902
Metallüberzug, galvanischer, Begriff
 50902
Metallüberzug, Prüfung 50961,
 EN ISO 1461
MF Kurzzeichen für Melamin-Formalde-
 hyd(-Harz) 55950
Mikroskopisches Verfahren, Schicht-
 dickenmessung 50986
Mindestgehalt, Bindemittel für
 Beschichtungsstoffe 55928-9

Mindestgehalt, Pigmente für Beschichtungsstoffe 55928-9
Mindestwert, Begriff EN ISO 1461

Nachdicken, Begriff EN ISO 4618-2
Nachfallen, Begriff EN ISO 4618-2
Nachkleben, Begriff EN ISO 4618-2
Nachziehen, Begriff EN ISO 4618-2
Nadelstiche, Begriff 55945
Nadelstichbildung, Begriff EN ISO 4618-2
Naß-in-Naß-Lackieren, Begriff EN ISO 4618-3
Naßschichtdicke, Begriff 55945
Naturharzlack, Begriff 55945
Naturlack, Begriff 55945
Nichtflüchtiger Anteil, Begriff EN 971-1, EN 971-1 Bbl 1
Nitrier-Überzug, Begriff 50902
Nitrokombinationslack, Begriff 55945
Norm-Reinheitsgrade, Oberflächenbehandlung 80200

Oberflächenreinheit, Prüfung ENV ISO 8502-1, EN ISO 8502-2 bis EN ISO 8502-4, EN ISO 8502-6
Oberflächenvorbereitung, Begriffe 50902
Oberflächenvorbereitung, Stahlbauteile für den Schiffbau 80200
Oberflächenvorbereitung, Verzinken EN ISO 14713
Ölfarbe, Begriff 55945
Orangenschaleneffekt, Begriff EN ISO 4618-2
Organische Beschichtung, Begriff 50902
Örtliche Masse des Überzugs, Begriff EN ISO 1461
Örtliche Schichtdicke, Begriff EN ISO 1461
Overspray, Begriff EN ISO 4618-3
Oxalat-Überzug, Begriff 50902
Oxidativ härtende (trocknende) Bindemittel 55928-9
Oxidischer Überzug, Begriff 50902

Passivschicht, Begriff 50900-1
PEC Kurzzeichen für chloriertes Polyethylen 55950
PF Kurzzeichen für Phenol-Formaldehyd(-Harz) 55950
Phosphatieren, Begriff EN ISO 4618-3
Phosphat-Überzug, Begriff 50902
Pigment, Begriff EN 971-1, EN 971-1 Bbl 1
Pigment für Beschichtungsstoffe, Korrosionsschutz 55928-9
Pigmentvolumenkonzentration, Begriff EN 971-1
Pigmentvolumenkonzentration, kritische, Begriff EN 971-1
Pilzbefall, Begriff 55945
Pinselfurchen, Begriff EN ISO 4618-2
Planung, Korrosionsschutzsysteme EN ISO 14713
Plattieren, Begriff 50902
PMMA Kurzzeichen für Polymethylmethacrylat 55950
Polyacrylat-Folie 55928-8
Polyesterharz, Schutzsysteme 55928-8
Polyesterharz, siliconmodifiziert, Schutzsystem 55928-8
Polymerdispersion, Begriff 55945
Polyvinylfluorid-Folie 55928-8
Polyvinylidenfluorid, Schutzsystem 55928-8
Polyurethan, Bindemittel 55928-9
Polyurethan, Schutzsysteme 55928-8
Polyurethan-Teerpech, Bindemittel 55928-9
Porenfüller, Begriff 55945
Praktische Ergiebigkeit, Begriff EN 971-1
Primer, Begriff 55945
Prüfmenge, Begriff EN ISO 1461
Prüfmuster, Begriff EN ISO 1461
Prüfung, Beschichtungen 53150, 53209, 53210, 53230
Prüfung, Beschichtungsstoffe 55900-1, 55900-2
Prüfung, Metallüberzüge 50961, EN ISO 1461

Prüfung, Oberflächenreinheit
ENV 8502-1, EN ISO 8502-2 bis
EN ISO 8502-4, EN ISO 8502-6
PTFE Kurzzeichen für Polytetrafluorethylen 55950
Pulverlack, Begriff EN 971-1
PUR Kurzzeichen für Polyurethan 55950
PUR-T Kurzzeichen für Polyurethan-Teer 55950
PVAC Kurzzeichen für Polyvinylacetat 55950
PVB Kurzzeichen für Polyvinylbutyral 55950
PVC Kurzzeichen für Polyvinylchlorid 55950
PVCC Kurzzeichen für chloriertes Polyvinylchlorid 55950
PVDC Kurzzeichen für Polyvinylidenchlorid 55950
PVDF Kurzzeichen für Polyvinylidenfluorid 55950
PVF Kurzzeichen für Polyvinylfluorid 55950

Qualitätssicherung, Korrosionsschutz 55928-8
Quellen, Begriff EN ISO 4618-2
Quellung, Begriff 55945

Raumheizkörper, Beschichtungen 55900-1, 55900-2
Raumheizkörper, Beschichtungsstoffe 55900-1, 55900-2
Re Kurzzeichen für Rostgrad nach der „Europäischen Rostgradskala" 53210
Reaktionsbeschichtungen 55928-8
Reaktions-Beschichtungsstoff, Begriff 55945
Reaktives Lösemittel, Begriff 55945
Referenzfläche, Begriff EN ISO 1461
Ri Kurzzeichen für Rostgrad international 53210
Rißbildung, Begriff EN ISO 4618-2
Rollen, Begriff EN ISO 4618-3
Röntgenfluoreszenz-Verfahren, Schichtdickenmessung 50977

Rost, Begriff 50900-1
Rostgrad, Begriff 53210, EN ISO 4618-3
Rostgrad, Beschichtungen, Bezeichnung 53210
RUC Kurzzeichen für Chlorkautschuk 55950
RUI Kurzzeichen für Cyclokautschuk 55950
Runzelbildung, Begriff EN ISO 4618-2

SB Kurzzeichen für Polystyrol mit Elastomer auf Basis Butadien modifiziert 55950
Schaben, Begriff 50902
Scheckigkeit, Begriff EN ISO 4618-2
Schicht, Begriff EN 971-1
Schichtdicke, Feuerverzinkung EN ISO 1461, EN ISO 1461 Bbl 1
Schichtdicke, Korrosionsschutzsysteme 55928-8
Schichtdicke, Metallüberzüge 50961, EN ISO 1461
Schichtdicke, Meßverfahren 50977, 50982-3, 50986
Schichtdicke, durchschnittliche, Begriff EN ISO 1461
Schichtdicke, örtliche, Begriff EN ISO 1461
Schichtdickenmessung, Meßverfahren, Auswahl 50982-3
Schichtdickenmessung, Meßverfahren, Durchführung der Messungen 50977, 50982-3, 50986
Schleier, Begriff EN ISO 4618-2
Schleifen, Begriff 50902, EN ISO 4618-3
Schlußbeschichtung, Begriff EN 971-1
Schmelztauchüberzug, Begriff 50902
Schmelzüberzug, Begriff 50902
Schmutzaufnahme, Begriff EN ISO 4618-2
Schmutzretention, Begriff EN ISO 4618-2
Schutzdauer, Begriff 55928-8
Schutzdauer, Metallüberzüge EN ISO 14713
Schutzdauer bis zur ersten Instandhaltung, Begriff EN ISO 14713

Schutzsysteme, Korrosionsschutz, Stahlbauteile für den Schiffbau 80200

Schutzsysteme, Korrosionsschutz, Stahlbauten 55928-8

Schutzsysteme, Korrosionsschutz, tragende dünnwandige Bauteile 55928-8

Schutzsysteme, Korrosionsschutz, tragende dünnwandige Bauteile, Prüfung 55928-8

Schweißen, Hinweise EN ISO 14713

Schwundrißbildung, Begriff EN ISO 4618-2

sheen, Begriff EN 971-1

Sherardisieren, Begriff 50902

Sherard-Verzinken, Begriff 50902

Si Kurzzeichen für Silicon-Polymer 55950

Sikkativ, Begriff 55945

Silberporen, Begriff EN ISO 4618-2

Silicier-Überzug, Begriff 50902

Siliconharz, Bindemittel 55928-8

Sollschichtdicke 55928-8

Sollschichtdicke, Begriff 55928-8

Sonderbelastung EN ISO 14713

Sonderbelastung, Abrieb EN ISO 14713

Sonderbelastung, Begriff 55928-8

Sonderbelastung, Temperatur EN ISO 14713

Sonderbelastung, chemische EN ISO 14713

SP Kurzzeichen für gesättigter Polyester 55950

Spachtelmasse, Begriff 55945

Spachteln, Begriff EN ISO 4618-3

Spirituslack, Begriff 55945

Sprödigkeit, Begriff EN ISO 4618-2

Stahl, Korrosionsschutz 50961, 55928-8, 55928-9, EN ISO 1461, EN ISO 14713

Stahl, Oberflächenvorbereitung 50902, 80200, EN ISO 1461, EN ISO 14713

Stahlbau, Korrosionsschutzsysteme 55928-8

Stahlbauten, Korrosionsschutz 55928-8, 55928-9

Stahlbauten, Korrosionsschutz, Bindemittel für Beschichtungsstoffe 55928-9

Stahlbauten, Korrosionsschutz, Metallüberzüge 55928-8, EN ISO 1461, EN ISO 1461 Bbl 1, EN ISO 14713

Stahlbauten, Korrosionsschutz, Oberflächenvorbereitung 80200, EN ISO 14713

Stahlbauten, Korrosionsschutz, Pigmente für Beschichtungsstoffe 55928-9

Stahlbauten, Korrosionsschutz, Qualitätssicherung 55928-8

Stahlbauten, Korrosionsschutz, Schutzsysteme 55928-8

Stahlbauten, Korrosionsschutz, tragende dünnwandige Bauteile 55928-8

Standöl, Begriff 55945

Staub, Begriff EN ISO 8502-3

Staub, Oberflächenreinheit, Prüfung EN ISO 8502-3

Staubbindetuch, Begriff EN ISO 4618-3

Strahlen, Begriff 50902, EN ISO 4618-3

Strahlen mit körnigem Strahlmittel, Begriff EN ISO 4618-3

Strahlen mit kugeligem Strahlmittel, Begriff EN ISO 4618-3

Strahlenhärtung, Begriff 55945

Strahlenvernetzung, Begriff 55945

Strahlmittel, Begriff EN ISO 4618-3

Streifigkeit, Begriff EN ISO 4618-2

Stückverzinken, Begriff EN ISO 1461

Substrat, Begriff EN 971-1

T Kurzzeichen für Teer 55950

Taubildung, Prüfung EN ISO 8502-4

Tauchbeschichten, Begriff EN ISO 4618-3

Tauchlackieren, Begriff EN ISO 4618-3

Taupunkt, Bestimmung EN ISO 8502-4

Temperatur, Sonderbelastung EN ISO 14713

Temperatur, erhöhte, Begriff EN ISO 14713

Theoretische Ergiebigkeit, Begriff EN 971-1

Thermisches Spritzen, Begriff 50902

Thermisches Spritzen, Leitfaden
EN ISO 14713
Tiefgrund, Begriff 55945
Topfzeit, Begriff EN 971-1
Tragende dünnwandige Bauteile, Korrosionsschutz 55928-8
Trockengrad, Begriff 53150
Trockengrad, Beschichtungen, Prüfung 53150
Trockenstoff, Begriff EN 971-1
Trocknung, Begriff EN 971-1
Trocknung, forcierte, Begriff EN 971-1
Trocknungsdauer, Begriff 55945

Überarbeitbarkeit, Begriff 55945
Überspritzbarkeit, Begriff 55945
Überstreichbarkeit, Begriff 55945
Überzug, Begriff 50902, 55928-8
Überzug, Metall- 50960-1, 50960-2, 50961, 55928-8, EN ISO 1461, EN ISO 1461 Bbl 1, EN ISO 14713
Überzug, oxidischer, Begriff 50902
Überzugsdicke, Begriff EN ISO 14713
UF Kurzzeichen für Harnstoff-Formaldehyd(-Harz) 55950
Umgriff, Begriff 55945
Umhüllung, Begriff 50902
Umhüllungswiderstand, Begriff 50900-2
Umformbarkeit, Prüfung 55928-8
Umwandlungsüberzug, Begriff 50902
Untergrund, Begriff EN 971-1
Unterrostung, Begriff 55945
Unterwanderung, Begriff 55945
UP Kurzzeichen für ungesättigter Polyester 55950
Urethanöl, Bindemittel 55928-9
UV-Härten, Begriff EN ISO 4618-3

VCVAC Kurzzeichen für Vinylchlorid-Vinylacetat(-Polymer) 55950
Verbrauch, Begriff EN 971-1
Verbindung, verzinkte Teile EN ISO 14713
Verdünnungsmittel, Begriff EN 971-1

Verfestigung, Begriff 55945
Verlauf, Begriff 55945
Vernetzung, Begriff 55945
Verschnittmittel für Lösemittel, Begriff
EN 971-1
Verträglichkeit, Begriff EN 971-1
Verunreinigungen, Löseverfahren, Oberflächenreinheit, Prüfung
EN ISO 8502-6
Verzinkte Teile, Verbindung
EN ISO 14713
Verzinkungsgerechte Gestaltung
EN ISO 14713
Vinylchlorid-Copolymerisat, Bindemittel 55928-9
Vinylchlorid-Copolymerisat, Schutzsysteme 55928-8
VOC, Begriff EN 971-1
VOC-Gehalt, Begriff EN 971-1
Vorbehandlung, chemische, Begriff
EN ISO 4618-3
Vorbereitungsgrad, Begriff
EN ISO 4618-3
Vorlack, Begriff 55945

Walzhaut, Begriff EN ISO 4618-3
Walzlackieren, Begriff EN ISO 4618-3
Wärmehärtung, Begriff 55945
Waschbarkeit, Begriff EN 971-1
Waschbeständigkeit, Begriff EN 971-1
Wash Primer, Begriff 55945
Wasser, Korrosion EN ISO 14713
Wasserlack, Begriff 55945
Wasserverdünnbarkeit, Begriff 55945
Weichlöten EN ISO 14713
Weichmacher, Begriff EN 971-1, EN 971-1 Bbl 1
Weißanlaufen, Begriff EN ISO 4618-2
Wesentliche Fläche, Begriff EN ISO 1461
Wischbeständigkeit, Begriff 55945
Wischverbleien, Begriff 50902
Wischverzinnen, Begriff 50902

Zaponlack, Begriff 55945
Zeichnungen, Angaben für galvanische Überzüge 50960-1, 50960-2

Zementmörtel-Beschichtung, Begriff 50902
Ziehspachtel, Begriff   EN 971-1
Zinkphosphat-Pigment   55928-9
Zinkstaub-Pigment   55928-9
Zinküberzug, Anforderungen
 EN ISO 1461, EN ISO 1461 Bbl 1
Zinküberzug, Ausbesserung
 EN ISO 1461, EN ISO 1461 Bbl 1
Zinküberzug, Begriff   EN ISO 1461
Zinküberzug, Beschichtung
 EN ISO 14713
Zinküberzug, Bezeichnung   EN ISO 1461 Bbl 1
Zinküberzug, Chromatierung   50961
Zinküberzug, Dicke   EN ISO 1461, EN ISO 1461 Bbl 1
Zinküberzug, Haftvermögen
 EN ISO 1461, EN ISO 1461 Bbl 1
Zinküberzug, Korrosionsschutz   50961, 55928-8, EN ISO 1461, EN ISO 1461 Bbl 1, EN ISO 14713
Zinküberzug, Prüfung   EN ISO 1461, EN ISO 1461 Bbl 1
ZM-Beschichtung siehe Zementmörtel-Beschichtung
Zubereitung, Begriff   55945
Zugänglichkeit, Begriff   55928-8
Zunder, Begriff   50900-1, EN ISO 4618-3
Zusatzstoff, Begriff   EN 971-1
Zweikomponenten-Reaktions-Beschichtungsstoff, Begriff   55945
Zwischenbeschichtung, Begriff
 EN 971-1

DIN

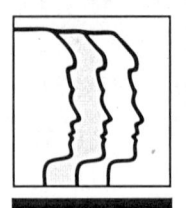

Lehrgänge
Seminare
Workshops

Für Ihren Erfolg!

Wirtschaft, Wissenschaft und Technik unterliegen dem ständigen Wandel. Und das DIN ist dabei. Es hält Schritt, und es leistet sogar Schrittmacherdienste.

Das umfassende Weiterbildungsangebot des DIN Deutsches Institut für Normung e. V. unterstreicht dies nachhaltig. Mehr denn je bestimmen – neben den traditionellen Themen der Normung – aktuelle Entwicklungen und in die Zukunft weisende Inhalte das Programm der Veranstaltungen.

✓ Sachgebiete:

- ❑ DIN-Normungsexperte
- ❑ Normungsgrundlagen
- ❑ Bauwesen / VOB
- ❑ Heiz- und Raumlufttechnik
- ❑ Informationsmanagement
- ❑ Kommunikation
- ❑ Medizintechnik
- ❑ Produktionstechnik
- ❑ Wasserwesen

DIN Deutsches Institut
für Normung e.V.
Referat Lehrgänge
Burggrafenstraße 6

10787 Berlin

☎ (0 30) 26 01 - 21 91 / 24 84
   (0 30) 26 01 - 25 18 / 27 21

🖨 (0 30) 26 01 - 4 21 91

🖥 Vogel@Lehrg.din.de
   http://www.din.de > Dienstleistungen

Senden Sie mir bitte kostenloses Informationsmaterial zu den angekreuzten Seminaren.

Mitglied im DIN werden?

DIN

Das DIN Deutsches Institut für Normung e.V. ist ein technisch-wissenschaftlicher Verein. Es ist als Selbstverwaltungsorgan der Wirtschaft zuständig für die technische Normung in Deutschland. In den internationalen und europäischen Normungsinstituten vertritt das DIN die Interessen unseres Landes.

Als Mitglied unterstützen Sie das DIN ideell und finanziell.

Doch Sie ziehen auch Vorteile aus der Mitgliedschaft. Den wichtigsten materiellen Vorteil bildet das vom DIN seinen Mitgliedern eingeräumte Recht, DIN-Normen für innerbetriebliche Zwecke zu vervielfältigen und in interne elektronische Netzwerke einzuspeisen.

Beim Kauf von DIN-Normen erhalten Sie als DIN-Mitglied einen Rabatt von 15 %. Rabatt in gleicher Höhe erhalten Sie auf den DIN-Katalog und das Abonnement der DIN-Mitteilungen. Bei Lehrgängen des DIN wird den Mitgliedern ein Preisnachlaß gewährt.

Meistens lohnt sich die Mitgliedschaft im DIN schon aus betriebswirtschaftlichen Gründen. Darüber hinaus stärken Sie mit Ihrer Mitgliedschaft den Gedanken der Selbstverwaltung auf einem wichtigen Sektor der Volkswirtschaft.

Mitglied des DIN können Unternehmen oder juristische Personen werden.

Ihre Ansprechpartner in unserem Haus:
Frau Florczak, Tel.: +49 30 26 01-23 36
E-Mail: Florczak@AOE.DIN.DE
Frau Behnke, Tel.: +49 30 26 01-27 89
E-Mail: Behnke@Vertr.DIN.DE

Die Beitragshöhe richtet sich nach der Anzahl der Beschäftigten eines Unternehmens.
Beispiel: 1.000 Beschäftigte   4.514,10 DEM
         10.000 Beschäftigte 21.497,49 DEM

DIN Deutsches Institut
für Normung e.V.
Burggrafenstraße 6
10787 Berlin
Telefon +49 30 26 01-0
Telefax +49 30 26 01 11 94

How to become a member of DIN?

DIN, the acronym of the German Institute for Standardization, is known worldwide.

DIN, based in Berlin, is a registered association that is operated in the interest of the entire community to promote rationalization, quality assurance, safety, and mutual understanding in commerce, industry, science and government at national, European, and international level.

This work is performed with the participation and support of German industry and of all other interested parties, including, increasingly, companies and organizations from abroad.

Why should a non-German company want to become a member of the Deutsches Institut für Normung?

It is not simply a question of prestige. In most cases, economic considerations alone will justify membership. Members of DIN are granted a 15% discount on all purchases of DIN Standards, on the price of the DIN Catalogue, and on subscriptions to the monthly journal published by DIN.

Another, perhaps the most important, advantage enjoyed by members is that they may acquire from DIN licence to make copies of DIN Standards for their own in-house purposes and to use them, again for in-house purposes, in electronic form in internal networks.

To give substance to the structure of the single European market, the member countries need harmonized standards as the basis for the free exchange of goods. In this respect, DIN is the most actively committed of all European partners, bearing the responsibility for 28% of all technical secretariats. Only 15% of the standards work undertaken by DIN is now directed at the creation of purely German standards. Members of DIN are thus also lending their support, both ideally and materially, to the continuing removal of technical barriers to trade throughout Europe.

For further information, please contact:
Mrs. Florczak, Tel. +49 30 26 01-23 36
E-Mail: Florczak@AOE.DIN.DE
Mrs. Behnke, Tel. +49 30 26 01-27 89
E-Mail: Behnke@Vertr.DIN.DE

The rate of subscription varies according to the number of persons employed in the company/organization.
Example: 1,000 employees   2.308,02 EUR
         10,000 employees 10.991,49 EUR